LIBRAIRIE DE J.-B. BAILLIÈRE.

**HISTOIRE NATURELLE GÉNÉRALE ET PARTICULIÈRE DES MOL-
LUSQUES,** tant des espèces qu'on trouve aujourd'hui vivantes que des dépouilles
fossiles de celles qui n'existent plus, classés d'après les caractères essentiels que
présentent ces animaux et leurs coquilles, par MM. de Férussac et G.-P. Deshayes.

Ouvrage complet en 42 livraisons, chacune de 6 planches in-folio, gravées et
coloriées d'après nature avec le plus grand soin, Paris, 1820-1851. 4 vol. in-folio,
dont 2 volumes de chacun 400 pages de texte et 2 volumes contenant 247 planches
coloriées. Prix réduit, au lieu de 1,030 fr.   490 fr.

— Le même. 4 vol. grand in-4, avec 247 planches noires. Au lieu de 500 fr. 200 fr.

Demi-reliure, dos de veau. Prix des 4 vol. in-fol., 40 fr. — Cartonnés,   24 fr.

   —   Prix des 4 vol. grand in-4, 24 fr. — Cartonnés.   16 fr.

Les personnes auxquelles il manquerait des livraisons (jusques y compris la 34°)
pourront se les procurer séparément, savoir :

1° Les livraisons in-folio, figures coloriées, au lieu de 30 fr., à raison de 15 fr.

2° Les livraisons in-4, figures noires, au lieu de 15 fr., à raison de 6 fr.

Ouvrage le plus magnifique qui existe sur l'histoire des mollusques. La perfection des figures et l'exactitude des descriptions le placent au premier rang des beaux
et bons livres qui doivent composer la bibliothèque de tous les amateurs de coquilles. C'est aidé du concours de M. Deshayes que nous avons terminé cette publication. Nous avons pensé que la haute position scientifique de M. Deshayes, dont
les travaux font justement autorité en conchyliologie, était la meilleure garantie
que nous pussions offrir au public.

Nous devons faire connaître la part qui, dans cet ouvrage, appartient à M. de
Férussac et celle que l'on doit à M. Deshayes.

M. de Férussac a publié les livraisons 1 à 28; elles comprennent :

1° 162 planches;

2° 128 pages de texte (tome II, première partie, pages 1 à 128).

M. Deshayes a publié les livraisons 29 à 42 ; elles comprennent :

1° 85 planches qui sont venues combler toutes les lacunes laissées par M. de Férussac dans l'ordre des numéros, en même temps qu'elles complètent plusieurs
genres importants et font connaître les espèces de coquilles les plus récentes.

2° Le texte (tome Ier complet, 402 pages. — Tome II, 1re partie, Nouvelles addi-
tions à la famille des Limaces, 24 pages, — Historique, p. 129 à 184. — Tome II,
2° partie, 260 pages). Ce texte de M. Deshayes présente la description de toutes les
espèces figurées dans l'ouvrage.

3° Une table générale alphabétique de l'ouvrage.

4° Une table de classification des 247 planches, à l'aide de laquelle tous les
possesseurs de l'ouvrage pourront vérifier si leur exemplaire est complet ou ce qui
lui manque.

Comme on le voit, la part de M. Deshayes dans cet ouvrage a été considérable;
c'est donc avec raison et avec justice que nous avons dû placer sur le titre et au
même rang M. de Férussac et M. Deshayes.

Chacune des livraisons nouvelles (de 35 à 42) se compose : 1° de 72 pages de
texte in-folio; 2° de 6 planches gravées, imprimées en couleur et retouchées au
pinceau avec le plus grand soin. Prix de chacune.   30 fr.

Prix de chaque livraison in-4 avec les planches en noir.   15 fr.

TABLEAUX SYSTÉMATIQUES DES ANIMAUX MOLLUSQUES classés en familles naturelles, dans lesquelles on a établi la concordance de tous les systèmes ; suivis d'un prodrome général pour tous les mollusques terrestres ou fluviatiles, vivants ou fossiles, par M. de Férussac. Grand in-4 de 200 pages. 10 fr.

Ce volume, que nous vendons séparément, forme une partie du texte de l'*Histoire naturelle des mollusques.*

CONCORDANCE SYSTÉMATIQUE POUR LES MOLLUSQUES terrestres et fluviatiles de la Grande-Bretagne, avec un aperçu des travaux modernes des savants anglais sur ces animaux, par M. de Férussac. Paris, 1829, in-4 de 20 pages. 1 fr. 25

MÉMOIRES GÉOLOGIQUES SUR LES TERRAINS FORMÉS SOUS L'EAU DOUCE par les débris fossiles des mollusques vivant sur la terre ou dans l'eau non salée, par M. de Férussac. Paris, 1814, in-4 de 76 pages. 2 fr. 50

NOTICE SUR LES ÉTHÉRIES trouvées dans le Nil par M. Caillaud, et sur quelques autres coquilles recueillies en Egypte, en Nubie et en Éthiopie, par M. de Férussac. Paris, 1823, in-4 de 20 pages. 1 fr. 25

MONOGRAPHIE DES ESPÈCES VIVANTES ET FOSSILES DU GENRE MÉLANOPSIDE, et observations géologiques à leur sujet, par M. de Férussac. Paris, 1823, in-4 de 36 pages et 2 planches. 2 fr.

CATALOGUE DE LA COLLECTION DE COQUILLES formée par M. de Férussac. Paris, 1837, in-8 de 24 pages. 75 c.

HISTOIRE NATURELLE, GÉNÉRALE ET PARTICULIÈRE DES CÉPHALOPODES acétabulifères vivants et fossiles, comprenant la description zoologique et anatomique de ces mollusques, des détails sur leur organisation, leurs mœurs, leurs habitudes et l'histoire des observations dont ils ont été l'objet depuis les temps les plus anciens jusqu'à nos jours, par M. de Férussac et Alc. d'Orbigny. Paris, 1835-1848. 2 vol. in-folio, dont un de 144 pl. coloriées, cartonnés. Prix, au lieu de 500 fr. 120 fr.

— Le même ouvrage. 2 vol. grand in-4, dont un de 144 pl. col., carton. 80 fr.

Ce bel ouvrage est complet ; il a été publié en 21 livraisons. Les personnes qui n'auraient pas reçu les dernières livraisons pourront se les procurer séparément, savoir : l'édition in-4, à raison de 8 fr. la livraison ; l'édition in-folio, à raison de 12 fr. la livraison.

HISTOIRE NATURELLE DES APLYSIENS, par A.-M. Rang, membre de plusieurs Sociétés d'histoire naturelle. 1 vol. grand in-4, accompagné de 25 pl., figures noires. 10 fr.

— Le même ouvrage, édition in-4 avec 25 pl. coloriées. 18 fr.

— Le même ouvrage, édition in-fol. avec 25 pl. coloriées. 40 fr.

Cette Monographie a particulièrement pour but la connaissance de l'un des genres les plus riches et les plus intéressants de la classe des Mollusques. L'auteur établit d'abord les caractères de ce genre, et s'attache à en décrire toutes les espèces, dont plus de la moitié était encore inédite. M. A. Rang fait connaître, touchant les mœurs, les habitudes et les propriétés de ces animaux, tout ce qu'il a eu occasion d'observer pendant le cours de plusieurs voyages sur mer ; et afin de rendre son ouvrage complet, il a ajouté à ses propres observations tout ce que les auteurs anciens et modernes ont dit sur les Aplysies.

HISTOIRE NATURELLE DES MOLLUSQUES PTÉROPODES, par MM. A. Rang et Souleyet. Paris, 1852. 1 vol. grand in-4, avec 15 pl. col. 25 fr.

— Le même ouvrage, 1 vol. in-fol. carton. 40 fr.

Ce bel ouvrage traite une des questions les moins connues de l'histoire des Mollusques. Il avait été commencé par M. A. Rang ; une partie des planches avaient été dessinées et lithographiées sous sa direction. Par ses études spéciales, M. Souleyet pouvait mieux que personne mener cet important travail à bonne fin.

TRAITÉ

DE

PALÉONTOLOGIE.

I.

Ouvrages de M. Pictet qui se trouvent chez les mêmes libraires

---

RECHERCHES POUR SERVIR A L'HISTOIRE ET A L'ANATOMIE DES PHRYGANIDES, Genève, 1834, in-4, avec 20 pl. col.   40 fr.

DESCRIPTIONS DE QUELQUES NOUVELLES ESPÈCES DE NÉVROPTÈRES, Genève, 1836, in-4, fig.   2 fr.

NOTE SUR LES ORGANES RESPIRATOIRES DES CAPRICORNES, Genève, 1836, in-4, fig.   1 fr. 50

HISTOIRE NATURELLE, GÉNÉRALE ET PARTICULIÈRE DES INSECTES NÉVROPTÈRES, *Première monographie*, FAMILLE DES PERLIDES, Genève, 1841. Publiée en 11 livraisons. 1 beau vol. in-8, accompagné de 53 pl. col.   66 fr.

— *Deuxième monographie*, FAMILLE DES ÉPHÉMÉRINES, Genève, 1843, Publiée en 10 livraisons. 1 beau vol. in-8, accompagné de 47 pl. grav. et col. 60 fr.

NOTICES SUR LES ANIMAUX NOUVEAUX OU PEU CONNUS DU MUSÉE DE GENÈVE, MAMMIFÈRES, Genève, 1841-1844, quatre livraisons in-4, avec 23 pl. col.   22 fr.

DESCRIPTION DE QUELQUES POISSONS FOSSILES DU MONT LIBAN, Genève, 1850, in-4, avec 10 pl.   15 fr.

DESCRIPTION DES MOLLUSQUES FOSSILES qui se trouvent dans les grès verts des environs de Genève, par M. F.-J. PICTET et W. ROUX, Genève, 1847-1852. — 1re livr., CÉPHALOPODES, avec 15 pl. — 2e livr., GASTÉROPODES, avec 12 pl. — 3e livr., ACÉPHALES ORTHOCONQUES, in-4, avec 13 pl. Prix de la livraison.   15 fr.

La 4e et dernière livraison paraîtra incessamment.

Paris. — Imprimerie de L. MARTINET, rue Mignon, 2.

TRAITÉ

DE

PALÉONTOLOGIE

OU

HISTOIRE NATURELLE DES ANIMAUX FOSSILES

CONSIDÉRÉS DANS LEURS RAPPORTS

ZOOLOGIQUES ET GÉOLOGIQUES

PAR

F.-J. PICTET,

Professeur de zoologie et d'anatomie comparée
à l'Académie de Genève.

SECONDE ÉDITION,

REVUE, CORRIGÉE, CONSIDÉRABLEMENT AUGMENTÉE,

Accompagnée d'un atlas de 110 planches grand in-4°.

TOME PREMIER.

A PARIS,

CHEZ J.-B. BAILLIÈRE,

LIBRAIRE DE L'ACADÉMIE IMPÉRIALE DE MÉDECINE,
RUE HAUTEFEUILLE, 19;

A LONDRES, CHEZ H. BAILLIÈRE, 219, REGENT-STREET;
A NEW-YORK, CHEZ H. BAILLIÈRE, 290, BROADWAY;
A MADRID, CHEZ C. BAILLY-BAILLIÈRE, CALLE DEL PRINCIPE, 11.

1853

PRÉFACE

DE LA SECONDE ÉDITION.

Lorsque j'ai publié la première édition de cet ouvrage, il n'existait en langue française aucun traité élémentaire de paléontologie. La manière bienveillante dont le public l'a accueilli a prouvé qu'il répondait à un besoin réel. Encouragé par l'écoulement rapide de cette première édition et cédant à des invitations nombreuses, j'ai dû me décider à en publier une seconde.

Il me semble, en effet, qu'un traité de cette nature n'est pas moins utile aujourd'hui qu'alors. Quoique des travaux estimables à divers titres aient été publiés depuis, aucun d'eux n'a été conçu au même point de vue ni dirigé par les mêmes méthodes.

Il est à peine nécessaire de le comparer aux traités élémentaires publiés en Allemagne. La différence de langue le destine à un autre public. D'ailleurs celui de M. Geinitz n'est presque qu'une traduction déguisée de ma première édition ; celui de M. Quenstedt est beaucoup plus abrégé ; celui de M. Giebel ne renferme encore que les vertébrés et une partie des céphalopodes. La *Lethæa* de M. Bronn, ouvrage plus important que les précédents, est conçu sur un plan tout différent, l'histoire de chaque terrain formant, en quelque sorte, une monographie indépendante ; la troisième édition, la seule au courant de la science, est d'ailleurs peu avancée dans sa publication. L'*Index palæontologicus* du même auteur est un ouvrage dont je me plais aussi à constater l'utilité, mais personne ne pensera qu'il puisse tenir lieu d'un traité élémentaire.

Le *Cours élémentaire de géologie et de paléontologie stratigraphique* de M. Alcide d'Orbigny ne peut pas mieux que les précédents remplacer ma seconde édition, car les méthodes que nous avons suivies sont totalement différentes. M. d'Orbigny, comme l'indique du reste le titre de son livre, envisage surtout la paléontologie dans ses applications à la géologie, et son ouvrage est plutôt un traité de cette dernière science qu'une histoire naturelle des animaux fossiles. La paléontologie proprement dite, dont il traite sous le nom d'*Éléments zoologiques* est extrêmement abrégée, et ne forme qu'une partie peu importante de l'ensemble. J'ai de mon côté donné un beaucoup plus grand développement à la paléontologie considérée comme une branche de la zoologie; et parmi les questions de géologie, je n'ai abordé que celles qui étaient nécessaires à l'intelligence de l'histoire des fossiles.

Dans la préface de son cours, M. d'Orbigny a reproché à ma première édition de n'être qu'une énumération de zoologie fossile. J'accepte ce reproche comme caractérisant la différence qui existe entre nos deux ouvrages, pourvu que M. d'Orbigny reconnaisse que j'ai joint à mon énumération l'analyse de l'organisation des animaux et la discussion des faits généraux, sans laquelle il n'y a pas de science complète.

Je serais, du reste, très fâché que l'on pût voir dans ces paroles l'intention même éloignée de critiquer l'œuvre d'un savant dont j'apprécie hautement le caractère et les travaux. Je veux seulement établir que nos ouvrages, sous des titres à peu près semblables, ont des méthodes et un but fort différents, et qu'ils doivent se compléter l'un l'autre, mais non s'exclure.

Le *Manuel de paléontologie* de M. Marcel de Serres est aussi conçu sur un plan assez différent du mien et est dominé par l'ordre géologique.

En me décidant à publier cette seconde édition, j'ai dû chercher à la mettre au courant de la science ; j'y ai apporté aussi quelques modifications qui m'ont paru propres à mieux atteindre le but que je m'étais proposé.

J'ai conservé la division en trois parties : la première comprenant les considérations générales ; la seconde, l'énumération zoologique ; la troisième, les applications de la paléontologie à l'histoire du globe. Je leur ai continué la même proportion que dans la première édition, en doublant à peu près l'étendue de chacune d'elles, soit pour rendre plus claires certaines questions traitées d'une manière un peu trop incomplète, soit pour y introduire les faits nombreux qui ont été acquis à la science depuis huit ans.

Dans la *première partie* je me suis en particulier attaché à mieux poser les questions relatives à la spécialité des fossiles, et à les discuter plus complétement. J'ai aussi plus nettement séparé les considérations sur les faits zoologiques de l'application de ces faits à la géologie.

Dans la *seconde partie*, j'ai continué à tâcher de rendre mon livre utile sous trois points de vue. J'ai voulu enseigner aux commençants et rappeler aux paléontologistes : 1° les caractères de tous les genres, familles, ordres, etc., qui comprennent des animaux fossiles ; 2° l'histoire paléontologique de chacun de ces groupes, avec des généralisations d'autant plus développées que les divisions sont plus élevées ; 3° les sources auxquelles on peut puiser pour nommer et classer les espèces fossiles de chaque genre, les auteurs qui en ont parlé, les planches où elles sont figurées, etc.

Cette seconde partie est beaucoup plus complète que dans la première édition. J'aurais pu l'étendre encore davantage et indiquer avec quelques détails toutes les espèces ; mais l'ouvrage serait devenu beaucoup trop volumineux, et d'ailleurs il est impossible de faire une pareille énumération sans risquer de nombreuses erreurs. Il m'a semblé que je rendrais un meilleur service aux paléontologistes en leur indiquant avec soin tous les ouvrages où l'on trouve la description de ces espèces et en citant nominativement les plus caractéristiques et les plus certaines. D'ailleurs, dans tous les genres où les espèces sont peu nombreuses, j'en donne une énumération à peu près complète : c'est en particulier ce qui a lieu pour l'embranchement des vertébrés.

Un critique m'a reproché la marche que j'avais suivie à cet égard, et aurait désiré qu'à la suite de chaque genre j'eusse donné la description détaillée de quelques espèces, en ne disant rien des autres. Cette méthode, adoptée par le savant auteur de la *Lethæa*, peut avoir ses avantages, mais elle m'a paru moins propre que celle que j'ai suivie pour atteindre le but que je me suis proposé.

La *troisième partie* est aussi beaucoup plus développée ; j'y donne des tableaux plus détaillés des fossiles de chaque époque, j'ajoute des renseignements géologiques plus complets, et je discute avec plus d'étendue la succession des faunes et des époques géologiques.

Une dernière observation m'a été adressée. On m'a objecté que le titre de cet ouvrage indiquait une paléontologie complète et que je n'y parlais que des animaux. J'aurais fait volontiers droit à cette remarque en me servant de l'expression de *Paléontologie zoologique* ou de *Paléozoologie*, si je n'avais pas craint, en changeant le titre, de faire croire à un ouvrage trop différent. Ce titre est d'ailleurs expliqué par les mots qui suivent : *Histoire naturelle des animaux fossiles.*

J'ai donné un grand soin à la synonymie des genres, afin que tous les noms génériques qui ont été donnés aux animaux fossiles soient cités dans le corps de l'ouvrage. La *Table alphabétique* qui termine le dernier volume équivaut ainsi à un Dictionnaire paléontologique plus complet qu'aucun de ceux qui ont paru jusqu'à présent.

J'ai remplacé les notes bibliographiques placées dans la première édition à la fin de chaque volume par un catalogue de tous les ouvrages cités. Il formera une *Bibliographie paléontologique* assez étendue.

Les planches de la première édition étaient insuffisantes, soit par leur nombre, soit par la dimension trop réduite d'une partie des figures. M. J.-B. Baillière a bien voulu consentir à la publication d'un Atlas grand in-4°, qui sera d'un puissant secours pour aider dans la détermination générique des débris fossiles. Les caractères essentiels de presque tous les genres y seront représentés en détail, soit au moyen de figures originales, soit par des copies convenablement réduites des espèces qui ne sont connues que par des pièces uniques ou rares. Les planches, confiées à d'habiles artistes, formeront, je l'espère, l'Atlas paléontologique élémentaire le plus complet qui ait encore été publié.

Genève, le 20 décembre 1852.

PRÉFACE

Quoique l'histoire des animaux fossiles ait bien récemment pris place au rang des sciences, elle a attiré l'attention de tous ceux qui s'intéressent aux questions importantes de la philosophie naturelle. Fondée par des naturalistes éminents, elle compte déjà, dans sa courte histoire, plusieurs travaux célèbres, et peu de branches des connaissances humaines ont fait des progrès aussi rapides. Maintenant qu'elle commence à s'asseoir sur des bases solides, il me semble nécessaire que son étude soit facilitée par des traités élémentaires ; et je crois que le moment est venu où l'on peut essayer de combler la lacune qui existe à cet égard.

Chargé depuis plusieurs années, dans la Faculté des sciences de l'Académie de Genève, d'enseigner tout ce qui regarde l'histoire des animaux, j'ai été appelé à traiter aussi de ceux qui ont précédé sur notre globe la création actuelle. J'ai souvent vu les étudiants désireux de pouvoir s'aider de quelques livres à leur portée, pour mettre dans cette étude la rigueur et la précision que l'enseignement public ne permet pas toujours. J'ai constamment été embarrassé pour leur donner des conseils à cet égard, et parmi les livres nombreux que possède la paléontologie, les uns sont trop élémentaires ou trop incomplets, d'autres trop spéciaux ou trop volumineux pour le temps que les élèves peuvent y consacrer, et quelques uns enfin, trop chers pour la plupart d'entre eux.

Il m'a semblé qu'un livre où seraient réunis tous les principes, les lois, les théories et les faits principaux, dont l'exposition et la discussion sont aujourd'hui éparses dans une multitude de mémoires et d'ouvrages divers, pourrait rendre un service réel à ceux qui commencent l'étude de la science. J'ai cru qu'un manuel de ce genre fournirait aux élèves les moyens de mettre plus d'ordre et de logique dans l'étude de la paléontologie. Cette branche de la zoologie a aussi besoin que toutes les autres d'un traité élémentaire, et cependant elle n'en possède aucun. Il m'a paru qu'un essai de cette nature était en quelque sorte un des devoirs que m'imposait ma place.

C'est donc principalement en vue des étudiants de nos académies suisses, que j'ai entrepris ce travail. Il a par conséquent pour but de faciliter l'étude de la paléontologie à des jeunes gens qui l'abordent pour la première fois, mais qui ont déjà une instruction scientifique assez étendue. De là résulteront peut-être deux reproches opposés. Les paléontologistes trouveront ce livre trop élémentaire, et les gens du monde l'accuseront de renfermer trop de détails scientifiques. Je n'ai pas cru devoir trop sacrifier à ceux qui ne désirent acquérir qu'une connaissance superficielle des faits les plus frappants de l'histoire des animaux fossiles. On possède quelques ouvrages qui peuvent très bien satisfaire ce désir; tandis qu'il n'existe aucun traité élémentaire qui aborde sérieusement et dans un ordre logique toutes les questions essentielles et tous les faits importants.

J'ai eu d'autant plus de plaisir à entreprendre ce travail que, sous le point de vue des méthodes, la paléontologie a un intérêt tout particulier. C'est peut-être de toutes les branches de l'histoire naturelle celle où les observations de détails trouvent le plus naturellement et le plus promptement leur place, pour aider à la solution des questions générales ; et l'union directe et constante qui existe entre les faits et les théories rend son étude très propre à faire saisir le but et la marche des sciences naturelles.

Mon désir principal est que cet ouvrage donne aux jeunes gens le goût de la science et leur permette d'entreprendre l'étude de l'histoire des animaux fossiles sur des bases solides. Dans ce but, je dois dire quelques mots des principes qui me semblent devoir les diriger.

Il faut d'abord qu'ils se pénètrent bien de l'idée que la paléontologie est une branche de la zoologie, et que les mêmes méthodes qui règlent l'étude des animaux actuels doivent aussi servir de guide dans celle des êtres qui les ont précédés. Certes il y a eu des géologues qui ont fait de très bons travaux paléontologiques, mais c'est parce qu'ils ont su en même temps être zoologistes. Combien n'y en a-t-il pas d'autres qui, par des déterminations légères, des assertions erronées et l'ignorance des lois de l'histoire naturelle organique, encombrent la science d'erreurs et la font reculer plutôt qu'avancer. Il est nécessaire que la paléontologie sorte de cette voie fatale, et pour cela il ne faut plus que l'histoire des animaux fossiles soit réduite à ne former qu'un chapitre accessoire des traités de géologie.

Il faut aussi que les commençants s'habituent à lier les faits avec les théories, mais toujours en subordonnant ces dernières à l'étude de la nature. La rédaction de cet ouvrage m'a convaincu, tous les moments davantage, du peu de solidité de la plupart des lois que l'on a cru pouvoir tirer de la généralisation des faits, et des théories que l'on a imaginées pour les expliquer. Sans doute ces idées générales sont nécessaires pour rendre la science intéressante et pour exciter au travail; mais il faut se garder aussi que des idées préconçues, auxquelles il est si facile de s'affectionner, ne fassent envisager d'une manière fausse l'état réel des choses.

Pour atteindre ces buts divers, le choix d'une bonne méthode était indispensable. Voici celle qui m'a semblé la meilleure.

J'ai réuni dans une première partie les considérations générales, c'est-à-dire, tout ce qui a trait à la paléontologie en général, savoir, d'abord l'histoire de la science, les définitions, la manière dont les fossiles ont été déposés et leurs apparences diverses, ainsi que la classification des terrains. J'ai réduit ces premiers chapitres aux faits qui m'ont paru strictement nécessaires, pour fournir à l'élève les connaissances géologiques indispensables à l'étude de la paléontologie. J'ai supposé que, s'il était désireux d'approfondir davantage cette branche de la science, il en trouverait les moyens dans l'étude des nombreux traités qui ont été publiés sur la géologie proprement dite.

Dans cette même partie j'ai traité ensuite avec plus de détails des lois que l'étude des fossiles permet d'établir et de quelques théories sur la succession des êtres organisés. Je l'ai terminée par un coup d'œil sur les méthodes à employer pour la détermination et la classification des fossiles. Dans ces deux chapitres plus essentiels, j'ai supposé que l'élève connaissait les éléments de la zoologie et de l'anatomie comparée. Je n'ai pas admis la possibilité qu'on pût commencer l'étude de la paléontologie sans ces bases essentielles. La connaissance de la dentition et des lois de l'ostéologie comparée, et l'habitude des méthodes zoologiques sont indispensables. J'ai toujours supposé que ces études préliminaires avaient été faites; il m'aurait été impossible d'y suppléer, à moins de leur consacrer autant de temps qu'à l'histoire des animaux fossiles, et par conséquent sans augmenter beaucoup un traité déjà peut-être trop long.

Dans la seconde partie j'ai fait l'histoire des animaux fossiles en insistant autant que possible, dans chaque groupe (ordre, famille ou genre), sur les phases de leur histoire paléontologique, c'est-à-dire, l'époque de leur apparition et leur abondance plus ou moins grande dans telle ou telle période, ainsi que sur leurs variations de formes et sur les transitions zoologiques que présentent quelquefois certains types éteints, et en attirant en général l'attention de l'élève sur tous les points qui m'ont paru essentiels.

Toutes les fois qu'un genre n'existe qu'à l'état fossile, j'ai donné ses caractères avec soin; mais pour les genres actuellement vivants j'ai en général supposé les formes connues, surtout chez les animaux vertébrés, qui peuvent difficilement être caractérisés autrement que par une description détaillée de la dentition et du squelette. J'ai admis que l'élève connaissait ces faits de détail ou qu'il savait les chercher dans les livres ou les collections.

Quant aux espèces, j'ai indiqué les principales, en ayant soin de faire connaître dans quels ouvrages on en trouve les descriptions, qu'il est évident que ce traité élémentaire ne pouvait pas renfermer. J'ai fait en sorte que l'élève pût toujours savoir à quelles ressources il devait avoir recours pour déterminer ses fossiles.

Enfin dans une troisième partie, qui occupera une portion du dernier volume, je reprendrai tout ce qui tient aux applications de la paléontologie, à la classification des terrains. Je discuterai avec plus de détails quelques questions générales, et je donnerai des tableaux de la population de la terre à toutes les diverses époques géologiques. Je terminerai par un résumé général qui renfermera une esquisse de l'histoire de l'organisation, combinée avec les principales données que fournit la géologie sur les différentes phases par lesquelles a passé notre globe.

Genève, septembre 1844.

TRAITÉ

DE

PALÉONTOLOGIE.

PREMIÈRE PARTIE.

CONSIDÉRATIONS GÉNÉRALES SUR LA PALÉONTOLOGIE.

CHAPITRE PREMIER.

COUP D'ŒIL SUR L'HISTOIRE DE LA PALÉONTOLOGIE.

Il y a, dans la nature, des phénomènes qui, par leurs apparences brillantes ou par leurs conséquences désastreuses, ont de tout temps frappé l'imagination des hommes, en excitant l'admiration ou en imprimant la terreur. Il en est d'autres, au contraire, qui, non moins dignes d'intérêt pour les esprits observateurs, sont restés longtemps inaperçus, parce qu'ils n'ont rien de ce qui attire l'attention de la foule. L'existence des corps fossiles est du nombre de ces derniers, et, quoique liée aux questions les plus élevées des sciences naturelles, elle a échappé presque complétement pendant des siècles aux investigations des naturalistes. Les fossiles, en effet, paraissent à la première vue peu faits pour exciter l'intérêt. Ensevelis dans les profondeurs de la terre, sans couleurs, souvent presque informes, ils ne peuvent pas captiver les yeux comme les produits plus brillants de la nature vivante. Mais il en est autrement quand on vient à réfléchir aux causes qui peuvent avoir déposé ces corps ; si l'on se demande quelle est la force mystérieuse qui a placé des coquilles marines loin de la mer, dans des roches souvent très dures et jusque vers le sommet des plus hautes montagnes, et lorsqu'on cherche à comprendre quels étaient ces êtres, dont les débris attestent une existence et des formes si différentes de celles qu'on voit de nos jours. Les réflexions que cet examen fait naître font au contraire pressentir un intérêt puissant dans l'histoire des fossiles, et il est impossible de ne pas y reconnaître un phénomène important pour l'histoire de notre globe, aux phases de laquelle il est évidemment lié.

Nous trouvons dans les écrits des philosophes et des naturalistes de l'antiquité des passages (¹) qui montrent que les faits les plus généraux de l'histoire des fossiles

(¹) Le géographe Strabon rapporte quelques faits qui montrent que les philosophes et les physiciens de l'antiquité avaient bien su voir dans l'existence des fossiles une preuve des perturbations géologiques. Ératosthène, qui vivait au temps des Ptolémées Philopatoris et Épiphanès, liait à des changements particuliers de la surface du globe la présence des coquilles trouvées à deux ou trois mille stades de la mer.

Xanthus, de Lydie, disait que l'on voit loin de la mer tant de pierres en forme de coquilles, de peignes, etc., que l'on doit être convaincu que les plaines qui les renferment ont été une fois submergées.

Lampsacène trouvait dans les fossiles de l'Égypte des preuves que le sol de ce pays avait été autrefois couvert par la mer.

M. Lyell, dans ses *Principes de géologie*, rappelle aussi les doctrines cosmogoniques des Égyptiens, dont les prêtres connaissaient bien l'existence des fossiles, et croyaient à des déluges périodiques. Le même auteur cite une vieille tradition arabe, qui établissait que tous les 36125 ans, la population zoologique était complétement renouvelée à la surface de la terre par un couple d'animaux, mâle et femelle de chaque espèce.

n'avaient pas échappé à quelques uns d'entre eux. Platon et Pythagore, et surtout Aristote, Pline et Sénèque, en eurent connaissance ; l'imagination même de quelques poëtes en fut frappée : Ovide (¹) parle dans ses *Métamorphoses* de coquilles marines trouvées au sommet des montagnes.

Toutefois aucun naturaliste de cette époque ne s'est occupé sérieusement de l'existence des fossiles, et, jusqu'à la fin du xvᵉ siècle de l'ère chrétienne, on ne trouve que des notions tout à fait vagues et incomplètes sur ces phénomènes. Il est en même temps curieux de voir qu'à ces époques anciennes personne n'eut l'idée de douter que la formation des fossiles ne se liât avec des changements dans les limites des mers. Ce n'est que plus tard que des opinions bizarres firent contester cette vérité si simple.

Au commencement du xviᵉ siècle, des découvertes nombreuses de fossiles attirèrent l'attention de quelques savants, qui cherchèrent aussi à se rendre compte de leur présence sur les montagnes et loin de la mer. Ces faits parurent alors si difficiles à expliquer, et la présence de ces corps fut considérée comme si incompatible avec les lois de la physique, que la première idée qui se présenta fut de nier que ces *pierres figurées*, comme on les nommait alors, fussent de véritables débris d'animaux, et l'on rapporta leur formation à des jeux de la nature (*lusus naturæ*). Quelques auteurs attribuèrent à une imagination trop ardente les comparaisons que l'on voulait établir entre ces pierres

----

(¹)   . . . . *Vidi factas ex æquore terras,*
Et procul a pelago conchæ jacuere marinæ,
Et vetus inventa est in montibus anchora summis.

(Lib. XV, v. 260.)

et des ossements ou des coquilles. Ces ressemblances, disaient-ils, ne sont pas plus réelles que les illusions qui font souvent voir dans les nuages, des tours, des châteaux ou des géants.

Olivier de Crémone est un des premiers auteurs qui soutinrent cette opinion si évidemment erronée. On s'étonne de la voir discuter encore au commencement du xviii⁰ siècle (1726), à la suite, il est vrai, d'erreurs grossières, résultant d'une mystification [1].

Mais l'évidence des faits força à reconnaître la réalité de ces ressemblances, et l'on dut alors chercher des explications. Quelques savants, tels que Rumphius [2], Mattioli, Tournefort et Camerarius, pensèrent que la force de formation ou force plastique (*nisus formativus*), cette force occulte et mystérieuse à laquelle on attribuait alors les générations spontanées, pouvait aussi bien créer des formes de coquilles dans la pierre que sur la terre ou dans les eaux. Les mêmes causes qui font agréger les molécules pour former les divers corps de la nature vivante paraissaient à ces naturalistes pouvoir aussi réunir dans le sein des montagnes des molécules pierreuses, sous les mêmes conditions de formes. Plot défendait encore ces idées en 1677, et l'habileté que Fallope déploya dans les questions

[1] Un jésuite nommé Rodrick, ayant fait fabriquer à plaisir de prétendues pétrifications dans l'intention d'éprouver la crédulité du médecin Béringer, professeur à Wurtzbourg, ce dernier fut si complétement la dupe de cette mystification, qu'après avoir composé une dissertation au sujet de ces fausses pétrifications, il la publia comme une thèse soutenue sous sa présidence. (Wicebourg, 1726, in-folio.)

[2] Pour ne pas surcharger de notes ce chapitre, je n'ai pas cité les titres des ouvrages des divers auteurs dont je rappelle les opinions. Je renvoie, dans ce but, à l'appendice bibliographique qui sera placé à la fin du dernier volume. On y trouvera de nombreuses indications qui ne pouvaient être placées ici.

anatomiques et physiologiques ne l'empêcha pas de soutenir que les coquilles fossiles étaient le produit d'une fermentation souterraine, et que les défenses d'éléphant trouvées en Italie n'étaient que des concrétions terrestres. Quelques savants, tels que Mercati, accordaient aux étoiles une influence sur cette fermentation et leur attribuaient la production des formes variées des fossiles.

D'autres auteurs, parmi lesquels on peut citer Luidius, Lang et Quirini, attribuèrent ces pierres figurées à des semences d'animaux entraînées par évaporation ou par des courants. Ils pensèrent que les animaux terrestres et surtout les animaux marins déposaient des germes qui, charriés par les eaux dans des communications souterraines, étaient ainsi transportés au loin dans l'intérieur des montagnes. Ces germes trouvaient là des lieux favorables pour leur développement, et conservaient dans leur croissance la forme de leurs parents, en s'imprégnant de la substance de la roche dans laquelle ils avaient été déposés.

Simone Majoli (1597) pensait que les fossiles pouvaient bien avoir été rejetés par des volcans.

Enfin quelques géologues, et en particulier E. Bertrand, recoururent à une idée plus simple que les précédentes, et crurent que les pierres figurées dataient de la première création et avaient été formées, ainsi que les cristaux, en même temps que les montagnes et que tous les autres corps créés.

Ces diverses théories étaient peu faites pour être adoptées sans contestations; aussi dès le commencement du xvi⁰ siècle, c'est-à-dire, dès l'époque où elles prirent naissance, furent-elles attaquées par des naturalistes, qui surent reconnaître dans les fossiles de véritables débris d'êtres organisés. Ce fut timidement d'abord et plus hardiment ensuite, que quelques hommes clairvoyants osèrent émettre l'idée, que les pierres figurées étaient des restes d'animaux, déposés par des eaux qui avaient couvert et formé les couches où on les retrouve maintenant.

Parmi les savants qui s'efforcèrent de faire triompher cette manière de voir, se placent au premier rang deux hommes illustres à d'autres titres. L'un d'eux est le célèbre peintre Léonard de Vinci, qui, appelé à faire creuser des canaux navigables, fut frappé de la présence de quelques fossiles mis à découvert dans ce travail, et chercha à démontrer que les eaux seules pouvaient les avoir apportés. L'autre est un homme longtemps méconnu et auquel notre siècle a rendu une justice tardive, Bernard de Palissy, l'inventeur de l'art de la porcelaine, qui, le premier à Paris, osa en 1580 soutenir le fait que les pierres figurées avaient été déposées par la mer.

Cette idée fut chaudement adoptée et soutenue par plusieurs naturalistes, parmi lesquels on peut citer Cardan (1552), Imperato (1599), Césalpin, Frascatore, Fabio Colonna, Leibnitz, Lister, etc.; mais quelque naturelle qu'elle nous paraisse, elle eut encore des antagonistes. Le temps et de nouvelles découvertes donnèrent cependant gain de cause à la vérité, et l'opinion que les fossiles ont été déposés par les eaux finit par devenir générale.

Ce premier point établi, d'immenses difficultés se présentaient pour trouver une cause qui pût expliquer le séjour de l'eau de la mer sur les montagnes et sur les continents actuels. L'idée qui rallia le plus grand nombre des savants de la seconde moitié du xvii<sup>

siècle, fut que les fossiles étaient les monuments du déluge universel, et qu'ils avaient été apportés par la grande inondation dont parlent nos livres saints, dans laquelle les eaux s'élevèrent au-dessus du sommet des plus hautes montagnes.

Malheureusement à cette époque les théologiens étaient prompts à croire les bases de la religion attaquées par les théories géologiques. Au XVI⁰ siècle, les hommes qui soutenaient que les fossiles étaient réellement des débris d'animaux avaient passé pour hostiles aux saintes Écritures, parce que leurs idées paraissaient opposées à l'ordre de la création tel que l'établit le récit de Moïse. Au XVII⁰ siècle, au contraire, la théologie se réconcilia avec cette idée, parce qu'elle y vit la preuve du déluge biblique ; mais alors on considéra comme impies et l'on accusa de nier le témoignage des livres saints les hommes qui reculèrent devant la difficulté de tout expliquer par une seule inondation universelle, et qui entrevirent, ce qui de nos jours est une vérité généralement admise, qu'il y a eu des dépôts à diverses époques et des soulévements ou bouleversements de l'écorce du globe qui ont déplacé les terrains formés au fond des mers. La facilité et le danger de pareilles accusations contribuèrent beaucoup à paralyser et à arrêter le mouvement de la science qui a besoin de liberté : un siècle presque entier fut à peu près perdu en débats stériles.

Scilla, habile peintre italien d'histoire naturelle, vers 1570, peut être considéré comme un des premiers fondateurs de cette *théorie diluvienne*. Après lui, quelques auteurs la développèrent par des hypothèses plus ou moins ingénieuses, mais presque toutes fort éloignées de la vérité, et contribuèrent ainsi à retarder les progrès de la science en transportant la discussion loin du terrain des faits. Parmi ces auteurs on peut citer Burnet qui, dans un ouvrage que Buffon nomme avec raison un beau roman historique, explique toute l'histoire du globe depuis le paradis terrestre jusqu'au bienheureux millénaire, et Wishton qui fait jouer aux comètes un grand rôle pour l'attraction et le déplacement des eaux.

La théorie du transport de tous les fossiles par un seul déluge présente de trop fortes objections pour qu'elle n'ait pas dû être attaquée dès son origine, autant du moins que le permettait la crainte de se mettre en hostilité avec les théologiens. A cette époque on ne connaissait pas encore les preuves les plus fortes, qui démontrent aujourd'hui jusqu'à l'évidence que l'état actuel du globe a été amené par une série continue de changements dans la forme des continents et dans la circonscription des mers ; mais les circonstances qui empêchent de tout expliquer par une seule inondation parlent si haut, qu'elles frappèrent déjà beaucoup de naturalistes. La variété de position des fossiles, leur existence dans les roches les plus dures et dans le sein même des montagnes, le redressement de beaucoup de couches et d'autres faits nombreux, sont si incompatibles avec l'idée d'un cataclysme unique, subit et de courte durée, que plutôt que d'admettre une théorie qui présente de si fortes objections, quelques savants aimèrent encore mieux revenir à douter de la réalité des fossiles, et à les attribuer aux *lusus naturæ*.

D'autres auteurs, mieux inspirés, cherchèrent à substituer à cette théorie quelque chose de plus rationnel. Sténon en 1669, et Hooke en 1688, montrèrent que les fossiles avaient nécessairement dû être déposés au fond des eaux, dans des couches horizontales, et que plus tard ces couches avaient été soulevées, redressées ou bouleversées par des tremblements de terre ou par des dégagements de gaz souterrains. Ray, Moro, Gessner, etc., soutinrent aussi et développèrent cette idée, à laquelle Buffon prêta le secours de son style admirable. Quoique les théories géologiques de Buffon soient un mélange d'idées vraies et d'opinions erronées, la popularité de ses ouvrages servit beaucoup à avancer la science, en faisant généralement abandonner les théories diluviennes.

Dans ces premiers débats, la paléontologie confond son histoire avec celle de la géologie ; les deux sciences deviennent plus distinctes à mesure que leurs bases se consolident. Nous ne pouvons pas développer ici ce qui tient à la géologie proprement dite ; rappelons seulement que vers la fin du XVIIIe siècle, elle fit de très grands progrès, et que ce qui y contribua surtout ce fut l'étude des caractères distinctifs des terrains et les essais qu'on fit pour leur classement. Werner et de Saussure sont les deux noms les plus saillants de cette époque : Werner célèbre par ses recherches sur les terrains stratifiés et les superpositions ; de Saussure, par ses études des terrains primitifs. Nous ne pouvons pas davantage suivre les disputes des Vulcanistes et des Neptunistes, ces deux écoles rivales qui, dans leurs ardentes luttes, dépassèrent toutes deux la vérité en la cherchant trop absolue, ni retracer les découvertes géologiques nombreuses et brillantes qui ont signalé le commencement du XIXe siècle. On sait combien l'état de la science a été changé et sa marche assurée par les beaux travaux des Elie de Beaumont, des C. Prevost, des Léopold de Buch, des Lyell, des Murchison, etc. Celles de ces découvertes qui se lient le plus avec l'étude des fossiles, ou qui ont le plus directement fourni les matériaux de l'histoire du globe, seront signalées dans les chapitres suivants.

La paléontologie proprement dite se manifesta d'abord par la description des corps organisés fossiles et par leur comparaison avec les êtres vivants. On peut déjà citer à la fin du xvie siècle quelques figures données par Jean Bauhin (1598), et pendant le xviie, les travaux de Lachmund (1669), de Scilla (1670) qui, entre autres, compara les dents des squales fossiles à celles des vivants, de Reisk (1684), de Voigt et de Vulpius (1667) qui s'occupèrent des poissons, de Boccone (1674) qui publia une série de bonnes observations. Le commencement du xviiie siècle vit paraître des ouvrages utiles sur les fossiles de la Suisse (Scheuchzer et Lang). Il serait trop long d'énumérer ici les nombreux travaux qui, dans d'autres pays, firent connaître les débris organiques enfouis dans les couches de la terre, et qui, en donnant du goût pour ces recherches, préparèrent des ouvrages plus considérables. Le grand Recueil de planches de Knorr et Walch (1755-1773) est un des plus importants. On peut citer après lui les descriptions et les figures données par Schroeter (1774) et par Bourguet (1778), l'Oryctographie de Bruxelles de Burtin (1784), les Mémoires remarquables de Guettard (1768-1783), ceux de notre savant compatriote G.-A. Deluc, trop éclipsé peut-être par la réputation, d'ailleurs bien méritée, de son illustre frère.

Dans tous ces travaux, les faits sont recueillis et enregistrés avec plus ou moins de sagacité, mais on n'y remarque aucune tentative pour arriver à des lois générales, ou du moins on n'y voit que des essais timides et incomplets. Il était réservé à notre siècle de donner des bases philosophiques à la paléontologie et de l'élever par conséquent au rang d'une science distincte. Elle reçut alors une impulsion et un développement tels que l'histoire des sciences en offre rarement d'exemple, en s'asseyant sur des bases solides et en portant sur la géologie une clarté inattendue. C'est au génie de G. Cuvier que ces changements furent dus, et ses *Recherches sur les ossements fossiles* (¹) resteront toujours un des plus beaux monuments de l'esprit humain. C'est à lui que remontent presque toutes les idées, les théories et les observations que les trente dernières années ont développées et étendues ; et c'est l'esprit de ses travaux qui, dirigeant la marche de la science, a présidé aux découvertes si nombreuses et si remarquables qui ont frappé les hommes même les plus étrangers aux recherches scientifiques.

Il ne sera pas superflu d'entrer ici dans quelques détails sur les travaux de ce grand naturaliste ; cette analyse sera l'introduction la plus naturelle aux chapitres suivants, où toutes ces idées seront reprises et discutées d'une manière plus complète.

La question principale que Cuvier chercha à résoudre est celle de savoir si les espèces fossiles sont différentes de celles du monde actuel. Cette question avait déjà

(¹) Je sais bien que, dans ces dernières années, on a cherché à faire remonter plus haut que Cuvier l'origine de la paléontologie scientifique. Il est évident, en effet, que cet illustre anatomiste trouva déjà quelques questions en partie posées ; mais c'est là l'histoire de toutes les découvertes. Le véritable auteur est toujours celui qui donne la vie aux germes imparfaits, qui sans lui seraient restés inutiles et sans portée. Il est évident aussi qu'un homme ne travaille jamais tout à fait seul, et qu'il profite des travaux de tous, auxquels il a d'ailleurs souvent donné l'impulsion. Mais personne ne peut nier sérieusement que, dans le grand développement qu'a reçu la paléontologie au commencement de ce siècle, Cuvier n'ait joué le principal rôle.

été plus ou moins agitée, mais on n'y avait fait aucune réponse précise. Quelques observations avaient fait penser à Buffon qu'il y avait des espèces éteintes, mais l'état de l'anatomie comparée à cette époque ne lui avait pas permis de le prouver. Pallas, de son côté, venait de signaler à l'attention des savants des éléphants et des rhinocéros couverts de poils et trouvés dans les glaces de la Sibérie ; mais on ne savait pas si ces différences de téguments indiquaient des espèces différentes ou des influences du climat sur des espèces identiques.

Cuvier est réellement le premier qui ait abordé cette question avec une méthode qui en permît la solution. On en avait avant lui, sauf dans les cas que je viens de rappeler, cherché la démonstration dans l'étude des coquilles fossiles, qui sont bien plus abondantes que les débris des grands animaux. Cuvier comprit que pour que les preuves de l'extinction des espèces fossiles fussent frappantes, elles devaient porter sur des êtres d'une taille assez grande pour que leur non-existence dans le monde actuel fût incontestable. Lorsqu'en effet il s'agissait de petits animaux, de mollusques par exemple, l'état des collections et des connaissances zoologiques ne permettait pas d'affirmer avec une pleine confiance que les espèces trouvées fossiles, et dont on ne connaissait pas les analogues dans la nature vivante, ne les y eussent réellement pas. On objectait qu'il était possible que leur habitation dans des mers profondes ou dans des parages inexplorés les eût fait échapper jusqu'à ce jour aux investigations des naturalistes. Dès lors les conclusions qu'on tirait de la comparaison des espèces fossiles et des vivantes, dépourvues d'une base solide, manquaient de rigueur et restaient toujours contestables et incertaines.

Cuvier montra, au contraire, que les grands animaux sont presque tous connus depuis longtemps, que la science moderne a ajouté peu d'espèces de très grande taille à celles que connaissaient les anciens, et que les continents et les mers sont maintenant parcourus et explorés de manière qu'il soit certain qu'ils ne nous cachent pas beaucoup de grands quadrupèdes de forme inconnue. Il devenait donc évident que la comparaison des mammifères vivants et fossiles devait donner des résultats plus frappants et plus certains que celle des animaux inférieurs, et que, si cette comparaison démontrait que les espèces fossiles sont toutes différentes de celles qui vivent de nos jours, ces conclusions devaient être accueillies avec confiance.

Mais pour déterminer rigoureusement les grandes espèces fossiles, il fallait une connaissance approfondie des lois de l'ostéologie, que la science d'alors était loin de fournir. Le plus souvent on ne trouve ces animaux que par fragments, et des os isolés et peu nombreux sont fréquemment les seules données sur lesquelles on puisse reconstituer l'espèce. Cuvier sentit donc qu'il fallait, avant tout, chercher s'il existe des lois qui régissent les rapports des formes des os avec le reste de l'organisation, et qui permettent de déduire de l'observation d'une partie du squelette la connaissance de son ensemble. C'est en ce point peut-être qu'ont brillé surtout son génie et sa savante persévérance. Pour résoudre le problème paléontologique, il lui fallait une anatomie comparée rationnelle; cette anatomie n'existait pas, il s'occupa immédiatement de la fonder. Il lui fallait aussi une classification naturelle, il rétablit sur de nouvelles bases l'ensemble du règne animal. Les difficultés, loin de l'arrêter, ne furent pour lui que de nouveaux motifs de travail et de nouvelles occasions de doter la science de beaux ouvrages.

Je ne veux pas empiéter ici sur le chapitre dans lequel je traiterai des principes zoologiques qui président à la détermination des fossiles; je rappellerai seulement que les lois que Cuvier a établies et développées sont la loi d'*unité de plan*, qui permet de conclure des formes actuelles aux formes anciennes, et la loi de *concordance des caractères* ou de *corrélation des formes*, qui, établissant la nécessité que toutes les parties de l'être soient disposées dans un même but, autorise à déduire de chacune d'elles les caractères des autres, ainsi que le genre de vie de l'animal. Ces principes changèrent la face de la science, et depuis les ouvrages de Cuvier, la détermination des espèces fossiles peut souvent être aussi rigoureuse et aussi exacte que celle des espèces vivantes.

Ces travaux fournirent à Cuvier les moyens de prouver que toutes les espèces fossiles (ou du moins presque toutes, voy. le chap. V) sont différentes des espèces actuelles. Il put établir qu'aucune des espèces vivantes n'a été retrouvée fossile, et que toutes les espèces des époques antérieures à la nôtre sont différentes de celles qui peuplent actuellement le globe. Il put même aller plus loin et montrer que les espèces des divers terrains diffèrent entre elles aussi clairement qu'elles se distinguent de celles de l'époque moderne : ainsi les terrains jurassiques, si remarquables par leurs grands reptiles, ne renferment aucun des fossiles des gypses de Montmartre, qui sont d'une date beaucoup postérieure. Il est facile de voir là l'origine des applications de la paléontologie à la géologie pour le problème de la détermination de l'âge des terrains.

M. Alexandre Brongniart, le savant collaborateur de Cuvier dans l'étude du bassin de Paris, contribua beaucoup aussi à étendre l'importance de ces applications. Son mémoire sur les caractères zoologiques des formations fit sentir l'utilité de la paléontologie d'une manière plus pratique encore. Il démontra la valeur des caractères zoologiques comparés aux caractères minéralogiques, et appuya cette démonstration en prouvant l'analogie des terrains crayeux de Rouen et du nord-ouest de la France, avec les grès verts de la perte du Rhône et avec ceux de la montagne des Fiz en Savoie. Il fit voir que, là où les caractères minéralogiques n'indiquaient que des différences, rendues plus sensibles encore par la position des grès des Fiz à plus de 7,000 pieds au-dessus de la mer, l'analogie des fossiles montrait que ces différences d'apparence n'ont aucune importance réelle, et prouvait que les terrains de ces trois localités avaient été déposés à la même époque et par la même mer.

Alors la paléontologie prit son rang parmi les sciences. Ses applications importantes et ses méthodes, devenues plus certaines, attirèrent de nombreux naturalistes, qui suivirent la voie ouverte par Cuvier, et enrichirent rapidement la science de faits nouveaux. L'Angleterre, l'Allemagne, la France et la Suisse comptent dans leur sein des noms justement honorés, que nous serons fréquemment appelés à citer dans la suite de cet ouvrage. Je ne puis ni ne veux esquisser ici l'histoire de la paléontologie moderne. Une énumération de tous les travaux ferait à elle seule un ouvrage complet. Il serait tout à fait superflu de ne citer que les hommes les plus éminents; leurs noms sont connus de tout le monde.

Maintenant un bel avenir attend la paléontologie. C'est à elle qu'il appartient de faire l'histoire des êtres organisés, et des modifications de leur structure dans la série des temps; c'est elle qui enseignera les phases successives par lesquelles a passé la population de la surface de notre globe, et qui précisera les caractères des faunes et des flores qui l'ont successivement occupée. C'est à elle à étendre les bornes de la zoologie et de la botanique, en révélant l'existence de tant de formes nouvelles et de transitions inattendues. Tous les faits de détail ont aujourd'hui leur place et leur importance, et toutes les déterminations exactes d'espèces joueront leur rôle pour résoudre ces questions. Mais pour que la paléontologie remplisse sa mission, il faut qu'elle ne s'écarte jamais des principes les plus rigoureux; car si elle est un instrument puissant et actif dans une main expérimentée, elle peut facilement, en des mains malhabiles, semer l'erreur à côté de la vérité. De nombreuses déterminations faites par approximation et sans l'exactitude convenable ont déjà fait naître la méfiance dans quelques esprits. On a trop promptement peut-être accusé la science elle-même d'erreurs dont la source n'est que dans la légèreté de ceux qui l'emploient, et l'on en a tiré des arguments contre l'importance que peut avoir son application à la fixation de l'âge des terrains. Il faut aux paléontologistes de sérieuses études de zoologie et d'anatomie comparée; il faut qu'ils mettent toujours la plus grande rigueur dans leurs déterminations, qu'ils suivent l'exemple que leur a tracé Cuvier et que leur montrent encore tant de naturalistes distingués, et le temps viendra bientôt où l'incontestable utilité de cette étude ne sera plus méconnue par personne.

CHAPITRE II.

DÉFINITION DU MOT FOSSILE. BUT ET LIMITES DE LA PALÉONTOLOGIE.

Le sens du mot *fossile* a varié dans la science et n'a pas toujours eu une signification identique avec celle qu'on lui donne maintenant. On comprenait anciennement sous cette désignation tous les corps enfouis dans l'intérieur de la terre, et l'on nommait ainsi les cristaux et les matières minérales, aussi bien que les débris des corps organisés. Toutefois on distinguait ces derniers en les nommant *fossilia heteromorpha* ou *petrificata*, tandis que les minéraux proprement dits étaient appelés *fossilia nativa*. Aujourd'hui l'usage a prévalu de ne donner le nom de fossiles qu'aux débris du règne organique, c'est-à-dire aux fossiles hétéromorphes, et ce n'est que dans les anciens auteurs que l'on trouve cette dénomination appliquée aux minéraux. On nomme actuellement fossiles les fragments d'animaux ou de végétaux qui sont conservés et enfouis dans les couches de la terre.

Envisagée même à ce point de vue, la signification du mot fossile a encore besoin d'être précisée. Quelques naturalistes n'ont voulu appeler ainsi que les débris organiques, tout à fait altérés dans leur composition chimique et devenus pierreux. Cette circonstance, complétement accessoire, sur laquelle nous reviendrons plus tard, doit être négligée pour la définition; car, dans les mêmes terrains, il peut y avoir des débris convertis en pierre et d'autres qui ont conservé leurs caractères chimiques primitifs. L'état spécial des corps organiques minéralisés a été nommé *pétrification*, mot qui peut quelquefois être commode pour désigner l'apparence pierreuse du corps, mais qui ne doit jamais être confondu avec celui de *fossile*, car il ne désigne qu'un état fréquent, il est vrai, mais non nécessaire, des corps qui méritent véritablement ce nom. On doit nommer fossiles tous les débris enfouis des êtres organisés, qu'ils soient pétrifiés ou qu'ils ne le soient pas, parce que le fait de la pétrification n'a presque aucune importance zoologique ni géologique. Ce fait n'influe en rien sur la détermination de l'espèce, il ne se lie point d'une manière certaine avec l'ancienneté de son apparition à la surface de la terre, et l'on n'en peut tirer en général aucune conclusion.

On a souvent agité la question de savoir si l'on devait reconnaître comme des fossiles les traces et empreintes que peut avoir laissées un animal dans les couches de la terre, ou s'il faut pour cela la présence même d'une partie de ses débris. On est généralement d'accord aujourd'hui pour répondre à cette question dans le sens le plus large, c'est-à-dire pour considérer comme des fossiles toutes les traces qui prouvent évidemment la présence d'une espèce à une certaine époque. En effet, l'existence même de l'espèce est le fait important à constater, et tout ce qui peut la démontrer clairement remplit ce but. Il importe peu que cette démonstration repose sur la présence d'un fragment de l'animal, ou sur une empreinte qu'il aurait laissée dans une roche avant sa solidification, ou sur toute autre apparence assez évidente pour en fournir une preuve suffisante.

Une des meilleures définitions qui aient été données du mot fossile est celle de M. Deshayes [1] : *Un corps orga-*

(1) *Description des coquilles caractéristiques des terrains. Paris, 1831, p. 5.*

nisé fossile, dit-il, *est celui qui a été enfoui dans la terre à une époque indéterminée, qui y a été conservé, ou qui y a laissé des traces non équivoques de son existence.* Cette définition me paraît tout à fait satisfaisante, sauf en un point, sur lequel le savant conchyliologiste avait lui-même prévu des objections, qu'il a cherché d'avance à réfuter.

La phrase qui me paraît moins inattaquable que le reste est celle-ci : *enfoui dans la terre à une époque indéterminée*. Son résultat, et M. Deshayes en convient, est de faire regarder comme fossiles les ossements et les coquilles qui sont journellement déposés par les eaux des fleuves et de la mer, ensevelis sous des éboulements, etc., toutes les fois que la date de leur enfouissement n'est pas connue. Elle forcerait même à la rigueur à nommer ainsi des os d'hommes ou de mammifères, enterrés à des époques que la tradition ne fixe pas et que le hasard fait retrouver. Cette extension est-elle convenable et d'accord avec le sens qu'on attribue généralement au mot *fossile*? N'est-ce pas ôter à ce nom une grande partie de sa signification réelle, que d'associer aux fossiles anciens et véritables, des corps enfouis tout récemment, qui appartiennent aux espèces qui vivent de nos jours et dont l'étude n'intéresse en rien la paléontologie?

Je reconnais avec M. Deshayes que sa définition est commode, et que la limite à établir entre l'époque où les corps déposés sont fossiles et celle où ils ne le sont plus soulève des questions délicates et difficiles. Je ne les crois cependant pas insolubles, et je pense que l'on s'approcherait davantage de la vérité, si l'on cherchait à établir la différence d'après l'époque à laquelle les terrains qui les renferment ont été formés. Si le dépôt n'a pu prendre naissance que sous l'influence de causes qui n'agissent plus dans l'état actuel du pays ; si, par exemple, il a été formé par des eaux marines ou lacustres dans des endroits qui sont aujourd'hui constamment et complétement émergés, les corps organisés qu'il renferme sont de vrais fossiles. Si, au contraire, le terrain est dû à des circonstances qui se présentent encore de nos jours, les débris organiques qu'il contient ne peuvent pas mériter ce nom.

On exclurait donc de la catégorie des fossiles les ossements et les coquilles ensevelis sous des éboulements de montagnes, enfouis dans des tourbières ou des marais actuels, ou recouverts par des alluvions modernes ; et l'on réserverait ce nom aux corps organisés déposés dans des terrains formés dans des circonstances géologiques différentes.

Ainsi nous appellerons fossiles les corps organisés que recèlent les dépôts arénacés de la plus grande partie de l'Europe, parce que ces dépôts n'ont pu être amenés que par des inondations ou d'autres causes qui ont tout à fait dépassé les limites de celles qui agissent aujourd'hui. Ainsi encore nous appellerons fossiles les ossements déposés dans des cavernes et dans des brèches osseuses, parce qu'on ne peut expliquer que par des cataclysmes généraux et puissants le transport des limons et des cailloux roulés qui les accompagnent.

On évitera de cette manière la nécessité d'employer des termes vicieux, dont M. Deshayes se plaint avec raison, ceux de *subfossile* et de *fossile moderne*. Je crois d'ailleurs que c'est précisément la définition de M. Deshayes qui force à les adopter, car pour lui les corps désignés sous ces noms sont des fossiles. Les paléontologistes donc qui adoptent sa manière de voir, et qui sentent à côté de cela que les corps organisés enfouis de nos jours n'ont pas le même intérêt scientifique, sont forcés de les séparer des vrais fossiles par quelque dénomination. Si, au contraire, la définition les exclut de cette catégorie, ces corps ne recevront ni le nom de subfossiles, ni celui de fossiles modernes.

Je me trouve en partie d'accord, sous ce point de vue, avec M. d'Orbigny [1], qui, dans sa définition des fossiles, admet aussi toute espèce de vestige et semble n'accorder le nom de fossiles qu'aux corps déposés dans des terrains qui ont éprouvé un mouvement géologique. Il définit un fossile : *Tout corps ou vestige de corps organisé enfoui naturellement dans les couches terrestres et se trouvant aujourd'hui en dehors des conditions normales et actuelles d'existence.*

Cette dernière phrase, si je l'ai bien comprise, donne un peu trop d'extension au mot *fossile*. Un marais que l'on vient de dessécher ne présente plus aux mollusques qui l'habitent des conditions normales d'existence, et cependant les coquilles des individus morts dans ce marais, ensevelies par les derniers dépôts de terre, ne seront pas plus fossiles que les coquilles marines mortes et enfouies dans le sable où elles vivaient, et qui continuent ainsi à se trouver dans des conditions normales et actuelles d'existence.

Au reste, il me suffit d'avoir attiré l'attention sur cette définition, afin que chacun soit à même de ne pas faire de confusion. Je préviens mes lecteurs que dans cet ouvrage le mot *fossile* sera appliqué à *tout corps organisé, enfoui naturellement dans la terre, qui y a été conservé ou qui y a laissé des traces non équivoques de son existence, pourvu que le dépôt dont il fait partie ait*

[1] *Cours élémentaire de paléontologie*, 1ʳᵉ part., p. 13.

été formé sous l'influence de circonstances différentes
de celles qui se passent actuellement sous nos yeux.

Cette définition étant adoptée, les limites de la paléontologie sont faciles à fixer. Cette science, dont le
nom indique l'étude des êtres anciens (παλαιός; et ὤν,
ὄντος), s'occupe de l'histoire des fossiles, et son but principal est de faire connaître les corps qui ont habité le
globe aux diverses époques antérieures à la nôtre.
Elle a ainsi à remplir une des pages les plus remarquables de l'histoire de la terre, en retraçant les phases
successives de l'organisation des animaux qui l'ont
peuplée.

C'est dire par là que la paléontologie est une branche
de la zoologie (1), et que c'est des méthodes de cette
science qu'elle doit s'inspirer. Son but essentiel
est l'étude des rapports zoologiques qui existent
entre les animaux fossiles, et entre ceux-ci et les vivants. Elle a à constater les modifications de l'organisme dans la série des temps, à chercher les lois générales qui ont présidé à ces changements. Elle doit, en
comparant les formes animales actuelles avec celles
des temps anciens, l'embryogénie et la physiologie des
êtres vivants avec l'ordre de succession et les mœurs
probables des animaux éteints, rassembler des matériaux pour approcher autant que possible de la solution
des graves questions qui se rattachent à l'origine et au
développement des êtres organisés.

La paléontologie a aussi des rapports intimes avec la
géologie, mais sous un tout autre point de vue. Elle a

(1) J'ai dit dans la préface, et le titre de ce livre l'indique aussi, que je ne
m'occuperai que des animaux. Il aurait peut-être été plus exact de remplacer le mot *paléontologie* par celui de *paléozoologie*, mais le premier est plus
simple et mieux compris.

besoin des travaux du géologue pour connaître la succession des terrains fossilifères, leur distribution géographique, leur puissance, etc. En revanche, l'étude des fossiles fournit à la géologie des matériaux d'une importance incontestable. Je montrerai, dans le chapitre VIII, le parti qu'on en peut tirer pour appuyer, aider et éclairer les travaux stratigraphiques, pour fixer la place des rivages des mers, leurs profondeurs et leurs bas-fonds, pour faire connaître si les terrains ont été formés par la mer ou par l'eau douce, etc. Les relations de ces deux sciences sont donc plus dans l'application que dans les principes ; elles diffèrent essentiellement par leurs méthodes (¹). Elles ont tout à gagner à rester clairement distinctes, afin de se prêter un appui plus éclairé.

Je suis bien loin de vouloir dire par là qu'un géologue ne puisse pas être un bon paléontologiste, ou que ce dernier ne puisse pas aussi faire des travaux utiles en géologie. L'expérience est là pour montrer le contraire, et chacun pourrait citer des hommes qui ont été éminents dans les deux branches. Je veux seulement dire que le géologue qui voudra faire des recherches paléontologiques devra connaître et avoir étudié à fond les méthodes zoologiques et les pratiquer

(¹) Je ne puis pas admettre l'extension que M. d'Orbigny donne à la paléontologie. Il dit (*Cours élém.*, p. 3) : « La paléontologie ne se borne pas à décrire isolément les animaux fossiles dans un ordre zoologique ou géologique; elle embrasse toutes les questions relatives à ces deux sciences, qui se rattachent *directement ou indirectement* aux êtres enfouis dans les couches terrestres. » Notre savant ami a raison, quand il dit que « la paléontologie ne se borne pas à décrire » car toute science qui ne généralise pas n'est pas une science ; mais y faire entrer toutes les questions géologiques qui se rattachent directement ou indirectement aux fossiles, c'est ne rien laisser à la géologie des terrains stratifiés.

exclusivement. Sans cela et sans une étude profonde des caractères des espèces, il encombrera la science de catalogues inexacts et de dénominations mal faites. Il suffit de citer ce danger pour que tous ceux qui se sont occupés de ces questions se rappellent qu'il n'y a déjà que trop d'exemples de travaux faits dans une fausse méthode, et que ces erreurs ont contribué plus que toute autre chose à inspirer la défiance et le découragement dans l'emploi des caractères paléontologiques.

Le paléontologiste commettra des erreurs tout aussi graves, quand il voudra faire de la géologie avec des méthodes zoologiques, quand à la suite de travaux sur des fossiles, il décidera, depuis son cabinet, de l'ordre de succession des couches, sans tenir compte des éléments stratigraphiques, et, en un mot, sans employer d'une manière convenable les méthodes géologiques.

Du reste, il est de toute évidence qu'il faut que le géologue connaisse la paléontologie pour en appliquer avec discernement les résultats, et que le paléontologiste ait étudié suffisamment la géologie pour apprécier ses enseignements dans l'ordre de succession des faunes et dans tant d'autres questions. Mais, je le répète encore, il faut que les deux sciences restent indépendantes pour conserver leurs méthodes distinctes. Si l'on nous permet cette comparaison, elles doivent vivre comme deux sœurs amies, qui se prêtent aide et secours, mais qui ne cherchent pas à se dominer l'une l'autre, ni à perdre par des rapports forcés l'individualité de leurs deux caractères.

CHAPITRE III.

DE LA MANIÈRE DONT LES FOSSILES ONT ÉTÉ DÉPOSÉS ET DE LEURS DIVERSES APPARENCES.

L'étude des faits que nous pouvons observer tous les jours sert à expliquer en grande partie ceux qui se sont passés dans les premiers âges du globe, et fait comprendre en particulier la manière dont les fossiles ont été déposés [1]. La plupart des eaux courantes charrient des pierres, du sable et du limon, et entraînent ces matières jusque dans les eaux tranquilles. Lorsque la force d'impulsion n'est plus assez grande pour les soutenir, on voit les matériaux les plus pesants se déposer sur le fond et les plus légers les recouvrir, en formant ainsi des couches superposées, d'une composition un peu différente les unes des autres. Des phénomènes analogues se passent dans les mers et dans les lacs : le mouvement de l'eau, sous l'influence du vent et des courants, use les côtes, en enlève des sédiments, et, après les avoir tenus quelque temps en suspension, les dépose quand le calme succède à l'agitation. L'usure des galets produite par leur frottement et les débris brisés de quelques animaux marins ajoutent encore des matériaux dont la nature varie selon celle du fond des mers.

Une succession d'événements semblables peut créer

[1] On sait que c'est à M. Constant Prévost que la science est redevable de l'idée ingénieuse de recourir aux causes actuelles pour expliquer tous les faits géologiques. Cette théorie a été développée plus tard par M. Lyell. Elle rend très bien compte de la plupart des faits, pourvu que l'on admette que sous l'influence de causes identiques, mais avec des circonstances différentes, il y a eu à diverses époques des modifications et des actions bien plus importantes que celles que nous observons de nos jours.

des dépôts d'une grande épaisseur, dont le caractère général sera d'être composés de couches ou *strates* parallèles. Quoique, dans certaines localités et dans quelques cas spéciaux, on puisse remarquer des inclinaisons ou des différences partielles de niveau, on peut dire que, si l'on considère ces formations dans leur ensemble, l'horizontalité est leur caractère constant. Les traités de géologie renferment sur ce point de nombreux détails; ce serait sortir de notre sujet que de nous en occuper ici.

Les dépôts sont plus ou moins modifiés ensuite par les marées, les vents et les tempêtes, qui enlèvent des sédiments d'une place pour les transporter à une autre, interrompent ainsi l'ordre régulier de stratification, placent une couche de vase sur des sables, ou *vice versâ*.

L'étude de la croûte terrestre a montré depuis longtemps qu'une grande partie des couches qui la composent présentent la même disposition, les mêmes caractères et les mêmes accidents que les dépôts actuels dont nous venons de parler. Tous les géologues sont maintenant d'accord pour y voir une preuve incontestable que ces couches ont été déposées par les eaux, et pour considérer les terrains *stratifiés*, c'est-à-dire, ceux qui sont composés de couches originairement parallèles, comme ayant pris naissance dans le fond des eaux.

Avec les grains de sable et les autres substances minérales ténues, les eaux charrient et déposent des corps organisés, soit ceux qui vivent dans leur sein, soit aussi ceux qu'elles ont pu, à la suite d'inondations ou de toute autre cause, recevoir de la terre ferme (¹). Les ani-

---

(¹) Nous reviendrons plus tard sur ces faits en traitant des applications de la paléontologie à la géologie. Nous aurons alors à étudier les différences entre les animaux côtiers et les animaux pélagiques, les animaux flottants et ceux qui sont toujours plus pesants que l'eau, etc.

maux morts, lorsqu'ils sont longtemps dans l'eau, éprouvent une macération, c'est-à-dire que leurs tissus mous se décomposent ; ils finissent ainsi par être réduits à leurs parties solides qui, ordinairement plus pesantes que l'eau, vont se déposer au fond. Les nouvelles couches de sable les recouvrent, les cachent et contribuent à les conserver. De la même manière s'enfouissent dans leur position normale les mollusques morts qui vivaient dans la vase ou dans le sable, les mollusques perforants, etc.

La conservation des fossiles n'est ni très durable ni très parfaite, si les particules du sable restent tout à fait désagrégées ; mais quelquefois des circonstances spéciales font solidifier ces couches. Pour expliquer cette solidification, les géologues distinguent les dépôts chimiques et les dépôts mécaniques. Les premiers sont ceux dans lesquels les substances dont l'eau est chargée y sont dissoutes par voie chimique. Lorsqu'une cause particulière force la précipitation de la partie solide de cette solution, il arrive ordinairement que le dépôt est immédiatement compacte. C'est ainsi que le carbonate de chaux tenu en dissolution par un excès d'acide carbonique, ou par une température élevée, se dépose lorsque ces causes cessent, et forme dans le fond des rivières, des lacs ou des mers, des roches plus ou moins solides, telles que les travertins. On appelle, au contraire, dépôts mécaniques ceux plus fréquents, où les particules solides ne sont que suspendues dans l'eau et se déposent par leur propre poids. Dans ce dernier cas, la solidification n'a lieu que si les eaux apportent une substance qui les lie et les cimente.

Cette même série de phénomènes a dû se passer constamment dans les périodes anciennes de l'histoire du globe, et c'est à une action lente des eaux qu'il faut probablement attribuer l'enfouissement de la plupart des fossiles. On a trop souvent cru qu'il était nécessaire, pour expliquer ces dépôts, de recourir à des cataclysmes violents et à d'immenses perturbations ; il est à croire que, dans un très grand nombre de cas au moins, ils se sont effectués comme ceux que nous venons d'esquisser. Outre la probabilité que fournit l'analogie et les preuves qui résultent des observations géologiques, on peut citer quelques faits paléontologiques qui semblent indiquer que la fossilisation des débris organiques a eu lieu très lentement.

Ainsi on trouve souvent les ossements des grands animaux épars et éloignés les uns des autres, circonstance qui ne peut s'expliquer qu'en admettant que l'animal, depuis sa mort, a séjourné plusieurs mois dans des eaux tranquilles ou à courant régulier, où il a été macéré et disloqué. En effet, un cataclysme subit, entraînant ensemble les matières organiques et inorganiques, aurait laissé l'animal entier ou presque entier, et l'aurait immédiatement recouvert et enfoui, en sorte qu'on trouverait réunis les divers os de son squelette.

D'autres faits ont exigé un temps plus long encore. On trouve quelquefois sur ces os épars (¹), dans l'intérieur des coquilles bivalves, ou sur des oursins dépourvus de leurs piquants, des serpules, des huîtres ou d'autres mollusques adhérents. Ces animaux n'ont pu s'y établir qu'après que les os ou les coquilles ont été

(¹) Le musée de Genève possède un os intéressant sous ce point de vue. C'est l'extrémité du museau du *Streptospondylus Geoffroyi*, Herm. v. Meyer (*Teleosaurus rostro minor*, Geoffr.), du terrain jurassique, sur lequel de nombreuses huîtres avaient fixé leur domicile.

dépouillés de leurs parties molles, ou après que la macération a fait tomber les piquants de l'oursin. Les huîtres en particulier paraissent avoir vécu longtemps sur ces débris ; on en trouve quelquefois des familles réunies, qui indiquent une suite de générations, et par conséquent d'années tranquilles.

A ces faits viennent se joindre bien d'autres considérations. Quand on voit réunis ensemble des milliers de mollusques adultes de même espèce, quand on voit surtout des montagnes dont des couches tout entières sont formées de coraux disposés comme ceux des îles madréporiques de la mer du Sud, et quand on réfléchit au temps nécessaire pour la croissance et le développement de ces masses immenses, on fermerait les yeux à l'évidence si l'on n'admettait pas que, dans beaucoup de cas, les dépôts de fossiles ont eu lieu dans les mers tranquilles et par des causes lentes, analogues à celles que nous pouvons étudier aujourd'hui.

Toutefois, en reconnaissant ce fait général, on doit convenir aussi que, dans certains cas, il y a eu des événements plus subits, dans lesquels les animaux ont été enfouis peu de temps après leur mort. On en trouve la preuve dans la conservation de quelques débris très fragiles qui n'ont certainement pas pu être exposés longtemps à l'action de l'eau. Ainsi les pierres lithographiques de Bavière et d'autres pays renferment des insectes terrestres très délicats, et même des ailes de papillon. Il faut que ces animaux aient été recouverts par une couche de dépôt calcaire presque au moment où ils ont été entraînés par l'eau. Certains dépôts qui renferment un grand nombre de poissons encore revêtus de leurs écailles ont probablement été formés aussi d'une manière prompte. Peut-être les eaux, se chargeant tout à coup d'abondantes matières minérales, ont-elles fait périr ces poissons, soit par la présence de ces matières, soit par une élévation de température, et les ont-elles immédiatement recouverts par la précipitation ou le dépôt de ces substances.

Il est vrai que la conservation des animaux morts est influencée aussi par la nature du rivage sur lequel ils sont jetés. Un corps battu par les vagues sur le galet se décomposera à proportion plus vite. Des poissons et des êtres fragiles entraînés dans un golfe tranquille résisteront beaucoup plus longtemps. Mais ces observations n'infirment pas ce que je viens de dire, car il faudra toujours un temps assez long pour la décomposition des premiers, et la conservation souvent très parfaite des écailles de poisson, des couleurs même des papillons, des membres délicats des insectes, des pattes si caduques des crustacés, prouvent un intervalle relativement bien plus court.

Quelques naturalistes ont cru trouver dans certains faits des arguments en faveur de cataclysmes encore plus prompts, qui auraient amené des fossilisations plus rapides. Ainsi les poissons qu'on trouve dans les schistes cuivreux du zechstein, près de Mansfeld, sont fréquemment contournés, tandis que la plupart des poissons actuels ont après leur mort le corps en ligne droite. On a vu, dans ces positions, la preuve d'une vive souffrance qui aurait accompagné leur mort prompte et instantanée. Nous ferons observer que les poissons du zechstein sont trop différents de formes de ceux qui existent de nos jours, pour que ces arguments aient une bien grande certitude.

Un fossile célèbre du monte Bolca, près de Vérone, a aussi été considéré longtemps comme prouvant la

mort subite des poissons, au moment où a été formé le
dépôt qui en renferme les restes. C'est une plaque calcaire sur laquelle on voit un grand poisson, dans la
bouche duquel semble être un plus petit à moitié avalé.
On l'expliquait par la mort instantanée de l'un et de
l'autre ; depuis lors on a reconnu que le petit poisson
n'était pas dans la bouche du grand, mais que ces deux
animaux étaient seulement superposés.

Les faits qui précèdent montrent donc que tous les
débris des animaux qui sont parvenus jusqu'à nous
ont été conservés dans des terrains formés par les
eaux. Les couches qui les renferment se sont solidi-
fiées, et ces débris, devenus de vrais fossiles, ont pu
y prendre des apparences très diverses, qu'il importe
de connaître pour éviter des erreurs dans leur détermination.

Les uns ont été conservés avec tous leurs caractères, et le seul changement qu'on y remarque est la
dissolution des molécules organiques. Ainsi on trouve
des os qui n'ont perdu que leur gélatine et qui sont
semblables à ceux qui auraient été enfouis quelques
années dans la terre ou exposés à l'action de l'air et de
la pluie. On voit aussi des coquilles qui sont seulement
devenues plus blanches, et qui, ayant perdu les particules organiques qui formaient leur parenchyme primitif, sont plus friables que les vivantes. Quelquefois
même la détérioration a été encore moins sensible, car
on trouve des os d'ours des cavernes qui renferment un peu de gélatine, et des coquilles fossiles
presque aussi colorées que celles qui vivent aujour-
d'hui (1).

(1) M. Hogard, dans un mémoire intéressant sur la fossilisation, a montré
que la composition chimique des corps influe beaucoup sur leur mode de

Ce degré de conservation est fréquent dans les terrains récents ; mais dans ceux qui ont été formés à un âge très reculé, les fossiles ont ordinairement une apparence plus différente de celle des corps vivants. Souvent, comme je l'ai dit plus haut, les organes se pétrifient, c'est-à-dire que des liquides minéraux les pénètrent de manière à remplacer les molécules organiques par des molécules minérales, qui conservent la forme des tissus, tout en changeant leur apparence. On n'a pas encore d'explication tout à fait satisfaisante de ces pétrifications, malgré des recherches curieuses de M. Gœppert, qui a réussi à produire sur des tiges de bois quelque chose d'analogue, en les plongeant dans des solutions de silice, de matières calcaires et de substances métalliques.

Les corps pétrifiés (os, coquilles, etc.) changent de couleur et augmentent souvent de poids. Le carbonate de chaux et la silice, soit à l'état amorphe, soit à l'état cristallisé, sont les substances pétrifiantes les plus fréquentes. Tantôt on voit l'intérieur d'une coquille orné de beaux cristaux ; tantôt les fibres d'un os ou d'un végétal, devenues complétement minérales, conservent leur texture normale sous une apparence transparente et brillante. D'autres fossiles sont imprégnés de sulfure de fer, comme plusieurs ammonites des terrains aptien, oxfordien, liasien, etc. Le fer oligiste remplit les coquilles de quelques terrains des environs de Semur (lias inférieur). Plusieurs substances ont encore été citées ;

conservation ; que les dents persistent mieux que les os, ceux-ci que les cornes et les écailles ; les os des mammifères sont plus solides que ceux des poissons ; l'enveloppe dure de quelques crustacés se détruit moins facilement que les téguments coroés des insectes ; les coquilles et les polypiers sont dans les meilleures conditions de durée, etc.

mais l'étude de tous ces faits importe plus à la minéralogie et à la géologie qu'à la paléontologie.

Dans ces divers cas le fossile a sa forme externe normale; mais il y a aussi des modes de fossilisation qui changent l'apparence primitive du corps et le rendent souvent méconnaissable. Quelquefois le dépôt plus ou moins liquide qui entoure un corps creux, tel qu'un mollusque ou un oursin, pénètre dans son intérieur et remplit sa cavité. Après la solidification, il peut se faire que le corps lui-même se détruise; il ne reste alors, pour indiquer sa présence, que le solide formé dans son intérieur, qui retrace par sa surface les formes internes de la coquille. Ces corps ont reçu le nom de *moules*. Si le test est très mince, la forme du moule diffère ordinairement peu de celle de la coquille elle-même; mais s'il est épais, la différence sera beaucoup plus prononcée, et il faudra, dans la détermination générique et spécifique, une très grande attention pour ne pas commettre d'erreurs. On peut se convaincre de ces différences en remplissant de cire bien serrée quelques coquilles vivantes, qu'on dissout ensuite par un acide; la cire restée libre formera un véritable moule. Le même procédé permettra de faire une étude utile (¹) des rapports qui existent entre les caractères internes et ceux que fournissent les coquilles complètes. On se mettra ainsi à même de reconnaître les genres, dans les cas très fréquents où l'on aura des moules à étudier.

Il peut se faire aussi, lorsque, comme dans le cas précédent, le fossile a été détruit après la solidification de la couche, qu'on ne le connaisse que par la partie

(¹) M. Agassiz a publié, dans les *Mémoires de la Société d'histoire naturelle de Neuchâtel*, un mémoire intéressant sur les moules des coquilles bivalves.

de la roche qui l'entourait, et qui, en s'appuyant exactement sur lui, en a reçu la forme. Cette nouvelle apparence se nomme une *empreinte*; elle correspond bien à la surface externe de la coquille, mais elle présente en creux ce que celle-ci avait en relief, et *vice versâ*. On peut avec du plâtre ou de la cire, si l'empreinte est suffisamment solide, reproduire la forme réelle de l'animal.

Enfin, en supposant encore le fossile détruit après la solidification de la roche, si le dépôt n'est pas entré dans son intérieur et n'a pas fait de moule, il peut arriver qu'un liquide s'insinue dans la cavité laissée par la dissolution de l'animal et prenne la forme générale de cette cavité, dont les parois constituent ce que nous avons appelé l'empreinte. Si ce nouveau liquide se solidifie, il retracera exactement les caractères externes de l'animal et formera ce qu'on nomme une *contre-empreinte*. Cette contre-empreinte ressemblera au premier coup d'œil à un fossile pétrifié; mais, comme le fait ingénieusement remarquer M. Lyell, elle différera de lui comme la statue de bronze diffère de l'être qu'elle doit représenter; la surface est semblable, mais il ne faut chercher dessous ni les muscles, ni les os, ni les autres organes.

M. d'Orbigny, dans son *Cours élémentaire de paléontologie*, a modifié ces dénominations qui cependant sont généralement admises. Il nomme *moule intérieur* ce que nous avons appelé moule, *moule extérieur* ce qui a été désigné ci-dessus sous le nom d'empreinte, et *modèle* ce qui est pour nous une contre-empreinte. Les *empreintes* sont pour lui des portions plus ou moins étendues des moules. Il réserve le nom de *contre-empreinte* à celle qui est formée lorsqu'une co-

quille, ayant été déposée dans les couches terrestres,
et s'étant détruite en laissant à la fois dans le dépôt soli-
difié l'empreinte de la surface extérieure et son moule
intérieur, il arrive que sous l'influence d'une pression,
le vide disparaît, et que le moule intérieur et le moule
extérieur se mettent en contact, de manière que
leurs caractères s'atténuent en donnant un ensemble
qui est la réunion de l'un et de l'autre.

CHAPITRE IV.

DES CHANGEMENTS DE POSITION ÉPROUVÉS PAR LES FOSSILES
APRÈS LEUR ENFOUISSEMENT.

Les fossiles, ainsi que nous l'avons dit dans le chapitre précédent, ont tous été déposés dans des couches
horizontales ; mais cette horizontalité a été fréquemment détruite par les dislocations de l'écorce du globe.
Le refroidissement graduel de notre planète est probablement la cause principale de ces mouvements du sol.

On sait que tout s'accorde pour démontrer que la
terre a été primitivement liquide et incandescente, et
que son refroidissement a commencé à sa surface par
la formation d'une croûte ou écorce solide dont l'épaisseur est encore aujourd'hui bien petite relativement au
diamètre terrestre. La continuation du refroidissement
a amené une diminution de volume dans les régions in-
térieures. La croûte solidifiée a dû obéir par places à
ce changement de dimensions. Des parties se sont affais-
sées plus que d'autres, qui se sont trouvées ainsi élevées en plateaux et en montagnes, soit qu'une sorte
d'effet de bascule déterminé par les affaissements mêmes
les ait soulevées au-dessus de leur niveau primitif, soit

que l'abaissement des premiers se soit quelquefois borné à leur donner une élévation relative.

On donne le nom de *soulèvements* ou de *dislocations* à ces modifications de la surface du globe. Citer ces mots, c'est rappeler à tous les géologues le nom d'Élie de Beaumont, qui a tiré un parti si remarquable de ces phénomènes pour fixer les limites des diverses époques (¹), et la chronologie de la surface de la terre. Leur étude appartient à la géologie; quelques mots suffiront ici pour exposer les faits les plus généraux dont la connaissance est indispensable à la paléontologie.

Tantôt le soulèvement se manifeste sur une grande étendue et avec une intensité médiocre. Alors des espaces considérables se trouvent élevés au-dessus des pays voisins, en formant des plateaux peu disloqués où la continuité des couches, et souvent leur horizontalité, ne sont pas sensiblement modifiées. Tantôt aussi le soulèvement est plus brusque, les couches sont rompues, fortement redressées, et de véritables montagnes se forment.

C'est, comme je l'ai dit plus haut, à la géologie qu'il appartient de décrire ces accidents, l'inclinaison des couches, leur redressement, leurs renversements et leurs plissements, leurs ruptures ou failles, etc., et d'indiquer les précautions que doit prendre l'observateur pour deviner sous ces formes variées la disposition primitive des terrains.

On comprend facilement qu'à la suite de ces graves perturbations, les corps organisés déposés dans le fond des eaux puissent se trouver plus tard singulièrement

---

(¹) Je reviendrai plus tard sur les travaux de cet illustre géologue, en montrant comment on peut essayer de lier, pour l'histoire du globe, les documents paléontologiques avec ceux que fournissent les soulèvements.

déplacés. Les couches qui les renferment peuvent faire partie de ces plateaux considérables qui constituent les plaines de nos continents, et les fossiles se trouver ainsi souvent à de grandes distances des mers actuelles. Ces mêmes couches peuvent aussi avoir été redressées pour former des montagnes, et il est fréquent de trouver jusqu'au sommet des pics les plus élancés ([1]) des fossiles qui prouvent qu'avant la formation de ces montagnes dont nous admirons la hauteur et la diversité, les roches qui les composent ont fait partie de dépôts étendus sous les eaux.

Les formes variées et le bouleversement des montagnes ne doivent donc pas empêcher de reconnaître une série de couches primitivement horizontales, dont les plus profondes sont les plus anciennes, et dont les plus superficielles sont les plus récentes. L'observateur doit reconstituer par la pensée cet ordre originel; alors les dislocations ne seront plus pour lui que des accidents qui lui fourniront le moyen d'étudier l'ordre et les caractères de ces formations successives, qui seraient inaccessibles sans ces coupures.

Ces couches se laissent en général facilement distinguer par des différences de couleur, de densité et de composition. Elles sont souvent séparées par des lignes très visibles. S'il y avait sur la surface du globe un lieu qui eût conservé des traces de toute la série des terrains, et qu'en cet endroit une dislocation immense eût coupé

([1]) On voit des fossiles dans les Alpes, dans plusieurs localités élevées. Ainsi les bélemnites se trouvent au mont Joly, à une hauteur de 2,560 mètres au-dessus de la mer, et entre le col de Salenton et le Buet, à une hauteur d'au moins 2,700 mètres. En Amérique, les plateaux des Andes en renferment à une hauteur plus grande encore. M. Gentil a trouvé au Pérou des peignes pétrifiés à 2,200 toises d'élévation. (*Journ. de phys.*, introd., t. I, p. 435. — Burtin, *Oryct. de Bruxelles*, p. 13.)

toutes les couches, de manière à présenter à l'observateur la totalité de leurs tranches, on aurait dans cette *coupe* les moyens de reconnaître toute la suite des terrains stratifiés, depuis les plus anciens jusqu'aux plus modernes.

Mais une pareille section n'existe pas et ne peut pas exister, et cela par deux raisons.

La première est que les eaux seules peuvent former des terrains, et que par conséquent les pays qui ont été à sec pendant une époque géologique n'en ont pas conservé de traces. Or, aucun pays n'a été sous l'eau pendant la durée de toutes les époques géologiques. Dans tous donc il existera des lacunes (¹) plus ou moins considérables.

La seconde est que l'épaisseur (ou la *puissance*) des terrains stratifiés est beaucoup trop grande pour que le plus profond précipice, ou que le flanc abrupt de la plus haute montagne en puisse offrir à l'observateur autre chose qu'une très faible partie.

Mais si cette coupe générale n'existe pas dans la nature, on peut la reconstruire théoriquement, en réunissant et en comparant des coupes partielles. On a des moyens, que nous verrons plus tard, de reconnaître les terrains qui sont contemporains. Ces terrains servent de jalons, et tel pays fournira la coupe des terrains supérieurs, tel autre celle des terrains profonds, un troisième comblera les lacunes et rectifiera ou complétera les autres. Les géologues sont ainsi parvenus à dresser un tableau général de la superposition des couches,

____

(¹) Ainsi dans les environs de Genève, nous n'avons aucun terrain plus ancien que le lias; le terrain néocomien, qui ailleurs est le premier terme d'une longue série crétacée, est souvent recouvert directement par la mollasse qui a été formée au milieu de l'époque tertiaire.

dans l'ordre de leur apparition, qui représente la série de tous les terrains successifs. Les fossiles recueillis dans ces diverses couches se trouvent ainsi classés d'après leur ordre d'ancienneté ; l'étude de ces débris et les diverses questions qui s'y rattachent forment la base de la paléontologie. Je chercherai dans les chapitres suivants à faire connaître les conséquences les plus importantes et les plus générales qui découlent de leur examen.

CHAPITRE V.

DE LA DISTRIBUTION DES FOSSILES DANS LES DIVERS TERRAINS, ET DES RAPPORTS ZOOLOGIQUES QUI EXISTENT ENTRE LES FAUNES SUCCESSIVES.

Nous avons dit, en terminant le chapitre précédent, qu'on trouve les fossiles dans une série de couches dont on a pu déterminer l'ordre de succession. Nous devons étudier maintenant comment les espèces qu'ils représentent sont distribuées dans ces divers terrains.

Dans cette comparaison, l'observateur est frappé en premier lieu de ce que les fossiles sont pour la plupart différents des animaux actuels. Ce fait, dont Cuvier a montré le premier la généralité dans son admirable discours sur les révolutions du globe, est le point de départ de la paléontologie.

La comparaison des diverses couches entre elles montre que la même différence existe entre leurs populations respectives. Les fossiles conservés dans chacune d'elles diffèrent spécifiquement des fossiles des autres couches. On ne tarde pas à voir que chaque étage de la grande coupe que nous avons supposée a une population distincte qui ne se confond ni avec celles des terrains qui l'ont précédé, ni avec celles des formations subséquentes.

De même que le voyageur qui quitterait les parties tempérées de l'Europe pour les déserts brûlants de l'Afrique, ceux-ci pour les riches régions de l'Inde, et qui de là passerait dans le continent américain, rencontrerait dans chacun de ces pays des animaux différents ; de même le géologue et le paléontologiste qui passent de l'étude d'un étage à celle d'un autre plus récent ou plus ancien, rencontrent aussi des animaux de nature diverse. Dans la première supposition, l'observateur aura successivement sous les yeux un certain nombre d'animaux groupés ensemble et limités par le climat, les mers, les montagnes, etc., qui constituent ce que l'on nomme des *faunes géographiques* [1]. Dans la seconde hypothèse, le paléontologiste passera en revue des groupes d'animaux séparés suivant le temps auquel ils ont vécu.

On a donné le nom de *faunes géologiques* à ces associations, et le fait énoncé plus haut, que les animaux diffèrent d'une couche à l'autre, peut par conséquent s'exprimer en disant que chacun des terrains qui se sont successivement formés sur la surface du globe renferme sa faune spéciale, ou bien qu'une série de faunes différentes les unes des autres se sont succédé sur la surface de la terre.

La comparaison de ces faunes présente des résultats importants, dont la généralisation permet d'arriver aux

---

[1] Le mot *faune* est analogue au mot de *flore*. Le dernier exprime l'ensemble de la végétation d'une époque ou d'une contrée. Une faune est de même l'ensemble des animaux qui vivent dans un même pays ou qui ont vécu dans un même temps.

lois (¹) qui ont présidé à la succession des êtres organisés. Nous montrerons plus bas qu'il est probable
qu'on s'est trop hâté dans l'établissement de quelques
unes de ces lois, et qu'on a souvent donné aux faits sur
lesquels elles reposent une portée qu'ils n'ont pas.
Mais ces généralisations, malgré leurs erreurs, ont singulièrement contribué à avancer le développement de
la paléontologie, en montrant combien de questions
graves et intéressantes se rattachent à l'étude des fossiles. On conçoit d'ailleurs facilement que les naturalistes auxquels les résultats de cette science ont apparu pour la première fois aient été disposés à laisser
errer leur imagination au delà des limites que l'observation stricte des faits devait imposer; car ces faits,
trop peu nombreux pour permettre une précision suffisante, l'étaient assez pour faire entrevoir combien
sont importantes les lois que leur étude semblait
révéler. Il convient donc de s'arrêter ici quelques moments pour montrer sur quoi se basent ces généralisations, pour rechercher ce qu'elles ont de vrai et de faux,

(¹) En employant le mot *loi*, j'ai été critiqué par quelques personnes. Je
sais en effet que ce mot a en philosophie une acception un peu différente, et
que nos lois paléontologiques n'ont ni la nécessité, ni l'universalité qui jus-
tifieraient ce nom. Mais dans les sciences naturelles ce mot est depuis longtemps employé dans le sens où je l'ai pris. Pour le physicien, une loi n'est
qu'une généralisation de faits, une sorte de synthèse, susceptible aussi de
plus et de moins, admise dans un temps, controversée dans un autre, aspi-
rant à être un lien universel et nécessaire entre les faits, mais n'y réussis-
sant pas toujours. Il suffit de rappeler ici la *loi* de Mariotte, admise comme
générale jusqu'aux recherches récentes de M. Regnault; la *loi* de Ohm, qui
en pratique, présente presque toujours des anomalies, etc. Pour le paléontologiste comme pour le physicien, une *loi* est l'expression de ce qu'il y a de
commun et de général entre plusieurs faits ou plusieurs séries de faits. Elle
n'est donc pas invariable, en ce sens que de nouvelles découvertes peuvent la
modifier. Pour qu'elle fût une vraie loi aux yeux du philosophe, il faudrait, ce
qui n'est pas dans le pouvoir de l'homme, que la science fût complète et parfaite.

et pour discuter leurs limites réelles. Je passerai en revue dans ce chapitre les lois, c'est-à-dire les règles générales qui découlent directement de la comparaison des faits, et j'indiquerai, dans le suivant, les principales théories que l'on a imaginées pour expliquer la succession des faunes.

Dans cette analyse, je me suis attaché à distinguer avec autant de soin que possible les vérités qui sont clairement démontrées des idées qui sont encore plus ou moins controversées. J'ai cherché aussi à poser clairement les questions, car c'est pour avoir trop facilement confondu des points de vue fort différents que la discussion a souvent été entourée d'une obscurité que l'on peut, je crois, dissiper. Il y a, je le reconnais, beaucoup de points douteux, probablement quelques uns qui dépassent les forces de la raison humaine; mais il est aussi des faits acquis que l'on doit distinguer des autres et que l'on ne contestera plus quand, en voulant les défendre, on ne les associera pas avec ceux qui ne peuvent pas encore être démontrés.

J'établirai d'abord les lois les plus certaines et les plus générales qui ne sont que le développement du fait indiqué ci-dessus, l'existence des faunes successives.

Première loi. — *Les espèces* (¹) *d'animaux ont toutes eu une durée géologique limitée.* Je crois cette loi incon-

---

(¹) Il importe de préciser la valeur que nous donnons au mot espèce, dans la discussion de toutes ces lois. Pour nous, l'espèce en paléontologie est comprise dans les mêmes limites que dans la nature vivante. Nous appelons animaux de même espèce, tous ceux qui se ressemblent assez pour que, s'ils étaient vivants, on les réunît en une seule espèce. Nous considérons comme appartenant à des espèces différentes, les animaux qui diffèrent par des caractères égaux ou supérieurs à ceux qui, dans le monde actuel, sont suffisants pour distinguer les espèces. (Voyez la note A à la fin du volume.)

testable, et je pense qu'elle sera incontestée si on la pose comme je viens de le faire et sans la mélanger (1) avec une autre bien plus discutable, connue sous le nom de loi de *spécialité des fossiles*, que nous examinerons plus bas.

Dès que l'on aborde l'étude de la paléontologie, on est frappé du grand nombre de types qui ont vécu pendant une période géologique limitée. Presque tous les grands reptiles aquatiques et terrestres sont dans ce cas, ainsi que les ptérodactyles. Les ammonites, les bélemnites, les trilobites, etc., etc., ont existé pendant un petit nombre d'époques que leurs débris caractérisent d'une manière incontestable.

Dans ces types et dans beaucoup d'autres, les caractères sont tellement tranchés, que leur apparition et leur disparition frappent les observateurs les moins attentifs. Quoi de plus étonnant, en effet, que de voir des groupes zoologiques aussi remarquables manquer dans toutes les époques anciennes, puis se développer avec abondance, jouer un rôle important dans les mers, pour disparaître ensuite et ne laisser aucune trace pendant toutes les époques suivantes?

Ce qui est arrivé pour ces types plus frappants est arrivé aussi pour toutes les espèces, et aucune n'a dépassé dans sa durée un petit nombre de périodes géologiques.

Les unes, et c'est le plus grand nombre, n'ont pas encore existé à l'époque la plus ancienne. Ainsi on chercherait inutilement parmi les fossiles de ce temps des mammifères, des oiseaux ou des reptiles. Tous ont apparu plus tard. Tous les poissons de nos mers appar-

---

(1) J'ai moi-même commis l'erreur de ce mélange dans la première édition de cet ouvrage, t. I, p. 58.

tiennent à des formes relativement récentes. L'étude des mollusques, des articulés et des zoophytes montre aussi que la grande majorité des espèces ont apparu postérieurement aux époques anciennes et successivement dans chacune des suivantes.

D'autres espèces ont eu le sort inverse. Créées de bonne heure, elles se sont éteintes avant les époques récentes et la période actuelle. Le fait seul de leur apparition ancienne rend certaine leur prompte disparition. Les exemples surabondent.

D'autres, enfin, ont vécu dans les époques intermédiaires et manquent complétement aux terrains anciens et aux terrains récents.

On peut se rendre compte d'une manière frappante de la vérité de cette loi en voyant combien même les *genres* ont eu une durée limitée; car, sur près de quinze cents genres connus à l'état fossile, M. d'Orbigny n'en compte que seize qui occupent tous les étages!

Tout s'accorde donc pour démontrer qu'aucune espèce n'a vécu à la fois pendant les périodes anciennes et pendant les époques récentes; qu'aucune ne s'est continuée pendant toute la série des temps géologiques, et que, par conséquent, la durée de toutes a été limitée.

Quelques personnes s'étonneront que j'aie pu m'arrêter sur des faits aussi évidents. Je l'ai fait pour deux motifs. J'ai voulu commencer par avoir une base solide et une loi incontestable; et en outre s'il est vrai, comme je le crois, que personne ne pense aujourd'hui à nier cette loi, le temps n'est pas loin de nous où des naturalistes éminents soutenaient encore le contraire.

Seconde loi. — *Les espèces contemporaines d'une*

même localité ou de localités voisines ont en immense majorité disparu et apparu ensemble ([1]), d'où il résulte que dans chaque couche les fossiles sont associés en faunes distinctes, et qu'on ne trouve que très rarement des faunes de transition ou intermédiaires.

La durée limitée, établie par la loi précédente, étant admise pour chaque espèce, on comprend qu'elle pourrait se manifester dans ses résultats de deux manières. Ou bien chaque espèce est tout à fait indépendante des autres dans son apparition et sa disparition ; ou bien les espèces nées ensemble disparaissent aussi ensemble et sont alors remplacées en masse par des espèces nouvelles. Dans le premier cas, il y aurait une série continue de modifications dans la population animale et impossibilité de trouver dans les caractères zoologiques des limites tranchées pour les périodes géologiques. Dans le second cas, il y aurait des lignes de démarcation très marquées au moment de la disparition des espèces et de l'apparition de celles qui les remplacent. Le premier cas rappellerait ce qui existe lorsque deux faunes géographiques ont été dans le monde actuel séparées par des espaces habitables et sans obstacles ; les faunes ont rayonné l'une vers l'autre et les pays intermédiaires sont caractérisés par leur mélange à des degrés divers. Le second cas rappellerait les faunes géographiques séparées par des espaces infranchissables et

---

([1]) On remarquera que dans l'énoncé de cette seconde loi, j'ai mis le mot en *grande majorité*. Je crois nécessaire de distinguer cette loi de la question de la spécialité des fossiles ; car il me semble important de démontrer d'une manière positive l'existence de faunes distinctes, composées d'espèces en *général* spéciales à ces faunes. La question de la spécialité *absolue* des fossiles, étant contestée et contestable, doit être discutée à part, afin de ne pas jeter d'incertitude sur notre deuxième loi, qui est au contraire, je crois, incontestée et incontestable.

restées pures et sans mélange (par exemple, Madagascar comparé au sud de l'Afrique, l'Amérique à l'Europe, etc.).

Pour décider si entre les faunes géologiques la règle est l'indépendance ou la fusion, je dégage d'abord la question des différences que peuvent entraîner de grandes distances géographiques, et je ne suppose, pour le moment, que des faunes vivant dans une même localité ou dans des localités très voisines. Je ferai d'abord remarquer que, dans ce cas, les phénomènes qui ont pu amener le renouvellement de la population zoologique ont dû vraisemblablement étendre leur action sur la presque totalité des espèces. Sans vouloir aborder ici une discussion qui sera mieux placée lorsque, dans le chapitre suivant, nous traiterons des circonstances qui ont amené tous ces phénomènes, je rencontrerai peu de contradicteurs en disant que les causes les plus probables, telles que les changements de température, les soulèvements, les mélanges de matières dans l'eau des mers, etc., ont dû en général, par leur nature même, avoir une influence égale sur toutes les espèces, de manière à détruire la totalité ou la presque totalité de celles qui vivaient ensemble, et qu'elles n'ont pas dû se borner à des extinctions partielles.

Les preuves principales se trouvent d'ailleurs dans l'observation directe des faits géologiques. Si dans un gisement riche en fossiles, on étudie le point de contact des couches, on verra que, sauf dans des cas rares et exceptionnels, les faunes paléontologiques sont très tranchées. Tantôt à un terrain clairement caractérisé par l'ensemble des corps organisés qu'il renferme en succède sans transition et sans intermédiaire un autre non moins distinct par ses fossiles, qui sont tous différents (¹). Tantôt on voit entre deux terrains une couche non fossilifère ; mais on ne trouve jamais (ou presque jamais) un dépôt renfermant à la fois et dans un état normal des fossiles de la couche qui est située au-dessous de lui mélangés avec ceux de la couche qui le recouvre.

Cette indépendance des faunes est surtout remarquable dans le cas que je viens d'indiquer, c'est-à-dire lorsqu'on peut observer deux terrains consécutifs en contact. Nous verrons plus bas que les cas dans lesquels on a trouvé des mélanges plus ou moins exactement constatés se présentent souvent lorsque deux couches, bien distinctes dans une localité, se trouvent représentées dans une autre par une seule qui peut réunir jusqu'à un certain degré leurs caractères communs. Ce fait peut s'expliquer probablement en admettant que la cause d'extinction a pu être plus intense et plus générale dans un lieu que dans un autre.

Ces faits prouvent évidemment que les modifications dans la population zoologique ont en général porté à la fois sur l'ensemble des faunes. Les espèces nées ensemble et ayant vécu ensemble ont ordinairement disparu ensemble. Je pense que personne ne songera à contester cette vérité posée dans ces termes généraux, et par conséquent à nier que cette loi s'applique à la grande majorité des espèces. Il reste maintenant à savoir si elle s'applique à toutes.

(¹) On pourrait citer des centaines de coupes où ces faits sont faciles à observer. Une des plus remarquables que je connaisse dans les environs de Genève, est celle qui a été faite, pour une nouvelle route dans le terrain néocomien de Sainte-Croix (canton de Vaud). Les talus coupent les trois couches que distinguent les géologues suisses, dans un endroit riche en fossiles. Les lignes de séparation, rendues apparentes par des différences de coloration, correspondent à des changements subits de populations zoologiques. La même chose s'observe presque partout. Je connais aussi quelques exceptions que ce n'est pas ici le lieu de discuter.

Discussion sur l'extension que l'on peut donner à la seconde loi, ou Question de la spécialité des fossiles.

Nous abordons ici une question plus délicate, qui partage les paléontologistes en deux camps, où les hommes les plus éminents sont presque également répartis. Il importe donc de la discuter avec quelque détail, surtout de tâcher de la bien poser, et de chercher à distinguer aussi clairement que possible les faits sur lesquels tout le monde est d'accord, de ceux qui sont contestés et dont la preuve doit fortifier l'une ou l'autre opinion.

Les naturalistes qui admettent la spécialité des fossiles croient que l'extinction de toutes les espèces contemporaines a eu lieu à la fois sur toute l'étendue de leur distribution géographique, et que l'apparition des espèces d'une même faune a de même été instantanée. Ils pensent donc que *les espèces d'animaux d'une époque géologique n'ont vécu ni avant, ni après cette époque ; de sorte que chaque formation a ses fossiles spéciaux, et qu'aucune espèce ne peut être trouvée dans deux terrains d'âge différent.*

La solution de cette question est d'un très haut intérêt pour la paléontologie, car de la manière de l'envisager dépend en partie ([1]) l'opinion que l'on peut avoir sur l'importance des applications de cette science à la géologie. Si les fossiles sont spéciaux aux terrains, ils les caractérisent avec une certitude complète ; si, au contraire, quelques uns de ces corps sont spéciaux et d'autres communs à plusieurs formations, il n'y a qu'une partie d'entre eux qui puissent fournir des résultats, et de là naît une source d'incertitudes et de chances d'erreur. Les géologues qui n'ont pas admis la spécialité des fos-

---

([1]) J'espère, du reste, démontrer plus bas que, quelle que soit l'opinion que l'on adopte, les applications à la géologie conservent leur importance.

siles, et qui ont senti en même temps que ces corps avaient à jouer un rôle dans la détermination des terrains, ont distingué les fossiles *caractéristiques*, c'est-à-dire ceux dont l'existence peut être regardée comme un critère certain pour fixer l'âge d'un terrain, et les fossiles *non caractéristiques* qui ne peuvent pas être employés dans ce but. Les naturalistes, au contraire, qui admettent la spécialité des fossiles, les regardent tous comme caractéristiques et comme fournissant des résultats également certains, pourvu qu'ils puissent être clairement déterminés.

Pour discuter cette loi importante, les paléontologistes ne se sont pas tous placés au même point de vue. M. Defrance, en particulier, a cru devoir créer une sorte de méthode spéciale pour l'étude des coquilles fossiles. Il a distingué dans leur comparaison trois degrés de ressemblance, et nommé coquilles *identiques* celles dont les individus comparés ensemble ne présentent pas la moindre différence : *espèces analogues* celles qui diffèrent par des caractères du même ordre que ceux qui, dans la nature actuelle, constituent des variétés, et que l'on peut attribuer à une influence plus ou moins prolongée de la chaleur, des lieux, etc.; et espèces *subanalogues* celles qui n'ont qu'une analogie éloignée, et en dehors des limites que l'on assigne aux variétés d'une même espèce. Il a réservé le nom d'*espèces perdues* pour celles qui n'ont aucun de ces degrés de ressemblance avec les espèces vivantes.

Cette méthode de comparaison a été reçue avec faveur par beaucoup de géologues et de conchyliologistes, et je ne veux pas nier qu'elle n'ait eu une heureuse influence, en attirant l'attention sur les divers degrés de ressemblance des coquilles fossiles avec les vivantes. Mais il me semble qu'elle complique inutilement la question qui nous occupe ici [1], et qu'au lieu de quatre catégories de différences et de ressemblances, il est plus simple, plus logique et plus naturel de n'en admettre que deux. Je pense que la question n'est pas de savoir si les coquilles sont *identiques*, *analogues*, *subanalogues* ou *perdues*; mais bien si elles sont ou non de *même espèce*.

Si l'on scrute en effet avec quelque attention les distinctions établies par M. Defrance, on verra que la catégorie des coquilles analogues ne se renferme pas dans des limites claires et bien définies. Si cet habile naturaliste n'a considéré comme analogues que les espèces qui diffèrent entre elles par des caractères tels que, si elles étaient vivantes, on les réunirait comme variétés d'une même espèce, il n'y a aucun intérêt réel à distinguer les coquilles analogues et les coquilles identiques, puisque l'identité absolue n'existe jamais, et que les unes et les autres ne diffèrent que par ces légers caractères, qui n'empêchent pas de reconnaître leur provenance probable d'une même souche. Entre les petites variations que le naturaliste néglige et celles qui lui font désigner un certain type sous le nom de variété, il y a des nuances et des transitions insensibles, qui s'effacent entièrement vis-à-vis du fait essentiel que les coquilles qui les présentent doivent être rapportées à la même espèce.

Mais si M. Defrance a entendu par espèces analogues des coquilles qui diffèrent par des caractères *un peu* plus considérables que les variétés d'une même espèce vivante, et s'il a admis en même temps que ces diffé-

---

[1] Je ne parle ici que de la question principale; il est des questions secondaires et d'une importance moindre où l'*analogie* des coquilles peut être intéressante à constater.

rences puissent avoir été amenées par l'influence des changements du climat ou par les causes géologiques, sa distinction devient beaucoup plus dangereuse, car elle préjuge une question douteuse et s'appuie sur l'action de forces inconnues et mal définies. Pour la solution d'une question aussi délicate, on ne peut raisonner que sur des bases positives, que l'étude de la nature actuelle peut seule fournir : admettre des influences plus étendues, c'est renoncer gratuitement aux faits positifs pour les hypothèses. Si deux espèces diffèrent par des caractères que l'on ne puisse pas expliquer par l'influence des agents extérieurs, limitée comme nous la connaissons aujourd'hui, le paléontologiste doit constater leur différence comme il le ferait pour des espèces vivantes. Il réunira de cette manière des faits comparables (¹) et les limites des espèces auront pour lui une clarté qui n'existe pas, si l'on admet qu'elles ont pu varier d'une manière qu'on ne peut pas préciser, et sous l'influence de causes

(¹) Ces bases rigoureuses n'empêcheront pas d'ailleurs toute discussion subséquente sur l'influence prolongée des agents extérieurs ; je pense même que les partisans de la théorie du passage des espèces les unes dans les autres doivent nécessairement admettre notre point de départ. Il n'y a, en effet, pour eux que deux partis logiques, ou limiter, comme nous l'avons fait, les espèces fossiles par les mêmes principes qui régissent l'étude des êtres vivants, ou réunir dans la même espèce tous les animaux qu'ils considèrent comme ayant pu provenir d'un même type. Or, si l'on admettait cette dernière manière de voir, on tomberait pour la limite de l'espèce dans une variabilité très fâcheuse. Tel naturaliste réuniroit seulement quelques animaux très voisins dont l'origine commune est contestable même dans l'hypothèse de la permanence des espèces. D'autres, adoptant les théories du développement graduel d'une manière plus complète, pourraient associer, sous un même nom d'espèce, des genres et même des familles entières qu'ils penseraient n'être qu'une série de modifications d'un type primitif unique. Il n'y aurait plus ni règle fixe ni unité. Je sais bien que ces résultats extrêmes sont loin des opinions que professait le savant conchyliologiste dont je combats les idées ; mais dans une route fausse il ne faut pas même faire le premier pas, car on peut être forcé de la parcourir tout entière.

qui échappent à l'examen, par cela même qu'on les suppose différentes de celles qui agissent de nos jours.

La catégorie des espèces subanalogues ne me paraît pas mieux établie que celle des analogues; car, dès que M. Defrance a nommé ainsi les coquilles qui diffèrent par des caractères trop importants pour qu'on puisse les rapporter à la même espèce, il est évident que, dans la question qui nous occupe, ce mot est synonyme d'*espèces différentes* ou d'*espèces perdues*.

Je pense donc qu'il est plus convenable et plus conforme aux faits de ne pas tenir compte ici des degrés intermédiaires d'analogie, et, dans la discussion de la loi de la spécialité des fossiles, d'appliquer à ces débris des animaux anciens, les mêmes lois qui dirigent les naturalistes dans l'établissement des espèces du monde actuel. Les distinctions de M. Defrance retrouveront d'ailleurs leur utilité, dans la comparaison des espèces perdues des diverses faunes géologiques. Il peut souvent être intéressant de savoir si ces espèces ressemblent plus ou moins à celles qui les ont précédées ou suivies.

Ces bases établies, la question se simplifie, et sa solution dépend tout entière de l'examen des faits, sous la direction des méthodes de la zoologie proprement dite. Il peut sembler alors qu'il ne reste qu'à comparer les listes des fossiles de chaque terrain établies par les paléontologistes, afin de voir si les mêmes noms s'y retrouvent. Malheureusement ces listes, dressées souvent à la hâte et quelquefois par des observateurs superficiels ou peu versés dans la connaissance de la zoologie, ne sont pas toujours faites de manière à inspirer de la confiance, et la plupart d'entre elles fourmillent d'erreurs. Le résultat que leur comparaison fournirait, si on les acceptait toutes pour bonnes, serait que de nombreuses espèces se trouvent à la fois dans plusieurs terrains ; mais plus on étudie les fossiles, plus on renonce à la plupart de ces prétendues identités, et je ne doute pas que, plus la science avancera, plus on reconnaîtra que ce n'est souvent que par des assimilations erronées que l'on a placé les mêmes noms dans des catalogues de fossiles de terrains différents.

Les faits connus aujourd'hui en paléontologie, qui seront énumérés et classés dans la deuxième partie de ce traité prouveront, je crois, à tout esprit non prévenu que la spécialité des fossiles est la règle générale ; mais qu'en même temps ce n'est pas une règle sans exceptions. Semblables en cela à plusieurs autres lois (¹) zoologiques, elle se vérifie dans la grande majorité des cas et se trouve contredite dans un petit nombre. On ne peut pas encore assurer quelle est la proportion de fossiles qui passent d'un étage dans l'autre ; mais on peut certifier qu'elle est extrêmement minime (M. d'Orbigny la porte à moins de un pour cent pour les terrains jurassiques et crétacés). Les travaux les mieux faits pour inspirer la confiance prouvent tous les jours davantage que chaque terrain a en général ses fossiles propres et j'ai l'intime confiance que le temps ne fera que confirmer cette vérité.

Il est d'ailleurs naturel que les premiers observateurs aient été d'abord plus frappés des analogies que des différences ; l'examen superficiel montre plus vite les premières, et les secondes exigent plus de travail. La

---

(¹) Nous pourrions citer bien des exemples de lois qui sont dans le même cas et qui cependant ne sont pas contestées. Ainsi la loi qui établit que les croisements entre des espèces très voisines produisent des mulets inféconds a des exceptions certaines, et cependant personne n'en nie la réalité.

même chose a eu lieu pour les animaux vivants, dont les anciens auteurs ont souvent groupé sous un même nom plusieurs espèces voisines, que leurs successeurs ont séparées. De même, pour les fossiles, des observateurs plus exacts ou moins pressés ont trouvé des différences là où on n'en avait pas vu. On pourrait citer des centaines de cas où des espèces d'abord réunies ont dû être séparées, et ont servi ainsi à démontrer la vérité d'une loi qu'elles avaient d'abord pu faire regarder comme fausse.

De nouveaux travaux nous apprendront une fois jusqu'à quel degré cette loi s'étend. Incontestable lorsque l'on compare les grandes divisions des terrains, elle devient moins certaine à mesure que l'on multiplie les étages. Nous devons faire remarquer à ce sujet qu'elle arriverait même à être tout à fait fausse lorsque des subdivisions mal faites partageraient une époque en tenant compte d'accidents locaux peu importants, et qu'elle ne peut exister qu'avec une bonne classification des terrains. Souvent des espèces ne passent d'un étage à l'autre que parce que ces étages sont mal définis. Plusieurs géologues admettent, comme nous le verrons plus loin, au moins vingt-cinq à trente étages distincts, et, par conséquent, un nombre égal de faunes successives ; il n'est pas certain que la spécialité des fossiles existe également pour tous.

J'ai dit que cette loi présentait quelques exceptions. Ce sont les suivantes [1].

1° Quelques espèces plus robustes, plus abondantes, ou placées dans quelques circonstances spéciales peu-

____

[1] Il ne faut pas ici tenir compte des fossiles remaniés, c'est-à-dire mélangés par des mouvements géologiques postérieurs à leur formation. Nous en parlerons dans le chapitre VIII.

vent avoir résisté aux causes de destruction qui ont frappé toutes celles qui vivaient avec elles. On les retrouvera donc fossiles dans des étages superposés ou sous-jacents. Mais cette exception est toujours très limitée, soit quant au nombre des espèces, soit quant à la durée de la persistance ; elles traversent une ou deux époques, mais jamais plus.

MM. d'Archiac et de Verneuil ont observé [1] que cette persistance des espèces se lie avec l'étendue de leur distribution géographique. « Les espèces, disent-ils, qui » se trouvent à la fois sur un grand nombre de points et » dans des pays très éloignés les uns des autres, sont » presque toujours celles qui ont vécu pendant la for- » mation de plusieurs systèmes successifs. » M. E. Forbes a fait remarquer aussi que les espèces qui peuvent vivre à des niveaux très différents au-dessous de la surface des eaux sont généralement celles qui se rencontrent sous les latitudes les plus différentes.

2° Il peut arriver que des animaux ayant été détruits à la fin d'une époque géologique, leurs dépouilles se soient conservées de manière à pouvoir se mêler avec celles des animaux de l'époque suivante. Cela est surtout facile à comprendre pour les coquilles qui, comme celles des nautiles, flottent parce qu'elles sont pleines d'air. La même chose peut arriver pour des ossements ou des coquilles non flottantes déposées dans le fond d'une eau qui, n'étant pas chargée de matières minérales, les aura laissées à découvert. Ces corps peuvent avoir été enfouis beaucoup plus tard, avec les dépouilles des animaux qui auront vécu dans le même lieu pendant la période suivante.

<hr>

[1] *Transactions of the geological Society*, 2ᵉ série, t. VI, p. 335.

Dans ce cas, le mélange des fossiles ne prouverait pas que les espèces qui se trouvent à la fois dans deux étages aient réellement vécu pendant les deux époques qui leur correspondent.

3° Les causes d'extinction peuvent ne pas avoir agi avec la même intensité sur toute l'étendue géographique de la faune d'une certaine époque. Sur les confins de cette faune, il peut y avoir eu des bassins où les animaux n'aient pas été détruits et aient été mélangés plus tard avec les nouvelles populations. En général, ces bassins s'étant trouvés en dehors du mouvement géologique auront formé à cette époque des dépôts peu puissants, et on les reconnaîtra par conséquent à ce double caractère géologique et paléontologique d'avoir des couches peu épaisses et des fossiles mélangés. Il y a plusieurs faits locaux que l'on ne peut expliquer que par ce moyen. Ainsi dans quelques parties des Alpes suisses, le terrain jurassique forme des bancs très peu puissants si on les compare aux riches formations d'Angleterre, de France et d'Allemagne. Dans ces couches, au Stockhorn par exemple, on trouve associées des ammonites de l'oolithe inférieure, de la grande oolithe et même de l'oxfordien inférieur. Il est probable que ces terrains se sont formés dans une partie de la mer qui a été peu troublée et peu modifiée pendant la durée des phénomènes qui ont produit ailleurs des dépôts très distincts et enfoui des fossiles spéciaux.

Mais, comme je l'ai dit plus haut, toutes ces exceptions jouent un très petit rôle, et la grande majorité des espèces fossiles paraît limitée à une époque géologique.

Je ne puis pas quitter la discussion de cette loi si essentielle sans faire encore une observation. J'ai dit que la démonstration de la loi devait résulter de la connaissance de l'ensemble des faits. Il est des cas, rares il est vrai, où ces faits pourront être interprétés d'une manière différente, suivant l'opinion préconçue que le paléontologiste qui les signalera se sera faite de la vérité de cette loi, et qui par conséquent pourront peut-être servir d'arguments dans les deux sens. Certains genres très naturels peuvent fournir la preuve de ce que j'avance. Si l'on compare, par exemple, les ossements de toutes les espèces de lièvres qui vivent de nos jours, on arrivera difficilement, pour quelques unes d'entre elles, à saisir des caractères distinctifs. Si donc on trouve un lièvre fossile, et surtout si l'on n'en trouve que des fragments, il sera possible qu'on puisse le rapporter également à une ou à plusieurs espèces connues. Le paléontologiste qui étudiera ces débris, pourra, pour ainsi dire à volonté, affirmer que l'espèce est identique aux espèces actuelles, ou croire que c'est une espèce perdue dont les caractères distinctifs ne résident que dans les parties qu'on ne connaît pas, et que certaines pièces du squelette ne suffisent pas à caractériser. La rareté de ces cas et le peu d'importance, pour la détermination des terrains, des espèces sur lesquelles peut porter l'indécision, empêchent qu'il en résulte une confusion réelle.

Troisième loi. — *Les différences qui existent entre les faunes perdues et les animaux actuels sont d'autant plus grandes que ces faunes sont plus anciennes;* c'est-à-dire que plus les terrains sont anciennement formés, plus les animaux dont ils renferment les débris diffèrent de ceux qui peuplent aujourd'hui notre globe.

Cette loi se manifeste d'une manière évidente lorsqu'on compare les débris fossiles des animaux des diverses époques géologiques. Si nous examinons, par exemple, les coquilles des terrains tertiaires, nous ne verrons presque que les formes qui nous sont familières ; tandis que si nous étudions les faunes des terrains anciens, les formes nouvelles et inconnues nous paraîtront bien plus fréquentes, et nous serons, pour plusieurs d'entre elles, tentés de les désigner sous le nom de bizarres ou d'anomales, parce qu'elles échappent à certains rapports auxquels nous sommes habitués.

Si l'on veut, par une analyse plus sévère, préciser cette première impression, on peut dire que les espèces des couches les plus récentes appartiennent, pour la plupart, aux genres dans lesquels se répartissent les animaux vivants ; tandis que si l'on descend davantage dans l'écorce de la terre, on est obligé de créer plus de genres nouveaux pour grouper les formes des êtres ; et que même il existe, dans les terrains les plus anciens, des conditions d'organisation encore plus différentes, qui exigent la formation de familles ou d'ordres nouveaux.

Cette loi est vraie pour toutes les classes d'animaux, mais elle présente quelques différences dans son application. Les classes qui ont apparu dès l'origine, et qui par conséquent ont des représentants dans les terrains les plus anciens, ont eu des formes peu variables pendant des périodes très longues. Dans celles, au contraire, dont l'apparition est relativement récente, la loi s'applique en quelque sorte d'une manière plus rapide, et les formes varient à des époques plus rapprochées. Si l'on compare, par exemple, les mollusques et les mammifères, on verra que les premiers, qui ont déjà existé dans les époques les plus anciennes que nous connaissions, n'ont presque pas changé de forme depuis la fin de l'époque crétacée, et que les coquilles des terrains tertiaires appartiennent presque toutes aux mêmes genres que les coquilles modernes. Les mammifères, au contraire, qui ont apparu pour la première fois au commencement de l'époque tertiaire, ont présenté alors des formes qui nécessitent la création de nombreux genres nouveaux. Dans les terrains les plus anciens de cette époque on retrouve, avec des coquilles de même genre que les nôtres, des *anoplothériums*, des *anthracothériums* et des *palæothériums*, qui sont des types perdus ; et il faut arriver aux terrains tertiaires les plus récents et à l'époque diluvienne, pour trouver des faunes de mammifères dont la majorité puisse se rapporter aux genres actuels.

Toutefois, quelque réels que soient les faits dont cette loi est l'expression générale, il ne faut pas l'exagérer en voulant la trop préciser. Elle est vraie tant qu'on compare entre elles les faunes dans leur ensemble ; mais ce serait une grave erreur de croire qu'elle s'étend à tous les détails. Les terrains anciens, dont une grande partie des animaux présentent des formes très différentes de celles des êtres actuels, et dont la faune a une physionomie générale qui la distingue clairement des faunes plus récentes, présentent aussi beaucoup d'espèces qui sont très voisines de celles qui vivent de nos jours. Si, par exemple, les mollusques céphalopodes sont représentés dans les terrains anciens par des lituites, des orthocératites et des autres genres perdus, on y retrouve aussi de vrais nautiles, qui ne diffèrent pas beaucoup des espèces actuelles. Ainsi, avec les spirifères et les productus, que l'on ne retrouve plus, vivaient dans ces mêmes terrains des térébratules, qui ont des formes très analogues à celles de tous les terrains subséquents et de l'époque actuelle. La même chose a lieu pour l'époque tertiaire ; car ces mêmes terrains, qui ont fourni des genres perdus remarquables dans l'ordre des pachydermes, présentent aussi quelques chauves-souris et quelques petits mammifères qu'on ne distingue qu'avec peine des espèces qui vivent actuellement.

QUATRIÈME LOI. — *Les animaux des faunes récentes ont des formes plus variées que ceux des faunes anciennes,* c'est-à-dire que *la diversité de l'organisation animale a été en augmentant dans la série des temps.* Cette loi ressort facilement d'une comparaison attentive des populations zoologiques des diverses époques. Il serait téméraire d'affirmer que nous connaissons toutes les formes qui ont vécu aux époques anciennes ; mais il est très probable que nous en savons assez pour admettre qu'elles étaient bien moins variées que celles du monde actuel. Il y a entre les nombreux animaux de nos mers et de nos continents des différences de forme et d'organisation bien plus grandes qu'entre ceux qui ont composé les faunes géologiques, et cette comparaison devient d'autant plus frappante que l'on se rapproche davantage des premiers âges du globe.

On peut préciser cette loi en comparant le nombre des groupes zoologiques dont l'existence a été constatée aux diverses époques. On verra, par exemple, que les ordres (¹) sont plus de deux fois aussi nombreux dans les époques tertiaire et contemporaine que dans les terrains paléozoïques ; la proportion est plus différente encore pour les familles et les genres. Il serait, du

---

(¹) M. d'Orbigny (*Cours élém.*, p. 219) admet 31 ordres dans les terrains paléozoïques, 44 dans les terrains jurassiques et crétacés, 71 dans les terrains tertiaires et 76 dans l'époque actuelle.

reste, impossible de fixer le véritable rapport numérique, car nous n'avons que des données très incomplètes sur plusieurs groupes nombreux et importants, tels que les Articulés, les Mollusques mous, les Annélides, etc.

Cette complication de l'organisme, évidente dans l'ensemble, n'a pas toujours eu lieu pour chaque groupe en particulier. Il en est quelques uns qui sont en *voie de décroissance* sous ce point de vue, comme souvent sous celui du nombre des espèces; mais ces groupes forment une exception ou plutôt sont moins fréquents que ceux qui obéissent à la règle générale et qui, comme l'ensemble du règne animal, sont en *voie de croissance*.

Nous citerons parmi les premiers, c'est-à-dire parmi ceux dont la plus grande variété des formes a été pendant les époques anciennes : les *Poissons ganoïdes* si abondants jusqu'à la craie et dont nous n'avons plus que deux genres dans nos mers; les *Crustacés trilobites* spéciaux à l'époque paléozoïque; les *Céphalopodes à coquilles cloisonnées*, remarquables par leur variété aux époques paléozoïque, jurassique et crétacée, représentés dans le terrain tertiaire par deux genres et dans l'époque actuelle par un seul; les *Crinoïdes* fixes qui ont couvert de leurs rameaux le fond des mers anciennes et dont on ne trouve aujourd'hui que de rares représentants, etc.

Cinquième loi. — *Les animaux les plus parfaits ont eu une origine relativement récente*. Ce fait, dégagé de toute extension exagérée, ne peut pas être contesté; personne, en effet, ne niera que les mammifères ne soient les animaux les plus parfaits, et qu'après eux viennent les oiseaux et les reptiles. Or, ces trois classes manquent complétement dans la première époque d'animalisation, et jusqu'à présent au moins on n'a rien trouvé dans les terrains silurien et dévonien qui puisse prouver leur existence. Les reptiles datent probablement de l'époque carbonifère. Les oiseaux datent de l'époque pénéenne, si l'on ose constater leur existence par certaines traces de pas, sinon ils sont plus récents. Les mammifères didelphes ont été trouvés dans l'époque oolithique ; ils manquent dans tous les étages antérieurs. Les mammifères ordinaires ou monodelphes n'ont vécu ni à l'époque paléozoïque ni aux époques triasique, jurassique et crétacée. Ils ont apparu pour la première fois avec les terrains tertiaires, c'est-à-dire après que la population zoologique a été renouvelée plus de vingt fois.

Mais si ce fait est incontestable dans les limites strictes que nous lui donnons ici, il s'en faut de beaucoup que l'on puisse le généraliser et l'étendre comme l'ont fait quelques paléontologistes en disant que *les faunes des terrains les plus anciens sont composées d'animaux d'une organisation plus imparfaite, et que le degré de perfection s'élève à mesure qu'on s'approche des époques plus récentes.* Cette loi, connue sous le nom de *loi du perfectionnement graduel,* a été pendant longtemps considérée comme démontrée, et elle a servi de point de départ à de nombreuses idées théoriques. Une analyse plus stricte et plus rigoureuse l'a fortement ébranlée dans ces dernières années, et l'on peut affirmer maintenant qu'elle a été au moins considérablement exagérée. Son importance soit en elle-même, soit par ses conséquences, exige que nous consacrions quelques moments à sa discussion.

Discussion de la loi du perfectionnement graduel. — Parmi les principales causes qui ont donné naissance à cette idée et qui ont encouragé son développement, on peut signaler l'accord qui semble régner entre elle et le texte de la Genèse, ainsi que l'appui qu'elle prête à certaines théories que nous exposerons et combattrons plus bas. Les philosophes qui attribuent l'état actuel de l'organisation à la surface du globe, à un perfectionnement graduel des organismes inférieurs dans la série des temps, qui croient à la génération spontanée et qui admettent la possibilité que les espèces passent d'une forme à l'autre sous l'influence variable des agents extérieurs et des milieux où elles vivent, accueillaient avec empressement une idée qui semblait retracer, par des monuments réels, les diverses phases de ce développement organique.

Il n'est donc pas étonnant que, sous l'influence de ces rapprochements théologiques et philosophiques, l'idée du perfectionnement graduel de l'organisation des animaux ait promptement jeté de profondes racines et que, dans l'enfance de la science, on se soit empressé d'y rattacher les faits que l'on connaissait. Mais si, maintenant que les observations exactes sont plus nombreuses, on cherche, sans se laisser préoccuper par l'auréole brillante de ces théories, à les discuter froidement et consciencieusement, on sera obligé de les dépouiller de presque tout ce qu'elles ont de général et de les réduire à de bien petites proportions. On reconnaîtra bientôt que la loi du perfectionnement graduel ne peut donner qu'une idée fausse et incomplète des faits qu'elle dénature ou exagère.

L'idée du perfectionnement graduel de l'organisation se lie plus ou moins avec la théorie de l'*échelle des êtres*, c'est-à-dire avec cette opinion que tous les animaux forment une série depuis l'homme jusqu'à l'être le plus imparfait, dans laquelle chaque espèce, moins parfaite que celle qui la précède et plus que celle qui la suit, formerait un anneau d'une chaîne non interrompue. Cette idée de l'échelle des êtres est fondée sur le fait évident qu'il y a des degrés divers de perfection dans les animaux ; elle est par conséquent vraie dans un sens très vague ; mais elle est tout à fait inadmissible, si on la précise et si l'on entend par là que les êtres forment une série *unique* et *continue*. Il est impossible de placer tous les animaux actuels dans un ordre tel, que l'on puisse toujours passer d'une espèce à l'autre, en suivant un décroissement de perfection. Ce n'est pas ici le lieu de discuter à fond une théorie connue de tous les zoologistes ; je me contenterai de rappeler que deux ordres de faits nombreux s'opposent à son admission. D'une part il y a des classes d'animaux si tranchées que rien ne les lie aux autres, ce qui crée dans cette prétendue série des sauts et des lacunes incontestables ; ainsi les oiseaux n'ont aucun intermédiaire réel qui les unisse ni aux mammifères ni aux reptiles. D'un autre côté, il y a des types d'organisation qui sont absolument indivisibles et dont les êtres les plus parfaits sont supérieurs à la moyenne d'un autre type, tandis que les plus imparfaits lui sont inférieurs : ainsi les mollusques sont, par les céphalopodes, supérieurs aux articulés, et ils leur sont inférieurs par les acéphales ; on ne peut donc pas distribuer les mollusques et les articulés en une seule série. D'ailleurs ces mêmes types ont leur perfection dans la réalisation des conditions d'un certain organisme, ce qui les rend très difficiles à comparer entre eux. Le mollusque, l'articulé et le rayonné le plus élevé ont chacun des caractères de perfection d'un genre différent, qui ne permettent pas toujours de décider que l'un est supérieur à l'autre.

Nous n'admettons donc point l'échelle des êtres comme base de la discussion de cette loi ; il nous semble que l'idée que l'on doit se faire des véritables rapports des animaux, sous le point de vue de leur perfection, est la suivante. Ces êtres se divisent en un certain nombre de groupes, dont chacun réalise un type particulier. Quelques uns de ces groupes sont évidemment supérieurs aux autres par l'ensemble de leur organisation, mais quelquefois aussi leur comparaison ne permet pas d'établir de supériorité réelle. Le type le plus parfait est celui des *vertébrés*, qui doit évidemment être placé bien au-dessus de tous les groupes d'animaux invertébrés. Il se divise lui-même en quatre autres types d'une perfection d'organisation inégale : les mammifères sont plus parfaits que les oiseaux, ceux-ci que les reptiles, et les poissons sont les plus inférieurs sous ce point de vue. Mais dans les invertébrés, la distribution n'est pas la même ; les groupes principaux, les *mollusques*, les *articulés* et les *rayonnés*, sont supérieurs ou inférieurs les uns aux autres, suivant le point de vue sous lequel on les envisage et les espèces que l'on compare. On ne peut plus, comme pour les vertébrés, les placer à la suite les uns des autres, en déclarant que l'animal le plus imparfait de l'un d'entre eux est supérieur au plus parfait des deux autres. Chacun de ces types se subdivise ensuite lui-même en classes d'une perfection inégale, qui peuvent plus facilement être disposées dans une sorte de série. Le règne animal serait mieux représenté sous la forme d'un arbre dont les branches correspondraient à des séries partielles, divergentes ou parallèles, formées chacune par le perfectionnement ou par la modification d'un type spécial.

Si nous appliquons, à la comparaison des diverses créations, ces idées moins simples et plus vagues peut-être que l'échelle des êtres, mais probablement aussi plus vraies, nous trouverons que les faunes des terrains les plus anciens sont beaucoup moins imparfaites qu'on le croit souvent.

Pour nous en rendre un compte exact, il faut remarquer que l'imperfection d'une faune doit résulter de l'absence des types les plus élevés et les plus parfaits, soit lorsque l'on étudie les divisions primaires, soit lorsque l'on compare entre eux les ordres, les familles, les genres, etc. Or sous quelque point de vue que se fasse cette comparaison, les preuves manquent en faveur du perfectionnement graduel.

Les quatre embranchements ont apparu à la fois; tous les quatre sont représentés dans tous les terrains.

Les classes présentent des différences. Dans l'embranchement des vertébrés, la plus imparfaite, celle des poissons, a paru la première : c'est ce que nous avons exprimé dans la cinquième loi; mais dans les trois autres embranchements il n'y a aucun argument à tirer en faveur du perfectionnement graduel. Dans les mollusques, les diverses classes ont apparu ensemble; la plus parfaite, celle des céphalopodes, est même remarquable par son développement aux époques anciennes. Les articulés sont trop peu connus pour fournir des résultats certains; toutefois on sait que toutes les classes sont déjà représentées dans les terrains paléozoïques. Les zoophytes sont dans le même cas, et les échinodermes, quoique les plus parfaits, sont aussi anciens que les autres.

Le même enseignement ressortirait de la comparaison des ordres et des familles. Ainsi dans la classe des mammifères, les singes se trouvent déjà dans les tertiaires anciens, et tous les ordres sont représentés dès l'époque éocène. Les quatre ordres de reptiles, ceux des mollusques, des articulés, etc., fournissent les mêmes résultats.

Toutes les comparaisons directes des faunes prouvent que dès qu'un type organique a été créé, il l'a été avec toute sa perfection. La série des temps n'y a apporté aucune modification essentielle, et c'est une erreur de croire les faunes anciennes composées d'animaux plus imparfaits que ceux des faunes récentes. Le seul fait vrai est celui qui est rappelé par la cinquième loi; quelques types plus parfaits que les autres ont été réservés pour des créations postérieures. On ne peut donc point dire que, sous le point de vue des invertébrés, les faunes des terrains les plus anciens soient inférieures en organisation à celles des terrains les plus récents; on peut seulement constater que, dans les vertébrés, les animaux les plus parfaits d'alors étaient les poissons. Si l'on veut déduire de là le vrai caractère de ces faunes, on reconnaîtra qu'elles sont comparables à ce que seraient les nôtres sans reptiles, oiseaux ni mammifères, et que tous les types, depuis les poissons inclusivement, y sont représentés par des animaux aussi parfaits que ceux d'aujourd'hui.

Les faunes intermédiaires, telles que la faune jurassique, diffèrent des précédentes et des plus récentes par des caractères semblables. Les poissons, les mollusques, les articulés et les rayonnés de ces époques, comparés à ceux des périodes antérieures et postérieures, présentent une organisation de même degré et ne sont ni plus ni moins parfaits. Mais ces faunes intermédiaires diffèrent de celles qui les ont précédées, parce que les vertébrés sont en outre représentés par des reptiles et des didelphes; et elles se distinguent de la nôtre en ce qu'elles n'ont pas encore de mammifères monodelphes.

Ces faits ainsi restreints ne peuvent donc guère servir à faire accorder une supériorité aux faunes récentes, et à l'appui de cette manière de voir, je présenterai deux observations.

La première est qu'il ne faut peut-être pas trop se hâter d'établir l'absence dans les faunes anciennes de certains types plus parfaits, parce qu'on ne les y a pas encore trouvés. Nous ne connaissons presque de ces faunes que des animaux marins, et dans l'état actuel du globe les terrestres présentent en général une organisation supérieure. Ne peut-il pas se faire qu'il y ait eu aussi dans ces premiers âges des animaux terrestres plus parfaits que les marins, et que leurs débris n'aient pas été conservés, ou soient si rares que l'on n'en ait pas encore trouvé. L'existence des mammifères didelphes a été révélée dans les époques jurassiques par la découverte d'un très petit nombre de fragments; les débris d'animaux terrestres ne sont guère fossilisés que par des cataclysmes et des inondations subites, qui jouent toujours un bien petit rôle par rapport au dépôt lent et normal des eaux tranquilles? Ne peut-il pas arriver que de nouvelles découvertes viennent révéler encore, dans les terrains anciens, des animaux dont nous ne soupçonnons pas l'existence?

Une seconde observation est que si l'on cherche à comparer l'état actuel du globe avec les diverses créations anciennes, on verra que le degré supérieur de perfection de l'organisme ne peut pas toujours fournir des résultats bien concluants sur la perfection des faunes. Ainsi, en ne tenant pas compte de la présence de l'homme, dirons-nous que la faune de l'Asie est très supérieure à celle de l'Europe, parce que son terme le plus élevé est l'orang-outang; et placerons-nous beaucoup plus bas que toutes les autres la faune de la Nouvelle-Hollande, parce que ses mammifères sont presque tous didelphes? La légitimité de ces conclusions serait pourtant égale à quelques unes de celles que l'on a établies par la comparaison des faunes géologiques.

SIXIÈME LOI. — *L'ordre d'apparition des divers types d'animaux sur la surface de la terre rappelle souvent les phases du développement embryonnaire.* Quelques naturalistes ont cru remarquer, dans certains types zoologiques, que si l'on forme une série dont le terme inférieur corresponde aux premiers animaux créés de ce groupe, et le terme supérieur à ses représentants les plus récents, cette série sera parallèle à celle que l'on construirait au moyen des diverses formes que prend successivement l'embryon des êtres les plus parfaits. Cette loi est loin de pouvoir être démontrée d'une manière générale dans l'état actuel de la science, mais il est quelques cas dans lesquels elle paraît prendre une certaine réalité.

Je ferai remarquer d'abord qu'il ne s'agit ici que de séries partielles, et que la loi est inapplicable à l'ensemble du règne animal. L'apparition à la même époque des quatre embranchements, des principales classes, des ordres, etc., que nous avons démontrée plus haut, s'y oppose tout à fait. On n'a pu chercher à l'appliquer qu'à l'ordre de succession de certains groupes. Voici quelques exemples qui feront comprendre sa portée [1].

[1] Les naturalistes savent tous quel parti on peut tirer de l'embryogénie, pour guider la classification naturelle. Il n'est donc pas improbable qu'elle ait

On sait que les poissons, comme tous les vertébrés, ont d'abord la colonne épinière à corps indivis et réunis sous la forme de corde dorsale ; beaucoup de poissons anciens conservent, à l'état adulte, ce caractère embryonnaire, comme les esturgeons et quelques autres le font encore dans le monde actuel.

L'étude de l'embryologie des poissons montre aussi que, dans l'origine, toutes les nageoires impaires sont réunies en une seule qui entoure le corps et la queue. L'existence de nageoires très nombreuses ou peu séparées, et en particulier de plusieurs anales dans quelques poissons anciens, peut aussi être considérée comme un caractère embryonnaire.

Les échinodermes supérieurs (oursins) sont, dans leur jeune âge, fixés par un pédicelle qu'ils perdent plus tard. Ils ont été précédés sur la surface de la terre par les échinodermes pédicellés (crinoïdes).

Mais, dans beaucoup de cas aussi, on a inutilement cherché ces rapports, et, comme je l'ai dit plus haut, la loi ne peut point, jusqu'ici, être admise comme générale. J'ai cependant cru devoir attirer l'attention des paléontologistes sur ces relations remarquables.

SEPTIÈME LOI. — *Depuis le moment où un type zoologique a apparu pour la première fois, jusqu'au moment où il a disparu tout à fait, il n'y a point eu d'interruption dans son existence.* En d'autres termes, chaque type n'a paru et disparu qu'une fois, et il est représenté

aussi des liens avec l'ordre de succession sur la surface du globe, car souvent aussi cet ordre est intimement lié avec les affinités naturelles des animaux. — Voyez sur ce sujet un mémoire de M. Agassiz, inséré dans son ouvrage sur le *Lake superior*, Boston, 1850, in-8°, et traduit dans la *Bibliothèque universelle de Genève* (*Archives*, t. XV, p. 190).

dans toutes les époques comprises entre celle de sa première apparition et celle où il a existé pour la dernière fois.

Cette loi n'est pas démontrée encore d'une manière générale; mais elle est constatée pour l'immense majorité des cas, et il y a tout lieu de croire que les exceptions que l'on peut citer reposent sur des matériaux insuffisants. Elle se vérifie soit dans l'histoire des genres, soit dans celle des familles, des ordres et des classes. L'expérience a démontré que lorsqu'on a signalé quelque lacune, lorsqu'un genre, par exemple, manquait dans un étage après avoir été retrouvé dans les formations supérieures et inférieures, il arrivait presque toujours que cette interruption disparaissait devant une investigation plus complète.

Il subsiste cependant encore aujourd'hui quelques cas qui semblent faire une exception plus sérieuse. Ainsi les mammifères didelphes, trouvés dans les terrains jurassiques inférieurs de Stonesfield, paraissent jusqu'à présent manquer à tous les étages supérieurs de la même époque ainsi qu'aux terrains crétacés. L'absence de leurs débris tient-elle à ce qu'ils n'ont pas existé pendant cette longue période? Ce serait une grave exception à la loi que nous discutons. Tient-elle à ce que leurs ossements n'ont pas été conservés ou existent dans des gisements inconnus? Je crois que cette dernière alternative est la plus probable et qu'une explication semblable peut être donnée de toutes les lacunes analogues.

HUITIÈME LOI. — *La comparaison des faunes des diverses époques montre que la température a varié à la surface de la terre.* On trouve des animaux fossiles dans des parties du globe qui sont de nos jours inhabitables pour eux, à cause du froid [1]; les faunes de quelques époques récentes et en particulier des terrains tertiaires d'Europe présentent plus d'analogie avec les animaux de la zone torride qu'avec ceux des zones tempérées. A ces considérations zoologiques se joignent aussi des arguments tirés du règne végétal. L'Europe a été pendant l'époque houillère couverte d'une riche et grande végétation, qui ne peut être comparée pour sa nature qu'à celle de quelques pays intertropicaux.

Ces faits s'accordent, en effet, pour montrer qu'en général la température a été plus élevée dans les époques anciennes que dans la nôtre. Nous verrons aussi, en discutant la loi suivante, qu'elle a probablement été plus uniforme. Ce serait, je crois, aller trop loin que d'affirmer avec quelques géologues que la température de toutes les époques antérieures a été entièrement semblable à celles des régions intertropicales actuelles. Il faut remarquer, en effet, que les comparaisons sur lesquelles on se base ont par elles-mêmes quelque chose de vague, et que rien ne prouve que, parce que deux espèces se ressemblent, elles n'ont pu vivre que dans le même climat. On a cherché à assimiler, par exemple, le climat de l'Europe dans l'époque diluvienne à celui de l'Inde de nos jours, parce que les éléphants ont vécu dans ces deux pays; mais rien ne dit que l'éléphant antédiluvien ne se soit pas contenté d'une température moins élevée. La longue toison dont cet animal était couvert semblerait même démontrer qu'il était organisé pour supporter un

____

[1] Ainsi les éléphants et les rhinocéros ont vécu sous la latitude de la mer Glaciale, tandis qu'à présent cette région ne fournirait pas les végétaux nécessaires à leur nourriture.

climat plus froid que celui qui convient à l'éléphant de
l'Inde.

Ce serait aussi, je crois, exagérer les résultats directs
fournis par les faits que d'admettre une décroissance
uniforme de la température depuis les temps anciens
jusqu'à nous. Rien dans l'étude des diverses époques
ne prouve suffisamment cette assertion, et je crois que
dans cette question l'imagination a souvent dépassé les
enseignements de l'observation [1]. D'ailleurs, quelques
faits récemment signalés semblent fournir des résultats
contraires et indiquer que certaines parties du globe
ont eu, momentanément au moins, des températures
plus froides. On a trouvé dans plusieurs dépôts récents
de la Sicile des coquilles dont les analogues ne vivent
pas de nos jours dans la mer Méditerranée, mais bien
dans la mer du Nord. Dans quelques localités semblables de l'Écosse, les fossiles forment un ensemble qui
ne peut être comparé qu'aux faunes actuelles de l'Islande
et du Groënland. Ces faits sont de même nature que les
précédents, méritent à peu près la même confiance, et
si les premiers montrent une phase de température
plus élevée, ceux-ci en prouvent une moindre.

[1] Je crois que ce qui a donné quelque consistance à ces opinions est la
liaison qu'on a établie entre les faits paléontologiques et l'accroissement de
la température quand on creuse l'écorce du globe. On a dit que la solidification de la terre a commencé par la surface, que la couche refroidie augmente toujours, et qu'en conséquence, dans les époques géologiques où elle
était plus mince, la chaleur centrale a dû avoir une influence plus grande
pour réchauffer l'atmosphère à la surface de la terre. Cette idée, séduisante
au premier coup d'œil, est peut-être, comme plusieurs de celles que j'ai ana-
lysées, plus spécieuse que réelle. L'épaisseur de la couche refroidie a dû,
aux époques où il y avait végétation et vie à la surface de la terre, être probablement toujours trop grande pour que la chaleur intérieure ait eu un
effet marqué. Une discussion rigoureuse de cette question de physique
terrestre fournirait peut-être des résultats très opposés à ceux qui ont été
longtemps admis.

Je crois donc que la loi que j'ai indiquée ne peut pas encore être établie d'une manière très précise. Dans l'état actuel de la science, les faits prouvent seulement qu'il y a eu des changements de température à diverses époques, et que les pays dont nous connaissons le mieux les fossiles ont eu tantôt un climat plus chaud qu'aujourd'hui (et c'est probablement le cas de beaucoup le plus fréquent), tantôt aussi un climat plus froid (1).

NEUVIÈME LOI. — *Les espèces qui ont vécu dans les époques anciennes ont eu une distribution géographique plus étendue que celles qui existent de nos jours.* De nouvelles découvertes tendent tous les jours à confirmer cette loi ; on comprend toutefois qu'elle ne pourra être définitivement admise que quand des localités nombreuses auront été étudiées et que leurs fossiles auront été déterminés avec une exactitude suffisante. Des observations dignes de foi démontrent que l'on trouve, dans des terrains contemporains, des espèces communes à l'Amérique et à l'Europe (2). D'autres prouvent que les espèces qui ont habité une grande partie de ce dernier continent dans les époques qui ont précédé la nôtre, s'étendaient dans le continent asiatique et dans la région boréale plus loin que ne le font les espèces actuelles de l'Europe tempérée (3), et que d'autres, traversant les régions tropicales, se trouvaient à la fois dans l'hémisphère austral et dans l'hémisphère boréal (4). Lorsque ces faits seront plus complets, on

(1) Voyez, pour les causes des changements de température à la surface du globe, les traités de géologie, et en particulier le premier volume des *Principes de géologie* de M. Lyell.

(2) Voyez les ouvrages de M. de Verneuil et le *Prodrome* de M. d'Orbigny.

(3) Par exemple, l'éléphant fossile (*E. primigenius*, etc.).

(4) Nous en verrons quelques exemples dans des mammifères dont les dé-

pourra en déduire quelques conséquences intéressantes sur l'état du globe à diverses époques.

Cette dispersion plus grande des espèces peut démontrer, ainsi que je l'ai fait entrevoir ci-dessus, que la température de la terre a été plus uniforme dans les temps anciens qu'elle ne l'est aujourd'hui. Si les mêmes espèces ont pu vivre dans la presque totalité de l'Amérique, tandis qu'elles ne le peuvent pas aujourd'hui, on en peut conclure que le climat des parties extrêmes ne différait pas, autant que de nos jours, de celui des régions situées sous l'équateur. Des conclusions semblables peuvent être tirées de ce que l'on retrouve les mêmes espèces dans le midi de l'Europe et dans le nord de la Russie.

Ces mêmes faits de distribution géographique des espèces fossiles peuvent aussi démontrer que les mers ont été moins profondes aux époques anciennes que de nos jours. L'habitation des mollusques marins est limitée en partie par la profondeur de la mer, la plupart des espèces ne pouvant pas vivre là où le sol est trop loin de la surface de l'eau. La dispersion plus grande dans les temps anciens peut faire croire que cette cause n'existait pas au même degré.

DIXIÈME LOI. — *Les animaux fossiles ont été construits sur le même plan que les animaux actuels, et leur vie a dû se manifester par des actes physiologiques identiques.* Les nombreux animaux fossiles qui ont été étudiés n'ont apporté aucune modification aux lois d'anatomie comparée. Les squelettes des vertébrés se sont toujours trouvés composés de pièces homologues

bris fossiles se trouvent depuis le Canada jusqu'en Patagonie ; ainsi que pour certaines espèces de mollusques qui ont vécu à la fois en Europe et dans les Indes orientales.

à celles des animaux de notre époque. La même chose a eu lieu pour les autres embranchements, et toujours les débris des faunes anciennes ont trouvé leur place dans les cadres établis pour l'étude du monde actuel.

Les fonctions physiologiques ont dû aussi être identiques; quelques naturalistes ont cependant des idées contraires et ont cru à une respiration plus active dans les temps anciens. L'étude des organes des animaux fossiles ne justifie pas cette idée théorique. Soit qu'il s'agisse de la respiration dans l'eau, soit qu'il s'agisse de la respiration dans l'air, toutes les observations s'accordent pour prouver au contraire qu'il ne pouvait y avoir aucune différence de nature dans les branchies, les poumons et les autres organes respiratoires des animaux anciens comparés aux modernes. Ce résultat est rendu certain par le fait que quelques genres ont traversé toutes les époques et qu'ils ont conservé dans toutes la même organisation. Les nautiles, les térébratules, dans toutes ces périodes, ont certainement respiré, digéré et vécu comme ils le font aujourd'hui dans nos mers.

Cette loi fixe, comme on le voit, une limite importante aux différences que peuvent présenter les fossiles, et justifie l'application à leur étude des principes zoologiques qui dirigent celle des êtres de notre époque.

CHAPITRE VI.

DES CAUSES AUXQUELLES ON PEUT ATTRIBUER LE RENOUVELLEMENT DES FAUNES ZOOLOGIQUES.

Nous avons traité dans le chapitre précédent des faunes qui se sont succédé sur la surface de la terre et de leurs rapports. Il faut maintenant jeter un coup d'œil sur les explications qui ont été données de ces phénomènes, et quittant le terrain plus certain des faits, aborder pour quelques instants le champ moins solide des idées théoriques.

La recherche des causes de la succession des êtres organisés se lie d'une part avec les théories cosmogoniques et de l'autre avec les principes les plus délicats de la physiologie des animaux. Aussi la solution de cette question est-elle d'une haute importance et peut-elle être considérée comme le véritable but vers lequel doit tendre la paléontologie. Mais peut-être aussi la science n'est-elle pas encore assez avancée pour fournir des bases suffisantes à une conviction éclairée.

Nous devons distinguer dans cette analyse deux faits : l'extinction des faunes géologiques par la mort des espèces qui les composaient, et l'apparition des faunes nouvelles destinées à remplacer les anciennes. Le premier point est le plus facile à comprendre, et nous nous en occuperons en premier lieu.

Nous rappellerons d'abord ce que nous avons dit précédemment : que les étages géologiques sont nettement séparés au point de vue des espèces et qu'il n'y a pas en général de transitions de l'un à l'autre. Ce fait nous indique que les causes qui ont amené ces changements n'ont pas été lentes et graduelles, et qu'elles sont plutôt comparables à celles qui, dans la nature actuelle, se manifestent par des effets puissants et de peu de durée. Nous ne voulons toutefois pas exagérer cette donnée ni admettre des changements tout à fait brusques comme des coups de théâtre; mais nous ne saurions pas non plus, dans la recherche de ces causes, mettre en première ligne celles qui auraient agi d'une manière égale et continue pendant toute la durée des périodes géologiques. Des causes de cette nature auraient laissé comme traces, des transitions nombreuses dans l'apparence des terrains et dans l'extinction des espèces. L'état contraire, que nous avons signalé, indique l'existence de causes comparables à celles qui, de nos jours encore, mais sur une plus petite échelle, ont une action brusque et temporaire, comme de grandes inondations, des soulèvements partiels, des débâcles, des éboulements, etc.

Ceci posé, nous pouvons chercher l'explication plus ou moins vraisemblable des extinctions successives, dans des causes physiques et dans des causes organiques.

La plus probable des causes physiques consiste dans les perturbations qui ont dû suivre les dislocations de l'écorce du globe. Ces dislocations, dont nous avons parlé page 35, ont été fréquentes dans les âges anciens, et elles ont dû amener des effets auxquels on peut avec une grande probabilité rapporter, dans beaucoup de cas au moins, les phénomènes dont nous nous occupons.

Ces effets peuvent être :

1° Une *augmentation* (ou une *diminution*) *momentanée de température* assez intense pour faire périr les animaux qui vivaient dans l'eau. Quelques géologues se refusent à admettre cette cause d'extinction; ils se fondent sur l'égalité de température qu'indiquent les faunes successives. Cette égalité peut très bien avoir existé d'une manière normale, mais avoir été troublée à certaines époques d'une manière passagère.

2° *Un mélange subit de matières minérales dans l'eau*

de la mer ou dans les eaux douces. On conçoit très bien qu'à la suite des dislocations et de l'action intérieure du globe, des matières nuisibles à la vie aient pu être projetées dans les eaux, qu'elles aient tué la population qui y vivait, et qu'ensuite elles se soient déposées, rendant ainsi de nouveau les eaux habitables.

3° *Un changement de nature dans le fond des eaux.* Cet effet aura, en général, une étendue et une portée moindre que les précédents ; mais on peut comprendre encore que, si à un fond de rochers succède un fond sablonneux ou à celui-ci un fond marneux, les espèces qui ne peuvent vivre que dans l'une ou dans l'autre de ces conditions seront chassées ou détruites.

4° *Un changement de profondeur.* M. Ed. Forbes a montré que la plupart des espèces marines se cantonnent à des hauteurs constantes. Si un bouleversement remplace par des bas-fonds des mers profondes, ou par des profondeurs considérables un rivage faiblement incliné, on comprend encore que certaines espèces seront déplacées ou anéanties, parce qu'elles ne trouveront plus leur station convenable.

Ces divers effets et d'autres analogues, produits par les dislocations de l'écorce du globe, peuvent donc être considérés comme ayant puissamment agi pour détruire les espèces de chaque faune géologique. Peuvent-ils à eux seuls expliquer toutes les extinctions? Telle est une question plus délicate. M. Elie de Beaumont a fait à ce sujet une remarque importante qui semble la résoudre par la négative. L'extension géographique des soulèvements et leur limite probable d'action ont été en général plus restreintes que la dispersion géographique des espèces. Il est bien difficile d'admettre que ces soulèvements aient pu détruire toute l'espèce, et il semble que, dans beaucoup de cas du moins, une partie des individus a dû échapper.

Comment donc expliquer la destruction totale que l'étude des fossiles nous enseigne. Faut-il joindre aux causes physiques une cause *organique*, et croire que l'espèce, comme l'individu, porte en elle-même un germe de mort qui limite sa durée? Rien, jusqu'à présent, ne nous autorise à admettre (ni à nier) l'existence d'une pareille loi, et pour la discuter il faudrait quitter le terrain des faits pour celui des hypothèses.

Le second point que nous devons examiner dans ce chapitre est l'apparition des faunes nouvelles destinées à remplacer les anciennes.

Cette question, beaucoup plus difficile que la précédente, n'a reçu encore que des solutions bien peu satisfaisantes et qui sont évidemment tout à fait provisoires. Nous devons cependant les discuter, car elles touchent de près à des principes zoologiques importants. Espérant que le temps fournira une fois une explication meilleure, je me bornerai à exposer l'état actuel de la science.

On peut réduire à trois les explications qui ont été données de la succession de ces faunes différentes sur la surface du globe.

La première part du fait que les cataclysmes qui ont enseveli les diverses espèces que nous trouvons fossiles ont été partiels; et elle suppose qu'après chaque inondation qui a enfoui les êtres d'une époque, les terrains mis de nouveau à sec ont été repeuplés par les animaux des pays voisins, qui différaient des premiers comme diffèrent actuellement les faunes des diverses régions du globe. Une succession d'événements semblables dans le même pays aurait, suivant eux, laissé ses traces dans les divers terrains superposés. La même chose se serait passée en sens inverse pour les habitants des mers.

Cette idée a pu être discutée lorsqu'un très petit nombre de faits connus semblait pouvoir s'accorder avec une explication qui, au premier coup d'œil, paraît simple et naturelle ; mais maintenant que les différents terrains ont été mieux étudiés et dans un plus grand nombre de pays, elle ne peut plus être soutenue, et l'on peut la déclarer aujourd'hui tout à fait inadmissible. Si en effet tous ces dépôts superposés n'avaient été que le résultat d'un déplacement des faunes contemporaines, on devrait trouver les mêmes espèces enfouies à diverses époques dans des pays différents, et les débris des espèces actuelles devraient en particulier être conservés fossiles dans quelques terrains. Or, toutes les recherches les plus certaines prouvent directement le contraire; on a maintenant de nombreux fossiles d'Asie et d'Amérique, et les lois de distribution y sont tout à fait semblables aux nôtres : on n'y retrouve aucune espèce actuellement vivante. De plus, toutes les fois qu'une espèce se trouve dans deux pays différents, l'ordre de superposition des terrains prouve qu'elle y a vécu à la même époque. A ces arguments on pourrait en ajouter bien d'autres ; mais ils suffisent pour démontrer la fausseté de cette théorie, et l'on peut dire que maintenant il n'y a de lutte sérieuse qu'entre les deux autres.

De ces deux théories actuellement en présence, la première explique la succession des êtres organisés par la *transformation des espèces*, en admettant que les animaux des terrains anciens ont été modifiés par l'influence des variations de l'air, de la température, etc., qu'ont amenées les révolutions du globe, qu'ils se sont insensiblement métamorphosés, qu'ils ont pris successivement des formes dont les couches des divers étages nous ont conservé des traces, et que, de changements en changements, ils sont arrivés à l'état qu'ils ont de nos jours.

L'autre théorie admet un anéantissement complet des espèces à chaque catastrophe qui a terminé une époque, et une nouvelle création à l'aurore de l'époque suivante.

Avant de discuter ces opinions, il importe de faire observer que dans leur appréciation on peut se préoccuper davantage de l'ensemble des espèces et du renouvellement intégral des faunes, ou mettre en première ligne ce qui regarde l'apparition des types tranchés et distincts qui n'ont pas d'homologues dans les époques antérieures. Nous insisterons principalement sur ce dernier point, parce que nous le croyons plus propre à faire sentir ce que l'on doit exiger d'une de ces théories avant de la déclarer admissible. Pour qu'elle soit suffisante, il faut pour nous qu'elle rende compte de l'origine des poissons cténoïdes et cycloïdes, des divers ordres de reptiles, des mammifères, de l'homme, etc.

La théorie de la *transformation des espèces* nous paraît complétement inadmissible, et diamétralement opposée à tous les enseignements de la zoologie et de la physiologie. Cette théorie se lie, comme je l'ai déjà fait entrevoir ci-dessus, avec l'idée de l'échelle des êtres et avec celle du perfectionnement graduel dans les âges géologiques ; elle est leur lien, leur complément et leur explication, et forme avec elles un corps de doctrine complet. Les naturalistes qui ont adopté une partie de ces idées sont conduits à accepter les autres ; mais les mêmes raisons qui nous ont fait, dans le chapitre précédent, nous refuser à reconnaître d'une manière générale et absolue l'échelle des êtres et le perfectionnement graduel des faunes zoologiques, nous forceront aussi à rejeter l'idée de la transformation des espèces, comme explication de la succession des êtres organisés à la surface du globe.

Il faut observer en premier lieu qu'il est peu probable que les forces de la nature aient été, dans les premiers âges du monde, bien différentes de ce qu'elles sont de nos jours. Les mêmes lois générales qui régissent aujourd'hui notre globe ont dû avoir leur action dès la première création, et il est impossible d'admettre une différence réelle dans leur essence. Nous pouvons seulement concevoir que chacune d'entre elles a pu agir dans des limites un peu plus étendues : ainsi la température a pu être plus élevée, les eaux ont pu charrier des matières plus abondantes, etc., mais l'influence de ces agents sur l'organisme a dû être analogue à celle que des circonstances semblables auraient aujourd'hui. L'étude des animaux des terrains anciens montre d'ailleurs, comme nous l'avons dit, une organisation très semblable à celle des êtres actuels, et rien ne peut faire légitimement conclure qu'ils aient pu être soumis à une température très différente de la nôtre, ou qu'ils aient respiré un air autrement composé. Il nous semble donc que ce serait se jeter à dessein dans l'incertain, que d'admettre des changements dans l'organisme produits par des modifications dans la nature des agents extérieurs, et les mots trop souvent employés de *nature plus jeune*, *forces plus actives*, etc., nous semblent devoir être évités, comme représentant des idées fausses, exagérées ou mal définies.

Si donc, nous plaçant sur un terrain plus solide, nous cherchons à conclure du connu à l'inconnu, c'est-à-dire à appliquer aux premiers âges du globe les enseignements que nous fournit aujourd'hui l'étude de la nature, nous arriverons aux conclusions suivantes.

Toutes les observations et les recherches de quelque valeur s'accordent à proclamer la permanence actuelle des espèces. Les trente siècles qui se sont écoulés depuis que les Égyptiens embaumaient des cadavres d'hommes et d'animaux n'ont pu influer en aucune manière sur les caractères des espèces qui habitent l'Égypte; les crocodiles, les ibis, les ichneumons d'aujourd'hui sont identiques avec ceux qui vivaient il y a trois mille ans sur les bords du Nil. Il n'y a, entre les individus actuels et ceux connus à l'état de momie, aucune différence, non seulement dans les organes essentiels, mais encore dans les plus minimes détails du nombre et de la forme des écailles, des dimensions des os, etc. Cette permanence des espèces est d'ailleurs assurée dans la nature par des règles importantes qui empêchent leur mélange pour former des types intermédiaires. Tous les physiologistes savent que si deux espèces ne sont pas très voisines l'une de l'autre, elles ne peuvent pas produire ensemble, et que si elles sont, au contraire, très rapprochées, elles donnent naissance à des mulets; ces derniers sont eux-mêmes inféconds et incapables de devenir les souches de nouvelles espèces; toute aberration du type par voie de croisement se trouve ainsi immédiatement arrêtée.

Tout le monde sait aussi que si des individus ont perdu leurs apparences spécifiques normales pour former des races distinctes, les caractères de l'espèce sont si profondément empreints que dès que les circonstances modificatrices viennent à cesser, les animaux dérivés du type reviennent à ses formes originaires. Cette loi, connue sous le nom de loi de *retour au type*, est encore une preuve puissante de la permanence de l'espèce.

Il est vrai que des naturalistes ont argué contre ces conclusions de ce qui se passe dans les espèces domestiques, qui sont susceptibles de variations assez étendues. Ainsi les bœufs, les chevaux, les moutons, les cochons et les chèvres, forment des races distinctes et diffèrent d'un pays à l'autre par la couleur, la taille, la force des os, le plus ou moins de graisse, la nature du poil, etc. Les chiens offrent un exemple encore plus remarquable; la couleur et la taille y varient dans des limites encore plus éloignées, la forme des os du crâne présente des différences très considérables, et l'instinct lui-même accompagne par ses variations ces changements de formes. Ces faits sont vrais, mais ils me semblent fournir une conclusion toute contraire à celle qu'on a voulu en tirer. Les individus les plus éloignés du type primitif ne présentent jamais aucune différence réelle dans la forme des organes essentiels : le squelette a toujours des caractères invariables, soit dans le nombre des os, soit dans leurs apophyses, soit dans leurs relations ; les organes de la nutrition, le système nerveux, tout, en un mot, est soumis à la même règle. Il n'y a de différence marquée que dans les dimensions absolues, qu'on sait être très variables, et dans des circonstances extérieures plus fugitives encore. Dans les crânes des chiens les plus modifiés, les caractères essentiels et les rapports des os restent identiques, et l'on peut dire qu'aucun des animaux domestiques, dans ses plus grandes variétés, ne perd les caractères d'espèce.

Si donc tout ce que les agents extérieurs présentent de plus énergique, changement de climat, d'habitudes, d'instinct, de nourriture, n'ont produit, par une action qui a duré des siècles, que des modifications insignifiantes, incapables d'altérer le type spécifique, n'est-on pas en droit de conclure, de cette étude des animaux domestiques, la permanence des espèces, plutôt que leur transition de l'une à l'autre?

Cela est d'autant plus vrai que les différences d'une faune à l'autre sont très grandes, et qu'il ne s'agit pas d'expliquer de légères modifications d'un type, mais bien des passages entre des formes fort éloignées. Quelques naturalistes n'ont reculé devant aucune de ces transitions, et ils ont admis que les reptiles de l'époque secondaire avaient leurs parents dans les poissons de l'époque primaire et leurs descendants dans les mammifères de la période tertiaire. Quel est le physiologiste qui admettra de pareilles conclusions? et cependant il faut aller jusque-là pour faire dériver toutes les faunes géologiques de la première, par simple transition des espèces les unes dans les autres.

Et alors même que pour produire de semblables résultats on supposerait, contrairement à ce que nous avons fait, de *très grands* changements dans la température et dans les milieux, ou une *nature plus jeune*, toutes les lois de la physiologie n'en seraient pas moins violées. Ces différences extrêmes dans les agents extérieurs pourraient bien détruire les espèces, et ce serait probablement leur résultat naturel, mais non les modifier dans leurs formes essentielles.

Il me paraît donc évident qu'il est impossible d'admettre, comme explication, le passage des espèces les unes dans les autres. Les limites possibles de ces modifications, en supposant même, comme je le dirai plus bas, que l'immense durée du temps ait pu leur donner un peu plus de réalité que l'étude des phénomènes actuels ne leur en accorde, sont infiniment en dessous des différences qui distinguent deux faunes successives.

Les deux premières explications étant inadmissibles, il reste, la troisième qui est connue sous le nom de *théorie des créations successives*, parce qu'elle admet l'intervention directe du pouvoir créateur au commencement de chaque période géologique. Nous devons faire sur cette théorie trois remarques.

La première est que sa discussion n'est guère du domaine de l'appréciation scientifique. Si nous pouvons nous faire une idée du mode d'action, des limites et des conséquences des lois secondaires, nous ne pouvons point nous rendre compte de l'action du pouvoir créateur, pas plus au commencement de chaque période géologique que dans l'origine des choses.

La seconde observation est que, vu l'incapacité où nous sommes de rien expliquer par son moyen, puisque nous ne pouvons pas apprécier le mode d'action de la force qu'elle invoque, cette théorie ne mérite pas véritablement ce nom; car elle ne fait en réalité que constater un fait négatif, l'insuffisance de toutes les autres explications.

Enfin, et comme conséquence, nous devons faire remarquer que ce mot *créations successives* a eu l'inconvénient de ne pas laisser assez de latitude et d'exclure, par exemple, la possibilité que les êtres de chaque faune successive provinssent de ceux qui les ont précédés par l'effet de quelque loi inconnue, autre que la génération normale, dont les générations alternantes peuvent donner peut-être une idée approximative, loi de la nature qui se manifesterait à des intervalles éloignés, mais réguliers, et qui nous serait inconnue parce que nous sommes dans un de ces intervalles. Il aurait donc mieux valu la désigner sous un autre nom, et le mot de *théorie de l'indépendance des faunes* aurait peut-être été meilleur, précisément parce qu'il est plus vague.

Mais si cette théorie n'est pas susceptible d'être discutée dans son essence même et dans son principe, elle peut être appréciée par ses conséquences. La principale est, comme je viens de le dire, d'établir le fait négatif important que les *animaux des diverses faunes géologiques ne proviennent pas par voie de génération directe des espèces qui les ont précédés.*

Cette assertion paraît très justifiable tant que nous restons sur le terrain où nous nous sommes placés, c'est-à-dire tant que nous nous attachons surtout à l'apparition des types à caractères tranchés. Ce que nous avons dit ci-dessus, en réfutant la théorie de la transformation des espèces et celle qui n'admet qu'une seule création, suffit, ce me semble, pour démontrer que l'indépendance des faunes reste la seule alternative possible.

Mais si l'on veut se rendre compte de ce qui est arrivé à l'*ensemble* de la faune et discuter l'origine de toutes les espèces, il me semble que l'idée de l'indépendance des faunes n'est pas complétement satisfaisante ; elle ne me paraît pas rendre suffisamment compte de tous les faits, et je ne puis m'empêcher de croire qu'elle n'est appelée à jouer qu'un rôle provisoire. Elle explique très bien les différences qui existent entre les faunes successives ; mais il y a aussi entre ces faunes des ressemblances qui ne s'accordent peut-être pas bien avec elle.

Si l'on compare deux créations successives d'une

même époque, telles que les faunes des sept divisions du terrain crétacé, on sera frappé des liaisons intimes qu'elles ont entre elles. La plupart des genres sont les mêmes; une grande partie des espèces sont très voisines et faciles à confondre. En d'autres termes, deux faunes successives ont souvent le même facies ou la même physionomie. Si l'on compare en particulier, dans l'exemple que je viens de prendre, les animaux fossiles des craies marneuses à ceux du gault, on reconnaîtra, je crois, facilement ces ressemblances. Est-il probable que la faune du gault ait été complétement anéantie, puis, par une nouvelle création indépendante, remplacée par une faune toute nouvelle qui lui est si semblable? Je sais que l'on peut mettre ces faits sur le compte du plan général de la création; mais l'esprit est-il entièrement satisfait de cette explication? Ne semble-t-il pas qu'il y a là encore quelque chose qui nous échappe? Au reste, je le répète, ces objections un peu vagues ne sont en aucune manière comparables à celles plus précises, qui militent contre les autres théories.

Ces faits se lient d'ailleurs à la manière dont on peut envisager la création actuelle. Tous les animaux sont-ils sortis tels qu'ils sont des mains du Créateur, ou sont-ils provenus d'un certain nombre de types? Il me semble difficile d'admettre que ces espèces innombrables, sur les limites desquelles nous sommes souvent si peu d'accord, aient sans exception été créées avec tous leurs caractères de détail.

A ces questions difficiles la science fournit encore très peu de réponses satisfaisantes. La succession des êtres organisés, l'origine des espèces actuelles, leur distribution géographique, la formation des races humaines, ne sont en quelque sorte que des faces différentes d'un même problème dont la solution sur un point éclairera nécessairement les autres.

D'après tout ce que nous venons de dire, nous arrivons facilement à admettre la possibilité que la même explication ne puisse pas s'appliquer à tous les êtres qui composent une faune. Peut-être faut-il chercher la vérité dans une théorie intermédiaire entre les deux que nous avons discutées ou dans un mélange des deux. La théorie de l'indépendance des faunes doit très probablement être appliquée à l'apparition des types distincts, car ils ne proviennent certainement pas par voie de génération directe et normale des types fort différents qui les ont précédés. Mais, en revanche, le remplacement des espèces par des espèces analogues ne pourrait-il pas faire croire, dans de certaines limites, à des transitions et à des changements de forme?

Je ferai remarquer en terminant qu'il ne faut pas trop se hâter de lier l'avenir de la paléontologie par des idées préconçues. C'est à l'étude stricte et intelligente de la nature qu'il appartient de réunir les matériaux nécessaires pour une solution plus complète. Il faut mieux connaître encore chacune des faunes successives, pour se faire une idée exacte de leurs rapports et de leurs différences avec celles qui les ont précédées et suivies. C'est là le problème le plus important de la paléontologie, mais on n'en trouvera la solution que dans l'observation des faits; eux seuls sont stables, et ils survivront peut-être seuls à toutes les théories que nous discutons aujourd'hui.

CHAPITRE VII.

PRINCIPES ZOOLOGIQUES DE LA CLASSIFICATION ET DE LA DÉTERMINATION DES FOSSILES.

Il est évident que les mêmes lois et principes qui dirigent le zoologiste dans la classification des animaux vivants doivent aussi régler les travaux du paléontologiste ; mais la nature de conservation des êtres que ce dernier peut étudier entraîne souvent des différences dans l'application, dont il est nécessaire de dire quelques mots.

Les animaux fossiles ne sont pas ordinairement conservés complets, et leurs parties dures sont presque toujours les seules qui soient parvenues jusqu'à nous ; nous ne connaissons guère les mammifères que par leurs squelettes et les mollusques par leurs coquilles : or, les squelettes, et surtout les coquilles, ne renferment pas toujours les caractères essentiels, et il faut que le paléontologiste, forcé de se restreindre à leur emploi, ne soit pas entraîné par là à des classifications irrationnelles.

Pour éviter cet écueil, il faut faire un choix parmi les caractères qu'offrent ces parties dures ; ils sont loin d'être tous également utiles pour une bonne classification, et les moins apparents sont souvent ceux qui fournissent les résultats les plus précis et les plus importants. Pour se diriger dans ce choix, l'étude approfondie des animaux vivants est le seul guide possible. Le premier soin de celui qui voudra étudier et classer des fossiles sera de chercher à découvrir quelles sont les liaisons qui existent entre les formes des parties solides et celles des organes plus essentiels. Il arrivera ainsi à reconnaître quels sont les caractères du squelette et de la coquille qui traduisent, de la manière la plus certaine, les modifications principales des organes les plus importants, et saura par conséquent quels sont ceux qu'il faut placer au premier rang. Il pourra bientôt se convaincre que, parmi les caractères que l'on a souvent employés en paléontologie, il en est beaucoup auxquels on a donné une importance exagérée, parce qu'ils sont faciles à observer et d'un emploi commode, tandis qu'un examen plus approfondi aurait montré qu'ils n'indiquent rien sur les points les plus essentiels de l'organisme [1].

C'est sur des considérations de ce genre et sur une constante étude de la nature vivante, que doit de toute nécessité être fondée la classification des fossiles. Si l'on néglige cette voie, la seule sûre, on ne pourra pas faire jouir la paléontologie des avantages de la méthode naturelle. Et ce n'est pas seulement pour établir les grandes divisions que ces précautions sont nécessaires; les observations qui précèdent sont entièrement applicables à la formation des genres et au groupement des

---

[1] Ainsi, pour les coquilles bivalves, l'étude des mollusques vivants montrera que le fait d'être équivalve ou inéquivalve a une grande importance en ce sens que la station du mollusque en dépend : car ceux de ces animaux qui ont deux valves égales se tiennent droits, tandis que ceux qui ont une grande valve et une petite vivent couchés sur le côté. Cette étude prouvera encore que la forme de l'impression du manteau se lie intimement à la présence et à la grandeur des tubes, et qu'en conséquence le fait que cette impression palléale soit ou non échancrée par un sinus peut fournir un caractère d'une importance réelle. Cette même observation de la nature vivante fera, au contraire, attribuer peu d'importance à l'existence d'une ou de deux impressions musculaires, parce que la coquille aura été fermée de la même manière par un ou par deux muscles.

espèces. On verra même souvent, si les paléontologistes s'astreignent à ces règles nécessaires, l'étude des corps fossiles réagir sur les méthodes naturelles, et perfectionner ainsi la classification des animaux actuels.

On peut dire de la *détermination* des fossiles à peu près les mêmes choses que nous avons dites de leur classification. Les mêmes principes généraux, qui dirigent le zoologiste pour reconnaître les espèces vivantes, doivent s'appliquer à la détermination des animaux fossiles ; mais, comme dans beaucoup de cas on n'en possède que des fragments, il est nécessaire qu'une analyse plus rigoureuse permette cette détermination par des moyens plus restreints.

C'est surtout pour les animaux vertébrés qu'il est indispensable que le paléontologiste s'appuie sur des lois et des méthodes fixes, car ces animaux ne sont souvent connus que par un petit nombre d'os, qui pourraient fournir des conclusions vagues et erronées à des observateurs superficiels. Je vais tâcher de montrer quelles sont les méthodes à suivre, en prévenant toutefois ceux qui aborderaient pour la première fois la science, que les considérations théoriques qui vont suivre ne peuvent guider que d'une manière générale, et que l'examen constant et attentif de la nature peut seul fournir le coup d'œil nécessaire pour des déterminations promptes et exactes.

Deux des lois principales de l'anatomie comparée doivent être considérées comme dirigeant la détermination des ossements fossiles : ce sont la loi d'unité de composition organique et la loi de concordance des caractères.

La loi d'*unité de composition organique*, en établissant que tous les animaux sont composés des mêmes

parties, semblablement disposées, permet au paléontologiste d'être certain que l'os qu'il veut déterminer, eût-
il appartenu à une espèce de formes tout à fait perdues,
peut se rapporter à un des os connus du squelette. C'est
en quelque sorte cette loi qui rend possible la détermination, et qui en dirige les premiers travaux, comme
je le montrerai plus bas. Il faut remarquer que l'o-
pinion que l'on peut avoir sur la généralité de la loi
d'unité de composition organique influe peu sur ses applications. Soit que, comme quelques écoles modernes,
on la considère comme nécessaire, et qu'*à priori* on la
proclame universelle ; soit qu'on se borne à constater
à posteriori une unité de plan dans les animaux vertébrés, on arrivera aux mêmes résultats pour la paléontologie. Tous les naturalistes sont maintenant d'accord,
pour reconnaître les mêmes pièces importantes du
squelette dans les animaux vertébrés, ou du moins
dans chacune des classes qui composent cet embranchement.

La loi de *concordance des caractères* pose en principe que tous les organes d'un animal devant être disposés dans un certain but, pour lui assurer un genre
de vie spécial, on peut de la forme d'un d'entre eux conjecturer les caractères principaux des autres. Elle
permet par conséquent, sur l'inspection de quelques
fragments, de reconstruire l'animal entier, et a, en
paléontologie, des applications plus nombreuses et plus
variées que la précédente. C'est par cette loi, par exemple, que l'on peut conclure, de la forme de quelques
os du pied, si l'animal était herbivore ou carnivore, et
par conséquent acquérir des données assez certaines sur
la forme probable des autres os des membres, sur la
nature des dents, etc., etc

Ces deux lois règlent, avons-nous dit, la détermination des ossements fossiles, et voici, ce me semble, d'après elles, la marche logique à suivre dans des travaux de ce genre.

La première chose à faire est de déterminer la place de l'os dans le squelette, c'est-à-dire de savoir quel nom il doit porter comme os. Cette première recherche, faite en application de la loi d'unité de composition organique, nécessite certaines connaissances d'ostéologie et demande un peu de pratique. On pourra la faciliter en étudiant, dans les divers os du corps, quels sont les caractères qui les font le plus sûrement reconnaître. Ainsi on verra bientôt, par exemple, que, parmi les os longs des mammifères, le fémur et l'humérus se distinguent à ce qu'une de leurs articulations est en tête arrondie, que le premier diffère du second par un col plus marqué, et parce que son extrémité inférieure est terminée par deux condyles, tandis que l'humérus s'articule par une poulie. On verra de même que le tibia se reconnaît à ses deux condyles, le cubitus à son olécrâne, etc. (¹). En étudiant l'ostéologie sous ce point de vue, on s'habituera bientôt à distinguer les divers os, et cette première partie de la détermination n'offrira que rarement des difficultés réelles.

Ce premier point obtenu, on étudiera l'os sous le rapport de la loi de concordance des caractères, et l'on commencera la comparaison qui doit donner pour solution à quelle famille et à quel genre on peut rapporter l'animal auquel a appartenu ce fragment. Pour cette recherche, la loi que je viens de rappeler fournit deux

(¹) Voyez la note B à la fin du volume.

catégories de moyens, qu'il importe de distinguer pour se faire une idée complète de son emploi.

Elle fournit d'abord des *moyens rationnels* par les déductions rigoureuses qu'on peut tirer directement du principe lui-même. Ainsi une phalange unguéale grosse, aplatie en dessous et en forme à peu près de pyramide triangulaire, prouvera incontestablement que l'animal auquel elle a appartenu n'a pu se servir de son pied que pour marcher, et que par conséquent il a été herbivore et de la division des ongulés. On pourra de là conclure qu'il a eu des dents propres à broyer l'herbe, pas de clavicule, des côtes larges, et dans tout son squelette plus de force que de souplesse. Ces moyens rationnels, dont cet exemple doit faire comprendre l'emploi varié et important, fournissent les premières données pour classer et recomposer l'être ; mais ils ne peuvent pas conduire au delà de certaines généralités. Ainsi tel os qui aura pu prouver d'une manière certaine qu'un animal a été herbivore, sera souvent inutile pour donner des renseignements plus détaillés, et l'on ne pourra pas, en restant dans l'application rigoureuse du principe théorique, en déduire, par exemple, s'il a ou non ruminé, s'il a eu ou non des cornes, et si ces cornes étaient des bois ou des cornes creuses. L'emploi des moyens rationnels ne suffit donc pas ordinairement pour la détermination du genre ; leur rôle se borne à tracer les grands traits de l'organisation de l'animal fossile, sans pouvoir y ajouter les détails nécessaires.

Mais le principe de concordance des caractères fournit alors des *moyens empiriques* qui jouent un rôle important quand les moyens rationnels s'arrêtent. Les animaux qui forment des genres naturels ne se ressem-

blent pas seulement par les caractères qui sont nécessaires pour leur assurer le même genre de vie ; ils sont
encore semblables dans la plupart des détails qui, au
premier coup d'œil, paraissent tout à fait secondaires et
inutiles à étudier. Chaque os, considéré dans l'ensemble
d'un genre naturel, présente ordinairement une physionomie constante qui résulte de l'analogie de ses formes ;
dans toutes les espèces, les apophyses, les crêtes, les
cavités, les trous, les impressions, les surfaces articulaires, se ressemblent beaucoup. Si l'on compare, au
contraire, le même os avec ses analogues dans les genres voisins, on verra des différences assez marquées
dans ces mêmes caractères accessoires. Cette comparaison des analogies dans le même genre et des différences avec les genres voisins est la base des moyens
empiriques de détermination dont nous parlons ici.
Quand par les moyens rationnels on aura décidé à
peu près les rapports généraux de l'animal qu'on veut
déterminer, on pourra arriver au genre en comparant,
par une sorte de tâtonnement, les os que l'on a à sa
disposition avec les squelettes des animaux qui s'en
rapprochent le plus. Les dents en particulier peuvent
jouer un rôle très important sous ce point de vue, et
il est peu de genres que l'inspection d'une mâchoire
bien conservée ne permette pas de déterminer ; plusieurs os du squelette fournissent aussi des données
d'une grande certitude. L'usage des moyens empiriques
exige une grande pratique et surtout la possession de
collections d'ostéologie ou d'ouvrages à planches bien
faits ; il faut nécessairement, pour des déductions rigoureuses, que l'on puisse faire des comparaisons très
nombreuses.

L'emploi de ces moyens empiriques est surtout im-

portant pour les espèces qui se rapportent à des genres
actuellement existants, et pour celles qui s'en écartent
peu. Si, au contraire, on a à reconstruire des espèces
de genres perdus et de formes très différentes de
celles du monde actuel, les moyens rationnels jouent
un plus grand rôle. On peut, comme je l'ai déjà dit,
voir un modèle de leur emploi dans la partie de l'ouvrage de Cuvier qui traite des fossiles de Paris. Tout ce
qui va suivre d'ailleurs présentera des applications
constantes de ces principes généraux.

CHAPITRE VIII.

DES APPLICATIONS DE LA PALÉONTOLOGIE A LA GÉOLOGIE.

Les faits paléontologiques que nous avons exposés
dans les chapitres précédents fournissent des données
importantes pour la géologie, et principalement pour la
détermination de l'âge des terrains. Nous devons dire
quelques mots ici de l'emploi des fossiles, soit pour ce
but essentiel, soit pour résoudre quelques questions
accessoires.

Nous avons vu qu'une partie importante de l'écorce
terrestre est composé d'un certain nombre de couches
primitivement parallèles et que dans ces couches sont
disposés des fossiles associés en faunes distinctes. Les
lignes de séparation de ces faunes dans la coupe générale que nous avons supposée (page 38) correspondent
aux renouvellements de l'organisme sur la surface de
la terre, et par conséquent aux diverses époques de son
histoire géologique. Quelques unes de ces lignes séparent
des faunes très différentes les unes des autres ; d'autres
sont placées entre des faunes assez ressemblantes, cir-

constance dont les géologues ont pu tirer parti pour classer les terrains en groupes de diverse valeur, comme nous le verrons dans le chapitre suivant.

Nous devons faire remarquer d'abord que le véritable moyen de déterminer l'âge d'un terrain est l'observation stratigraphique, c'est-à-dire celle de la direction et du rapport des couches. Chaque terrain est plus récent que celui qu'il recouvre et plus ancien que ceux par lesquels il est recouvert. Les coupes géologiques offrent dans ce but le critère le plus certain, et leurs résultats doivent passer avant tous les autres. Ce problème important appartient donc essentiellement à la géologie et non à la paléontologie.

Mais les observations stratigraphiques ne peuvent pas résoudre toutes les questions (¹).

En effet :

1° Elles ne sont pas toujours possibles. Il arrive souvent que l'on ne peut pas suivre une couche de manière à établir sa continuité. Elle peut s'enfoncer trop profondément, avoir été brisée et disloquée, passer sous des eaux, etc. Il en résulte que l'ordre de disposition des terrains ayant été reconnu dans un point, on ne peut pas toujours, dans un autre endroit, trouver les concordances par les seules études stratigraphiques.

2° Elles ne sont pas toujours suffisantes, même avec la possibilité de faire de bonnes coupes. Il sera, par exemple, souvent difficile de distinguer parmi les lignes de séparation d'un terrain divisé en couches très nom-

____

(1) Nous ne dirons rien des caractères minéralogiques, c'est-à-dire de ceux que l'on pourrait tirer de la composition des couches (craies, calcaires compactes, sables, grès, etc.), parce que si ces caractères peuvent guider dans certains cas, il en est une foule d'autres où ils induiraient en erreur. Tous les géologues savent combien la composition des terrains peut varier dans la même période, et se retrouver la même dans des époques très éloignées.

breuses celles qui ont véritablement séparé des périodes géologiques de celles qui sont sans importance. Il sera souvent difficile encore, lorsqu'un ou plusieurs terrains manqueront dans une coupe, de savoir par la stratigraphie seule à quelle époque géologique correspondent les membres manquants.

L'étude des fossiles peut jouer un rôle important pour combler ces lacunes. Leur emploi est fondé sur les principes suivants :

1° *Dans tous les pays que l'on a observés jusqu'à présent les faunes géologiques se sont succédé dans le même ordre.*

2° *Les terrains contemporains ou formés à la même époque renferment des fossiles identiques.*

3° Réciproquement : *Les terrains qui contiennent des fossiles identiques sont contemporains.*

De ces principes résulte évidemment le procédé suivant pour déterminer paléontologiquement l'âge d'un terrain.

Le travail préparatoire consistera à dresser dans des catalogues aussi exacts que possible la liste des fossiles de tous les terrains. Ces listes et la description des fossiles forment la partie la plus compliquée et la plus étendue de la paléontologie. Les matériaux s'accumulent tous les jours dans ce but, et ce grand édifice se construit par les efforts réunis de tous.

Le naturaliste qui voudra en tirer parti devra réunir un aussi grand nombre que possible de fossiles du terrain dont il veut connaître l'âge, déterminer dans les ouvrages paléontologiques les noms de ces fossiles et les comparer aux listes indiquées ci-dessus. Le terrain dont il s'occupe sera contemporain de celui qui renferme les mêmes espèces que les siennes.

Nous devons rappeler ici que l'opinion que l'on peut avoir sur la spécialité des fossiles influera sur la confiance à donner à ces déterminations; mais le fait que les espèces qui se trouvent à la fois dans deux terrains forment de rares exceptions, permettra d'arriver à une certitude presque complète toutes les fois que les déterminations auront porté sur un nombre considérable de fossiles. Nous ne saurions trop recommander aux géologues de prendre cette précaution indispensable dans leurs recherches, car il est très facile, sur un trop petit nombre d'espèces, de mêler l'erreur avec la vérité. C'est, comme nous l'avons déjà dit, pour avoir agi légèrement dans bien des cas que l'on a ébranlé la confiance légitime que doit inspirer l'emploi prudent des fossiles pour la détermination de l'âge des terrains.

Je dois signaler ici quelques causes d'erreur dont on doit tenir compte.

1° Il peut y avoir entre les fossiles de divers gisements des différences qui tiennent à l'éloignement géographique plus qu'à l'âge géologique. Malgré la loi que nous avons établie que la distribution géographique des fossiles a été plus étendue dans les temps anciens que de nos jours, elle a eu ses limites. Avant donc de tirer la conclusion que des terrains à fossiles différents ne sont pas contemporains, il faut, si ces terrains sont très éloignés, faire la part des différences géographiques.

2° Des événements locaux et sans grande importance géologique peuvent, pendant le courant d'une période, modifier le fond des mers et amener quelques changements dans la faune. Il ne faut pas les confondre avec les modifications plus grandes qui, à la fin des périodes, produisent des renouvellements plus complets.

Il peut arriver, par exemple, comme nous l'avons

dit (page 79), que la nature du fond de la mer éprouve
des changements de composition, ou qu'un soulèvement
lent en modifie la profondeur. Les recherches de
M. E. Forbes, que nous avons déjà citées, ont montré
que certaines espèces vivent toujours dans des fonds de
même nature et à des profondeurs constantes. Il y aura
donc chez elles déplacement et remplacement à la suite
de ces modifications sans qu'il y ait des changements
de faunes.

Quelques naturalistes ont été disposés à exagérer
l'influence de ces phénomènes, et à croire que l'on
pouvait leur attribuer toutes les modifications des faunes
géologiques. Je pense, au contraire, qu'il sera toujours
facile de faire leur part et de les distinguer des renouvellements généraux. Dans ces derniers, à une faune
complète, c'est-à-dire ayant des représentants dans
tous les groupes zoologiques, succède une autre faune
complète. Dans les cas de modifications locales du fond,
de changements de profondeur, etc., certains genres à
habitudes déterminées sont remplacés par d'autres
genres à habitudes différentes, et la faune n'est complète que par la réunion des uns et des autres. Ces
derniers phénomènes se manifestent d'ailleurs sur une
étendue géographique très restreinte.

3° Il arrive quelquefois que des fossiles déposés à
une certaine époque dans des couches peu compactes,
des sables, etc., sont repris par une nouvelle inondation, désagrégés et mélangés avec les débris des animaux morts à une époque relativement plus récente.
On trouve à la suite de ces perturbations un mélange
de deux faunes distinctes. Les fossiles qui sont dans
ce cas, et qui, appartenant à l'époque plus ancienne,
se trouvent mêlés à de plus récents, sont appelés des

fossiles remaniés. On les distinguera souvent à leur apparence, plus souvent encore parce que leurs caractères zoologiques sont trop en discordance avec leur gisement pour ne pas frapper un paléontologiste un peu expérimenté.

L'étude des fossiles peut fournir au géologue d'autres données que celles qui ont pour but la classification des terrains et la détermination de leur âge. Elle peut, par exemple, montrer si un terrain a été formé par les eaux de la mer ou par des eaux douces. Certains genres de poissons et de mollusques sont connus pour être essentiellement fluviatiles et d'autres pour habiter les mers. Si l'ensemble des fossiles d'un terrain appartient à des genres fluviatiles, on en pourra légitimement conclure que ce terrain a été déposé par des fleuves ou par des lacs d'eau douce. Si au contraire les êtres qui y ont laissé leurs débris appartiennent à des genres marins, il sera à présumer que le terrain doit son origine aux eaux de la mer.

Dans ces dernières années, les fossiles ont révélé des faits remarquables sur l'état du globe à diverses époques. Quelques auteurs ont cherché à se servir d'eux pour fixer les rivages et la configuration des mers anciennes. On sait, en effet, que dans la haute mer on retrouve moins de mollusques que près des côtes ; la profondeur et l'absence de végétation en écartent la plupart des espèces. Les rivages, au contraire, qui fournissent une nourriture plus abondante et une mer peu profonde, servent d'abri à un beaucoup plus grand nombre d'individus. Il faut d'ailleurs remarquer que lorsqu'un animal vertébré, tel qu'un poisson ou un cétacé, meurt en pleine mer, un commencement de décomposition et de dégagement de gaz lui donne une

pesanteur spécifique plus petite que celle de l'eau et le
fait flotter. Il ne tarde pas en conséquence à être jeté à
la côte et à mêler ses restes avec ceux des animaux côtiers. Il en est de même des mollusques flottants comme
les ammonites, les nautiles, etc. La présence de fossiles nombreux peut donc servir à indiquer le rivage
des mers anciennes, tandis que des fossiles rares prouvent, au contraire, que les terrains où ils ont été déposés appartiennent à ce que les géologues ont appelé des
dépôts pélagiques, et ont été formés loin des côtes,
ou du moins dans des parties de la mer peu favorables
au développement de la population zoologique. Des recherches de cette nature, très répétées et liées avec
les observations stratigraphiques, peuvent servir à tracer la carte des mers aux diverses époques.

CHAPITRE IX.

CLASSIFICATION DES TERRAINS.

Nous venons de voir quels sont les moyens que l'on
peut employer pour classer les terrains. Je dois maintenant dire quelques mots de la classification que j'ai
adoptée, en me bornant à indiquer les divisions sans
les caractériser. Je reviendrai plus tard, en terminant
cet ouvrage, sur divers détails relatifs à l'état de chacune des époques et sur les caractères de leur population zoologique.

Je renvoie mes lecteurs aux nombreux et excellents
traités de géologie qui sont dans les mains de tout le
monde, pour tout ce qui a trait à la distribution géographique des terrains, à leurs caractères physiques et
minéralogiques, à leur emploi dans les arts, à la dis-

position de leurs couches, à leurs accidents principaux, et à toutes les autres circonstances qui ne se lient pas directement à la paléontologie. Je ne rappellerai dans ce chapitre que ce qui est strictement nécessaire à l'intelligence de la deuxième partie.

Les terrains qui composent l'écorce du globe peuvent avoir été formés de quatre manières différentes, et doivent en conséquence être divisés en quatre classes. Cette division, fondée sur la différence de leur origine, est tout à fait indépendante de l'ancienneté de leur formation ; chacune de ces classes peut renfermer des terrains contemporains de ceux qui appartiennent aux trois autres.

On nomme *terrains volcaniques* ceux qui, à l'état de fusion sous l'écorce du globe par l'action d'une température très élevée, sont de temps en temps vomis par des cratères ouverts dans cette écorce et viennent se refroidir à sa surface. Ces terrains sont composés de laves, de cendres et de sables ; ils se forment encore de nos jours, mais plusieurs d'entre eux ont été déposés dans les époques anciennes du globe. Leur âge peut être déterminé par leurs rapports de position avec d'autres terrains connus et classés sous ce point de vue.

On appelle *terrains plutoniques* ceux qui ont été, comme les précédents, fondus par l'action de la chaleur souterraine, mais qui ont été refroidis et cristallisés sous l'écorce terrestre, soumis à l'énorme pression des gaz intérieurs fortement réchauffés. Ces roches, d'un aspect cristallin, sont plus dures et plus compactes que celles d'une origine volcanique qui, refroidies à la surface de la terre et sous une pression moindre, sont presque toujours plus poreuses. Les granits, les protogines, etc., appartiennent à cette division. Après leur refroidissement, ces terrains ont souvent percé l'écorce terrestre, et, par de puissants soulèvements, sont venus former des montagnes qui présentent quelquefois un aspect imposant par leurs déchirures et par les formes élancées des pyramides dans lesquelles elles se sont fractionnées. Le massif du Mont-Blanc et des Aiguilles de Chamounix en est un des exemples remarquables.

Les autres terrains ont été formés par les eaux et conservent, comme trace de cette origine, des couches ou strates plus ou moins évidentes.

Les *terrains métamorphiques* [1] sont ceux qui, après avoir été déposés sous les eaux, ont été fortement réchauffés par le voisinage des roches plutoniques encore incandescentes. L'extrême chaleur de ces roches s'est propagée dans ces terrains et a fondu leurs éléments, qui se sont cristallisés en se refroidissant sous une forte pression, comme les roches plutoniques. Ils conservent ainsi, dans la stratification, des traces de leur origine aqueuse, et présentent dans leur structure cristalline des preuves d'une fusion analogue à celle des granits. Les gneiss, les micaschistes, les marbres cristallisés tels que celui de Carrare, appartiennent à cette division.

Ces trois premières classes de terrains ne renferment point de fossiles : car, en supposant que les terrains volcaniques entraînent quelquefois dans leur formation des débris organiques, la chaleur de la lave suffirait en général pour les consumer et en anéantir les traces ;

---

[1] Je sais que l'origine aqueuse des roches métamorphiques est contestée par plusieurs géologues. Je ne dois en aucune manière traiter ici cette question, et je me suis borné à adopter l'opinion de M. Lyell, qui m'a paru probable. Ces terrains ne sont point du ressort de la paléontologie.

et si, dans leur première origine, les roches métamorphiques ont été fossilifères, la fusion qu'elles ont subie plus tard doit presque toujours avoir détruit ce qui pourrait le démontrer aujourd'hui.

La paléontologie n'a donc point à s'occuper de ces trois premières classes, et nous devons nous borner à l'étude de la quatrième, celle des *terrains stratifiés fossilifères*, qui, formés par les eaux, ont conservé tous les caractères de dépôts aqueux et renferment en général des débris de corps organisés.

Ces terrains fossilifères ont été déposés pendant une série de périodes dont les limites correspondent, comme nous l'avons dit, à des changements géologiques qui ont amené des différences dans la nature des sédiments et dans la population zoologique. Chacun des *terrains* ou *étages*, séparés par ces limites et formés pendant ces périodes, a dû recevoir un nom pour le distinguer des autres. Je dois rappeler ici qu'il ne faut pas s'attendre à trouver dans ces divisions quelque chose de parfaitement arrêté, ni des terrains uniformes dans toutes leurs parties et séparés des autres par des lignes mathématiques. Ces divisions pourraient même être comparées jusqu'à un certain point à celles que l'on admet dans l'étude de l'histoire, où l'on fonde la séparation des périodes sur certains événements importants, qui modifient gravement l'état d'un pays, qui influent sur tous les faits secondaires, mais qui ne les interrompent pas.

On comprendra donc facilement que le nombre d'étages à admettre est loin d'être encore parfaitement déterminé ; les travaux des paléontologistes modernes semblent tendre journellement à les augmenter. On distingue actuellement vingt-cinq à trente formations indépendantes ; chacune d'elles a probablement une faune spéciale dont les espèces sont différentes de celles qui les ont précédées ou suivies, mais le degré de ces différences n'est pas toujours le même. Quelques faunes sont telles, que comparées ensemble, on les trouve composées d'espèces qui se ressemblent beaucoup, ce qui donne à l'ensemble de chacune de ces créations une physionomie générale assez semblable. D'autres, au contraire, renferment des espèces qui ressemblent très peu à celles des faunes voisines, et qui prouvent une influence modificatrice plus grande.

Ces faits ont servi à associer quelques étages ; on les a réunis sous le nom de terrains, que nous admettons au nombre de neuf.

On a aussi cherché à grouper ces terrains en grandes périodes dont chacune est caractérisée par un ensemble de circonstances relatives aux êtres organisés qui y ont vécu. On a d'abord considéré ces périodes comme très tranchées ; mais, depuis quelques années, l'étude d'un plus grand nombre de fossiles a montré des transitions nombreuses, et l'on a reconnu quelques terrains, dont les formes organiques participent à la fois des caractères de deux époques. Aussi les limites des grandes périodes géologiques sont-elles probablement moins réelles qu'on ne l'avait cru, et ce qui le prouve encore, c'est que leurs points de séparation ont été quelquefois envisagés d'une manière très différente. Il semble qu'à mesure que la distinction des terrains par les fossiles devient plus précise, plus positive et plus incontestable, le groupement de ces terrains en grandes périodes présente à la fois moins d'utilité et moins de certitude. Toutefois, comme elles sont généralement admises, et comme, considérées dans leurs grands traits, elles s'appuient sur des faits intéressants et remarquables, je rapporterai ici cette division des terrains en quatre phases, qui sont, en commençant par les plus anciennes : les périodes *primaire*, *secondaire*, *tertiaire* et *diluvienne* ou *quaternaire*, cette dernière ayant immédiatement précédé la période moderne.

La Période primaire a aussi été nommée Période de transition. En effet, lorsqu'on croyait les granits d'origine aqueuse, on les considérait comme les roches les plus anciennement formées, et on les avait nommés roches primitives ; les terrains de la période dont nous nous occupons ici, étant intermédiaires de position entre les roches primitives et l'époque secondaire, pouvaient alors porter le nom de terrains de transition. Maintenant, ce nom n'a pour lui que l'autorité de l'habitude et représente une idée fausse. Le mot de période primaire est plus convenable comme désignant les premiers âges du globe, ou du moins l'époque à laquelle se rapportent les plus anciennes traces d'organisation que nous connaissions. Cette dénomination, il est vrai, a l'inconvénient de présenter peut-être quelque chance de confusion avec le mot de terrains primitifs, mot qui, au reste, doit être tout à fait abandonné. Quelques géologues ont cherché à lui substituer un nom nouveau : on a nommé l'ensemble des terrains qui la composent *hémilysiens* (demi-dissous), *paléozoïques*, parce qu'ils renferment les plus anciens animaux connus, et *trilobitiques*, du nom d'un de leurs fossiles les plus caractéristiques. Nous conserverons ici le nom de période primaire, parce qu'il est juste, simple, facilement intelligible et qu'il concorde avec les noms des périodes suivantes.

Cette époque renferme les terrains stratifiés fossilifères les plus anciennement formés. Ses limites ont beaucoup varié, car dans l'origine on n'y comprenait que les terrains siluriens ; plus tard on y ajouta le terrain houiller, et maintenant les géologues y comprennent encore le terrain pénéen.

Ses caractères paléontologiques principaux sont les suivants : 1° On y trouve l'embranchement des vertébrés, représenté seulement par de très rares reptiles et par des poissons. Ces derniers présentent des caractères remarquables, que nous exposerons plus tard ; leurs formes étaient peu variées, et, en général, très différentes de celles des poissons actuels ; 2° parmi les crustacés, on ne remarque presque que la singulière famille des trilobites ; 3° les mollusques céphalopodes y sont nombreux et présentent beaucoup de genres différents de ceux des époques suivantes, tels que les orthocères, les lithuites, les cyrthocères, etc., mais les véritables ammonites n'y existent pas encore ; 4° les mollusques brachiopodes y ont vécu en nombre considérable et présentent, avec des genres actuels, d'autres qu'on ne retrouve que peu ou point plus tard, tels que les productus, les orthis, les spirifer, etc.

La Période secondaire est une des plus importantes et a été probablement une des plus longues ; elle renferme des terrains très variés et qui atteignent souvent une grande puissance (1). Ses caractères paléontologiques sont assez tranchés ; toutefois ses terrains les plus inférieurs ont une faune qui se rapproche, par des points nombreux, de celle des terrains les plus récents de la période primaire.

____

(1) On nomme *puissance* d'un terrain l'épaisseur des couches qui le composent.

Ses caractères paléontologiques les plus apparents sont relatifs aux vertébrés et aux mollusques céphalopodes. Les premiers sont plus variés que dans la période précédente ; on trouve de nombreux reptiles, dont les uns sont remarquables par leurs formes très différentes de celles du monde actuel, tels que les ichthyosaures, les plésiosaures, les ptérodactyles, etc., d'autres par une taille gigantesque, comme l'iguanodon. Quelques oiseaux et même quelques mammifères ont déjà apparu à cette époque ; mais les rares fragments de cette dernière classe appartiennent tous à l'ordre des didelphes ; on n'a encore découvert dans les terrains de cette période aucune trace de mammifères monodelphes. Les mollusques céphalopodes y sont abondants et représentés surtout par les bélemnites et les ammonites. Ces dernières, en particulier, apparaissent pour la première fois dans les couches inférieures de cette période, par le sous-genre des cératites, et se continuent, par les ammonites proprement dites, dans tous les terrains, jusqu'à l'étage supérieur de la craie, où elles disparaissent, pour ne plus se retrouver dans les âges suivants.

La Période tertiaire n'a pas été aussi longue que la période secondaire et ne présente pas à beaucoup près autant de variété dans ses terrains. Ses couches les plus inférieures se lient, dans quelques pays, d'assez près aux terrains supérieurs de la craie ; ses formations les plus récentes ne sont pas toujours faciles à bien distinguer de celles de la période diluvienne. Ses caractères paléontologiques principaux sont de renfermer des faunes abondantes de mammifères monodelphes, ce qui la distingue clairement de l'époque secondaire. Ces mammifères diffèrent souvent de ceux de la période moderne par des caractères assez importants pour qu'on aît dû en former de nouveaux genres. Ainsi les paléothériums, les anoplothériums, les dinothériums, etc., ne vivaient pas avant cette époque et ne lui ont pas survécu. D'autres genres, au contraire, sont semblables à ceux d'aujourd'hui et les espèces seules diffèrent. Les oiseaux, les reptiles, les poissons et les animaux inférieurs de cette période sont en général plutôt des espèces que des genres perdus. Quelques naturalistes ont même rapporté aux espèces actuelles plusieurs de celles des terrains tertiaires, surtout des plus récents; mais le nombre en diminue tous les jours par une observation plus attentive et par des déterminations plus rigoureuses.

La Période quaternaire a été nommée aussi Période diluvienne, parce que les terrains qu'elle comprend proviennent en partie des dernières inondations de nos continents que l'on a cherché à rapporter au déluge biblique. Elle comprend, suivant nous, tous les terrains qui ont été déposés depuis la première apparition des espèces composant la faune actuelle: elle est probablement caractérisée aussi par la présence de l'homme qui manquait à toutes les époques antérieures. Cette période n'a peut-être été distinguée que parce que, plus rapprochée de nous, ses terrains plus superficiels attirent davantage les regards. J'ai déjà dit qu'elle n'est pas toujours facile à distinguer de la période tertiaire; elle se confond encore plus avec l'époque moderne. Quelques uns des terrains qu'on lui rapporte paraissent renfermer des débris d'espèces perdues, mais souvent aussi on ne peut établir aucune différence entre les restes organiques qui y sont conservés et les pièces analogues des animaux vivants. Une quantité considérable des espèces du monde actuel ont existé dès l'origine de cette période avec les races éteintes : comme le mammouth, l'ours des cavernes, etc. Je suis donc porté à croire que l'époque diluvienne n'est pas une époque distincte de la nôtre sous le point de vue paléontologique ; mais comme elle est admise par la plupart des géologues et que d'ailleurs il faut un moyen de désigner les terrains importants qu'elle renferme, je conserve ici son nom et j'admets provisoirement son existence distincte. Je fixe ses limites en regard des causes qui ont déposé ces terrains, plutôt que par la comparaison des débris organiques ; et je répète en conséquence ici, comme je l'ai dit au sujet de la définition des fossiles, que les dépôts de l'époque moderne sont caractérisés parce qu'ils doivent leur origine aux agents actuels, agissant dans les limites qu'ils ont de nos jours.

Je conserve, par opposition, le nom de terrains diluviens à ceux qui n'ont pu être formés que par des causes agissant sur une échelle plus grande que celle que nous leur connaissons aujourd'hui. Ainsi les grandes couches de cailloux roulés, les amas d'ossements dans les cavernes et les brèches osseuses ne peuvent pas se former dans l'état actuel du globe, et doivent en conséquence être désignés sous le nom de dépôts diluviens.

Parmi les idées contraires à celles que je soutiens ici, aucune ne m'a plus étonné que celle qui vient d'être émise par M. d'Orbigny, dans son *Cours élémentaire*. Ce savant paléontologiste réunit l'époque des cavernes avec celle des terrains pliocènes de Montpellier, d'Asti, etc. Il fait ainsi vivre ensemble l'éléphant et le mastodonte ; l'*Ursus spelæus* et les singes, tapirs, etc. ; le *Rhinoceros tichorhinus* et le *megarhinus*, etc.! Ces deux faunes sont cependant parfaitement distinctes.

Ces quatre périodes renferment, comme je l'ai dit, de nombreux terrains, dont je vais donner une idée sommaire, en renvoyant à la fin de cet ouvrage les preuves paléontologiques en faveur de la division que j'ai adoptée ([1]).

I. PÉRIODE PRIMAIRE.

Synonymes : *Période de transition, époque trilobitique, terrains primordiaux, terrains hémilysiens, terrains paléozoïques, terrains izémiens abyssiques.*

Les formations de cette période peuvent se diviser en quatre terrains.

1. TERRAIN SILURIEN. — Synonymes : *terrain schisteux, terrain de transition, grauwacke, übergangs-gebirge; formation snowdonienne, formation caradocienne, terrains schisteux,* Huot; *terrain ardoisier,* Omalius d'Halloy, etc. Il se partage en deux étages.

    A. *Silurien inférieur* (*T. cambrien,* Sedgwick), comprenant les schistes d'Angers, les grès du Caradoc et de Llandeilo, le Trenton limestone des États-Unis, etc.

    B. *Silurien supérieur* (*T. Murchisonien,* d'Orb.), comprenant

([1]) J'ai dû, pour la classification des terrains stratifiés, m'appuyer surtout sur les caractères paléontologiques, qui s'accordent mieux avec le but de cet ouvrage; mais je ne puis passer sous silence les belles conceptions de M. Élie de Beaumont sur les soulèvements. Je dois rappeler ici que ce savant géologue a démontré qu'une série de soulèvements, dont chacun a formé un système de montagnes, a successivement modifié la surface du globe, que chacune de ces catastrophes a terminé plus ou moins subitement un état de tranquillité, et que l'âge relatif de ces soulèvements se lie avec la direction des chaînes de montagnes. Ces découvertes remarquables, en expliquant la succession des terrains, sont le complément nécessaire des résultats que fournit la paléontologie. Je regrette d'être forcé à renvoyer, pour le moment, mes lecteurs aux traités de géologie. Je serai d'ailleurs appelé plus tard à retracer les points les plus essentiels des travaux de M. Élie de Beaumont en traitant, dans un résumé final, des phases par lesquelles a passé le globe, considérées dans leurs rapports avec les animaux qui ont vécu à sa surface.

les roches de Ludlow, le calcaire de Wenlock et de Dudley, les formations de Prague, le groupe du Niagara (Amérique), etc.

2. TERRAIN DÉVONIEN. — Synonymes : *vieux grès rouge* (*old-red-sandstone*); *formation paléo-psammérythrique*, Huot ; *jungere-grauwacke-gebirge*. Réuni par quelques auteurs au terrain carbonifère, mais reconnu maintenant comme une formation bien distincte. Comprenant les terrains de transition du Rhin ; très développé en Belgique, en Russie, en Angleterre, dans le nord de la France ; comprenant, en Amérique, le calcaire des chutes de l'Ohio, près de Louisville, etc.

3. TERRAIN CARBONIFÈRE. — Synonymes : *terrain carbonifère* et *terrain houiller*, El. de Beaumont ; *carboniferous limestone*, *millstone grit*, Murchison ; *terrain abyssique carbonifère* et *terrain abyssique houiller*, Brongniart ; *mountain limestone* ; *kohlen kalkstein*, etc. Époque remarquable par la richesse de sa végétation, à laquelle nous devons les véritables houilles.

4. TERRAIN PÉNÉEN. — Synonymes : *terrain psammérythrique*, Huot ; terrain *pernien*, Murchison. Comprenant le *calcaire alpin*, *alpen-kalkstein* des Allemands. Il a été divisé en deux étages qui paraissent devoir être réunis, car ils offrent les mêmes caractères paléontologiques. Ce sont :

    1° *Étage inférieur*. FORMATION DU GRÈS ROUGE, ou formation PSAMMÉRYTHRIQUE, comprenant le *nouveau grès rouge*, le *todte-liegende* des mineurs de la Thuringe, le *red conglomerat*, etc.

    2° *Étage supérieur*. FORMATION MAGNÉSIFÈRE, comprenant le *zechstein*, le *calcaire magnésien* et le *calcaire alpin*.

II. PÉRIODE SECONDAIRE.

Synonymes : *Époque paléosaurienne*, Huot; *terrains ammonéens*.

Cette période se divise en trois groupes très tranchés, dont les caractères paléontologiques sont précis et nombreux.

1° GROUPE TRIASIQUE, comprenant :

5. TERRAIN TRIASIQUE. — Synonyme : *terrain keuprique*, Huot. Divisé en trois formations qui doivent également être réunies à cause de leurs caractères paléontologiques identiques. Ce sont :

> 1° LA FORMATION PŒCILIENNE. — Synonyme : *grès bigarré* ou *bunter sandstein*. Comprenant la *grauwacke des Alpes*, le quatrième groupe des *terrains abyssiques pœciliens*, Brongniart ; une partie du *grès houiller* des Karpathes, Beud. Subdivisée en deux étages : l'inférieur, *étage vosgien* ; le supérieur, *étage pœcilien*.
>
> 2° LA FORMATION CONCHYLIENNE. — Synonymes : *muschelkalk*, *terrains izémiens abyssiques conchyliens*, Brongniart ; *deuxième calcaire secondaire*, Boué ; *calcaire à cératites*, Cordier.
>
> 3° LA FORMATION KEUPRIQUE. — Synonymes : *keuper*, *marnes irisées*.

Il faut placer ici avec doute un terrain remarquable, dont l'extension géographique est si faible que ses véritables rapports sont encore mal connus. C'est :

6. LE TERRAIN DE SAINT-CASSIAN (Tyrol), qui se retrouve aussi à Hallstadt et à Salzbourg, en Autriche. Il est probablement à peu près contemporain du Keuper, mais il a une faune toute spéciale. — Synonyme : *T. salitérien*, d'Orbigny.

2° GROUPE JURASSIQUE. — Synonymes : *Terrains ammonéens*, Omalius d'Halloy ; *jurakalk*, *oolitenkalk*. — Ce groupe, un des plus importants et des plus répandus, se subdivise en un assez grand nombre d'étages, sur les limites desquels les géologues sont passablement d'accord. Mais il n'en est pas de même pour le groupement de ces étages. Tantôt on sépare tout à fait le lias des autres, tantôt on le réunit à l'oolithe inférieure pour former l'étage inférieur. Le terrain corallien appartient, suivant quelques géologues, à l'étage supérieur, et suivant d'autres à l'étage moyen. J'ai adopté, à l'exemple de M. d'Orbigny, une division fondée sur l'équivalence probable de tous ces étages, en les considérant comme étant tous à peu près également distincts et séparés les uns des autres. Ils sont au nombre de huit.

7. TERRAIN LIASIQUE ou LIAS, divisé lui-même en trois étages, très tranchés dans certaines contrées, et méritant peut-être de former des terrains distincts, ce sont :

A. *Le lias inférieur.* — Synonymes : *Grès du Luxembourg*, Omalius d'Halloy ; *calcaire de Valognes*, Caumont ; *terrain sinémurien*, d'Orb. ; *Lower lias shale* ; *calcaire à gryphées arquées* ; *Gryphiten kalk*, Roemer. Comprenant le *Turneri thon* (?) ; le *Jura noir inférieur* (α et β) ; les grès de Lincksfield, les grès inférieurs du lias, etc.

B. *Le lias moyen.* — Synonymes : *Terrain liasien*, d'Orb. ; *Marlstone* des Anglais. Comprenant les *marnes à gryphæa cymbium* ou de *Balingen*, *le calcaire à bélemnites et les marnes à plicatules* de MM. Thurmann et Marcou ; l'*Amaltheen Thon* et le *Numismalen-Mergel* de l'Albe de Souabe ; le *Jura noir* moyen (γ et δ) des Allemands ; l'*Ironstone* et le *Marlstone* de M. Phillips ; etc.

C. Le *lias supérieur.* — Synonymes : *Terrain toarcien* d'Orb. Comprenant l'*Alumshale* de Lyme Regis ; l'*upper Lias shale* de Withy ; les marnes à *Trochus* ou de *Pinperdu* du Jura ; les *schistes de Boll* ; le *Posidonomyen Schiefer*, le *Jurensis Mergel* et l'*Opalinus Thon* de l'Albe de Souabe ; le *Jura noir supérieur* (ε et ζ) et le *Jura brun inférieur* (α des Allemands ; etc.

8. TERRAIN DE L'OOLITHE INFÉRIEURE. — Synonymes : *Terrain Bajocien*, d'Orb., comprenant le *Fullers earth* et le *Ferrugineous oolite* des Anglais ; l'oolithe de Bayeux et de Moutiers ; le *calcaire Lædonien* ou *calcaire à entroques* ; le *calcaire à polypiers*, les marnes à *ostrea acuminata*, et les *marnes vésuliennes* du Jura ; le *Eisen-Rogenstein* et le *discoiden Mergel* de M. Merian ; le *Jura brun moyen* (β, γ et δ) des Allemands ; etc.

9. TERRAIN DE LA GRANDE OOLITHE. — Synonymes : *Terrain*

Bathonien d'Orb.; comprenant le *Great oolite*, le *upper Morland sandstone*, le *Bradford-Clay*, le *Forest Marble*, et le *Cornbrash* des Anglais; le *calcaire de Caen et de Ranville*; le *Parkinsoni Bank* et la couche à *belemnites giganteus* de l'Albe de Souabe; une partie de Jura brun (δ) des Allemands.

10. TERRAIN KELLOWIEN. — Synonymes : *Oxfordien inférieur* de quelques auteurs; *terrain callovien* d'Orb. Comprenant le *Kelloways-Rock* des Anglais, une partie de l'*Oxford thon* et le *Jura brun* (ε) des Allemands, etc.

11. TERRAIN OXFORDIEN, comprenant l'*Oxford clay*, ou *marnes oxfordiennes*, le *lower calcareous grit* des Anglais; le *terrain argovien* et le *terrain à chailles* du Jura suisse; l'*Ornaten Thon*, l'*Impressa Kalke*, le *Spongiten lager*, et une partie du *Coral kalk* de l'Albe de Souabe; le *Jura brun* (ζ) et le *Jura blanc* inférieur (α, β, γ et δ) des Allemands; les *argiles de Dives* des géologues français; etc.

Les géologues du Jura suisse y distinguent deux étages, un plus ancien ou *Oxfordien* proprement dit, correspondant à l'*Ornaten Thon*, un plus récent ou *Argovien* comprenant l'*Impressa kalke* et le *Spongiten lager*. M. d'Orbigny place dans le terrain kellowien la partie la plus inférieure de notre terrain oxfordien; savoir : les argiles de Dives et l'ornaten-thon.

12. TERRAIN CORALLIEN, comprenant l'*oolite corallienne*, le *coral rag* des Anglais, le *calcaire à nérinées* de M. Thurmann, le groupe *corallien* de M. Marcou; les *schistes* de *Nattheim*; le *Jura blanc moyen* (ε) des Allemands, etc.

13. TERRAIN KIMMÉRIDGIEN, comprenant le *Kimmeridge clay* et le *Weymouth beds*; les argiles noires de Honfleur; les marnes du Banné (Jura), le *calcaire à astartes*, une grande partie du *terrain portlandien* des géologues du Jura suisse, et une partie du *Jura blanc supérieur* (ζ) des Allemands. Les géologues du Jura distinguent, sous le nom de *terrain séquanien*, la partie inférieure de cet étage.

14. TERRAIN PORTLANDIEN OU PORTLANDSTONE, *étage oolithique supérieur*, comprenant : les derniers étages du *Jura blanc supérieur* (ζ) des Allemands, le calcaire à tortues de Soleure, etc.

A la suite de ces huit terrains jurassiques, nous devons indiquer hors de ligne le :

TERRAIN WEALDIEN, formé par des eaux douces ou saumâtres, probablement vers la fin de la période jurassique, ou au commencement de la période crétacée, et dont les rapports, avec les terrains marins n'ont pas encore été clairement déterminés.

3° GROUPE CRÉTACÉ, qui doit aussi être subdivisé en plusieurs terrains distincts. Nous suivrons en partie la classification de M. d'Orbigny.

15. TERRAIN NÉOCOMIEN, comprenant : le *Hilsconglomerat* et le *Hilsthon* des Allemands ; le *biancone* de M. Zigno ; la partie inférieure du *lower green sand* des Anglais. Ce terrain doit être divisé en deux étages :
> A. Le *terrain néocomien inférieur*, ou *calcaire à spatangues et à exogyres* comprenant, les marnes d'Hauterive, etc.
> B. Le *terrain néocomien supérieur*. — Synonymes : *terrain Urgonien*, d'Orb. ; *première zone de rudistes*, d'Orb., olim ; *calcaire à hippurites* des géologues suisses ; *calcaire à chama ammonia ; argile ostréenne*.

16. TERRAIN APTIEN, d'Orb., comprenant l'*argile à plicatules*, etc. Correspondant en partie au *Specton clay* et au *lower green sand* des Anglais. Ce terrain est peu étendu, et son existence, comme formation distincte, n'est peut-être pas encore certaine.

17. TERRAIN DU GAULT. — Synonyme : *terrain albien*, d'Orb. Comprenant les grès verts inférieurs du continent, ceux de la perte du Rhône, etc., le gault des Anglais (Folkestone) ; une partie des argiles tégulines de M. Leymerie, etc.

18. TERRAIN CÉNOMANIEN, d'Orb., comprenant : le *green sand* et le *upper green sand* des Anglais (Blackdown, Warminster, etc.) ; la *craie chloritée inférieure*, les grès verts du Mans ; le *quadersandstein* et une partie du *planer* des Allemands ; le *oberer karpathen sandstein*, le *système nervien* ; la *deuxième zone de rudistes* de M. d'Orbigny, etc.

19. TERRAIN TURONIEN, d'Orb., comprenant les craies marneuses de Rouen ; une portion du *plaener* et de l'*untere kreide* des Allemands ; la *troisième zone de rudistes* de M. d'Orbigny.

20. TERRAIN DE LA CRAIE BLANCHE. — Synonymes : *terrain sénonien*, d'Orbigny. Comprenant la craie supérieure, la *quatrième zone de rudistes* de M. d'Orbigny, la craie de Maestricht, etc.

21. TERRAIN DANIEN, comprenant la craie de Faxoë (Suède), le terrain pisolitique de Laversine, les étages supérieurs à la craie de Meudon, etc. (Voy. *Bulletin de la Soc. géolog. de France*, 2ᵉ série, t. IV, p. 179).

III. PÉRIODE TERTIAIRE.

Cette période, bien plus courte que la seconde, mais importante par les mammifères fossiles qu'elle renferme, comprend quatre terrains qui ont chacun des dépôts marins ou tritoniens, et des dépôts d'eau douce ou nymphéens.

22. TERRAIN NUMMULITIQUE OU SUESSONIEN, d'Orb. — Synonyme : *terrain épicrétacé*. Comprenant les sables inférieurs de M. Melleville, l'argile plastique du bassin de Paris ; le *Woolwich sand*, de M. Morris, et le riche gisement du Monte-Bolca. Il doit être divisé lui-même en deux étages : l'inférieur renferme le terrain des environs de Soissons ; le supérieur les nummulitiques de Biaritz, de la Palarea, etc. Le terrain nummulitique des Alpes suisses appartient en partie à cet étage et en partie aussi probablement au terrain suivant (éocène), avec lequel il a beaucoup de fossiles communs.

23. TERRAIN ÉOCÈNE, Lyell, ou PARISIEN, d'Orb. — Synonymes : *période éocène*, Lyell ; *terrains paléothériens*, etc. Comprenant les calcaires grossiers des environs de Paris, les grès de Beauchamp, les gypses de Montmartre, l'argile de Londres, etc. Il se divise aussi en deux étages : l'inférieur comprend le calcaire grossier de Courtagnon et de Grignon, etc. ; le supérieur,

les grès de Beauchamp, les dépôts d'Auvers et de l'île de Wight
et les gypses de Montmartre.

24. TERRAIN MIOCÈNE, Lyell, comprenant les faluns de la Touraine,
quelques grès des environs de Paris, les dépôts marins et lacustres du sud-ouest de la France ; les célèbres dépôts du Tor-
tonèse, de la montagne de Turin et des environs de Vienne ; la
molasse d'eau douce des environs de Genève et de Lausanne, etc.
Il doit se diviser aussi en deux étages.

  A. L'étage TONGRIEN, ou inférieur, de M. d'Orbigny, compre-
     nant les grès de Fontainebleau, les dépôts à *ostrea longi-
     rostris* de la Gironde, les faluns bleus de M. Grateloup, etc.
  B. L'étage FALUNIEN, ou supérieur, du même auteur, renfer-
     mant les faluns de la Touraine, une partie de la molasse
     suisse, les faluns jaunes de M. Grateloup, le *crag à poly-
     piers* et le *crag rouge* des Anglais, etc. Les dépôts fluviatiles
     sont difficiles à associer à ces divisions marines. Nous ver-
     rons en particulier, en traitant des mammifères, qu'il y
     a eu probablement deux faunes miocènes en France, dont
     les rapports de temps avec les populations des mers ne sont
     pas faciles à établir.

25. TERRAIN PLIOCÈNE, Lyell, comprenant les collines subapen-
    nines, le crag supérieur, la molasse marine supérieure de la
    Suisse, les tertiaires de Montpellier et de Cucuron, etc.

IV. PÉRIODE QUATERNAIRE ET MODERNE.

Synonyme : *Période diluvienne.*

Cette période comprend comme nous l'avons dit, tous
les terrains qui ont été déposés depuis l'apparition des
espèces qui composent la faune actuelle.

Elle peut, au point de vue géologique, se diviser en deux : la
plus ancienne (*période diluvienne*) renferme les terrains qui ont
été désignés sous les noms de *nouveau pliocène*, Lyell ; *terrain elys-
mien*, Brongniart, et *diluvium* Buckland, *alluvions anciennes*, etc.
Elle comprend les cavernes, les brèches osseuses, et en général

tous les terrains formés par l'action de forces qui ont dû dépasser les limites dans lesquelles elles sont renfermées aujourd'hui.

La période la plus récente (*période moderne*) comprend les terrains qui ont été formés dans les mêmes conditions que celles qui se présentent de nos jours, et les terrains qui sont en voie de formation. Ce sont les alluvions modernes, les soulèvements modernes, etc. Je reviendrai sur tous ces faits dans la troisième partie de cet ouvrage.

Je renvoie aussi à ce moment la justification des synonymies que j'ai adoptées dans tout ce tableau de classification des terrains. Quelques unes d'entre elles ne sont pas admises par tous les géologues. Je pourrai disposer alors de preuves paléontologiques suffisantes pour discuter les concordances d'âge que l'on peut reconnaître entre les formations des divers pays.

DEUXIÈME PARTIE.

HISTOIRE NATURELLE SPÉCIALE DES ANIMAUX FOSSILES.

Nous conservons, pour la classification générale des animaux, les divisions établies par G. Cuvier, et nous adoptons, à son exemple, quatre embranchements; mais les progrès de la science forcent maintenant de les limiter d'une manière un peu différente.

Cuvier s'était principalement appuyé sur le degré relatif de perfection. Depuis lors on a mis plus d'importance au plan même de l'organisation, et on a reconnu, dans le règne animal, un certain nombre de *types*, ou de réunions d'êtres, obéissant à un même système général dans la disposition des organes. Chacun de ces types présente des degrés variés de perfection dans l'organisme, et ces degrés sont susceptibles d'être disposés en séries qui, à cause même de cette gradation dans la perfection, sont souvent parallèles les unes aux autres.

Les embranchements forment quatre types bien tranchés, qu'on peut caractériser comme suit :

1. Embranchement des VERTÉBRÉS, animaux pairs ([1]), caractérisés par un système nerveux central continu (encéphale et moelle épinière), protégé par des vertèbres ou anneaux osseux répétés d'une manière homologue sur toute la longueur du corps, et par des membres endosquelettés (à squelette intérieur).

2. Embranchement des ARTICULÉS, animaux pairs, caractérisés par un système nerveux ganglionnaire, c'est-à-dire composé de

([1]) Par le mot d'animaux pairs, nous entendons des êtres composés de parties disposées des deux côtés d'un plan médian, doubles si elles sont éloignées du plan et confondues en une, si elles sont sur la ligne médiane. Les parties peuvent être égales ou inégales. Dans le premier cas la symétrie existe, dans le second elle n'existe pas (*Gastéropodes, Pleuronectes*).

centres répétés plusieurs fois, par l'absence de vertèbres et de squelette, par un corps protégé par une peau endurcie formant une série de pièces dures articulées (exosquelette), homologues les unes aux autres; par des membres qui, s'ils existent, sont composés de même de pièces dures articulées.

3. Embranchement des Mollusques, animaux pairs, caractérisés par un système nerveux composé d'un petit nombre de ganglions *non répétés*, par un corps couvert d'une peau molle, et dont les parties ne sont point non plus répétées en une série de pièces homologues; ils sont souvent protégés par des coquilles.

4. Embranchement des Zoophytes, animaux composés en tout ou en partie d'après un plan rayonné, les pièces semblables étant en général représentées cinq fois ou un nombre multiple de cinq, au lieu de l'être deux fois comme dans les animaux pairs.

On voit, par ces caractères, que nous mettons en première ligne la considération de la structure paire et de la structure rayonnée, et le fait de la répétition sériale des pièces constituantes, ou de l'absence de répétition.

Les vertébrés sont pairs et ont un endosquelette composé de vertèbres répétées. Les articulés sont pairs et ont un exosquelette composé d'anneaux répétés. Les mollusques sont pairs et n'ont pas de répétitions sériales. Les zoophytes sont rayonnés.

Le résultat de cette caractéristique est de sortir de l'embranchement des zoophytes de Cuvier, les intestinaux, qui sont des articulés; ainsi que les bryozoaires et la plupart des infusoires qui doivent appartenir à la classe des mollusques.

Il y aura probablement à établir une fois un cinquième embranchement pour les *amorphes* ou *spongiaires*, renfermant tous les animaux dont la structure échappe à la symétrie paire et à la symétrie rayonnée. Mais en attendant que ces corps soient mieux connus et que l'on puisse décider quels sont les infusoires véritablement amorphes, nous continuerons à les associer aux zoophytes.

PREMIER EMBRANCHEMENT.

VERTÉBRÉS.

Les vertébrés, comme on le sait, se partagent en quatre classes, les *mammifères,* les *oiseaux,* les *reptiles* et les *poissons*.

Dans le monde actuel, ces quatre classes sont distinguées par des caractères essentiels tirés de la génération et de la nutrition; dans les animaux fossiles, ces moyens manquent, et la distinction est plus difficile. On peut toutefois trouver aussi, dans celles de leurs parties qui ont été fossilisées, des moyens certains pour reconnaître à laquelle de ces classes appartiennent les débris que l'on veut étudier.

Les animaux vertébrés sont en général, comme tous les autres, conservés par leurs parties dures. Les plus fréquentes sont les os et les dents, dont l'emploi est réglé par les lois que j'ai rappelées dans la première partie. On trouve aussi quelquefois des pièces dures tégumentaires : ainsi beaucoup de poissons sont connus par leurs écailles; des organes analogues de quelques reptiles et de quelques mammifères sont aussi parvenus jusqu'à nous, mais beaucoup plus rarement.

Les dents sont spéciales aux mammifères, à quelques reptiles et aux poissons; les oiseaux, les chéloniens et la plupart des batraciens en sont dépourvus. Les mammifères sont les seuls qui aient des dents composées, et en général leurs molaires ont des formes assez spéciales pour ne permettre aucune confusion.

Leurs incisives, qui sont tranchantes, peuvent rarement être méconnues, et peuvent tout au plus être confondues, par un examen superficiel, avec les dents de quelques poissons. Les dents coniques sont celles qui, trouvées isolées, peuvent le plus facilement laisser du doute.

Les os présentent des caractères assez précis. Ceux des mammifères sont en général faciles à distinguer par leur tissu; car ce sont les seuls dont les têtes soient complétement cellulaires et les corps formés d'un fort tube de tissu compacte, à parois beaucoup plus épaisses que celles qui enveloppent les têtes. Leur surface est assez lisse, percée d'un petit nombre de trous pour la nutrition. Leurs formes sont aussi très caractéristiques; leurs têtes bien prononcées, leurs crêtes et apophyses nettement détachées, et leurs surfaces articulaires clairement circonscrites, leur donnent une physionomie qui permet rarement l'incertitude.

Les os des oiseaux sont beaucoup plus légers; leurs têtes n'ont qu'un tissu cellulaire très lâche; le cylindre de tissu compacte n'est pas beaucoup plus épais au corps que sur les extrémités. Leur surface est encore plus lisse que dans les mammifères. Leurs apophyses sont bien marquées, mais la plupart de leurs articulations sont un peu moins nettes que dans les mammifères.

Les os des reptiles sont d'un tissu plus égal; leurs têtes ont une cellulosité plus serrée que dans les deux classes précédentes, et leurs corps ne présentent pas un cylindre de tissu compacte, mais sont composés à peu près comme les têtes. Leur surface est percée de trous nombreux et marquée de petits sillons et de rugosités. Leurs formes sont plus vagues que celles des os des mammifères; les apophyses et les crêtes moins saillan-

tes, et les surfaces articulaires ne se distinguent pas clairement du reste de l'os.

Les os des poissons ont à peu près les mêmes caractères de tissu ; mais leurs formes spéciales et l'absence
presque constante d'os longs des membres les font le
plus souvent distinguer facilement.

Ces caractères peuvent fournir les moyens de reconnaître les os isolés. Toutefois, dans la plupart des cas,
la connaissance pratique des formes de chaque os dans
les quatre classes décide le paléontologiste au premier
coup d'œil, sans qu'il ait recours à ces caractères de
tissu. Cela est encore plus vrai si plusieurs parties du
squelette sont connues ; les formes de ces quatre classes
sont trop tranchées pour que l'incertitude puisse être
fréquente.

Les vertébrés ont apparu, comme je l'ai dit, avec les
premiers êtres organisés que nous connaissions, et les
terrains les plus anciens nous offrent des débris de poissons. Les reptiles ont apparu pour la première fois dans
l'époque dont les terrains carbonifères nous ont conservé
les traces. Les oiseaux sont rares à toutes les époques ;
on rapporte à cette classe quelques empreintes de pas
qui datent déjà du grès rouge. Les mammifères didelphes ont vécu dans les époques jurassiques, et les monodelphes ont fait leur première apparition au commencement de la période tertiaire.

PREMIÈRE CLASSE.

MAMMIFÈRES.

Les naturalistes reconnaissent généralement que les
mammifères doivent être divisés en deux sous-classes,

les mammifères *monodelphes* et les mammifères *didelphes* (¹). L'importance générale des caractères tirés du mode de reproduction semble l'exiger, et toutes les circonstances accessoires confirment la convenance de cette division. Les mammifères didelphes, outre leurs caractères principaux tirés de l'absence de placenta, de la forme de l'utérus, de l'existence des os marsupiaux et de l'étroitesse du bassin, ont en général le crâne plus étroit et l'encéphale moins développé que les mammifères monodelphes, ce qui semble montrer chez eux un degré inférieur d'organisation. Les formes en général exceptionnelles de leur système dentaire empêchent presque toujours de pouvoir les ranger dans les familles formées pour les autres mammifères, et paraissent indiquer au contraire une série à peu près parallèle, mais inférieure à celle des monodelphes.

La paléontologie confirme cette distinction, car, autant du moins qu'on en peut juger par quelques fragments, les mammifères didelphes ont déjà vécu dans la période jurassique, tandis qu'il n'y a jusqu'à présent aucun exemple d'un monodelphe qui ait apparu avant l'époque tertiaire.

Lors de leur première apparition, les mammifères

(¹) La sous-classe des monodelphes renferme l'immense majorité des mammifères. Elle comprend tous ceux de ces animaux chez lesquels les petits, au moment de leur naissance, n'ont besoin que des soins ordinaires de leur mère et d'être allaités par elle. Les mammifères didelphes sont ceux dont les petits naissent, par une disposition organique particulière, à une époque très peu avancée de leur développement, et qui, à cause de cela, ont besoin d'une protection toute spéciale, qu'ils trouvent dans une poche, située sous le ventre de la mère et dans laquelle sont les mamelles. Chacun des petits reste adhérent à une de ces mamelles pendant tout le commencement de sa vie, et ne la quitte point pendant les premiers temps. Ces mammifères didelphes ont au bassin des os spéciaux, nommés os marsupiaux. Ce groupe comprend les sarigues, les kangurous, etc.

monodelphes ont formé des faunes dans lesquelles les divres types sont répartis un peu différemment qu'aujourd'hui. Les herbivores et surtout les pachydermes sont les plus abondants, et les carnassiers paraissent avoir été plus rares, soit en espèces, soit peut-être surtout en individus. Les ruminants ont apparu dans les périodes suivantes, n'ont pas tardé à devenir nombreux, et la fin de l'époque tertiaire en a eu une grande quantité. Dans l'époque diluvienne, les proportions ont changé : les pachydermes ont beaucoup diminué, et les carnassiers ont offert au contraire une faune remarquable par le nombre des espèces et par leur taille. Tous ces faits d'ailleurs ressortiront mieux des tableaux plus exacts et plus précis que je donnerai plus tard.

Les lois que j'ai indiquées dans la première partie trouvent ici leur application. Les mammifères sont distribués en faunes parfaitement tranchées, composées d'espèces dont la durée a été limitée à une seule époque, et ils confirment complétement les premières lois que nous avons établies.

Cette classe comme les autres a augmenté de variété dans la série des temps. Les premières faunes ne renferment qu'un petit nombre de types distincts, et le nombre des genres va en augmentant depuis les terrains les plus anciens jusqu'aux plus récents et à l'époque moderne.

La perfection comparative des faunes de mammifères n'a pas été en s'augmentant ; cette classe présente seulement une règle analogue à celle que nous avons établie pour l'ensemble du règne animal.

Les mammifères didelphes ont précédé de beaucoup les mammifères monodelphes, et l'homme n'a été créé que longtemps après ces derniers. Mais le perfectionne-

ment s'arrête là et les ordres les plus élevés n'ont point
été réservés pour les faunes les plus récentes. Les quadrumanes existent dès l'étage éocène; il en est de même
des chéiroptères, des carnassiers, etc. Les pachydermes sont des herbivores aussi parfaits que les ruminants qui les ont en partie remplacés. Tout dans
cette comparaison s'accorde avec ce qui a été observé
pour l'ensemble du règne animal.

En comparant les ordres des mammifères, on voit
qu'un petit nombre d'entre eux (pachydermes et édentés) se trouvent en voie de décroissance et ont eu leur
maximum de développement dans les époques antérieures à la nôtre. La grande majorité est au contraire
en voie de croissance et le nombre des espèces a augmenté graduellement depuis les terrains tertiaires anciens jusqu'à nos jours.

Les mammifères suivent encore la règle générale dans
la comparaison de leurs formes avec celles du monde
actuel. Dans les terrains anciens elles en diffèrent beaucoup. A cette époque, l'Europe était habitée principalement par des anoplothériums, des paléothériums et autres genres qui ont maintenant disparu, et par quelques
singes et quelques didelphes, qui sont aujourd'hui spéciaux à des contrées fort éloignées; tandis que le nombre d'animaux que l'on peut rapporter aux genres actuels était comparativement petit.

Vers la fin de l'époque tertiaire, une grande partie
de ces animaux ont disparu, et les espèces des genres
perdus ont été remplacées par des cerfs, des rhinocéros
et autres animaux des genres actuels.

Les mammifères de l'époque diluvienne peuvent,
pour la plupart, se rapporter à des genres modernes,
avec cette différence toutefois que plusieurs espèces

qui ont alors peuplé l'Europe ou l'Asie ont aujourd'hui leurs congénères dans d'autres parties du globe : ainsi la Sibérie a vu son sol, actuellement glacé, foulé par les éléphants et les rhinocéros; ainsi encore les cavernes d'Allemagne et d'Angleterre renfermaient des hyènes et des lions. Mais souvent aussi on trouve des terrains dans lesquels on a de la peine à fixer la limite où finit l'époque diluvienne et où commence la période moderne, tant les animaux dont les restes sont contenus dans ces gisements rappellent les espèces qui habitent aujourd'hui nos contrées.

En entrant plus loin dans les détails relatifs aux diverses familles, nous aurons occasion de faire ressortir la confirmation de quelques autres lois moins importantes, telles que la loi de l'augmentation de température, celle de l'extension de la distribution géographique, etc.

J'ai dit ci-dessus que, sauf une exception pour quelques didelphes, c'était dans les terrains tertiaires et diluviens qu'on devait chercher les débris fossiles des mammifères. Il convient de jeter ici un coup d'œil sur les localités principales où l'on en a trouvé.

Dans le *terrain tertiaire*, les quatre étages que nous avons distingués dans le chapitre IX en renferment des débris.

Dans l'*étage nummulitique*, l'argile située sur le calcaire pisolithique de Meudon et les lignites du Soissonnais ont conservé quelques espèces. M. Gervais désigne cette faune sous le nom de *orthrocène*.

Dans le *terrain éocène* ou *parisien*, M. Gervais distingue deux faunes (¹). La plus ancienne est contenue

<hr>

(¹) M. Gervais a montré que les mammifères fossiles de France forment plusieurs faunes distinctes. (Voy. *Comptes rendus de l'Académie des sciences,*

dans le calcaire grossier des environs de Paris et dans
les dépôts riches en lophiodons de Buschweiler, d'Argenton et d'Issel. M. Gervais lui conserve le nom
d'*éocène*, ce qui me paraît pouvoir amener quelque
confusion (¹). Nous la désignerons sous le nom de *parisien inférieur*. La plus récente (*parisien supérieur,
proicène*, Gervais) comprend les célèbres dépôts gyp-
seux des environs de Paris, quelques calcaires du midi
de la France, en particulier ceux d'Alais (Gard), les
gypses inférieurs du Puy en Velay (Haute-Loire), l'argile
de Londres et quelques dépôts de même âge dans
diverses parties de l'Angleterre, telles que l'île de
Wight. La première de ces localités restera en particulier toujours illustre dans les annales de la science,
comme ayant fourni les matériaux de la partie la plus
remarquable de l'ouvrage de Cuvier.

Dans l'*étage miocène*, il paraît encore, suivant M. Gervais, qu'il faut distinguer deux faunes.

La plus ancienne, riche en *anthracothériums*, comprend les gisements de Montabuzard, de Moissac, de
Léognan, les dépôts calcaires lacustres du Puy en
Velay (²), de la Limagne d'Auvergne, et du Bourbonnais
(départements de la Haute-Loire, du Puy-de-Dôme et de

1849, 1ʳᵉ série, t. XXVIII, p. 546 et 643; *Mémoires de l'Académie de
Montpellier*, 1849.)

(¹) Le mot *éocène* se trouve en effet maintenant désigner, pour quelques
naturalistes, tous les terrains nummulitiques et parisiens; pour d'autres, le
parisien supérieur et inférieur; pour M. Gervais, le parisien inférieur seulement.

(²) J'adopte ici, contrairement à l'opinion de M. Gervais, la classification
admise par M. Aymard, car les calcaires lacustres du Puy, toujours supérieurs aux gypses, ont une faune différente. M. Gervais réunit ces deux terrains et sépare tout à fait les calcaires lacustres du Puy de ceux de l'Auvergne. Il y a certainement quelques différences entre eux, mais pas assez
tranchées, ce me semble, pour constituer une époque différente, surtout dans
l'incertitude où nous sommes sur l'unité de la faune d'Auvergne.

l'Allier), et probablement ceux de Cadibona (Piémont). Cette faune est une des moins certaines, et nous ne l'indiquons guère que comme provisoire. Il est possible en particulier que les terrains de la Limagne et du Bourbonnais doivent se répartir en deux étages, dont l'un (le plus inférieur) aurait quelques rapports avec le parisien supérieur. En attendant la solution de ces questions, il convient de ne pas confondre cette faune remarquable ni avec le parisien, ni avec le véritable miocène, et nous la désignerons sous le nom de *faune miocène d'Auvergne.*

La plus récente comprend le riche gisement de Sansan, près d'Auch (Gers), quelques terrains de l'Orléanais, les faluns de la Touraine, les mollasses marines de Saint-Jean de Védas, Castries, etc.; le grand dépôt d'ossements d'Eppelsheim (bassin du Rhin), plusieurs localités d'Allemagne, et la mollasse d'eau douce de la Suisse. Nous désignons cette faune sous le nom de *faune miocène supérieure* ou de *faune miocène proprement dite.*

L'étage pliocène forme une faune à laquelle nous conservons le nom de *faune pliocène.* Cette période a laissé des traces dans la plupart des sables marins du bassin méditerranéen, ainsi que dans le sédiment lacustre de Cucuron. Les marnes d'Œningen, et quelques graviers d'Italie, appartiennent à la même époque.

Les alluvions sous-volcaniques d'Auvergne, telles que les dépôts des environs d'Issoire, de la montagne de Perrier, etc., renferment une faune qui paraît appartenir à l'époque pliocène, mais qui a aussi ses caractères zoologiques spéciaux. Nous la désignerons, avec M. Gervais, sous le nom de *faune pliocène d'Au-*

vergne. Elle est probablement supérieure à la faune pliocène proprement dite ; mais ses rapports ne sont pas encore définitivement établis.

Dans toutes ces localités, les fossiles sont placés dans des couches plus ou moins régulièrement stratifiées. Quelquefois les animaux ont été enveloppés par le dépôt qui les a conservés, avant qu'une macération complète ait séparé leurs os : ainsi à Montmartre, on a trouvé quelques pachydermes complets. Mais le plus souvent les ossements ont été disjoints par un long séjour dans l'eau, puis ont été dispersés et charriés par les courants. C'est en particulier ce qui est arrivé dans le bassin du Rhin ; les débris fossiles d'Eppelsheim sont toujours placés dans une position analogue à celle que prendraient des ossements modernes flottant dans un fleuve. Les crânes sont tournés de manière que la partie la plus pesante soit en dessous et la plus légère en dessus ; les os sont horizontaux et parallèles au cours probable du fleuve, et l'on ne retrouve pas les pièces du même squelette dans le voisinage les unes des autres. Cette dislocation des êtres a aussi lieu dans la plupart des autres localités.

Dans les terrains diluviens, les ossements fossiles de mammifères se trouvent dans trois gisements principaux : les terrains stratifiés, les brèches osseuses et les cavernes.

Les terrains stratifiés de l'époque diluvienne ont des rapports avec ceux des étages supérieurs de l'époque tertiaire. Ce sont ordinairement des dépôts limoneux, mêlés de graviers et de cailloux roulés. Ce sont aussi quelquefois des tourbières anciennes, des tufs ou des marnes calcaires. Il est probable que l'on doit y distinguer quelques étages d'une ancienneté diverse ; car

il est des dépôts où les espèces sont notablement différentes de celles qui peuplent aujourd'hui nos contrées,
tandis qu'il en est d'autres où les débris organiques ne
peuvent pas être distingués des squelettes des mammifères actuels. Ainsi les sables et les graviers du Wurtemberg, de quelques parties de la France, des bords du
Rhin, des environs de Moscou, etc., présentent des
débris de mammouths et d'autres espèces perdues ;
tandis que dans les graviers des environs de Genève on
ne retrouve presque que des espèces actuelles ([1]).

Les brèches osseuses ([2]) sont des dépôts composés
ordinairement d'argile ferrugineuse et de sable, qui,
liés par un ciment calcaire, enveloppent des débris de
différentes roches et des ossements souvent brisés. Ces
dépôts varient dans leur composition et dans leur solidité. Aux ossements qu'ils renferment sont fréquemment jointes des coquilles, le plus souvent terrestres
ou fluviatiles, quelquefois aussi marines.

On trouve généralement ces brèches dans les fentes

[1] Je dois attirer encore ici l'attention sur ces liaisons insensibles qui
existent entre l'époque diluvienne et l'époque moderne et dont j'ai déjà parlé
dans le chapitre IX, p. 112. Je suis convaincu que l'étude de la paléontologie
des terrains diluviens, faite sans idées préconçues et d'une manière comparative, finira par démontrer qu'ils appartiennent en réalité à l'époque moderne, et que les inondations ou déluges partiels qui ont déposé ces terrains
n'ont détruit qu'un petit nombre des espèces qui vivaient alors en Europe.
Je crois que depuis le soulèvement des Alpes, qui a terminé la période tertiaire et mis fin à la vie des espèces qui habitaient alors l'Europe, on ne peut
admettre aucun événement assez grave et assez général, pour qu'il puisse
établir une ligne de démarcation suffisante entre les dépôts successifs et nombreux qui se sont formés depuis.

[2] Voyez sur les brèches, outre les ouvrages généraux : de Christol, *Obs.
gén. sur les brèches osseuses*, Montpellier, 1834 ; L.-A. Necker, *Brèches
de Carniole* (*Ann. des sc. nat.*, 1828, XVI, 91) ; Pomel, *Brèches d'Auvergne* (*Bull. Soc. géol.*, XIV) ; Rampasse, *Brèches de Corse* (*Ann.
Museum d'hist. naturelle*, Paris, 1807, X, 163) ; Hoffmann, *Leonh. und
Bronn Neues Jahrbuch*, 1833, p. 84 ; etc.

des rochers d'une formation plus ancienne, et elles paraissent avoir été déposées par de grands courants d'eau qui ont laissé dans ces fentes ou cavités les corps pesants qu'ils charriaient. Les localités les plus célèbres sont situées sur les bords de la Méditerranée : on peut citer parmi les brèches marines celles de Nice et de San-Ciro (Sicile). Les brèches osseuses d'Antibes, de Cette, de Gibraltar, de Cagliari, d'Uliveto et de nombreuses autres localités de France, d'Italie et d'Espagne, sont, au contraire, des dépôts d'eau douce.

Le phénomène des brèches osseuses n'est pas limité à l'Europe ; on en a retrouvé de tout à fait analogues dans la Nouvelle-Hollande.

Les cavernes à ossements sont de profondes cavités, creusées dans certaines montagnes par des causes que nous n'avons pas à étudier ici. Il est probable que leur première origine tient à des dislocations de couches par des soulèvements successifs, et que plus tard des courants d'eau les ont agrandies et ont usé leurs parois. Leur intérieur présente souvent des formes imposantes ou bizarres qui ont attiré sur elles l'attention des curieux, longtemps avant qu'on soupçonnât les richesses paléontologiques qu'elles renferment.

Celles de ces cavernes qui contiennent des ossements fossiles ont ordinairement leur sol recouvert d'une couche plus ou moins épaisse de cailloux roulés, de sable et d'argile, avec lesquels sont mélangés les os. Il est même rare que l'on trouve des fossiles dans les cavernes qui ne renferment pas ces traces de l'action diluvienne.

La couche de cailloux et de sable est souvent protégée par une croûte de stalagmites. On peut dire en général que les ossements sont plus nombreux et mieux conservés, si cette croûte existe que lorsqu'elle manque. Il est probable qu'elle a servi à intercepter l'air et par conséquent à conserver les fossiles ; et que dans plusieurs cavernes où il y a eu dépôts d'ossements sans formation de stalagmites, l'action de l'air les a décomposés et détruits.

Les cavernes sont situées dans diverses positions : on les trouve quelquefois au point de séparation de deux couches, et quelquefois au milieu d'elles ; on en voit qui s'ouvrent sur les pentes abruptes des montagnes et d'autres qui sont situées au fond des vallées. Elles peuvent exister dans les roches de plusieurs époques ; elles sont surtout fréquentes dans les terrains jurassiques, crétacés et magnésifères.

Les ossements, comme je l'ai dit, varient pour leur conservation. Quelquefois leur tissu est si peu altéré qu'on pourrait en retirer de la gélatine ; mais il arrive plus souvent qu'ils en ont perdu toute trace et qu'ils happent fortement à la langue. Lorsqu'ils ont été moins bien recouverts, ils sont tout à fait tendres et friables. On les trouve souvent avec leurs formes très intactes ; quelquefois aussi ils sont brisés et fracturés.

Les géologues ne sont pas tous d'accord sur la manière dont les ossements fossiles ont été entassés dans les cavernes. Quelques-uns pensent que les animaux carnassiers dont on retrouve les débris ont habité dans ces retraites, y ont apporté pour leur nourriture des animaux herbivores entiers ou par fragments, et ont fini eux-mêmes par y laisser, après leur mort, leurs ossements mêlés avec ceux de leurs victimes et de leurs prédécesseurs. D'autres croient au contraire que les débris des uns et des autres y ont été charriés par la même cause qui a amené les cailloux roulés et l'argile, c'est-à-dire probablement par de grands courants d'eau.

L'une et l'autre de ces opinions s'étayent d'arguments assez puissants, qui semblent indiquer que les deux causes ont pu agir quelquefois concurremment, et qui, quoique l'une d'elles soit bien plus probable, empêchent peut-être de lui attribuer la totalité du phénomène et d'exclure complétement l'autre.

Ceux qui croient que les animaux carnassiers ont vécu dans les cavernes, s'appuient sur les raisons suivantes :

1° Ces cavernes, ayant été formées avant l'époque diluvienne, ont dû présenter des retraites naturelles et commodes aux animaux carnassiers qui vivaient pendant cette époque.

2° Les ossements de carnassiers se trouvent plus fréquemment intacts et bien conservés que ceux des herbivores. Ces derniers sont ordinairement brisés, et quelquefois marqués d'impressions que l'on regarde généralement comme des traces de dents.

3° On trouve dans certaines cavernes des corps qu'on a nommés *coprolithes* ou *album vetus*, et qui sont probablement les excréments des hyènes ou des ours. Ces corps ne peuvent guère avoir été apportés par les eaux avec des cailloux roulés, et d'ailleurs quelques naturalistes affirment qu'ils se trouvent presque toujours dans des places un peu cachées, que l'on peut présumer avoir été choisies par l'animal, ce qui montre qu'il les a déposés lui-même.

A ces arguments les partisans de l'opinion contraire répondent :

1° Qu'il est peu probable que ces cavernes aient été

habitées concurremment par des ours, des hyènes et des lions. Il semble que ces carnassiers devaient naturellement s'exclure, et cependant la manière dont leurs ossements sont placés paraît montrer qu'ils ont été déposés à la même époque.

2° Il est des cavernes où l'on trouve des ossements d'animaux trop gros pour qu'on puisse supposer que les carnassiers les ont apportés. Ainsi il est peu probable que les éléphants, les hippopotames et les rhinocéros, qu'on trouve dans quelques cavernes de France et d'Angleterre, aient pu y être amenés par des ours ou des hyènes.

3° Le phénomène de l'entassement des os dans les cavernes est tout à fait contemporain de celui des brèches osseuses, et ces deux dépôts se ressemblent souvent. Les mêmes courants que l'on est obligé d'admettre pour expliquer la formation des brèches doivent avoir joué un grand rôle pour remplir les cavernes. Dans plusieurs cas même, des brèches osseuses sont réunies aux dépôts des cavernes et tendent à prouver d'une manière presque incontestable leur origine commune (¹).

4° Il est rare que l'on trouve des ossements fossiles dans les cavernes où il n'y a pas de limon et de cailloux roulés. Pourquoi la cause qui a amené ces derniers n'aurait-elle pas pu transporter les os?

5° On ne trouve presque jamais les os des squelettes réunis, comme cela aurait lieu si l'animal était mort à la place où nous en trouvons les débris. Sur des centaines d'individus dont on a retiré des fragments des

(¹) Voy. en particulier un mémoire de MM. Marcel de Serres et Jean-Jean (*Compt. rend. de l'Acad. des sciences*, octobre, 1850; *Bibl. univ.*, archives, 1850, t. XV, p. 253).

cavernes, on ne cite qu'un très petit nombre de cas authentiques où l'on ait trouvé tout le squelette.

6° Les os sont souvent fendillés ou roulés. Or, ils ne peuvent avoir été fendillés que par un séjour à l'air avant d'être ensevelis, et ils ne peuvent avoir été roulés que par un transport un peu long. M. Schmerling cite des cas, rares il est vrai, dans lesquels les ossements étaient tout à fait arrondis par l'action des eaux.

7° On trouve des ossements dans des cavernes beaucoup trop étroites pour que les ours aient pu y vivre et même s'y tourner ; tandis que, au contraire, ils manquent souvent dans les cavernes vastes et spacieuses (¹).

(¹) Voyez sur toutes ces questions, outre les traités généraux : Marcel de Serres *Essai sur les cavernes à ossements*, et *Manuel de paléontologie* ; un article détaillé de M. Desnoyers, *Dict. univers. d'hist. nat.* de Ch. d'Orbigny, t. VI, p. 343) ; et plus spécialement :

Pour les cavernes d'ALLEMAGNE : Bruckmann, *Cav. de Hongrie* (Collect. de Breslau, 1732, 1ᵉʳ sem.), et son ouvrage, *Magnalia Dei in locis subterraneis*, Brunswick, 1727, in-folio ; Esper, *Descript. des zoolithes des cavernes*, etc., trad. de l'allemand, et *Voyage aux cavernes de Gailenreuth* (*Berl. natur.*, 1784, t. I, p. 56) ; Lesser, *Baumanhöle*, 1745, in-8° ; Schlotheim, *Berlin. Mag.*, t. VII, p. 156 ; *Isis*, 1818, t. IX, p. 1484, etc. ; Wimmer, 14 *cavernes de Hongrie et Transylvanie* (*Ann. de Berghaus*, XIV, 3ᵉ série, II, 154) ; Noggerath, *Karstens Archiv*, 1846, t. XX, p. 328 ; Bœcks, *Leonhard Taschenbuch*, t. I, p. 98 ; Braun (*Leonh. und Bronn Neues Jahrb.*, 1838, p. 571 et 1834, p. 581 ; Unger, *id.*, 1844, p. 226 ; Zipser, *id.*, 1836, p. 686 ; 1840, p. 88 et 210 ; 1841, p. 346 ; R. Wagner, *Cav. de Muggendorf* (*Wiegm. Archiv*, 1835, t. II, p. 96) ; Grey Egerton, *Proceed. geol. Soc.*, t. I, 94 ; Mandell, *Cav. de Styrie* (*Steyermarck Zeitsch.*, 1837) ; etc.

Pour les cavernes d'ANGLETERRE : Buckland, *Reliquiæ diluvianæ* et *Edinb. new. phil. journ.*, janvier 1827, p. 377 ; Eastmead, *Historia Bievallensis*, Londres, 1824, in-8° ; Mudge, *Phil. mag.*, t. VIII, p. 579 ; Cotton, *id.*, 1848, t. XXII, p. 119 ; de la Bèche, *Report of Cornwall*, 1839, in 8° ; E. Vivian, *Cav. de Kent* (*Quart. Journ. geol. Soc.*, 1847, 12 mai ; *Bibl. univ.*, Archives, t. VII, p. 78) ; etc.

Pour les cavernes de BELGIQUE : Schmerling, *Rech. sur les oss. fossiles des cavernes de Belgique*, in-4° ; Dumont, *Mém. sur la constitution géol. de la province de Liége*, Bruxelles, 1832, in-4° ; etc.

Ces arguments démontrent, comme on le voit, la grande probabilité du transport des os par les eaux, sans toutefois qu'on puisse nier absolument que dans certains cas les carnassiers aient vécu dans les cavernes et y aient laissé des traces de leur existence.

J'ai dit plus haut que l'on avait découvert des brèches osseuses à la Nouvelle-Hollande ; les autres phénomènes diluviens et en particulier les cavernes à ossements se retrouvent dans diverses parties du globe. Il est probable qu'il viendra un temps où la comparaison de ces gisements fournira des données précieuses sur leur origine. Ce que l'on sait déjà, par les recherches de M. Lund, des cavernes du Brésil, offre un grand intérêt. Ces cavités ont leur sol couvert d'un limon rougeâtre qui renferme de nombreux ossements, appartenant en majorité à des espèces que l'on peut ranger dans les genres qui peuplent actuellement le continent améri-

Pour les cavernes de FRANCE : Marcel de Serres, outre les ouvrages précités, *Cavernes de Lunel-Viel*, in-4°, 1839 ; *Cavernes d'Orgon* (*Ann. des sc. nat.*, juillet 1829) ; *Géognosie des terrains tertiaires*, Montpellier, 1829, in-8°, etc.; Destrem, *Cav. de Bize* (*Bull. Férussac*, 1829, t. XVIII, p. 100) ; Cordier, *Ann. des sc. nat.*, 1829, t. XVIII ; de Christol, *Bull. Férussac*, 1829, t. XIX, p. 28 ; Nodot, *Mém. de l'Acad. de Dijon*, 1834, et *l'Institut*, octobre 1843 ; Mauduyt, *Bull. Soc. d'agric. de Poitiers*, 1836 ; Baudouin, *Cavernes de Châtillon-sur-Seine*, 1843, in-8° ; Rozet, *Comptes rendus de l'Acad. des sciences*, 1839, t. VIII, et *Bull. Soc. géol.*, 1839, t. X ; Thirria, *Statistiq. de la Haute-Saône*, Besançon, 1833, in-8° ; Blavier, *Ann. de la Soc. géol.*, 1842 ; Desnoyers, *Cav. et brèches des environs de Paris* (*Comptes rendus de l'Acad. des sc.*, 1842, 1er sem., p. 522) ; etc.

Pour les cavernes d'ITALIE : Catullo, divers ouvrages et mémoires; Piccioli, *Ragguaglio di una grotta*, Vérone, 1739, in-4° ; Longo, *Giornale di sc. litter. per la Sicilia*, 1836, vol. LIII ; P. Savi, *Caverna ossifera*, Pise, 1838, in-8° ; etc.

Pour les cavernes de VALACHIE : Schuler, *Leonh. und Bronn Neues Jahrbuch*, 1838, p. 33.

Pour les cavernes d'AMÉRIQUE : Bigsby, *Cav. du Canada* (*Sillim. Journ.*, juin 1825) ; Long, *Sillim. journ.*, t. XXXV ; Lund, *Mém. de l'Acad. de Copenhague*, et *Ann. des sc. nat.*, 1829 ; etc.

cain. Toutefois la faune que ces ossements permettent de reconstruire paraît différer plus de l'état actuel des mammifères en Amérique que notre faune diluvienne ne diffère des espèces européennes. On peut en particulier citer quelques animaux qui se rapportent aux genres de l'ancien continent, comme les terrains tertiaires d'Europe ont fourni des espèces qui rentrent dans les genres américains. Ainsi les éléphants, qui ont peuplé l'Europe pendant l'époque diluvienne et qui aujourd'hui n'existent plus qu'en Asie et en Afrique, ont vécu en Amérique pendant la période dont nous parlons. Ainsi, ce qui est plus frappant encore, nous voyons que les Espagnols, les premiers conquérants de l'Amérique, n'y ont pas trouvé de chevaux, et nous savons même qu'ils ont causé un étonnement si grand dans ce pays par l'importation des chevaux d'Europe, que les habitants croyaient que le cavalier et sa monture ne formaient qu'un seul animal. N'est-il pas remarquable de trouver, dans ce même continent, des ossements fossiles de chevaux qui indiquent une espèce différente de toutes celles que nous connaissons?

L'avenir nous ménage certainement la découverte de bien des faits aussi curieux. Il est probable qu'il y aura des enseignements de haute importance à puiser dans la comparaison de la succession des animaux dans les divers pays du globe.

J'ai adopté pour la classification des mammifères les opinions soutenues par M. Milne Edwards, dans son mémoire remarquable sur la classification des vertébrés (1), en considérant, comme des caractères importants, ceux qui sont tirés de la structure du placenta et du mode de développement du fœtus. Je ne pense pas

____

(1) *Annales des sciences naturelles*, 3ᵉ série, t. Iᵉʳ.

toutefois que dans l'état actuel de la science on puisse
en tenir compte à l'exclusion de tout autre caractère,
et mettre, par exemple, les rongeurs au-dessus des carnassiers à cause de leur placenta discoïde. Je ne doute
pas qu'on ne le fasse plus tard, si comme cela est probable, l'étude de l'embryologie confirme dans tous les
types les caractères que l'on connaît aujourd'hui.

Le tableau suivant fera comprendre les principes que
j'ai adoptés :

1ʳᵉ SOUS-CLASSE : **MAMMIFÈRES MONODELPHES**. Génération
normale, placenta adhérent à l'utérus, pas de poche extérieure
pour recevoir les petits.

1ᵉʳ ORDRE : BIMANES (hommes).

2ᵉ ORDRE : QUADRUMANES. Placenta discoïde, trois sortes de dents,
onguiculés, quatre mains.

3ᵉ ORDRE : CHÉIROPTÈRES. Placenta discoïde, trois sortes de
dents, onguiculés, deux ailes.

4ᵉ ORDRE : INSECTIVORES. Placenta discoïde, trois sortes de dents
incisives et canines souvent anormales, onguiculés, quatre pieds,
membres faibles.

5ᵉ ORDRE : CARNASSIERS. Placenta zonaire, trois sortes de dents,
incisives et canines régulières, onguiculés, quatre pieds, membres
forts.

6ᵉ ORDRE : RONGEURS. Placenta discoïde, pas de canines, onguiculés, des incisives.

7ᵉ ORDRE : ÉDENTÉS. Placenta diffus, pas d'incisives, onguiculés.

8ᵉ ORDRE : PROBOSCIDIENS. Placenta diffus, subongulés, une
grande trompe, molaires se renouvelant d'arrière en avant (au
moins en partie).

9ᵉ ORDRE : PACHYDERMES. Placenta diffus, ongulés, un estomac,
métacarpiens et métatarsiens distincts. — *Type aberrant*, DAMAN.
Mêmes caractères avec un placenta zonaire.

10ᵉ ORDRE : RUMINANTS. Placenta diffus, ongulés, quatre estomacs, métacarpiens et métatarsiens soudés (canon).

11ᵉ ORDRE : SIRÉNOÏDES. Placenta diffus, pas d'ongles ou ongles très rudimentaires, forme de poisson, pas de membres postérieurs, des molaires à couronne plate, quelquefois des défenses, tête grosse et courte.

12ᵉ ORDRE : ZEUGLODONTES (type fossile). Forme de poisson, molaires dentelées et tranchantes, incisives crochues, tête allongée.

13ᵉ ORDRE : CÉTACÉS. Placenta diffus, dents coniques uniformes ou nulles, pas de membres postérieurs, forme de poisson, pas d'ongles.

2ᵉ SOUS-CLASSE : MAMMIFÈRES DIDELPHES. Placenta sans adhérence, petits subissant un incomplet développement dans l'utérus et placés pour l'allaitement dans une poche extérieure.

14ᵉ ORDRE : MARSUPIAUX SARCOPHAGES. Dents canines grandes, incisives petites.

15ᵉ ORDRE : MARSUPIAUX PŒPHAGES. Dents canines petites ou nulles, incisives grandes.

16ᵉ ORDRE : MONOTRÈMES. Une seule ouverture pour le canal alimentaire et pour les organes génito-urinaires, un bec corné, dents nulles ou anormales. (Cet ordre n'a pas été trouvé fossile.)

Je dois faire remarquer que, pour les mammifères plus que pour toutes les autres classes, il est impossible, en énumérant les espèces, de ne pas en laisser toute la responsabilité à ceux qui les ont établies. Beaucoup d'entre elles ne sont connues que par un petit nombre de fragments déposés souvent dans des collections particulières. Il est fréquemment impossible de les comparer directement, et dans les matériaux que j'ai recueillis, j'ai souvent eu la conviction qu'il devait y avoir des doubles emplois nombreux. L'avenir relèvera ces erreurs ; le but que j'ai dû me proposer était de mettre sous les yeux du lecteur les faits recueillis jusqu'à ce jour. J'ai fait quelques rectifications, j'en ai indiqué plusieurs proposées par d'autres naturalistes ; il en reste beaucoup à faire.

Depuis la publication de la première édition de cet

ouvrage, de nombreux travaux ont été publiés sur les mammifères, et leur histoire est bien plus complète aujourd'hui. Il suffit de citer les noms de MM. de Blainville, Gervais, R. Owen, Laurillard, Aymard, H. de Meyer, Lartet, etc., pour faire comprendre combien j'ai eu de faits nouveaux à enregistrer. Je me fais aussi un devoir et un plaisir de témoigner à MM. Gervais et Aymard toute ma reconnaissance pour les nombreux et importants matériaux qu'ils ont bien voulu me communiquer.

1ʳᵉ SOUS-CLASSE.

MAMMIFÈRES MONODELPHES.

1ᵉʳ ORDRE.

BIMANES (hommes).

Trouve-t-on des fossiles humains? L'homme a-t-il apparu à la surface de la terre avant l'époque actuelle? telle est une question importante à laquelle la science moderne semble répondre négativement, quoique à diverses reprises elle ait été jugée autrement.

Divers faits et observations ont successivement été considérés comme pouvant établir l'existence d'hommes fossiles.

Dans les temps d'ignorance, où la paléontologie, encore dans l'enfance, ne permettait pas une exacte détermination des ossements fossiles, et où l'opinion la plus généralement adoptée rapportait tout au déluge universel, on a souvent pris des ossements de mammifères pour des débris humains. L'imagination s'est même plu souvent à donner cette détermination aux ossements de la plus grande taille ; on en tirait la conclusion que les premières races d'hommes avaient été gigantesques, et que, dans une nature moins active, leurs descendants avaient dégénéré. A mesure que des méthodes plus précises forcèrent à une observation plus exacte des faits, on reconnut que ces déterminations étaient erronées, et l'on vit qu'il fallait rapporter à des éléphants ou à d'autres grands animaux ces prétendus os de géants [1].

Parmi de nombreux faits que l'on pourrait citer, un des plus célèbres est celui des ossements trouvés en 1613 près de Chaumont, et qu'une supercherie fit rapporter à Teutobochus, roi des Cimbres. Mazurier, chirurgien de Beaurepaire, qui fut le premier possesseur de ces débris, les fit enfouir de nouveau avec une pierre tumulaire, et feignit plus tard de les avoir découverts par hasard, assura qu'ils étaient placés dans un tombeau, qui était certainement celui de Teutobochus, et les montra pour de l'argent dans différentes villes. Il y a quelques années que ces ossements ont été retrouvés au Musée de Bordeaux, et M. de Blainville a reconnu qu'ils appartenaient à un proboscidien.

Une autre erreur de détermination est le fameux *Homo diluvii testis*, trouvé dans les schistes d'OEningen et décrit par Scheuzer [2]. On a reconnu depuis que c'était un grand reptile de la famille des salamandres.

Dans les temps plus modernes, des observateurs

<hr>

[1] Voyez Isidore Geoffroy-Saint-Hilaire, *Hist. nat. des anomalies de l'organisation*, Paris, 1832, t. I, p. 168. Voyez aussi Bruckmann dans ses *Epistolæ* (*Des dents de géants*); Cassanions, *De gigantibus et eorum reliquiis*, Basileæ, 1580, in-8°; Hoffmann, *De gigantum ossibus*, Ienæ, in-4°, etc.

[2] Gruner (*Naturg., Helvet. in alter Welt.*, Bern., 1773, in-8°) est un des premiers qui aient montré l'erreur de cette détermination.

superficiels ont encore pris pour des fossiles humains
des fragments de pierres et surtout de grès qui, à la
suite d'érosions ou d'autres causes, se sont trouvés
retracer grossièrement des formes du corps ou du squelette de l'homme. Ainsi, en 1823, on annonça qu'on
avait trouvé dans la forêt de Fontainebleau, près de
Moret (¹), un homme pétrifié, renversé sur un cheval
également pétrifié; on ajoutait que le corps avait en
partie conservé ses formes et des proportions parfaitement belles, et que le cheval, de son côté, présentait une
tête admirable. Un rapport, fait à cette époque à l'Académie des sciences, a montré que ce corps bizarre
n'était point un fossile.

On pourrait citer encore plusieurs exemples analogues; mais il y a aussi des cas où d'autres causes ont
pu induire en erreur des naturalistes plus instruits. De
ce nombre sont les squelettes humains trouvés sur la
côte de la Guadeloupe (²) et dont un est conservé dans
les collections publiques de Londres. Ces squelettes
appartiennent bien réellement à l'espèce humaine, et
l'assertion de M. Fischer, qu'on doit les rapporter à des
quadrumanes, est inexacte. Mais il paraît que la roche
qui les renferme est de formation récente et se compose
de fragments agglutinés de coquilles et de polypiers
des eaux voisines. On voit de semblables roches se
former, en quelques années et de la même manière,

(¹) Voy. sur le fossile de Moret : Huot, *Notice géolog. sur le prétendu
fossile humain de Moret*, Paris, 1824, in-8°; Barruel, *Réponse aux principaux écrits*, etc., Paris, 1824, in-8°; Julia Fontenelle, *Encore un mot
sur le fossile*, etc., Paris, 1824, in-8°; *Lettre sur le prétendu fossile humain
de Moret*, par P....., Paris, 1824, in-8°.

(²) Voy. Cuvier, *Discours sur les révolutions du globe*; Moultie, *Sillim.
journ.*, t. XXXII, p. 361.

dans le lieu où l'on a trouvé celles qui renferment les squelettes humains.

Faisant donc abstraction de tous ces faits controuvés, ou sans rapport avec le sujet qui nous occupe, pour discuter ceux qui ont quelque réalité, nous devons d'abord faire une remarque importante.

On a peut-être mal posé la question, lorsqu'on a dit : Y a-t-il des hommes fossiles ? parce que, comme je l'ai montré dans le chapitre III, il est difficile de préciser ce qu'on entend par le mot fossile, dont la signification n'est point la même pour tous les paléontologistes. La véritable question me paraît être la suivante : Quels animaux peuplaient l'Europe lorsque l'homme y est apparu pour la première fois, et, par conséquent, à quelle époque géologique peut-on placer son origine ? La question étant précisée de cette manière, la solution sera trouvée dès qu'on saura à quels terrains appartiennent les ossements humains que l'on peut avoir découverts. Tous les paléontologistes sont aujourd'hui d'accord pour reconnaître que l'on n'a trouvé aucune preuve de l'existence de l'homme pendant l'époque tertiaire et les époques antérieures, et que, par conséquent, il n'a pas vécu avant l'époque quaternaire ou diluvienne. La question se réduit donc à savoir si l'homme a existé dès l'origine de cette période diluvienne, et sinon à quel moment il est apparu ? A-t-il été contemporain des ours et des hyènes des cavernes, ou sa création (ou du moins son apparition en Europe) est-elle postérieure à l'inondation qui a entassé dans ces cavités les ossements et les cailloux roulés ?

Si l'on admet la manière de voir que j'ai exposée ailleurs sur les relations de l'époque diluvienne avec l'époque moderne, on reconnaîtra aussi que cette question peut être traitée sans aucune idée préconçue et par la seule observation des faits. J'ai montré, en effet, qu'on devait probablement considérer ces deux périodes comme formant ensemble une série de temps, où la vie n'a été ni interrompue ni renouvelée en entier, au moins en Europe, et pendant laquelle des inondations partielles, locales et successives, ont déposé divers terrains, en détruisant seulement quelques espèces. En partant de ces bases, il n'y a aucune raison théorique qui puisse faire établir que la première création de l'homme doive être rapportée à un moment plutôt qu'à un autre de cette longue époque, et dès lors on doit raisonner seulement d'après les observations qui paraîtront les plus exactes.

Il semble que cette question doit avoir une solution très facile, et qu'elle se borne à constater si l'on a trouvé ou non des ossements humains ou des preuves de son industrie dans les dépôts diluviens. Elle ne l'est cependant pas autant qu'il semble; les découvertes de débris humains ont presque toujours, au contraire, soulevé des questions délicates, soit relativement au véritable âge du terrain qui les renferme, soit relativement à la possibilité qu'ils y aient été enfouis plus tard et qu'ils ne soient pas par conséquent contemporains des animaux dont on y trouve les ossements.

Les principaux faits qui ont donné lieu à ces discussions sont les suivants :

Plusieurs géologues, principalement ceux qui ont étudié les cavernes du midi de la France, ont signalé des ossements humains et des débris de poterie grossière sous la couche de stalagmites qui revêt le plancher de ces cavernes. Dans quelques cas on assure les avoir trouvés mêlés aux os des ours, d'où il semble

que l'on serait en droit de conclure que l'homme a
habité l'Europe en même temps que ces animaux , et
que les mêmes événements qui ont anéanti plusieurs
espèces de grands carnassiers ont aussi fait périr des
hommes, dont les débris se sont trouvés enfouis avec
les leurs.

Ces découvertes, quoique très multipliées (¹) et affir-
mées par de nombreux naturalistes, laissent encore
quelque chose à désirer pour leur certitude complète.
Ces cavernes ont dû souvent , dans les premiers âges
de la civilisation, servir de refuge à l'homme, qui en a
fouillé le sol, soit pour rendre l'habitation plus commode,
soit pour le faire servir de sépulture. De cette manière,
les ossements humains et les débris de son industrie
peuvent s'être mêlés aux restes des animaux qui y existaient avant lui, et la couche de stalagmites, continuant
à se former, a souvent pu, en les recouvrant, faire méconnaître leur différence d'antiquité.

(¹) Voyez relativement à l'homme fossile des cavernes :

Pour l'ALLEMAGNE : Schlotheim , *Petrefakt.*; Boué, *Ann. des sc. nat.*, 1829,
t. XVIII.

Pour l'ANGLETERRE : Buckland , *Reliquiæ diluvianæ*; Austen, *Geol. Trans.*,
2ᵉ série , t. VI, 2, p. 443 ; Bartlett, 12ᵉ *Report Brit. Assoc.*, 1842; Bryce,
4ᵉ *Report Brit. assoc.*, 1834 ; Andrews , *id.*; Hart, *Dubl. phil. journ.*, 1826,
t. III, p. 88.

Pour la BELGIQUE : Schmerling, *Oss. foss. des cavernes*; Geoffroy-Saint-
Hilaire , *Comptes rendus de l'Acad. des sc.*, t. VII, 1838, p. 4.

Pour la FRANCE : Marcel de Serres, *Géognosie des terrains tertiaires*,
p. 47, et *Mém. Mus.*, t. XI, 1824 ; *Essai sur les cavernes* (*Institut*,
juin 1829) ; de Christol, *Notice sur les ossements humains du départ. du
Gard*, 1829 ; Lalanne, *Comptes rendus de l'Acad. des sc.*, 1843, 1ᵉʳ sem.,
p. 680 ; Coquand, *Bull. de la Soc. géol.*, t. VII, p. 117 ; Tournal, *id.*, t. II,
p. 381 et 390; Teissier d'Anduze, *id.*, t. II, p. 84 et 119; Desnoyers, *id.*,
t. II, p. 426; Buchet, *Mém. de la Soc. de phys. et d'hist. nat. de Genève*,
t. VI, p. 369.

Pour l'AMÉRIQUE : Claussen, *Leonh. und Bronn Neues Jahrb.*, 1843, p. 710;
Lund , *id.*, et *Edinb. new phil. journ.*, 1844 , t. XXXI et XXXVI.

Dans plusieurs cas, d'ailleurs, où des observateurs très exacts ont étudié ces cavernes, on a constamment trouvé les os humains dans des couches supérieures à celles qui renferment des restes des grands carnassiers, et l'on n'a jamais pu vérifier le mélange sur lequel s'était basée l'opinion que l'homme avait été contemporain de ces animaux.

Mais on doit reconnaître aussi que, dans quelques cavernes, le mélange réel est difficile à contester. Ainsi dans celles de Belgique (¹), si bien étudiées par M. Schmerling, on trouve les os humains tout à fait mêlés avec ceux de l'*Ursus spelæus*, et l'on peut en faveur de l'opinion qui considère l'homme comme ayant vécu avec les animaux de cette faune donner des preuves assez puissantes qui se vérifient pour quelques gisements du midi de la France.

1° Les os humains sont souvent roulés comme les autres.

2° On n'a jamais trouvé en Belgique de squelette humain entier. Les os sont dispersés comme ceux des ours. Ce fait est inexplicable dans l'hypothèse de sépultures postérieures, et semble indiquer un transport commun.

3° On trouve des instruments fabriqués avec des os d'ours des cavernes. Il n'est pas probable que l'on ait employé des os fossiles qui ont peu de solidité, et l'on peut croire, au contraire, que les os ont été utilisés à l'état frais, ce qui ne peut avoir lieu que si les ours ont vécu avec les hommes.

On a aussi trouvé des ossements humains dans plusieurs terrains diluviens stratifiés.

(¹) Il reste à savoir si les cavernes de Belgique n'ont point été comblées un peu plus récemment que celles de France?

On en cite dans le lehm de Bavière et d'Autriche [1] : les crânes qui y ont été trouvés ont été décrits comme plus aplatis que ceux des Européens actuels. On en a trouvé aussi à diverses reprises en Auvergne et dans quelques régions voisines [2].

Un des plus célèbres est celui qui a été connu sous le nom d'*homme fossile de Denise*, dont l'authenticité, d'abord contestée, est maintenant reconnue, et qui a été trouvé dans un des dépôts les plus récents du Puy en Velay. J'ai eu le plaisir de visiter moi-même cette localité intéressante avec M. Aymard, et de pouvoir vérifier le gisement de ce fossile. Le volcan de Denise présente sur deux côtés des déjections argilo-volcaniques avec des cendres et des brèches, qui ont coulé jusqu'au fond des ravins formés aux dépens des éruptions anciennes. Ces dernières sont évidemment antérieures aux ravins qui les ont creusées, et ceux-ci aux coulées dont nous parlons. D'un côté de la montagne, les déjections argilo-volcaniques ont enfoui l'homme fossile ; de l'autre, une faune récente d'éléphants, de cerfs, bœufs, etc. De ces faits, on peut conclure en résumé : 1° Que les dernières éruptions du volcan de Denise ont enfoui des corps humains, que par conséquent l'homme a existé dans cette partie de la France avant que les derniers volcans aient été éteints ; 2° que cet enfouissement est postérieur aux phénomènes qui ont amené la configuration superficielle du sol du bassin du Puy en formant des ravins dans les productions volcaniques

[1] Voy. Razoumowsky, *Obs. sur les environs de Vienne* ; Boué, *Mémoires et Ann. des sc. nat.*, 1829, t. XVIII ; etc.

[2] Voyez pour des ossements trouvés à Alais et qui ont été démontrés n'être pas fossiles : E. Robert, *Comptes rendus de l'Acad. des sc.*, 1844 ; Marcel de Serres, *id.* ; Pratt, *Bull. de la Soc. géol.*, 2ᵉ série, I, 175 ; etc.

plus anciennes ; 3° qu'il est probable que l'homme a été contemporain des éléphants fossiles. Ce dernier point toutefois est moins certain que les deux autres ; car si les déjections des deux côtés de la montagne *paraissent* contemporaines, il n'y en a pas de preuves certaines. La liaison de ce fait avec ceux des cavernes de Belgique et de France est, du reste, difficile à établir. Il est, suivant moi, probable que le volcan de Denise n'a été éteint qu'après la grande inondation qui a comblé les cavernes du midi de la France, et que par conséquent le fossile de Denise ne fait pas remonter au delà de cette époque l'apparition de l'homme en Europe [1].

Des faits analogues ont été observés en Amérique. M. Lund, en particulier, dans ses fouilles si fructueuses dans les cavernes du Brésil, a trouvé des crânes humains à front aplati comme quelques races actuelles, mêlés avec la faune des mégathériums, mégalonyx, etc. : ces découvertes soulèvent les mêmes questions que les cavernes d'Europe [2].

Si, au milieu de tous ces faits plus ou moins contradictoires, nous cherchons à conclure, nous arriverons,

[1] Voyez pour l'homme fossile de Denise, une note de M. Félix Robert, *Ann. de la Soc. d'agric. sc. et arts du Puy*, t. XIII, p. 200; une autre de M. Aymard, dans le même recueil, XIV, 74 ; et le *Bulletin de la Soc. géol. de France*, séance du 2 décembre 1844, 9 janvier 1845, 11 janvier 1847, 1ᵉʳ mars 1847, etc. Voyez encore pour des faits analogues : Carnall, *Os trouvés en Silésie* (*Leonh. und Bronn Neues Jahrbuch*, 1848, 267 ; G.-A. de Luc, *Journ. de phys.*, sept. 1802, p. 215 ; Morren, *Os humains des tourbières*, Gand, 1832, in-4° ; Peghoux, *Fossile humain trouvé près des Martres de Veyres* (*Ann. soc. d'Auvergne*, 1830, III, p. 1 ; *Bull. Férussac*, 1830, XXXI, 394) ; etc.

[2] Voyez aussi Lyell, *Discussion sur la coexistence de l'homme et du mégathérium* (*Sillim. Journ.*, 1847, 2ᵉ série, XI, 267), et dans ses *Travels in North-America* (*Times*, 7 décemb. 1846 ; *Bibl. univ.*, archiv., 1846, III, 417); Dikeson, *Ann. et Mag. of nat. hist.*, XIX, 213 ; Owen, *Des traces de pas dans le calcaire* (*Sillim. Journ.*, XLIII, p. 14) ; etc.

je crois, à admettre comme probables les conclusions suivantes :

1° L'homme ne s'est pas établi en Europe dès le commencement de l'époque diluvienne. S'il avait alors vécu sur la majeure partie de notre continent, il y aurait laissé des traces plus considérables et moins contestables. On retrouverait des preuves non équivoques de son industrie, et probablement même des villes et de nombreux instruments.

2° Quelques migrations ont probablement eu lieu pendant le courant de cette période diluvienne. Les premiers hommes qui ont pénétré en Europe ont peut-être encore vu les ours des cavernes, les éléphants, et la population contemporaine; quelques uns d'entre eux ont été victimes des mêmes inondations.

3° L'établissement définitif de l'homme en Europe et l'occupation de ce continent par une population nombreuse ont probablement eu lieu peu de temps après la grande inondation, qui a déposé les cailloux roulés dans les cavernes et sur les plaines de ce continent.

Il sera intéressant que des observations analogues soient faites dans divers autres pays, et en particulier en Asie, que l'on considère généralement comme le berceau d'une grande partie des races humaines. On saura alors si l'apparition de l'homme a eu lieu à la même époque dans les diverses contrées du globe, ou quelles sont celles qui ont été peuplées les premières. Ces recherches, si elles sont couronnées de succès, auront d'importants résultats pour résoudre la question difficile et controversée de l'origine des races humaines et de leur unité ou de leur variété.

2ᵉ ORDRE.

QUADRUMANES (*Primates*, Blainv.).

L'existence des singes à l'état fossile a été niée pendant longtemps; et, en effet, au moment de la publication de l'ouvrage de Cuvier, les seuls faits qui semblaient démontrer qu'ils eussent apparu avant l'époque actuelle reposaient sur de fausses observations [1]. Ce savant naturaliste a déclaré, dans son *Discours sur les révolutions du globe*, que l'on n'avait encore trouvé aucun débris fossile qu'on pût rapporter à cet ordre. Ces faits, d'ailleurs, semblaient concorder avec les idées que plusieurs naturalistes avaient adoptées sur le perfectionnement graduel de l'organisme

[1] Il ne faut pas, en effet, tenir compte des assertions de quelques anciens auteurs, qui ont indiqué des singes fossiles d'après des déterminations évidemment erronées. Ainsi d'Argenville et Walsh rapportent à cette famille le squelette d'un animal à longue queue, trouvé dans les schistes cuivreux de la Thuringe, et qui a été figuré par Swedenborg dans son traité *De cupro* (p. 168, pl. 2). On sait maintenant que ce squelette est celui d'un reptile. C'est par une erreur semblable que le même Walsh, dans ses *Commentaires sur l'Iconographie de Knorr* (t. II, sect. 2, p. 150), crut l'existence des singes fossiles démontrée par une soi-disant patte pétrifiée, figurée par Kundmann (*Rariora naturæ et artis*, p. 46, tab. III, fig. 2), qui n'était qu'une altération fortuite d'un fragment de pierre. Il faut probablement rayer de la liste des singes fossiles les deux crânes de magots indiqués par Imrie dans sa description du rocher de Gibraltar, et qui avaient été trouvés vers la fin du siècle dernier par des ouvriers employés aux travaux de cette forteresse. Il paraît que ces crânes n'étaient point fossiles et qu'ils provenaient de quelques uns des nombreux singes de cette espèce qui habitent encore de nos jours le rocher de Gibraltar. Le *Palæopithecus* de Voigt (*Leonh. und Bronn, Neues Jahrbuch*, 1835, p. 324), établi sur des traces de pas observées dans le grès de Hessberg près Hildburghausen, n'est point un singe ni même un mammifère, et ces traces doivent être rapportées au genre *Choirotherium*, dont nous parlerons plus bas.

dans les âges géologiques. Il leur semblait naturel que le degré le plus supérieur de l'organisation, dans les terrains tertiaires, ne se fût pas élevé au-dessus du type des carnassiers, de même que, dans les terrains jurassiques, il n'avait pas dépassé les reptiles, et dans les âges plus anciens les poissons. Les quadrumanes, plus voisins de l'homme, leur paraissaient avoir été réservés pour la création la plus récente et la plus parfaite.

Mais de nouvelles découvertes, en démontrant l'existence des singes fossiles, ont fait justice de ces idées théoriques. Presque dans le même temps on en a signalé des débris en Europe, en Asie et en Amérique. Dans ce dernier continent, les terrains les plus récents en renferment des ossements, ce que l'on pouvait prévoir d'avance, vu l'abondance de ces animaux dans l'Amérique actuelle; mais en Europe, ce n'est que dans les terrains tertiaires (¹) qu'on en a trouvé de rares débris. C'est aussi dans les terrains tertiaires que l'on en a signalé en Asie; mais il est probable que dans ce pays on en trouvera aussi dans les dépôts plus récents.

L'ordre des quadrumanes est assez clairement caractérisé pour que l'on puisse reconnaître avec certitude les os et les dents qui doivent lui être rapportés. Leurs dents continues, presque sans intervalles, leurs incisives tranchantes, le plus souvent au nombre de quatre à chaque mâchoire et de la forme des incisives de l'homme, et leurs molaires à tubercules mousses, constituent une dentition ordinairement facile à distinguer. La tête avec sa grande capacité crâ-

---

(¹) A moins que le *Pithecus pentelicus* n'appartienne à l'époque diluvienne.

nienne, ses orbites très rapprochées et son trou occipital situé au tiers postérieur ; les vertèbres à apophyses courtes et éloignées, indiquant une grande souplesse ; les os des membres assez semblables à ceux de l'homme ; les phalanges unguéales aplaties, etc., peuvent aussi rarement être confondues avec les ossements des autres ordres.

On divise les quadrumanes en trois familles : les *singes*, les *ouistitis* et les *lémuriens*. Les deux premières ont $\frac{4}{4}$ incisives droites, les orbites rapprochées et les yeux dirigés en avant. Elles se distinguent l'une de l'autre, parce que les singes ont les ongles et par conséquent les phalanges unguéales déprimées, tandis que ces organes sont comprimés dans les ouistitis. Les lémuriens ont, ou plus de $\frac{4}{4}$ incisives, ou des incisives obliques ; leurs orbites sont plus écartées ; leurs formes se rapprochent davantage de celles des carnassiers.

1re Famille. — SINGES.

La famille des singes peut se subdiviser en deux tribus. La première comprend les singes à narines relevées et séparées par une cloison mince (*Simiæ catarrhini*), et qui n'ont que 32 dents. La seconde renferme les singes qui ont 36 dents, et dont les narines aplaties sont séparées par une cloison plus épaisse (*Simiæ platyrrhini*).

Dans l'état actuel du globe, la distribution géographique des espèces concorde avec cette division, car tous les singes à 32 dents sont de l'ancien continent, tandis que ceux à 36 dents habitent l'Amérique. Le petit nombre de faits que l'on a recueillis jusqu'à ce jour sur les singes fossiles semblent montrer que cette distribution a existé dès l'apparition de ces animaux à la surface de la terre. On n'a encore recueilli en Europe et en Asie que des fragments qui appartiennent à des singes de la première tribu, et ceux qui ont été trouvés en Amérique doivent tous être rangés dans la seconde.

1re Tribu. — SINGES DE L'ANCIEN CONTINENT.

(Simiæ catarrhini, Geoff. : *Simiæ anatolini*, H. v. Meyer.)—Atlas, pl. I, fig. 1 et 2.

On a trouvé en Europe quelques fragments qui paraissent indiquer six espèces de singes de cette division, répartis dans les divers terrains tertiaires.

L'existence de la plus ancienne est constatée par un petit fragment de mâchoire inférieure et par des molaires, trouvées à 52° latitude nord, à Kysou en Suffolk, en 1838 et en 1839, par M. W. Colchester [1], et par M. C. Lyell [2], dans un terrain qui appartient au tertiaire éocène. Ces fragments ont été étudiés par M. R. Owen [3]. Ce savant paléontologiste a montré que la forme des molaires, et en particulier de la dernière, qui est munie de cinq tubercules dont l'impair est subdivisé en deux parties, doit faire placer cette espèce dans le genre *Macacus*. Elle est plus petite qu'aucune des espèces actuellement vivantes et présente dans sa dentition des caractères distinctifs. M. Owen l'a nommée *Macacus eocenus*. (Voy. Atlas, pl. I, fig. 1, *a, b*.)

La latitude de 52° nord montre que les singes, dans le commencement de la période tertiaire, ont vécu bien plus au nord qu'aujourd'hui ; car actuellement cette famille ne dépasse pas le 37° degré. On peut ajouter ce fait aux preuves que nous avons données précédemment, qui démontrent des changements dans la température de l'Europe.

La seconde espèce appartient aux terrains tertiaires moyens ou à la période miocène. Elle est connue par une mâchoire inférieure [4] trouvée, en 1837, par M. Lartet, dans les marnes d'eau douce de Sansan, près d'Auch (département du Gers), à 43° de latitude nord.

[1] *Magazine of natural history*, septembre 1839, p. 446.

[2] *Id.*, novembre 1839.

[3] *An history of British foss. mammals*, p. 1.

[4] Voyez, sur cette mâchoire, les deux lettres de M. Lartet, lues à l'Académie des sciences le 16 janvier 1837 et le 17 avril de la même année (*Comptes rendus* et *Ann. des sc. nat.*, 2e série, t. VII, p. 116 et 122); le rapport de M. de Blainville (*Ann. des sc. nat.*, t. VII, p. 232); l'*Ostéographie* de ce savant anatomiste : *De l'ancienneté des Primates à la surface de la terre*, p. 53; et la *Zoologie et paléontologie françaises* de M. Gervais, p. 5.

Cette mâchoire, étudiée par M. de Blainville, est longue d'un pouce et demi (40 mill.) depuis l'extrémité des incisives jusqu'à la racine antérieure de la branche montante. Les deux branches se réunissent sous un angle de 25° et forment une symphyse oblique. Les dents indiquent un animal dans la vigueur de l'âge, et leur nombre est le même que dans tous les singes de l'ancien continent. Les incisives sont égales entre elles et élevées au niveau de la pointe des canines. Celles-ci sont courtes, coniques, un peu courbées et déjetées en dehors avec un collet bien marqué en arrière. Les deux avant-dernières molaires ont cinq tubercules, et la dernière un talon assez fort, divisé en deux ou trois tubercules. (Cette mâchoire est figurée dans notre Atlas, pl. I, fig. 2, *a, b*.)

M. Lartet avait cru pouvoir rapporter à la même espèce quelques os du corps. Un nouvel examen a montré que la plupart appartiennent à d'autres familles [1].

Les caractères de dentition, qui ne peuvent laisser aucun doute sur le fait que cette mâchoire ait appartenu à un singe, ne se rapportent complétement à aucun des genres actuels. M. Lartet avait d'abord placé ce fossile dans le genre des gibbons (*Hylobates*), mais le cinquième tubercule des molaires est beaucoup moins prononcé que dans ce genre vivant, et rappelle plutôt l'organisation des semnopithèques et des magots (*Inuus*) qui ont à la dernière molaire un talon assez semblable à celui du singe de Sansan. M. Gervais fait aussi remarquer que ses incisives sont plus grêles que dans les gibbons, et ses canines moins élevées; mais que la forme de ses molaires, par leur dépression centrale et par leurs tubercules marginaux, rappellent bien les molaires des singes anthropomorphes, et même celles de l'homme. Il faut attendre que d'autres pièces du squelette soient connues pour que l'on puisse décider définitivement de sa place. M. de Blainville a proposé de le désigner sous le nom de *Pithecus antiquus*, le nom de *pithecus* correspondant, dans la méthode de ce zoologiste, à un grand genre qui comprendrait tous les véritables singes de l'ancien continent. M. Lartet l'a nommé PROPITHECUS (*P. antiquus*) [2]. M. Gervais en a fait le genre PLIOPITHECUS [3], et il propose de le placer à la fin des singes anthropomorphes, et comme formant une transition aux magots et peut-être même aux cynocéphales. L'espèce serait le *Pliopithecus antiquus*. M. Isidore Geoffroy-Saint-Hilaire [4] le considère comme voisin des PRESBYTIS, mais comme devant probablement former un genre nouveau.

Les autres espèces européennes appartiennent à des terrains plus récents. Elles sont encore moins complétement connues que les précédentes.

[1] Voy. de Blainville, *Institut*, 1837, V, 206, et *Ostéog.*, loc. cit., p. 57.
[2] *Essai sur la colline de Sansan*, p. 11.
[3] *Zoologie et paléontologie françaises*, p. 5.
[4] *Voyage de Jacquemont dans l'Inde*, Mammif., p. 9.

Nous citerons d'abord le *Macacus pliocenus*, Owen [1], trouvé dans le nouveau pliocène de Grays (Essex). On n'en connaît qu'une pénultième molaire supérieure qui paraît avoir de grands rapports avec la correspondante du *Macacus sinicus*.

Au pied du Pentélicon on a trouvé un fragment de crâne que Wagner [2] a décrit comme formant un passage entre les semnopithèques et les gibbons, et auquel il a donné le nom de *Mesopithecus pentelicus*. M. H. de Meyer n'admet pas que cette espèce diffère du *Pithecus antiquus*; mais, comme le fait remarquer M. Giebel [3], les caractères des incisives, leur séparation des canines, et la forme des premières molaires (les seules connues) justifient l'opinion de Wagner. Les caractères génériques ne sont probablement pas suffisants pour motiver l'établissement d'un genre nouveau, et M. Giebel le rapporte au grand genre *Pithecus* sous le nom de *Pithecus pentelicus*. L'âge du dépôt où l'on a trouvé ce fragment est encore inconnu; il serait possible qu'il appartînt aux terrains diluviens plutôt qu'aux terrains tertiaires.

Les sables tertiaires marins de Montpellier ont fourni deux (?) nouvelles espèces de singes. Ces sables appartiennent à la période pliocène (ils renferment la sixième faune de M. Gervais).

L'une de ces espèces a été trouvée par M. de Christol [4]. Des os, des membres et des molaires paraissent à cet habile paléontologiste rappeler surtout le genre des guenons (*Cercopithecus*). M. de Christol lui donne le nom de *Pithecus maritimus*. Cette espèce est encore très incomplétement connue, et elle n'a pas encore été comparée avec la suivante.

L'autre espèce a été découverte, par M. Gervais [5], dans les marnes d'eau douce que l'on a creusées pour les fondations du palais de justice de Montpellier. Elle n'est connue que par quelques dents, par un cubitus et par un radius. Les dents diffèrent spécifiquement de celles de l'espèce de Sansan; elles présentent des rapports avec les molaires des semnopithèques, et un peu avec celles des guenons et des macaques. Dans son dernier ouvrage, M. Gervais émet quelque doute sur la réunion possible de cette espèce avec la précédente, et il l'a nommée *Semnopithecus monspessulanus*.

Dans le continent indien, on a aussi trouvé les débris de quelques espèces de singes de cette tribu.

[1] *An hist. of British fossil mammals*, Introduction, p. 16.

[2] *Münch. gelehrt. Anzeig.*, 1839, fév. 21, p. 306; *Fossile Ueberreste von einem Affen aus Griechenland* (*Abh. Bayer. Ac.*, III, 1837-40); *Leonhard und Bronn Neues Jahrbuch*, 1840, p. 382, et 1841, p. 392.

[3] *Fauna der Vorwelt*, t. I, p. 20.

[4] *Bulletin de la Société géologique de France*, 2ᵉ série, t. VI, p. 169.

[5] *Comptes rendus de l'Académie des sciences*, 4 juin 1849; *Zool. et pal. fr.*, p. 6, pl. I, fig. 7 à 12.

En 1836, MM. Baker et Durand [1] ont trouvé, dans les collines subhimalayennes, près de Sutly, à 30° latitude nord, une mâchoire supérieure, avec
un fragment de la face et de l'arcade orbitaire, dans des couches de conglomérats de sable, de marne et d'argile, dont l'âge n'est pas encore parfaitement déterminé, mais qui se rapportent peut-être aux tertiaires moyens ou
récents. Ce fragment caractérise un singe voisin par sa dentition du genre
SEMNOPITHECUS, et dont la taille égalait à peu près celle qu'atteint aujourd'hui
l'orang-outang.

M. de Blainville [2] conteste ce rapprochement et voit plutôt dans ce crâne
(s'il a véritablement appartenu à un singe) des rapports avec les macaques
et surtout avec les babouins (*Cynocéphales*). Cette espèce a été désignée, par
M. H. de Meyer, sous le nom de *Semnopithecus subhimalayanus*.

L'année suivante, MM. Cautley et Falconer [3] ont trouvé, dans la même
localité, deux espèces de taille plus petite, mêlées avec des débris d'anoplothériums et de reptiles. Ces espèces sont encore imparfaitement déterminées ;
l'une d'elles est caractérisée par une mâchoire qui se rapproche de celle de
l'entelle, mais plus grande et dans la proportion de 5,3 à 4. L'autre espèce
avait la taille de l'entelle ; elle est connue aussi par un fragment de la mâchoire inférieure contenant les quatre dernières molaires ; ses caractères rappellent plutôt les macaques.

Ces mêmes observateurs ont signalé l'existence d'une canine gauche supérieure qui dépasserait par ses dimensions celles de la dent correspondante
d'un orang-outang de 7 pieds. Cette pièce est trop imparfaite pour autoriser
à établir une nouvelle espèce [4].

2ᵉ TRIBU. — SINGES D'AMÉRIQUE.

(*Simiæ platyrrhini*, Geoff. ; *Simiæ hesperini*, H. de Meyer.)

Tout ce que l'on connaît aujourd'hui des singes fossiles d'Amérique est dû aux recherches de M. Lund [5] dans l'Amérique méridionale. Cet infatigable observateur les a découverts avec de
nombreuses espèces d'autres familles, dont nous parlerons plus
tard, dans le bassin du Rio das Velhas, tributaire du fleuve Saint-

[1] *Journ. of the Asiatic Soc.*, t. V, p. 739 ; *Ann. des sc. nat.*, 2ᵉ sér., t. VII,
p. 370.

[2] *Ostéographie*, Primates, p. 60.

[3] *Journal of the Asiatic Soc.*, t. VI, p. 354, et *Ann. sc. nat.*, 2ᵉ série,
t. VIII, p. 255 ; Giebel, *Fauna der Vorwelt*, t. I, p. 21, etc.

[4] *Journal of the Asiatic Society*, vol. VI, pl. 18, A, B, C ; de Blainville,
Ostéographie, Primates, p. 62.

[5] *Ann. des sc. nat.*, 2ᵉ série, t. XI, p. 214, t. XII, p. 205, et t. XIII,
p. 313.

François (Brésil), à 18° latitude sud. On trouve les ossements de ces animaux dans des cavernes, où ils gisent dans une terre rougeâtre, rendue plus dure par des particules de chaux, imprégnée de salpêtre. Ils sont souvent cassés et portent fréquemment des empreintes de dents, qui, suivant M. Lund, semblent démontrer qu'ils ont été entraînés dans ces cavernes par des animaux féroces.

M. Lund a trouvé trois espèces ; elles ne sont pas encore décrites de manière à être complétement caractérisées. Ce sont :

1° Un sapajou ; le *Cebus macrognathus*, Lund.

2° Un sagouin : le *Callithrix primævus*, Lund, d'une taille qui est plus du double de celle des espèces de ce genre aujourd'hui vivantes.

3° Une espèce qui ne se rapporte exactement à aucun des genres dans lesquels se distribuent aujourd'hui les singes d'Amérique, et que M. Lund nomme *Protopithecus brasiliensis*. Cette espèce a dû atteindre la hauteur de 4 pieds.

2ᵉ Famille. — OUISTITIS.

(*Arctopitheci*, H. de Meyer.)

Les seuls ouistitis connus sont aussi dus aux recherches de M. Lund ; il paraît que, dans les époques antérieures à la nôtre, ces animaux étaient spéciaux à l'Amérique, comme le sont les espèces actuelles.

M. Lund a trouvé, dans les dépôts dont nous venons de parler, le *Jacchus grandis*, Lund, qui atteignait une taille double de celle des ouistitis de nos jours, et une seconde espèce qui se rapproche du *Jacchus penicillatus*, Geoffroy.

3ᵉ Famille. — LÉMURIENS.

(*Prosimiæ*, auct.)

On n'a pas encore trouvé de lémuriens fossiles. M. Lartet avait cru pouvoir rapporter à cette famille l'extrémité d'une mâchoire trouvée à Sansan avec le singe dont j'ai parlé ci-dessus ; mais M. de Blainville a montré que ce rapprochement est erroné[1].

[1] *Annales des sciences naturelles*, 2ᵉ série, t. VII, p. 244.

3ᵉ ORDRE.

CHÉIROPTÈRES.

On a trouvé, en général, peu d'ossements fossiles
de chéiroptères. Il est probable qu'il en faut chercher
la cause moins dans la rareté de ces animaux aux époques qui ont précédé la nôtre, que dans leur petite
taille, qui les a fait souvent négliger. Leur vie aérienne
y a peut-être aussi contribué, en leur permettant
d'éviter les inondations qui ont fait périr les animaux
terrestres et qui en ont entraîné les débris. Quelques
paléontologistes ont, en outre, remarqué que leurs ossements sont plus promptement décomposés que ceux de
la plupart des autres mammifères.

On connaît cependant des faits certains qui démontrent que les chéiroptères ont apparu à la surface
du globe dès le commencement de l'époque tertiaire,
et qu'ils y ont vécu sans interruption jusqu'à nos jours.
On en a trouvé des ossements dans les gypses de Montmartre et dans l'argile de Londres, ainsi que dans quelques terrains tertiaires plus récents. Les dépôts diluviens d'Europe en ont conservé des fragments plus
nombreux, et l'on en a signalé aussi dans les terrains
récents du Brésil.

Les débris des chéiroptères sont, en général, faciles
à reconnaître, parce que la forme de presque tous les
os est influencée par le fait que l'animal vole. Le tronc,
devant offrir une base solide et une forte attache aux
muscles de l'aile, a des caractères spéciaux dans la largeur de ses côtes, la forme de son sternum muni d'une
petite crête, etc. Les os de l'épaule sont très développés, et ceux du bras fort longs; tandis qu'au con-

traire les jambes sont petites et dirigées en arrière, ce qui donne au bassin une forme très spéciale. La tête elle-même est remarquable et présente des caractères intermédiaires entre les quadrumanes et les carnassiers. La capacité crânienne est grande, les yeux obliques, le museau médiocre ; les dents sont presque contiguës, les canines fortes, les incisives variables en nombre, mais fréquemment au-dessous de six.

La détermination des genres est plus difficile, car on ne peut pas en général se servir des caractères qui sont le plus employés pour les chéiroptères vivants, tels que le nombre des phalanges ossifiées au grand doigt, la forme des feuilles nasales et celle des appendices cutanés de la tête. Ces feuilles et appendices se lient, il est vrai, quelquefois avec des modifications des os, mais seulement dans des cas rares et souvent d'une manière peu précise. On est obligé d'avoir presque uniquement recours à la forme du crâne et à la dentition, qui elle-même est très variable, car certaines dents tombent avec l'âge. Au reste, on n'a trouvé jusqu'à présent que des espèces qui se sont rangées dans les genres actuels, et qui n'ont pas en conséquence soulevé de questions délicates sur la place qu'elles doivent occuper.

On divise les chéiroptères en deux familles [1]. La première, celle des :

CHAUVES-SOURIS FRUGIVORES, ou ROUSSETTES (*Pteropus*, Briss.),

est caractérisée par des molaires plates, qui nécessitent une nour-

---

[1] Je ne parle pas ici des GALÉOPITHÈQUES (*Dermoptera*), qui n'ont qu'une partie des caractères des vrais chéiroptères et qui doivent peut-être être réunis aux lémuriens. On n'en connaît point de fossiles.

riture végétale. On n'en a point encore trouvé de fossiles [1].
La seconde, celle des

CHAUVES-SOURIS INSECTIVORES,

a des molaires hérissées de tubercules coniques ; aussi les espèces qui la composent se nourrissent-elles toutes d'insectes.

Leur distribution géographique a été la même que de nos jours, soit pendant l'époque tertiaire, soit pendant l'époque diluvienne. On trouve fossiles, en Amérique et en Europe, les mêmes genres qui caractérisent aujourd'hui la faune de ces deux continents.

Les Molosses (*Dysopes*, Illiger ; *Disopes*, H. de Meyer)

sont représentés par une espèce indiquée par M. Lund [2] dans les mêmes terrains diluviens d'Amérique dont nous avons déjà parlé.

Les Phyllostomes (*Phyllostoma*, Cuv. et Geoffr.),

si nombreux aujourd'hui au Brésil, paraissent aussi y avoir été abondants pendant l'époque diluvienne.

M. Lund [3] en cite cinq espèces, dont une est voisine du vampire (*P. spectrum*), et dont deux diffèrent beaucoup des espèces actuelles.

Les Rhinolophes (*Rhinolophus*, Cuv. et Geoffr.)

se distinguent facilement par le renflement bulleux de leurs os du nez.

M. Schmerling [4] a trouvé dans les cavernes de Liége des ossements d'une espèce qui ne paraît pas différer du grand fer-à-cheval (*R. ferrum equinum*, L.).

M. Owen [5] considère aussi comme devant être rapportés à cette espèce une mâchoire inférieure et quelques autres fragments trouvés dans les cavernes d'Angleterre.

[1] Les prétendus ossements de roussettes trouvés à Solenhofen, dans le calcaire lithographique, sont des fragments de Ptérodactyles.

[2] *Ann. des sc. nat.* 2e série, t. XIII, p. 313.

[3] *Ann. des sc. nat.* 2e série, t. XII, p. 208, et t. XIII, p. 313.

[4] *Ossem. foss. des cavernes de Liége*, t. I, p. 71, pl. 5, fig. 1, A, B, et fig. 8.

[5] *Brit. foss. mammals*, p. 15.

Les Vespertilions (*Vespertilio*, Lin.), — Atlas, pl. I, fig. 3,

caractérisés à l'état vivant par l'absence de feuilles et par leur queue engagée dans la membrane, se distinguent aussi par leurs incisives au nombre de $\frac{4}{3.3}$ paires, les inférieures ayant le tranchant un peu dentelé et les supérieures moyennes étant écartées. Les molaires, munies de tubercules pointus, sont variables suivant les espèces.

Les Vespertilions paraissent beaucoup plus nombreux à l'état fossile que tous les autres genres de cette famille. On en trouve dans presque tous les terrains tertiaires et dans les terrains diluviens.

L'espèce la plus ancienne est le *Vespertilio parisiensis* [1], trouvé dans les gypses de Montmartre (parisien supérieur), et indiqué par Cuvier dans son *Discours sur les révolutions du globe*. Cette espèce a la dentition de la sérotine, mais elle en diffère par les proportions de l'avant-bras [2].

Dans les terrains tertiaires moyens, on cite deux espèces trouvées à Sansan (Gers) par M. Lartet [3]. Ces chauves-souris, encore imparfaitement connues, ont été désignées par ce géologue sous les noms de *Vespertilio noctuloides* et *murinoides*.

Ce n'est que provisoirement que M. H. de Meyer [4] a rapporté au genre *Vespertilio* deux espèces de chauves-souris trouvées dans les schistes tertiaires (miocènes) de Weisenau. Elles paraissent différer des espèces vivantes par des caractères qui prendront probablement une importance générique quand ils seront plus complétement connus. Ce sont les *Vespertilio præcox* et *insignis*, H. de Meyer.

Dans les tertiaires plus récents, une espèce d'Œningen a été signalée en 1805 par Karg [5], et rapportée, probablement à la légère, à la chauve-souris commune sous le nom de *Vespertilio murinus fossilis*. M. H. de Meyer [6] a cherché inutilement dans la collection de Lavater l'exemplaire décrit par Karg qui devait s'y trouver. Cette espèce reste fort douteuse, d'autant plus que la pièce originale étant assez altérée, la détermination de ce naturaliste ne peut inspirer aucune confiance.

[1] Cuvier, *Ossem. foss.*, 4ᵉ éd., t. I, p. 384.

[2] Voy. de Blainville, *Ostéographie*, Chéiroptères, p. 94; — Atlas, pl. I, fig. 3.

[3] *Ann. des sc. nat.*, 2ᵉ série, t. VII, p. 122, et *Notice sur la colline de Sansan*, 1851, p. 12.

[4] *Leonh. und Bronn, Neues Jahrbuch*, 1845, p. 728.

[5] *Denkschr. der Vaterl. Ges. Schwabens*, I.

[6] *Zur Fauna der Vorwelt*, 1ʳᵉ livr., p. 3.

Les espèces des terrains diluviens se rapprochent beaucoup de celles qui vivent aujourd'hui.

M. Hermann de Meyer a signalé deux espèces trouvées dans le diluvium de la vallée de la Lahn [1]. Elles ne sont connues que par des humérus qui montrent une grande analogie avec le *V. murinus*, avec quelques différences dans la terminaison inférieure de l'os. La taille de ces espèces, fort rapprochées l'une de l'autre, était beaucoup plus petite que celle de la chauve-souris commune.

Deux espèces ont été trouvées dans les brèches osseuses par Wagner [2]. L'une est connue seulement par une demi-mâchoire ; elle fut d'abord rapportée par ce zoologiste au vampire (*Phyllostoma hastatum*), puis au *Vespertilio discolor*, Natt., d'Europe. M. de Blainville [3] lui trouve des analogies avec les noctuloïdes. Elle a été découverte dans les brèches de Cagliari en Sardaigne.

L'autre, trouvée dans une brèche des environs d'Antibes et connue aussi par une mâchoire inférieure, est plus petite et a été rapprochée de la pipistrelle (*V. pipistrellus*, Gm.).

M. Gervais [4] cite les *V. auritus*, L., et *murinus*, L., comme trouvés dans la caverne de Bize (Aude).

Les Vespertilions des cavernes de Belgique ont été étudiés par M. Schmerling [5]. Cet habile paléontologiste n'a pu constater aucune différence appréciable entre les espèces enfouies et celles qui vivent actuellement. M. de Blainville [6] pense que ces ossements fossiles se rapportent principalement aux *Vespertilio serotinus*, Lin., et *mystacinus*, Leisler.

M. Owen [7] cite le *Vespertilio noctula*, L., comme trouvé dans les cavernes d'Angleterre.

Il y a encore plusieurs citations de diverses chauves-souris indéterminées, trouvées dans les cavernes d'Europe [8].

Ce même genre se trouve fossile au Brésil.

M. Lund [9] indique une espèce dans les cavernes de la province des Minas Geraës.

Je termine ce qui tient aux Chéiroptères, en citant la découverte faite par M. R. Owen [10], de deux molaires dans les terrains tertiaires éocènes de Kyson en Suffolk.

[1] *Leonh. und Bronn Neues Jahrbuch*, 1846, p. 516.
[2] *Mém. de l'Acad. de Munich*, 1832, p. 755, pl. 1, fig. 1.
[3] *Ostéographie*, Chéiroptères, p. 95.
[4] *Zoologie et paléontologie françaises*, p. 8 et 9.
[5] *Ossem. foss. des cavernes de Liége*, p. 67.
[6] *Loc. cit.*, p. 97.
[7] *Brit. foss. mammals*, p. 11.
[8] Voy. en particulier Fischer, *Bull. de Moscou*, 1834, t. VII, p. 186.
[9] *Ann. des sc. nat.*, 2e série, t. XIII, p. 312.
[10] *Brit. foss. mammals*, p. 17.

Ces dents, qui ont évidemment appartenu à un mammifère insectivore, présentent une partie des caractères de celles des chéiroptères, mais pas d'une manière assez claire pour rendre indubitable leur classement dans cet ordre (1). Leurs rapports génériques restent encore plus douteux.

4e ORDRE.

INSECTIVORES.

Les insectivores ont les molaires hérissées de tubercules coniques, les canines petites ou moyennes, se confondant avec les prémolaires et manquant même quelquefois, et les incisives souvent déviées de leur forme normale. Leur museau se prolonge en trompe ou en bouton plus ou moins allongé.

Leur taille est en général petite ; leur membre antérieur est ordinairement disposé pour fouir, et assujetti par une clavicule ; leur marche est plantigrade. Les apophyses de leurs os sont plus faibles que dans les vrais carnassiers, aussi n'ont-ils ni autant de force, ni autant de souplesse qu'eux. Ces circonstances, jointes à leur marche lente, les forcent en général à chercher pour leur nourriture des insectes ou d'autres très petits animaux.

Ils ont ordinairement été réunis aux carnassiers et considérés seulement comme formant une famille dans cet ordre. Divers motifs forcent maintenant à les en séparer. Le premier est leur placenta discoïde, semblable à celui des mammifères supérieurs et fort différent du placenta zonaire des carnassiers.

Le second est tiré de la faiblesse de leurs membres, de leur petite taille et de la composition de leur système dentaire où les incisives dominent quelquefois les canines. Ces caractères forment un ensemble qui les lie

(1) Voy. de Blainville, *Ostéographie*, Chéiroptères, p. 93.

évidemment avec les rongeurs et qui en fait un type très naturel et réellement différent des carnassiers, chez lesquels la grandeur des canines et la petitesse des incisives sont toujours constantes, et dont le corps, même dans les petites espèces, est robuste, agile et souple. M. de Blainville a adopté la même séparation en deux ordres distincts.

Les insectivores ont déjà apparu dans l'époque tertiaire; toutefois on n'a encore trouvé, dans les plus anciens terrains de cette période (¹), aucun débris qu'on pût rapporter à cette famille. C'est dans les dépôts de l'époque moyenne ou miocène que l'on a recueilli les premières traces de leur existence, et depuis quelques années le nombre des espèces connues a considérablement augmenté. Les terrains diluviens en renferment aussi quelques fragments. On peut d'ailleurs penser que la petitesse des espèces et la fragilité de leurs os les ont fait souvent négliger, et l'on ne peut pas conclure avec certitude, de la rareté de ces ossements, que ces animaux aient été moins abondants pendant ces diverses époques qu'ils ne le sont de nos jours.

J'adopte en partie pour cette famille la classification proposée par M. Pomel (²), mais en la simplifiant. Je la divise en quatre tribus qui me paraissent assez naturelles. Elles se caractérisent principalement par la dentition et par les formes du squelette, qui se lient avec la propriété de fouir, très inégalement développée chez ces animaux.

(¹) Le genre SPALACODON a été établi par M. Searles Wood (*Brit. assoc.*, 1844, à York ; *Ann. et mag. of nat. hist.*, t. XIV, p. 350) sur des fragments trouvés par M. Flower dans le terrain lacustre de Hordwell, qui est rapporté par les géologues anglais à l'époque éocène supérieure. Ce genre appartient, suivant M. Pomel (*Bull. Soc. géol.*, 2ᵉ série, t. VI, p. 63), à la classe des didelphes.

(²) *Bibliothèque universelle*, 1848, *Archives*, t. IX, p. 214.

1re Tribu. — ECHINOIDIENS.

Les animaux compris dans cette tribu sont marcheurs et se creusent rarement des terriers. Leurs caractères sont les suivants : Humérus sans apophyse pour le muscle grand pectoral, crête deltoïdienne antérieure peu marquée, épitrochlée peu saillante, olécrâne élargi d'avant en arrière, pubis en contact ou soudés, molaires à pointes et collines très obtuses, la dernière très petite. Ces mammifères insectivores et végétivores ont les membres courts. Quelques uns sont couverts de piquants.

Les HÉRISSONS (*Erinaceus*, Lin.), — Atlas, pl. I, fig. 4 à 6,

caractérisés par une tête médiocrement allongée, par des incisives anormales dont les supérieures sont distantes et par des piquants, ont été trouvés fossiles dans les terrains tertiaires et dans les terrains diluviens.

Les espèces tertiaires sont les suivantes :

L'*Erinaceus arvernensis*, Blainv. [1], a été trouvé dans un terrain d'eau douce d'Auvergne (miocène inférieur d'Auvergne), par M. l'abbé Croizet. Sa taille était à peu près les deux tiers de l'espèce actuelle, dont il se distingue en outre, autant qu'on en peut juger sur le peu qui en est connu, par une dernière prémolaire et par une vraie molaire plus simples que leurs correspondantes chez le hérisson, au moins dans le nombre de leurs racines. M. Aymard [2] en a fait le genre AMPHECHINUS (Atlas, pl. I, fig. 5.)

L'*Erinaceus nanus*, Aymard [3], n'atteignait que la moitié de la taille du hérisson actuel. M. Aymard [4] propose maintenant d'en former un genre nouveau sous le nom de TETRACUS. Il serait surtout caractérisé par sa dernière molaire inférieure à 4 pointes au lieu de 3 (terrain miocène du Puy). M. Aymard le considère comme ayant probablement vécu dans les marais.

Les *Erinaceus sansaniensis* et *dubius*, Lartet [5], ont été trouvés à Sansan (miocène).

L'*Erinaceus priscus*, H. de Meyer [6], a été découvert dans les tertiaires de Weisenau (miocène), et non encore décrit. On a trouvé, dans ce même

[1] *Ostéographie*, Insectivores, p. 102.

[2] *Annales de la Société du Puy*, 1849, t. XIV, p. 110.

[3] Pomel, *Bibl. univ. de Genève*, 1848, *Archives*, t. IX, p. 164 ; Aymard, *Essai monogr. sur un nouveau genre de mammifères foss.* (EXTRAITS), p. 19, et *Ann. Soc. du Puy*, 1848, t. XII, p. 244 ; Gervais, *Zool. et pal. fr.*, p. 11.

[4] *Annales de la Société du Puy*, 1849, t. XIV, p. 110.

[5] *Notice sur la colline de Sansan*, 1851.

[6] *Leonh. und Bronn Neues Jahrb.*, 1846, p. 474.

gisement, des maxillaires de différentes grandeurs, qui ne se rapportent peut-
être pas tous à une espèce unique.

L'*Erinaceus soricinoides* appartient au genre PLESIOSOREX.

Dans les terrains diluviens on en a trouvé deux espèces :

L'*Erinaceus major*, Pomel [1], des terrains diluviens d'Auvergne, est plus
grand que le hérisson commun, dans le rapport de 4 : 3, et a des membres
plus robustes.

Le Hérisson des cavernes (*E. fossilis*, Schm. — Atlas, pl. I, fig. 6) paraît
ne pas devoir être distingué de l'espèce actuelle. Il se trouve aussi dans
d'autres dépôts diluviens [2].

LES TENRECS (*Centetes*, Illig. ; *Centenes*, Desm.)

se distinguent des hérissons par une tête plus allongée et par des
incisives normales placées entre de grandes canines. On les
trouve exclusivement aujourd'hui à Madagascar.

M. de Blainville [3] rapporte à ce genre une demi-mâchoire, trouvée dans
les terrains tertiaires miocènes d'Auvergne, et lui donne le nom de *Centetes
antiquus*; mais M. Pomel [4] la considère comme ayant appartenu à un didelphe très voisin de la marmose. L'existence de ce genre à l'état fossile
n'est donc pas encore démontrée.

Les GALERIX, Pomel, — Atlas, pl. I, fig. 7,

ne sont pas non plus suffisamment connus. MM. de Blainville
et Gervais rapportent aux *Viverra* les fragments sur lesquels
M. Pomel s'est fondé. Ce genre paraît caractérisé par une tête très
longue, une face large, tronquée en avant, des incisives supérieures latérales, les premières étant très distantes, des canines
normales, mais grêles, et des fausses molaires à peu près semblables à celles des viverrins. Ces animaux n'ont été trouvés que dans
les terrains tertiaires. Leur formule dentaire est :

$$\text{Inc. } \tfrac{4}{3}; \text{ can. } \tfrac{1}{1}; \text{ mol. } \tfrac{7}{7}, \text{ dont } \tfrac{4}{4} + \tfrac{1}{1} + \tfrac{3}{3}.$$

Le *Galerix viverroides*, Pomel [6], caractérisé par une mandibule très grêle,
a été trouvé à Sansan (miocène). (Atlas, pl. I, fig. 7.)

[1] *Bibl. univ. de Genève*, 1848, *Archives*, t. IX, p. 164.

[2] Voy. Schmerling, *Oss. foss.*, p. 76, pl. 5, fig. 12; Keferstein, *Naturg.*,
t. II, p. 208; Brandt, *Act. Pet.*, déc. 1834; *Muller's Archiv*, 1835, p. 348.

[3] *Ostéographie*, Insectivores, p. 106.

[4] *Bibl. univ. de Genève*, 1848, *Archives*, t. IX, p. 164.

[5] *Bibl. univ. de Genève*, 1848, *Archives*, t. IX, p. 164.

[6] *Bibl. univ.*, 1848, *Archives*, t. IX, p. 164 (*Viverra exilis*, Blainv.).

Le *Galerix magnus*, Pomel (*id.*), était aussi grand que le hérisson d'Europe. Il est possible que cette espèce n'ait eu que trois fausses molaires. M. Pomel l'indique des terrains tertiaires sans désignation précise.

Les Echinogales (*Echinogale*, Pomel),

qui forment aussi un genre établi par M. Pomel (¹), n'ont probablement que $\frac{2}{2}$ incisives, et leur canine mérite à peine ce nom. Leur dentition, du reste, est assez semblable à celle du genre précédent.

L'*Echinogale Laurillardi*, Pomel, la seule espèce connue, a été trouvée dans les terrains tertiaires de la Limagne (miocène d'Auvergne).

2ᵉ Tribu. — GLISORICIENS.

Les glisoriciens ont une partie des caractères ostéologiques que j'ai indiqués pour les échinoïdiens, ce qui se lie au fait que comme eux ils ne sont pas fouisseurs; mais leurs membres sont plus grêles et plus longs, ce qui leur permet de grimper et de sauter, et leur dernière molaire supérieure est moins petite.

Les Macroscélides n'ont pas été trouvés fossiles.

Les Cladobates (*Cladobates*, F. Cuv.)

(*Tupaia*, Rafles; *Sorexglis*, Diard.; *Glisorex*, Desm.; *Hylogale*, Temm.)

sont caractérisés par leurs ongles crochus et leurs dents qui rappellent celles des hérissons, si ce n'est que les incisives supérieures sont plus courtes, et que la dernière molaire manque.

Suivant M. Lartet (²), des dents molaires trouvées à Sansan ressemblent à celles des cladobates plus qu'à celles de tous les autres insectivores (*Glisorex?? sansaniensis*). Ce rapprochement est encore très douteux.

Les Oxygomphus, H. de Meyer,

forment un genre dont les caractères ne sont pas encore complétement connus et décrits. M. H. de Meyer (³) le rapproche du

---

(¹) *Biblioth. univ. de Genève*, 1848, *Archives*, t. IX, p. 163.
(²) *Notice sur la colline de Sansan*, p. 14.
(³) *Leonh. und Bronn Neues Jahrb.*, 1846, p. 474; Giebel, p. 32.

cladobate de Java, actuellement vivant, et dit qu'il s'en distingue par le développement d'un des tubercules de la couronne de la dernière molaire inférieure.

Ce paléontologiste en cite deux espèces des terrains tertiaires miocènes de Weisenau, les *Oxygomphius frequens* (¹), et *leptognathus*, H. de Meyer (²), qui diffèrent l'une de l'autre par la force de leur mâchoire inférieure.

3ᵉ Tribu. — SORICIENS.

Les soriciens diffèrent des tribus précédentes, parce qu'ils présentent, mais à un moindre degré que les talpiens, les caractères des animaux fouisseurs. L'humérus, quoique encore grêle, a une apophyse saillante qui reçoit le muscle grand pectoral, la crête deltoïdienne est bien marquée, l'épitrochlée est saillante et percée d'un trou, l'olécrâne est dilaté en forme de fer de hache, les deux branches du bassin sont séparées. Les membres antérieurs sont encore propres à la locomotion sur le sol et ne sont pas élargis en mains. Les molaires ont leurs pointes et collines très aiguës. Il y a toujours à chaque mâchoire deux fortes incisives, dans lesquelles on ne peut pas méconnaître une transition aux rongeurs.

Les Musaraignes (*Sorex*, Lin.), — Atlas, pl. I, fig. 8 et 9,

forment le type de cette tribu, et c'est chez elles que cette disposition des incisives est la plus marquée ; les dents sont couchées dans le sens de la mâchoire. La mâchoire supérieure présente des petites prémolaires en nombre variable et ordinairement quatre vraies ; l'inférieure en a deux petites et trois grandes.

On en a trouvé quelques espèces dans les terrains tertiaires.

M. l'abbé Croizet rapporte à ce genre une mâchoire inférieure trouvée dans les terrains tertiaires miocènes d'Auvergne. M. de Blainville (³) pense que l'on ne peut pas la distinguer de la musaraigne commune (*S. Araneus*). M. Pomel (⁴) n'admet pas cette assimilation ; il attribue cette mâchoire au genre Mysaracbne.

(¹) *Loc. cit.*
(²) *Leonh. und Bronn Neues Jahrbuch*, 1846, p. 599.
(³) *Ostéographie*, Insectivores, p. 100.
(⁴) *Bibl. univ.* 1848, *Arch.*, t. IX, p. 161.

Le *Sorex brachygnathus*, Pomel [1], a été découvert dans les mêmes gisements. Il est de la taille du *S. flavescens*, et se distingue par la brièveté et la force de l'os mandibulaire. La base de la couronne de l'incisive s'étend jusque sous la première molaire.

Ce même paléontologiste [2] cite une autre espèce des mêmes terrains qui est très petite et qui a des membres très grêles.

M. H. de Meyer [3] indique aussi, sans la décrire, une espèce des tertiaires miocènes de Weisenau (*Sorex pusillus*). Elle est de très petite taille, et probablement un des plus petits mammifères connus.

M. Lartet [4] indique les *Sorex sansaoensis*, *Prevostianus* et *Desnoyerianus* de Sansan (miocène).

On trouve dans les cavernes, dans les brèches osseuses et dans quelques dépôts arénacés de l'époque diluvienne, des ossements de musaraignes, dans lesquels on reconnaît tous les caractères des espèces actuelles.

La musaraigne des brèches osseuses de Sardaigne, suivant G. Cuvier [5], ne diffère pas du *S. fodiens*. Toutefois, M. Wagner [6] estime que ce gisement renferme les ossements de deux espèces.

M. Schmerling, qui a trouvé des débris de ce genre dans les cavernes des environs de Liége, les rapporte aux *S. araneus* et *tetragonurus*, Herm. [7], (Atlas, pl. I, fig. 9.)

M. Desnoyers [8] a trouvé, dans les cavernes et les brèches des environs de Paris, deux espèces qui ne lui paraissent pas différer des *S. tetragonurus*, Herm., et *fodiens*, Pall.

M. Owen [9] en indique aussi quelques fragments de la caverne de Kent, qui paraissent se rapporter au *S. araneus*, et d'autres des formations lacustres de Norfolk, qui ne peuvent pas être déterminés avec une parfaite précision, mais qui semblent appartenir au *Sorex fodiens*, Pall.

Les Mysarachne, Pomel,

diffèrent des sorex par leurs incisives inférieures qui ne sont plus couchées dans le sens de la mâchoire, mais bien relevées comme

<hr>

[1] *Bibl. univ.*, 1848, *Arch.*, t. IX, p. 163.
[2] *Bibl. univ.*, 1848, *Arch.*, t. IX, p. 161.
[3] *Leonh. und Bronn Neues Jahrb.*, 1846, p. 473.
[4] *Notice sur la colline de Sansan*, p. 13.
[5] *Recherches sur les ossements fossiles*, 4ᵉ édit., t. VI, p. 410.
[6] *Mémoires de l'Acad. de Munich*, t. X.
[7] *Recherches sur les ossements fossiles des cavernes de Liége*, p. 77.
[8] *Compt. rend. de l'Acad. des sc.*, 1842, 1ᵉʳ sem., p. 525.
[9] *Brit. fossil mammals*, p. 28.

des canines. Ils ont cinq prémolaires inférieures et des molaires à
fût très court, comme les sorex (¹).

On n'en connaît qu'une seule espèce des tertiaires miocènes d'Auvergne,
réunie, par M. de Blainville, au *Sorex araneus*, et désignée, par M. Pomel,
sous le nom de *Mysarachne Picteti*.

Les Plesiosorex, Pomel. — Atlas, pl. I, fig. 10,

ont des incisives dirigées comme celles des mysarachne, les molaires plus soulevées et six prémolaires inférieures. Ces insectivores paraissent se rapprocher du genre vivant des Urotricus (²).

La seule espèce connue est le *Plesiosorex soricinoïdes* (*Ples. talpoïdes*,
Pomel; *Erinaceus soricinoïdes*, Blainville) des tertiaires miocènes d'Auvergne. (Atlas, pl. I, fig. 10.)

Les Desmans (*Mygale*, Lin.)

se distinguent facilement des musaraignes par leur museau
allongé et par leurs mains plus larges et plus robustes. Leurs
incisives inférieures sont relevées, une petite accompagne la
grande. Ils ont onze dents de chaque côté de chaque mâchoire.

M. Lartet a trouvé à Sansan une partie de l'humérus d'un de ces animaux. Cet os montre l'existence d'une espèce très voisine du desman des
Pyrénées; il est un peu plus robuste que les os analogues de l'espèce vivante,
et malgré cela l'apophyse d'insertion du muscle pectoral est un peu moins
prononcée. C'est le *Mygale antiqua*, Pomel (³) (*Myg. sansaniensis*, Lartet). M. de Blainville ne le sépare pas du *M. pyrenaica*. M. Lartet cite
encore dans sa notice le *M. minuta*, Lart., de Sansan (miocène).

Le *Mygale nayadum*, Pomel (⁴) [*M. arvernensis*, Pomel (⁵)] est plus petit.
L'humérus est comprimé d'avant en arrière, et la crête deltoïdienne tout à
fait marginale interne. L'angle de la mâchoire est très développé et l'apophyse coronoïde très courbée. Il appartient aux terrains tertiaires miocènes
d'Auvergne.

(¹) *Bibl. univ. de Genève*, 1848, *Arch.*, t. IX, p. 162.
(²) *Bibl. univ.*, 1848, *Arch.*, t. IX, p. 162.
(³) *Bibl. univ.*, 1848, *Arch.*, t. IX, p. 161.
(⁴) *Bibl. univ.*, 1848, *Arch.*, t. IX, p. 162.
(⁵) *Bull. Soc. géol.* 1844, 2ᵉ série, t. I, p. 593.

4ᵉ Tribu. — TALPIENS.

Les talpiens présentent au plus haut degré les caractères qui distinguent les fouisseurs. Leurs membres antérieurs, impropres à la locomotion sur le sol, sont terminés par une main très large armée d'ongles robustes. L'humérus, presque carré, muni d'apophyses énormes, l'omoplate allongée, la clavicule cuboïdale, l'olécrâne du cubitus très développé, forment pour le membre antérieur un ensemble des plus caractéristiques. Le membre postérieur est, au contraire, relativement atrophié et les deux branches du bassin sont séparées. Les molaires sont très aiguës, les arcades orbitaires sont presque nulles, car les yeux sont très petits et quelquefois même cachés par la peau.

Les Taupes (*Talpa*, Lin.), — Atlas, pl. 1, fig. 11,

ont une ostéologie si spéciale, et la plupart de leurs os sont si clairement caractérisés, que leur présence a fréquemment pu être constatée d'une manière certaine.

Leur formule dentaire est :

$$\text{Inc. } \tfrac{3}{3}; \text{ can. } \tfrac{1}{1}; \text{ mol. } \tfrac{7}{7}, \text{ dont } \tfrac{4}{4} + \tfrac{1}{1} + \tfrac{3}{3} = \tfrac{11}{11}.$$

On en connaît quelques espèces des terrains tertiaires.

La *Talpa minuta*, Blainville [1], n'est connue que par un seul humérus, moitié plus petit que celui de la taupe commune et un peu moins large à proportion. Cet os a été trouvé à Sansan (miocène).

La *Talpa brachychir*, H. de Meyer [2], a été découverte dans les tertiaires miocènes de Weisenau. On trouve dans ce gisement des mâchoires un peu plus petites que celles de la *T. vulgaris*, et des os du bras qui sont moitié plus petits que ceux de cette espèce vivante. Ces os paraissent pourtant appartenir aux mêmes individus que les mâchoires, et indiqueraient ainsi dans l'espèce fossile des proportions très différentes.

La *Talpa antiqua*, Blainville (*T. condylureides* et *acutidentata* [3]), appartient au genre Geotrypes indiqué plus bas. Elle a été aussi trouvée dans les terrains miocènes de Sansan.

[1] *Ostéographie*, Insectivores, p. 97.
[2] *Leonh. und Bronn Neues Jahrb.* 1846, p. 473.
[3] *Ostéographie*, Insectivores, p. 97.

Les mêmes dépôts ont fourni une mandibule et des humérus que M. de Blainville dit ne pas pouvoir distinguer de ceux de la taupe commune. Il les signale toutefois comme un peu plus forts : c'est la *T. sansaniensis*, Lart. M. Pomel considère ces débris comme devant former un genre nouveau, celui des Hyporyssus, que nous indiquerons ci-dessous.

Le terrain diluvien renferme aussi des ossements de taupes.

Les cavernes de France et de Belgique en ont conservé que l'on ne peut pas distinguer de la *T. europæa* par des caractères suffisants [1]. Toutefois M. Pomel [2], considérant que les pièces étudiées sont identiques dans les espèces vivantes connues (*T. europæa*, Lin., et *T. cæca*, Sav.), et que quelques-uns des fossiles sont plus gros, en infère qu'il est tout aussi probable que les taupes diluviennes doivent former une espèce nouvelle. Il la nomme *Talpa fossilis*. L'os falciforme de la main est en outre un peu différent.

J'ai étudié moi-même des ossements de taupes recueillis dans les graviers superficiels des environs de Genève [3], et malgré les recherches les plus minutieuses, je n'ai trouvé aucune différence d'avec la taupe actuelle.

Les Dimylus, H. de Meyer,

ne sont connus que par des mâchoires inférieures très voisines de celles des taupes. M. de Meyer [4] caractérise ce genre : 1° parce que le côté externe de la mâchoire ne présente qu'un grand trou au lieu de deux petits pour le passage des nerfs et des vaisseaux des lèvres ; 2° parce qu'il n'y a que deux vraies molaires au lieu de trois.

M. Pomel [5] conteste l'existence de ce genre, attribue l'état de la dentition à un accident, et rapporte l'espèce à la *Talpa brachychir* ; mais une nouvelle mâchoire, trouvée par M. H. de Meyer, a confirmé la réalité des caractères qu'il avait indiqués [6].

La seule espèce connue est le *Dimylus paradoxus*, H. de Meyer, des tertiaires de Weisenau (miocène).

---

[1] Voy. Schmerling, *Ossem. foss. des cav. de Liége*, p. 80 ; Desnoyers, *Comptes rendus de l'Acad. des sc.*, 1842, 1er sem., p. 522 ; Owen, *British foss. mammals*, p. 19 ; Hébert, *Ossem. foss. de l'Oise* (*Bull. Soc. géol.*, 2e série, t. VI, p. 603).

[2] *Bibl. univ.*, 1848, *Archiv.*, t. IX, p. 160.

[3] *Mém. Soc. phys. et d'hist. nat. de Genève*, t. XI, p. 89.

[4] *Leonh. und Bronn Neues Jahrb.*, 1846, p. 473.

[5] *Bibl. univ.*, 1848, *Arch.*, t. IX, p. 161.

[6] *Leonh. und Bronn Neues Jahrb.*, 1849, p. 549.

Les Palæospalax, Owen [1], — Atlas, pl. I, fig. 13 ,

sont aussi très voisins des taupes dont ils diffèrent par des fausses molaires moins aiguës et par un petit tubercule à la base du sillon externe des vraies molaires.

La seule espèce connue atteignait la taille du hérisson. Elle a été trouvée, par M. Green, dans les formations lacustres d'Ostend (Norfolk, terrain diluvien), et nommée *Palæospalax magnus* par M. Owen.

Les Georhypus, Pomel. — Atlas, pl. I, fig. 14 ,

ont la formule dentaire des taupes, sauf peut-être les incisives de la mâchoire inférieure ; mais leurs premolaires sont coniques et très aiguës, ainsi que leurs dents caniniformes. L'humerus, au contraire, ressemble à celui des condylures [2]. On en connaît deux espèces des terrains tertiaires.

Le *G. acutidens*, Pomel [3], est un peu plus petit que la taupe ordinaire. Les fausses molaires inférieures sont très saillantes, et les échancrures du bord interne de l'humérus sont inégales. M. Pomel n'en indique pas l'origine.

Le *G. antiquus* [4], *Talpa antiqua*, Blainville [5], *Taupe voisine du condylure*, Croizet, est de la taille de la taupe. Si, comme le pense M. Pomel, on doit lui réunir la *Talpa acutidentata*, Blainville [6], cette espèce serait caractérisée par ses fausses molaires inférieures peu saillantes et par les échancrures du bord interne de l'humérus qui sont presque égales. Les fragments sur lesquels elle a été établie proviennent des terrains tertiaires (miocènes) d'Auvergne. (Atlas, pl. I, fig. 14.)

Les Galéospalax, Pomel,

paraissent intermédiaires entre les taupes et les desmans ; on n'en connaît qu'un humerus, qui est allongé comme dans ce dernier genre, avec le profil et l'articulation de celui des taupes [7].

La seule espèce connue (*G. mygaloides*, Pom.) était un peu plus petite que le desman des Pyrénées. On l'a trouvée dans les terrains tertiaires. (M. Pomel n'indique pas l'étage.)

[1] *Odontography*, p. 417, et *British foss. mammals*, p. 25.

[2] *Bibl. univ.*, 1848, *Archiv.*, t. IX, p. 159.

[3] *Bibl. univ.*, 1848, *Archiv.*, t. IX, p. 160.

[4] *Bibl. univ.*, 1848, *Archiv.*, t. IX, p. 160.

[5] *Ostéographie*, Insectivores, p. 96 et 97.

[6] *Ostéogr.*, Insect., p. 96, pl. 2.

[7] *Bibl. univ.*, 1848, *Archiv.*, t. IX, p. 161.

Les Hyporyssus, Pomel. — Atlas, pl. I, fig. 12,

ont les prémolaires des geotrypus; mais la caniniforme n'est pas plus forte que la deuxième prémolaire. Les incisives sont au nombre de $\frac{4}{4}$; l'externe est presque caniniforme, les internes sont petites et en palettes. Les os du bras rappellent ceux des scalops [1].

On n'en connaît qu'une espèce de la taille du *Geotrypus aculidens*; c'est le *Hyporyssus telluris*, Pomel, des terrains tertiaires (miocènes) de Sansan. M. Pomel pense que l'on peut, peut-être, lui rapporter, ainsi que je l'ai dit plus haut, les ossements trouvés dans le même gisement, et attribués par M. de Blainville à la *Talpa europæa* (*Talpa sansaniensis*, Lartet).

Nous nous bornons à indiquer à la fin de cette tribu le genre ANOMODON, établi par M. Leconte [2] sur une seule dent de la mâchoire supérieure qui rappelle son homologue dans les scalops.

La seule espèce, *A. Snyderi*, a été trouvée dans un terrain probablement diluvien de l'Illinois.

5e ORDRE.

CARNASSIERS.

Les mammifères carnassiers ne paraissent pas avoir été très abondants à l'origine de l'époque tertiaire. Les nombreuses populations de paléothériums, d'anoplothériums, etc., dont nous aurons à nous occuper plus tard, étaient moins inquiétées par les grands animaux destructeurs, que ne l'ont été les races qui leur ont succédé. On ne trouve en général, dans les terrains tertiaires les plus anciens, qu'un petit nombre de fragments qui aient appartenu à des carnassiers, et encore ces débris n'indiquent le plus souvent que des animaux d'une taille médiocre, comparée même à celle de quel-

[1] *Bibl. univ.*, 1848, *Archiv.*, t. IX, p. 161.
[2] *Sillim. journ.*, 1848, t. V, p. 100, fig. 3.

ques espèces qui vivent de nos jours. On dirait qu'au moment où les mammifères ont pris pour la première fois possession de nos continents, la sagesse suprême a voulu qu'ils pussent se développer en liberté et former des troupeaux nombreux.

Dans l'époque tertiaire moyenne, on voit le nombre et la taille des carnassiers augmenter peu à peu ; mais ces animaux conservent encore en général des formes lourdes et un régime moins exclusivement carnivore que les grands carnassiers actuels.

Les ossements que l'on trouve dans les terrains de cette époque révèlent l'existence de quelques types fort différents par leurs formes de ceux qui existent aujourd'hui, et offrent souvent des transitions remarquables entre les tribus et les genres qui composent la faune moderne.

Vers la fin de cette même période tertiaire, les genres qui, de nos jours, sont les plus redoutables, commencent à paraître ; quelques autres acquièrent plus d'importance et de développement. C'est probablement de cette époque que date le genre des chats, dont les grandes espèces, telles que le lion et le tigre, peuvent être considérées comme le type le plus parfait d'un animal carnassier ; car, souples et forts, et munis d'ongles acérés, ces mammifères sont armés de dents tranchantes et robustes, portées par une mâchoire dont la puissance dépasse toutes celles de la même famille.

Mais c'est surtout dans l'époque diluvienne que les carnassiers ont pris un excessif développement, et ont dû singulièrement limiter l'extension des races herbivores. L'Europe, qui, de nos jours, ne compte qu'un petit nombre de grands animaux de proie, et dont le loup et l'ours sont les plus redoutables, depuis que la civilisation a chassé le lion des contrées méridionales qu'il a une fois habitées, était alors livrée aux déprédations de deux ou trois espèces d'hyènes, de nombreux ours bien plus forts et plus grands que les nôtres, de loups, et d'au moins cinq espèces de chats, dont une plus grande que le lion, et une autre au moins aussi redoutable que le grand tigre du Bengale, sans parler de nombreuses espèces plus petites et moins dangereuses.

Les ossements et les dents des carnassiers sont en général susceptibles d'être clairement caractérisés. La dentition présente des caractères si spéciaux (¹), que

(¹) Les zoologistes ont l'habitude, pour représenter d'une manière claire la dentition des mammifères, et particulièrement celle des carnassiers, d'employer ce qu'on a appelé des *formules dentaires*. Je suivrai ici la méthode adoptée par M. de Blainville, qui consiste à indiquer seulement les dents d'un côté. Ce procédé est plus rationnel que celui qui a été admis par beaucoup de naturalistes, et par lequel on fait entrer dans la formule toutes les incisives et seulement les canines et molaires d'un seul côté. Ainsi, un animal qui, comme le chien, a 3 paires d'incisives en haut et en bas, une canine de chaque côté de chaque mâchoire, 6 molaires de chaque côté à la mâchoire supérieure et 7 à l'inférieure, aura pour formule dentaire :

$$\text{Inc. } \tfrac{3}{3}; \text{ can. } \tfrac{1}{1}; \text{ mol. } \tfrac{6}{7}.$$

On doit aussi distinguer les diverses sortes de molaires. On trouve dans tous les carnassiers, de chaque côté de chaque mâchoire, une dent en quelque sorte principale qu'on a nommée la *carnassière*. Cette dent est ordinairement tranchante et munie d'un talon plus ou moins prononcé. Elle est la plus grande dans les carnivores proprement dits, et perd de son importance dans les omnivores. La carnassière est précédée par des dents également tranchantes, mais plus petites et décroissant d'arrière en avant; on les nomme *fausses molaires* ou *prémolaires*. Elle est suivie par des dents tuberculeuses arrondies ou carrées que l'on nomme *molaires tuberculeuses* ou *arrière-molaires*. Ces diverses sortes de dents doivent être séparées dans une seconde partie de la formule dentaire. Ainsi, dans l'exemple que nous avons choisi, où il y a $\tfrac{4}{4}$ prémolaires et $\tfrac{2}{3}$ tuberculeuses, la formule devra être écrite comme il suit :

$$\text{Inc. } \tfrac{3}{3}, \text{ can. } \tfrac{1}{1}, \text{ mol. } \tfrac{6}{7}; \text{ dont } \tfrac{4}{4} + \tfrac{1}{1} + \tfrac{2}{3}; \text{ tot. } \tfrac{22}{22}.$$

l'examen d'un fragment de mâchoire, et quelquefois même d'une seule dent, peut suffire à une détermination souvent passablement rigoureuse. Les canines grandes et coniques, les incisives petites, ordinairement au nombre de $\frac{6}{6}$ (six à chaque mâchoire), les molaires simples, tuberculeuses ou tranchantes, forment par leur ensemble des caractères que l'on ne peut pas méconnaître, et même, sauf dans quelques cas rares, chaque dent considérée individuellement ne peut être confondue avec aucune de celles des autres ordres.

Les diverses pièces du squelette peuvent aussi servir en général à reconnaître facilement les carnassiers. Tout y est disposé pour assurer à l'animal de la force et de la souplesse. Les vertèbres ont des apophyses longues et fortes, mais pas assez larges pour gêner le mouvement; l'atlas a des transverses énormes et l'axis est surmonté d'une grande crête qui remplace l'apophyse épineuse; les côtes sont arrondies. L'omoplate est large et a son épine forte, mais ne s'appuie que rarement sur une clavicule. Les os longs des membres ont leurs crêtes et parties saillantes bien prononcées; les os de l'avant-bras et de la jambe sont séparés et exigent une largeur dans les articulations qui distingue tout de suite les carnassiers des herbivores à membres légers; les doigts sont libres, les phalanges unguéales fortes et solidement unies; la dernière est comprimée et arquée.

On divise les carnassiers en deux familles, celle des *Carnivores*, qui comprend les carnassiers terrestres, et celle des *Amphibies*, qui renferme les carnassiers aquatiques.

1re FAMILLE. — CARNIVORES.

Les carnivores, ou carnassiers terrestres, se divisent en six tribus caractérisées comme il suit :

I. Les URSIDES. Molaires tuberculeuses formant la partie la plus importante de la dentition; marche plantigrade, formes lourdes.

Toutes les autres tribus ont la dent carnassière dominante. Leur marche est presque toujours digitigrade.

II. Les CANIDES. $\frac{2}{2}$ tuberculeuses, carnassière à talon petit; digitigrades, ongles non rétractiles.

III. Les VIVERRIDES. $\frac{2}{2}$ tuberculeuses, carnassière à talon grand; digitigrades ou subplantigrades, ongles souvent rétractiles.

IV. Les VERMIFORMES. $\frac{1}{1}$ tuberculeuses, carnassière à talon petit; digitigrades, ongles non rétractiles.

V. Les HYÉNIDES. $\frac{1}{2}$ tuberculeuse petite, carnassière supérieure à petit talon, $\frac{4}{3}$ prémolaires; digitigrades, ongles non rétractiles.

VI. Les FÉLIDES. $\frac{1}{1}$ tuberculeuse petite, carnassière supérieure à petit talon, $\frac{3}{2}$ prémolaires; digitigrades, ongles rétractiles.

1re TRIBU. — URSIDES.

Ces animaux se distinguent de tous les autres carnivores par le grand développement de leurs molaires tuberculeuses ou arrière-molaires, qui forment la partie la plus essentielle du régime dentaire et qui prédominent beaucoup sur la carnassière, réduite chez eux à ne jouer qu'un rôle tout à fait secondaire. Ces arrière-molaires sont très grosses et ont de nombreux tubercules mousses; aussi les ursides sont-ils souvent au moins aussi frugivores que carnivores. La carnassière est précédée par des petites prémolaires qui lui ressemblent et qui sont peu tranchantes.

A ces caractères se joignent en général des formes plus lourdes. Les os des membres sont plus courts et plus larges que dans les vrais carnivores; en particulier, les os du pied, beaucoup moins allongés et moins solidement unis, déterminent chez ces animaux une démarche plantigrade et lente.

Le genre principal de cette famille, celui des ours, n'est pas très ancien à la surface de la terre; mais plusieurs autres types plus ou moins voisins des ours actuels ont vécu pendant les diverses phases de la période tertiaire, tellement que l'on peut dire que les plantigrades ont été probablement les carnassiers les plus nombreux pendant cette époque. Ces animaux semblent avoir précédé dans nos continents ceux des divisions plus carnivores, circonstance qui se lie avec le fait signalé plus haut, que les animaux carnassiers ont été peu abondants lors de la première création des mammifères. Les herbivores de cette époque ont d'autant mieux pu se développer en liberté, que ce petit nombre de carnassiers était composé des genres qui ont les formes les plus lourdes et les instincts les moins sanguinaires. Il faut remarquer en outre que les ursidés des terrains tertiaires appartiennent, sauf de rares exceptions, à des genres dont la taille n'a pas égalé celle des ours actuels.

LES OURS (*Ursus*, Lin.), — Atlas, pl. II, fig. 4-6,

sont un des genres dont les os fossiles ont depuis longtemps attiré l'attention; mais leurs débris ont été d'abord connus sous les noms bizarres de licornes fossiles et d'os de dragons [1] avant qu'on ait découvert à quels animaux ils appartenaient réellement. Bruckmann [2], en 1732, paraît être le premier qui y ait reconnu des ossements d'ours. Depuis lors on en a trouvé et décrit beaucoup. Esper, en 1774 [3], crut reconnaître dans les débris des cavernes de Franconie neuf espèces distinctes, qu'il hésita de rapporter au genre des ours, tout en reconnaissant la ressemblance des dents. Plus tard il chercha à prouver que l'ours des cavernes était identique avec l'ours blanc. Camper, et surtout Rosenmüller [4], s'élevèrent contre cette assimilation; ce dernier

[1] J. Paterson Hayn (*Eph. nat. cur.*, déc. 1, 1672, ann. III, p. 220) a donné de bonnes figures d'ossements d'ours, trouvés dans une caverne des monts Krapacks; il les désigne sous le nom de *dragons fossiles*. Wolgnad, 1673, dans le même recueil, décrit et figure sous le même nom des os trouvés en Transylvanie.

[2] *Descript. des cav. de Hongrie*, coll. de Breslau, 1732, 1ʳ trim., p. 628.

[3] *Descript. des zoolithes*, etc. Nuremberg, 1774, in-folio.

[4] *Matér. pour l'hist. et la conn. des foss.*, Leipsig, 1795, 1ᵉ cah.; *Abbildungen und Besch. der fossiler Knocken der hoehlen Baeren*, fol., Weymar, 1804.

crut d'abord à l'existence de trois espèces distinctes et attribua plutôt au sexe et à l'âge les différences qu'il avait observées. Depuis lors, Blumenbach a reconnu l'existence de deux espèces. Toutes ces recherches ont préparé le travail de Cuvier, qui a réuni les matériaux, constaté l'existence de plusieurs espèces et décrit en détail leurs caractères essentiels.

Ce genre est principalement caractérisé par ses grosses molaires postérieures et par la petitesse relative des prémolaires.

Sa formule dentaire (Atlas, pl. II, fig. 5 et 6) est :

$$\text{Inc. } \tfrac{3}{3}; \text{ can. } \tfrac{1}{1}; \text{ mol. } \tfrac{6}{6}, \text{ dont } \tfrac{3}{3} + \tfrac{1}{1} + \tfrac{2}{3}.$$

Dans ces dernières années M. de Blainville a cherché à démontrer que la plupart des ours fossiles peuvent être rapportés aux espèces qui vivent actuellement en Europe. Il pense en particulier que tous les ours des cavernes ne sont que des variétés d'une seule et même espèce, qui est la souche de l'ours brun. Ce savant anatomiste attribue à l'influence d'une vie libre et dans des circonstances plus favorables la taille gigantesque de l'ours des cavernes. Il croit que le sexe, la hardiesse du caractère et l'intensité de la respiration dans un air plus vif peuvent rendre compte des différences dans la forme du crâne, et en particulier expliquer ces grandes bosses frontales et ce développement des crêtes qui rendent si remarquables les crânes des ours des cavernes. Il pense que ces caractères se sont effacés de nos jours, où les ours sont devenus faibles et plus pusillanimes, et croit d'ailleurs que l'on s'est trop borné à étudier l'ostéologie des individus qui ont vécu en captivité et chez lesquels en conséquence la dégénérescence est encore plus marquée.

Je professe en général le plus grand respect pour les opinions de M. de Blainville ; mais l'étude des faits m'empêche d'adopter sans réserve sa manière de voir. Notre musée possède de très belles têtes de l'*Ursus spelæus* et plusieurs autres d'ours bruns de nos Alpes, tués à l'état sauvage. Leur comparaison (Atlas, pl. II, fig. 1 et 4) indique des proportions tellement plus fortes dans le premier, et tant de différences entre les deux dans la forme de l'os frontal et des crêtes sagittale et occipitale, qu'il me paraît impossible d'admettre leur identité [1]. Il me semble que ces deux

---

[1] Je m'en réfère d'ailleurs ici à ce que j'ai dit dans la première partie

espèces diffèrent bien plus que ne le font entre eux l'ours brun,
l'ours terrible et l'ours noir d'Amérique, dont personne ne conteste les différences spécifiques. Je crois donc devoir ici, au moins
jusqu'à plus ample informé (1), admettre l'existence, comme espèce
distincte, de l'ours des cavernes. Je suis d'ailleurs tout à fait
convaincu, comme M. de Blainville, que, parmi les autres espèces
que l'on a cru reconnaître dans les mêmes localités, il en est
plusieurs qui ont été établies très légèrement et qui ne doivent
probablement pas être admises (2).

Ainsi que je l'ai dit plus haut, les ours ont été surtout abondants pendant l'époque diluvienne, comme le prouvent principalement leurs ossements entassés dans les cavernes. Ils manquent
totalement aux étages tertiaires anciens et moyens (3), et sont
peu nombreux dans les tertiaires supérieurs.

L'espèce la plus certaine de l'époque tertiaire est l'*Ursus arvernensis*,
Croizet et Job. (4). Ses canines sont plus comprimées que dans les ours vivants. Son front est presque plat, et son museau plus étroit que dans toutes
les autres espèces fossiles. Il a été trouvé dans les terrains meubles plus énes
de la montagne de Perrier; sa taille était à peu près celle de l'ours brun.
On doit lui réunir l'*Ursus minimus*, Devèze et Bouillet (5).

Les ossements d'ours trouvés dans les sables pliocènes marins de Mont-
pellier (6) appartiennent peut-être à une autre espèce (*Ursus minutus*, Gerv.).
M. Deluc avait déjà, en 1772, cité une demi-mâchoire d'ours recueillie à
Boutonnet.

(p. 42) sur l'identité des espèces. Je ne puis admettre comme causes de variations que les causes actuelles, et pour moi deux espèces sont différentes, si
elles se distinguent l'une de l'autre par des caractères que l'influence prolongée des agents extérieurs n'amènerait pas de nos jours.

(1) Ce plus ample informé sera, comme le dit M. de Blainville lui-même,
une étude plus complète des variations dont le crâne de l'ours brun est susceptible. Il importe qu'on puisse, pour la solution de cette question, mieux
connaître quelles sont les différences qui résultent de l'âge, du sexe et de la
captivité.

(2) Voyez aussi sur ce sujet un mémoire du professeur Wagner, inséré
dans les *Archiv für Naturgeschichte*, 1843, t. I, p. 24.

(3) On trouvera, chez quelques auteurs, des indications d'ours plus anciens que les tertiaires supérieurs. Je n'en connais pas de certaines; il est
en particulier peu probable que ce genre ait été trouvé à Sansan.

(4) *Rech. sur les ossem. foss. du puy de Dôme*, p. 183.

(5) *Montagne de Boulade*, p. 75, pl. 15; voy. Blainv., *Ostéog.*; Giebel, etc.

(6) Gervais, *Zool. et pal. fr.*, p. 107, pl. 8.

L'*Ursus cultridens*, Cuvier (*U. etruscus*, Cuv.), appartient au genre MA-
CHAIRODUS.

Parmi les espèces de l'époque diluvienne, celles qui paraissent
le mieux établies, sont les suivantes.

L'*Ursus spelæus*, Blum., *Ours des cavernes* ou *Ours à front bombé*, Cuvier [1], est caractérisé parce que chaque os frontal forme une protubérance
arrondie, en sorte que la ligne du profil, relevée sur la partie postérieure du
front, tombe par une pente très inclinée sur la base du nez. Cet ours avait
une taille au moins d'un quart en sus des plus grands ours bruns actuels, ce
qui implique un volume à peu près double [2]. Les formes et les proportions
des dents, ainsi que quelques détails ostéologiques, confirment ces différences.
Cuvier fait remarquer que les dents de cette espèce ne s'usaient qu'à un âge
très avancé, ce qui pourrait prouver qu'elle a été plus carnassière que les
espèces actuelles. Elle est caractérisée aussi par la chute constante et pré-
coce des petites fausses molaires supérieures et inférieures, laissant une barre
complète entre les vraies molaires et les canines. (Atlas, pl. II, fig. 1-3.)

On a trouvé l'*Ursus spelæus* dans la plupart des cavernes de France,
d'Angleterre, d'Allemagne et de Belgique, ainsi que dans quelques brèches
osseuses [3]. Ses ossements sont même tellement abondants dans quelques
unes de ces cavernes, que l'on estime à 800 le nombre d'individus auxquels
ont appartenu les os qui ont été retirés d'une seule d'entre elles, celle de
Gaylenreuth.

Il est assez probable que l'on doit réunir à cette espèce l'*Ursus arctoïdeus*,
Blum. [4], ou *U. planus* Oken, *Ours à crâne moins bombé*, trouvé dans les
mêmes cavernes que le précédent. Cuvier l'a tantôt considéré comme distinct
de l'*Ursus spelæus*; tantôt il a cru qu'il devait lui être réuni et qu'il n'en
était qu'une simple variété, caractérisée par une taille un peu moindre, ou

[1] *Ossem. foss.*, 4e édit., t. VII, p. 243 et 252.
[2] Le Musée de Genève possède des têtes d'ours des cavernes de Mialet
(Cévennes) qui dépassent un peu cette proportion, ainsi que les mesures
généralement indiquées.
[3] Voyez, sur cette espèce : Cuvier, *Ossem. foss.*, 4e édit., t. VII, p. 243
et 252; Schmerling, *Ossem. foss. des cavernes de Liége*; de Blainville, *Ostéogr.*,
Ours, p. 53; Wagner, *loc. cit.*; Owen, *British. foss. mamm.*, p. 86; Giebel,
Fauna der Vorwelt, t. 1, p. 67; Gervais, *Zool. et pal. fr.*, p. 105; Juliet,
Comptes rendus de l'Acad. des sc., sept. 1835; Hornes, *Cavernes de Brion*
(*Wiener, Mitth.* 1848, t. IV, p. 176); Giebel, *Caverne de Sundwich* (*Leonh.
und Bronn Neues Jahrb.*, 1849, p. 61). Cette même espèce a été trouvée
près d'Odessa (Nordmann, *Ossem. foss. trouvés à Odessa*, p. 4), dans le loess
du Brisgau (Gegenbach, *Verh. Basel nat. Gesellsch.*, 1838-1840, p. 81), etc.
[4] Cuv., *Ossem. foss.*, 4e édit., t. VII, p. 462.

crâne plus arrondi, un front moins bombé et par un intervalle plus grand
entre la première molaire et la canine. M. de Blainville pense que ces différences ne tiennent qu'au sexe, et que sous le nom d'*U. arctoideus* on a réuni
les femelles de l'*U. spelæus*. Cette opinion s'accorde peu avec le fait de la
grande rareté de l'*U. arctoideus* comparé à l'*U. spelæus*. On ne connaît d'ailleurs aucun ours vivant où les différences sexuelles soient aussi grandes.

On ne peut pas considérer comme des espèces distinctes, mais comme de
simples variétés de l'*U. spelæus*: 1° l'*Ursus Pittorii*, Marcel de Serres [1], qui
différerait un peu des précédents par la ligne de son profil, et qui dépasserait par ses dimensions l'*U. spelæus*; 2° les *U. metopoleianus* et *metoposcair-
nus*, Marcel de Serres [2], espèces imparfaitement déterminées.

Il en est probablement de même de l'*Ursus neschersensis*, Croiz. et Job.,
de Neschers près Clermont-Ferrand, et de l'*Ursus dentifricius* de H. de
Meyer [3]. Les *Ursus fornicatus major* et *minor*, Schmerling, sont aussi des
U. spelæus [4]. On ne peut pas non plus admettre sans de nouvelles preuves
les *U. giganteus* et *leodiensis* du même auteur [5], trouvés avec les précédents dans les cavernes des environs de Liége. Il est probable que l'*U. giganteus* n'est qu'un ours des cavernes bien adulte, et que le second se
rapporte à l'*U. arctoideus*, et n'est, par conséquent, qu'une variété de la
même espèce.

L'*Ursus priscus*, Goldfuss [6], *Ours intermédiaire*, Cuv. [7], se distingue de
l'*U. spelæus*, par des caractères plus précis que les précédents. Dans cette espèce
le front est complétement plat; la ligne de profil passe du front au nez sans
aucune dépression à la base de celui-ci. Cuvier ajoute qu'il n'est identique
ni avec l'ours brun ni avec l'ours noir. Il a suivant lui une absence de dépression plus complète à la base du nez que l'ours brun, et des arcades zygomatiques moins écartées que l'ours noir. Cet ours a été trouvé dans la caverne de Gaylenreuth, et M. Schmerling lui rapporte quelques ossements
des cavernes de Liége. M. Owen [8] cite aussi des débris trouvés dans la
caverne nommée Kents'hole, près de Torquay (Devon). Mais après avoir confirmé par leur examen les différences qui existent entre cette espèce et
l'*U. spelæus*, il a, dans un mémoire récent [9], émis l'opinion que l'*U. priscus* doit être considéré comme de même espèce que l'ours brun d'Europe
(*Ursus arctos*, L.), qui paraît aussi avoir vécu pendant l'époque diluvienne.

[1] *Bulletin des sc. nat. et de géologie*, janv. 1830, p. 511.
[2] *Annales des sc. d'observation*, févr. 1830, p. 229.
[3] *Leonh. und Bronn Neues Jahrb.*, 1839, p. 78.
[4] Schmerling, *Ossem. foss. des cavernes de Liége*.
[5] Idem, *Ossem. foss.*
[6] *Nova act. Acad. nat. cur.*, X, 2, p. 259.
[7] *Ossem. foss.*, 4° édit., t. VII, p. 265.
[8] *British foss. mamm.*, p. 82.
[9] *Ann. et mag. of. nat. hist.*, 2° série, t. V, p. 235.

M. Gervais l'indique dans les cavernes du midi de la France [1]. M. Owen [2] parle d'un crâne complet (Atlas, pl. II, fig. 4) trouvé dans le marais de Manea (Cambridgeshire), qui paraît avoir les caractères de l'ours actuel d'Europe, principalement de la variété noire fréquente en Norwége et en Sibérie.

M. Zimmermann [3] cite un crâne de l'ours blanc (*Ursus maritimus*, Lin.) trouvé à Hambourg, dans un terrain qui paraît appartenir à la formation diluvienne.

L'Europe n'est pas le seul pays où l'on ait trouvé des ours fossiles ; et ce genre paraît avoir eu, à l'époque diluvienne, comme de nos jours, une patrie assez étendue.

M. Milne Edwards a indiqué un fragment de crâne trouvé dans une brèche osseuse, à Oran, en Algérie [4] ; mais l'individu auquel ont appartenu ces débris était trop jeune pour qu'on ait pu encore déterminer exactement l'espèce à laquelle il se rapporte.

M. Harlan [5] rapporte à l'ours noir d'Amérique (*Ursus americanus*, Gm.), une mâchoire inférieure trouvée dans la caverne de Bigbone (États-Unis), avec des os de mégalonyx.

L'*Ursus brasiliensis*, Lund, paraît devoir être rapporté au genre des coatis, et l'*Ursus sivalensis*, Cautley et Falc., est devenu le type du genre HYÆNARCTOS.

Les HYÆNARCTOS, Cautley et Falconer

(*Agriotherium*, Wagner ; *Sivalours*, *Sivalarctos*, *Amphiarctos*, Blainville), — Atlas, pl. II, fig. 7 et 8,

forment un genre perdu et jusqu'à présent limité aux terrains tertiaires d'Asie. Il comprend l'espèce qui a été désignée d'abord sous le nom d'*Ursus sivalensis* [6] par MM. Cautley et Falconer [7] ;

[1] *Zool. et pal. fr.*, p. 107.
[2] Dans le mémoire cité ci-dessus et dans ses *British foss. mamm.*, p. 77.
[3] *Leonh. und Bronn Neues Jahrb.*, 1845, p. 73.
[4] *Ann. des sc. nat.*, 2ᵉ série, t. VII, p. 216.
[5] *Medic. and phys. researches*, p. 329.
[6] Je ne serais pas étonné que cette espèce fût la même que celle qui a été désignée une fois par MM. Cautley et Falconer sous le nom de *Amyxodon sivalense* (*Ann. des sc. nat.*, 2ᵉ série, t. VII, p. 60), car ce nom occupe, dans le catalogue le plus ancien, la place de l'*Ursus sivalensis* des catalogues suivants. Aucun caractère n'ayant été assigné à ce genre, cette assimilation reste douteuse.
[7] *Asiatic researches*, t. XIX, p. 1 ; *Ann. des sc. nat.*, 2ᵉ sér., t. IX, p. 128

puis séparée en un genre distinct nommé HYÆNARCTOS par les mêmes observateurs, AGRIOTHERIUM par M. Wagner [1], et SIVALOURS, SIVATARCTOS et AMPHIARCTOS par M. de Blainville [2].

La première description de ce genre a été donnée par MM. Cautley et Falconer, et discutée par M. de Blainville (*Subursus*, p. 96). D'après ces naturalistes le genre HYÆNARCTOS serait caractérisé parce qu'il n'a que $\frac{5}{5}$ molaires, savoir : prémolaires $\frac{4}{4}$, carnassières $\frac{1}{1}$, tuberculeuses $\frac{2}{2}$. Il diffère donc des ours par une molaire de moins à chaque mâchoire. Il a d'ailleurs dans la forme de son crâne quelques caractères assez particuliers; le canal sous-orbitaire se termine au-dessus de la carnassière par trois trous fort rapprochés, au-dessus l'un de l'autre; le palais s'étend à peine au delà de la dernière molaire, tandis que dans l'ours il est beaucoup plus long.

M. Owen [3] a décrit et figuré une tête probablement plus adulte que celle qui a servi à la description précédente (voy. Atlas, pl. II, fig. 7 et 8). La mâchoire supérieure, qui est bien entière, ne porte plus que trois molaires (les antérieures étant tombées comme cela arrive avec l'âge dans les ours). La première (dernière prémolaire, Owen) est pour nous la carnassière; elle a un talon plus développé que dans les ours; les deux tuberculeuses sont quadrituberculées; la première est remarquable parce que les tubercules internes sont resserrés en une sorte de talon.

La mâchoire inférieure est brisée. Elle présente en avant les trous pour recevoir la dernière prémolaire qui a deux racines, et porte trois dents très comprimées (la carnassière et les deux tuberculeuses).

La seule espèce connue a été trouvée dans les montagnes Sivalik, au pied de l'Himalaya, par MM. Cautley et Falconer. Elle doit porter le nom de *Hyænarctos sivalensis*. Sa taille se rapproche de celle de l'*Ursus spelæus*; sa dentition indique un animal plus carnassier.

LES RATONS (*Procyon*, Storr)

diffèrent des ours par leur longue queue. Ils ont des prémolaires

(1) *Münch. gelehrte Anz.*, 1837, t. V, p. 335.

(2) *Ostéographie*, Ours, p. 68; *Subursus*, p. 96 et 114.

(3) *Odontography*, London, 1845, p. 504, pl. 134.

pointues en avant et des tuberculeuses supérieures presque carrées. Leur formule dentaire est :

$$\text{Inc. } \tfrac{4}{4}; \text{ can. } \tfrac{1}{1}; \text{ mol. } \tfrac{6}{6}, \text{ dont } \tfrac{4}{4} + \tfrac{1}{1} + \tfrac{1}{1}.$$

Ils habitent aujourd'hui exclusivement l'Amérique.

Le seul animal fossile qui ait été rapporté à ce genre est le *Procyon priscus*, Leconte [1], trouvé dans une fente de rocher remplie d'argile durcie et de sable (dépôt probablement diluvien). De l'état d'Illinois.

Les Coatis (*Nasua*, Storr)

paraissent avoir habité l'Amérique méridionale pendant la période diluvienne, comme ils l'habitent de nos jours. M. Lund en a trouvé les débris de deux espèces dans les cavernes du Brésil.

L'une d'elles avait été d'abord rapportée au genre des ours sous le nom d'*Ursus brasiliensis* [2], et doit devenir maintenant le *Nasua ursina*, Lund [3]. L'autre n'a pas encore reçu de nom spécifique [4].

Une incisive trouvée dans l'argile tertiaire (*T. suessonien*) de Meudon semblerait indiquer la présence d'un animal voisin des coatis [5]. Toutefois l'existence d'un seul fragment, aussi peu caractéristique qu'une incisive, ne permet pas d'attacher à ce fait plus d'importance qu'à une simple indication.

Les Blaireaux (*Meles*, Storr)

n'ont été trouvés à l'état fossile que dans le terrain diluvien d'Europe.

Les ossements découverts dans les cavernes de Belgique, de France, d'Allemagne et d'Angleterre paraissent, pour la plupart, ne pas pouvoir être distingués de ceux du blaireau commun actuel (*Meles taxus*, Schreb.). On doit, à ce qu'il paraît, réunir à cette espèce le *Meles antediluvianus* [6], Schmer

[1] *Sillim. Journal*, 1843, t. V, p. 102.

[2] *Mém. de l'Acad. de Copenhague*, t. VIII, p. 93; *Ann. sc. nat.*, 2ᵉ série, t. XI, 224.

[3] *Oversigt Danske Forh.*, 1842.

[4] *Mém. de l'Acad. de Copenhague*, t. IX, p. 198; *Ann. sc. nat.*, 2ᵉ série, t. XI, p. 225.

[5] Blainville, *Ostéographie, Subursus*, p. 72.

[6] *Ossem. foss. des cavernes de Liége*, t. I, p. 159.

ling, le *M. antiquus*, Munster [1], et le *M. vulgaris fossilis*, de M. H. de Meyer [2].

Le blaireau découvert par Morren [3], dans le terrain crayeux de Ciply, avec d'autres ossements de l'époque diluvienne, paraît s'éloigner davantage de l'espèce vivante. M. Laurillard [4] le considère comme une espèce distincte, et l'a nommé *Meles Morreni*.

Les Tylodons (*Tylodon* , Gervais)

sont un genre perdu, probablement intermédiaire entre les ratons et les coatis.

On n'en connaît qu'une moitié de mâchoire inférieure qui prouve l'existence de six molaires. La dernière seule a été conservée. M. Gervais [5] a donné à cette espèce le nom de *Tylodon Hombresii*. Elle a été trouvée dans le dépôt parisien supérieur des environs d'Alais.

A la suite de la tribu des Ursides, je place provisoirement quelques genres perdus qui ne rentrent exactement dans aucune des divisions actuelles, et qui paraissent former un groupe intermédiaire entre les ours, les chiens et les civettes.

Ces genres sont principalement connus par leur dentition, caractérisée ordinairement par des molaires nombreuses. Chez deux d'entre eux, les Amphicyons et les Arctocyons, les formes de ces molaires rappellent celles des chiens, en formant toutefois une transition aux carnassiers omnivores, et par conséquent aux ursides. Dans celui des Hyænodons, la dentition, plus anormale, a des analogies moins certaines.

Les os des membres sont, dans la plupart des gisements, difficiles à rapporter aux têtes ; cependant il paraît probable que presque tous ces carnassiers étaient plantigrades, circonstance

[1] *Bayreuth Petref.*, p. 87.

[2] *Palæologica*, p. 47. Voyez aussi Marcel de Serres, Dubreuil et Jean-Jean, *Ossem. humatiles de Lunel-Viel* ; Desnoyers, *Comptes rendus de l'Acad. des sc.*, 1842, 1er sem., p. 522 ; Gervais, *Zool. et pal. fr.*, p. 117 ; Bilandel, *Soc. linn. de Bordeaux* ; Blainville, *Ostéog.*, *Subursus* ; Nordmann, *Ossem. foss. trouvés à Odessa*, p. 4 ; Giebel, *Cav. de Sundwich* (*Leonh. und Bronn Neues Jahrb*, 1849, p. 67.)

[3] Ch. et V. A. Morren, *Revue systématiq. des nouv. déc. d'ossem. foss. faites dans le Brabant méridional*, p. 14.

[4] *Dict. d'hist. nat. de Ch. d'Orbigny*, t. II, p. 593.

[5] *Zool. et pal. franç.*, pl. 11.

qui justifierait encore mieux la place que je leur assigne ici, car
ils formeraient alors certainement un groupe ou une série intermédiaire entre les ours et les carnassiers digitigrades. Quand ils
seront mieux connus, il est probable qu'il y aura lieu à établir
pour ces genres une ou deux tribus nouvelles, et peut-être à
constater, pendant les époques miocène et éocène, l'existence
d'une série de modifications dentaires liées avec une démarche
plantigrade, série qui serait plus ou moins parallèle à celle des
digitigrades actuels.

Les Arctocyon, Blainv.

(Palæocyon et *Palæocyon,* Blainv., non *Palæocyon,* Lund.),
— Atlas, pl. III, fig. 1-3,

forment un genre établi par M. de Blainville [1] sur une tête
presque entière, trouvée dans un terrain tertiaire ancien des environs de la Fère [2]. Cette tête (voy. pl. III, fig. 1, où elle est
réduite au tiers), est assez déprimée, et indique, par sa forme
générale, un animal probablement voisin des ratons et des
ours. Le museau est court et comme tronqué. La dentition
(pl. III, fig. 2) n'est connue qu'à la mâchoire supérieure, qui
porte 3 prémolaires, 1 carnassière à talon très fort, et 3 tuberculeuses grandes et semblables à celles des ursides. Des os des
membres trouvés dans la même localité (voy. en particulier l'humérus, pl. III, fig. 3), et indiquant une taille semblable à celle
que fait préjuger la mâchoire, paraissent devoir être rapportés à
cette espèce. Ils confirmeraient encore ses analogies avec les ursides, car ils sont gros et courts, et rappellent aussi les ossements
du blaireau. M. de Blainville pense que le genre actuel qui se
rapproche le plus des arctocyons est celui des kinkajous (*Cerco-
leptes,* Illig.)

Les arctocyons étaient peut-être aquatiques, probablement

[1] M. de Blainville (*Ostéog.*, Petits ours, p. 73) change en *Palæocyon* le
nom d'*Arctocyon* qu'il avait primitivement donné à ce genre. Je crois qu'il
vaut mieux reprendre le nom le plus ancien afin d'éviter une confusion, le
nom de *Palæocyon* ayant été donné presque en même temps par M. Lund à
un genre de la tribu des canides.

[2] Ce terrain, nommé *glauconie inférieure* par M. d'Archiac, repose immédiatement sur la craie blanche et est probablement contemporain du terrain suessonien de Meudon.

omnivores ou carnivores suivant l'occasion, à corps trapu et bas sur jambes.

La seule espèce connue est le *P. primœus*, Blainville.

Le genre des

AMPHICYON, Lartet, — Atlas, pl. III, fig. 4-7,

se rapproche davantage des chiens par sa carnassière, dont le talon est faible, et qui ne ressemble à aucune dent analogue dans la tribu des ursides. Ce genre remarquable a été établi sur des ossements trouvés dans les terrains tertiaires de Sansan (miocène); leurs dimensions indiquent un animal qui égalait et même sur-passait par sa taille les plus grands ours.

Son régime dentaire est :

$$\text{Inc. } \frac{3}{3} \text{ ; can. } \frac{1}{1} \text{ ; mol. } \frac{7}{7} \text{, dont } \frac{4}{4} + \frac{1}{1} + \frac{2}{2}.$$

Les canines ont des arêtes finement dentelées. La carnassière et les deux premières tuberculeuses sont tout à fait semblables à celles des canides, soit pour leurs formes, soit pour leurs dimen-sions. L'existence d'une troisième tuberculeuse, qui, du reste, est petite, les rapproche surtout des ursides; mais cette der-nière circonstance n'empêche pas que les analogies avec les chiens ne soient plus grandes que les différences. Aussi, si l'on n'avait connu que le système dentaire, aurait-on, je n'en doute pas, sorti cette espèce de la tribu des ursides; mais on a trouvé des osse-ments qui, par leur taille, leur gisement et leur apparence, parais-sent devoir lui être rapportés, et qui démontrent une marche planti-grade, des formes lourdes, et une analogie réelle et évidente avec les ours. La fig. 5, pl. III, montre un humérus, la fig. 6 un cubitus, et la fig. 7 un tibia, qui ne peuvent laisser aucun doute sur ce sujet.

Les amphicyons étaient donc probablement des carnassiers de grande taille, qui réunissaient à une dentition très voisine de celle des chiens une tête moins allongée, un corps plus pesant et une démarche semblable à celle des ours. Leur avant-bras était mobile comme dans ce genre, et ils avaient cinq doigts à chaque pied. Leur queue a dû être longue et forte.

M. de Blainville, auquel on doit la description scientifique des formes de cet animal [1], croit que l'on peut surtout le comparer

[1] *Ostéographie*, Petits ours, p. 78.

au genre BENTURONG (*Ictides*, Val.), qu'il dépassait d'ailleurs considérablement par sa taille.

On en connaît plusieurs espèces :

L'*Amphicyon giganteus*, Laurill., *Chien d'une taille gigantesque*, Cuv. [1], a été trouvé à Chevilly (Loiret) et à Avaray (Loir-et-Cher) (miocène). M. de Blainville le réunit à l'*A. major* de Sansan [2] (association douteuse) ; c'est l'espèce qui est figurée sur notre atlas.

M. Gervais, dans ses dernières feuilles, considère l'*A. giganteus* du Loiret comme différent de l'*A. major* de Sansan.

L'*A. minor*, Blainv., paraît une espèce à retrancher [3].

L'*Amphicyon Blainvillii*, Gerv. [4], provient de Digoin (miocène d'Auvergne). Il se rapproche beaucoup de l'espèce suivante, et doit peut-être comprendre l'*A. lemanensis*, Pomel.

L'*amphicyon gracilis*, Pomel [5], des terrains miocènes d'Auvergne, doit, suivant M. Pomel, comprendre l'*A. elaverensis* de M. Gervais et la mandibule attribuée par M. de Blainville au *Canis issiodorensis*, comme nous le dirons plus bas. M. Gervais doute de ce dernier rapprochement [6]. Cette espèce est, pour M. Jourdan, le type du genre CYNELOS.

L'*Amphicyon brevirostris* a été décrit d'abord sous le nom de *Canis brevirostris*, Croizet [7]. Il provient des tertiaires miocènes d'Auvergne.

Il faut aussi, suivant M. Hermann de Meyer [8], ajouter à ce genre deux espèces des terrains miocènes d'Allemagne, les *Amphicyon dominans* et *Klipsteinii*, H. de Mey. M. Plieninger en indique deux dans les terrains éocènes des environs d'Ulm ; l'*A. intermedius*, espèce établie par M. H. de Meyer, et une nouvelle, l'*A. Ezeri*, Plien. [9].

MM. de Blainville et Gervais réunissent aux Amphicyons le genre AGNOTHERIUM de M. Kaup [10]. L'*Agn. antiquum*, Kaup, a été trouvé dans le tertiaire miocène d'Eppelsheim.

Le *Gulo diaphorus*, Kaup [11], des tertiaires d'Eppelsheim, n'est peut-être aussi qu'une espèce d'amphicyon ; dans tous les cas il n'a pas les caractères des gulo.

----

(1) *Ossem. foss.*, 4° édit., t. VII, p. 481, pl. 193, fig. 20 et 21.

(2) Gervais, *Zool. et pal. fr.*, p. 112 ; Lartet, *Notice*, p. 16, et *Ann. des sc. nat.*, t. VII, p. 119.

(3) Lartet, *Notice*, p. 16 ; Gervais, *Zool. et pal. fr.*, p. 112.

(4) Gervais, *Zool. et pal. fr.*, p. 112.

(5) *Bull. Soc. géol.*, 2° série, t. IV, p. 379.

(6) *Zool. et pal. fr.*, explic. de la pl. 28.

(7) *Bull. Soc. géol.*, t. IV, p. 25 ; Pomel, id., 2° série, t. III, p. 366.

(8) *Leonh. und Bronn, Neues Jahrb.*, 1843, p. 388.

(9) Id., ibid., 1851, p. 512.

(10) *Ossem. foss. du mus. de Darmstadt*, livr. II, p. 28, pl. 1, fig. 3, 4.

(11) *Karstens Archiv*, t. V, p. 151, et *Ossem. foss.*, t. II, p. 13.

Je ne connais pas encore les genres PSEUDOCYON et HÉMICYON, établis par M. Lartet (*Notice sur la colline de Sansan*), pour deux espèces du terrain miocène de Sansan (*Hémicyon sansaniensis*, Lartet, et *Pseudocyon sansaniensis*, id.).

M. Gervais [1] rapproche l'Hémicyon des hyænarctos. M. Lartet [2] le dit plus voisin du chien que l'amphicyon, mais ayant aussi des rapports avec le glouton.

Le pseudocyon, suivant le même auteur, est *digitigrade* et a à peu près la dentition du chien, sauf que ses canines ont des arêtes finement dentelées comme l'amphicyon et l'hémicyon.

Les HYÆNODON, de Laizer et de Parieu

(*Hyænodon, Taxotherium* et *Pterodon?* Blainville), — Atlas, pl. III, fig. 8-11,

présentent dans leur dentition un ensemble de caractères très anormal qui rend difficile de préciser leurs affinités.

Ce genre a été primitivement établi par MM. de Laizer et de Parieu [3] sous le nom de HYÆNODON, et basé sur l'étude d'une mâchoire inférieure très bien conservée, trouvée à Cournon (Puy-de-Dôme, (Atlas, fig. 9). Elle porte les traces de trois incisives de chaque côté; on y voit clairement une canine assez forte et sept molaires. Ces dernières ont une disposition différente de celles de tous les carnassiers connus. Les deux premières sont isolées et se composent d'une pointe conique dirigée vers l'avant et d'un prolongement en arrière à la base. La troisième et la quatrième (carnassière), sont aussi coniques, mais dirigées en arrière; elles ont un petit lobe accessoire postérieur. Ces dents sont plus élevées et plus saillantes que celles qui les précèdent et que celles qui les suivent. La cinquième molaire est petite, comprimée, tranchante et bilobée, munie en outre d'un talon. La sixième est plus grande; elle a la même forme avec le talon plus petit. Enfin la septième

[1] *Zool. et pal. fr.*, explic. de la pl. 28.

[2] *Notice*, p. 16.

[3] *Comptes rendus de l'Acad. des sc.* 1838, 2ᵉ sem., p. 442; *Ann. des sc. nat.*, 2ᵉ série, t. XI, p. 27. Le rapport de M. de Blainville sur cette découverte se trouve dans les *Comptes rendus de l'Acad. des sc.*, 1838, 2ᵉ sem., p. 1004.

ou dernière est plus grande encore, saillante, partagée en deux lobes triangulaires, tranchants, et elle rappelle par sa forme la carnassière des hyènes.

Cette singulière organisation n'a, comme je l'ai dit, aucun analogue dans le monde vivant, surtout parmi les carnassiers monodelphes, qui n'ont jamais les molaires médianes plus petites que les terminales, ni une aussi grande série de dents sans tuberculeuses.

La découverte d'une seconde espèce [1] permet de compléter la formule dentaire du genre, en donnant le nombre des dents de la mâchoire supérieure. Cette formule dentaire se trouve être :

$$\text{Inc. } \tfrac{3}{3}\text{; can. } \tfrac{1}{1}\text{; mol. } \tfrac{6-7}{7}\text{? [2].}$$

Dans leur premier mémoire MM. de Laizer et de Parrieu rapprochèrent le Hyænodon des thylacines et des dasyures (marsupiaux). M. de Blainville combattit dans son rapport cette opinion, qui fut alors abandonnée par les auteurs de la découverte.

M. Dujardin [3] montra que le hyænodon présente tous les mêmes caractères que les fragments fossiles (occipital, mâchoire, cubitus et pied de devant) des environs de Paris, qui avaient été rapportés par Cuvier [4] à un animal intermédiaire entre les ratons et les coatis, puis à un didelphe voisin des dasyures.

M. de Blainville [5], à la suite d'un nouvel examen de tous ces ossements, admit le genre hyænodon, mais non le rapprochement proposé par M. Dujardin. Il fit au contraire deux genres nouveaux des ossements étudiés par Cuvier. La portion occipitale du crâne et les os des membres devinrent le type du genre TAXOTHERIUM,

[1] *Compt. rend.*, 1840, 1er sem., p. 134.

[2] Les paléontologistes ne sont pas d'accord sur les analogies de ces diverses molaires avec celles des autres carnassiers. M. de Blainville considère la 1re inférieure comme la carnassière, et décompose les $\tfrac{5}{5}$ molaires comme suit : prém. $\tfrac{2}{3}$, carn. $\tfrac{1}{1}$, arr.-mol. $\tfrac{2}{1}$. M. Pomel considère ces dents comme devant être divisées en prémolaires $\tfrac{2}{3}$, carnassières $\tfrac{2}{2}$, et tuberculeuses $\tfrac{1}{1}$. En appliquant la méthode employée par M. Owen pour les marsupiaux, on devrait compter : prémolaires $\tfrac{3}{4}$, molaires $\tfrac{2}{2}$. Nous avons adopté ici la méthode de M. de Blainville.

[3] *Comptes rendus de l'Acad. des sc.*, 1840, 1er sem., p. 134.

[4] *Ossem. foss.*, 4e édit., t. V, p. 490.

[5] *Ostéographie*, Petits ours, p. 55.

que ce savant paléontologiste rapproche des blaireaux. La mâchoire fut attribuée à un autre genre désigné sous le nom de PTÉRODON, placé dans le voisinage des dasyures.

M. Pomel [1] a soutenu l'opinion de M. Dujardin. De nouveaux ossements et l'examen de ceux qui étaient déjà connus rendent probable l'opinion que les genres taxotherium et pterodon ne sont établis que sur des fragments plus ou moins mutilés de véritables hyænodons. On peut bien signaler des différences dans les détails des formes dentaires, mais ces différences ne paraissent pas dépasser les caractères spécifiques [2]. Ce rapprochement me paraît devoir être admis provisoirement jusqu'à ce que des découvertes nouvelles nous fassent connaître un plus grand nombre d'ossements de ce genre intéressant.

Il reste maintenant à fixer ses affinités. M. Pomel le place à côté des thylacines, dans le grand genre des dasyures. Il se fonde principalement sur l'existence de trois dents molaires tranchantes, en forme de carnassières, et sur l'absence des tuberculeuses à la mâchoire inférieure qui a sept molaires. Cette dentition comme je l'ai déjà dit, n'a point d'analogue aujourd'hui dans les carnassiers monodelphes ; mais elle ressemble beaucoup à celle des thylacines et des dasyures.

Malgré cet argument je ne puis pas admettre l'opinion de M. Pomel. Je rappellerai d'abord, pour motiver la mienne, quelques preuves déjà discutées par cet auteur, savoir : 1° l'existence de $\frac{3}{4}$ incisives, tandis que le dasyure et le thylacine en ont $\frac{4}{3}$, et que cette multiplication des incisives est un caractère important des marsupiaux ; 2° des différences notables dans les détails de formes des dents ; 3° l'absence de lacunes d'ossification au palais. Je reconnais que ces arguments ne sont pas incontestables et per-

<hr>

[1] *Bull. Soc. géol. de France*, 2ᵉ série, t. I, p. 301 ; t. IV, p. 283.

[2] Je dois toutefois faire remarquer que M. Gervais (*Zool. et pal. fr.*, p. 128) ne réunit pas les hyænodon et les pterodon (mais bien les premiers et les taxotherium). Il se fonde sur ce que les arrière-molaires supérieures des pterodon ont à leur base interne un talon prismatique qui manque aux hyænodon connus. Dans l'explication de la planche 26, que M. Gervais a eu l'extrême obligeance de me communiquer en épreuve, il ajoute quelques arguments, et entre autres l'existence d'un petit talon à la carnassière inférieure du pterodon. Dans tous les cas, ces deux genres ont de très grands rapports, et malgré l'opinion de M. Gervais, je persiste à les réunir, d'autant plus que la place de quelques espèces resterait douteuse.

mettent la discussion ; mais il en est d'autres que M. Pomel a oubliés et qui me paraissent ne laisser aucun doute.

Je mets en première ligne la forme de l'angle de la mâchoire inférieure qui manque, comme l'a très bien fait observer M. de Blainville, de la crête saillante externe si caractéristique de tous les marsupiaux, et si visible dans le thylacine et le dasyure. La forme de la mâchoire inférieure du hyænodon est tout à fait celle des carnassiers monodelphes.

Je dois faire observer aussi que les marsupiaux forment une série parallèle aux monodelphes et qu'il n'y aurait rien d'étonnant à ce que la paléontologie complétât l'une ou l'autre de ces séries en ajoutant parmi les monodelphes des dentitions plus voisines de celles des didelphes, ou parmi ces derniers des genres dont les dents ressembleraient davantage à celles des monodelphes. Rien ne me paraît moins prouvé que la liaison nécessaire de la génération didelphe, avec toutes les dentitions qui ressembleraient plus ou moins à celles des marsupiaux actuels.

Je suis d'ailleurs tout prêt à reconnaître que le hyænodon n'est ni un urside ni un canide. Il se rapproche probablement des premiers par sa marche plantigrade et des derniers par la forme de sa mâchoire, ainsi que par le nombre de ses dents. Il conviendra peut-être, dès que son squelette sera connu, d'en faire le type d'une nouvelle tribu.

M. Pomel propose de choisir pour ce genre le nom de Pterodon, qui représente mieux la forme ailée des dents. Je crois plus conforme aux principes de la nomenclature de conserver celui de Hyænodon, qui est le plus ancien et qui rappelle aussi un fait incontestable, la ressemblance de la dernière molaire inférieure avec la carnassière des hyènes.

Si l'on admet avec nous la réunion aux hyænodon, des taxotherium et des pterodon, ce genre renferme actuellement six espèces.

Quatre ont été trouvées dans les terrains tertiaires parisiens supérieurs. Ce sont :

Le *Hyænodon dasyuroides* (*Thylacine des plâtrières*, Cuvier ; *Pterodon dasyuroides*, Gervais [1]; *Pterodon dasyuroides*, Blainville [2]; *Pterodon pa-*

---

[1] Gervais, *Zool. et pal. fr.*, p. 130.
[2] *Ann. fr. et étrang. d'anatomie et de physiologie*, 1839, t. III, p. 21.

risiensis, Blainville, *Subursus*, p. 48, pl. 12), connu seulement par un fragment de mâchoire supérieure, des plâtrières de Paris.

Le *Hyænodon Cuvieri* [1], Pomel ; *Carnassier voisin des Coatis et des Ratons*, Cuvier ; *Nasua parisiensis*, H. de Meyer ; *Taxotherium parisiense*, Blainville, *Subursus*, p. 55 ; *Hyænodon parisiensis*, Laurillard, *Dict.* d'Orbigny. (Atlas, pl. VII, fig. 10 et 11.) Sa taille est voisine de celle du thylacine. Il a été trouvé aussi dans les plâtrières de Paris. M. H. de Meyer (Bronn, *Index palæont.*) lui réunit aussi le *Taxoxylum nicæensis*, Keferstein (*Naturg.*, t. II, p. 201).

Le *Hyænodon Requieni* [2] a été découvert dans les dépôts éocènes supérieurs de la Débruge, d'Apt et d'Alais.

Le *Hyænodon minor*, Gervais [3], provient du même terrain d'Alais.

Deux autres espèces caractérisent les terrains tertiaires miocènes inférieurs et sont mieux connues :

Le *Hyænodon leptorhynchus*, de Laizer et de Parieu [4], *Dasyure d'Auvergne* [5], *Ptérodon leptorhynchus*, Pomel [6], provient du Puy-de-Dôme et de la Haute-Loire. (Atlas, pl. III, fig. 9.)

Quelques ossements trouvés par M. Aymard dans le calcaire lacustre du Puy [7] paraissent se rapporter à la même espèce, cependant la comparaison n'a pas encore été faite d'une manière rigoureuse.

Le *Hyænodon brachyrhynchus*, de Blainville [8], est connu par une tête un peu altérée par la compression et privée de ses parties occipitales et zygomatiques. Cet animal avait les dents plus fortes, plus contiguës et plus serrées que le *H. leptorhynchus*. Les mâchoires étaient plus robustes et plus courtes. Cette tête, décrite pour la première fois par M. Dujardin, a été trouvée sur les bords du Tarn, près de Rabasteins, et est conservée dans le musée de Toulouse. (Atlas, pl. III, fig. 8.)

[1] J'ai préféré adopter le nom de *Cuvieri*, malgré l'ancienneté plus grande de celui de *parisiensis*, qui se trouve désigner deux espèces et qui pourrait devenir une source de confusion. Voyez aussi Gervais, *Zool. et pal. fr.*, p. 129.

[2] Gervais, *Compt. rend. de l'Acad. des sc.*, 1846, t. XXVI, p. 191 ; *Ann. des sc. nat.*, 3e série, t. V, p. 257 ; *Zool. et pal. fr.*, p. 129, et pl. 11, 12, 15 et 25.

[3] *Zool. et pal. fr.*, p. 129, pl. 25.

[4] *Compt. rend. de l'Acad. des sc.*, 1838, 2e sem., p. 442 ; *Ann. des sc. nat.*, 2e série, t. XI, p. 27 ; Blainville, *Ostéog.*, Chiens, p. 111, et *Subursus*, p. 101.

[5] Buckland, *Bridg. treatise*, Géologie, traduit par Doyère, t. I, p. 541.

[6] *Bull. Soc. géol.*, 2e série, t. IV, p. 302.

[7] *Ann. Soc. du Puy*, t. XII, p. 249.

[8] *Ostéog.*, Chiens, p. 113 ; Laurillard, *Dict.* de d'Orbigny ; Dujardin, *Compt. rend. de l'Acad. des sc.*, 1840, 1er sem., p. 134 (*Ptérodon brachyrhynchus*) ; Pomel, *Bull. Soc. géol.*, t. IV, p. 332.

A la suite de ces genres, rangés provisoirement entre les ursides et les carnassiers digitigrades, je dois en indiquer quelques autres qui ne me paraissent pas encore établis sur des données suffisantes et auxquels on ne peut accorder que la valeur de simples indications.

Le genre ACANTHODON a été formé par M. H. de Meyer [1] sur une seule dent molaire trouvée dans les terrains tertiaires de Weisenau, et indiquant une espèce de la taille de l'*Amphicyon dominans*. M. Meyer lui a donné le nom de *Acanthodon ferox*.

Le genre HARPAGODON repose aussi sur une dent carnassière. M. H. de Meyer, qui l'a établi, fait remarquer [2] que cette dent dépasse par sa taille son analogue dans les carnassiers connus, vivants et fossiles.

Elle a été trouvée dans le Bohnerz d'Altstadt, près de Mœszkirch. L'espèce porte le nom de *Harpagodon maximus*, H. de Meyer.

2ᵉ TRIBU. — CANIDES (Chiens).

Elle est caractérisée par la forme de sa carnassière, qui a un talon très petit et qui ressemble beaucoup à celle des tribus suivantes. Cette circonstance, jointe à la nature des fausses molaires qui sont en général bien tranchantes, semblerait, au premier coup d'œil, indiquer chez les canides des instincts très carnassiers ; mais l'existence de $\frac{2}{2}$ tuberculeuses, grandes et bien développées, leur permet, d'un autre côté, une mastication plus réelle qu'aux chats ou aux hyènes, assigne à la plupart des espèces qui composent cette tribu un régime plus varié, et les rapproche des omnivores.

J'ai dit plus haut que les terrains tertiaires renferment des débris qui démontrent, entre les ours et les chiens, des transitions qui manquent tout à fait de nos jours. J'ai laissé à la suite de la tribu des ursides ceux de ces genres qui paraissent avoir eu les formes lourdes et la démarche plantigrade des ours, jointes à une dentition qui se rapproche de celle des chiens. Je parlerai ici des espèces qui ont eu des membres plus grêles et qui ont probablement été digitigrades.

[1] *Leonh. und Bronn, Neues Jahrb.*, 1843, p. 702.
[2] *Leonh. und Bronn, Neues Jahrb.*, 1837, p. 675 ; 1838, p. 413.

Les Chiens (*Canis*, Lin.). — Atlas, pl. III, fig. 12,

sont le genre le plus nombreux et le plus important de cette tribu, et la composent même presque uniquement dans l'époque moderne. Ils ont apparu à la surface de la terre dès l'origine des terrains tertiaires. Leurs formes étaient déjà à cette époque très rapprochées de celles qu'ils ont de nos jours; toutes les espèces qui, considérées d'abord comme de véritables chiens, semblaient former des transitions aux types voisins, ont dû, en effet, être transportées dans d'autres genres.

Quelques auteurs ont subdivisé ce genre en Loups (*Lupus*, Lin.), et Renards (*Vulpes*). Cette division, fondée sur la fente de la pupille, est difficilement applicable aux espèces fossiles.

On ne connaît qu'une seule espèce certaine des terrains tertiaires éocènes (parisien supérieur).

Le *Canis parisiensis* [1], dont les formes étaient très voisines de celles du renard bleu (*Canis lagopus*). Cette espèce, qui n'est connue que par une demi-mâchoire incomplète, est même envisagée par M. de Blainville comme pouvant être confondue avec ce *C. lagopus*; mais l'étude de nouveaux fragments me paraît nécessaire pour qu'on puisse admettre définitivement ce rapprochement. Le *C. parisiensis* a été trouvé dans les plâtrières de Montmartre.

Le *Canis gypsorum*, Cuv., est une espèce encore problématique, car elle n'est connue que par un os du métacarpe [2], qui paraît avoir appartenu à un chien d'une taille beaucoup plus grande que le *C. parisiensis*. Cet os a aussi été trouvé dans les plâtrières de Montmartre.

Le *Canis viverroides* fait partie du genre Cynodon, Aymard, (sous-genre *Cyotherium*).

Les espèces des terrains miocènes et pliocènes sont encore mal connues. Elles ont principalement été trouvées en Auvergne. Leurs descriptions sont fort incomplètes, et il n'est pas même toujours facile de les rapporter à une époque géologique certaine.

Le *Canis brevirostris*, Croizet [3], s'éloigne un peu des formes ordinaires des chiens, et doit, suivant M. Gervais, entrer dans le genre Amphicyon.

[1] Cuvier, *Ossem. foss.*, 4e édit., t. V, p. 486; Blainville, *Ostéog.*, Chiens, p. 107.

[2] Cuvier, *Ossem. foss.*, 4e édit., t. V, p. 514.

[3] Croizet, *Bull. Soc. géol.*, t. IV, p. 25; Blainville *Ostéog.*, Chiens, p. 122; Pomel, *Bull. Soc. géol.*, 2e série, t. III, p. 368.

Le *Canis issiodorensis*, Croizet, repose dans l'ouvrage de M. de Blainville [1] sur deux pièces fort différentes. L'une, de Saint-Gérand-le-Puy (miocène d'Auvergne), est une mâchoire inférieure appartenant probablement au genre Amphicyon ; l'autre est une mâchoire supérieure du terrain pliocène d'Auvergne, qui indique peut-être une espèce particulière qui devra conserver le nom de *Canis issiodorensis*, ou qui devra être réunie au *Canis borbonicus*.

Le *Canis borbonicus*, Bravard, *C. megamastoides*, Pomel [2], provient du terrain pliocène d'Issoire. M. Pomel considère cette espèce comme faisant partie du genre Amphicyon.

Les terrains diluviens ont aussi conservé les débris de plusieurs espèces de chiens, dont les formes se rapprochent encore davantage de celles du monde actuel. Les cavernes et les dépôts arénacés de la presque totalité de l'Europe en renferment des ossements, qui ne sont toutefois jamais très abondants.

Le fait le plus remarquable, qui ait été signalé sur les chiens des terrains diluviens, est l'existence d'une espèce qui a la plus grande analogie avec le chien domestique, et qui a été ordinairement inscrite dans les catalogues de paléontologie sous le nom de *Canis familiaris fossilis*. Cette découverte soulève des questions qui ont quelque intérêt, parce qu'elles se lient avec l'histoire d'un des animaux les plus utiles à l'homme et que leur solution peut influer sur la manière d'en envisager l'origine.

Nous excluons d'abord une idée que le nom qui a été imposé à cette espèce semblerait justifier. Le chien, dont les ossements ont été conservés dans les dépôts diluviens, ne peut pas avoir été domestique, et malgré l'autorité de M. Marcel de Serres [3], je ne puis y voir qu'un animal sauvage. Ce paléontologiste se fonde sur quelques différences de taille indiquant, suivant lui, des races qui ne peuvent tenir qu'à l'influence de la domesticité ; mais la rareté ou l'absence des ossements humains et des débris de son industrie, ainsi que le mélange des os du *Canis familiaris fossilis* avec ceux de tous les autres carnassiers sauvages, m'empêche d'admettre cet état de domesticité. Je crois que ses formes sont en conséquence indépendantes de toute influence extérieure et qu'il doit être comparé au loup, au chacal, au renard, etc., dont les variations sont peu étendues, et non aux races innombrables

[1] *Ostéog.*, Chiens, p. 123, pl. 13.

[2] *Bull. Soc. géol.*, t. XIV, p. 40 ; Blainville, *Ostéographie*, Chiens, p. 126, pl. 13.

[3] *Essai sur les cavernes*, etc.

des chiens domestiques. Il constitue ainsi une espèce sauvage parfaitement distincte de toutes celles qui vivent aujourd'hui dans cet état.

Cela étant établi, les caractères tirés des os et des dents montrent que cette espèce était plus voisine du chien domestique, que n'en sont le loup et surtout le renard. Si donc l'on admet, comme je l'ai laissé entrevoir, que plusieurs espèces ont passé de l'époque diluvienne à la nôtre, il est possible que ce chien fossile ait été la souche de nos chiens domestiques. Sans vouloir entrer ici dans une discussion sur l'origine des races de chiens, qui appartient à la zoologie proprement dite, je rappellerai qu'il est impossible de les attribuer au renard (¹); mais que l'on a discuté sur le plus ou moins de probabilité que ces diverses races de chiens domestiques proviennent du loup ou du chacal. Le fait que nous signalons ici peut prouver peut-être, comme le fait observer M. de Blainville (²), que ce n'est dans aucune des espèces sauvages actuelles que le chien domestique a pris sa source, mais bien dans une espèce qui aurait vécu à l'époque diluvienne, et survécu aux inondations qui ont terminé cette période en submergeant la plus grande partie de l'Europe. Les premiers hommes qui ont habité notre continent auraient cherché à utiliser cette espèce, qui avait probablement un caractère plus sociable et plus doux que le loup, et cette même douceur de mœurs peut être considérée comme une explication de son entière extinction actuelle.

Au reste, nous ne présentons ces considérations que comme tout à fait hypothétiques; ce qui nous paraît certain, c'est l'existence, à l'époque diluvienne, d'une ou de plusieurs espèces sauvages, plus voisines du chien domestique que ne le sont aujourd'hui le loup, le chacal et le renard.

Les espèces les plus certaines de cette époque diluvienne, trouvées dans les cavernes, sont les suivantes :

Le *Canis familiaris fossilis* (³) dont nous venons de parler, indiqué par

---

(¹) La principale raison qui empêche de considérer le renard comme la souche des chiens domestiques, est que la pupille est toujours ronde dans ces derniers, tandis qu'elle est allongée dans le renard.

(²) *Ostéographie*, Chiens.

(³) *Ostéog.*, Chiens, p. 131. Voyez aussi Schmerling, II, p. 18; Marcel de Serres, *Mém. mus.*, t. XVIII, p. 339; H. de Meyer et Bronn, *Index palæontologicus*; Kaup, *Isis*, 1834, p. 535.

divers auteurs dans les cavernes de France, de Belgique et d'Allemagne. M. H. de Meyer réunit à cette espèce le *Canis propagator* de M. Kaup.

Le *Canis spelæus*, Goldf. [1], qui se rapproche beaucoup par ses formes du loup, et qui a aussi été nommé loup fossile, doit probablement reprendre le nom de *Canis lupus*. Cuvier signale, il est vrai, dans le crâne des crêtes plus fortes et quelques différences de proportions; il fait observer, d'ailleurs, que les crânes des diverses espèces vivantes du genre chien sont souvent si difficiles à distinguer les unes des autres, que si la comparaison du *C. spelæus* avec le loup ne prouve pas leur différence, elle ne peut pas démontrer non plus qu'ils aient été identiques. La question reste donc douteuse sur ce point. Le *Canis spelæus* a été trouvé dans la plupart des cavernes d'Europe, dans les brèches osseuses de Sardaigne et de France, et probablement aussi dans les terrains diluviens du val d'Arno [2].

Le *Canis lupus spelæus minor* [3], établi sur une dent et des os trouvés en Italie, est considéré par M. de Blainville comme devant être rayé de la liste des chiens. Les dents sont, suivant lui, les mêmes que celles de l'espèce précédente et les os doivent pour la plupart être rapportés à la suivante.

Le *Canis vulpes spelæus* [4] a avec le renard les mêmes analogies que le *C. spelæus* avec le loup. Il a été trouvé dans les mêmes localités [5].

Il faudra probablement ajouter à ces espèces une partie de celles d'Auvergne. M. Gervais, en particulier, rapporte à l'époque diluvienne le *Canis neschersensis*, Croizet, qui, suivant M. de Blainville [6], ressemble beaucoup au loup. Une mandibule est le seul fragment qui ait servi à établir cette espèce. M. de Blainville dit n'avoir pas observé de différence entre elle et son analogue dans le *Canis lycaon*, ou petit loup des Pyrénées.

Les *Canis juvillacus* et *medius*, Bravard, ainsi que les *Canis Tornelii* et *Baladii*, Croizet, sont restés sans description.

On doit citer encore une espèce trouvée dans le Bohnerz de l'Albe de Souabe [7], dont M. Jaeger a fait son genre LYCOTHERIUM : c'est le *Canis ferreo-*

---

[1] *Umgebungen von Muggendorf*, p. 28, t. I; *Nova act. Acad. nat. cur.*, t. XI, 2, p. 451; Cuvier, *Ossem. foss.*, 4ᵉ édit., t. VII, p. 465; Owen, *British foss. mamm.*, p. 123, etc.

[2] Voyez Nordmann, *Ossem. trouvés près d'Odessa*, p. 4; Fischer, *Loup des tourbières* (*Bull. Soc. Moscou*, 1846, t. XIX; *Pal.*, II, p. 391).

[3] Wagner, 1829, *Isis*, t. IV, p. 986.

[4] Cuvier, *Ossem. foss.*, 4ᵉ édit., t. VII, p. 471; Owen, *British foss. mamm.*, p. 131.

[5] Hébert, *Fossiles de l'Oise* (*Bull. Soc. géol.*, 2ᵉ série, t. VI, p. 605); Nordmann, *Ossem. d'Odessa*, etc.

[6] *Ostéographie*, Chiens, p. 125.

[7] L'âge de ce terrain me paraît douteux. M. Giebel place dans le diluvium la plupart des espèces citées par M. Jaeger; l'ensemble de la faune paraît bien plutôt être miocène. Si l'on s'en rapporte aux déterminations de M. Jaeger,

jurassicus, Jæger [1]. Cet auteur y établit deux races sous les noms de *C. lupus ferreo-jurassicus* et de *C. vulpes ferreo-jurassicus*, mais seulement sur l'étude de dents canines isolées.

Le genre des chiens pendant les époques tertiaire et diluvienne n'a pas été limité en Europe ; mais alors comme à présent sa distribution géographique a été très étendue. MM. Cautley et Falconer ont signalé, dans les terrains tertiaires de l'Himalaya, des ossements qui doivent être rapportés à ce genre, mais dont on n'a pas encore pu préciser les espèces.

M. Lund [2] a trouvé dans les cavernes du Brésil des débris de plusieurs chiens, dont la plupart ont les formes essentielles du genre et dont d'autres lui ont paru exiger la création de genres nouveaux, dont nous parlerons plus bas. M. d'Orbigny a aussi trouvé une espèce dans les Pampas de l'Amérique méridionale. Ces chiens américains sont les suivants :

Le *Canis protalopex*, Lund, qui se rapproche par ses formes du *Canis Azzaræ*.

Une seconde espèce se rapproche du *Canis fulvicaudus*, Lin., et paraît même ne pas s'en distinguer par des caractères spécifiques.

Le *Canis robustior*, Lund, est un peu plus gros que le *protalopex*.

Le *Canis lycodes*, Lund, était plus carnassier que tous les précédents et égalait le loup.

Ces quatre espèces ont été trouvées dans les cavernes du Brésil ; une cinquième, le *Canis incertus*, d'Orb. [3], établie sur un fragment de mandibule, était de la taille d'un petit renard. L'imperfection de ce fragment fait que ses rapports avec les espèces vivantes sont encore peu connus. Il a été trouvé sur les bords du Parana.

Il faut rayer de la liste des chiens fossiles plusieurs espèces qui ont dû être transportées dans d'autres genres.

il y aurait un mélange fort bizarre et peu probable. L'examen des planches et des descriptions laisse une grande incertitude sur la valeur de plusieurs noms. Au moment où je corrige cette épreuve, je reçois un mémoire de M. Quenstedt, qui rapporte comme moi ce gisement à l'époque miocène.

[1] *Foss. Saüg. Wurt.*, t. I ; Bronn, *Lethæa*, t. II, p. 832 ; *Leonh. und Bronn, Neues Jahrb.*, 1837, p. 735.

[2] *Mém. de l'Acad. de Copenhague*, 1841, t. VIII ; *Oevers. Danks. Forh.*, 1842 ; *Isis*, 1844, p. 815-819 ; *Ann. sc. nat.*, 2ᵉ série, t. XI, p. 214.

[3] *Voyage en Amérique*, Paléontologie, p. 141, pl. 9, fig. 5.

Outre celles que nous avons indiquées plus haut, on peut citer le *Canis palustris*, H. de Meyer, qui est devenu un GALECYNUS.

Le *Canis giganteus* (*Chien fossile gigantesque*, CUV.) est un AMPHICYON.

Le *Canis trogladites*, Lund, est un PALÆOCYON.

Les CYNODON, Aymard, — Atlas, pl. III, fig. 13-15,

sont caractérisés par des dents en même nombre que celles des chiens; mais plus épaisses en proportion, avec des formes qui rappellent celles des paradoxures. La carnassière inférieure est tricuspide en avant et est pourvue postérieurement d'un large talon à deux lobes. Leur formule dentaire est :

$$\text{Inc. } \tfrac{3}{3}; \text{ can. } \tfrac{1}{1}; \text{ mol. } \tfrac{6}{7}, \text{ dont } \tfrac{4}{4} + \tfrac{1}{1} + \tfrac{1}{2}.$$

Les membres indiquent une marche semi-plantigrade et des habitudes probablement un peu aquatiques.

Ce genre, établi par M. Aymard [1], a été placé par M. Gervais dans les viverrides, rapprochement soupçonné par Cuvier pour la seule espèce qu'il eût connue. Nous reconnaissons, en effet, que les dents présentent quelques analogies avec celles des viverrides (comme aussi avec les vermiformes); mais leur nombre est celui de la famille des canides, et nous croyons, par conséquent, devoir l'y laisser. Une description détaillée de ce genre a été publiée par M. Aymard, sous le titre de *Monographie des cynodon* [2]. Depuis ce travail (ainsi qu'il a eu l'obligeance de me le communiquer par une lettre récente), M. Aymard a trouvé une tête presque entière qui rappelle tellement la *Viverra parisiensis*, qu'il ne serait pas impossible qu'on dût les réunir. La dentition est celle des cynodon; mais comme elle est très incomplétement conservée dans l'exemplaire original du bassin de Paris, on ne peut pas encore se faire une idée précise de leurs affinités.

M. Gervais [3] associe provisoirement à ce genre les ELOCYON, les CYOTHERIUM [4] et les CYNODICTIS [5]; et, en effet, ces groupes

[1] *Essai sur l'Entelodon*, p. 20; *Ann. Soc. d'agr. du Puy*, t. XII, p. 244, et t. XIV, p. 112.

[2] *Ann. Soc. d'agr. du Puy*, 1850, t. XV, p. 92.

[3] *Zool. et Paléontologie fr.*, p. 112.

[4] Aymard, *Ann. Soc. d'agr. du Puy*, t. XIV, p. 110, 115.

[5] Bravard et Pomel, *Notice sur les ossem. foss. de la Débruge*.

paraissent différer des cynodon par des caractères dont il me semble impossible d'apprécier l'importance avant d'avoir pu étudier des pièces plus complètes.

En admettant cette réunion, on trouve cinq espèces décrites, dont deux paraissent appartenir à la faune des gypses (parisien supérieur). Ce sont :

Le *Cynodon parisiensis*, *Viverra parisiensis*, Cuvier, *Genetta des plâtrières* [1], dont nous venons de parler. M. Gervais y réunit une mâchoire inférieure décrite sous le nom de *Canis viverroides*, Blainville [2], rapprochement que conteste M. Aymard sans nier qu'elle puisse appartenir au genre CYNODON; c'est cette mâchoire qui est le type du genre ou sous-genre CYONGALE, Aymard. Elle a été trouvée fossile dans les gypses de Paris, ainsi que la tête de la prétendue *Viverra*.

Le *Cynodon lacustris*, Gervais [3], des lignites de la Débruge, butte de Perréal, près Apt (Vaucluse), terrain probablement contemporain des gypses de Paris. Cette seconde espèce appartient au sous-genre des CYNODICTIS. C'est l'espèce figurée dans l'Atlas.

Deux autres sont de vrais CYNODON, et ont été trouvés dans les marnes lacustres (miocène inférieur) du Puy en Velay. Ce sont :

Le *Cynodon velaunus*, Aymard [4].
Le *Cynodon palustris*, Aymard [5], de la taille d'un petit renard.

La dernière forme le type du genre ÉLOCYON, Aymard, et présente peut-être des caractères plus importants dans la forme des tuberculeuses supérieures. Elle a été trouvée avec les précédentes. C'est :

Le *Cynodon martrides?* (*Elocyon martrides*, Aymard, id., t. XIV, p. 110), encore un peu plus petit. Il n'est connu que par un fragment de mâchoire inférieure et par quelques dents de la mâchoire supérieure.

Les GALECYNUS, Owen,

ont dans leur système dentaire la plupart des caractères des chiens. Ce genre a été établi sur le fossile d'OEningen, que

[1] *Rech. ossem. foss.*, 4ᵉ édit., t. V, p. 496, pl. 151, fig. 12; Blainville, *Ostéog.*, Civettes, p. 61, pl. 13.

[2] *Ostéographie*, Chiens, p. 109.

[3] Gervais, *Comptes rend. de l'Acad. des sciences*, t. XXX, p. 603; *Zool. et pal. fr.*, p. 113, pl. 15, fig. 3; pl. 23 et 25.

[4] *Ann. Soc. du Puy*, t. XII, p. 244, et t. XV, p. 118; Gervais, *Zool. et pal. fr.*, pl. 26.

[5] *Id.*, t. XIV, p. 113, et t. XV, p. 118; Gervais, id., pl. 23 et 26.

MM. Murchison et Mantell [1] avaient d'abord rapporté au renard (*Canis vulpes*). M. de Blainville [2] a fait le premier remarquer que les proportions des os n'étaient pas celles de cette espèce. Depuis lors, M. Owen [3] l'a étudié avec soin et montré que la première prémolaire est plus petite que dans le renard, tandis que la troisième et la quatrième sont plus grandes ; que toutes sont plus serrées et occupent moins d'espace que dans les espèces du genre CANIS. Il a fait voir surtout que cette troisième et cette quatrième prémolaire rappellent, par leurs grands tubercules antérieurs et postérieurs, les lycaons plus que les chiens, et que les molaires tuberculeuses se rapprochent tout à fait de celles des civettes.

Les doigts du fossile d'Œningen, plus robustes que ceux des renards, forment aussi un caractère qui les lie aux viverrides. M. Owen pense donc que l'on doit en former un genre nouveau placé dans la tribu des canides, mais formant un anneau entre ce groupe et celui des viverrides.

La seule espèce connue a été nommée *Vulpes des schistes d'Œningen* par M. de Blainville, et *Canis palustris* par M. H. de Meyer [4]. M. Owen propose le nom de *Galecynus Œningensis* (pliocène).

Les PALÆOCYON [5], Lund,

paraissent avoir eu aussi beaucoup de rapports avec les chiens dans leur dentition, mais leur carnassière inférieure manque de talon, et n'a qu'une seule pointe. Leurs formes étaient plus trapues, leur corps plus fort à proportion et leurs pattes plus courtes. Ils ont été trouvés dans les cavernes du Brésil.

Le *Palæocyon troglodytes*, Lund [6], *Canis troglodytes*, Lund [7], était de la taille d'un loup, et se rapprochait beaucoup du *Canis jubatus*, actuellement vivant.

[1] *Œningen fossil fox*, London, 1830, 4° ; *Phil. mag.*, mars 1830 ; Mantell, *Trans. of the geol. Soc.*, t. II, 3, p. 283, 291.

[2] *Ostéog.*, Chiens, p. 106.

[3] *Quart. Journ. geol. Soc.*, t. III, 1847, p. 55.

[4] *Leonh. und Bronn, Neues Jahrb.*, 1843, p. 701, et surtout H. de Meyer, *Zur Fauna der Vorwelt : Œningen*, p. 4, pl. 1.

[5] Ce n'est pas le genre PALÆOCYON, Blainville, p. 193.

[6] *Overs. Danske Forhandl.*, 1842.

[7] *Ann. sc. nat.*, 2ᵉ série, t. XI, p. 214 ; t. XIII, p. 312.

Le *P. validus*, Lund (1), se distinguait par une taille moindre et par un corps plus fort à proportion.

Les Speothos, Lund,

ont les dents plus rapprochées que les chiens, le museau moins allongé, et ils manquent de la dernière tuberculeuse. M. Lund en a figuré une tête complète, moins la mâchoire inférieure (2).

L'espèce unique, *Speothos pacivora*, était probablement un peu moins omnivore que les chiens, puisqu'elle n'avait qu'une seule molaire tuberculeuse. M. Lund l'a nommée *pacivora*, parce qu'il l'a trouvée, dans les cavernes du Brésil, avec de nombreux ossements de pacas, qui formaient probablement sa nourriture principale.

3ᵉ Tribu. — VIVERRIDES (Civettes)

Ces animaux ont, comme je l'ai rappelé plus haut, des caractères qui, si on les étudie dans la nature vivante, peuvent les faire considérer comme plus voisins des ursides que des chiens. J'ai montré en même temps que la série des genres fossiles nouvellement découverts force à admettre une liaison plus intime entre les chiens et les ours; aussi avons-nous formé de ces derniers notre seconde tribu. Les viverrides n'ont que $\frac{2}{2}$ molaires tuberculeuses (3), ce qui justifie leur rapprochement des tribus plus essentiellement carnivores; mais elles ont en même temps un très fort talon à leur carnassière, circonstance qui avait généralement été considérée comme les liant à la division omnivore des ursides. Du reste, leurs autres caractères donnent des résultats à peu près semblables; leur marche, souvent demi-plantigrade, montre leur analogie avec les ursides, et les ongles rétractiles de quelques genres peuvent au contraire les faire comparer aux chats.

(1) *Overs. Danske, Forhandl.*, 1842.

(2) *Mém. de l'Acad. de Copenhague*, t. VIII, pl. 19, fig. 1 et 2.

(3) Je dois faire remarquer que j'ai suivi ici la méthode de Cuvier pour l'appréciation des dents. M. de Blainville compte les molaires comme suit : $\frac{4}{4} + \frac{1}{1} + \frac{2}{3}$, parce qu'il avance d'une place la carnassière de la mâchoire inférieure. Ce même anatomiste, appliquant des idées analogues aux chiens, leur compte $\frac{2}{2}$ molaires tuberculeuses. Dans les deux méthodes donc, les viverrides diffèrent des canides par une molaire tuberculeuse de moins et par un plus fort talon à la carnassière.

La tribu des viverrides est remarquable dans la nature actuelle par une grande variété de genres et d'espèces, que nous ne connaissons certainement pas encore tous, et qui habitent principalement le continent et les îles d'Asie, Madagascar, etc. Par contre, les débris fossiles en sont encore rares. Les terrains tertiaires et diluviens d'Europe paraissent n'en pas renfermer une grande quantité, et si cette tribu a été aussi nombreuse dans les époques antérieures qu'à la nôtre, elle aura eu probablement une distribution géographique analogue à celle qu'elle a aujourd'hui. Lorsque la paléontologie de l'Asie et des îles qui sont situées plus au midi sera mieux connue, il est probable que la lacune que nous signalons ici sera comblée.

Les CIVETTES (*Viverra*, Cuv.), — Atlas, pl. IV, fig. 1 et 2,

forment le genre principal de cette famille. Leur formule dentaire est (fig. 1) :

$$\text{Inc. } \tfrac{3}{3}\text{; can. } \tfrac{1}{1}\text{; mol. } \tfrac{6}{6}\text{, dont } \tfrac{4}{4} + \tfrac{1}{1} + \tfrac{2}{2}.$$

Parmi les trois sous-genres dans lesquels on les a subdivisées, on ne retrouve dans les terrains tertiaires que celui des CIVETTES proprement dites.

Deux espèces proviennent des tertiaires miocènes d'Auvergne.

La *Viverra antiqua*, Blainville [1], *Civette d'Auvergne*, trouvée par M. Croizet, est connue par deux fragments de mâchoires qui indiquent un animal de la taille du zibeth.

La *Viverra primæva*, Pomel [2], est un peu plus grande que la précédente et caractérisée par sa tuberculeuse inférieure uniradiculée.

Dans les terrains miocènes proprement dits, on cite :

La *Viverra zibethoïdes*, Blainville [3], *Zibeth de Sansan*, trouvée par M. Lartet à Sansan (Atlas, pl. IV, fig. 2). Cette espèce est encore douteuse.

La *V. sansaniensis*, Lartet (*Notice sur la colline de Sansan*), et la *V. incerta* (*Id.*), proviennent du même gisement.

La *V. simorrensis*, Lartet (*Id.*), a été trouvée à Simorre, et paraît se rapprocher des ichneumons ou mangoustes (*Herpestes*, Illig.).

[1] *Ostéog.*, Civettes.
[2] *Bull. Soc. géol.*, 2ᵉ série, t. III, p. 366.
[3] *Ostéographie*, et *Ann. des sc. nat.*, 2ᵉ série, t. VII, p. 119.

La *Viverra ferreo-jurassica*, Jaeger, n'est pas assez complétement connue pour être admise comme certaine. Elle provient du Bohnerz de l'Albe de Souabe. (Voyez la note p. 205.)

Les terrains diluviens renferment aussi quelques fragments de civettes.

MM. Marcel de Serres, Dubreuil et Jean-Jean [1] citent, dans les cavernes de Lunel-Viel, des ossements qui ne sont pas suffisants pour prouver l'existence pendant cette époque de la genette qui vit actuellement dans le midi de l'Europe.

Il faut sortir de ce genre :

La *Viverra parisiensis*, Cuv., qui est probablement un Cynodon.
La *Viverra exilis*, Blainv., qui est une Galerix.

On connaît déjà quelques faits qui indiquent la présence de ce genre dans les pays étrangers à l'Europe. M. Pentland [2] en a trouvé des débris dans un terrain tertiaire du Bengale.

M. Clift rapporte à ce genre des ossements découverts dans les cavernes de la Nouvelle-Hollande ; mais les espèces n'ont pas encore été déterminées de manière à donner une confiance suffisante. Il est peu probable que les civettes aient vécu dans le continent australien pendant l'époque diluvienne.

Les Palæonyctis, de Blainville, — Atlas, pl. IV, fig. 3,

forment un genre éteint, établi sur une espèce qui avait d'abord été rapportée aux Mangoustes (*Herpestes*), sous-genre de civettes, puis aux Cynictis. Il n'est connu que par une mâchoire inférieure à six molaires, comme les civettes, ayant comme elles la tuberculeuse armée de pointes aiguës à caractère insectivore. Il se rapproche par là des mangoustes et des cynictis, dont il diffère par sa dernière prémolaire (carnassière, Blainville) proportionnellement plus grande et par sa tuberculeuse, au contraire, plus petite.

Ces caractères sont insuffisants, sans la connaissance de la mâchoire supérieure, pour assigner une place définitive aux palæonyctis. Je ne serais pas étonné qu'on dût plus tard les sortir des viverrides pour les rapprocher des genres que nous avons placés entre les ursides et les canides.

[1] *Cavernes de Lunel-Viel*, p. 247.
[2] *Transactions of the geological Society*, 2ᵉ série, t. II, pl. 45, fig. 6.

La seule espèce connue a été trouvée dans les lignites du Soissonnais, à Muirancourt près Noyon (Oise), qui appartiennent au terrain suessonien. C'est la *Palæonictis gigantea* ([1]); sa taille devait égaler celle des grandes hyènes.

On doit peut-être rapporter à cette espèce un fragment de molaire provenant du suessonien de Meudon, cité par M. Ch. d'Orbigny comme appartenant à une loutre, et attribué par M. de Blainville au *Canis viverroïdes* des plâtrières (*Cynodon viverroïde*), mais qui est trop grande pour provenir de cet animal.

Les Soricictis, Pomel,

diffèrent des civettes par quelques caractères de dentition de la mâchoire inférieure, encore incomplétement connus. La première molaire n'a qu'une racine, la carnassière est tricuspide à son lobe antérieur, et la tuberculeuse a sa couronne formée de deux tubercules en avant et d'une sorte de talon en arrière.

Deux espèces ont été indiquées par M. Pomel, dans la collection de M. Feignoux, sous les noms de *Soricictis elegans* et *leptorhyncha*. Elles ont été trouvées à Saint-Gérand-le-Puy (miocène d'Auvergne) ([2]).

Le nom Amphichneumon paraît avoir été employé par M. Pomel pour désigner la *Soricictis elegans* dans un envoi fait au *British Museum*.

Je trouve dans l'*Index palæontologicus* de M. Bronn un genre encore insuffisamment connu, placé dans les viverrides : c'est celui des Galeotherium, Wagner ([3]), qui renferme une espèce des terrains récents de Grèce. Ce genre est différent des *Galeotherium* de Jaeger.

4e Tribu. — VERMIFORMES.

Cette tribu renferme des animaux qui, à cause de leur petite taille, ne sont jamais des carnassiers redoutables; mais leurs caractères dentaires leur créent des instincts essentiellement carnivores et sanguinaires. Leurs molaires sont bien tranchantes, leur carnassière a un très petit talon, et il n'y a plus qu'une seule tuberculeuse (grande ou médiocre à la mâchoire supérieure et

---

[1] Blainville, *Ostéog.*, *Civettes*, p. 76, pl. 13; Gervais, *Zool. et pal. fr.*, p. 131, pl. 25.

[2] Gervais, *Zool. et pal. fr.*, explic. de la pl. 28.

[3] *Mém. de l'Acad. de Munich*, t. III, p. 11, pl. 1, fig. 4, 5.

petite à l'inférieure). Leur dentition ne varie guère que par le
nombre des prémolaires, et forme un ensemble qui est comparable
à ce qui existe dans les animaux les plus connus par leurs appétits
carnivores. Leurs os minces, à apophyses peu prononcées, et leur
arcade zygomatique faible et peu écartée, ne leur donnent qu'une
force médiocre pour déchirer la chair; aussi se contentent-ils
ordinairement, lorsqu'ils le peuvent, de boire le sang de leurs
victimes.

Leurs ossements fossiles ont souvent été négligés à cause de
leur petite taille; mais maintenant que l'attention s'est fixée
davantage sur les débris de petite dimension, on a pu recueillir
sur leur histoire quelques faits analogues à ceux que nous avons
signalés pour les tribus précédentes.

Les vermiformes ont apparu dès l'origine de l'époque tertiaire.
Ils ont alors eu souvent des formes un peu différentes de celles
d'aujourd'hui, ce qui force à établir quelques genres nouveaux.
On peut, en particulier, citer quelques espèces qui forment des
transitions intéressantes, principalement avec la tribu des viverrides, par le développement un peu plus grand de la tuberculeuse
unique et par la forme des mâchoires et du crâne.

A l'époque diluvienne les formes, au contraire, se rapportent
tout à fait à celles des vermiformes qui vivent aujourd'hui, et l'on
a même le plus souvent de la peine à distinguer les espèces.
L'Europe et l'Amérique sont à cet égard dans le même cas.

Les Gloutons (*Gulo*, Storr.). — Atlas, pl. IV, fig. 4 et 5,

ont été rapportés par quelques auteurs aux ursides à cause de leur
marche demi-plantigrade, mais leur dentition les place évidemment dans les vermiformes. Leur formule dentaire est :

$$\text{Inc. } \tfrac{3}{3}\text{; can. } \tfrac{1}{1}\text{; mol. } \tfrac{5}{6}\text{, dont } \tfrac{4}{4} + \tfrac{1}{1} + \tfrac{1}{1}.$$

La carnassière supérieure n'a qu'un petit talon. Ils ont une queue
courte et rappellent les blaireaux par leurs formes externes. On
n'en a trouvé de fossiles que dans l'époque diluvienne.

Le *Gulo spelæus*, Goldf., *Glouton des cavernes* [1], a les plus grands
rapports avec le glouton du Nord (*Gulo arcticus*, Lin.), et devra peut-être

[1] Goldfuss, *Nova acta nat. cur.*, IX, p. 311; Cuvier, *Ossem. foss.*, 1ᵉ édit.,
t. VII, p. 500.

lui être réuni (Atlas, pl. IV, fig. 5). Il n'en diffère que par une taille un peu plus grande, des arcades zygomatiques plus écartées, un museau un peu plus court relativement au crâne, une mâchoire inférieure moins haute à proportion de sa longueur et des trous mentonniers plus avancés. Il a été trouvé par Sœmmerring dans la caverne de Gaylenreuth. M. Schmerling a signalé dans celles de Belgique des ossements qui se rapportent probablement à la même espèce. Il est encore douteux que le glouton ait été trouvé dans les cavernes de France [1].

Les GALICTIS, Bell (*Eirara*, Lund, *Taïra* et *Hurons*),

ont été anciennement réunis aux gloutons, mais ils en diffèrent par une prémolaire de moins à chaque mâchoire, par un corps moins trapu et par une queue plus longue. Les espèces vivantes habitent l'Amérique.

M. Lund en indique [2] une, trouvée dans les cavernes du Brésil.

Les MOUFFETTES (*Mephitis*, Cuvier)

sont caractérisées par $\frac{3}{4}$ prémolaires, par leur tuberculeuse supérieure grande, par leur carnassière inférieure munie de deux tubercules internes, par des ongles propres à fouir et par une marche demi-plantigrade.

Elles ne sont connues à l'état fossile que par une espèce que M. Lund a trouvée dans les cavernes du Brésil [3].

Les PALÆOMÉPHITIS, Jaeger (*Palæobassaris*, pr. Paul de Wurt.),

ne sont pas encore suffisamment caractérisées. Elles paraissent ressembler beaucoup aux mouffettes, et en différer par un crâne plus large et plus abaissé, dont la crête sagittale est presque aussi développée que dans le blaireau.

La seule espèce connue, *P. steinheimensis*, Jaeger [4], a été trouvée dans le calcaire d'eau douce (pliocène?) de Steinheim.

Les TÉLAGONS (*Mydaus*, F. Cuv.)

ne diffèrent des mouffettes que par leur museau en forme de groin.

[1] Gervais, *Zool. et pal. fr.*, p. 117.
[2] *Ann. des sc. nat.*, 2ᵉ série, t. XI, p. 223.
[3] *Ann. des sc. nat.*, 2ᵉ série, t. XIII, p. 312.
[4] Jaeger, *Foss. Wurt.*, p. 78, pl. 10, fig. 7, 8.

La seule espèce vivante connue habite Java. M. de Blainville a rapporté à ce genre quelques débris du terrain suessonien de Meudon [1], mais cette assimilation est au moins douteuse.

Les Martes (*Mustela*, Cuv.). — Atlas, pl. IV, fig. 6,

ont $\frac{3}{4}$ prémolaires et un petit tubercule intérieur à la carnassière inférieure. Leurs ongles sont crochus et leur queue touffue. Elles ont apparu dès l'époque tertiaire moyenne.

Une espèce a été découverte en Auvergne (miocène inférieur).

C'est la *Mustela minuta*, Gervais [2], qui devra peut-être une fois former un sous-genre nouveau. Elle n'a que cinq molaires à la mâchoire inférieure, dont la première a deux racines.

Trois ou quatre espèces ont été trouvées à Sansan (miocène supérieur). Ce sont :

La *Mustela genettoïdes* de Blainville [3], un peu plus grande que la fouine et à trous mentonniers plus écartés, ce qui donne à son museau une forme viverroïde.

La *Mustela hydrocyon*, Gervais [4], connue seulement par un fragment de mâchoire inférieure où sont conservées deux molaires. M. Lartet en a fait le type de son genre Hydrocyon (*H. sansaniensis*, Lartet) ; mais les caractères sont insuffisants pour l'admettre dès à présent, il faut attendre de nouveaux documents.

La *Mustela taxodon*, Gervais [5], devenue le type du genre Taxodon, Lartet (*Tax. sansaniensis*), dont on doit aussi ajourner l'admission.

La *Mustela zorilloïdes*, Lartet [6], de Sansan, est très douteuse.

La *Mustela incerta*, Lartet, doit probablement être transportée dans le genre Thalassictis.

Il faut peut-être ajouter une espèce citée par le comte de Münster, et trouvée dans le terrain tertiaire lacustre de Georgensgmünd (Bavière).

Dans les terrains pliocènes, on cite :

La *Mustela elongata*, Gervais [7], qui semble se rapprocher des mélogales de l'Inde.

[1] *Ostéog.*, *Subursus*, p. 17.
[2] *Zool. et pal. fr.*, pl. 27.
[3] *Ostéogr.*, Martes, p. 61.
[4] *Zool. et pal. fr.*, p. 118, pl. 23.
[5] *Zool. et pal. fr.*, p. 118, pl. 23.
[6] *Notice sur la colline de Sansan*, p. 17.
[7] *Mém. Acad. de Montpellier*, 1850, t. I, p. 196; *Zool. et pal. fr.*, p. 118, pl. 22.

Les dépôts sous-volcaniques d'Auvergne (pliocènes) contiennent la *Mustela ardea* Gervais (1), *Marta ardea*, Brav., Marte lutroïde? Pomel.

Dans les terrains diluviens, et, en particulier, dans les cavernes, on aussi trouvé quelques fragments qui se rapprochent beaucoup des espèces de ce genre qui vivent aujourd'hui en Europe.

M. Schmerling indique dans les cavernes de Liége des ossements qui ressemblent tout à fait à ceux de la fouine, mais qui les dépassent un peu pour la taille. La fouine et la marte ont été trouvées aussi dans diverses cavernes de France. (Voyez Gervais, *loc. cit.*, Desnoyers, Billaudel, etc.) M. Nordmann (2) a trouvé la marte dans les terrains diluviens d'Odessa. Les graviers supérieurs des environs de Genève renferment aussi des débris que nous n'avons pas réussi à distinguer de ceux des martes qui vivent aujourd'hui au pied de nos montagnes.

Les trois genres suivants ne sont guère que des sous-genres des martes.

Les PLÉSIOGALES, Pomel (3), ont le même nombre de dents, mais avec la forme de celles des putois. Leur tête se distingue aussi par quelques détails.

L'espèce la mieux connue est la *P. angustifrons*, Pomel, des calcaires (miocènes inférieurs) de Saint-Gerand-le-Puy (Allier). Elle n'a que cinq molaires à la mâchoire inférieure comme la *Mustela minuta*, (Atlas, pl. IV, fig. 7.)

M. Pomel indique encore, comme des Plésiogales, deux espèces des terrains miocènes d'Auvergne, qui ont, suivant M. Gervais, six molaires à la mâchoire inférieure; ce sont : Le *P. elegans*, Pomel, de Saint-Gerand-le-Puy, et une espèce trouvée probablement à Cournon, et conservée au *British Museum* sous le nom de *Plésiogale*. M. Gervais la nomme *Mustela sectoria* (4). Il est évident que la distribution de ces espèces en genres n'est que tout à fait provisoire.

Les PLESICTIS, Pomel (5), diffèrent davantage par la forme de la

<hr>

(1) *Zool. et pal. fr.*, pl. 27, fig. 5.

(2) *Ossem. foss. trouvés à Odessa.*

(3) Pomel, *Bull. Soc. géol.*, 2ᵉ série, t. IV, p. 385, pl. 4, fig. 3; Laurillard, *Dict.* de d'Orbigny, t. X, p. 268; Gervais, *Zool. et Pal. fr.*, p. 119.

(4) *Zool. et pal. fr.*, explic. de la pl. 28.

(5) *Bull. Soc. géol.*, 2ᵉ sér., t. IV, p. 379; de Laizer et de Parieu, *Mag. de zool.*, 1839, pl. 5; Laurillard, *Dict.*, p. 268; Blainville, *Ostéog.*, p. 62, pl. 14; Gervais, *Zool. et pal. fr.*, p. 119.

tuberculeuse supérieure qui est triangulaire comme dans les mangoustes, par celle de la carnassière inférieure dont le talon est creux et bordé de plusieurs tubercules, par ses crêtes temporales très séparées et par sa face occipitale quadrangulaire.

M. Pomel en indique deux espèces du même calcaire de Saint-Gérand-le-Puy : l'une, la *M. plesictis*, de Laizer et de Parieu (*loc. cit.*); l'autre, la *M. Croizeti*, Pomel (figurée dans l'Atlas, pl. IV, fig. 8).

Les PALÉOGALES, Herm. de Meyer [1], ne sont caractérisées que par la carnassière inférieure qui rappelle davantage les formes des espèces très carnivores.

Deux espèces sont indiquées dans ce genre, les *P. pulchella et fecunda*, H. de Mey., des tertiaires miocènes de Weisenau.

Les Putois (*Putorius*, Cuv.)

ont des caractères de carnassiers plus sanguinaires encore dans leurs $\frac{3}{3}$ prémolaires et dans l'absence de tubercule à la carnassière supérieure. Ils n'ont encore été trouvés [2] que dans les terrains pliocènes et diluviens, et surtout dans les cavernes. On cite, en particulier, dans les terrains pliocènes d'Auvergne :

Une espèce, voisine de la Zorille, découverte par M. Bravard [3] dans les dépôts sous-volcaniques (*Putorius zorillinus*, *Mustela zorillina*, Gervais).

Dans les terrains diluviens :

Le *Putorius antiquus*, Hermann de Meyer [4], *Putois fossile* [5], très voisin du putois commun, et qui a été trouvé dans les cavernes de plusieurs parties de la France, et en particulier dans celle de Poudres (Gard), dans celle de Lunel-Viel (Marcel de Serres), dans les dépôts diluviens d'Avaray près de Beaugency, dans les cavernes de Liége (Schmerling), et dans celle de Kirkdale (Buckland), dans les brèches de Vendargues (Hérault) et dans celles de Montmorency.

Nous avons trouvé, dans les graviers diluviens des environs de Genève, un squelette complet du putois, qui paraît identique avec le putois commun.

La belette (*Mustela vulgaris*, Lin.) ou une espèce très voisine se trouve

----

[1] *Neues Jahrb.*, 1846, p. 474.

[2] On ne peut en effet considérer que comme très douteux les *Putorius sansaniensis et incertus*, Lartet, de Sansan (miocène).

[3] *Bull. Soc. géol.*, 2ᵉ série, t. III, p. 305.

[4] *Palæologica*, p. 54.

[5] Cuvier, *Ossem. foss.*, 4ᵉ édit., t. VII, p. 484.

aussi dans les mêmes localités. M. Buckland en a trouvé quelques dents dans la caverne de Kirkdale [1]. M. Schmerling l'indique aussi comme se trouvant dans les cavernes de Liége.

L'hermine (*P. erminea*, Lin.) est indiquée dans une brèche osseuse des environs de Beremend, près de la Drave [2].

M. Pomel [3] signale quatre espèces dans les terrains diluviens d'Auvergne : ce sont le putois et la belette et deux espèces voisines des *P. furo* et *nudipes*.

Les Putoriodus, Pomel,

ont la formule dentaire des putois; mais la carnassière est sans talon et la deuxième et la troisième molaire sont plus grandes.

La seule espèce indiquée est encore mal connue; elle a été trouvée dans les calcaires lacustres des environs d'Issoire (miocène d'Auvergne) [4].

Les Loutres (*Lutra*, Storr), — Atlas, pl. IV, fig. 9,

sont faciles à distinguer par leurs membres plus courts, leur tête plus aplatie et leur queue déprimée. Elles ont $\frac{4}{4}$ prémolaires, un fort talon à la carnassière supérieure et un tubercule à l'inférieure. Leur tuberculeuse supérieure est grande et à peu près égale en tous sens. Leurs ossements fossiles ont été trouvés dans les terrains tertiaires et diluviens.

Les loutres des terrains tertiaires sont surtout connues par des débris provenant de l'étage moyen (miocène) et de l'étage supérieur (pliocène) du midi de la France. Elles n'ont pas encore été étudiées autant qu'elles le méritent.

Nous indiquons :

La *Lutra dubia*, Blainv. [5], trouvée à Sansan (miocène) par M. Lartet.

La *Lutra Bravardi*, Pomel [6], à laquelle il faut peut-être réunir la *L. claveris*, Croizet, et une partie des fragments décrits par M. de Blainville sous le nom de *L. clermontensis*, Croizet. Cette espèce a été trouvée dans le tertiaire pliocène d'Issoire et de Perrier.

Les dépôts diluviens renferment aussi des ossements de loutre

[1] Cuvier, *Ossem. foss.*, 4ᵉ édit., t. VII, p. 500.
[2] *Leonh. und Bronn, Neues Jahrb.*, 1831, p. 679.
[3] *Bull. Soc. géol.*, t. III, p. 204.
[4] Gervais, *Zool. et pal. fr.*, explic. de la pl. 27.
[5] *Ostéog.*, Martes, p. 78, pl. 14.
[6] *Bull. Soc. géol.*, t. XIV, p. 168, pl. 3, fig. 1, 2.

qui ont beaucoup de rapports avec ceux de la loutre commune.

Toutefois la *Lutra antiqua*, Herm. de Meyer [1], *Loutre des cavernes*, Marcel de Serres [2], paraît avoir eu une taille un peu plus forte. M. Marcel de Serres dit que ses fausses molaires, surtout la seconde, étaient plus obliques.

La *Lutra ferreo-jurassica*, Jaeger [3], est à peine connue par quelques dents antérieures peu caractéristiques. Elle a été trouvée dans le Bohnerz de Souabe, et est très douteuse.

Les Potamotherium, Geoffroy
(*Lutrictis*, Pomel), — Atlas, pl. IV, fig. 10,

diffèrent des loutres et de tous les mustélides par l'existence de deux tuberculeuses (dont une fort petite) à la mâchoire supérieure.

La seule espèce connue a été nommée *Lutra Valetoni* par Geoffroy-Saint-Hilaire [4], qui indique en même temps la probabilité qu'elle formera, quand elle sera mieux connue, un genre nouveau auquel il donne d'avance le nom de Potamotherium. Ce savant anatomiste n'avait connu que des os des membres. M. Pomel [5] a décrit la mâchoire que nous avons reproduite dans l'Atlas. Il en a formé le genre Lutrictis, en indiquant qu'elle appartenait probablement à la même espèce que le potamotherium, association qui est probable, mais cependant pas certaine. Elle a été trouvée dans le calcaire lacustre de Saint-Gérand-le-Puy (miocène d'Auvergne).

Le genre Stephanodon, H. de Meyer [6] doit, suivant M. Gervais [7], être réuni aux potamotherium. Cet anatomiste a étudié au *British Museum* une mâchoire du *Stephanodon monbachensis* qui est probablement, suivant lui, la même espèce que la *Lutra Valetoni*.

Les Thalassictis, Nordmann,

ne sont encore connus que par leur mâchoire inférieure armée de 6 molaires, dont 4 prémolaires, 1 carnassière à talon fort et

[1] *Palæologica*, p. 55.
[2] *Cavernes de Lunel-Viel*, p. 70.
[3] *Foss. Saug. Wurt.*, p. 13.
[4] *Études progressives d'un naturaliste*, p. 91.
[5] *Bull. Soc. géol.*, 2ᵉ série, t. IV, p. 380, pl. 4, fig. 5.
[6] *Leonh. und Bronn, Neues Jahrb.*, 1847, p. 143.
[7] *Zool. et pal. fr.*, explic. de la pl. 28.

1 tuberculeuse. La valeur de ce genre est encore tout à fait incertaine. M. Gervais (¹) regarde comme possible qu'il ait une grande analogie avec la *Hyæna hipparionum*, dont on ne connaît que la mâchoire supérieure. Il paraît intermédiaire entre les martes et les hyènes; mais nous ne le considérons que comme provisoire.

On en cite deux espèces, appartenant toutes deux au terrain miocène :

La *Thalassictis robusta*, Nordmann, a été trouvée dans le miocène marin de la Bessarabie.

La *Thalassictis incerta*, Gervais (²), *Mustela incerta*, Lartet, provient de Sansan.

Je n'indique qu'avec le plus grand doute, à la fin de cette famille, le genre GALEOTHERIUM de Jaeger (³), qui est différent, suivant M. H. de Meyer, du genre *Galeotherium*, Wagner, p. 213.

Il est établi sur deux dents trouvées dans le Bohnerz de la mollasse de la Souabe supérieure (miocène?). L'une est une canine qui rappelle celle du chien, l'autre une carnassière inférieure intermédiaire par sa forme entre celle du renard et celle de la fouine.

5ᵉ Tribu. — HYÉNIDES.

La dentition de cette tribu caractérise de véritables carnassiers, forts et puissants. De grandes carnassières, dont la supérieure seule a un petit talon, une seule tuberculeuse en haut et point en bas, et de fortes canines, en sont les traits principaux. Leur cou est très fort, et la ténacité de leurs mâchoires extrême. Mais les hyénides ne sont pas aussi bien armées que les chats sous le point de vue des membres; leurs pieds, moins forts, portent des ongles non rétractiles, et leurs jambes de derrière infléchies leur donnent une démarche embarrassée. Aussi ces animaux ont une grande force pour arracher des lambeaux de chair à leurs victimes; mais ils sont faibles dans l'attaque et le combat, et chassent plus volontiers de nuit et par surprise, ne dédaignant pas de se nourrir de cadavres.

Le seul genre connu est celui des :

(¹) *Zool. et pal. fr.*, p. 120.
(²) *Zool. et pal. fr.*, p. 120, pl. 23.
(³) *Foss. Saug. Würt.*, p. 71, pl. 10, fig. 43-47.

HYÈNES (*Hyæna*, STORR.). — Atlas, pl. V, fig. 1-6.

Elles ont apparu en Europe vers la fin de la période tertiaire, mais ont été très peu abondantes à cette époque. Leur plus grand développement a eu lieu pendant l'époque diluvienne, et, comme les ours, elles ont été nombreuses en espèces et en individus, et d'une taille en général supérieure à celle des espèces actuelles. On trouve aussi leurs ossements dans les cavernes. Quelquefois elles sont plus nombreuses que les ours; mais il est plus fréquent que ces derniers soient les plus abondants.

Les hyènes vivent de nos jours en Afrique et en Asie, et ont probablement occupé une fois le midi de l'Europe. Pendant l'époque diluvienne, elles se sont avancées beaucoup plus au nord, et ont peuplé l'Allemagne, l'Angleterre, la Belgique, etc. Quelques recherches récentes ont fait connaître des traces de leur existence pendant l'époque tertiaire dans les environs de l'Himalaya, où l'on en trouve encore de nombreuses troupes.

On peut, sous le point de vue de la dentition, former trois groupes dans le genre des hyènes. La tuberculeuse supérieure est médiocre dans l'*Hyène rayée* et dans le plus grand nombre des espèces vivantes et fossiles. Cette même dent est très petite dans l'*Hyène tachetée* du Cap et la *H. spelæa*. Elle est au contraire grande dans la *H. hipparionum*. (Voy. Atlas, pl. V, fig. 1, 4, 5 et 6.)

Les espèces citées dans l'époque tertiaire sont les suivantes:

La *Hyæna hipparionum*, Gervais [1], remarquable, comme l'avons dit, par sa tuberculeuse supérieure, qui est plus grande que dans l'hyène rayée actuelle. Elle avait une taille un peu inférieure à celle de cette espèce, et a été trouvée dans le dépôt fluviatile à Hipparions de Cucuron (Vaucluse) (pliocène).

Une autre espèce indéterminée a été signalée dans les sables marins pliocènes de Montpellier [2].

On en a indiqué des fragments dans les molasses du mont de la Molière, près du lac de Neuchâtel (tertiaire miocène); mais ils sont encore indéterminés.

Les terrains tertiaires supérieurs du Puy-de-Dôme renferment aussi des ossements d'hyènes, que MM. Croizet et Jobert considèrent comme indiquant

[1] *Ann. sc. nat.*, 3ᵉ série, t. V, p. 261; *Zool. et pal. fr.*, p. 121, pl. 12, fig. 1.

[2] Gervais, *Zool. et pal. fr.*, explic. de la pl. 30.

l'existence d'espèces différentes de celles qui ont vécu dans les cavernes. Ils
signalent en particulier:

La *Hyæna Perrieri*, Croizet et Jobert [1], qui, par la forme de sa carnassière dont en particulier le talon est bilobé, diffère de toutes les espèces
vivantes et fossiles; ses molaires intermédiaires sont obliques, et elle n'a pas de
trou au-dessus de la poulie de l'humérus. A l'exception de ces caractères,
elle se rapproche de l'hyène tachetée. Cette espèce a été trouvée dans les
terrains meubles de la montagne de Perrier.

La *Hyæna arvernensis*, Croizet et Jobert (Atlas, pl. V, fig. 6), qui ressemble davantage à l'hyène rayée, mais qui en diffère par la forme de sa
carnassière supérieure et de sa deuxième molaire inférieure, ainsi que par
sa taille, qui égalait celle de l'hyène tachetée.

Cette espèce paraît avoir été retrouvée dans le terrain alluvio-volcanique ancien de Vialette (près le Puy en Velay) (communication inédite de M. Aymard).

La *Hyæna dubia*, Croizet et Jobert, connue par une seule fausse molaire,
n'est pas encore suffisamment établie.

La *Hyæna brevirostris*, Aymard [2], a été trouvée à Sainzelle, près
le Puy.

Les hyènes de l'époque diluvienne, comparées aux espèces
actuelles, présentent à peu près les mêmes analogies et les mêmes
différences que les ours, c'est-à-dire que les espèces fossiles sont
plus grandes, plus robustes, et ont, dans la forme de la tête et dans
la dentition, des caractères que quelques auteurs croient pouvoir
expliquer par des changements de climat. Mais ces caractères,
comparés aux faits que présente la nature actuelle, paraissent
suffisants pour établir des espèces différentes; car ils dépassent
sensiblement les limites des variations que les agents extérieurs
peuvent produire de nos jours. Les différences qui distinguent les
hyènes fossiles et vivantes sont à peu près égales à celles qui
existent entre ces dernières, que personne ne songe à confondre.

On a trouvé dans les cavernes trois espèces qui paraissent devoir être distinguées entre elles:

La première est la *Hyæna spelæa*, Goldfuss, *Hyène fossile*, Cuv. [3], qui se
rapproche surtout par ses formes et sa dentition, et en particulier, comme nous
l'avons vu plus haut, par la petitesse de sa tuberculeuse (Atlas, pl. V, fig. 5),
de l'hyène tachetée (*H. crocuta*, Lin.) dont la patrie est, de nos jours, tout
à fait limitée aux environs du cap de Bonne-Espérance, fait qui diminue
déjà beaucoup la probabilité de l'identité de ces deux espèces. Cette hyène a

[1] *Rech. ossem. foss. du Puy-de-Dôme*, p. 169.
[2] *Zool. et pal. fr.*, p. 122.
[3] *Ossem. foss.*, 4ᵉ édit., t. VII, p. 334.

toutefois quelques uns des caractères de la *H. vulgaris* (*H. rayée*), et semble un peu intermédiaire entre les deux [1].

La *Hyæna spelæa major* de Goldfuss n'est, suivant Wagner, qu'un individu très adulte de la même espèce.

La seconde est la *Hyæna monspessulana* de Christol [2], *Hyæna prisca*, Marcel de Serres, Dubreuil et Jean-Jean [3]; elle paraît se rapprocher de l'hyène rayée plus que la précédente [4].

La *Hyæna intermedia*, Marcel de Serres [5], se rapproche par la forme de sa carnassière inférieure de l'hyène brune avec quelques transitions à la *H. spelæa*. Caverne de Lunel-Viel.

Les hyènes fossiles de l'Inde n'ont pas encore été suffisamment étudiées. MM. Cautley et Falconer en ont trouvé des fragments dans les couches supérieures du terrain tertiaire de l'Himalaya [6].

C'est la *H. sivalensis* dont les rapports avec les espèces européennes ne peuvent pas encore être appréciés [7].

M. Lund a signalé des ossements d'hyènes, dans les cavernes du Brésil, mêlés avec des restes de pacas, d'agoutis, de pécaris et de mégalonyx, genres essentiellement américains. Ils indiquent, suivant lui, la présence en Amérique, pendant l'époque diluvienne, d'une hyène qui égalait les plus grandes espèces vivantes de ce genre, mais qui était inférieure à la *Hyæna spelæa*. Il lui a donné le nom de *Hyæna neogæa*. Plus tard, il a cru y reconnaître des caractères suffisants pour former un nouveau genre, auquel il a donné le nom de SMILODON. Ce genre différerait des hyènes par ses canines fortement comprimées et presque en

[1] Voyez encore Goldfuss, *Nova acta*, t. XI, p. 459, pl. 57; Blainville, *Ostéog.*, Hyènes, p. 42, pl. 6 et 7; Owen, *Brit. foss. mamm.*, p. 138; Gervais, *Zool. et pal. fr.*, p. 122; Giebel, dans *Leonh. und Bronn, Neues Jahrb.*, 1849, p. 64. M. Kaup l'a séparée génériquement avec la *crocuta* sous le nom de CROCOTTA.

[2] *Mém. de la Soc. d'hist. nat. de Paris*, t. IV, p. 376; *Ann. des sc. nat.*, fév. 1828.

[3] *Mém. du Muséum d'hist. nat.*, t. XVII, p. 278; Marcel de Serres, *Cavernes de Lunel-Viel*, p. 80.

[4] Gervais, *Zool. et Pal. fr.*, p. 121.

[5] *Cavernes de Lunel-Viel*, p. 80; Gervais, *Zool. et pal. fr.*, p. 122.

[6] *Ann. des sc. nat.*, 2ᵉ série, t. VII, p. 61; *Journ. asiat. du Bengale*, 1835, p. 559.

[7] Voyez Blainville, *Ostéog.*, Hyènes, p. 51.

forme de lancette. Nous croyons, avec M. Owen [1], que cette espèce doit rentrer dans le genre MACHAIRODUS, et, par conséquent, dans la famille des félides [2].

La découverte d'une hyène en Amérique paraissait un fait singulier de distribution géographique et peu en rapport avec la comparaison des faunes récentes des deux continents. On en tirait même des arguments pour prouver que la distribution géographique des faunes actuelles est sans lien avec celle des faunes antérieures.

6ᵉ Tribu. — FÉLIDES (Chats).

Cette tribu renferme, comme on sait, les carnassiers les mieux armés et ceux dont l'organisation exige le plus impérieusement un régime exclusivement carnivore. Leurs carnassières sont très grandes, l'inférieure n'a point de talon, et la supérieure n'en a qu'un très petit; ils n'ont qu'une très petite tuberculeuse en haut et point en bas, et seulement $\frac{2}{3}$ fausses molaires. Ces caractères, joints à la brièveté du museau, à la grandeur des crêtes occipitales, à l'écartement extrême de l'arcade zygomatique, et à la force du ginglyme, leur assurent dans la mâchoire une puissance telle qu'on n'en retrouve aucun autre exemple. Leur corps fort et souple, leurs membres terminés par des ongles toujours acérés parce qu'ils sont rétractiles, complètent l'organisation de ces animaux remarquables, en leur permettant de fondre sur leur proie avec impétuosité, et de la retenir sous leurs griffes puissantes. Toutes les pièces du squelette rappellent en quelque sorte ces caractères, tant l'ensemble en est bien coordonné.

Cette tribu comprend surtout le genre des :

Chats (*Felis*, Lin.). — Atlas, pl. V, fig. 7-9.

célèbre, de nos jours, parmi les animaux carnassiers, par les grandes et terribles espèces qu'il renferme, le lion, le tigre, le jaguar, etc. Leur histoire paléontologique confirme ce que nous avons dit d'une manière générale au sujet des carnassiers. Ils

---

[1] *Report Brit. Assoc.*, 1846.

[2] Voyez Lund, *Mem. Acad. Copenh.*, 1842, t. IX, p. 121; *Ann. sc. nat.*, 2ᵉ série, t. XI, p. 224; t. XIII, p. 312, etc.

ont été rares dans les terrains tertiaires anciens, et n'ont même encore été indiqués d'une manière certaine que dans les étages supérieurs de cette époque. Ils ont, pendant les premiers âges du développement des mammifères, été précédés par des espèces plus faibles, plus lentes et plus omnivores. Puis, dans l'époque diluvienne, ils sont, au contraire, devenus très nombreux, et leurs ossements indiquent des animaux plus redoutables encore et plus forts que nos espèces actuelles. L'Europe en particulier, qui ne possède de nos jours que le chat sauvage que sa petite taille rend peu dangereux pour la plupart des autres mammifères, et le lynx qui diminue tous les jours, a été une fois habitée par des chats dont les ravages ont dû être bien plus grands. Les traditions ajoutent, il est vrai, aux deux espèces précitées, le lion, qui avant que la civilisation l'eût chassé, a habité une partie du midi de l'Europe, et en particulier la Grèce. Dans l'époque diluvienne, le centre de l'Europe et sa majeure partie ont eu au moins cinq espèces de chats, dont une surpassait par ses dimensions les plus grands lions connus de nos jours. Ces animaux ont été contemporains des grands ours, des hyènes, des loups et d'autres carnassiers de moindre taille, et cette réunion doit faire supposer une création d'herbivores abondante pour fournir à leurs besoins. Aussi verrons-nous plus tard les cerfs, par exemple, avoir été à cette époque très nombreux en espèces.

Ce n'est pas seulement en Europe que l'on a trouvé des chats fossiles. Les terrains de l'Inde et de l'Amérique en renferment aussi de nombreux débris, et il paraît que, dans les époques qui ont précédé la nôtre, la distribution géographique de ce genre a été aussi étendue qu'elle l'est aujourd'hui.

J'ai dit que les chats avaient été peu abondants dans les terrains tertiaires anciens.

Aucun fragment n'a encore été cité dans le terrain nummulitique (suessonien) non plus que dans le calcaire grossier.

Leur existence à l'époque des gypses (parisien supérieur) est même très douteuse; car le seul fragment qui ait été indiqué est un métatarsien des plâtrières de Paris, que M. de Blainville [1] rapporte au genre des chats, et que Cuvier [2] rapproche des civettes.

<hr>

[1] *Ostéographie*, Félis, p. 183.
[2] *Ossem. foss.*, 4ᵉ édit., t. V, p. 513.

Quelques espèces ont été trouvées dans les terrains miocènes supérieurs.

M. Lartet indique à Sansan le *F. media* [1], espèce un peu plus grande que le chat domestique, et le *Felis pygmæa*, espèce très douteuse qui ne serait pas plus grande que le putois [2].

D'autres ont été recueillies dans les sables d'Eppelsheim. M. Kaup en a signalé quatre espèces dont il n'a retrouvé que des fragments peu nombreux et qu'il n'a pas encore complétement caractérisées. Ce sont les *Felis aphanistes, ogygia, prisca* et *antediluviana* [3].

Les terrains tertiaires supérieurs du Puy-de-Dôme renferment des débris de chats, qui montrent des espèces nombreuses et qui ne paraissent se rapporter ni aux espèces actuelles, ni à celles du diluvien des cavernes et des brèches osseuses. L'une de ces espèces, en particulier, semble s'écarter un peu par sa dentition des formes du genre, ordinairement très constantes.

Les espèces indiquées dans ces dépôts arénacés ont été distinguées surtout par leur taille, par les proportions de leurs molaires et par les distances de ces dents entre elles. Je renvoie, pour les détails de ces caractères peu susceptibles d'être extraits, à l'ouvrage de MM. Croizet et Jobert [4]. Je me borne ici à citer leurs noms et à indiquer leur taille et leurs rapports généraux, en prévenant, toutefois, que plusieurs d'entre elles ne sont établies que sur une étude insuffisante.

Le *Felis arvernensis*, Croizet et Jobert, de la taille du jaguar mâle, connu par ses mâchoires et par quelques os des membres, paraît différer de tous les autres chats vivants et fossiles par la disposition de ses molaires.

Le *Felis pardinensis*, Croizet et Jobert, de la taille du couguar, paraît avoir eu d'assez grands rapports avec cette espèce, qui est aujourd'hui spéciale à l'Amérique. Quelques caractères de détail montrent qu'on ne peut pas les confondre, et la différence d'habitation rend d'ailleurs leur identité presque impossible à admettre.

Le *Felis brevirostris*, Croizet et Jobert, de la taille du lynx d'Europe, a le museau court, et paraît se distinguer par ce caractère de toutes les autres espèces.

Le *Felis issiodorensis*, Croizet et Jobert, est d'un quart plus grand que le précédent, mais plus petit que le léopard.

[1] *Notice sur la colline de Sansan*, p. 19.
[2] Gervais, *Zool. et pal. fr.*, explic. de la pl. 23.
[3] Kaup, *Ossem. foss. de Darmstadt*, 2ᵉ livr., pl. 1 et 2.
[4] *Rech. sur les ossem. foss. du Puy-de-Dôme*, p. 196.

Le *Felis leptorhina*, Brav., écrit quelquefois par erreur *leptoryncha* [1], a un museau allongé.

On ne peut citer que comme des indications vagues le *Felis Perrieri*, Croizet [2], et les *Felis elata* et *juvillaca* du catalogue manuscrit de M. Bravard.

Dans le tertiaire marin supérieur de Montpellier, on a trouvé :

Le *Felis Christolii*, Gervais [3], espèce qui avait été confondue par M. Marcel de Serres avec le *F. serval*. Une seconde espèce, de la taille du lion, a été découverte dans les mêmes terrains [4].

Les tertiaires supérieurs d'Allemagne renferment aussi des débris que M. Giebel [5] réunit au *F. antiqua*, Cuv., et à plusieurs espèces d'Auvergne.

Il faut peut-être ajouter encore le *F. pardoides*, Owen [6], connu par une seule dent trouvée dans le crag rouge.

Les espèces de chats qui ont vécu dans les terrains tertiaires paraissent avoir fait place au commencement de l'époque diluvienne à des espèces différentes, qui se rapprochent davantage de celles que nous connaissons aujourd'hui. Ces espèces semblent très distinctes les unes des autres; mais leur comparaison avec les espèces actuelles laisse encore quelque chose à désirer, car les naturalistes qui les ont décrites n'ont pas été tous à portée des grandes collections. Cette observation s'applique surtout aux espèces de moyenne taille trouvées dans les cavernes du midi de la France :

Le *Felis spelæa*, Goldf., *grand félis des cavernes*, Cuv. [7], espèce décrite pour la première fois par MM. Sœmmerring et Goldfuss [8], a été trouvée dans les cavernes de la plus grande partie de l'Europe. Le *F. spelæa* est voisin, par ses formes, du lion, mais plus grand encore; il paraît en différer par un museau plus renflé, un front large et plat, et un profil qui rappelle celui du tigre.

C'est probablement à cette espèce qu'appartient le lion cité par M. Marcel de Serres dans les cavernes du midi de la France [9].

[1] Voyez encore, pour ces cinq espèces, Gervais, *Zool. et pal. fr.*, p. 124, et Blainville, *Ostéographie*, genre *Felis*.

[2] Blainville, *Ostéogr.*, *Felis*, p. 149.

[3] Gervais, *Zool. et pal. fr.*, p. 124, pl. 8, fig. 2.

[4] Gervais, *Zool. et pal. fr.*, explic. de la pl. 30.

[5] *Fauna der Vorwelt*, t. 1, p. 35.

[6] *Brit. foss. mamm.*, p. 169.

[7] Cuv., *Ossem. foss.*, 4ᵉ édit., t. VII, p. 454.

[8] *Nov. act. nat. cur.*, t. IX, p. 476, pl. 65. Voy. Atlas, pl. 5, fig. 9.

[9] Voyez, pour cette espèce très répandue dans les cavernes de France,

La seconde espèce est le *Felis antiqua*, Cuv., qui se rapprochait surtout du léopard, mais avec quelques différences.

Il faut lui réunir le *Chat très voisin du léopard* [1], des cavernes, du diluvium, et des brèches de la région méditerranéenne.

La troisième espèce est un peu plus grande que le serval et rappelle cet animal par ses formes [2].

La quatrième est très voisine du chat sauvage (*F. fera*), soit par sa forme, soit par sa taille [3].

Les brèches osseuses de Nice ont aussi conservé des fragments qui semblent indiquer encore d'autres espèces.

Dans les cavernes de Belgique, M. Schmerling a décrit, sous le nom de *Felis engiholiensis*, une espèce très voisine du lynx.

Les terrains tertiaires de l'Inde renferment des ossements qui prouvent que les chats ont habité à cette époque le continent asiatique.

La seule espèce qui ait été déterminée est le *Felis cristata*, qui paraît avoir été très voisine du tigre, mais dont les crêtes occipitales sont plus prononcées. Cette espèce a été trouvée, par MM. Cautley et Falconer, dans les montagnes Sivalik [4].

L'Amérique paraît avoir été riche en chats pendant l'époque diluvienne. M. Lund en a trouvé dans les cavernes du Brésil six espèces, qui se rapprochent en général par leurs formes de celles qui habitent aujourd'hui le continent américain [5].

Ce sont :

Le *Felis protopanther*, Lund, de la taille du jaguar, qui paraît ne pouvoir être comparé à aucune des espèces actuelles d'Amérique.

Une *deuxième espèce* de la forme du jaguar et plus grande que lui.

Une *troisième espèce* qui rappelle le couguar par ses formes et par sa taille.

Une *quatrième espèce*, qui paraît avoir de grandes affinités avec le *Felis macroura*, Pr. Max.

Marcel de Serres, Dubreuil et Jean-Jean, *Cavernes de Lunel-Viel*, p. 101 et 107 ; Blainville, *Ostéogr.*, *Felis*, p. 100 ; Gervais, *Zool. et pal. fr.*, p. 123 ; Giebel, *Neues Jahrb.*, 1849, p. 65.

[1] Marcel de Serres, *id.*, p. 115 ; Gervais, *Zool. et pal. fr.*, p. 124 ; Blainville, *Felis*, p. 121.

[2] Marcel de Serres, *id.*, p. 115.

[3] Marcel de Serres, *id.*, p. 119.

[4] *Ann. des sc. nat.*, 2ᵉ série, t. XI, p. 128.

[5] *Ann. des sc. nat.*, 3ᵉ sér., t. XI, p. 232, et XIII, p. 32.

Une *cinquième espèce*, le *Felis exilis*, Lund.

La *sixième espèce* n'est connue que par une dent molaire dans laquelle M. Lund a cru voir des preuves suffisantes pour la rapprocher du groupe des CYNAILURUS ou GUÉPARDS. Cette assimilation peu probable est loin d'être démontrée [1].

Les Machairodus, Kaup.

(*Steneodon*, Croizet ; *Megantereon*, id. ; *Cultridens*, id. ; *Trepanodon*, Nesti.). — Atlas, pl. V, fig. 10 et 11,

diffèrent des chats par leurs grandes canines supérieures tranchantes et cultriformes, et, au moins dans quelques espèces, par la forme anormale du menton qui est avancé et saillant, au lieu de fuir comme dans la plupart des autres carnassiers.

Les canines de ce genre singulier sont connues depuis longtemps et ont été attribuées, par Cuvier, au genre des ours (*Ursus cultridens*).

Les machairodus se trouvent depuis les terrains miocènes jusqu'à l'époque diluvienne. Ils manquent à la nature actuelle.

Trois espèces ont été indiquées dans les terrains miocènes.

La plus ancienne est le *Machairodus brevidens*, Pomel [2], des terrains miocènes inférieurs d'Auvergne.

Le *M. palmidens*, Blainv. (*Felis megantereon*, Lartet, *non* Croiz., *Notice*, p. 19), a été trouvé à Sansan (miocène).

M. Pomel [3] considère l'espèce d'Eppelsheim comme différente de celles de France, et la désigne sous le nom de *Felis machairodus*. C'est le *M. cultridens*, Kaup [4].

Deux ou trois espèces ont été trouvées dans les terrains pliocènes.

Le *Machairodus cultridens* (*Felis cultridens*, Bravard) [5] provient des terrains pliocènes d'Auvergne. Il est peu probable qu'on puisse le séparer du *Machairodus megantereon* (*Felis megantereon*, Bravard et Blainville), qui est considéré par M. Pomel comme une espèce distincte, et par M. Gervais comme une simple race plus petite. Il a été trouvé avec le précédent et au val d'Arno : c'est l'*Ursus cultridens*, Cuv.

[1] Voyez Blainville, *Ostéographie*, *Felis*, p. 145.

[2] Pomel, *Bull. Soc. géol.*, 2° série, t. III, p. 366.

[3] *Bull. de la Soc. géol.*, 2° série, t. III, p. 367.

[4] Kaup, *Ossem. foss. de Darmstadt*, t. II, p. 24, pl. 4, fig. 5.

[5] Bravard, *Monogr. de deux Felis*, p. 141 ; Blainville, *Ostéographie, Felis*, etc.

M. Aymard (communication inédite) a trouvé à Vialette (pliocène du Puy), des ossements qui indiquent une espèce d'une très grande taille, qu'on doit peut-être considérer comme la même que celle de Sainzelle, désignée par ce paléontologiste sous le nom de *M. Sainzelli*. Il faudra probablement les réunir à l'espèce précédente.

Il faut ajouter une autre espèce des sables marins de Montpellier (pliocène), décrite d'abord sous le nom de *Felis maritima*, Gervais [1].

Le terrain diluvien a aussi fourni une espèce.

Le *Machairodus latidens*, Owen [2], *Felis cultridens d'Angleterre*, de Blainville [3], a été découvert dans la caverne de Kent. M. Gervais [4] en indique une dent trouvée dans le terrain diluvien du Puy.

Enfin, si, comme cela paraît démontré, il faut réunir aux machairodus le genre Smilodon de M. Lund, l'Amérique aura aussi été habitée par une espèce qui est :

Le *Machairodus neogæus* (*Hyæna neogæa*, Lund ; *Smilodon neogæus*, id.). Voy. p. 224. M. de Blainville a donné dans son *Ostéographie* (*Felis*, pl. XX), une belle planche représentant la tête de cette espèce sous le nom de *Felis smilodon*.

Les Pseudælurus, Gervais,

ont une prémolaire inférieure de plus que les chats, c'est-à-dire $\frac{1}{4}$; mais ils leur ressemblent par tous les autres caractères connus.

On n'en connaît qu'une seule espèce fossile à Sansan (miocène).

C'est le *Ps. quadridentatus*, Gervais [5], *Felis quadridentatus et tetraodon*, de Blainville [6] de la taille de la panthère. Il faut peut-être lui réunir la dent carnassière supérieure de Sansan attribuée par M. de Blainville à la panthère actuelle.

2ᵉ Famille. — AMPHIBIES.

Ces animaux, qui sont par leur dentition de véritables carnassiers, se distinguent facilement de tous les animaux de cet ordre, par leur tête déprimée, par leurs membres très courts et qui ne

[1] Gervais, *Zool. et pal. franç.*, explic. de la pl. 36.
[2] Owen, *Brit. foss. mamm.*, p. 179.
[3] *Ostéographie, Felis*, pl. 17.
[4] *Zool. et pal. fr.*, p. 126.
[5] *Zool. et pal. fr.*, p. 127.
[6] *Ostéographie, Felis*, p. 155.

peuvent plus servir qu'à la natation, par leur colonne épinière mobile et composée de vertèbres dont les apophyses sont grêles et écartées, par leur bassin étroit, et en général par un ensemble de caractères qu'exige leur vie tout aquatique.

On n'a, jusqu'à présent, pas trouvé beaucoup d'amphibies fossiles, et les espèces n'en ont point été clairement déterminées. L'état de nos connaissances relatives à la plupart des amphibies actuels s'oppose même à ce que l'on puisse faire toutes les comparaisons nécessaires pour arriver à des déterminations exactes.

Les Phoques (*Phoca*, Lin.). — Atlas, pl. VI, fig. 1-5,

qui sont aujourd'hui si abondants dans nos mers, ont laissé peu de traces à l'état fossile.

Il faut probablement, en effet, ne tenir aucun compte de la plupart des indications des auteurs anciens, qui, souvent par des vues théoriques, ont légèrement rapporté aux phoques des ossements d'animaux marins.

Il faut aussi rayer de la liste des espèces de ce genre le *Phoca fossilis*, Cuv. (1), établi sur deux fragments d'humérus trouvés près d'Angers, et qui doivent être rapportés au genre HALITHERIUM.

D'autres observations démontrent cependant leur existence dans les terrains tertiaires moyens et supérieurs (2).

Plusieurs espèces ont été citées dans l'époque miocène.

Le *Phoca viennensis antiqua*, de Blainville (3), a été trouvé près de Vienne.

M. Gervais (4) cite trois espèces encore très incomplétement connues.

1° Une canine inférieure (pl. VIII, fig. 8), semblable à celle des otaries, d'un dépôt inconnu, probablement miocène.

2° Une incisive supérieure (pl. XX, fig. 5, 6), presque identique avec l'externe des sténorhynques, des faluns de Romans (Drôme).

3° Une canine inférieure (pl. XLI, fig. 1), douteuse, car elle pourrait appartenir à un dauphin. Grès marins de Léognan.

Les terrains tertiaires supérieurs en contiennent aussi

(1) *Rech. sur les ossem. foss.*, 4e édit., t. VIII, 1, p. 452.

(2) Une observation de M. Boué (*Journal de géologie*, t. III, p. 31) semble indiquer des dents de phoques dans un terrain crétacé supérieur; mais un fait aussi grave que l'existence de mammifères à cette époque ne peut être établi sur une observation incomplète.

(3) *Ostéographie*, Phoques, p. 42, 51, pl. 10.

(4) *Zool. et pal. fr.*, p. 140.

M. Hermann de Meyer [1] décrit des dents et des vertèbres trouvées dans les marnes tertiaires d'Osnabrück; il les rapporte à une espèce nouvelle, *Phoca ambigua*, caractérisée par un système de dentition spécial, et de la taille du *Phoca monachus*. (Atlas, pl. VI, fig. 1–3.)

Le même auteur [2] indique le *Ph. rugidens* du tertiaire de Neudorff. Cette espèce n'est connue que par un petit nombre de dents.

Le genre Pacuvodos, du même paléontologiste [3], est établi sur des dents de phoques du tertiaire de Mœszkirch, dont les véritables rapports sont encore douteux (*P. mirabilis*, H. de Meyer).

M. Gervais indique [4] deux espèces des terrains pliocènes de Montpellier. Ce sont :

1° Une incisive supérieure externe décrite sous le nom de *Phoca occitanica*, Gervais.

2° Une incisive supérieure très voisine de celle du phoque commun, mais plus grande.

Les phoques ont été aussi trouvés fossiles en Amérique.

M. Lyell [5] a découvert une canine dans les schistes tertiaires de l'île Martha-Vineyard sur la côte N.-E. de l'Amérique. M. Owen la rapporte au *Ph. proboscidea* vivant.

Les Morses (*Tricheclus*, Lin.)

sont connus à l'état fossile par des fragments encore moins caractérisés que les phoques, mais qui suffisent pour prouver leur existence dès l'époque tertiaire.

Cuvier [6] cite une observation de Georgi, sur des os de ces animaux trouvés en Russie, et dit avoir reconnu lui-même dans les ossements découverts près d'Angers une côte et une vertèbre de morse. Cette détermination est considérée comme probable par M. de Blainville.

Le même auteur dit avoir vu des fragments de dents, provenant du département des Landes.

MM. Mitchill, Smith et Cooper [7] parlent de fragments de crânes et de dents trouvés dans un terrain tertiaire en Virginie [8].

Il faut retrancher du genre des morses :

[1] *Graf zu Munster, Beitr. zur Petref.*, t. III, p. 1, pl. 7.

[2] *Neues Jahrb.*, 1845, p. 309.

[3] *Neues Jahrb.*, 1838, p. 414.

[4] *Zool. et pal. fr.*, pl. 8, fig. 7, et page 140.

[5] *London and Edinburgh philos. mag.*, 1843, t. XXVI, p. 187.

[6] *Ossem. foss.*, 4ᵉ édit., t. VIII, 1, p. 458.

[7] *Ann. of the lyc. of New-York*, t. II, p. 271.

[8] Voy. Harlan, *Phys. and med. res.*, p. 277; *Edinburgh new philos. journ.*, 1834, t. XVII, p. 360, etc.

1° La tête trouvée par Monti aux environs de Bologne (*De monumento diluviano*, Bol., 1719, in-4°), qui appartient à un rhinocéros.

2° Le *Trichecus melassicus*, Jæger [1], qui est un sirénoïde [2].

6° ORDRE.

RONGEURS.

Les rongeurs fossiles n'ont pas encore été suffisamment étudiés. Leur petite taille les a fait ordinairement négliger par les ouvriers qui exploitent les carrières où l'on en pourrait retrouver des fragments, et la difficulté de distinguer les genres et les espèces de cet ordre si nombreux et si naturel a longtemps arrêté les paléontologistes. On ne peut donc pas encore établir des règles certaines sur leur abondance ou leur rareté dans les diverses époques, car il est impossible de rien conclure de positif du fait que leurs ossements n'ont pas encore été signalés dans tel ou tel gisement.

Ces animaux ont existé dès les plus anciens temps de l'époque tertiaire, présentant tantôt les mêmes genres que ceux qui vivent de nos jours, tantôt aussi des genres dont la durée a été limitée aux périodes anciennes. On retrouve par exemple des écureuils et des loirs dans les gypses de Montmartre : les terrains tertiaires miocènes d'Auvergne et de Sansan renferment des ossements que l'on ne peut rapporter à aucun des genres actuels, et qui offriront un très grand intérêt lorsqu'ils auront pu être étudiés d'une manière plus complète.

On trouve aussi de nombreux rongeurs dans les terrains diluviens et en particulier dans les cavernes et les

---

[1] *Sauget, Wurtemb.*, p. 200.

[2] Voy. encore Zimmermann, *Neues Jahrb.*, 1843, p. 73; Owen, *Proceedings of the geol. Soc.*, 1er fév. 1843, etc.

brèches osseuses. Les espèces qui ont vécu à cette époque paraissent différer très peu des espèces actuelles, et confirment ce que j'ai déjà dit à plusieurs reprises, que l'étude de la paléontologie permet difficilement d'assigner des limites précises à cette période diluvienne.

Les terrains récents d'Asie et d'Amérique ont aussi conservé des ossements de rongeurs. Dans ce dernier continent en particulier, ils ont été étudiés par plusieurs voyageurs; on a trouvé quelques genres nouveaux, et aussi beaucoup d'espèces qui se rapportent aux genres américains actuels. Quelques-unes de ces espèces sont même, comme en Europe, difficiles à distinguer de celles qui vivent de nos jours.

Les rongeurs ont des caractères assez précis pour que l'on puisse en général en reconnaître facilement les ossements. La dentition en particulier offre des caractères très clairs; l'absence des canines, les incisives en biseau et sans racines, et les molaires le plus souvent composées ou demi-composées suffisent pour les caractériser. Les genres et les espèces sont d'une étude plus difficile. Nous adoptons ici la classification en tribus ([1]), qui nous semble la plus naturelle et qui résulte des travaux de MM. Waterhouse, Wagner, etc.

1re Tribu. — SCIURIENS.

Ces rongeurs se distinguent par leurs molaires tuberculeuses et au nombre de $\frac{5}{4}$, leurs incisives pointues, et leurs os frontaux dilatés.

([1]) Nous avons préféré le nom de tribu à celui de famille, parce que les caractères sur lesquels ces divisions sont établies ne sont pas d'une très grande importance.

Les Écureuils (*Sciurus*, Lin.)

sont caractérisés par leurs incisives très comprimées et par leur queue longue, touffue. Leurs molaires sont tuberculeuses. Ils ont déjà existé à l'origine de l'époque tertiaire.

Une dent incisive trouvée dans l'argile de Meudon par M. Charles d'Orbigny [1] semble indiquer une espèce dans l'époque suessonienne.

Les gypses de Montmartre renferment les débris d'une seconde espèce, trop mal conservés pour qu'on ait pu les caractériser exactement, mais assez évidents pour qu'on y reconnaisse un écureuil voisin du commun [2]; c'est le *Sciurus fossilis*, Giebel (*Faun.*, t. I, p. 82).

Les calcaires de Saint-Gérand-le-Puy (miocène d'Auvergne) ont aussi fourni les débris d'un écureuil [3]. M. Pomel le nomme *S. Feignouxi*.

M. Lartet [4] indique à Sansan (miocène) le *Sciurus sansaniensis*, Lartet, le *S. Gervaisianus*, id., et le *S.? minutus*, id. Cette dernière espèce est très douteuse.

On a trouvé aussi des ossements dans quelques cavernes et dans le terrain diluvien.

M. Giebel [5] dit avoir trouvé dans le diluvium des environs de Quedlimbourg, une espèce (*S. priscus*, Gieb.) de taille double de l'écureuil commun.

M. Schmerling [6] cite, dans les cavernes de Belgique, un écureuil identique avec l'espèce qui vit en Europe.

Le *S. diluvianus*, Munster [7], est probablement aussi la même espèce.

Les Marmottes (*Arctomys*, Gmel.), — Atlas, pl. VI, fig. 4 et 5,

ont les incisives inférieures pointues comme les écureuils, mais moins comprimées, les molaires hérissées de pointes, les formes lourdes et la queue courte.

On n'en a trouvé de fossiles certains que dans les terrains diluviens et tertiaires supérieurs.

L'*Arctomys arvernensis*, Bray. [8], caractérise les dépôts sous-volcaniques d'Auvergne (pliocène). (Atlas, pl. VI, fig. 5).

[1] Gervais, *Zool. et pal. fr.*, p. 49.
[2] Cuvier, *Ossem. foss.*, 4ᵉ édit., t. V, p. 548.
[3] Laurillard, *Dict. de d'Orbigny*, t. XI, p. 206.
[4] *Notice sur la colline de Sansan.*
[5] *Fauna der Vorwelt*, t. I, p. 82.
[6] *Ossem. foss. des cav. de Liége*, t. II, p. 99, pl. 20, fig. 1.
[7] *Bayreuth Petrefact.*, p. 87.
[8] Gervais, *Zool. et pal. fr.*, p. 20, explic. de la pl. 26, et pl. 18, fig. 8.

M. Kaup [1] a trouvé près d'Eppelsheim, dans un terrain regardé d'abord comme miocène, puis rapporté au diluvium par M. H. de Meyer, un squelette presque complet d'une espèce qui surpasse la marmotte en grosseur : c'est l'*Arctomys primigenia*, Kaup, *Myoxus primigenius*, H. de Meyer [2].

M. Gervais [3] rapporte à cette espèce des ossements trouvés dans le diluvium de Paris, de Niort et d'Issoire.

L'*Arctomys spelæus*, Fischer de Waldheim [4], a été trouvée dans les cavernes de Russie ; elle se rapproche des formes de l'*A. bobac* ; mais son crâne, qui est seul connu, indique des différences trop grandes pour qu'on puisse réunir ces espèces.

M. Pomel [5] indique une marmotte des alluvions ponceuses d'Auvergne qui, selon lui, diffère de l'*A. primigenia*.

La marmotte des Alpes (*A. marmotta*, Schreber) a été trouvée fossile dans le diluvium de Mossbach et de Koestrich [6]. Ce fait montre, comme le fait remarquer M. de Meyer, que la marmotte des Alpes a habité anciennement diverses parties de l'Allemagne, dont plusieurs n'étaient pas situées à mille pieds au-dessus de la mer. Le fait qu'on trouve souvent plusieurs individus réunis semble indiquer que la marmotte était déjà alors un animal social.

LES PLÉSIARCTOMYS, Gervais,

ont des molaires tout à fait semblables à celles des marmottes, sauf que les tubercules, beaucoup plus arrondis, indiquent un régime plus frugivore.

Le *Pl. Gervaisi*, Brav. et Pomel [7], surpassait un peu par sa taille la marmotte fossile. Il a été trouvé dans le calcaire lacustre de la butte de Saint-Perréal, près Apt (parisien supérieur).

LES SPERMOPHILES (*Spermophilus*, Fréd. Cuv.,

diffèrent des marmottes par leurs abajoues et par leurs formes plus légères. On en connaît des fossiles dans les terrains tertiaires et diluviens.

[1] *Ossem. foss. de Darmstadt*, 5ᵉ livr., pl. 25, fig. 1 et 2.
[2] Voyez Meyer, *Palæologica*, p. 61 et 109.
[3] *Zool. et pal. fr.*, p. 29, pl. 46, fig. 11 et 12.
[4] *Nouv. mém. de l'Acad. de Moscou*, 1834, t. III, p. 381.
[5] *Bull. de la Soc. géol. de France*, 2ᵉ série, t. I, p. 594.
[6] Herm. de Meyer, *Neues Jahrb.*, 1847, p. 181.
[7] *Notice sur les ossem. foss. de la Débruge*; Gervais, *Zool. et pal. fr.*, pl. 47.

Le *S. speciosus*, H. de Meyer (1), n'est connu que par une mâchoire supérieure trouvée à Weisenau (miocène).

Le *S. superciliosus*, Kaup (2), a été trouvé près d'Eppelsheim avec l'*Arctomys primigenia*. C'est probablement la même espèce que celle des brèches à ossements de Montmorency, d'Auvers, d'Auvergne, etc. M. Desnoyers dit qu'elle se rapproche surtout du *S. Richardsonii* d'Amérique (3).

Je me borne à indiquer à la fin de cette tribu le genre LITHOMYS, H. de Meyer (4), établi pour des rongeurs de Weisenau (miocène), mais dont les caractères n'ont pas été précisés. M. H. de Meyer, dans l'*Enumerator* de M. Bronn, place ce genre dans les *Sciurine*.

2e Tribu. — MYOXINS.

Cette tribu renferme seulement le genre des Loirs qui joignent aux doigts des écureuils des dents molaires au nombre de $\frac{4}{4}$ divisées par des lignes d'émail nombreuses.

On en connaît deux espèces des gypses de Montmartre. La première, établie sur un squelette très bien conservé, est de la taille du muscardin (*Myoxus avellanarius*), mais a des dents de la forme de celle du loir ordinaire (*Myoxus glis*) (5). C'est le *M. spelaeus*, Fischer (6) et le *M. parisiensis*, Giebel.

La seconde (7), un peu plus grande, n'est connue que par une mâchoire inférieure, dont les molaires n'ont pas exactement le plissement de celles des loirs vivants; elle devra peut-être devenir le type d'un genre nouveau.

Une troisième espèce a été indiquée par M. Laurillard (8) dans le terrain miocène de Sansan. C'est le *M. sansaniensis*, Lartet.

M. Lartet indique encore comme espèce très douteuse le *M. minutus*, de Sansan.

On en a trouvé aussi quelques ossements dans les terrains diluviens.

M. Fischer de Waldheim (9) indique le *M. fossilis* des cavernes de Russie, qui est un peu plus gros que le loir.

(1) *Leonh. und Bronn Neues Jahrb.*, 1846, p. 474.

(2) *Ossem. foss. de Darmstadt*, 5e livr., pl. 25, fig. 3-6.

(3) Voyez Desnoyers, *Bull. Soc. géol.*, t. XIII, p. 295; Pomel, *id.*, 2e série, t. III, p. 212; Gervais, *Zool. et pal. fr.*, p. 19.

(4) H. de Meyer, *Neues Jahrb.*, 1846, p. 475.

(5) Cuvier, *Ossem. foss.*, 4e édit., t. V, p. 341.

(6) *Synops. mamm.*, p. 311.

(7) Cuvier, *Ossem. foss.*, p. 347.

(8) *Diction. de d'Orbigny*, t. XI, p. 205.

(9) *Nouv. mém. Acad. de Moscou*, 1829, t. I, p. 281, pl. 19, fig. 11-13, et 1834, t. III, pl. 20, fig. 1-3.

Les cavernes de Lunel-Viel en renferment des débris qu'on ne peut pas distinguer du loir commun.

M. Schmerling [1] a trouvé, dans les cavernes de Belgique, une espèce qu'il nomme *M. priscus*, mais qu'il ne sépare qu'avec doute du loir commun.

Nous avons dit plus haut que le *Myoxus primigenius*, H. de Meyer, est une marmotte.

M. H. de Meyer, dans l'*Enumerator* de M. Bronn, place dans la tribu des myoxins un genre nouveau, non encore caractérisé, celui des BRACHYMYS, H. de Meyer, qu'il avait précédemment désigné sous le nom de MICROMYS, nom déjà employé par le prince de Canino pour les petites espèces de rats proprement dits. Ce genre a été établi sur des ossements fossiles de Weisenau (miocène) [2].

3ᵉ TRIBU. — MACROPODES.

Ils sont caractérisés par la disproportion des pattes, les postérieures étant beaucoup plus grandes et ayant les os métatarsiens soudés ensemble. Ils sont encore peu connus à l'état fossile. On a trouvé dans les tertiaires de Russie et d'Allemagne quelques débris que l'on a rapportés au genre des

GERBOISES (*Dipus*, Gmel.),

et qui appartiennent probablement à plusieurs espèces qui n'ont pas encore été suffisamment déterminées.

M. Fischer de Waldheim [3] signale une espèce trouvée dans une marne de la grande Tartarie, dont l'âge n'est pas certain. Cette espèce rappelle le *D. platurus*, mais avec les orteils plus courts et les canons plus larges.

M. Laurillard [4] cite, d'après M. Lartet, une gerboise dans les terrains miocènes de Sansan.

Le genre DIPOIDES, Jaeger [5], n'est connu que par une dent du Bohnerz de l'Albe de Souabe, et est très douteux. M. H. de Meyer [6] le rapproche avec doute des *Chalicomys*.

---

[1] *Ossem. foss. des cavernes de Liége*, t. II, p. 100, pl. 20, fig. 4 et 5.
[2] H. de Meyer, *Nomenclator*, p. 173; *Neues Jahrb.*, 1846, p. 475.
[3] *Nouv. mém. Acad. de Moscou*, 1829, t. I, p. 281, pl. 19, fig. 6-10.
[4] *Dict. de d'Orbigny*, t. XI, p. 205.
[5] *Saug. Wurt.*, t. I, p. 17, pl. 3, fig. 41-50.
[6] Bronn, *Nomenclator*.

Les Issiodoromys, Croizet, — Atlas, pl. VI, fig. 6,

doivent probablement être placés dans cette tribu, à cause de leur analogie avec les Hélamys vivants. Ils ont comme eux $\frac{4}{4}$ molaires en double cœur subarrondi à chaque mâchoire.

La seule espèce connue, *I. pseudanoema*, Gervais [1], a été découverte par M. Croizet dans les terrains miocènes de la Limagne avec l'*Hyænodon leptorhynchus*. M. Jourdan [2] l'a considérée comme un *Anœma* de même espèce que le cochon d'Inde. MM. de Blainville [3] et Gervais [4] l'ont rapprochée des Hélamys. Sa taille est celle du cochon d'Inde.

4ᵉ Tribu. — LAGOSTOMIDES.

Cette tribu est également caractérisée par des pattes postérieures plus grandes que les antérieures, et à doigts peu nombreux, mais à métatarsiens non soudés, et par $\frac{4}{4}$ molaires à lamelles transverses. Cette tribu ne renferme aujourd'hui que des espèces de l'Amérique méridionale. C'est aussi dans ce continent que l'on a trouvé les ossements les plus certains parmi ceux qu'on lui rapporte.

Les Viscaches (*Lagostomus*, Bennet)

sont le seul genre vivant que l'on connaisse aussi à l'état fossile.

M. Lund a trouvé dans les cavernes du Brésil une espèce (*Lagostomus brasiliensis*), qui paraît différer de la viscache vivante [5].

C'est peut-être dans cette même tribu qu'il faut placer un genre nouveau, celui des

Megamys, d'Orb.,

établi par M. d'Orbigny [6] sur un tibia et une rotule trouvés dans

[1] *Zool. et Pal. fr.*, p. 27.
[2] *Comptes rendus de l'Acad. sc.*, t. V, p. 484.
[3] *Comptes rendus*, t. X, p. 931.
[4] *Dict. de d'Orbigny*, t. XI, p. 203.
[5] *Mém. Acad. Copenh.*, t. VIII, pl. 25 et 26, et 9, p. 199.
[6] *Voyage dans l'Amérique mérid.*, Paléontologie, p. 110, pl. 8, fig. 4 et 5.

les grès tertiaires de la Patagonie. La comparaison de ces débris,
avec les pièces analogues de divers rongeurs, semble indiquer un
animal voisin par ses formes de la viscache, mais d'une taille plus
grande. On ne peut du reste encore considérer ce rapprochement
que comme provisoire, car il est difficile de connaître les véritables
affinités des rongeurs si l'on n'a pas pu étudier leur dentition.

La seule espèce connue, le *Megamys patagonensis*, aurait été un des plus
grands rongeurs connus, car son tibia avait environ un pied de longueur
(339 millimètres).

5ᵉ TRIBU. — PSAMMORYCTINS (*Octodontides*, Wat.).

Cette tribu, caractérisée par des formes semblables à celles des
rats, par ¼ molaires, et par l'angle postérieur de la mâchoire inférieure prolongé en pointe, paraît avoir eu, dans les époques antérieures à la nôtre, un plus grand développement que les précédentes.
Elle n'a, de nos jours, aucun représentant en Europe ; mais on
trouve, dans les terrains tertiaires moyens et supérieurs, des
preuves que ce continent a été autrefois habité par des animaux
qui paraissent en avoir eu les caractères essentiels.

La plupart des espèces de psammoryctins habitent aujourd'hui
l'Amérique et y ont été précédées, pendant l'époque diluvienne,
par des animaux assez nombreux que l'on peut rapporter à la même
tribu et souvent même aux genres actuels. On ne connaît pas encore assez la paléontologie des autres régions chaudes du globe,
pour savoir si les espèces moins nombreuses qui les habitent aujourd'hui ont succédé aussi à des espèces éteintes.

Le premier genre que nous citerons est un genre éteint, celui des

ARCHÆOMYS, de Laiser et de Parieu, — Atlas, pl. VI, fig. 7,

qui semble, par ses formes générales et par sa dentition, établir
un passage entre les lagostomides et les capromys, mais dont les
véritables rapports sont encore douteux. M. Gervais et M. Jourdan
le rapprochent des chinchillas, et par conséquent de la famille précédente.

Ce genre est caractérisé par le plissement de l'émail des dents
supérieures, qui forme un petit ovale à l'angle antéro-externe ; trois
arcs concentriques traversent en outre obliquement la couronne
de la dent, s'arc-boutant, le premier sur les extrémités de l'ovale,

le second sur le premier, et le troisième sur le second. Aux molaires inférieures il n'y a que deux arcs.

Il paraît, d'après M. Gervais (1), qu'il faut réunir à ce genre les GERGOVIAMYS, Croizet, les PALÆOMYS, de Laiser et de Parieu (non Kaup), et les CUVIEROMYS, Brav.

L'*A. chinchilloides*, Gervais, provient des terrains miocènes d'Auvergne. Il a la taille du chinchilla (2).

L'*A. Laurillardi*, Gervais (3), a été recueilli dans les marnes lacustres des environs d'Issoire (miocène d'Auvergne).

Les THERIDOMYS, Jourdan, — Atlas, pl. VI, fig. 8-11.

ont des incisives lisses et $\frac{4}{4}$ molaires, ayant à la mâchoire supérieure deux replis d'émail du côté interne, séparés par un sillon oblique produisant des plis qui s'effacent par la trituration. A la mâchoire inférieure, les molaires ont un pli de chaque côté qui partage la dent en deux lobes, dont chacun a une île d'émail. Ces dents se rapprochent à la fois de celles des sphiggures et des synéthères et de celles des échimys. La forme de la mâchoire et les trous sous-orbitaires les éloignent des castors, dont M. de Blainville proposait de les rapprocher. Il faut réunir à ce genre les PERRIEROMYS, Croizet, et les NEOMYS, Bravard.

Le *Theridomys breviceps*, Gervais (4) (*Echimys* (5) *curvistriatus*, de Laiser et de Parieu (6), *T. Jourdani*, Giebel), a été trouvé dans les marnes lacustres à hyænodons d'Auvergne (7).

(1) *Zool. et pal. fr.*, p. 28.

(2) Voyez Jourdan, *Compt. rendus Acad. sc.*, 1838, t. V, p. 184; de Laiser et de Parieu, *Id.*, t. VIII, 1839, p. 133 et 206; Blainville, *Id.*, 1840, t. X, p. 929; Gervais, *Dict. d'Orbigny*, t. III, p. 587; Laurillard, *Id.*, t. XI, p. 205.

(3) *Zool. et pal. fr.*, pl. 47; *Cuvieromys Laurillardi*, Brav. coll.

(4) *Zool. et pal. fr.*, p. 28.

(5) Je dois faire observer que les rapprochements par lesquels on attribue des espèces fossiles européennes à des genres aujourd'hui exclusivement américains ont été beaucoup plus fréquents pour les petits animaux que pour les grands, et qu'il est impossible, en conséquence, d'y avoir une grande confiance. On ne saurait trop recommander aux paléontologistes d'apporter la plus grande attention et la plus grande rigueur dans ces déterminations, qui peuvent influer d'une manière très directe sur les lois générales d'apparition et de succession des êtres organisés.

(6) *Comptes rendus*, 1839, t. VIII, p. 25; *Echimys breviceps, Id.*, p. 206; *Id.*, *Mag. de zool.* de Guérin.

(7) Voy. encore Jourdan, *Comptes rendus Acad. sc.*, t. V, p. 403; Blainville, *Id.*, t. X, p. 926, etc.

Le *Ther. lembronica*, Gervais (1) (*Neomys lembronica*, Brav.), provient des environs d'Issoire (miocène d'Auvergne). (Atlas, pl. VI, fig. 8).

Le *Ther. aquatilis*, Aymard (2) (Gervais, *Id.*, pl. XLVI), a été découvert dans les marnes lacustres de Rouzon, près le Puy-en-Velay (miocène inférieur). (Atlas, pl. VI, fig. 9).

Le *Ther.? Blainvillei*, Gervais (*Id.*, pl. XLVII), provient des marnes lacustres des environs d'Issoire (miocène d'Auvergne). Ses molaires sont intermédiaires entre celles des théridomys et celles des archæomys. M. Bravard l'avait étiqueté dans sa collection sous le nom générique de BLAINVILLIMYS. (Atlas, pl. VI, fig. 10 et 11).

Les NÉLOMYS, Jourdan,

sont caractérisés par les poils en forme de piquants qui couvrent leur corps, et par $\frac{4}{4}$ molaires. Les supérieures sont divisées par un sillon transversal en deux portions très distinctes dont chacune est de nouveau subdivisée par un sillon secondaire. La première molaire inférieure est divisée de même, et les autres sont composées de trois parties formant une suite d'angles saillants et rentrants.

Ces rongeurs, qui vivent aujourd'hui dans l'Amérique méridionale, l'ont aussi habitée dans l'époque diluvienne.

M. Lund a trouvé dans les cavernes du Brésil une espèce (3) voisine d'une vivante qu'il a nommée *N. antricola* (4).

Les ECHIMYS, Geoffr.,

sont épineux comme les nélomys, mais leurs $\frac{4}{4}$ molaires sont moins compliquées; chacune est divisée en deux portions moins distinctes à la mâchoire supérieure; la postérieure seule est coupée par un sillon secondaire. A la mâchoire inférieure l'anté-

(1) *Zool. et pal. fr.* pl. 47.

(2) *Ann. de la Soc. du Puy*, t. XIV, p. 82.

(3) M. Lund avait indiqué dans son premier catalogue (*Ann. sc. nat.*, 2ᵉ sér., t. XI, p. 227), une espèce, le *Nelomys sulcidens*. Dans le second catalogue (*Id.*, t. XIII, p. 315), il a attribué cette espèce au genre AULACODUS, Temm., mais sans en donner les preuves. Or, le genre AULACODUS n'a probablement que $\frac{4}{4}$ molaires semblables par leur forme à celles des marmottes. (Il ne renferme qu'une seule espèce vivante.) Je considère ce rapprochement comme douteux.

(4) *Ann. sc. nat.*, 2ᵉ série, t. XIII, p. 315.

rieure est la plus grande, et les angles saillants et rentrants ne se retrouvent pas.

Une espèce trouvée par M. Lund dans les mêmes localités se rapproche aussi d'une espèce vivante du Brésil, l'*E. elegans*, Lund, *loc. cit.*

MM. de Laiser et de Parieu ont trouvé dans les tertiaires d'eau douce d'Auvergne (miocène inférieur), une espèce qu'ils ont rapportée à ce genre, et qu'ils ont nommée d'abord *Echimys curvistriatus*, puis *Echimys breviceps*. Nous l'avons placée ci-dessus dans le genre Tuxamomye.

M. Lund a établi un genre nouveau pour des rongeurs voisins des nélomys et de échimys, et, peut-être aussi, épineux comme eux. C'est celui des

LONCHOPHORUS, Lund.

Une seule espèce, le *L. fossilis*, a été trouvée dans les cavernes du Brésil [1].

Les PHYLLOMYS, Lund,

ont les molaires supérieures composées de quatre lames transversales simples.

Une espèce fossile, voisine du *P. brasiliensis*, Lund, actuellement vivant, a été trouvée par M. Lund dans les mêmes gisements [2].

C'est avec doute que nous réunissons à cette tribu le genre des

ADELOMYS, Gervais,

connu par quelques fragments de mâchoires qui rappellent en partie les théridomys et les archæomys sous le point de vue du trou sous-orbitaire, et les sciuriens sous celui des dents. M. Gervais considère ces débris comme insuffisants pour fixer les affinités zoologiques du genre.

L'*Adelomys Vaillanti*, Gervais [3], a été trouvé dans les lignites de la Débruge (parisien supérieur).

[1] *Ann. sc. nat.*, 2ᵉ série, t. XIII, p. 312; *Mém. Acad. Copenh.*, t. VIII, pl. 25, fig. 9 ; t. IX, p. 199.

[2] *Ann. sc. nat.*, t. XI, p. 226.

[3] *Zool. et pal. fr.*, pl. 47.

6ᵉ Tribu. — CTÉNOMYENS.

Ils ont aussi $\frac{4}{4}$ molaires, mais leur corps est plus trapu et leurs formes sont celles des rongeurs fouisseurs. Ils habitent tous l'Amérique où ils semblent représenter les rongeurs de l'ancien monde qui forment la tribu suivante. On n'en a encore trouvé des fossiles que dans ce continent, et même on n'a signalé les ossements que d'un seul genre, celui des

Cténomys, Blainville,

qui paraît avoir habité l'Amérique méridionale pendant l'époque diluvienne, et qui y vit encore aujourd'hui.

On a indiqué les deux espèces suivantes :

Le *Ctenomys priscus*, Owen [1], connu par une portion de mâchoire et par un pied de derrière.

Le *Ctenomys bonariensis*, d'Orb. [2], trouvé dans les terrains pampéens, mais caractérisé par des débris trop imparfaits, pour qu'on puisse certifier qu'il diffère réellement de l'espèce qui vit aujourd'hui dans le même pays.

7ᵉ Tribu. — CUNICULAIRES.

Elle renferme les rongeurs les plus essentiellement fouisseurs. Leur corps épais et cylindrique, leur tête obtuse, leurs yeux petits, leur queue presque nulle, leurs pieds antérieurs robustes et leurs fortes incisives en biseau, les font facilement distinguer. Ils habitent aujourd'hui le sud-ouest de l'Europe, l'Asie et l'Afrique, et paraissent jusqu'à présent n'avoir aucun représentant fossile.

8ᵉ Tribu. — MURINS.

Cette tribu est la plus nombreuse et la plus difficile à étudier de nos jours, elle est aussi une de celles dont la connaissance paléontologique est la moins avancée, quoique de nombreux ossements des espèces qu'elle renferme aient été trouvés dans les terrains récents d'Europe. Elle se distingue facilement par ses molaires presque toujours au nombre de $\frac{3}{3}$, ses arcades zygoma-

---

[1] *Voyage of the Beagle*, p. 109.

[2] *Voyage en Amérique*, Paléontologie, p. 142.

tiques faibles, ses incisives inférieures aiguës, et l'angle postérieur de sa mâchoire inférieure arrondi.

Le genre des

RATS (*Mus*, Lin.). — Atlas, pl. VI, fig. 12,

a existé abondamment en Europe pendant l'époque diluvienne, ce que témoignent de nombreux ossements trouvés dans les cavernes. Ces débris n'ont pas jusqu'à présent été suffisamment étudiés, et cependant leur connaissance exacte pourrait contribuer à résoudre quelques questions qui ne sont pas dépourvues d'intérêt. Si, par exemple, il est démontré, comme les travaux incomplets qui existent semblent le faire pressentir, que la plupart des espèces de rats des cavernes vivent encore de nos jours, on pourra par leur étude savoir quelles sont les espèces indigènes d'Europe, et quelles sont celles qui ont été importées par le commerce maritime. Les cavernes de Belgique paraissent renfermer les ossements d'un rat très voisin du rat noir; or il est généralement admis que cet animal a été importé d'Asie en Europe. L'examen attentif des rats des cavernes pourra ou prouver que cette opinion est erronée, si l'identité entre les deux espèces est bien certaine, ou démontrer qu'une autre espèce de rats a été chassée et détruite par le rat noir, ou enfin faire regarder comme autochthone le rat des toits ou quelque espèce voisine.

Ce serait préjuger toutes ces questions que de donner aujourd'hui des noms aux espèces fossiles qui ont été trouvées dans les cavernes et dans les brèches osseuses.

Plusieurs espèces ont été indiquées dans les terrains tertiaires.

Les terrains miocènes inférieurs en renferment quelques unes qui paraissent différer des véritables rats par quelques caractères de dentition encore peu précises. M. Aymard en a fait le genre MICROMYS, mais ce nom ayant déjà été donné par le prince de Canino à de petites espèces vivantes, il l'a changé (communication inédite) contre celui de MYOTHERIUM. On en distingue deux espèces.

Le *Mus minutus*, *Micromys minutus*, Aymard [1], *Mus Aymardi*, Gervais [2], a été trouvé dans les marnes à hyænodons d'Auvergne. Il est plus petit que la souris.

[1] *Ann. de la Soc. du Puy*, t. XII, p. 241.
[2] *Zool. et pal. fr.*, p. 29.

Le *Mus aniciensis*, Gervais (*Micromys aniciensis*, Aymard, *id.*), a été trouvé avec le précédent. Il est d'une grandeur double.

Le *Mus gerandianus*, Gervais [1], a été trouvé à Saint-Gérand-le-Puy.

Le *Mus gorgovianus*, Gervais (pl. XLVIII), provient des marnes lacustres de la Limagne. (Atlas, pl. VI, fig. 12.)

M. Pomel [2] mentionne, sans les décrire, deux espèces de rats, l'une de la taille du rat noir, l'autre de celle de la souris, des calcaires lacustres du Puy-de-Dôme [3].

Dans les terrains miocènes supérieurs :

On avait indiqué trois espèces de rats à Sansan (Laurillard), mais le dernier catalogue de M. Lartet [4] n'en parle plus. Je pense qu'ils auront passé à d'autres genres, probablement à celui des CRICETODON, Lartet.

Quant aux terrains tertiaires pliocènes :

On cite aussi, sous le nom de *Mus musculus fossilis*, la souris actuelle, comme trouvée dans les schistes d'OEningen (pliocène) ; mais cette détermination, peu probable, est précisément une preuve de la légèreté avec laquelle on a souvent établi, en paléontologie, des analogies sur un examen superficiel. Karg [5], auquel on doit la première étude de ce fragment, et d'après qui on a ordinairement admis l'identité avec la souris ordinaire, avoue que l'empreinte n'est pas assez certaine pour ne laisser aucun doute, et qu'il ne peut pas certifier, en particulier, que ce ne soit une racine de *Cyperus !*

Le diluvium, les cavernes et les brèches renferment quelques ossements de rats.

Parmi de nombreux débris on cite surtout trois espèces : une de la taille du rat, une un peu plus grande que le mulot, et une qui rappelle la souris [6].

Le genre des rats a été aussi trouvé fossile dans l'Inde.

[1] *Zool. et pal. fr.*, pl. 46.

[2] *Bull. Soc. géol.*, 2ᵉ série, t. I, p. 593.

[3] Voyez aussi Laurillard, *Dict. de d'Orbigny*, t. XI, p. 206.

[4] *Notice sur la colline de Sansan*, 1851.

[5] *Denkschrift en der vaterl. Gesch. Schwabens*, I.

[6] Voyez pour la première : M. de Serres, *Journ. géol.*, t. III, p. 254 ; Keferstein, *Natur.*, t. II, p. 221 ; pour la seconde : Gervais, *Zool. et pal. fr.*, p. 24 (*Mulot fossile* dans les brèches de Corse) ; pour la troisième : Schmerling, *Ossem. foss.*, t. II, p. 100, pl. 20, fig. 2, 3 ; Buckland, *Reliq. diluv.*, p. 13, pl. 2, fig. 7 ; *Neues Jahrb.*, 1834, p. 480 ; 1835, p. 58, etc. ; et pour les *M. diluvianus major et minor*, Münster, *Bayreuth Petref.*, p. 87.

MM. Cautley et Falconer en ont cité des espèces indéterminées, découvertes dans les terrains tertiaires subhimalayens.

L'Amérique méridionale en a fourni aussi de nombreux débris. M. Lund a trouvé, dans les cavernes du Brésil, douze espèces qui appartiennent probablement, comme les vivantes du même pays, au sous-genre des HESPEROMYS.

De ces douze espèces, huit se distinguent difficilement des actuelles, et quatre sont tout à fait nouvelles. Ce sont les *Mus robustus*, *debilis*, *orycter* et *talpinus*.

Les CRICÉTODON, Lartet,

sont caractérisés par des molaires en même nombre que celles des rats et également tuberculeuses. La forme de ces tubercules rappelle encore mieux les hamsters ; mais il y en a un de moins aux dents antérieures de chaque mâchoire. L'humérus est percé comme dans ce genre d'un trou à son condyle externe.

M. Lartet [1] en indique trois espèces : les *Cricétodon sansaniense*, *medium* et *minus*, de Sansan (miocène).

Le genre des

HAMSTERS (*Cricetus*, Cuv.)

ne diffère des rats que par des modifications peu importantes dans la forme des molaires, par une queue courte et par des abajoues. On n'en connaît des fossiles que dans les terrains diluviens.

Le *Cricetus vulgaris fossilis*, Kaup [2], qui avait d'abord été décrit comme trouvé dans les sables tertiaires d'Eppelsheim, provient du diluvium et est semblable au hamster commun. Ce dernier a aussi été observé dans les brèches à ossements de Montmorency [3], dans le diluvium d'Auvers [4], et dans les cavernes de la Belgique [5].

Le genre des

CAMPAGNOLS (*Arvicola*, Cuv., *Hypudeus*, Illig.)

est caractérisé par $\frac{3}{3}$ molaires sans racines, composées de prismes

---

[1] *Notice sur la colline de Sansan.*
[2] *Ossem. foss. de Darmstadt*, 5ᵉ livr., p. 118.
[3] Constant Prévost et Desnoyers, *Bull. Soc. géol.*, 1842, p. 295.
[4] Pomel, *Bull. Soc. géol.*, 1846, p. 212 (avec doute).
[5] Schmerling, *Ossem. foss.*, t. II, p. 190, pl. 20, fig. 9, 11 (*C. antiquus*).

triangulaires placés alternativement sur deux rangs. Cette composition les distingue clairement des molaires à racines et à tubercules des rats. Le genre des campagnols est représenté par des débris abondants dans les terrains diluviens et tertiaires supérieurs d'Europe.

MM. Croizet et Jobert [1] en ont signalé des débris dans les dépôts arénacés d'Auvergne (pliocène) ; M. Pomel [2] en admet deux espèces dans ces gisements.

Cuvier [3] en cite un des couches fissiles de Walsch en Bohême, qui était de la taille du schermaus.

Le diluvium, les cavernes et les brèches en renferment plusieurs espèces mal déterminées, et caractérisées surtout par leur taille.

Le *Rat d'eau* (*Arvicola amphibius*, L.) a été trouvé fossile dans les brèches de Montmorency (Constant Prévost et Desnoyers).

C'est probablement à cette espèce qu'il faut rapporter le *Campagnol des cavernes* (*A. spelæus*) [4].

Le *Schermaus* (*A. terrestris*, Herm., *A. Argentoratensis*, Desm.) se trouve fossile dans le diluvium des environs de Paris et dans les brèches d'Anvers [5].

L'*Arvicola pratensis*, Owen [6], a été trouvé dans la caverne de Kent.

Le *Campagnol ordinaire* (*Arvicola arvalis*, L.) paraît avoir été trouvé fréquemment à l'état fossile. On lui a du moins souvent rapporté les ossements dont la taille lui convenait, par une analogie probable, mais sans preuves bien grandes. On le cite dans le diluvium d'Auvergne (Croizet, etc.), dans les brèches osseuses de Montmorency (Constant Prévost et Desnoyers), et dans diverses cavernes [7]. C'est probablement à cette espèce qu'il faut rapporter le *Petit campagnol des cavernes*, Cuvier [8].

Les brèches osseuses de Sardaigne, de Corse et de Cette, contiennent aussi les débris d'une espèce que Cuvier distingue de celles des cavernes, et que M. Gervais [9] réunit à l'*A. arvalis*.

[1] *Ossem. foss. du Puy-de-Dôme*, p. 89.

[2] *Bull. de la Soc. géol.*, 2ᵉ série, t. I, p. 594.

[3] *Ossem. foss.*, 4ᵉ édit., t. VIII, p. 127.

[4] Cuv., *Ossem. foss.*, 4ᵉ édit., t. VIII, p. 105 ; Buckland, *Reliq. diluv.*, pl. 25 ; Owen, *Foss. Brit. mamm.*, p. 201 ; Giebel, *Neues Jahrb.*, 1849, p. 61.

[5] Gervais, *Zool. et pal. franç.*, p. 26.

[6] *Brit. foss. mamm.*, p. 208.

[7] Owen, *Foss. Brit. mamm.*, p. 206 ; Schmerling, etc.

[8] *Ossem. foss.*, 4ᵉ édit., t. VIII, p. 106.

[9] *Zool. et pal. franç.*, p. 27. Voyez encore Pomel, *Bull. Soc. géol.*, 2ᵉ série, t. IV, 113 (sur les espèces du diluvium d'Auvergne) ; Giebel, *Fauna der Vorwelt*, t. I, p. 89 (mâchoire du diluvium de Sweckenberg).

A la fin de cette tribu je dois encore indiquer deux genres qui ont été découverts par M. Aymard dans le calcaire lacustre du Puy en Velay, et qui ont besoin de nouvelles recherches pour être définitivement inscrits dans les catalogues paléontologiques. M. Aymard a bien voulu me communiquer sur leur compte les faits suivants :

Les Decticus, Aymard,

sont connus par une branche à peu près complète de la mâchoire inférieure. L'incisive est lisse, très peu arquée et a un biseau terminal assez long. Les molaires sont au nombre de trois dont la première est plus longue et les deux postérieures subégales. Leur couronne est partagée en très petites collines par des sillons nombreux. Les racines sont très distinctes.

La seule espèce connue est le *Decticus antiquus*, Aymard (communic. inéd.), du Puy. Elle était très petite, car la mâchoire n'est longue que de 14 millimètres, depuis le bout de l'incisive jusqu'à l'extrémité condyloïde.

Les Elomys, Aymard,

connus aussi seulement par une mâchoire inférieure, ont un caractère bien remarquable dans l'existence d'une seule molaire, assez longue d'avant en arrière, et rappelant par sa composition celles de l'hydromys. Cette extrême simplification du système dentaire forme un type tout à fait nouveau; mais son étrangeté même peut faire désirer que de nouveaux fragments viennent confirmer le premier.

L'*Elomys priscus*, Aymard (communic. inéd.), provient des mêmes gisements que l'espèce précédente et la dépassait peu par sa taille.

9ᵉ Tribu. — CASTORINS

Elle est caractérisée par $\frac{4}{4}$ molaires à surface plate, formées d'un ruban osseux replié, par de fortes incisives plates et en biseau, par tous les pieds à 5 doigts, dont les postérieurs sont palmés, et par des formes aquatiques. Ces animaux, ayant pour la plupart une grande taille, ont aussi frappé plus souvent ceux qui ont recueilli des ossements fossiles. C'est à cette division qu'il paraît que l'on doit rapporter plusieurs ossements remarquables des terrains tertiaires d'Allemagne et du midi de la France qui ne rentrent exactement dans aucun des genres vivants.

Le genre des

Castors (*Castor* , Lin.), — Atlas, pl. VI, fig. 13-18 , remarquable par sa large queue déprimée ainsi que par ses molaires dont les supérieures ont une échancrure au bord interne et trois à l'externe, et dont les inférieures ont une disposition inverse, a probablement apparu pour la première fois au milieu de l'époque tertiaire.

M. Pomel [1] en indique une espèce dans le miocène inférieur de la montagne de Perrier, à molaires radiculées et à fût très court.

Le *Castor subpyrenaicus*, Lartet, est, suivant M. Gervais, un chalicomys.

On en a trouvé quelques ossements dans les terrains tertiaires les plus supérieurs, tels que les dépôts arénacés du Puy-de-Dôme.

On cite en particulier le *C. issiodorensis*, Croizet [2], des alluvions ponceuses (pliocènes) d'Issoire. (Atlas, pl. VI, fig. 17.)

M. Lockart [3] indique aussi une espèce des Barres près Orléans (pliocène?).

M. Marcel de Serres [4] en signale une douteuse dans le bassin de Perpignan.

Ces trois espèces n'ont pas été comparées ensemble, et il y a probablement des doubles emplois.

Les terrains de l'époque diluvienne en renferment de plus nombreux. On ne peut pas toutefois considérer comme fossiles les castors que l'on a trouvé dans les tourbières d'une partie du nord de l'Europe ; car leurs ossements, identiques avec ceux des vivants, ont été enfouis pendant l'époque moderne. Mais les cavernes et les terrains meubles en renferment des débris plus intéressants.

Le *Castor des cavernes* paraît très voisin par ses formes de celui qui habite aujourd'hui les bords du Danube et des rivières de France. Quelques auteurs toutefois le considèrent comme une espèce perdue qui porterait alors le nom de *Castor spelœus*. (Atlas, pl. VI, fig. 13-15). On l'a trouvé dans la vallée de la Somme, dans les environs de Paris, dans le tuf de l'Aube, à la Ferté-Alep (Seine-et-Oise) et dans la caverne de Lunel-Viel [5].

[1] *Bull. Soc. géol.*, 2ᵉ série, t. 1, p. 593.
[2] Gervais, *Zool. et pal. franç.*, p. 22.
[3] Gervais, *Zool. et pal. franç.*, p. 22.
[4] *Simultanéité des terrains de sédiment supérieur*, p. 30.
[5] Voyez Gervais, *Zool. et pal. franç.*, p. 21 ; Marcel de Serres, Dubreuil et Jean-Jean, *Essai sur les cavernes de Lunel-Viel*, p. 126 ; C. Prévost et Desnoyers, *Bull. Soc. géol.*, t. XIII, p. 290, etc.

M. Fischer de Waldheim a décrit, sous le nom de TROGONTHERIUM, des ossements qui ne présentent aucun caractère qui motive leur séparation générique des castors. Le *Trogontherium Cuvieri* [1] est toutefois bien une espèce perdue, qui doit prendre le nom de *Castor Cuvieri* ou *Castor Trogontherium*. (Atlas, pl. VI, fig. 16.)

Le *Trogontherium Werneri* n'est probablement que le castor commun [2].

M. Cautley a trouvé, dans les montagnes Sivalik, un castor fossile qui diffère par quelques caractères de ceux d'Europe et du Canada.

Les STENEOFIBER, Geoffr. (*Steneotherium*, in Bronn.), — Atlas, pl. VI, fig. 19-20,

sont très voisins des castors et en diffèrent par des molaires plus cylindriques, et par un crâne moins élargi. L'émail de la dent a deux plis qui divisent la surface en deux moitiés elliptiques: l'antérieure a une fossette aux dents supérieures et deux aux inférieures; la postérieure a une disposition inverse.

La seule espèce connue (*S. viciacensis*, Gervais) était de moitié moindre que le castor ordinaire. Elle a été trouvée dans le miocène inférieur de Saint-Gerand-le-Puy (Allier) [3].

Les CASTOROIDES, Forster,

ont une tête dont la partie cérébrale est moins développée que dans le castor et qui en diffère par quelques détails dans la forme des apophyses. Les dents incisives sont très robustes, les molaires sont formées de 3 à 4 lames profondément distinctes, séparées par du ciment, disposées transversalement et à peine ondulées.

[1] Cuvier, *Ossem. foss.*, 4ᵉ édit., t. VIII, p. 116.

[2] Owen, *Fossil Brit. mamm*, p. 160. Voyez aussi, pour les castors d'Europe, Bronn *Lethea*, t. II, p. 1266; H. de Meyer, *Palæologica*, p. 57; Munster, *Bayreuth Petref.*, p. 87 et *Neues Jahrb.*, 1833, p. 326; Goldfuss, *Nov. acta*, t. XI, p. 488, pl. 57, fig. 4; Schmerling, *Ossem. foss.*, p. 111, pl. 21, fig. 22-25; *Neues Jahrb.*, 1849, p. 876; Nordmann, *Ossem. foss. d'Odessa*, p. 4; Clarke, *Foss. bones of the beaver*, etc.

[3] Voyez E. Geoffroy, *Revue encyclopédique*, 1833; Gervais, *Patria*, p. 522, et *Zool. et pal. franç.*, p. 22; Laurillard, *Dict. de d'Orbigny*, t. XI, p. 203; Pomel, *Bull. Soc. géol.*, 2ᵉ série, t. IV, p. 380, pl. 4, fig. 6, (*S. castoroides*).

La seule espèce connue, le *Castoroïdes ohioensis*, Forster, a été découverte dans un marais voisin du lac Ontario (époque diluvienne). Sa taille était gigantesque pour un rongeur, à en juger par celle de la tête qui mesurait 10 pouces 1/2 anglais [1].

Les CHALICOMYS, Kaup, — Atlas, pl. VI, fig. 18-21,

forment aussi un genre très voisin des castors, qui a été établi sur quelques fragments de mâchoires trouvées dans la même localité [2]. Il diffère des castors par la forme des racines des dents et par le plissement de la lame d'émail, pour laquelle nous renvoyons aux figures.

Il faudrait que le crâne et quelques ossements fussent connus pour juger de la convenance de leur séparation générique.

Il faut réunir à ce genre ceux des CHELODUS et des AULACODON, Kaup [3].

On en a indiqué cinq espèces des époques miocène et pliocène.

Le *C. subpyrenaicus*, Lartet, trouvé à Simorre (miocène), appartient à ce genre, suivant M. Gervais [4]. (Atlas, pl. VI, fig. 18.)

Le *C. Jaegeri*, Kaup (*Chelodus typus*, Kaup, *Aulacodon typus*, Kaup), a été trouvé dans le tertiaire miocène de Mayence. (Atlas, pl. VI, fig. 21.)

Les *C. Escri* et *minutus*, H. de Meyer [5], proviennent du calcaire d'eau douce des environs d'Ulm. M. Laurillard [6] les considère comme ne pouvant pas être séparés des stencofiber.

Le *C. sigmodus*, Gervais [7], a été trouvé dans le terrain pliocène de Montpellier.

Les COUIA (*Myopotamus*, Comm.),

qui ne sont que des castors à queue cylindrique, habitent aujourd'hui l'Amérique méridionale et l'ont habitée dans l'époque diluvienne.

(1) Voyez Forster, 2⁵ *Report geol. Survey of Ohio*, p. 81 ; Wymann, *Boston journ. of nat. sc.*, 1847, t. V, p. 391, pl. 37-39 ; Pomel, *Bibl. univ. Arch.*, t. IX, p. 165.

(2) Kaup, *Ossem. foss. Darmst.*, p. 994, pl. 25, fig. 16-21.

(3) *Id.*, p. 995, pl. 25, fig. 22 et 23.

(4) *Zool. et pal. franç.*, pl. 48, fig. 3 ; Lartet, *Notice*, p. 21.

(5) *Neues Jahrb.*, 1838, p. 414, et 1846, p. 474.

(6) *Dict. de d'Orbigny*, t. XI, p. 206.

(7) *Mém. Acad. de Montp.*, 1849, p. 214 ; *Zool. et pal. franç.*, p. 22, pl. 1, fig. 13, et pl. 3, fig. 16.

M. Lund en a trouvé une espèce dans les cavernes du Brésil, le *Myopotamus antiquus* [1].

M. Laurillard [2] rapporte, d'après M. Lartet, à ce genre, une dont trouvée à Sansan (*M. ? sansaniensis*, Lartet); cette assimilation est douteuse et repose sur des pièces insuffisantes.

Je n'ajoute qu'avec doute à la fin de cette tribu les trois genres suivants :

PALÆOMYS, Kaup,

très voisins des myopotamus et des chalicomys, mais dont les rapports ne sont pas suffisamment précisés.

Ce genre renferme une seule espèce, le *P. castoroïdes*, Kaup, des terrains miocènes de Weisenau [3].

OSTEOPERA, Harlan,

établi sur un crâne trouvé près de Delaware et qui n'est peut-être pas même fossile. Les molaires rappellent celles des castors; mais les incisives sont pointues et écartées.

O. platycephalus, Harlan [4].

OMÉGADONTE (*Omegodon*, Pomel.),

établi pour un rongeur des terrains miocènes inférieurs du Puy-de-Dôme et dont les caractères ne sont pas encore connus.

10ᵉ Tribu. — HYSTRICINS.

Ces rongeurs sont clairement caractérisés à l'état vivant par leurs gros piquants arrondis. Ils ont $\frac{4}{4}$ molaires à couronne plate qui rappellent beaucoup celles de quelques nélomys et échimys. Ils ont des clavicules imparfaites. Cette tribu paraît avoir eu, pendant les époques antérieures à la nôtre, une distri-

---

[1] *Mém. Acad. Copenh.*, t. VIII, pl. 21, fig. 1-5; *Ann. sc. nat.*, 2ᵉ série, t. XI, p. 227; t. XIII, p. 313.

[2] *Dict. de d'Orbigny*, t. XI, p. 205.

[3] Voyez Kaup, *Isis*, 1832, p. 992, pl. 26, fig. 1-3, et *Ostem. foss. de Darmstadt*, 5ᵉ livr., pl. 25, fig. 7-13.

[4] Voyez Holl. *Petref.*, p. 44; Giebel, *Fauna der Vorwelt*, t. I, p. 87.

bution semblable à celle qu'elle a aujourd'hui, c'est-à-dire que
des espèces voisines du porc-épic ont habité l'Europe et l'Asie
pendant la fin de l'époque tertiaire et pendant l'époque diluvienne,
tandis que dans le même temps vivaient en Amérique des espèces
à queue prenante.

L'existence à l'état fossile du genre des

PORCS-ÉPICS (*Hystrix*, Lin.), — Atlas, pl. VI, fig. 22,

n'est d'ailleurs démontrée que par un très petit nombre de fragments.

On cite parmi eux une dent trouvée au val d'Arno, suffisante pour prouver
que ce genre a vécu à cette époque, mais non pour préciser une espèce [1].

L'abbé Croizet, dans le catalogue des fossiles qu'il a envoyés au Muséum
de Paris, a inscrit un fragment de mâchoire des environs d'Issoire (pliocène),
sous le nom d'Hystricotherium. Ce fragment primitivement rapporté à
l'*H. cristata*, est considéré, par M. Pomel, comme appartenant à un agouti.
M. Gervais [2] l'attribue aux porcs-épics sous le nom de *Hystrix refossa*,
Gervais. (Atlas, pl. VI, fig. 22.)

MM. Cautley et Falconer ont aussi signalé une espèce indéterminée dans les couches supérieures du terrain tertiaire de
l'Himalaya.

C'est au genre des

COENDOUS (*Synethères*, F. Cuv.),

ou porcs-épics à queue prenante, que l'on peut rapporter les
espèces américaines.

M. Lund en distingue deux qui proviennent des cavernes du Brésil, et
qu'il nomme *Synethères magna* et *dubia*. La première égalait le pécari par
sa taille [3].

14e TRIBU. — LÉPORINS.

Cette tribu est clairement caractérisée par ses dents incisives
supérieures sur deux rangs, et par conséquent au nombre de quatre.

[1] Cuvier, *Ossem. foss.*, 4e édit., t. VIII, p. 128.
[2] *Zool. et pal. franç.*, p. 28, pl. 48.
[3] Voyez *Mém. Acad. Copenhague*, t. VIII, p. 250; *Ann. des sc. nat.*,
2e série, t. XI, p. 227; t. XIII, p. 312.

Les Lièvres (*Lepus*, Lin.). — Atlas, pl. VI, fig. 23,
ont probablement paru en Europe au milieu de l'époque tertiaire.

On a trouvé dans les marnes lacustres du miocène inférieur de l'Auvergne quelques ossements voisins de ceux des lièvres et encore peu connus. M. Croizet a fait avec quelques uns d'entre eux le genre Lagotherium.

Une espèce de lièvre a été indiquée à Montabuzard, près Orléans (miocène) [1].

Le *Lepus issiodorensis* et le *Lepus aeschersensis*, Croizet (coll. Mus. de Paris), ont été découverts dans les formations sous-volcaniques de l'Auvergne (pliocène).

M. Gervais [2] cite un lièvre (ou lagomys) du terrain pliocène de Montpellier (*Lepus loxodus*, Gervais). (Atlas, pl. VI, fig. 23.)

Ils ont été abondants à l'époque diluvienne. On en connaît quelques espèces des cavernes qui ne se distinguent pas facilement de celles qui habitent aujourd'hui l'Europe ; mais comme je l'ai fait observer ailleurs, il est difficile, dans un genre aussi nombreux et où les espèces se ressemblent autant, de certifier qu'il n'y a pas de différences spécifiques si le squelette n'en indique pas. Ces espèces sont :

Le *Lepus diluvianus*, Cuvier [3], très voisin du lièvre commun.

Une deuxième espèce très voisine du lapin, *L. cuniculus*. Cavernes de Liége et de France [4].

Une troisième qui ressemble à la précédente, mais avec une taille plus petite (Marcel de Serres).

Le musée de Genève possède un humérus qui provient de la caverne de Mialet (Cévennes), et que, dans la première édition de cet ouvrage, nous avions rapporté au genre Lagomys à cause de sa petite taille. Nous avons pu depuis lors nous procurer le squelette de la petite race (ou espèce) de lapin qui vit sauvage en Languedoc, et nous croyons maintenant que l'os indiqué ci-dessus n'en diffère par aucun caractère appréciable.

Les brèches osseuses renferment les débris d'une espèce encore plus petite, sans toutefois qu'elle ait les caractères des lagomys. Cuvier la nomme *Lepus priscus* [5].

---

[1] Gervais, *Patria*, p. 519.

[2] *Zool. et pal. franç.*, pl. 22, fig. 9, p. 31.

[3] Cuvier, *Ossem. foss.*, 4ᵉ édit., t. VIII, p. 107.

[4] Marcel de Serres, *Cav. de Lunel-Viel*, p. 130.

[5] Voyez encore pour les lièvres de l'époque diluvienne : Owen, *British foss. mamm.*, p. 210 ; Buckland, *Reliq. dil.*, p. 15 ; Marcel de Serres, *Lunel-Viel*, p. 132 ; Gervais, *Zool. et pal. franç.*, p. 29 ; Giebel, *Neues Jahrb.*, 1847,

Les cavernes du Brésil contiennent aussi des fragments d'un lièvre très voisin du *Lepus brasiliensis* qui est aujourd'hui abondant au Brésil (¹).

LES LAGOMYS, CUV.,

ont apparu à la même époque que les lièvres ; il faut remarquer d'ailleurs que leurs ossements sont difficiles à distinguer, car les Lagomys ne diffèrent guère des lièvres que par leurs oreilles plus courtes, par l'absence de queue et par leur trou sous-orbitaire simple au lieu d'être percé en réseau. On s'est souvent laissé guider uniquement par la taille en donnant le nom de lagomys aux espèces les plus petites.

M. Pomel cite dans le terrain miocène d'Auvergne une très petite espèce, non encore décrite (²), qui est probablement un Titanomys. Il en est de même du *Lagomys sansaniensis* de M. Lartet (Voyez le genre suivant).

Le *Lagomys œningensis*, H. de Meyer, et le *L. Meyeri*, Tschudi, proviennent du terrain pliocène d'Œningen. Ces noms doivent remplacer celui d'*Anœma œningensis* (³) donné à tort à ces rongeurs par une comparaison inexacte (⁴).

Dans l'époque diluvienne, ces animaux, aujourd'hui tout à fait restreints à la Sibérie, ont habité toute l'Europe méridionale, comme le témoignent leurs ossements que l'on trouve dans la plupart des brèches du bassin méditerranéen. On distingue :

Le *Lagomys corsicanus*, Bourdet, des brèches osseuses de Corse (⁵), très voisin du *L. alpinus*, mais plus grand et en différant par quelques détails ; et le *Lagomys sardus*, Wagner, un peu plus petit que cette même espèce vivante. Des brèches osseuses de Sardaigne (⁶).

M. Desnoyers indique dans les brèches de Montmorency (⁷) deux espèces.

54 et 1849, p. 60 ; Kaup, *id.*, 1842, p. 132 ; Nordmann, *Oss. foss. d'Odessa*, p. 4 ; Hébert, *brèches d'Anvers, Bull. Soc. géol.*, 2ᵉ série, t. VI, p. 606.

(¹) *Ann. des sc. nat.*, 2ᵉ série, t. XI, p. 227 ; t. XIII, p. 313.

(²) *Bull. Soc. géol.*, 2ᵉ série, t. IV, p. 380.

(³) Cuvier, *Oss. foss.*, 4ᵉ édition, t. VIII, p. 119.

(⁴) Voyez H. de Meyer, *Zur Fauna der Vorwelt*, Œningen, p. 6, pl. 2 ; König, *Icones sectiles*, II, pl. X, fig. 126 ; Keferstein, *Naturg.*, II, p. 196.

(⁵) Cuvier, *Oss. foss.*, 4ᵉ édit., t. VI, p. 396.

(⁶) Cuvier, *id.*, p. 405.

(⁷) *Comptes rendus de l'Acad. des Sc.*, t. XIV, p. 522.

Le *L. spelæus*, Owen [1], a été trouvé dans la caverne de Kent.

Le *L. spelæus*, Münster [2], est probablement une espèce différente.

LES TITANOMYS, H. de Meyer,

ne sont connus que par quelques dents molaires qui semblent montrer une grande analogie avec le genre précédent ; mais les supérieures ont au côté interne un pli peu profond et les inférieures, à l'exception de la dernière, présentent un appendice qui manque aux Lagomys. Ces dernières ne sont qu'au nombre de quatre au lieu de cinq.

C'est probablement à ce genre qu'il faut rapporter des dents dont M. Croizet avait fait celui des MARCXSIOMYS et M. Bravard celui des PLATYODON.

Les espèces connues ont toutes été trouvées dans les terrains miocènes.

Le *Titanomys visenoviensis*, H. de Meyer [3], a été trouvé dans le terrain miocène de Weisenau. Suivant M. Gervais [4] la même espèce se retrouve à Saint-Gérand-le-Puy (Allier), dans le calcaire à indusies (miocène d'Auvergne).

Le *Titanomys trilobus*, Gervais, provient du même gisement.

Il faut probablement ajouter à ce genre la plupart des ossements des terrains miocènes qu'on a attribués aux Lagomys.

En particulier, le *Lagomys sansaniensis*, Lartet, de Sansan, n'a, comme les Titanomys, que quatre molaires inférieures [5].

12ᵉ TRIBU. — SUBONGULÉS.

Cette tribu renferme les rongeurs les plus lourds, qui, par leurs doigts peu séparés, leurs ongles forts, leur absence de clavicules, et souvent leur peau épaisse, forment une transition aux pachydermes. Ce groupe est restreint aujourd'hui à l'Amérique méridionale. On en trouve de nombreux fossiles dans les terrains diluviens de ce continent. Quelques espèces de cette même tribu ont été citées dans les terrains diluviens et dans les terrains tertiaires récents de l'Europe ; mais il s'en faut de beaucoup que ces faits reposent sur des preuves suffisantes.

[1] *Brit. foss. mamm.*, p. 213.

[2] *Bayr. Petref.*, p. 87.

[3] *Neues Jahrb.*, 1843, p. 390.

[4] *Zool. et pal. franç.*, pl. 46.

[5] *Notice sur la colline de Sansan*, p. 21.

Le genre des

COBAYES (*Anœma*, F. Cuv.),

qui renferme le petit animal importé en Europe et domestiqué sous le nom de cochon d'Inde, a été représenté en Amérique pendant l'époque diluvienne par deux espèces, dont on trouve les débris dans les cavernes du Brésil.

Ce sont les *Anœma robusta* et *gracilis* de M. Lund [1].

L'*Anœma œningensis* des schistes d'OEningen appartient, comme nous l'avons dit plus haut, au genre LAGOMYS.

L'*Anœma d'Issoire*, Jourdan [2], est un ISSIODOROMYS.

Les Mocos (*Kerodon*, F. Cuv., *Cerodon*, in Bronn),

n'ont été trouvés fossiles qu'en Amérique. M. Lund indique, dans les cavernes du Brésil :

Le *Kerodon bilobidens*, Lund, qui paraît une espèce perdue, quoique assez voisine du *K. saxatilis*, espèce vivante récemment établie par le même auteur.

Le *Kerodon antiquum*, d'Orbigny [3], est connu par un trop petit nombre de fragments et trop imparfaits, pour que l'on soit sûr qu'il doive être distingué de l'espèce qui vit aujourd'hui en Patagonie. Il a été trouvé dans les terrains pampéens.

Les AGOUTIS (*Chloromys*, F. Cuv., *Dasyprocta*, Ill.),

se trouvent fossiles dans les cavernes du Brésil.

M. Lund en a signalé deux espèces : le *Chloromys capreolus*, Lund, et une voisine du *C. caudata*, Lund, espèce vivante nouvelle.

Quelques observations sembleraient faire croire que l'on a trouvé des débris fossiles d'animaux de ce genre dans les terrains tertiaires récents du Puy-de-Dôme et, ce qui serait plus étonnant encore, dans les cavernes de la Belgique [4]. Je ne puis pas m'em-

---

[1] *Ann. des sc. nat.*, 2ᵉ série, t. XI, p. 228, et t. XIII, p. 313.
[2] *Compt. rend. de l'Ac. des sc.*, 1838, t. V, p. 484.
[3] *Voyage en Amérique, Paléontologie*, p. 142.
[4] Schmerling, *Oss. foss. des cavernes de Liège*, 2ᵉ partie, p. 115.

pêcher de considérer ce dernier fait, fondé sur l'étude d'un petit nombre de dents, comme très contestable, et de croire qu'une détermination plus exacte montrera que ces fragments appartiennent à un autre genre. M. Pomel, qui considère aussi l'opinion de M. Schmerling comme peu probable, propose pour l'espèce de Belgique, le nom provisoire de DIABROTICUS (*D. Schmerlingii*) [1].

Les PACAS (Cœlogenys, F. Cuv.),

si remarquables par leurs grands os zygomatiques, ont vécu en Amérique dans l'époque diluvienne.

M. Lund en distingue deux espèces, qu'il dit ne pouvoir être confondues avec celle qui existe aujourd'hui. Ce sont les *Cœlogenys laticeps* et *major*; cette dernière atteignait la taille du cabiai.

Les CABIAIS (Hydrochærus, Erxl.),

sont, comme les agoutis et les pacas, représentés dans les cavernes du Brésil par deux espèces.

L'une est voisine de l'*H. capybara*, et l'autre a été nommée par M. Lund *Hydrochærus sulcidens*.

2e ORDRE.

ÉDENTÉS (Maldentés, Blainv.).

Les édentés sont principalement caractérisés par l'imperfection de leur système dentaire. Les incisives manquent toujours, les canines ne se trouvent que dans un seul genre et les molaires sont presque constamment uniformes.

Cet ordre remarquable clôt la série des mammifères unguiculés, et établit une sorte de transition aux ongulés par le peu de mobilité des doigts de la plupart des

[1] Pomel, *Bibl. univ., Archives*, t. IX, p. 167.

genres. Ces doigts sont ordinairement entourés d'une
peau épaisse ou écailleuse, et terminés par des ongles
souvent très forts, arqués et solides. Tout le reste de
l'organisation des édentés décèle des êtres inférieurs à la
plupart des autres mammifères. La lenteur de leurs
mouvements, l'irritabilité que conserve longtemps après
la mort la fibre musculaire, le peu de développement
de l'encéphale, l'imperfection du système dentaire, les
écailles qui recouvrent plusieurs d'entre eux, sont autant de caractères qui semblent indiquer qu'ils forment
comme le premier pas d'une dégradation dans l'organisme, et qu'ils ont déjà quelques uns des traits caractéristiques de la classe des reptiles.

De nombreuses découvertes d'ossements d'animaux
qui ont appartenu à cet ordre, ont ajouté des faits intéressants à ceux qu'avait fournis la nature vivante. Plusieurs de ceux de ces fossiles dont on a pu reconstruire
le squelette, ont montré un ensemble de formes et de
caractères dont l'état actuel du globe n'offre aucun
exemple. Ils ont en particulier présenté des transitions
bien plus nombreuses et plus remarquables aux ongulés, et surtout aux pachydermes. Ils ont aussi lié ensemble les diverses familles qui composent l'ordre des
édentés, et comblé l'espace, en apparence infranchis-
sable, qui séparait les tatous et les paresseux. Cet ordre
des édentés ne renferme de nos jours que des animaux
d'une taille au-dessous de la moyenne; l'oryctérope, le
tamanoir et le tatou géant, sont les plus grands et ne
dépassent pas la grosseur du corps d'un chien, en étant
beaucoup moins hauts. L'étude des ossements fossiles
de cet ordre y ajoute de nombreuses espèces, qui
ont dépassé en grandeur les rhinocéros et les hippopotames.

De nos jours, les édentés sont tout à fait spéciaux aux pays chauds. Abondants et variés dans l'Amérique méridionale, il présentent quelques types en Afrique et en Asie. Quelques rares fragments démontrent que pendant l'époque tertiaire ils ont aussi habité l'Europe; on a trouvé en Allemagne et en France des ossements qui ne peuvent être rapportés qu'à un animal voisin des oryctéropes et des fourmiliers.

Tous ces faits donnent un grand intérêt à l'histoire des édentés fossiles, d'autant plus que beaucoup d'entre eux sont connus par des fragments nombreux, et même quelques uns par des squelettes entiers, qui permettent de se faire une idée assez complète de leurs formes et de leur organisation, et même de hasarder des conjectures probables sur la vie et les mœurs de ces singuliers animaux, si différents de tout ce qui existe de nos jours.

Les édentés du monde actuel se partagent en quatre familles : les *Paresseux* (1) à museau court, à dents en cylindre creux, et dont le corps rappelle vaguement la forme de celui des singes ; les *Tatous ou Dasypides*, qui ont un museau pointu, des dents coniques et une cuirasse ; les *Oryctéropides*, dont la langue est longue,

---

(1) Il m'est impossible d'admettre l'opinion de M. de Blainville sur la place des paresseux. Ce savant naturaliste les rapproche des singes parce qu'ils ont le radius mobile sur le cubitus, la poitrine large, la tête ronde, etc. Sans vouloir entrer dans une discussion, qui serait déplacée dans un traité de paléontologie, je dois dire que la forme du crâne, l'imperfection des dents, les ongles énormes, la lenteur des mouvements, etc., sont des caractères bien plus importants, qui forcent à les rapprocher des édentés. La paléontologie fournit d'ailleurs, ce me semble, une preuve puissante en faveur de cette manière de voir en les liant par les mégathérioïdes aux tatous et même aux pachydermes. Il me semble donc qu'il convient tout à fait de revenir à l'opinion de G. Cuvier que M. Owen a d'ailleurs confirmée par des considérations qui me paraissent ne laisser aucun doute.

extensible et gluante, comme dans les fourmiliers, et qui ont des dents molaires et pas de cuirasse; et les *Myrmécophages* ou *Fourmiliers*, qui n'ont point de dents du tout.

Les édentés fossiles ne peuvent pas tous être rapportés à ces quatre familles. Plusieurs espèces de grande taille, trouvées en Amérique, et qui sont précisément celles dont l'étude fournit les résultats les plus curieux, ne peuvent rentrer dans aucune d'elles. Ces espèces présentent des caractères intermédiaires entre les paresseux et les tatous, et doivent évidemment former une famille, placée entre ces deux groupes. On les a désignées sous le nom de *Gravigrades* à cause de leurs membres lourds, et sous celui de *Mégathérioïdes*, du nom du genre le plus anciennement connu parmi elles.

1re FAMILLE. — PARESSEUX ou TARDIGRADES.

On n'a encore trouvé aucun ossement fossile qu'on puisse rapporter à cette famille, de sorte que nous ne la mentionnons ici que pour mémoire.

2e FAMILLE. — MÉGATHÉRIOÏDES ou GRAVIGRADES.

Les caractères essentiels des mégathérioïdes sont une réunion de ceux des paresseux et des familles suivantes. Ils ont, comme les premiers, des molaires en cylindre creux, composées seulement d'ivoire et de ciment, sans émail; l'ivoire forme un tube que remplit une substance plus poreuse. Ils ont aussi de grands rapports avec eux dans la forme de la tête, qui est courte, comme tronquée, et dont l'os zygomatique forme une grande apophyse descendante, caractère qui ne se retrouve dans aucun autre mammifère. Leurs squelettes se ressemblent beaucoup, et ont en particulier des rapports remarquables dans l'omoplate, dont l'acromion et la coracoïde sont réunis.

Mais dans tout le reste de leurs formes ils se rapprochent beaucoup plus des autres familles d'édentés. Leur système dentaire est réduit aux dents molaires, et ils manquent des canines qui caractérisent les paresseux. Leur formes lourdes, leurs pieds égaux ou presque égaux dont les antérieurs ont 4 ou 5 doigts et les postérieurs 3 ou 4, leurs doigts externes sans ongles, leur queue longue et très forte, leur donnent des rapports évidents avec les tatous et les fourmiliers.

Ces animaux forment donc, comme je l'ai dit plus haut, une transition entre le groupe des paresseux et celui des édentés à tête longue, réunissent ces deux types par leurs caractères intermédiaires, et montrent qu'ils appartiennent bien au même ordre naturel.

Le genre le plus anciennement décrit est celui des

MEGATHERIUM, Cuv., — Atlas, pl. VII, fig. 1-4.

Le premier squelette connu a été envoyé à Madrid en 1789 par le marquis Loretto, vice-roi de Buenos-Ayres, et est encore conservé dans le musée de cette ville. Il avait été trouvé sur les bords du fleuve Luxan, à 3 lieues sud-ouest de Buenos-Ayres. Un deuxième squelette a été découvert en 1795 à Lima, et un troisième dans le Paraguay. Depuis lors, des fragments plus ou moins complets ont été trouvés dans diverses parties de l'Amérique.

Les caractères qui paraissent distinguer ce genre des autres mégathérioïdes sont ses dents, qui, au nombre de 5 en haut et de 4 en bas, sont en forme de prisme quadrangulaire à couronne solide présentant des collines transverses très marquées, tandis que dans les genres suivants la dent formant un simple tube rempli d'une matière plus tendre, est terminée par une couronne à surface plate dont le bord seul est un peu relevé. Ses pieds ont 4 doigts devant et 3 derrière, les deux externes sont sans ongles, et les autres ont des phalanges unguéales grandes et différentes d'un doigt à l'autre, celle du médian étant très forte.

Je vais chercher, par une description abrégée, à donner une idée des formes de la seule espèce qui soit encore bien connue, afin d'en déduire plus tard quelques données sur son genre de vie et sur ses mœurs.

Cette espèce a été dédiée à Cuvier, et porte le nom de *Megatherium Cuvieri* [1].

Elle a été aussi nommée *Meg. americanum*, par Blumenbach, *M. australe*, par Oken, et a été d'abord décrite par Pander et d'Alton sous le nom de BRADYPUS *giganteus*. Sa taille était celle d'un éléphant moyen et dépassait celle des rhinocéros.

Sa tête osseuse ressemble beaucoup à celle du paresseux ; elle est, comme dans cet animal, tronquée en avant, mais un peu plus longue ; comme chez lui encore, l'arcade zygomatique a une forte apophyse descendante. Les trous qui servent de passage aux nerfs et aux vaisseaux sont très forts, et semblent indiquer que cet animal a eu de très grosses lèvres.

Il n'y a chez le mégathérium ni dents incisives ni canines. Les molaires, au nombre de $\frac{5}{4}$, sont prismatiques ; leur couronne, vue en dessus (pl. VII, fig. 3 et 4), forme une surface rectangulaire, à angles un peu émoussés. Chacune de ces dents, longue de 7 à 9 pouces, s'enchâsse solidement dans une alvéole profonde, par la plus grande partie de sa longueur. Les supérieures rencontrent les inférieures, de manière à ce que la partie la plus dure de l'une soit en rapport avec le tissu le plus tendre de l'autre, c'est-à-dire que le milieu de l'une corresponde à un intervalle entre deux autres (pl. VII, fig. 4). Si l'on coupe longitudinalement une de ces molaires, on voit une cavité pulpeuse allongée, qui s'amincit en haut. La mâchoire inférieure est grande et lourde par rapport au reste de la tête, circonstance qui se lie probablement à la longueur des dents, et qui nécessite l'apophyse zygomatique descendante.

Les vertèbres sont au nombre de 7 cervicales, 16 dorsales, 3 lombaires, 5 sacrées et 15 caudales. Celles des régions antérieures du corps sont médiocres ; mais la queue est énorme, car les plus grandes vertèbres qui la composent ont jusqu'à dix-huit pouces de l'extrémité d'une des apophyses transverses à l'autre. Les apophyses inférieures ou os en V sont aussi fortement développées. Cette queue servait probablement d'appui et peut-être de défense. Les côtes épaisses et courtes ont par places des rugosités très prononcées.

Les extrémités antérieures sont remarquables par la force de l'épaule. La clavicule est massive et courbée en S ; elle fournit au bras un appui solide ; l'acromion et la coracoïde se réunissent pour s'appuyer mutuellement. C'est un cas dont on ne retrouve pas d'exemple dans la nature vivante, qu'un animal d'une si grande taille, aussi lourd et à membres aussi pesants, ait une clavicule. L'humérus est faible en haut, mais il s'élargit beaucoup à sa partie inférieure, pour porter un très large cubitus et un radius qui tourne librement autour de ce dernier os, comme dans les singes et les paresseux. Les énormes apophyses de ces organes indiquent une très grande force dans l'acte de la rotation du bras. Les pieds antérieurs sont forts et puissants, et terminés par des ongles obliques très gros et très longs, portés par des phalanges arquées et entourées, à leur base, d'un étui dans lequel l'ongle s'engaine.

[1] Cuvier, *Oss. foss.*, 4ᵉ édit., t. VIII, p. 331 ; Buckland, *Bridgewater Treatise, Geologie*, trad. franç., par Doyère, p. 121, etc.

L'extrémité postérieure n'est pas moins remarquable. Le bassin est d'une grande dimension et très solide. Les os iliaques, à angle droit avec la colonne épinière, sont très rugueux sur les bords et forment des hanches saillantes, entre lesquelles on peut mesurer quatre pieds et demi, dimension qui dépasse tout ce qui existe de nos jours dans les animaux terrestres. Le caractère le plus saillant de ce bassin est d'avoir la cavité cotyloïde dirigée tout à fait en dessous, de sorte que le fémur supporte le corps sans aucune obliquité, circonstance qui a dû contribuer beaucoup à la solidité des parties postérieures de l'animal, mais en même temps rendre sa marche plus lente et plus embarrassée. Ce fémur est au moins trois fois aussi épais que celui des plus grands éléphants, et sa longueur n'est guère que double de sa largeur ; le tibia et le péroné sont aussi très épais et soudés par leurs têtes. Le calcanéum est très grand, car il est presque aussi long que tout le reste du pied ; les orteils ne sont pas si longs que les doigts antérieurs ; le médian a un ongle énorme.

On a souvent trouvé avec les ossements du mégathérium des fragments de cuirasse, qui ont fait penser à quelques naturalistes que cet animal était revêtu d'une armure osseuse analogue à celle des tatous. Mais il faut observer que l'on a le plus souvent trouvé, dans ces mêmes gisements, les os du mégathérium mélangés avec des débris de tatous d'une taille gigantesque qui ont été plus probablement les véritables possesseurs de ces cuirasses. Des recherches récentes ont signalé l'existence de quelques genres, dont nous parlerons plus bas et en particulier des *Glyptodon*, qui ont beaucoup plus de rapports avec les tatous que le mégathérium et, qui, conservés dans les mêmes localités, sont probablement l'origine principale de ces fragments de téguments durs. Les arguments que l'on a tirés des parties rugueuses des côtes et surtout de l'apparence toute spéciale du bord des os iliaques, qui semblent indiquer que ces organes ont été en contact avec des parties osseuses tégumentaires, ne sont pas non plus très probants. M. Owen a prouvé que d'autres caractères du squelette plus importants paraissent, au contraire, montrer l'impossibilité de cette armure. Les vertèbres dorsales et lombaires en particulier sont, dans les édentés à cuirasse, formées de manière à fournir trois appuis aux parties dures tégumentaires qui s'appuient sur l'apophyse épineuse et sur les prolongements des articulaires. Dans le mégathérium ces derniers sont beaucoup trop courts pour avoir pu servir à cet usage.

Les détails qui précèdent prouvent que le mégathérium était un animal très lourd et très fort. Ils montrent que ses membres antérieurs n'ont probablement pas eu leurs fonctions limitées à la marche et que la queue a dû jouer un rôle réel dans la progression ou en fournissant un appui. Ils font voir enfin que les dents ont dû assigner à cet animal un régime à peu près semblable à celui des paresseux, c'est-à-dire qu'il a dû manger des feuilles, des fruits ou des racines. Si sur ces données on cherche à se faire une idée de sa manière de vivre, on trouvera des différences sensibles dans la manière de voir des auteurs qui l'ont étudié.

Quelques uns ont pensé qu'il était fouisseur et on l'a comparé pour les mœurs aux rongeurs qui vivent dans les terriers et se nourrissent des racines des plantes. Sa taille colossale rend cette opinion peu probable ; car d'une part il est difficile d'admettre que le pays ait dû être exposé à être miné dans tous les sens par des terriers d'une dimension suffisante pour cacher des animaux pareils, et d'ailleurs le mégathérium était trop fort et trop inattaquable pour avoir eu besoin d'une retraite semblable. La forme même du pied, dont quelques ongles seuls sont tranchants, indique que l'animal a pu creuser des sillons profonds plutôt que remuer beaucoup de terre. La forme plate de la main de la taupe est un bien meilleur instrument pour creuser un terrier, le mégathérium lui aurait été très inférieur sous ce point de vue.

D'autres naturalistes pensent que cet animal grimpait aux arbres et ils se fondent sur ses analogies avec les paresseux, sur le fait qu'il se nourrissait probablement de feuilles et de fruits, sur ce que sa queue était peut-être prenante et surtout sur la facilité de rotation de son bras qui devait lui permettre de saisir facilement les branches. Ses formes lourdes ne sont peut-être pas une objection absolue à cette manière de voir, car l'ours et le paresseux ont des mouvements aussi lents que ceux que l'on peut supposer au mégathérium ; mais sa taille semble rendre cette habitude peu probable. Il faudrait supposer une végétation bien puissante et des arbres bien solides pour soutenir un animal qui a dû dépasser par son poids les plus gros rhinocéros. Il ne paraît pas d'ailleurs que la queue ait été prenante, car elle est trop courte et la forme des facettes articulaires montre qu'elle a dû se replier plutôt en dessus qu'en dessous.

On a aussi émis l'idée que le mégathérium ne se servait de ses énormes ongles que pour mettre à découvert les objets dont il se nourrissait. On l'a quelquefois comparé sur ce point de vue aux fourmiliers ; mais la nature de ses dents exclut complétement l'idée qu'il ait pu être insectivore. On a aussi pensé qu'il creusait la terre pour y prendre des racines, mais il faudrait supposer une abondance inouïe de racines charnues pour nourrir de si grands animaux.

Enfin il est une quatrième opinion qui soulève, peut-être, de moins grandes objections. On suppose que le mégathérium a

vécu en déracinant des arbres et en se nourrissant de leurs feuilles.
Il pouvait avec ses pieds antérieurs couper les racines qui les re-
tiennent; puis les saisissant avec ses bras déterminer leur chute
par la force et le poids considérable de son corps. Cette opinion
semble se lier avec la forme de son avant-bras susceptible de rotation qui indique un usage plus varié que l'acte seul de fouir, et
avec le grand développement des parties postérieures de son corps
qui lui ont probablement permis de dégager le train de devant.
Il pouvait sans doute s'établir sur ses deux énormes jambes
postérieures et sur sa forte queue, et se servir de ses pattes antérieures pour briser les branches et porter les feuilles à sa bouche.

Les détails que nous venons de donner sont en grande partie
applicables aux autres mégathérioïdes; aussi je me dispenserai de
les répéter, et pour les genres suivants je signalerai surtout les
différences qui les séparent du mégathérium.

M. Lund [1] figure des dents qui lui paraissent indiquer l'existence d'une
seconde espèce, *M. Laurillardi*, Lund.

Le second genre est celui des

MÉGALONYX, Jefferson, — Atlas, pl. VIII, fig. 1-3,

qui dans un ordre naturel devrait précéder les mégathériums, car
il a plus de rapports que lui avec les paresseux. Les premiers
ossements de ce genre furent trouvés en 1797 dans une caverne
de Virginie, et décrits par Jefferson. Ses grandes phalanges unguéales le firent d'abord prendre pour un carnassier gigantesque.
Mais Cuvier [2] reconstitua la main et montra que la forme de ces
phalanges et leur inégalité prouvent évidemment que l'animal
auquel elles ont appartenu est un édenté.

Les caractères distinctifs de ce genre sont d'avoir $\frac{5}{4}$ molaires
subelliptiques, dont la couronne est excavée au milieu et le bord
proéminent (pl. VIII, fig. 2). Les branches de la mâchoire inférieure sont écartées et leur symphyse étroite, ce qui les distingue
facilement des genres voisins (pl. VIII, fig. 1). Les membres antérieurs sont un peu plus longs que les postérieurs, circonstance
qui le rapproche plus des paresseux que le mégathérium. Le tibia
et le péroné sont distincts, le pied postérieur est articulé d'une

[1] *Mem. de. Copenhague*, t. IX, p. 143, et pl. 35, fig. 5, 6.
[2] *Oss. foss.*, 4ᵉ édit. t. VIII, p. 304.

manière oblique. Le calcanéum est long, comprimé et élevé, les phalanges unguéales sont grandes et étroites (pl. VIII, fig. 3). La queue est forte et solide. Ces caractères montrent des formes un peu moins lourdes que le mégathérium. Il avait probablement à peu près les mêmes mœurs.

L'espèce qui a été la première connue est le *Megalonyx Jeffersonii*, Cuvier, *Megatherium boreale*, Oken, *Onychotherium*, Fischer [1]. Il faut probablement lui réunir une portion des ossements attribués au *M. laqueatus* par Harlan [2].

Depuis la découverte de Jefferson on en a retrouvé plusieurs fois des fragments dans des terrains récents. Leur mode de conservation et leur gisemen a même fait penser à quelques naturalistes que cet animal avait peut-être vécu dans l'origine de la période moderne. Quelques ossements ont été trouvés entourés de parties plus molles qui ont paru être des débris de ligaments ; et quelques uns des terrains, qui ont renfermé ces os, contiennent des débris que l'on a rapportés à des espèces actuelles.

M. Owen dit que la même espèce a été trouvée au détroit de Magellan [3]. Sa taille était celle d'un grand bœuf.

On a trouvé aussi dans l'Amérique méridionale des ossements de mégalonyx, mais MM. Lund et d'Orbigny ne croient pas qu'on doive tous les rapporter à la même espèce. Ces débris sont épars dans les pampas et les cavernes ; mais M. d'Orbigny par diverses considérations, tirées de la végétation et des habitudes actuelles des édentés, croit que les mégalonyx des pampas ont été amenés par des courants diluviens, et qu'ils ont vécu dans des parties de l'Amérique méridionale plus chaudes et plus boisées.

Il faudrait, suivant M. Lund, ajouter à ce genre le *M. gracilis*, Lund [4], des cavernes du Brésil. Le *M. Kaupii*, Lund, est un *Cœlodon*.

Le genre des

Mylodon, Owen,

(*Oryeterotherium*, Harlan, non Bronn), — Atlas pl. VII, fig. 5-8,

joint aux formes lourdes des mégathériums une dentition fort différente, qui rappelle plutôt celle des mégalonyx. Les molaires, au nombre de $\frac{5}{4}$, s'usent par surfaces planes. A la mâchoire

[1] *Essai sur la turquoise*, p. 40.
[2] *Journ. Ac. Phil.*, t. VI, p. 269.
[3] *Voyage of the Beagle*, p. 99.
[4] *Mém. Ac. Copenh.*, t. VIII, pl. 17, fig. 3 ; *Ann. sc. nat.*, 2ᵉ série, t. XI, p. 219.

supérieure la première est subelliptique, la seconde elliptique et les autres triangulaires, à surface interne creusée d'un sillon. A la mâchoire inférieure (voyez pl. VII, fig. 7) la première est elliptique, la pénultième tétragone et la dernière grande et bilobée (fig. 8). Cette mâchoire a une symphyse plus forte que celle des mégalonyx.

La forme de la tête (pl. VII, fig. 6) rappelle celle du mégathérium, et a, comme dans le reste de la famille, une forte apophyse descendante sous l'arcade zygomatique. Les pieds sont égaux, les antérieurs à cinq doigts et les postérieurs à quatre; les deux doigts externes sont sans ongles et les autres ont de grandes phalanges unguéales demi-coniques et inégales. L'omoplate a, comme dans le mégathérium, l'acromion réuni à l'apophyse coracoïde; le radius peut tourner sur le cubitus; le tibia et le péroné sont distincts, le calcanéum est long et gros, etc.

Le genre des mylodon a habité l'Amérique pendant l'époque diluvienne. On en connaît déjà trois espèces.

Le *Mylodon Darwinii*, Owen [1], dont la symphyse de la mâchoire inférieure est longue et étroite, dont la seconde molaire est subelliptique et la dernière à deux sillons dont l'interne est anguleux. C'est l'espèce, dont la mâchoire inférieure est figurée pl. VII, fig. 7 et 8. Elle paraît avoir habité la partie la plus méridionale de l'Amérique où M. Darwin en a trouvé des débris, jusqu'aux pampas du Brésil où elle est citée par M. d'Orbigny.

Le *Mylodon Harlani*, Owen [2] a la symphyse de la mâchoire inférieure plus courte et plus large, la seconde molaire carrée et la dernière à trois sillons. Cette espèce a été trouvée dans une caverne du Kentucky. On doit lui rapporter une partie du *Megalonyx laqueatus*, de M. Harlan, l'*Orycterotherium missouriense* du même auteur, ainsi que ses genres Aulaxodon et Pleurodon.

Le *Mylodon robustus* est aussi caractérisé par la symphyse de la mâchoire inférieure courte et large; mais la seconde molaire est subtriangulaire et la dernière à trois sillons dont l'interne arrondi. Cette espèce est connue par un magnifique squelette presque complet, qui se voit dans le musée du collège des chirurgiens à Londres, et qui a été découvert, en 1841, à sept lieues nord de Buenos-Ayres, dans le grand dépôt fluviatile traversé par le Rio-Plata et ses tributaires. M. Owen en a publié une description dans un ouvrage spécial, dont les *Annales des sciences naturelles* (2ᵉ série, t. XIX, p. 221) ont donné un extrait et copié la planche principale. Nous l'avons fait réduire dans la planche VII, fig. 5, dans la même proportion

[1] *Voyage of the Beagle*, p. 63.
[2] *Edinb. new phil. journ.*, n° 70.

que le Mégathérium, pour montrer le rapport de la taille de ces deux espèces. Ce Mylodon avait environ 9 pieds de longueur.

Les SCELIDOTHERIUM, Owen, — Atlas, pl. VIII, fig. 4-7,

avaient de grands rapports avec les mylodons. Leur tête était plus allongée à proportion de sa hauteur (pl. VIII, fig. 4). Leurs molaires étaient aussi au nombre de $\frac{5}{4}$. Les supérieures (fig. 5) étaient toutes triangulaires; et à la mâchoire inférieure (fig. 5, b), l'antérieure était de la même forme, la deuxième et la troisième un peu comprimées et la quatrième grande et bilobée. Les formes étaient aussi lourdes et massives, mais on ne connaît pas tous les os du squelette; nous avons figuré, dans l'Atlas, pl. VIII, fig. 6 et 7, un fémur et un pied.

Il faut probablement réunir à ce genre celui des PLATYONYX de M. Lund. Il n'y a aucune différence appréciable dans la dentition; les phalanges unguéales sont seulement un peu plus aplaties, et ressemblent davantage à celles des Glyptodon.

Ces animaux ont vécu dans l'Amérique méridionale pendant l'époque diluvienne. On en cite sept espèces [1].

Le *Scelidotherium leptocephalum*, Owen, animal d'une grande taille, qui a vécu dans la partie la plus méridionale du continent américain. (Atlas, pl. VIII, fig. 5 et 7.)

Le *Scelidotherium Bucklandi*, Owen (*Megatherium Bucklandi*, Lund), était de la grandeur du mégalonyx. Il a été trouvé dans les cavernes du Brésil.

Le *Scelidotherium Cuvieri*, Owen (*Megatherium Cuvieri*, Lund), des mêmes localités, était un peu plus petit. Sa taille égalait celle d'un bœuf. (Atlas, pl. VIII, fig. 6.)

Le *Scelidotherium minutum*, Owen (*Megalonyx minutus*, Lund), trouvé dans les mêmes cavernes, n'était pas plus grand qu'un cochon.

Le *Scelidotherium Agassii* (*Platyonyx*, Lund) [2].

Le *Scelidotherium Blainvillii* (*Platyonyx*, Lund) [3].

Le *Scelidotherium Brongniarti* (*Platyonyx*, Lund [4]. (Atlas, pl. VIII, fig. 4.)

On doit encore ajouter à cette famille quelques genres moins connus, et en particulier celui des

[1] *Voyage of the Beagle*, p. 73; Lund, *Ann. des sc. nat.*, 2ᵉ série, t. XI, p. 219, etc.

[2] *Mém. Ac. Copenh.*, t. IX, p. 206.

[3] *Idem*, t. IX, p. 197.

[4] *Idem*, t. XI, p. 145.

CŒLODON, Lund,

qui n'avait que $\frac{4}{5}$ molaires, des doigts raccourcis et inégaux, des ongles comprimés, les pieds obliques et la queue du mégalonyx.

Les deux espèces connues sont le *Cœlodon maquinense*, Lund, qui avait la taille du tapir d'Amérique, et le *Cœlodon Kaupii*, Lund. Elles proviennent des cavernes du Brésil [1].

Et le genre des

SPHENODON, Lund,

qui avait $\frac{4}{4}$ molaires; ces dents ne prenaient la forme cylindrique que par l'usure, et étaient primitivement coniques, ce qui est très probablement un caractère commun à tous les jeunes de cette famille.

On en connaît une espèce de la taille d'un cochon [2].

Je ne connais aucune description du genre OCHOTHERIUM, Lund, qui renferme aussi une espèce des cavernes du Brésil (*O. gigas*, Lund) [3]. C'est peut-être un double emploi.

3e FAMILLE. — DASYPIDES ou TATOUS.

Les tatous sont très faciles à caractériser parmi les édentés, par leurs molaires plus nombreuses que dans les familles précédentes, leur museau plus allongé et leurs pieds plus raccourcis. Ils habitent exclusivement aujourd'hui l'Amérique méridionale; mais dans l'époque diluvienne ils paraissent s'être étendus plus au nord, offrant ainsi une nouvelle preuve du fait que nous avons déjà cherché à établir, que la température des parties extrêmes de l'Amérique différait moins que de nos jours de celle des parties centrales.

Les animaux de cette famille sont recouverts d'une cuirasse osseuse qui paraît avoir aussi caractérisé les espèces fossiles. C'est, comme je l'ai dit ci-dessus, aux plus grandes de ces espèces qu'il

[1] Lund, *Mém. Ac. Copenh.*, t. IX, p. 197, et *Ann. sc. nat.*, t. XIII, p. 318. Dans cette dernière citation, le nom se trouve (probablement par erreur) écrit Toxodon.

[2] *Ann. des sc. nat.*, t. XI, p. 220; t. XIII, p. 311; t. XIX, p. 263.

[3] *Mém. Ac. Copenh.*, t. IX, p. 197.

faut probablement rapporter les fragments de carapaces que l'on avait d'abord attribués au mégathérium.

La taille des tatous actuels est petite ou moyenne, et le priodonte géant, dont le corps (sans la queue) arrive à une longueur d'environ 3 pieds, est la limite extrême de leur grandeur. Mais, parmi les tatous fossiles, on en trouve qui atteignent presque les dimensions colossales des mégathérioïdes.

Nous commencerons par l'histoire de quelques genres perdus qui ont des rapports très grands avec les familles précédentes, qui établissent avec elles une série de transitions, et qui complètent le lien entre les paresseux et les vrais tatous, si éloignés quand on n'étudie que la nature vivante.

Les GLYPTODON, Owen, — Atlas, pl. VIII, fig. 8-11,

sont un de ces genres intermédiaires. Ils ont l'apophyse descendante de l'arcade zygomatique qui est un des caractères distinctifs des mégathérioïdes ; mais leurs pieds massifs ont des phalanges unguéales courtes et déprimées. Leurs molaires, au nombre de $\frac{8}{8}$, sont très clairement caractérisées par deux sillons longitudinaux situés des deux côtés, qui rendent la couronne presque trilobée. (Voyez Atlas, pl. VIII, fig. 10.) Ces dents sont plus compliquées que celles d'aucun édenté connu.

Il paraît que c'est à ce genre qu'il faut attribuer l'armure osseuse que M. Clift avait décrite comme étant celle du mégathérium. Elle est composée de plaques qui, vues en dessous, paraissent hexagones et sont unies par des sutures dentées, et qui en dessus forment des doubles rosettes.

Il faut réunir à ce genre les ORYCTEROTHERIUM, Bronn (*non* Harlan), et les CHLAMYDOTHERIUM, Bronn (*non* Lund). Le premier de ces noms avait été donné dans l'hypothèse que l'animal n'avait pas de cuirasse, et le dernier dans l'idée opposée.

Je ne puis trouver aucune différence entre les dents du glyptodon et celles des HOPLOPHORUS, Lund. Je crois qu'on devra les réunir au moins provisoirement.

L'espèce la plus anciennement connue est le *Glyptodon clavipes*, Owen, décrit d'abord dans les *Trans. of the geol. Soc.*, t. VI, p. 81. Le collége des chirurgiens de Londres a depuis lors acquis une belle carapace complète, avec la tête, la queue et une patte de derrière. Ces précieux fragments ont été décrits par M. Owen [1]. M. Müller (*Acad. de Berlin*, juin 1846) a décrit aussi un pied postérieur. La carapace mesure 5 pieds 7 pouces anglais (1^m,50) dans sa longueur en suivant le contour, et 4 pieds 8 pouces (1^m,25) en ligne droite. Elle est large de 3 pieds 2 pouces 1/4 en ligne droite. La queue a 1 pied 6 pouces. Cet animal a été trouvé dans les terrains meubles des environs de Buénos-Ayres.

Dans le même mémoire, M. Owen indique l'existence de trois autres espèces caractérisées par les ornements de leur carapace, dont on ne connaît que des fragments.

Le *G. ornatus*, Owen, était plus petit que le *G. clavipes*. Il a été trouvé aussi dans les environs de Buénos-Ayres.

Le *G. reticulatus*, Owen, égalait, par sa taille, la première espèce et se distinguait par des canaux formant une réticulation sur le cercle extérieur des rosettes.

Le *G. tuberculatus*, Owen, de la même taille, et à surface extérieure des rosettes ornée de tubercules, a été découvert dans les pampas de Buénos-Ayres.

Si l'on admet la réunion des hoplophorus et des glyptodon, il faut ajouter, (s'il n'y a pas double emploi), trois espèces trouvées par M. Lund, dans les cavernes du Brésil : l'*Hoplophorus euphractus* et l'*Hoplophorus Selloy*, qui atteignaient la taille du bœuf, et l'*Hoplophorus minor*, qui était plus petit [2].

Les Chlamydotherium, Lund (*non* Bronn). —
Atlas, pl. VIII, fig. 12.

sont très voisins des glyptodon. Les descriptions données par MM. Owen et Lund semblent cependant indiquer une différence. Les molaires principales sont tout à fait semblables, mais ces dents paraissent toutes à peu près égales et au nombre de 8 dans les glyptodon, tandis que dans les chlamydotherium les antérieures sont plus petites, plus nombreuses et ressemblent à des incisives, comme dans les encouberts.

On en connaît deux espèces des cavernes du Brésil, recueillies par M. Lund :

Le *Chlamydotherium Humboldtii*, qui avait la taille du tapir, et le *Chlamydotherium gigas*, qui égalait les plus grands rhinocéros [3].

[1] *Descriptive catal. of the royal college of surgeons*, Fossil mammalia, 1845, in-4°; *Quarterly journal of the geological Society*, t. I, p. 257.

[2] Lund, *Mém. Acad. de Copenhague*, t. VIII, pl. 1, 2; 15 et 16, t. IX, pl. 35; *Ann. des sc. nat.*, 2e série, t. XI, p. 218; t. XIII, p. 310.

[3] Voyez Lund, *Mém. Acad. Copenhague*, et *Ann. des sc. nat.* (*loc. cit.*).

Les Pachytherium, Lund,

ne sont connus que par quelques os des extrémités, qui indiquent des formes encore plus lourdes. Aussi la place de ce genre n'est-elle pas encore définitivement fixée.

On n'en connaît qu'une espèce un peu plus grande qu'un bœuf, le *Pachytherium magnum*, trouvé par M. Lund dans les cavernes du Brésil [1].

On arrive ainsi par degrés au genre actuel des

Tatous (*Dasypus*, Lin.),

qui offre aussi, à l'état fossile, des espèces de grande taille, dispersées sur une région géographique plus étendue que de nos jours.

M. Lund en a trouvé plusieurs dans les cavernes du Brésil [2].

Deux d'entre elles peuvent se rapporter au sous-genre des Tatous proprement dits. Ce sont :

Le *Dasypus punctatus*, Lund, à écussons de la cuirasse profondément ponctués

Et une espèce voisine du *Dasypus octocinctus*, Lund, actuellement vivant, mais à museau plus court.

Une autre appartient au sous-genre Xestuus, Wagl., et ressemble au *X. nudicaudis*, qui est vivant.

Les *D. antiquus* et *maximus*, Vilardebo, doivent être réunis au *Glyptodon clavipes*, Owen.

D'autres ont été séparées génériquement par M. Lund à cause de quelques détails de dentition. Ce sont :

Les Euryodon, Lund,

caractérisés par des dents comprimées transversalement. On n'en connaît qu'une espèce grande comme un petit cochon.

Les Heterodon, Lund,

dont les dents sont plus inégales, tant pour la forme que pour la grandeur. Celles de devant, ainsi que celles de derrière, sont en cylindres très minces; les deux qui précèdent celles-ci sont très

[1] et [2] Lund, *Mém. Acad. de Copenhague*, et *Ann. des sc. nat.* (loc. cit.).

grandes. L'antérieure offre une coupe transversale en forme
d'ovale; la postérieure en forme de cœur.

La seule espèce connue était de la taille d'un lapin.

Quelques ossements et quelques plaques dorsales, trouvés en
Europe, ont quelquefois été rapportés à la famille des dasypides,
mais en général sans preuves suffisantes. Ainsi :

Le *Dasypus arvernensis*, Huot [1], *D. fossilis*, Giebel [2], avait été établi
sur un calcanéum de la Limague, que M. de Blainville a rapporté aux Rongeurs aquatiques.

Les plaques osseuses de la mollasse de Vendargues (Hérault), citées comme
appartenant à des mégathériums, paraissent être des Chélonées [3].

Je ne connais pas les plaques provenant de Vienne et indiquées dans le
Neues Jahrb., 1846, p. 472, et 1847, p. 579, dont M. H. de Meyer a fait
le genre Psephophorus.

4ᵉ FAMILLE. — MYRMÉCOPHAGES [4].

Cette famille présente l'intérêt de renfermer le seul édenté fossile qui ait été trouvé en Europe. Aujourd'hui, comme je l'ai fait
observer plus haut, tous les édentés habitent les régions chaudes
du globe. La découverte importante de quelques rares fragments
a montré qu'une espèce de ces animaux a vécu en Europe pendant
l'époque tertiaire, et confirmé ainsi ce que nous venons de répéter
plus haut, que l'état du globe a permis, par une température probablement plus égale, une dispersion plus grande des genres et
des espèces.

La première connaissance que l'on ait eue de ces animaux en
Europe, est une phalange unguéale trouvée dans les sables d'Eppelsheim, figurée pl. VIII, fig. 13, et qui présente à son côté dorsal
une forte fissure médiane. Ce caractère, comme l'a fait observer
Cuvier [5], ne se retrouve dans la nature vivante que dans les
fourmiliers et les pangolins; la grandeur de la fente semble indiquer plutôt ce dernier genre. Aussi le savant fondateur de la
paléontologie crut-il devoir déclarer que la découverte de cette

[1] *Cours de géologie*, t. 1, p. 707.
[2] *Fauna der Vorwelt*, t. 1, p. 107.
[3] Gervais, *Zool. et pal. franç.* p. 135.
[4] Je comprends sous cette dénomination soit les myrmécophages proprement dits dépourvus de dents molaires, soit les oryctéropides.
[5] *Rech. sur les ossem. foss.*, 4ᵉ édit., t. VIII, p. 371.

seule phalange autorisait à admettre l'existence d'un *Pangolin gigantesque*, ayant vécu pendant l'époque tertiaire. Sa taille devait être sept à huit fois celle des pangolins actuels.

Depuis lors, M. Lartet a trouvé à Sansan (départ. du Gers) quelques autres ossements qui paraissent pouvoir être rapportés au même genre ; mais ces débris étaient accompagnés de dents molaires qui avaient tous les caractères de celles des édentés. Si ces organes ont bien appartenu aux mêmes individus que les phalanges unguéales, on devra en conclure que le myrmécophage gigantesque des terrains tertiaires n'est pas un pangolin, mais qu'il doit former un genre nouveau, auquel M. Lartet a donné le nom de

MACROTHERIUM, Lartet, — Atlas, pl. VIII, fig. 13,

et qui serait caractérisé par des membres assez élevés, des phalanges unguéales analogues à celles des pangolins, et des dents semblables à celles des oryctéropes, sans émail ni racines, à tissu non tuberculeux, en nombre inconnu.

M. Kaup a émis une autre opinion sur ces ossements : il croit que l'on devrait rapporter les phalanges unguéales au dinothérium ; mais les raisons qui nous font croire que ce dernier animal était un cétacé herbivore, et que nous développerons en traitant de cette famille, nous empêchent d'admettre cette idée. Le même paléontologiste a rapporté au dinothérium une omoplate qui a quelques rapports avec celle de la taupe, et qui pourrait bien avoir appartenu aussi au macrothérium.

La seule espèce connue serait le *Macrotherium giganteum* (*Pangolin gigantesque*, Cuvier), qui aurait vécu vers la fin de l'époque tertiaire en Allemagne et en France [1]. L'humérus a 50 centimètres de longueur, le radius 55, le fémur 45, et le tibia 28. En France, il a été trouvé à Sansan (Gers) et à Saint-Gaudens (Haute-Garonne).

L'Amérique méridionale a fourni aussi quelques débris osseux qui ont été rapportés aux myrmécophages, mais qui sont encore très douteux.

Le genre des :

[1] Voy. Cuvier, *Ossem. foss.*, 4ᵉ édit., t. VIII, p. 471, *Macrotherium sansaniense*, Lartet, *Compt. rend. de l'Acad. des sc.*, t. IV, p. 90, et *Notice sur la colline de Sansan*, p. 22 ; Blainville, *Compt. rend. de l'Acad. des sc.*, t. VIII, p. 143 ; Gervais, *Zool. et pal. franç.*, p. 135.

Fourmiliers (*Myrmecophaga*, Lin.),

caractérisé par l'absence complète de dents, n'y a pas été trouvé fossile d'une manière certaine.

M. Lund [1] avait annoncé l'existence de deux espèces, l'une voisine du *M. jubata* et l'autre du *M. tridactyla* vivants. Il parle aussi ailleurs d'un *M. gigantea* [2]. Tous ces débris doivent être transportés dans le genre Platyonyx [3].

Les Oryctéropes (*Orycteropus*, Geoffr.),

maintenant réduits à une seule espèce, qui vit dans les environs du cap de Bonne-Espérance, ont été cités en Amérique pendant l'époque diluvienne. M. d'Orbigny [4] rapporte à ce genre des ossements trouvés dans les pampas du Brésil. Ce fait n'est pas encore à ma connaissance appuyé sur des descriptions suffisantes.

Le genre des

Glossotherium, Owen,

a été établi uniquement sur la partie postérieure du crâne d'une espèce perdue. M. Owen l'a décrit dans un mémoire remarquable, et qui peut servir de modèle pour montrer combien un observateur sagace et ingénieux peut tirer parti d'un fragment d'os, qui paraîtrait à bien d'autres devoir être rejeté comme inutile. Le savant anatomiste anglais a cherché à prouver, par la dimension des trous où passent les nerfs et les vaisseaux de la langue, que cet organe a été très développé, et que l'animal pouvait probablement en faire un usage important, comme les fourmiliers. D'un autre côté, l'étendue du muscle temporal et la force de l'arcade zygomatique montrent que l'animal a pu mâcher et a dû avoir des dents molaires. De ces circonstances réunies, M. Owen conclut qu'il est probable que cette espèce perdue a eu des rapports avec l'oryctérope. Il sera intéressant de savoir si de nouvelles découvertes confirmeront ces hardies déductions. Ce fragment a été trouvé dans la Banda orientale [5]. M. H. de Meyer, dans l'*Enumerator* de M. Bronn, le rapporte au *Mylodon Darwinii*.

[1] *Mém. Acad. de Copenhague*, t. IX, p. 197.
[2] *Ann. des sc. nat.*, 2ᵉ série, t. XI, p. 231.
[3] *Ann. des sc. nat.*, 2ᵉ série, t. XIII, p. 316.
[4] *Voyage en Amérique*, Paléontologie, p. 146.
[5] Owen, *Voyage of the Beagle*, p. 57.

PROBOSCIDIENS.

Les mammifères ongulés dont nous commençons l'histoire sont caractérisés par l'impossibilité de ployer les doigts autour des corps pour les saisir, par les ongles courts ou sabots qui protègent l'extrémité de ces organes et par l'absence de clavicule.

Quelques auteurs [1] n'en font qu'un seul ordre naturel ; et, en effet, il y a de nombreuses transitions entre les diverses formes qui composent cette grande division, si l'on réunit dans la même étude les animaux vivants et les fossiles.

Nous croyons cependant devoir conserver ici la distinction en trois ordres, savoir : 1° les PROBOSCIDIENS, qui forment un type parfaitement caractérisé par ses formes anormales ; 2° les PACHYDERMES, qui ne ruminent pas, qui n'ont qu'un estomac, et des doigts en nombre variable (1 à 5) portés par des métacarpiens et des métatarsiens qui ne sont jamais soudés en canon ; 3° les RUMINANTS, qui ont quatre estomacs, deux doigts développés et portant seuls à terre, des doigts latéraux rudimentaires, les deux métatarsiens et les deux métacarpiens principaux, toujours [2] soudés de manière à former un canon d'une seule pièce.

[1] Voy. en particulier, Pomel, *Bull. Soc. géol.*, 2ᵉ série, t. V, p. 477 ; Turner, *Ann. et Mag. of nat. hist.*, t. VI, p. 477 ; Gervais, *Zool. et pal. franç.*, etc.

[2] On a trouvé une exception à cette règle. Le *Moschus aquaticus* d'Afrique a ses métacarpiens et métatarsiens désunis.

Les proboscidiens ne forment dans le monde actuel qu'un seul genre, celui des éléphants, qui, par ses formes générales, sa trompe, sa dentition, son crâne caverneux et tous les détails de son squelette, ne peut être confondu avec aucun autre. Ces animaux ont existé pendant la période diluvienne. Leur patrie à cette époque était beaucoup plus étendue qu'elle ne l'est de nos jours; car on en trouve des fragments dans presque toute l'Asie, dans la plupart des pays de l'Europe, et dans l'Amérique septentrionale, jusque dans ses régions les plus glacées.

A la même époque, en Amérique, et pendant la période tertiaire en Europe, vivait un autre animal qui lui ressemblait beaucoup pour les formes, mais qui en différait par ses dents molaires, et dont Cuvier a formé le genre Mastodonte.

Nous étudierons d'abord le genre des :

ÉLÉPHANTS (*Elephas*, L.), — Atlas, pl. IX, fig. 1-5,

caractérisé par des molaires composées de lames verticales, formées chacune de substance osseuse enveloppée d'émail, et liées ensemble par un ciment. Ces dents se succèdent d'arrière en avant, de manière qu'il n'y en a jamais à la fois qu'une ou deux de chaque côté de chaque mâchoire.

On a trouvé des débris d'éléphants dans la presque totalité de l'Europe. La plupart des terrains meubles d'Allemagne, d'Angleterre, de France, d'Italie, d'Espagne, de Belgique et de Suisse, en ont fourni des ossements qui ont, à diverses époques, attiré l'attention par leur grandeur, et donné lieu à des fables nombreuses sur l'existence d'hommes fossiles d'une taille gigantesque. (Voyez p. 146). Mais de tous les pays, celui où ces ossements paraissent le plus abondants est la Sibérie. On trouve, dans les terrains récents de ce pays, des ossements et surtout des défenses d'éléphants si nombreuses, et dans un état de conservation si parfait, qu'on les exploite pour les livrer au commerce. Les habitants de la Sibérie expliquent ces dépôts remarquables par la fable suivante : Ils croient que le sol de leur pays est miné par des animaux d'une taille gigantesque qu'ils nomment *Mammouths* ou *Taupes souterraines* ; ils s'imaginent que ces animaux sont destinés à vivre toujours dans l'obscurité, et que lorsqu'ils arrivent près de la surface de la terre, la lumière les tue. Ils leur attribuent ces ossements et ces défenses si nombreuses. Des idées pareilles semblent répandues dans presque tout le continent de l'Asie ; on a signalé jusque sur les confins de la Chine des dépôts semblables, que les indigènes attribuent aussi à de gigantesques animaux fouisseurs.

C'est ordinairement au bord des fleuves que l'on trouve ces débris, ce qui a fait penser à quelques naturalistes que les éléphants pouvaient avoir vécu dans des régions plus tempérées et avoir été entraînés par les eaux courantes. Il devenait ainsi inutile de recourir, pour expliquer leur vie dans ces climats aujourd'hui glacés, à un changement dans la température du globe ; mais cette opinion est inadmissible, et le fait qu'on trouve ces ossements principalement sur le bord des fleuves doit s'expliquer plutôt parce que les eaux, dans leurs débordements, entraînent les graviers et laissent ainsi à nu les os qu'ils recélaient. On a souvent trouvé en effet des débris semblables, en creusant des puits ou en exécutant d'autres travaux loin du cours des fleuves. Quelques rivières d'ailleurs, dont les rivages en présentent souvent, proviennent de hautes montagnes qui auraient été aussi inhabitables aux éléphants que les plaines plus basses et plus septentrionales où leurs restes gisent aujourd'hui.

La découverte la plus remarquable qui ait été faite de ces animaux est celle d'un cadavre entier trouvé dans un bloc de glace sur les bords de la mer Glaciale. En 1799, un pêcheur tongouse découvrit, près de la Léna, une masse informe entourée de glace ; quelques années après, la fonte permit d'y reconnaître un éléphant. En 1806, M. Adams, voyageant pour le Musée de Pétersbourg, trouva cet animal déjà en partie mis à nu et mutilé par les animaux carnassiers. Il reconnut avec surprise qu'il avait été couvert d'un mélange abondant de crin et de laine. Une portion du squelette avait été entraînée ; il put toutefois en réunir la plus grande partie et le faire transporter à Petersbourg. Le fait le plus remarquable qu'ait démontré cette découverte, est que le mammouth était organisé pour résister à un climat froid; car il était protégé par une toison, comme le sont aujourd'hui les ours et les autres animaux qui vivent dans ces contrées. Il en résulte, comme je l'ai déjà dit ailleurs (voy. p. 72), qu'il n'y a aucun motif pour assimiler le climat de la Sibérie pendant l'époque diluvienne à celui où vivent les éléphants modernes; et que l'on doit au contraire reconnaître que, selon toutes les probabilités, il était déjà froid, sans toutefois l'être autant qu'aujourd'hui, puisqu'il a dû permettre une végétation suffisante à la nourriture de ces grands animaux.

On ne connaît dans le monde actuel que deux espèces d'éléphants qui se distinguent facilement par la grandeur relative des oreilles, le nombre des ongles et la disposition des lames d'émail des molaires. Ces lames forment des losanges dans l'éléphant d'Afrique, et des rubans transverses dans l'éléphant d'Asie (Voyez Atlas, pl. IX, fig. 4 et 5.) M. F. Cuvier a même cherché à baser, sur ces différences, deux genres qu'il a désignés sous les noms d'ÉLÉPHANT (nommé aussi plus tard ÉLASMODONTE) et de LOXODONTE.

Pour la distinction des espèces fossiles, on a pu quelquefois s'appuyer sur la forme de la tête et du squelette, et même sur la nature des téguments; mais dans la plupart des cas on n'a pas eu d'autres éléments que la dentition qui présente, dans le courant de la vie, des modifications considérables. Ces modifications étaient trop incomplétement connues aux différents naturalistes qui se sont occupés des éléphants fossiles pour permettre une discussion suffisante de la valeur des caractères, et un grand nombre d'espèces paraissent inacceptables.

M. de Blainville, dans son *Ostéographie*, a donné une histoire plus complète de la succession des dents. Il admet en tout six molaires de chaque côté de chaque mâchoire, se renouvelant, comme nous l'avons dit plus haut, d'arrière en avant, de manière qu'il n'y en ait en général qu'une ou deux à la fois. Ces molaires diffèrent entre elles par le nombre des lames d'émail et par leur forme générale. Dans l'éléphant d'Asie, la première molaire de chaque mâchoire a 4 lames d'émail seulement et des racines distinctes. Le nombre des lames augmente dans les suivantes, et les racines deviennent de plus en plus indistinctes, de sorte que les dernières dents en manquent tout à fait. A la mâchoire supérieure, la seconde dent a huit lames d'émail, la troisième onze, la quatrième quinze, la cinquième probablement dix-sept et la dernière vingt-trois. A la mâchoire inférieure les nombres croissent à peu près de même jusqu'à la dernière qui en a vingt-sept. Ces données sont importantes pour la comparaison des dents fossiles.

L'espèce fossile la plus abondante et la plus connue est l'*Elephas primigenius*, Blum, le *Mammouth*, *Elephas mammonteus* (Cuvier)(1). Voyez dans le *Palæologica* de M. H. de Meyer un catalogue considérable des nombreuses citations qui ont été faites de cette espèce. Pour éviter les répétitions inutiles, nous renvoyons à l'APPENDICE BIBLIOGRAPHIQUE de notre quatrième volume, aux articles Ashe, Baker, Bald, Barth, Bergmann, Beyschlag, Bonn, Borson, Brandt, Breyn, Camper, Carthauser, Castelnau, Charlesworth, Charlton, Chiampini, Deluc, Everset, Faujas, Ficht, Fischer, Fortis, Fuchs, Galeotti, Gervais, Glurykowitz, Grant, Haidinger, O. d'Halloy, Harlan, Hœninghaus, Hoffmann, Hoyerus, Jacob, Ipelsburg, Kilian, Langenmantel, Martin, Meinecke, Merck, Mesny, Morren, Murchison, Nesti, Paillette, Pale, Pichat, Rambles, Ranking, Raspe, Rathke, Ravin, Renslaer, Riniem, River, Roberg, Robert, Rouillier, Royer, Schmerling, Schnetter, Sloane, Smith, Spadoni, Stoding, Strickland, Tentzel, Trigen, Turner, Virlet, West, Woolworth, etc.

C'est à cette espèce que se rapportent la plupart des faits indiqués ci-dessus; c'est en particulier celle dont les débris sont si abondants en Sibérie, et c'est à elle qu'appartiennent la plupart des ossements des terrains meubles de l'Europe. L'*Elephas primigenius* ressemble surtout à l'éléphant des Indes, et diffère beaucoup plus de l'éléphant d'Afrique. Il a, comme le premier, les lames d'émail de ses molaires disposées en lignes à peu près parallèles, tandis que dans l'éléphant d'Afrique elles forment des losanges. Quels que soient toutefois ses rapports avec cette espèce vivante, Cuvier a démontré qu'on ne pouvait pas les confondre, et les principaux caractères qui les distinguent sont les suivants (Atlas, pl. IX, fig. 1-3) :

L'éléphant fossile a les lames d'émail de ses molaires plus rapprochées, plus minces et moins festonnées; de sorte que si l'on compare une de ces dents à une du même âge de l'éléphant des Indes, c'est-à-dire avec une dent qui ait le même nombre d'éléments, on trouvera plus de lames dans un espace donné. Ces mêmes molaires sont plus larges à proportion dans l'éléphant fossile, et ses défenses, souvent très courbées, sont aussi grandes que celles de l'éléphant d'Afrique. Un des caractères les plus distinctifs est la longueur des alvéoles des défenses (fig. 2), qui ont dû allonger la tête en avant et fournir une base plus solide à la trompe, qui a été probablement bien plus épaisse à sa base. La région occipitale présente aussi des différences assez notables en prenant un développement plus grand, lié avec une augmentation dans la force des apophyses épineuses des vertèbres.

(1) *Rech. sur les ossem. foss.*, 1re édit., t. II, p. 1.

Cet animal a dû atteindre jusqu'à 15 ou 16 pieds de hauteur au garot, c'est-à-dire qu'il a un peu dépassé les plus grands éléphants des Indes. Ses membres ont été plus forts et plus massifs à proportion. Il était couvert d'un pelage formé de longs poils bruns, gros comme des crins de cheval et longs de 12 à 15 pouces, mêlés avec d'autres plus petits et plus clairs, et avec une laine abondante longue de 4 à 5 pouces, fine, assez douce, frisée et d'un fauve clair.

Les restes du mammouth, comme je l'ai dit plus haut, se retrouvent dans une grande quantité de pays. Tout le nord de l'Asie et la totalité du continent européen en fournissent, car on en a trouvé depuis la Russie jusqu'en Irlande, et depuis les régions du nord jusqu'en Espagne, en Sicile et en Grèce. On en cite même de quelques contrées plus éloignées. M. Guyon en a recueilli près de Philippeville (Algérie) ; l'Amérique septentrionale a fourni de nombreux débris que l'on doit probablement aussi rapporter à la même espèce. Des fragments trouvés dans le Kentucky, sur les bords de l'Ohio, d'autres près de Mexico et dans les possessions espagnoles d'Amérique, et quelques uns enfin bien plus au nord, jusqu'au point où le capitaine Parry a pénétré en 1819, montrent que l'éléphant a habité pendant l'époque diluvienne toute l'Amérique septentrionale en même temps que le grand mastodonte.

Tous ces ossements ont été trouvés dans le terrain diluvien, et le mammouth peut être considéré comme caractéristique de cette époque. Il ne vivait pas encore pendant la période pliocène ([1]).

Une autre espèce a été signalée comme trouvée en Europe. C'est l'*Elephas priscus*, Goldf. ([2]) (*E. africanus fossilis*), trouvé dans les terrains diluviens du Rhin et de Wittemberg : il avait les lames des molaires en losanges, comme l'éléphant d'Afrique ; mais il n'est connu que par quelques dents dont on a même contesté l'origine. Cuvier doutait de l'existence de cette espèce, et de Blainville ne se prononce pas à son sujet.

M. Fischer ([3]) indique encore cinq espèces d'éléphants des terrains diluviens de Russie ; mais on ne peut pas les admettre sans un nouvel examen. Ce sont les *Elephas panicus*, *E. proboletes*, *E. pygmæus*, *E. Kamenskii* et *E. campyletes*.

L'*Elephas meridionalis*, Nesti., indiqué comme trouvé dans les terrains récents du val d'Arno et du Puy-de-Dôme, et caractérisé par une mâ-

([1]) Les débris attribués à l'éléphant et trouvés dans les terrains tertiaires paraissent devoir être rapportés au genre suivant (Gervais, *Zool. et pal. franç.*, p. 36). Quelques auteurs admettent cependant que l'on trouve quelquefois des éléphants et des mastodontes réunis dans le même terrain (en Europe). Nous reviendrons sur ce sujet dans le quatrième volume.

([2]) *Nova acta nat. cur.*, t. X, pl. 2, p. 185.

([3]) *Bull. de la Soc. de Moscou*, p. 275.

choire inférieure à symphyse plus longue, n'est pas non plus suffisamment certain [1].

Il faut aussi réunir à l'*Elephas primigénius* : l'*Elephas odontotyrannus*, Eichwald [2], et l'*Elephas macrorhynchus*, Morren [3].

Les éléphants ont aussi été trouvés fossiles dans l'Inde. C'est à ce genre qu'il faut rapporter plusieurs espèces remarquables trouvées soit sur les bords de l'Irawadi en Birmanie, par M. Clift, soit dans les collines subhimalayennes, par MM. Cautley et Falconer. Plusieurs de ces espèces présentent des dents dont les éléments sont plus séparés que dans les éléphants, de sorte que chaque lame d'ivoire est le sommet d'une véritable colline. Ils font ainsi une transition aux Mastodontes, et sont devenus, pour MM. Cautley et Falconer (*Fauna antiqua sivalensis*), le type du genre STÉCODON.

Ce sont les espèces suivantes :

L'*Elephas Cliftii*, Cautley et Falconer (*Fauna antiqua sivalensis*, pl. 30), de l'Irawadi.

L'*Elephas bombifrons*, Cautley et Falconer (*Id.*, pl. 25, 26, 27, 28, 29, 29 *a* et 29 *b*), des collines subhimalayennes.

L'*Elephas canesa*, Cautley et Falconer (*Id.*, pl. 3, 20 *a*, 21, 22, 23, 24, 24 *a*, 25, 25 *a*, 29 *b*), du même gisement.

L'*Elephas insignis*, Cautley et Falconer (*Id.*, pl. 2, 6, 15, 16, 17, 18, 18 *a*, 19, 19 *a*, 20, 20 *a*, 24, 24, 24 *a*, 25, 29), du même gisement.

Une autre espèce se rapproche davantage de l'éléphant d'Afrique (sous-genre LOXODON), c'est :

L'*Elephas planifrons*, Cautley et Falconer (*Fauna antiqua sivalensis*, pl. 2, 6, 9, 10, 11, 12, 18 et 18 *a*), des collines subhimalayennes.

D'autres rappellent au contraire les formes de l'éléphant d'Asie (sous-genre ÉLASMODON), ce sont :

L'*Elephas hysudricus*, Cautley et Falconer (*Fauna antiqua sivalensis*, pl. 1, 4, 5, 6, 7, 8, 12 *b*, 12 *c*, 13 *a*), des collines subhimalayennes.

L'*Elephas namadicus*, Cautley et Falconer (*Id.*, pl. 12 *a*, 12 *b*, 12 *c*, 12 *d*, 13, 24 *a*), du même gisement.

Le second genre est celui des

[1] Nesti, *Nuov. giorn. d. lett.*, 1825, p. 195; Croizet et Jobert, *Ossem. foss. du Puy-de-Dôme*, t. I, p. 123.

[2] *De reliquiis foss. Pod. et Volh.* (*Nova acta*, 1835, t. XVII, 2, p. 723).

[3] *Bull. Soc géol.*, t. II, p. 27.

Mastodontes (*Mastodon*, Cuv.). — Atlas, pl. IX, fig. 6-10,

qui a aujourd'hui complétement disparu de la nature vivante. Ces animaux avaient la forme des éléphants, leur crâne bombé et celluleux, leurs grandes défenses à la mâchoire supérieure et leur démarche lourde. Ils avaient aussi probablement une longue trompe, car les os du nez ressemblent à ceux de l'éléphant, et paraissent avoir été disposés pour une organisation analogue. L'obligation d'ailleurs de prendre à terre les végétaux et les racines dont ils ont dû faire leur nourriture, jointe à la brièveté du cou et de la tête, démontre la nécessité de cet organe.

Ils en différaient principalement par leurs dents molaires, dont la couronne simple était hérissée de mamelons coniques, réunis de manière à former un certain nombre de collines transversales qui ne sont point réunies par du ciment.

Il résulte des travaux de M. Kaup et de ceux de M. de Blainville, que ces molaires étaient probablement au nombre total de 6 comme dans les éléphants, se succédant d'arrière en avant, de manière qu'il n'y en eût que deux ou trois à la fois ; mais M. Lartet a trouvé à Sansan des mâchoires dont on peut conclure qu'il y avait, en outre, un remplacement des premières molaires de lait par des dents qui croissaient en dessous d'elles comme dans tous les autres mammifères. M. Owen pense que ces germes se réabsorbaient quelquefois [1].

Dans le *M. longirostris*, suivant M. Kaup, la première dent de la mâchoire supérieure était carrée et à deux collines, la seconde en avait une de plus, et les suivantes, beaucoup plus longues à proportion, augmentaient jusqu'à la dernière qui avait cinq collines et un fort talon postérieur simulant une sixième. A la mâchoire inférieure la première était à deux racines, sa couronne portant seulement deux mamelons et la dernière avait six collines transverses.

La forme de ces dents avait paru, aux premiers naturalistes qui les étudièrent, révéler l'existence d'un grand animal carnassier ; mais une comparaison plus exacte a montré que ces molaires indiquent un régime herbivore et frugivore semblable à celui

[1] Voy. Lartet, *Notice sur la colline de Sansan* ; Laurillard, *Rapport à MM. les professeurs du Muséum* (*Moniteur*, octobre 1851).

de la plupart des pachydermes. On les a aussi, et avec plus de
raison, comparées aux hippopotames, tellement que Daubenton,
Collinson, etc., pensèrent que ces dents pourraient bien ne pas
appartenir au même animal que les os ; ces derniers se rapportant
à un éléphant et les dents à un hippopotame. On a trouvé, dans
l'intérieur d'un squelette fossile dans l'Amérique septentrionale,
et à la place que devait occuper l'estomac, des débris végétaux
qui ont prouvé que le mastodonte se nourrissait surtout des
jeunes pousses des arbres.

Les mastodontes présentent aussi un caractère remarquable,
dans l'existence, au moins pendant la jeunesse, de deux petites
défenses droites et courtes à l'extrémité de la mâchoire inférieure.
C'est sur cette circonstance qu'avait été établi le genre Tetracaulodon, Godmann. Un nouvel examen et une comparaison plus
étendue ont montré que ces petites défenses inférieures, et souvent caduques, étaient un caractère commun à presque toutes les
espèces.

Il paraît que dans les mâles de quelques espèces une seule sub-
sistait, en sorte que, suivant M. Owen, le mâle adulte avait à la
mâchoire inférieure une défense unique implantée dans la branche droite.

Lors de leur première découverte, les ossements de ces animaux ont été confondus avec ceux de l'éléphant, et de là est résultée, dans la nomenclature, une confusion fréquente entre les
mots de mastodonte et de mammouth. Ce dernier nom doit être
exclusivement réservé à l'*Elephas primigenius*.

L'espèce la mieux connue est

Le *grand Mastodonte* [1] (*M. giganteum*, Cuvier ; *Mammouth ohioticum*,
Blum ; *Harpagmotherium canadense*, Fischer ; *Elephas carnivorus*, Hunter ;
Tetracaulodon mastodontoideum, Godm), dont les molaires, assez longues,
présentent, par leur détrition, des coupes en forme de losange. On en a
trouvé de nombreux et beaux débris dans plusieurs localités de l'Amérique
septentrionale, et quelques musées des États-Unis, ainsi que le British
Museum en possèdent des squelettes complets. Ses ossements fossiles avaient

[1] Cuvier, *Rech. sur les ossem. foss.*, 4e édit., t. II, p. 247. L'animal qui a
été montré à Londres sous le nom de *Missourium* n'était autre chose que le
grand mastodonte. Il a aussi été nommé *Missourotherium*. Ce même genre, à
diverses époques, a été aussi désigné sous les noms de Leviathan, Masto-
therium, Pseudo-Eléphant, Harpagmotherium, etc. Il a été divisé par le nombre des parties de molaires en Trilophodon et Tetralophodon.

déjà frappé les habitants de la Louisiane et du Canada, qui désignent cet animal sous le nom de *Père aux bœufs*, parce qu'on trouve souvent ses os enfouis avec ceux plus récents des buffles et des bisons. (Atlas, pl. IX, fig. 6 et 7.)

Il paraît avoir ressemblé beaucoup à l'éléphant. Sa taille égalait celle des grands éléphants des Indes, mais avec des membres plus lourds et un ventre probablement plus mince. Il paraît aussi qu'il était plus allongé proportionnellement à sa hauteur. Son crâne était plus plat que celui de l'éléphant, mais avec des formes semblables. Ses défenses supérieures ressemblaient à celles de l'*Elephas primigenius*, et ont été quelquefois, comme dans cet animal, fortement recourbées et un peu en spirale; elles étaient d'ailleurs implantées comme celles des éléphants, quoiqu'on ait prétendu que la pointe était dirigée en bas. Les inférieures étaient petites, cylindriques, obtuses et caduques.

Les naturalistes américains ont décrit plusieurs espèces de l'Amérique du Nord qui paraissent devoir se rapporter, pour la plupart, au *M. giganteum*. Les *M. Godmanni*, *Kochii*, *Collinsonii*, *Haysii*, etc., ne peuvent pas être admis comme des espèces certaines [1].

Une autre espèce, qui paraît se distinguer de la précédente par de bons caractères, a habité l'Amérique méridionale: c'est le *M. Humboldtii*, Blainville [2]. Sa mâchoire inférieure ne portait probablement jamais de défenses, et ses molaires rappellent plutôt la forme du *M. angustidens* que du *M. giganteum*; mais l'émail y est plus replié.

Il faut, suivant M. de Blainville, lui rapporter le *M. andium*, Cuvier [3]; mais il existe certainement au moins deux espèces dans l'Amérique méridionale, car la mâchoire attribuée par M. d'Orbigny [4] au *Mastodon andium* a la symphyse très prolongée, et il ne peut pas être réuni au *M. Humboldtii*.

Les mastodontes ont aussi, comme nous l'avons dit plus haut, habité l'Europe, mais seulement dans l'époque tertiaire, et l'on n'en peut citer aucune trace certaine dans la période diluvienne [5].

De nombreuses espèces ont été citées par les géologues et les paléontologistes; mais beaucoup d'entre elles ont été établies sur des différences dans la forme des molaires qui tiennent à la place qu'elles occupaient dans l'une ou dans l'autre mâchoire. Les plus certaines sont les suivantes.

[1] Voyez en particulier Grant, *Proceed. of the geol. Soc.*, t. III, p. 600 et 689; Blainville, *Ostéographie*, etc.

[2] Blainville, *Ostéographie*, Éléphants, p. 302.

[3] *Rech. sur les ossem. foss.*, 4° édit., t. II, p. 368.

[4] *Voyage en Amérique*, Paléontologie, pl. 10 et 11.

[5] Voyez la note page 284.

Deux ou trois au moins ont vécu dans l'époque miocène.

Le *Mastodon longirostris*, Kaup (¹), est caractérisé par des molaires très étroites, et surtout par l'allongement extrême de la mâchoire inférieure qui porte deux défenses cultriformes (pl. IX, fig. 8). Il faut, suivant M. Gervais, lui réunir la plus grande partie des ossements rapportés par Cuvier (²) au *Mastodon angustidens*, espèce qui doit être abandonnée et répartie entre celle-ci et le *M. brevirostris*. M. Gervais croit que le *M. longirostris* est l'animal de Simorre (³) de Réaumur (⁴). Cette espèce est commune dans les terrains miocènes du midi de la France, à Simorre, à Chevilly, etc., ainsi que dans les gisements analogues d'Eppelsheim et de diverses contrées d'Allemagne.

Le *Mastodon Gaujacis*, Lartet (⁵) forme, suivant MM. Lartet et Laurillard, ou une espèce distincte ou une race de montagne. Elle n'est connue que par des fragments trouvés aux environs de Lombez et à Sansan.

Le *Mastodon tapiroïdes*, Cuvier (⁶), est clairement caractérisé par ses molaires composées de tubercules plus nombreux, rangés en séries ou collines, de manière à former une sorte de transition aux dinothériums et aux tapirs, (Atlas, pl. IX, fig. 10). Il a été trouvé à Simorre et dans quelques autres parties de la France méridionale, dans le terrain miocène. M. de Blainville lui réunit, avec doute, le *M. turicense*, Schinz (*Mastodonte de Zurich*). Je connais, en effet, des molaires du *Mastodonte de Zurich* qui sont tout à fait tapiroïdes, mais d'autres, par contre, ressemblent à celles du *M. longirostris*. Je pense qu'il y a deux espèces dans ces lignites.

Une espèce se trouve dans les terrains pliocènes proprement dits.

Le *Mastodon brevirostris*, Gervais (⁷), est établi sur une partie des

(¹) *Ossem. fossiles de Darmstadt*, 4ᵉ livr., pl. 16-22.

(²) *Ossem. fossiles*, 4ᵉ édit., t. II, p. 327.

(³) Cette opinion n'est pas partagée par M. Pomel, *Bull. Soc. géol.*, t. V, p. 257; ni par M. Lartet, *Notice sur la colline de Sansan*, p. 26; ni par M. Laurillard, *Rapport à MM. les professeurs* (*Moniteur*, oct. 1851). Tous ces paléontologistes considèrent le mastodonte de Simorre comme devant être séparé du *M. longirostris*. M. Pomel le nomme *M. Cuvieri*; M. Lartet, *M. simorrense*; M. Laurillard en fait deux espèces.

(⁴) *Mém. de l'Acad. des sc. de Paris*, 1715, p. 714; Blainville, *Ostéographie*; Gervais, *Zool. et pal. franç.*, p. 39; Laurillard, *Dict.* de d'Orbigny, t. VIII, p. 29; Kaup, *Ossem. fossiles de Darmstadt*, 4ᵉ livr. (en y réunissant les *M. dubius* et *grandis*), etc.

(⁵) Lartet, *Notice sur la colline de Sansan*, p. 27.

(⁶) *Ossem. fossiles*, 4ᵉ édit., t. II, p. 374; Blainville, *Ostéogr.*; Laurillard, *Dict.* de d'Orbigny, t. VIII, p. 31; *M. Borsoni?* Hays; Gervais, *Zool. et pal. franç.*, p. 39.

(⁷) *Zool. et pal. franç.*, p. 37, pl. 1 et 3.

débris attribués par Cuvier au M. *angustidens*. Ses défenses inférieures sont nulles ou peu développées, la mâchoire inférieure courte comme celle des éléphants; les molaires rappellent celles du M. *longirostris*, avec des tubercules secondaires entre les collines. Cette espèce a été trouvée dans plusieurs localités pliocènes du midi de la France.

Les mastodontes paraissent aussi avoir été abondants pendant l'époque pliocène au Puy et en Auvergne. J'extrais d'une communication inédite, due à l'obligeance de M. Aymard, les faits suivants.

Le *Mastodon macropus*, Aymard, avait des molaires à collines réunies par des tubercules secondaires et présentant par l'usure des coupes en forme de trèfle. La symphyse de la mâchoire n'est pas connue. Les incisives sous le faible diamètre de 8 centimètres au gros bout atteignaient presque 2 mètres de longueur, et avaient une coupe subelliptique. Cette espèce a été trouvée à Vialette et à Pichevieil.

Le *Mastodon vellaeus*, Aymard [1], connu seulement par quelques os des membres, dépassait d'un tiers au moins en hauteur le mastodonte de l'Ohio et a dû atteindre plus de 5 mètres. On ne connaît pas ses dents. De Vialette.

Le *Mastodon Vialetti*, Aymard, n'est aussi connu que par des os des membres, qui prouvent qu'il était la plus petite espèce connue. De Vialette.

Ces derniers ne peuvent, comme on le voit, être inscrits que provisoirement.

Le *Mastodon arvernensis*, Croizet et Jobert [2], avait la mâchoire courte comme le M. *brevirostris*, mais ses molaires étaient subtapiroïdes. Il a été trouvé dans le terrain pliocène d'Auvergne. C'est, je crois, la même espèce que celle que M. Pomel [3] nomme M. *Buffonis*. M. Aymard lui rapporte, avec doute, quelques ossements de Vialette, et, en particulier, des dents intermédiaires entre celles du M. *maximus* et celles du M. *tapiroïdes*.

Les riches gisements de l'Inde, que nous avons indiqués au sujet des éléphants, ont aussi fourni des mastodontes; les auteurs, à cause des transitions que nous avons signalées plus haut, ne sont pas tous d'accord sur le classement des espèces. M. de Blainville range parmi les éléphants une partie de celles que nous allons indiquer d'après MM. Cautley et Falconer.

Ces naturalistes ont figuré :

Le *Mastodon perimensis*, Cautley et Falconer [4], de Perim.

[1] *Bull. Soc. géol. franç.*, 2ᵉ série, t. IV, p. 414.
[2] *Foss. du Puy-de-Dôme*, p. 134.
[3] *Bull. Soc. géol. franç.*, 2ᵉ série, t. V, p. 257.
[4] *Fauna antiqua Sivalensis*, pl. 31, 38, 39 et 40.

Le *Mastodon latidens* (¹), Clift, des bords de l'Irawadi (*Elephas*, Blainville).
Le *Mastodon sivalensis* (²), Cautley et Falconer, des collines subhimalayennes.
Ces trois espèces appartiennent au sous-genre des TETRALOPHODON.

Je termine ce qui tient aux mastodontes en avertissant que, vu le nombre considérable d'ouvrages dans lesquels il est parlé de ces animaux, je n'ai indiqué que les plus importants.

Je renvoie en outre à l'APPENDICE BIBLIOGRAPHIQUE, où plusieurs mémoires spéciaux sont cités aux articles : Aymard, Azema, Buckland, Clift, Dikson, Gervais, Goodmann, Guernesey, Hays, Koch, Maxwell, Lyell, Nesti, Noulet, Oken, Pichot, Ranking, Rensslaer, Rogers, Serres (M. de), Warren, Wymann, etc.

9ᵉ ORDRE.

PACHYDERMES.

Nous ne comprenons sous ce nom, d'après ce que nous avons dit plus haut, que les mammifères ongulés, caractérisés par une digestion normale sans rumination, par un seul estomac, par des doigts en nombre variable (de 1 à 5), portés par des métacarpiens et des métatarsiens désunis, ne formant pas de canons, par une tête sans développement celluleux extraordinaire et sans trompe, ou du moins avec une trompe courte.

Cet ordre est aussi important dans l'histoire des terrains tertiaires et diluviens d'Europe que celui des édentés dans celle des dernières périodes en Amérique ; car, comme nous l'avons dit plus haut, lors de la première apparition des mammifères en Europe, les familles herbivores ont été les plus nombreuses, et, parmi elles, ce sont les pachydermes qui ont dominé.

L'étude de ces animaux fournit des résultats zoologi-

(¹) Clift, *Trans. of the geol. Soc.*, 2ᵉ série, t. II, p. 371 ; Cautley et Falconer, *loc. cit.*, pl. 30, 31 et 40.
(²) *Loc. cit.*, pl. 3, 18, 32, 33, 34, 35, 36, 37 et 39.

ques intéressants, et l'histoire des pachydermes fossiles est nécessaire pour donner une idée exacte des véritables relations qui lient les genres dont se compose cet ordre, soit entre eux, soit avec diverses autres familles de mammifères.

Nous trouvons en premier lieu que quelques pachydermes fossiles forment une transition aux édentés, et augmentent ces rapports si nombreux que nous avons déjà été appelés à signaler. On en verra en particulier quelques exemples dans les fossiles américains.

D'autres genres fossiles établissent des transitions aux ruminants, et les limites de ce groupe semblent avoir été rendues moins strictes par la découverte des anoplothériums, qui présentent une réunion inattendue de caractères qui, dans la création actuelle, appartiennent exclusivement, les uns aux pachydermes et les autres aux ruminants.

J'aurai encore occasion de montrer plus tard que quelques pachydermes fossiles forment une transition aux cétacés.

Nous observons en second lieu que l'étude des fossiles comble les lacunes que cet ordre semble présenter de nos jours. Tous les zoologistes savent que si l'on compare dans la création actuelle les ruminants et les pachydermes, c'est-à-dire les deux ordres de mammifères ongulés, on voit qu'autant les ruminants forment un ordre naturel et dont les genres sont intimement liés les uns aux autres, autant les pachydermes semblent réunis par des caractères négatifs. Les genres qui appartiennent à cet ordre sont pour la plupart isolés et liés les uns aux autres par de faibles analogies.

Les choses ne se présentent plus de même quand, au lieu d'étudier seulement les pachydermes vivants,

on compare l'ensemble de cet ordre, en réunissant tous
les types des diverses époques. On trouve alors de nouveaux liens et des passages nombreux, qui font de l'ordre des pachydermes un ensemble presque aussi naturel que celui des ruminants. La différence que ces deux
ordres présentent actuellement semble devoir être attribuée au mode de leur apparition sur la terre. Les
pachydermes, qui ont apparu successivement et par
des types dont une grande partie ont été détruits, sont
maintenant réduits à des genres isolés. Les ruminants,
dont l'apparition a été plus instantanée, et dont presque
aucun type n'a disparu, ont conservé leur homogénéité.

On peut enfin citer encore, comme un résultat de
la comparaison des pachydermes fossiles, le fait que
les différences de taille ont été, aux époques anciennes, encore plus remarquables qu'aujourd'hui. D'une
part, les rhinocéros, les hippopotames, etc., ont dépassé
en grandeur les espèces actuelles ; de l'autre, les très
petites espèces ont été beaucoup plus nombreuses ;
quelques-unes même sont restées dans des limites inférieures à celles que présente aujourd'hui le daman.

Nous divisons cet ordre en deux familles. La première
comprend tous ceux qui ont les doigts en nombre impair, et la seconde ceux qui les ont en nombre pair.
Chacune de ces divisions forme une série dans laquelle on
voit les doigts diminuer en nombre et les formes devenir moins lourdes. La première de ces séries commence
aux rhinocéros et se termine au cheval, qui ne peut
plus former une famille distincte (solipèdes) depuis que
la paléontologie a découvert des formes intermédiaires qui
le lient au tapir. La seconde commence à l'hippopotame et se termine aux anoplothériums, qui forment eux-
mêmes une transition aux ruminants.

1re Famille. — PÉRISSODACTYLES.

Sous cette dénomination, empruntée à M. Owen [1], nous comprenons les pachydermes à système digital impair, c'est-à-dire ceux chez qui le doigt médius prédomine toujours et forme le milieu du pied, soit que l'animal ait, comme c'est le cas normal, trois doigts, dont les latéraux sont plus ou moins subordonnés; soit qu'il en ait quatre, dont l'index d'un côté et l'annulaire et le petit doigt de l'autre restent inférieurs au médius. Leur pied n'est donc jamais régulièrement bisulque. Leur astragale est toujours caractéristique; cet os s'appuie sur le calcanéum par trois grandes facettes et n'est pas en double poulie comme dans la famille suivante.

C'est à cette division qu'appartient le Daman (*Hyrax*), genre vivant qui n'a pas encore été trouvé fossile et qui s'écarte de tous les pachydermes par un caractère dont il est difficile d'apprécier exactement l'importance. Il se développe avec un placenta zonaire, tandis que tous les autres ont un placenta diffus.

Dans le but de faire mieux comprendre les rapports des divers genres, nous diviserons les pachydermes périssodactyles en quatre tribus :

1° Les Rhinocéroïdes, qui n'ont point de canines, et qui sont en outre caractérisés par des formes lourdes, par une peau épaisse, et le plus souvent par une ou deux cornes sur le nez.

2° Les Taemoïdes, qui ont des canines, et dont les dents molaires, surtout les inférieures, sont en général formées de collines transverses; les pieds antérieurs ont 3 ou 4 doigts.

3° Les Palæothérioïdes, qui ont aussi des canines, mais dont les dents molaires inférieures sont formées de croissants successifs; les pieds ont toujours trois doigts.

4° Les Solipèdes, qui ont des canines petites ou nulles, des dents molaires formées d'une lame d'émail plissée d'une manière compliquée, et des pieds composés d'un seul doigt développé et de doigts accessoires rudimentaires.

1re Tribu. — RHINOCÉROÏDES.

Ce groupe comprend, comme nous venons de le dire, les espèces

---

[1] *Quarterly Journal of the geol. Soc.*, 1848, t. IV, p. 131.

dépourvues de canines, à formes lourdes et à peau épaisse. Le genre principal est celui des

RHINOCÉROS (*Rhinoceros*, Lin.). — Atlas, pl. X, fig. 1-5,

qui sont clairement caractérisés par la corne simple ou double qui arme le dessus de leur nez, et surtout par leur $\frac{7}{7}$ molaires dont les supérieures ont deux collines incomplétement séparées par un vallon curviligne, et dont les inférieures ont deux collines en croissants successifs. Les incisives sont variables; tantôt elles sont très petites et caduques, tantôt assez grandes et persistantes.

Ces animaux ont joué un grand rôle pendant les époques qui ont précédé la nôtre; des espèces nombreuses et de grande taille ont occupé des pays dont ce genre est aujourd'hui complétement exclu. Leur histoire a quelques rapports avec celle des proboscidiens, car, inconnus dans l'origine de la période tertiaire, ils ont laissé des débris dans ses terrains moyens et supérieurs; et dans l'époque diluvienne ils ont habité le nord du globe, jusque dans les régions qui sont de nos jours presque constamment glacées.

Les découvertes les plus intéressantes sont celles qui ont été faites par les naturalistes russes. Pallas a trouvé, en 1781, un rhinocéros entier, conservé avec sa peau et enseveli dans le sable près de la Léna, à 64 degrés de latitude nord. Malheureusement les circonstances l'empêchèrent d'en recueillir le squelette complet, et l'animal lui-même était moins bien conservé que l'éléphant dont nous avons parlé (p. 281); mais la description de Pallas suffit pour montrer qu'il était probablement revêtu de poils, et organisé par conséquent aussi pour résister à un climat plus froid que celui que peuvent supporter les rhinocéros actuels.

Depuis lors de nombreux fragments ont été trouvés en France, en Italie, en Angleterre et surtout en Allemagne. Ils ont permis de reconnaître l'existence de plusieurs espèces qui présentent, dans leur comparaison avec les espèces actuelles et dans leurs caractères exceptionnels, quelques faits zoologiques qui ne sont pas sans intérêt.

On peut diviser les rhinocéros vivants et fossiles en quatre groupes assez tranchés.

1° Ceux qui ont les narines séparées par une cloison osseuse, les incisives caduques, manquant dans l'âge adulte, et les mem-

bres robustes. (Atlas, pl. X, fig. 3.) M. Bronn a fait son genre
Cœlodonta de ce groupe qui ne contient que le *R. tichorhinus*.

2° Ceux qui n'ont pas de cloison osseuse aux narines, et des
incisives médiocres. Ce groupe diffère en outre du précédent par
le nombre des fossettes d'émail des molaires supérieures. C'est à
lui qu'appartient le *R. megarhinus* du pliocène.

3° Ceux qui, manquant aussi de cloison osseuse aux narines,
ont deux grandes incisives à chaque mâchoire et trois doigts à
tous les pieds, comme les précédents. Ce sont les Rhinocéros a
incisives. (Atlas, pl. X, fig. 2.) On en connaît plusieurs espèces
des terrains miocènes.

4° Ceux qui réunissent aux caractères dentaires de la troisième
section celui d'avoir quatre doigts aux pieds antérieurs, et celui
de manquer d'empreinte de corne sur les os nasaux. M. Kaup en
a fait son genre Acerotherium. (Atlas, pl. X, fig. 1.)

Les espèces fossiles de ces divers groupes sont loin d'être également bien connues, et il y a encore de grandes divergences d'o-
pinion entre les auteurs qui les ont étudiées.

Les plus anciennes ont été trouvées dans les terrains miocènes
inférieurs. M. Pomel [1] admet l'existence d'au moins trois espèces
dans les terrains miocènes d'Auvergne.

L'une d'elles, *R. tapirinus*, Pomel, appartient au quatrième groupe
(Acerotherium) et ne dépassait pas la taille du tapir des Indes.

Une seconde fait partie du groupe des rhinocéros à incisives, et rappelle
par ses dimensions la grande espèce vivante de Sumatra.

La troisième est encore peu connue ; elle avait trois doigts et ne dépassait
pas la taille de la petite race de Sumatra.

Depuis lors M. Pomel [2] semble admettre l'existence d'une quatrième
espèce des mêmes gisements.

C'est sur une espèce de ces terrains que M. Croizet avait établi son genre
Babacterium (*B. borbonicum*).

M. Aymard (communication inédite) signale, dans les terrains miocènes du
Puy, l'existence de deux espèces appartenant probablement au genre Acerotherium. Ce sont l'*A. velaunum*, Aym., supérieur en taille au *R. tétradac-
tylus* de Sansan, ayant comme lui un pied antérieur tétradactyle, dans lequel
le quatrième doigt est plus complet encore et plus développé.

L'*A.? Cuvieri*, Aymard, est une espèce encore incertaine et d'une taille
plus petite.

[1] *Bull. Soc. géol.*, 2ᵉ série, t. III, p. 368.
[2] *Bull. Soc. géol. de France*, 2ᵉ série, t. IV, p. 581.

Les terrains miocènes supérieurs en renferment aussi de nombreux débris appartenant en général au troisième et au quatrième groupe. (Atlas, pl. X, fig. 1 et 2.) M. de Blainville les a réunis, ainsi que les précédents, en une seule espèce, sous le nom de *Rhinoceros incisivus*, en considérant les acérothériums comme les femelles du troisième groupe. Il est impossible, dans l'état actuel de la science, de se former une idée exacte des véritables limites de ces espèces. Toutefois la différence du nombre des doigts prouve la nécessité de distinguer les acérothériums des rhinocéros à incisives et à trois doigts.

M. Lartet cite, à Sansan, le *R. tetradactylus*, Lartet (*Acerotherium*), le *R. sansaniensis*, Lartet, et le *R. Laurillardi*, Lartet. Le *R. brachypus*, Lartet, et le *R. cimoghorrensis*, Lartet, ont été trouvés à Simorre [1].

Le *R. minutus*, Cuvier [2], est indiqué dans les terrains miocènes supérieurs du département de Tarn-et-Garonne. C'est peut-être le *R. steinheimensis*, Jaeger.

Dans les terrains miocènes supérieurs d'Allemagne on a trouvé de nombreux ossements de rhinocéros pour lesquels on a établi plusieurs espèces. M. H. de Meyer [3] les réunit maintenant en une seule. Les *R. hypselorhinus*, Kaup, *molassicus*, Jaeger, *Schleiermacheri*, Kaup, *pachyrhinus*, Kaup, *leptodon*, Kaup, et *pygmæus*, Munster, ne sont, suivant lui, que le *Rhinoceros incisivus* de Cuvier. Il ne le distingue pas des *Acerotherium* [4].

L'*Acerotherium Goldfussii*, Kaup [5], forme, suivant le même auteur, une espèce différente.

Les rhinocéros des terrains pliocènes doivent probablement être distingués des précédents.

L'espèce la plus certaine est le *R. megarhinus* de Christol [6]; *R. tichorhinus* de Montpellier, Cuvier; *R. monspessulanus*, Blainville [7], fossile à Montpellier dans les sables marins. (Atlas, pl. 10, fig. 4 et 5.) Il faut peut-être

---

[1] Voyez Lartet, *Notice sur la colline de Sansan*, p. 28; Gervais, *Zool. et pal. franç.*, p. 46.

[2] *Ossem. foss.*, 4ᵉ édit., t. III, p. 167.

[3] Bronn, *Index palæontologicus*, p. 1083.

[4] Voyez, pour ces espèces, Kaup, *Ossem. foss. de Darmstadt*, 3ᵉ livr., pl. 10-15.

[5] *Ossem. foss. de Darmstadt*, 3ᵉ livr., p. 50.

[6] *Ann. des sc. nat.*, 2ᵉ série, t. IV, p. 44.

[7] *Ostéographie*, Rhinocéros, p. 113, 161.

y réunir les ossements d'Angleterre rapportés par M. Owen [1] au *R. lepto-rhinus*.

Le *Rhinoceros elatus*, Croiz. et Job., des dépôts sous-volcaniques (pliocènes) d'Auvergne, est peut-être une espèce distincte [2].

M. Aymard (communication inédite) indique la présence dans les terrains pliocènes de Vialette, près le Puy, d'une espèce de rhinocéros remarquable par ses caractères. La cloison qui sépare les narines est osseuse, jusque près de l'extrémité, comme chez le *Rhinoceros tichorhinus*. Deux disques de rugosités prouvent l'existence de deux grosses cornes, l'une sur le nez, l'autre beaucoup en arrière sur la région frontale. La symphyse de la mâchoire est longue et a dû porter des incisives au moins dans le jeune âge. Les molaires supérieures intermédiaires à deux fossettes seulement, et la postérieure sans fossette sur son aile postérieure, la différencient complétement du *R. tichorhinus*. M. Aymard le nomme *Rhinoceros mesotropus*, et en distingue deux variétés, dont la plus petite devra peut-être, selon lui, former une espèce sous le nom de *Rhinoceros relonneus*, Aymard. Ce rhinocéros aurait vécu pendant la période pliocène, et peut-être aussi pendant la période diluvienne, car M. Aymard rapporte à la même espèce des ossements trouvés dans les brèches de Denise.

Les espèces les mieux connues sont celles des terrains diluviens.

La première est le *Rhinoceros tichorhinus*, Cuvier [3]; *R. antiquitatis*, Blum.; *R. Pallasii*, Desm.; *R. fossile à narines cloisonnées*, Cuvier. C'est cette espèce qui a été trouvée près de la Léna par Pallas, et dont les fragments, abondants dans la plupart des terrains diluviens d'Europe, sont cités par la majeure partie des auteurs [4].

Ce rhinocéros se distingue de tous les autres vivants et fossiles par la singulière organisation de son museau. (Atlas, pl. X, fig. 3.) Ses os nasaux se recourbent en avant du nez pour s'unir avec les incisifs, et la cloison, ordinairement cartilagineuse, qui sépare les deux narines, est osseuse jusque près de leur extrémité. Cette organisation spéciale a dû donner une solidité plus grande aux parties supérieures du nez, et permettre à l'animal de porter des cornes plus longues encore que celles des espèces vivantes. Les rugosités de ces os montrent qu'il y en a eu deux, et qu'elles étaient plus distantes que dans les autres espèces bicornes. M. Fischer a mesuré un de ces appendices qui avait 32 pouces de long.

A ces caractères principaux on peut ajouter les suivants. Les deux bran-

---

[1] *British foss. mamm.*, p. 356; Gervais, *Zool. et pal. fr.*, p. 15, pl. 1, 2.
[2] Gervais, *Zool. et pal. franç.*, explic. de la pl. 26.
[3] *Ossem. foss.*, 4ᵉ édit., t. III, p. 126.
[4] Voyez, pour les auteurs qui en ont parlé, Meyer, *Palæologica*, p. 74

ches de la mâchoire inférieure sont unies par une symphyse très prolongée et d'une forme très caractéristique. La peau est lisse et dépourvue
de ces grandes plaques qui recouvrent la plupart des rhinocéros vivants. Les
dents incisives sont nulles ou très petites, et tombaient avec l'âge. Les
crânes les mieux conservés, recueillis dans l'empire russe, n'en ont jamais
présenté, mais bien quelquefois de petits alvéoles.

Cette organisation des dents et les détails de son squelette le rapprochent
surtout du *Rhinocéros bicorne* du Cap; mais, outre les caractères du nez, de
la mâchoire et de la peau, que nous avons cités, le *R. tichorhinus* se distinguait de cette espèce par un crâne plus long et plus étroit, et par un corps
encore plus gros, porté par des jambes plus courtes et plus épaisses.

Cette espèce a probablement vécu pendant toute l'époque diluvienne en
Sibérie et en Europe. On en trouve les débris, non seulement dans les
dépôts arénacés anciens, mais encore dans plusieurs cavernes et dans quelques brèches osseuses.

Il faut peut-être admettre une seconde espèce, le *R. Ronellensis*, Gervais [1],
(*R. minutus*, M. de Serres, Dubreuil et Jean-Jean, non *minutus*, Cuvier;
R. africanus, Gervais et M. de Serres [2]; *R. leptorhinus*, de Lunel-Viel,
Blainv.), qui est très voisin du *R. bicorne* du cap de Bonne-Espérance.

Le genre des rhinocéros a aussi existé dans le continent asiatique pendant les époques tertiaire et diluvienne.

On en a trouvé des fragments sur les bords de l'Irawadi, et MM. Cautley
et Falconer, dans leurs premiers travaux, en signalaient, dans les terrains
supérieurs de l'Himalaya, deux espèces, dont l'une n'avait pas encore été
déterminée, et dont l'autre avait été désignée par ces naturalistes sous le
nom de *Rhinoceros angustirictus*.

Plus tard, dans leur *Fauna antiqua Sivalensis*, ils en indiquent quatre,
parmi lesquelles ce dernier nom n'est pas reproduit (l'absence de texte ne
permet pas de savoir à laquelle il se rapporte). Ce sont :

Le *Rhinoceros platyrhinus*, Cautley et Falconer, pl. 72 et 75.
Le *Rhinoceros palæindicus*, id., pl. 73, 74 et 75.
Le *Rhinoceros sivalensis*, id., pl. 73, 74 et 75.
L'*Acerotherium? perimense*, id., pl. 75.

Dans ce continent, ces espèces perdues n'ont fait que précéder
celles qui y vivent aujourd'hui; mais un fait plus remarquable,
si l'observation qui semble l'établir méritait la moindre confiance, serait que les rhinocéros auraient vécu pendant l'époque
diluvienne dans l'Amérique septentrionale, tandis que de nos
jours ce genre a complètement disparu de cette partie du monde.

[1] *Zool. et pal. fr.*, p. 48.
[2] *Ann. des sc. nat.*, 3e série, t. V, p. 140.

M. Harlan [1] rapporte qu'un journal américain [2] signale un corps fossile trouvé dans les monts Alleghany, dont la forme rappelle celle d'une corne de rhinocéros, et qui semble justifier l'existence d'un *Rhinoceros alleghaniensis*. Mais cet auteur ajoute qu'un examen plus scrupuleux semble avoir démontré que ce corps n'est qu'une concrétion pierreuse, qui n'a point une origine organique.

Voyez encore, pour le genre rhinocéros, l'APPENDICE BIBLIOGRAPHIQUE, aux articles : Azema, Brandt, Christol, Giebel, Gutbier, Fischer, Merck, Münster, Murchison, Nesti, Ravin, Rehbock, Schmerling.

Près des rhinocéros vient se placer un genre perdu remarquable, celui des

ELASMOTHERIUM, Fischer, — Atlas, pl. X, fig. 6.

Ce genre a été découvert et décrit pour la première fois par M. Fischer de Waldheim [3]. Il n'est malheureusement connu que par un fragment de mâchoire. Ses dents molaires rappellent celles du rhinocéros; mais la lame d'émail se replie davantage dans son intérieur, où elle a à peu près la même complication que dans les dents du cheval [4], et s'ondoie par places d'une manière très marquée, rappelant les festons de cette même lame dans les éléphants. Leur forme prismatique allongée et leur division en racines seulement vers l'extrémité sont encore une analogie avec celles du cheval. Du reste, la forme de cette mâchoire, sa grandeur et son épaisseur, indiquent un animal lourd, voisin probablement par ses formes du rhinocéros, et ayant même atteint par sa taille les plus grandes espèces de ce genre. Il est probable que ce singulier animal avait des mœurs à peu près semblables à celles du rhinocéros. Ses molaires toutefois peuvent faire croire qu'il a été encore plus essentiellement herbivore.

Le premier fragment que l'on ait connu a été trouvé en Sibérie, et forme le type de l'espèce désignée sous le nom de *Elasmotherium Fischeri*.

[1] *Physical et medical researches*, p. 268.
[2] *Amer. monthly journal of geology*, 1831, p. 90.
[3] *Mém. Soc. nat. de Moscou*, t. II, p. 255; Cuvier, *Ossem. foss.*, 4e édit., t. III, p. 187, pl. 57.
[4] Cette lame, par son plissement, ressemble encore plus à celle qui distingue les *Hippotherium* ou chevaux des terrains tertiaires.

M. Keyserling [1] a fait connaître une dent qui doit, suivant M. Fischer, caractériser une seconde espèce, l'*Elasmotherium Keiserlingii*, Fischer. Cette dent a été trouvée à Surico, dans le voisinage de la mer Caspienne.

2ᵉ Tribu. — TAPIROIDES.

Cette tribu comprend tous les genres qui ont des canines et dont les molaires forment des collines transverses bien distinctes, surtout à la mâchoire inférieure.

Les Tapirs (*Tapirus*, Brisson), — Atlas, pl. X, fig. 7-10,

sont caractérisés par $\frac{3}{3}$ incisives dont l'externe est plus forte que la canine, par $\frac{1}{1}$ canine et par $\frac{7}{7}$ molaires ayant chacune deux collines transverses très distinctes. Ces collines sont complétement isolées à la mâchoire inférieure et sont incomplétement reliées par leur bord externe à la mâchoire supérieure. Ils ont une petite trompe, de grandes ouvertures nasales et les os nasaux détachés, en forme de lancettes. Les pieds antérieurs ont quatre doigts et les postérieurs trois.

Les tapirs habitent aujourd'hui les régions chaudes du globe. On en connaît une espèce de l'Inde et deux d'Amérique. Dans les époques qui ont précédé la nôtre, ces animaux ont occupé les mêmes parties du monde et en outre l'Europe. Les terrains de ce continent renferment des débris prouvant l'existence de quelques espèces, qui y auraient vécu au milieu et à la fin de l'époque tertiaire.

Le *Tapirus Poireti*, Pomel [2], est une petite espèce, non décrite, du terrain miocène du Bourbonnais.

Le *Tapirus priscus*, Kaup [3], a été trouvé dans le tertiaire miocène d'Eppelsheim et à Bribir (Croatie) [4]. (Atlas, pl. X, fig. 7 et 8.)

Le *Tapirus arvernensis*, Croizet et Jobert, provient des terrains tertiaires pliocènes d'Auvergne [5]. Il se rapprochait surtout du tapir des Indes. (Atlas, pl. X, fig. 9 et 10.)

[1] *Bull. Soc. de Moscou*, 1842, t. XV.

[2] Pomel, *Bull. Soc. géol.*, 2ᵉ série, t. III, p. 368.

[3] *Neues Jahrb.*, 1836, p. 694; 1837, p. 157, et 1839, p. 316; et *Ossem. foss. Darmstadt*, 2ᵉ livr., pl. 6.

[4] Hornes, *Leonh. und Bronn Neues Jahrb.*, 1849, p. 759.

[5] *Rech. sur les ossem. foss. du Puy-de-Dôme*, p. 161.

On a trouvé, dans les terrains pliocènes du Puy [1], un tapir très voisin du *T. arvernensis*, mais qui, suivant M. Aymard, en diffère par son occipital arrondi, et par ses os de la jambe disjoints. Il est douteux que ces caractères représentent autre chose que des différences d'âge. Cependant M. Aymard lui a donné le nom provisoire de *Tapirus Vialetti*. Il a été trouvé à Vialette. Quelques auteurs, sans motifs suffisants, réunissent les tapirs d'Auvergne au *Tapirus priscus*.

Les sables marins de Montpellier [2] renferment aussi une espèce, *Tapirus minor*, Gervais.

Le *Tapirus helveticus*, H. de Meyer, a été trouvé à Wiesbaden, dans la mollasse d'Othmarsingen et dans celle de Günzburg [3].

Le *Tapirus giganteus*, Cuvier, est un *Dinotherium*.

L'existence de ce genre dans les terrains diluviens, suivant M. Giebel, paraît démontrée [?] par une vertèbre trouvée dans la caverne de Sundwich [4].

Les espèces américaines sont enfouies dans les dépôts diluviens.

Le *Tapirus suinus*, trouvé par M. Lund dans les cavernes du Brésil, égalait à peine, par ses dimensions, un cochon de moyenne taille.

Une seconde espèce, du même pays et des mêmes localités, ressemblait davantage au tapir d'Amérique [5].

Le *Tapirus mastodontoïdes*, Harlan [6], de l'état de Kentucky (Amérique septentrionale), est connu par une seule molaire, qui, d'après M. Harlan, a sans aucun doute appartenu à un tapir, quoiqu'on ait voulu y voir une jeune dent de mastodonte [7].

Les tapirs ont aussi été trouvés à l'état fossile dans le continent asiatique. Les débris d'une espèce ont été découverts sur les bords de l'Irawadi (Birmanie) [8].

C'est, suivant M. Owen, dans le voisinage des tapirs qu'il faut placer un genre nouveau, celui des

[1] Robert, *Mém. Soc. du Puy*, 1829.

[2] Gervais, *Zool. et pal. fr.*, p. 49, pl. 3, fig. 4 et 5.

[3] *Neues Jahrb.*, 1840, p 584; 1844, p. 566; 1849, p. 548.

[4] Giebel, *Neues Jahrb.*, 1849, p. 57.

[5] Voyez Lund, *Mém. de l'Acad. de Copenhague*, t. VIII, pl. 27; *Ann. sc. nat.*, 2ᵉ série, t. XI, p. 232; t. XII, p. 207; Stuff. Texas, *Neues Jahrb.*, 1848, p. 127.

[6] *Medic. and phys. researches*, p. 265.

[7] Voyez encore Mantell, *Sillim. Americ. journ.*, t. XXVI, 4, p. 218.

[8] *Trans. of the geolog. Soc.*, t. II, 2ᵉ partie.

Harlanus, Owen,

qui comprend l'espèce décrite par Harlan, sous le nom de *Sus americanus*, et dont on connaît une portion de mâchoire inférieure à dents très usées (qui rappelle les Bâbiroussas, suivant M. Harlan). Cette espèce a été trouvée en Géorgie avec des mastodontes, des mégalonyx et des éléphants [1].

Le genre des

Platygonus, Leconte (*Platigonus*, par erreur),

présente des caractères très remarquables qui laissent encore ses véritables affinités douteuses. Les molaires de la mâchoire supérieure rappellent sous plusieurs points de vue les formes des lophiodons. Celles de la mâchoire inférieure ont, comme dans ce genre et dans les tapirs, des collines transverses, la dernière ayant un fort talon. Mais les canines sont tout à fait différentes. Les supérieures, qui sont seules connues, sont comprimées presque comme dans les machairodus, ont le bord antérieur denté et la face externe marquée d'une ligne élevée et tranchante. Quelques os du corps qui ont été trouvés avec la tête montrent des transitions aux cochons.

La seule espèce connue, *P. compressus*, Leconte, a été découverte dans une sorte de brèche (Illinois) [2].

Ici commence une série de genres qui s'éloignent plus ou moins de tous les pachydermes qui vivent de nos jours, et dont les nombreuses espèces ont formé une partie importante de la population des terrains tertiaires d'Europe, qu'ils caractérisent en général d'une manière assez précise.

Le genre qui se rapproche le plus des tapirs, est celui des Lophiodon, de Cuvier, qui a comme eux $\frac{4}{4}$ incisives et $\frac{1}{1}$ canine, et dont les molaires ont aussi des collines transverses reliées à la

[1] Owen, *Proceed. Acad. Phil.*, août 1846, et *Journ. Acad. Philad.*, 4°, 2° série, vol. I, p. 18; Harlan, *Sillim. Americ. journ.*, 1842, t. XLIII, p. 141, etc.

[2] Voyez *Sillim. Americ. journ.*, 1848, vol. CII; *Mém. Acad. de Phil.*, 1848; *Leonh. und Bronn Neues Jahrb.*, 1850, p. 872.

mâchoire supérieure par leur bord externe et distinctes à la mâchoire inférieure ou reliées par une petite crête en diagonale. L'ouverture nasale et le nombre des doigts sont inconnus. Ils ont laissé des débris abondants dans les terrains tertiaires anciens et moyens. Leur étude a amené les paléontologistes à établir quelques divisions qui sont considérées par les uns comme des genres et par d'autres comme des sous-genres. Ces questions, d'une importance médiocre, ne pourront être résolues que par la connaissance plus complète du squelette; car jusqu'à présent le système dentaire a fourni presque seul les caractères.

Nous admettrons, pour plus de clarté, les genres Coryphodon, Lophiodon, Pachynolophus, Lophiotherium et Tapirulus, qui pour quelques paléontologistes ne sont que des subdivisions du genre des Lophiodon.

Les Coryphodon, Owen, — Atlas, pl. X., fig. 11,

sont les seuls dans lesquels la dernière molaire inférieure n'ait point de talon et soit réduite à deux collines. Leurs prémolaires supérieures sont beaucoup plus petites que les vraies molaires et sont formées de deux crêtes curvilignes concentriques.

L'espèce la mieux connue, et peut-être la seule, caractérise les terrains tertiaires anciens, et a été trouvée dans les lignites de Soissons et de Laon, ainsi que dans l'argile plastique de Paris (terrain suessonien). C'est le *Lophiodon anthracoideum*, Gervais (1), le *Lophiodon de Soissons*, Cuvier (2), confondu à tort avec le *L. d'Issel*, le *Lophiodon du Limnais*, Cuvier, le *Lophiodon* et l'*Anthracotherium de Meudon* de M. Ch. d'Orbigny (3), le *Lophiodon anthracoideum*, Blainville (4).

Il n'est pas certain qu'on doive lui réunir le *Coryphodon eocænus*, Owen (5), de l'argile éocène des environs de Londres. (Atlas, pl. X, fig. 11.)

Les Lophiodon, Cuv. (*Tapirotherium*, Blainv.), — Atlas, pl. X, fig. 12 et 13,

ont $\frac{6}{7}$ molaires, les supérieures étant peu différentes les unes des autres, sauf la première et la dernière, les inférieures à deux col-

(1) *Zool. et pal. fr.*, p. 53.
(2) *Rech. sur les ossem. foss.*, 4ᵉ édit., t. III, p. 399.
(3) *Bull. Soc. géol.*, 1839, p. 180.
(4) *Ostéographie*, Anthracotheriums, pl. 3.
(5) *British. foss. mamm.*, p. 299.

lines incomplétement réunies par une crête diagonale, peu visible dans les deux premières, la dernière molaire ayant un talon.

Les nombreuses espèces qui composent ce genre ont été trouvées dans le calcaire grossier ou dans des terrains contemporains, c'est-à-dire dans le terrain parisien inférieur (2ᵉ faune, Gervais). Quelques uns des gisements qui les renferment avaient été d'abord rapportés au terrain miocène ; mais M. Gervais a prouvé qu'ils appartiennent tous à une époque plus ancienne.

Aucune espèce certaine n'a été trouvée ni dans les terrains miocènes, ni dans les terrains pliocènes, ni dans l'époque diluvienne.

Les principales sont les suivantes :

La plus grande est le *Lophiodon isselense, grande espèce d'Issel* [1], trouvée aussi à Argenton. Sa taille dépassait au moins d'un tiers celle du tapir des Indes, et se rapprochait de celle des petites espèces de rhinocéros. (Atlas, pl. X, fig. 12.)

Le *Lophiodon parisiense*, Gervais [2], *Lophiodon de Nanterre*, Robert [3], *Lophiodon de Nanterre, de Passy et de Vaugirard*, Blainville [4], se trouve dans le calcaire grossier des environs de Paris. (Atlas, pl. X, fig. 13.)

Le *Lophiodon tapiroïde, grande espèce de Buchsweiler* [5], dépassait d'un quart le tapir des Indes, et était très voisin de l'*isselense*, dont il différait par la face externe des molaires plus longue et par des canines plus grosses. Il a été trouvé à Buchsweiler (Bas-Rhin).

Le *Lophiodon buxovillianum, espèce secondaire de Buchsweiler* [6], dépassait très peu le tapir des Indes.

Le *Lophiodon medium, espèce secondaire d'Argenton* [7], était de la taille du tapir des Indes.

Le *Lophiodon tapirotherium, espèce moyenne d'Issel* [8], nommé primitivement, par Cuvier, *petit Tapir fossile*, égalait à peu près le tapir d'Amérique.

Le *Lophiodon occitanicum, petit Lophiodon d'Issel* [9], atteignait les deux tiers de la taille du tapir d'Amérique adulte.

[1] Cuvier, *Ossem. foss*, 4ᵉ édit., t. III, p. 343.
[2] *Zool. et pal. fr.*, p. 54, pl. 17.
[3] Laurillard, *Dict.* de d'Orbigny, t. VIII, p. 439.
[4] *Ostéographie*, Lophiodons, pl. 2.
[5] Cuvier, *Ossem. foss.*, t. III, p. 376 et 400.
[6] Cuvier, *id.*, t. III, p. 391.
[7] Cuvier, *id.*, t. III, p. 356.
[8] Cuvier, *id.*, t. III, p. 331.
[9] Cuvier, *id.*, t. III, p. 342.

Le *Lophiodon minutum*, *petite espèce d'Argenton* [1], comparé par Cuvier à un squelette d'un jeune tapir d'Amérique, lui est dans le rapport de 2 à 3 [2].

Il faut probablement retrancher de ce genre :

Le *Lophiodon giganteum*, *très grand Lophiodon de Montabusard et de Gannat* [3], espèce établie sur un astragale qui a été reconnu par MM. de Blainville et Laurillard appartenir à un rhinocéros, et qui est de l'époque pliocène.

Le *Lophiodon monspessulanum*, *Loph. de Montpellier* [4], connu seulement par quelques molaires trouvées à Boutonnet, près Montpellier, et dont le gisement, ainsi que la détermination, est également douteux.

Le *Lophiodon aurelianense*, *moindre Lophiodon de Montabusard, près d'Orléans* [5], qui n'est peut-être qu'un ruminant.

Le *très grand Lophiodon de Gannat*, Cuvier, qui est probablement un rhinocéros.

Les ossements d'Auvergne rapportés à des lophiodons [6].

Le *Lophiodon arnense*, Blainville [7], du val d'Arno, espèce très douteuse.

Le *Lophiodon molassicus*, Jaeger, *medius*, id., *minimus*, id., *minutus*, id., qui, suivant M. H. de Meyer [8], reposent sur des fragments de tapirs et de rhinocéros.

Je ne sais pas si l'on doit ajouter à ces exclusions le *Lophiodon sibiricum*, Fischer [9], trouvé dans un calcaire d'Orembourg, dont l'âge n'est pas bien déterminé. Cette espèce était d'une taille gigantesque, car M. Fischer donne pour dimension à ses canines 3 pouces 3 lignes.

Quelques espèces ont en outre été transportées dans les genres voisins.

Voyez encore, dans l'APPENDICE BIBLIOGRAPHIQUE, les articles Alport, Duvernoy, Naudot.

Les PACHYNOLOPHUS, Pomel, — Atlas, pl. XI, fig. 1-3,

diffèrent des lophiodon par leurs molaires, au nombre de $\frac{7}{7}$, les inférieures ayant les deux collines plus distinctement réunies par une crête en diagonale ; la barre de leur mâchoire est plus longue.

[1] Cuvier, *Ossem. foss.*, t. III, p. 358.

[2] Voyez, pour toutes ces espèces, Gervais, *loc. cit.*, et Blainville, *Ostéog.*, Lophiodons.

[3] Cuvier, *Ossem. foss.*, t. III, p. 404 et 414.

[4] Cuvier, id., t. III, p. 410.

[5] Cuvier, id., t. III, p. 407, et Blainville, *Ostéographie*.

[6] Gervais, *loc. cit.*, p. 53.

[7] *Ostéographie*, p. 173.

[8] *Neues Jahrb.*, 1847, p. 181.

[9] *Mém. de la Soc. des nat. de Moscou*, t. VII, p. 295.

Les espèces appartiennent toutes au calcaire grossier (parisien inférieur), sauf peut-être la première.

Le *P. Vismoi*, Pomel [1], qui a été trouvé dans l'argile plastique de Sézanne, Seine-et-Oise (suessonien?).

Le *P. cesserasicus*, Gervais [2], provient de Cesséras, près Saint-Chinian (Hérault) (Atlas, pl. XI, fig. 1.)

Le *P. Ducalii*, Gervais [3], (*Hyracotherium de Passy*, Blainville; *Loph. Ducalii*, et *Loph. mastolophus*, Pomel [4]; *Loph. leptognathum*, Gervais) [5], se trouve dans le calcaire grossier des environs de Paris. (Atlas, pl. XI, fig. 2 et 3.)

Le *P. Prevostii*, Gervais [6], a été découvert dans le calcaire grossier à cérites de Gentilly, près Paris.

Le *P. minimum*, *très petit Lophiodon d'Argenton* [7], avait une taille de moitié plus petite que le tapir d'Amérique.

Le *P. parvulum*, Laurillard [8], *cinquième espèce d'Argenton* [9], *Lophiodon gaiatum*, Blainville [10], avait une longueur égale au tiers de ce même tapir.

Les ANCHILOPUS, Gervais,

paraissent être un sous-genre des lophiodon ou un genre intermédiaire entre eux et les anchitherium. (La planche de M. Gervais destinée à le figurer n'a pas encore paru.)

L'*Anchilopus Desmaresti*, Gervais [11], provient du calcaire grossier des Batignolles, près Paris.

Les LOPHIOTHERIUM, Gervais, — Atlas, pl. XI, fig. 4,

ont sept molaires à la mâchoire inférieure, semblables à celles du genre précédent; la dernière a un talon très fort qui simule presque une troisième colline. Les dents de la mâchoire supérieure sont inconnues.

[1] *Bibl. univ. de Genève, Archives*, 1847, t. IV, p. 327.
[2] *Zool. et pal. fr.*, p. 55, pl. 18.
[3] *Id.*, p. 56, pl. 17.
[4] *Bibl. univ., Archives*, 1847, t. IV, p. 327; t. V, p. 207.
[5] *Comptes rendus*, t. XXVIII, p. 547, et t. XXIX, p. 222.
[6] *Zool. et pal. fr.*, explic. de la pl. 35.
[7] Cuvier, *Ossem. foss.*, t. III, p. 360.
[8] Gervais, *Zool. et pal. fr.*, p. 56.
[9] Cuvier, *Ossem. foss.*, t. III, p. 363.
[10] *Ostéographie*, Lophiodons, p. 195.
[11] *Zool. et pal. fr.*, explic. de la pl. 35.

La seule espèce de ce genre est plus récente que les vrais lophiodon et a été trouvée dans les terrains parisiens supérieurs (époque des gypses).

C'est le *L. cervulum*, Gervais [1], découvert auprès d'Alais (Gard), par M. d'Hombres Firmas. M. Gervais l'avait d'abord rapportée au *Dichobune cervinum*.

Les Tapirulus, Gervais, — Atlas, pl. XI, fig. 5,

sont encore très incomplétement connus. Les arrière-molaires inférieures, qui seules ont pu être étudiées, ont des collines transverses très distinctes, reliées incomplétement par une faible carène qui est perpendiculaire à leur direction, au lieu d'être oblique. La dernière a un fort talon qui simule une colline moins large que les autres.

La seule espèce connue est le *Tapirulus hyracinus*, Gervais [2], de la taille du daman. Il a été trouvé à Perréal, près Apt, dans un terrain que nous avons déjà signalé comme contemporain des gypses de Paris (parisien supérieur).

Les Listriodon, H. de Meyer (*Tapirotherium*, Lartet, *non* Blainv.), — Atlas, pl. XI, fig. 6 et 7,

diffèrent des genres précédents par leurs canines plus fortes et par leurs molaires au nombre de $\frac{7}{7}$, formées de deux collines transverses, presque aussi nettement séparées à la mâchoire supérieure qu'à l'inférieure. Dernière molaire inférieure à talon. Ouverture nasale petite, rendant peu probable l'existence d'une trompe. Pieds inconnus.

Ce genre ne renferme, jusqu'à présent, qu'une seule espèce confondue avec les lophiodon, et plus récente qu'eux. C'est le *Listriodon splendens*, H. de Meyer [3], *Lophiodon de Sansan*, Blainville, *Tapirotherium Larteti*, Gervais [4], *Listriodon Larteti*, Gervais [5], *Lophiodon*, Nicolet [6]. Cette es-

[1] *Zool. et pal. fr.*, p. 56, pl. 11; *Comptes rendus de l'Acad. des sc.*, 1849, t. XXIX, p. 381 et 573.

[2] *Zool. et pal. fr.*, p. 56, pl. 34; *Comptes rendus de l'Acad. des sc.*, 1850, t. XXX, p. 604.

[3] *Neues Jahrb.*, 1846, p. 465.

[4] *Comptes rendus de l'Acad. des sc.*, 1849, t. XXIX, p. 547.

[5] *Zool. et pal. fr.*, p. 50.

[6] *Bull. Soc. Neuchâtel*, 1844.

pèce a été trouvée dans le département du Gers, et dans les mollasses de la Chaux-de-Fonds (miocène).

3ᵉ Tribu. — PALÆOTHÉRIOIDES.

Cette tribu renferme les espèces munies de canines, dont les molaires de la mâchoire inférieure sont formées de deux croissants successifs et qui ont encore trois doigts à chaque pied.

Le genre principal est celui des PALÆOTHERIUM, qui a aussi été subdivisé dans ces dernières années. Nous admettons ici les genres PROPALÆOTHERIUM et PALOPLOTHERIUM qui, pour quelques auteurs, ne sont que des sous-genres ([1]).

Les PALÆOTHERIUM, Cuvier, — Atlas, pl. XI, fig. 8-15,

sont caractérisés par ¼ molaires, dont les supérieures sont assez semblables à celles des rhinocéros, la première étant notablement plus petite et à un seul lobe ; et dont les inférieures ont des croissants à convexité externe, la première étant aussi petite et à un seul lobe, la dernière à trois lobes. La barre est très courte, et les canines sont saillantes. Leurs os nasaux, relevés, montrent qu'ils ont eu une petite trompe flexible. Leurs pieds antérieurs et postérieurs ont trois doigts. Leurs formes extérieures rappelaient celles des tapirs. (Voy. Atlas, pl. XI, fig. 8.)

M. Aymard partage les palæotherium en deux sous-genres, conservant le nom de PALÆOTHERIUM à ceux dont la première molaire inférieure a deux lobes bien distincts (*P. magnum, subgracile*, etc.), et donnant le nom de MONACRUM à ceux chez qui cette dent n'a qu'un lobe principal (*P. velaunum, medium*, etc.).

Les palæotherium sont, suivant M. Gervais, spéciaux à l'époque des gypses (3ᵉ faune, Gervais, parisien supérieur). Cet habile paléontologiste considère les terrains du midi de la France qui en renferment des débris comme tous contemporains des dépôts des environs de Paris.

([1]) M. Giebel (*Leonh. und Bronn Neues Jahrb.*, 1847, p. 54) a établi un genre HYSTEROTHERIUM pour des ossements semblables à ceux des palæothérioïdes, mais trouvés dans le diluvium de Quedlimbourg ; ce genre n'a jamais été caractérisé, et je pense que M. Giebel y a renoncé, car il ne le mentionne pas dans son *Fauna der Vorwelt*.

L'opinion que nous avons admise sur l'âge des calcaires lacustres du Puy, que nous rapportons avec M. Aymard au miocène inférieur, nous fait étendre jusqu'à cette époque l'existence de ce genre. Je le fais d'autant plus volontiers, que M. Gervais reconnaît lui-même [1] la difficulté qui résulte du fait que certains palæotherium du Puy se trouvent, dans son hypothèse, associés avec des espèces du miocène inférieur. Aucune espèce certaine n'existe dans les terrains miocènes supérieurs ni au-dessus.

Les espèces des gypses de Montmartre se ressemblent beaucoup par leurs caractères essentiels, et l'on ne peut guère les distinguer que par la taille et par les proportions des membres. Ce sont [2] :

Le *Palæotherium magnum*, Cuvier, de la taille du cheval. (Pl. XI, fig. 8 et 9.)

Le *Palæotherium medium*, Cuvier, à os du nez plus courts, à pieds étroits et assez allongés; un peu plus petit qu'un cochon de moyenne taille. (Pl. XI, fig. 10, 13 et 14.)

Il est impossible d'admettre l'assertion de M. Marcel de Serres, que cet animal ait été trouvé dans les brèches osseuses de Cette.

Le *Palæotherium crassum*, Cuvier, à os du nez plus longs, à pieds larges et courts; de la même taille que le précédent (Pl. XI, fig. 11 et 15.)

Le *Palæotherium latum*, Cuvier, à pieds encore plus courts et plus étalés; de la même taille que les deux précédents.

Le *Palæotherium curtum*, Cuvier, dont les pieds étaient encore plus raccourcis et plus larges; de la taille d'un mouton.

Le *Palæotherium indeterminatum*, Cuvier, est intermédiaire entre le *medium* et le *crassum*.

Dans les autres parties de la France on en cite plusieurs :

Le *Palæotherium magnum*, Cuvier, a été, suivant M. Aymard, retrouvé en abondance et très bien conservé dans les gypses du Puy en Velay, contemporains de ceux de Paris, avec une autre espèce plus grêle (*Pal. subgracile*, Aymard, communic. inédite, *olim gracile*) [3]. Le *Palæotherium aniciense*, Gervais [4], du Puy, de la taille du *magnum*, n'est probablement que la réunion de ces deux espèces. Il reste à savoir si la première doit bien réellement être réunie au *Palæoth. magnum*. M. Aymard, en admettant leur identité, reconnaît que les dents du Puy manquent du bourrelet qui carac-

[1] *Comptes rendus de l'Acad. des sc.*, 1849, t. XXVIII, p. 549.
[2] Cuvier, *Ossem. foss.*, 4ᵉ édit., t. V, p. 431.
[3] Aymard, *Ann. Soc. du Puy*, t. XII, p. 228.
[4] *Zool. et pal. fr.*, p. 64.

térise la base de la face interne de la couronne des deux dernières molaires supérieures de l'espèce de Paris.

Le *Palæotherium velaunum*, Cuvier [1], se rapproche du *medium*, mais forme, suivant M. Aymard, une espèce distincte par les proportions de l'os mandibulaire, la disposition des trous mentonniers, etc. Il a été trouvé dans les gypses du Puy, et appartient au sous-genre MONACRIUM, Aymard.

Il faut peut-être, suivant M. Aymard, ajouter une espèce un peu plus ancienne, le *Palæotherium primævum*, Aymard, des argiles bigarrées *inférieures* au gypse des environs du Puy en Velay. Les ossements découverts ne consistent qu'en os des membres. M. Gervais avait cru devoir les rapprocher des dichobunes; mais ils représentent plus probablement, suivant M. Aymard, un petit *Palæotherium*.

Le *Palæotherium girondicum*, Blainville [2], est un peu plus petit. Il provient de la Grave (Dordogne). (Atlas, pl. XI, fig. 12.)

Les palæotherium des terrains miocènes inférieurs du Puy sont, d'après M. Aymard, les suivants :

Le *Palæotherium Gervaisii*, Aymard (*Palæotherium* proprement dit), est de la taille du *velaunum*, mais a la barre ou diasthème de la mâchoire inférieure beaucoup plus long. (Communication inédite.)

Une seconde espèce, non encore déterminée, paraît n'avoir pas dépassé la taille du *P. curtum*, Cuv.

On n'en a pas encore trouvé dans la Limagne et dans le Bourbonnais.

Il faut en particulier ne pas tenir compte du *P. brivatense*, Bravard, espèce plus que douteuse.

Je ne sais que penser d'un prétendu *Palæotherium gigantesque* trouvé par M. Pratt, à Saint-Louis (Missouri), avec des espèces crétacées [3].

Voyez à l'APPENDICE BIBLIOGRAPHIQUE, les articles Coquand, Darlet, Gaultier, Graves, Naudot, Proust, Robert.

Les PROPALÆOTHERIUM, Gervais, — Atlas, pl. XI, fig. 16,

ont les molaires supérieures assez semblables à celles des lophiodon, et les inférieures intermédiaires entre celles des paloplotherium et des palæotherium, la dernière pourvue d'un troisième lobe

[1] *Ossem. foss.*, 4ᵉ édit., t. V, p. 436.
[2] *Ostéographie*, Palæothériums, p. 48.
[3] Voyez *Amer. journ.*, 2ᵉ série, septembre 1846.

portant une fossette oblongue sur la couronne. Le nombre des dents est inconnu.

Les deux espèces citées appartiennent à l'époque du calcaire grossier (parisien inférieur).

La première est le *Palæotherium d'Issel*, Cuv. [1], *Propalæotherium isselanum*, Gervais [2]. Il a été trouvé à Issel.

La seconde espèce est le *Palæotherium* trouvé à Argenton, et rapporté par Cuvier au *P. d'Orléans*. C'est le *P. argentonicum*, Gervais, l'*Astracotherium d'Argenton*, Lockard [3].

Les PALOPLOTHERIUM, Owen (*Plagiolophus*, Pomel),

ont six ou sept molaires à la mâchoire supérieure, et six à l'inférieure. Les deux avant-dernières inférieures ont en arrière du second lobe un petit talon en tubercule qui se relie par l'usure au croissant sous forme de boucle; la dernière a trois lobes. La barre est assez grande, et les canines sont faibles.

Les espèces connues appartiennent à l'époque des gypses (parisien supérieur) et à celle du miocène inférieur.

Le *P. annectens*, Owen [4], a été trouvé dans le terrain éocène supérieur d'Angleterre (Hordle-Cliff) et de Gargas (Vaucluse).

Le *P. minus*, Cuv. [5], a été trouvé dans les plâtrières de Paris et dans les départements de Vaucluse, de la Dordogne et de la Gironde.

M. Pomel ajoute avec doute à ce genre le *P. minimum*, Cuv.

Le *P. ovinum*, Aymard [6], a été d'abord placé dans les vrais palæotherium. De nouveaux fragments plus intacts ont montré qu'il avait aux molaires inférieures le petit lobe accessoire qui caractérise les paloplotherium. Il a été trouvé dans les calcaires lacustres (miocène inférieur) du Puy en

[1] *Ossem. foss.*, 4ᵉ édit., t. V, p. 444.

[2] *Compt. rend. Acad. des sciences*, 1849, t. XXIX, p. 383 et 575 ; *Zool. et pal. fr.*, p. 59 ; Blainville, *Ostéog.*, p. 78, pl. 8.

[3] *Ossem. foss.*, 4ᵉ édit., t. III, p. 364 ; Gervais, *Zool. et pal. fr.*, p. 60 ; Lockard, *Mém. belles-lettres et arts d'Orléans*, 1839.

[4] *Quarterly journ. geol. Soc.*, t. IV, p. 17 ; Blainville, *Ostéog.*, Anoplot., p. 93, pl. 9 ; Gervais, *Zool. et pal. fr.*, p. 63 ; Marquise d'Hastings, *Brit. assoc.*, 17ᵉ meet., Oxford, 1847.

[5] *Ossem. foss.*, 4ᵉ édit., t. V, p. 91 ; Gervais, *Zool. et pal. fr.*, p. 63 ; Blainville, *Ostéog.*, p. 41, pl. 70, fig. 6 ; Pomel, *Bibl. univ. de Genève, archives*, t. V, p. 202.

[6] *Ann. Soc. du Puy*, t. XII, p. 246.

Velay. Il se rapproche du *P. minus*, mais a une taille un peu plus forte et sa mandibule est plus longue dans sa partie antérieure.

4ᵉ Tribu. — SOLIPÈDES.

Cette tribu se distingue des autres pachydermes à doigts impairs par le doigt médian, qui est beaucoup plus grand que les autres, et par les doigts latéraux rudimentaires, composés encore de phalanges dans le premier genre, et styloïdes dans le dernier. Les incisives, au nombre de $\frac{6}{6}$, ont une fossette d'émail à la couronne. Les molaires, au nombre de $\frac{6}{6}$ (ou de $\frac{7}{7}$ si l'on compte une petite prémolaire caduque), sont composées d'une lame d'émail compliquée et plus ou moins festonnée. Chaque dent de la mâchoire supérieure montre deux petits croissants pleins de cément, situés chacun au milieu d'un lobe de dentine, et un ruban d'émail qui fait tout le tour de la dent en entourant à la fois les deux lobes. Les dents de la mâchoire inférieure sont plus étroites, et ont une composition analogue.

Nous distinguons trois genres dans cette famille : les ANCHITHERIUM et les HIPPARION, qui ont vécu pendant l'époque tertiaire, et les CHEVAUX, qui n'appartiennent qu'à la période diluvienne et moderne.

Les ANCHITHERIUM, H. de Meyer

(*Hipparitherium*, de Christol), — Atlas, pl. XII, fig. 1 et 2,

ont $\frac{7}{7}$ molaires, dont les supérieures à deux collines obliques rejoignant le bord, qui montre deux échancrures, et les inférieures à deux croissants successifs. La première de chaque mâchoire est beaucoup plus petite que les autres. L'astragale ressemble à celui des chevaux, et l'allongement des doigts (qui sont encore au nombre de trois) les rapproche aussi de ce genre [1].

Ce type est un de ceux qui servent à rapprocher les solipèdes et les pachydermes, et qui prouvent la nécessité de leur réunion.

L'*A. Dumasii*, Gervais [2], a été trouvé dans les marnes éocènes (parisien supérieur) d'Alais, Gard.

[1] Voyez de Christol, *Compt. rend. Acad. des sc.*, 1847, t. XXIV, p. 374.

[2] *Compt. rend. Acad. des sc.*, t. XIX, p. 381 et 572; *Zool. et pal. fr.*, p. 64 et pl. 11, fig. 8.

L'*A. radegundense*, Gervais (*Zool. et pal. fr.*, explic. de la pl. XXX), provient des mêmes dépôts de la butte de Perréal, près Apt.

L'*A. aurelianense*, Gervais [1], doit probablement comprendre le *Palæotherium* d'Orléans (*P. aurelianense*, Cuvier) [2], de Montabuzard, le *P. de Montpellier*, Cuvier, le *P. monspessulanum*, Blainville [3], et le *P. equinum* ou *hippoides*, Lartet [4], de Sansan. Cette espèce a été trouvée fossile dans les terrains miocènes supérieurs de ces diverses localités, ou dans des couches qui recouvrent immédiatement les dépôts à palæotherium. C'est par erreur que quelques uns de ces gisements ont été rapportés au terrain pliocène.

Les Hipparion, de Christol

(*Hippotherium*, Kaup), — Atlas, pl. XII, fig. 3 et 4,

sont principalement caractérisés par le ruban qui fait le tour de la dent. Ce ruban, plus festonné que dans les chevaux, laisse en dehors de lui, au côté interne, une petite île d'émail qui ne se lie que tard au reste de la dent. Cette île est représentée, chez les chevaux, par un repli qui n'interrompt pas la lame d'entourage, et l'on pourrait dire que, dans ce dernier genre, elle n'est qu'une presqu'île. La prémolaire caduque est aussi plus grande chez les hipparion.

Ce genre a été établi en 1832 par M. de Christol [5]. Il faut probablement lui réunir celui des Hippotherium de M. Kaup (1835), tout en reconnaissant que les espèces sur lesquelles ce dernier genre a été établi ont la lame d'émail un peu plus plissée que les autres.

Les plus anciens sont fossiles dans les terrains miocènes supérieurs : ce sont les Hippotherium.

L'*Hippotherium gracile*, Kaup [6], auquel il faut réunir l'*H. nanum*, Kaup, le *Equus caballus primigenius*, H. de Meyer, le *E. mullus primigenius*, id., et l'*E. asinus primigenius*, id., a été trouvé fossile à Eppelsheim.

Les autres ont été découverts dans les terrains pliocènes de France.

---

[1] *Zool. et pal. fr.*, p. 64.
[2] *Ossem. foss.*, 4ᵉ édit., t. V, p. 438.
[3] *Ostéographie*, Palæothériums, p. 75, pl. 7.
[4] Blainville, *Id.*, p. 75.
[5] *Ann. sc. et ind. du midi de la France*, t. II, p. 25.
[6] *Nova acta Acad. nat. cur.*, t. XVII, p. 173.

Il faut probablement réunir en une seule espèce celles que M. Gervais avait d'abord décrites sous les noms de *Hipparion mesostylum, diplostylum et prostylum* (1). Leurs molaires diffèrent les unes des autres par la forme de la colonnette d'émail, dont la surface supérieure forme l'île ; mais ces différences paraissent tenir à l'âge et à des variétés accidentelles, et ne peuvent pas fournir des caractères d'espèces.

Ces hipparion ont été découverts à Cucuron (Vaucluse).

Ce genre paraît avoir été retrouvé dans l'Inde.

MM. Cautley et Falconer figurent un *Hippotherium antelopinum* (2).

Les Chevaux (*Equus*, Lin.). — Atlas, pl. XII, fig. 6 et 7,

diffèrent des hipparion par les caractères de la lame d'émail que nous avons indiqués plus haut. Toutes les espèces certaines appartiennent à l'époque diluvienne et moderne, et il faut très probablement attribuer aux hipparion la plupart des ossements (3) des terrains miocènes et pliocènes, qui ont été décrits comme indiquant l'existence des chevaux.

Ce genre présente dans son histoire paléontologique quelques faits qui soulèvent des questions importantes. Les recherches historiques s'accordent avec les résultats de la science actuelle pour placer en Asie l'origine des deux espèces les plus utiles à l'homme, le cheval et l'âne. On croit généralement que les peuplades nombreuses qui ont successivement passé des plaines centrales de l'Asie dans les diverses régions de l'Europe ont été accompagnées dans leurs migrations par les animaux et les plantes les plus nécessaires à leur vie. C'est par ce moyen que diverses céréales, les gallinacés, et probablement les chiens et les chevaux, se sont répandus en Europe. La plupart des zoologistes pensent qu'avant l'établissement de l'homme dans ce continent, le cheval et l'âne

(1) *Zool. et pal. fr.*, p. 66, pl. 19 ; *Compt. rend. Acad. des sc.*, 1849, t. XXIX, p. 285.

(2) *Fauna antiqua sicalensis*, pl. 82, 84, 85.

(3) M. Aymard a cependant trouvé des dents de véritables chevaux dans le terrain de Vialette et de Pichevil, près le Puy, que nous avons rapporté à l'époque pliocène et qui renferme des mastodontes et des tapirs, et dans celui de Taulhac, qui est à peu près du même âge. Ces dents paraissent appartenir à deux espèces différentes de celle qui se trouve dans les terrains diluviens du même pays. L'une, celle de Pichevil, était de petite taille ; l'autre, celle de Taulhac, était plus grande que le cheval.

n'y existaient point. Dans cet état de choses, ce n'est pas sans étonnement que l'on trouve des débris fossiles qui attestent que divers animaux de ce genre ont vécu en Europe pendant la fin de l'époque tertiaire et pendant toute l'époque diluvienne. Ces découvertes semblent donner un démenti aux opinions que j'ai rappelées ci-dessus. J'ai déjà eu, en effet, occasion de faire remarquer que la période diluvienne n'est pas séparée de la nôtre par des caractères paléontologiques assez prononcés pour qu'on puisse admettre une complète destruction des espèces par l'inondation qui l'a terminée, et une création toute nouvelle lorsque les terrains ont été de nouveau à sec.

D'ailleurs les anatomistes les plus exacts ont reconnu que la plupart des débris fossiles de chevaux de la période diluvienne ont de si grands rapports avec les espèces actuelles, qu'il est presque impossible de les en distinguer. Il deviendra donc peut-être nécessaire d'admettre que les chevaux actuels ont habité l'Europe avant l'homme.

Toutefois on pourrait trouver une explication qui concilierait les faits paléontologiques et les opinions des zoologistes. Il est possible que les dernières révolutions du globe aient détruit tous les chevaux en Europe, puis qu'ils aient été remplacés par des espèces très voisines originaires d'Asie, et amenées par les peuplades émigrantes. Cuvier fait observer avec raison que les espèces actuelles de chevaux sont si voisines les unes des autres que la distinction en est très difficile. Il peut se faire que l'espèce fossile n'ait différé des nôtres que par des caractères dont le squelette gardé peu de traces.

Je ne hasarde cette explication que comme une hypothèse; mais je dois faire remarquer que ce qui se passe en Amérique peut lui donner une certaine probabilité. C'est un fait bien connu aujourd'hui, que le nouveau monde ne possédait point de chevaux avant la conquête par les Espagnols. J'ai déjà rappelé que les premières populations qui virent cet animal furent saisies d'étonnement et d'effroi; et les chevaux qui vivent dans quelques grandes plaines d'Amérique sont tous des chevaux européens redevenus sauvages. Or on trouve fossiles, dans les terrains de ce pays, des débris de chevaux qui prouvent l'existence de ce genre pendant l'époque diluvienne. Les dernières inondations ont évidemment détruit l'espèce antédiluvienne; puis il y a eu un long intervalle, jusqu'à ce que, sous l'influence de l'homme, ce continent se soit repeuplé d'animaux semblables. Les mêmes événements peuvent s'être passés en Europe, et les faits certains que nous connaissons en Amérique peuvent peut-être expliquer ceux plus douteux qui ont eu lieu chez nous à une époque plus éloignée.

La plupart des ossements d'Europe ont de très grandes analogies avec le cheval actuel. On y distingue cependant, sous le point de vue de la taille, diverses races que quelques auteurs admettent comme spécifiquement différentes.

Ceux qui ressemblent le plus au cheval et dont la comparaison avec cette espèce n'a pas encore pu être faite avec une précision suffisante sont désignés sous le nom de *Equus fossilis* [1]. Il faut y réunir l'*Equus adamaticus*, Schlot., l'*Equus priscus*, Eichwald [2], et l'*Equus brevirostris*, Kaup [3]. Ses ossements ont été trouvés dans la plus grande partie des terrains diluviens d'Europe. Il faut probablement aussi considérer comme de simples variétés de la même espèce les *Equus magnus*, Brav. et *jurillacus*, id.

Les ossements plus petits ont été désignés sous le nom de *Equus asinus fossilis*. On en a distingué aussi de diverses tailles.

L'*Equus piscenensis*, Gervais (*Hipparion de Pézénas*, M. de Serres) [4], trouvé avec les éléphants, etc., à Pézénas, paraît devoir former une espèce distincte plus élancée que l'âne et moins grande que le cheval.

L'*Equus plicidens*, Owen [5], est caractérisé par une lame d'émail presque aussi festonnée que dans les hipparion, mais qui n'a point l'île caractéristique de ce genre. Il provient des fissures caverneuses d'Oreston.

L'Asie renferme aussi des débris de chevaux.

L'*Equus fossilis* se trouve dans les terrains diluviens, et MM. Cautley et Falconer ont signalé dans les terrains tertiaires supérieurs de l'Himalaya trois espèces [6], savoir :

L'*Equus sivalensis*, Caut. et Falc.

L'*Equus numadicus*, id.

L'*Equus palœonus*, id.

En Amérique, on en a trouvé de nombreux fragments.

[1] Cuvier, *Ossem. foss.*, 4e éd., t. III, p. 212.

[2] *Nova acta Acad. nat. curios.*, t. XVII, part. 2, p. 680.

[3] *Neues Jabrb.*, 1833, p. 518.

[4] *Zool. et pal. fr.*, p. 67 ; Marcel de Serres, *Cavernes de l'Aude*, p. 49.

[5] *Brit. foss. mamm.*, p. 392.

[6] *Fauna antiqua sivalensis*, pl. 81, 82, 84, 85, etc.

Une espèce est citée à la fois dans l'Amérique septentrionale et dans l'Amérique méridionale. C'est l'*Equus curvidens*, Owen, remarquable par ses molaires courbées, et trouvé dans la province d'Entrerios et dans le Kentucky [1].

Une espèce paraît spéciale à l'Amérique septentrionale ; c'est l'*Equus americanus*, Leidy (*loc. cit.*), voisin de l'*Equus plicidens*, Owen. Il a été trouvé près de Natchez.

M. Lund en signale deux espèces dans l'Amérique méridionale. Ce sont les *E. principalis* et *neogæus* [2].

Quelques faits observés par M. Darwin [3] montrent qu'une espèce de cheval a été contemporaine des toxodon, megatherium, etc., dans les parties les plus méridionales du continent américain. (Atlas, pl. XII, fig. 7.)

C'est probablement à la famille des pachydermes périssodactyles qu'il faut rapporter un genre américain trop incomplétement connu pour que l'on puisse le classer dans une des tribus plutôt que dans les autres.

Ce genre est celui des

MACRAUCHENIA, Owen, — Atlas, pl. XII, fig. 8-12,

qui réunit à un degré remarquable les formes des chameaux et celles des palæotherium. La tête de ce singulier mammifère n'est pas encore connue, aussi sa place définitive ne peut-elle pas encore être considérée comme arrêtée ; mais de nombreuses vertèbres et des os des membres permettent de se faire une idée assez juste de l'ensemble du squelette, et quelques dents ont aussi pu être étudiées.

Les vertèbres, et en particulier celles du cou, présentent la plus grande analogie avec les organes analogues du lama. Elles sont allongées comme dans cet animal, et ont dû former un cou grêle et élancé, et porter probablement une tête relativement légère et dépourvue de trompe. Les membres présentent, dans leurs parties supérieures, des analogies avec les ruminants par leur radius soudé intimement au cubitus, et par leur péroné uni au tibia ; mais les pieds ont au contraire tous les caractères de ceux des pachydermes. Les os du métacarpe, loin de former un canon, res-

[1] Leidy, *Proceed. Acad. Phil.*, 1847, sept.

[2] *Ann. sc. nat.*, 2ᵉ série, t. XIII, p. 319; et Pomel, *Bibl. univ.*, 1843, Archives, t. IX, p. 329.

[3] *Voyage of the Beagle*, p. 108.

tent distincts; ils portent trois doigts presque égaux terminés par des petits sabots arrondis, et rappellent tout à fait par les détails de leur structure les pieds des tapirs et des palæotherium.

Les dents, dont on ne connaît que quelques molaires, montrent des analogies avec les palæotherium; la dernière inférieure manque du troisième lobe, et les prémolaires sont plus simples.

La seule espèce connue, *Macrauchenia patagonica*, Owen [1], a été trouvée par M. Darwin en Patagonie, dans un lit irrégulier de sables situé sur la côte méridionale du port St-Julien. Elle égalait en stature les rhinocéros et les hippopotames actuels.

Les Nesodon, Owen,

paraissent voisins des macrauchenia. Ils sont caractérisés par $\frac{2}{2}$ incisives, par des molaires ayant aux deux mâchoires des îlots d'émail, par le fait que ces dents se recouvraient comme des tuiles, et par l'absence de barres.

Deux espèces ont été indiquées comme trouvées dans les terrains récents de l'Amérique méridionale : le *N. imbricatus*, Owen, de la taille du lama, et le *N. Sullivani*, id., de la taille du zèbre [2].

2ᵉ Famille. — PACHYDERMES ARTIODACTYLES.

Cette famille renferme tous les pachydermes dont les doigts sont en nombre pair, le médian et l'annulaire étant égaux ou à peu près, le pied comme fendu en deux parties égales, l'astragale en double poulie, le calcanéum articulé sur le tibia et sur le péroné.

Nous y distinguons trois tribus :

1° Les Hippopotamides, qui ont quatre doigts presque égaux, les canines et les incisives prolongées en défenses.

2° Les Suilliens, qui ont deux doigts beaucoup plus grands que les autres, les canines tantôt simples, tantôt prolongées en défenses, et les incisives normales.

3° Les Anoplothérioides à canines anormales, prenant la forme de prémolaires, en sorte que les dents font une série continue, sans barres.

[1] *Voyage of the Beagle*, p. 35.
[2] Owen, *Congrès de Southampton* (*Bibl. univ.*, *Archives*, 1847, t. VI, p. 77; *Institut*, n° 700).

1re TRIBU. — HIPPOPOTAMIDES.

Cette tribu est clairement caractérisée par ses formes très lourdes, ses quatre doigts presque égaux et reposant tous sur le sol, et par ses canines et ses incisives prolongées en défenses.

Le seul genre est celui des

HIPPOPOTAMES (*Hippopotamus*, Lin.; *Chœropotamus*, Prosper Alpin), — Atlas, pl. XII, fig. 13-15,

qui habitent exclusivement aujourd'hui les bords des rivières de l'Afrique centrale et australe, et qui ont eu, dans les époques qui ont précédé la nôtre, une patrie bien plus étendue, car on en trouve des débris dans une grande partie de l'Europe et dans le centre de l'Asie [1]. Ces animaux ne paraissent pas d'ailleurs très anciens à la surface de la terre. En Asie, on en a découvert dans les tertiaires miocènes; mais en Europe ce n'est que dans les terrains tertiaires les plus récents que l'on commence à en trouver quelques ossements [2]; ils ont surtout été nombreux pendant l'époque diluvienne.

Les hippopotames ont une dentition très spéciale. Leurs incisives, au nombre de deux ou trois paires, sont très grandes; celles de la mâchoire supérieure sont arquées, les inférieures sont longues, droites et couchées en avant. Ils ont de fortes canines qui s'usent l'une contre l'autre; la supérieure est courte, l'inférieure est grande et recourbée. Les molaires sont au nombre de $\frac{7}{7}$; mais la première tombe souvent. Les antérieures sont coniques, à une ou deux racines; les postérieures sont comme formées de deux parties réunies, et l'usure y détermine à la surface triturante l'apparence d'un double trèfle. (Pl. XII, fig. 13, *a*.)

Les hippopotames peuvent se subdiviser en deux sous-genres, d'après le nombre de leurs incisives à l'état adulte : les uns en ont quatre (TETRAPROTODON), ce sont les espèces européennes, et peut-être une des espèces asiatiques; les autres (HEXAPROTODON) en ont six, et n'ont encore été trouvés que dans les terrains miocènes de l'Inde. (Atlas, pl. XII, fig. 15.)

[1] Les ossements trouvés à la Nouvelle-Hollande, et rapportés par quelques auteurs à l'hippopotame, sont plus probablement des os d'un animal gigantesque appartenant à la série des didelphes.

[2] Ce fait est même contesté par quelques paléontologistes.

1er *Sous-genre :* TETRAPROTODON, Cautley et Falconer.

L'espèce la plus connue et la plus abondante est le *grand Hippopotame* (*Hippopotamus major*, Cuv., *H. maximus*, Fischer, *H. antiquus*, Desm.). Il ressemble beaucoup à l'hippopotame actuel, et M. de Blainville [1] pense même qu'il doit lui être réuni. Toutefois la plupart des paléontologistes [2] considèrent cette espèce comme distincte. Ils se fondent sur les formes différentes de sa mâchoire, sur les stries obliques de la face antérieure des canines, sur l'écartement plus grand de la deuxième et de la troisième molaire, sur l'occiput plus haut, la face plus courte, etc., et aussi sur la différence de taille, car l'hippopotame fossile dépassait de beaucoup les dimensions des plus grands individus du monde actuel.

Cette espèce a été trouvée en abondance dans les terrains meubles du val d'Arno. On en cite de nombreux fragments découverts dans les terrains diluviens de France, d'Allemagne, d'Angleterre, etc. (cavernes, brèches et graviers), et peut-être aussi dans les tertiaires les plus récents (crag d'Angleterre, terrains supérieurs d'Auvergne). Toutefois M. Gervais [3] doute de leur existence dans les terrains tertiaires de la France. Ses débris sont souvent associés avec ceux du mammouth et du *Rhinoceros trichorhinus*; mais l'hippopotame ne paraît pas s'être avancé autant vers le nord. Il habitait surtout l'Europe tempérée et méridionale.

La seconde espèce européenne est le *petit Hippopotame* (*Hippopotamus minutus*, Cuv., *id.*, p. 474; *H. minor*, Desm.), dont la taille ne dépassait pas celle du sanglier, et qui a été trouvé dans une brèche osseuse entre Dax et Tartas (Landes). Cette espèce, regardée comme douteuse par M. de Blainville [4], paraît, en outre de sa taille, caractérisée par la forme de l'apophyse angulaire de la mâchoire inférieure et par la plus grande complication de la dernière fausse molaire.

Il serait possible qu'on dût ajouter une troisième espèce européenne (*Hippopotamus Pentlandi*, H. de Meyer), intermédiaire pour la taille entre les deux précédentes, mais plus petite que l'hippopotame actuel. Des ossements trouvés en très grande abondance dans la grotte de San-Ciro près de Palerme [5], et qui existent dans plusieurs musées, méritent d'être étudiés avec soin et d'être comparés exactement avec les hippopotames vivants et fossiles.

[1] *Ostéographie*, Hippopotames et Cochons, p. 55.

[2] Voy. en particulier Cuvier, *Ossem. foss.*, 4e édit., II, p. 448; Owen, *British foss. mamm.*, p. 399; Giebel, *Fauna der Vorwelt*, t. I, p. 176; H. de Meyer, *Palæologica*, p. 115, etc.

[3] *Répart. des mamm. fossiles,* (*Comptes rendus de l'Acad. des sc.*, 1849, 2e sem., p. 213).

[4] *Loc. cit.*, p. 65.

[5] Voy. de Blainville, *loc. cit.*, p. 85; H. de Meyer, *Palæol.*, p. 533, et Leonh. und Bronn, *Neues Jahrbuch*, 1843, p. 582.

Les *Hippopotamus medius*, Cuv., et *dubius*, Cuv. (1), ont été reconnus par M. de Christol pour des cétacés herbivores.

C'est peut-être au même sous-genre qu'il faut rapporter l'*Hippopotamus dissimilis*, Cautley et Falconer (2), des montagnes subhimalayennes. Je pense que cette espèce est la même que celle qui est figurée dans le *Fauna antiqua sivalensis*, sous le nom de *Tetraprotodon palæindicus* (pl. 57 et 58); mais le texte n'ayant pas paru, je ne puis le vérifier. Le seul fragment connu de la mâchoire inférieure est si rétréci à la symphyse, qu'il n'a probablement pu porter que deux incisives de chaque côté. Mais M. de Blainville fait observer avec raison que les caractères de ce fragment, ainsi que ceux fournis par une portion de crâne, sont loin de prouver d'une manière incontestable qu'ils ont bien appartenu à un hippopotame. L'usure des molaires ne présente pas de trèfles, mais bien des croissants convexes en dehors, assez semblables à ceux des ruminants.

2° Sous-genre : HEXAPROTODON, Cautley et Falconer.

MM. Cautley et Falconer, ont trouvé dans les tertiaires miocènes des montagnes subhimalayennes, des hippopotames très remarquables, qui sont, comme nous l'avons dit, caractérisés par trois paires d'incisives. Ce sont :

L'*Hippopotamus sivalensis*, Cautl. et Falc. (3), qui se distingue en outre par plusieurs caractères ostéologiques du crâne, et surtout par la brièveté de la face, en sorte que l'orbite est située vers le milieu de la longueur de la tête.

L'*Hippopotamus namadicus*, Cautl. et Falc., pl. 57 et 58.

L'*Hippopotamus iravaticus*, Cautl. et Falc., pl. 57, espèce plus petite que l'hippopotame vivant, et trouvé par M. Clift sur les bords de l'Irawadi, dans le pays des Birmans (4).

On doit considérer comme très douteuses trois espèces établies par Mac Clelland (5), et trouvées aussi dans l'Inde. M. de Blainville (6) a montré que les deux premières (*H. anisoporus*, M. Clelland, et *H. megagnathus*, M. Clell.) ne diffèrent par aucun caractère appréciable de l'*H. sivalensis*. La troisième (*H. platyrhynchus*, M. Clell.) ne s'en distinguerait, suivant son auteur, que parce que son museau serait plus aplati.

(1) *Ossem. foss.*, 4° édit., t. II, p. 492 et 495.

(2) *Journal of the asiatic Society*, t. VII, p. 1038; *Ann. des sc. nat.*, 2° série, t. VII, p. 66, et t. XI, p. 126; Blainville, *Ostéographie*, Hippopotames, p. 73.

(3) *Fauna antiqua sivalensis*, pl. 59, 60, 61, 62, 63, 64, 65, 66; *Journal of the asiatic Soc.*, t. VII, p. 1038; *Asiatic researches*, t. XIX; *Ann. des sc. nat.*, 2° série, t. VII, p. 66, et t. XI, p. 126; Blainville, *Ostéogr.*, Hippopotames, p. 71.

(4) *Trans. of the geol. Soc.*, 2° série, t. II, p. 373.

(5) *Journal of the asiatic Society*; *Wiegmann Archives*, 1839, t. II, p. 413.

(6) *Ostéographie*, Hippopotames, p. 76.

Les Potamohippus, Jaeger,

sont un genre encore peu connu, formé par Jaeger [1] sur des dents trouvées dans le Bohnerz de l'Albe de Souabe. Elles sont trop peu caractérisées pour justifier l'établissement d'un genre.

2ᵉ Tribu. — SUILLIENS.

Nous comprenons dans cette tribu tous les pachydermes paridactyles qui ont des incisives ordinaires, des canines tantôt prolongées en défenses, tantôt normales, toujours distinctes des prémolaires, dont elles sont séparées par une barre.

Le type de cette tribu est le genre des

Cochons (*Sus*, Lin.). — Atlas, pl. XIII, fig. 1-4,

caractérisé par ses incisives inférieures couchées, ses canines prolongées en défenses et se recourbant vers le haut, ses molaires tuberculeuses, et ses pieds à quatre doigts, dont deux seulement touchent le sol.

Ces animaux ont été trouvés fossiles dans les terrains tertiaires et diluviens. Ils paraissent avoir été assez nombreux en espèces, mais le nombre des individus est loin d'atteindre celui de quelques autres genres de la même famille. Les ossements de leur corps sont plus rarement conservés que leurs dents ; il est probable que ces animaux étaient déjà sujets alors, comme de nos jours, à se charger de graisse, et que cette circonstance, en rendant leurs os plus spongieux, en a souvent empêché la conservation.

L'existence des cochons dans les terrains tertiaires a été constatée par des fragments trouvés en France et en Allemagne.

Plusieurs espèces paraissent avoir vécu pendant l'époque miocène. M. Kaup en a décrit trois des sables d'Eppelsheim [2]. Ce sont :

Le *Sus antiquus*, Kaup, espèce établie sur une mâchoire inférieure beaucoup plus grande que celle du sanglier actuel, et qui présente des caractères spécifiques bien différents.

[1] *Foss. Saugeth. Wurtembergs*, p. 41, pl. 4, fig. 16, etc.
[2] *Ossem. foss. de Darmstadt*, pl. 8 et 9.

Le *Sus palæochœrus*, Kaup, connu aussi par une mâchoire inférieure, et qui a dû avoir une taille un peu plus grande que le sanglier. Les branches de cette mâchoire sont plus comprimées et plus hautes. C'est à cette espèce qu'il faut rapporter le genre TAPIROPORCUS, Jaeger [1], abandonné par son auteur.

Le *Sus antediluvianus*, Kaup, à peu près de la taille du babiroussa et dont on ne connaît que deux dents molaires.

D'autres espèces ont été citées en France sans avoir peut-être été suffisamment comparées aux précédentes.

Le *Sus chœroïdes*, Pomel [2], a été trouvé dans les terrains miocènes de l'Anjou, aux environs de Doué.

Le *Sus Lockarti*, Pomel [3], *Chœropotame d'Avaray*, Lockart [4], *Sus antediluvianus* de l'Orléanais, Blainv. [5], a été découvert à Avaray (Loir-et-Cher).

Le *Sus simorrensis*, Lartet [6], a été trouvé à Simorre.

Le *Sus? lemuroïdes*, Blainv. [7], est une espèce douteuse de Sansan, un peu plus grande que le daman.

Le *Sus Doati*, Lartet, de Sansan, n'est pas plus certain que le précédent.

Le *Sus belsiacus*, Gervais [8], très voisine du *Sus Lockarti*, mais plus petite, a été découverte dans le calcaire à anchithériums de Montabusard, près Orléans.

On peut à peine séparer de ces cochons de l'époque miocène les CHŒROTHERIUM de M. Lartet [9], dont les molaires, en même nombre, sont moins compliquées de tubercules.

Ce groupe renferme trois espèces de la même époque. Ce sont :

Le *C. Dupuii*, Lartet, *Sus chœrotherium*, Blainv. [10], du département du Gers, mais pas de Sansan.

[1] *Foss. Saugeth. Wurtembergs*, I, p. 40.
[2] *Bibl. univ. de Genève, Archives*, t. VIII, p. 160; Gervais, *Zool. et pal. fr.*, p. 100.
[3] *Bibl. univ. de Genève, Archives*, t. VIII, p. 159; Gervais, *Zool. et pal. fr.*, p. 101.
[4] *Mémoires de l'Académie d'Orléans*, 1829.
[5] *Ostéographie*, Hippopotames et Cochons, pl. 7.
[6] *Notice sur la colline de Sansan*, p. 33.
[7] *Ostéographie*, id., pl. 9.
[8] *Zool. et pal. fr.*, p. 101.
[9] *Notice sur la colline de Sansan*, etc., p. 32.
[10] *Ostéographie*, id., pl. 9; Gervais, *Zool. et pal. fr.*, p. 100.

Le *C. Nouleti*, Lartet, de Bonrepos (Haute-Garonne).
Le *C. sansaniense*, Lartet, de Sansan.

Les mollasses de Suisse renferment aussi quelques rares fragments de cochons qui appartiennent à une espèce évidemment
différente du sanglier actuel; mais elle n'a pas pu encore être
comparée à celles qui ont été décrites par M. Kaup.

On connaît depuis longtemps une mâchoire trouvée dans le mont de la
Mollère, près du lac de Neuchâtel; j'ai moi-même trouvé près du Guggisberg
un cubitus qui se distingue clairement de ceux des cochons des cavernes et
de l'espèce qui vit aujourd'hui.

Les terrains pliocènes en renferment aussi quelques uns.

Le *Sus arvernensis*, Croizet et Jobert (¹), paraît se distinguer par une face
plus courte que celle des sangliers actuels, et ressemble sous ce point de vue
au cochon de Siam. Il a été trouvé dans les tertiaires supérieurs du Puy-
de-Dôme.

Le *Sus provincialis*, Gervais (²), provient des sables marins de Montpellier.

Le *Sus major*, Gervais (³), a été découvert dans le dépôt à hipparions de
Cucuron (Vaucluse).

Les cochons ont existé aussi pendant l'époque diluvienne. Dans
les dépôts des cavernes on trouve des ossements qui ont été rapportés à trois ou quatre espèces différentes. Ce sont :

Le *Sus scrofa fossilis*, Hermann de Meyer (⁴), qui paraît ne pas se distinguer du sanglier actuel. Cette espèce a été trouvée dans les cavernes
d'Angleterre, de France, de Belgique et de Franconie.

Le *Sus priscus*, Goldf. (⁵), qui avait un museau plus long et beaucoup
moins large; il a été trouvé dans la caverne de Sundwich.

Le *Sus priscus*, Marcel de Serres (⁶), ne paraît pas être la même espèce. Il
était de grande taille et la forme de son crâne indique, suivant cet auteur,
plus de rapport avec le sanglier à masque qu'avec le sanglier ordinaire.
(Voyez Atlas, fig. 1-4.)

Une quatrième espèce est indiquée par M. Schmerling comme ayant eu
une taille très inférieure aux précédentes; elle a été trouvée dans les cavernes
des environs de Liége.

(¹) *Ossem. foss. du Puy-de-Dôme*, p. 157.

(²) *Zool. et pal. fr.*, p. 100, pl. 3; Blainville, *Ostéographie*, p. 208, pl. 9.

(³) *Comptes rendus de l'Acad. des sc.*, 1849, t. XXVIII, p. 549, *Zool. et
pal. fr.*, p. 100, pl. 12.

(⁴) et (⁵) *Palæologica*, p. 80.

(⁶) *Cavernes de Lunel-Viel*, p. 134.

Les ossements de l'Inde et de l'Amérique, rapportés d'abord aux cochons, paraissent devoir, en partie, former des genres nouveaux. (Voyez CHŒROMERYX et HARLANUS.)

MM. Cautley et Falconer figurent dans leur *Fauna antiqua sivalensis* trois espèces (le texte n'a pas été publié). Ce sont :

Le *Sus giganteus*, Cautl. et Falc., pl. 69, 70 et 71,

Le *Sus hysudricus*, Cautl. et Falc., pl. 70 et 71.

Le *Sus sivalensis*, Cautl. et Falc., pl. 70 et 71, que ces naturalistes ont pris pour type de leur sous-genre HIPPOHYUS.

LES PÉCARIS (*Dicotyles*, Cuv.),

caractérisés par des canines courtes, non prolongées en défenses, et par l'absence de doigt externe aux pieds postérieurs, sont aujourd'hui des animaux d'Amérique ; leur distribution géographique paraît avoir été la même pendant l'époque diluvienne, car ce n'est que dans ce continent qu'on en a trouvé des ossements.

Les espèces à cette époque étaient plus nombreuses qu'aujourd'hui ; l'Amérique actuelle n'en possède que deux, et M. Lund en a déjà signalé cinq dans les cavernes du Brésil, dont une avait une taille double de la plus grande de celles qui vivent aujourd'hui, et dont une autre était plus grande encore.

C'est probablement à la suite des pécaris qu'il faut placer le genre des

HYOPS, Leconte,

qui ont le crâne plus aplati et quelques différences dans les dents canines, les os des membres, etc.

Le *Hyops depressifrons*, Leconte [1], a été trouvé dans une sorte de brèche de l'Illinois.

LES CALYDONIUS, H. de Meyer,

ne sont connus que par quelques dents canines qui rappellent celles des PHACOCHOERES, F. Cuv. Les supérieures sont aussi grandes que dans ce genre, et les inférieures ne dépassent pas celles du *Sus larvatus*. Le reste de la dentition est inconnu, et ce genre est encore très incertain.

[1] Leconte, *Sillim. journal*, 1848, t. V, p. 102.

Les deux espèces citées (*C. trux* et *tener*, H. de Meyer) [1] ont été trouvées dans la mollasse de la Chaux-de-Fonds.

Les PALÆOCHŒRUS, Pomel, — Atlas, pl. XIII, fig. 5 et 6,

tiennent le milieu, pour leur dentition, entre les pécaris et les anthracothériums, ayant les quatre avant-molaires et les incisives de ces derniers, et les arrière-molaires des premiers. Les os des pieds montrent que l'animal avait quatre doigts. M. Gervais [2] y réunit le genre des CYCLOGNATHUS, Croizet, et ceux qui ont été désignés par M. Pomel sous les noms de BRACHYGNATHUS et de SYNAPHODUS.

On en connaît quelques espèces :

Le *P. typus* et le *P. major* proviennent du calcaire d'eau douce de Saint-Gérand-le-Puy (Allier), miocène d'Auvergne [3].

L'*Anthracotherium gergovianum*, Croizet [4], du calcaire lacustre d'Issoire (miocène d'Auvergne), type des genres CYCLOGNATHUS, BRACHYGNATHUS et SYNAPHODUS, appartient aussi aux PALÆOCHŒRUS et est très voisin du *P. typus*.

Les CHOEROMORUS, Lartet, — Atlas, pl. XIII, fig. 7,

ont une dentition très voisine de celle des palæochœrus, et dont les différences me paraissent encore difficiles à apprécier. Dans une des espèces, en effet (*C. mamillatus*), le caractère indiqué comme le principal consiste dans des tubercules supplémentaires placés entre les lobes formés par les tubercules principaux. Une autre espèce (*C. simplex*) a sous ce point de vue les caractères des palæochœrus, et manque de ces tubercules. Il y a donc lieu ici à une révision de caractères, et peut-être à une autre association des espèces.

Les espèces connues appartiennent au terrain miocène supérieur.

Le *C. mamillatus*, Lartet, et le *C. simplex*, Lartet, ont été trouvés à Sansan [5].

<hr>

[1] *Leonh. und Bronn, Neues Jahrb.*, 1846, p. 464.
[2] *Zool. et pal. fr.*, explic. de la pl. 33.
[3] Voy. Pomel, *Bull. Soc. géol.*, 2ᵉ série, t. IV, p. 385 ; Laurillard, *Dict. de d'Orbigny*, t. IX, p. 392 ; Gervais, *Zool. et pal. fr.*, p. 102.
[4] Blainville, *Ostéographie*, Anthracothériums, pl. 3.
[5] Gervais, *Zool. et pal. fr.*, explic. de la pl. 33.

L'*Anthracotherium minimum*, Cuvier [1], du département de Lot-et-Garonne, appartient probablement aussi à ce genre.

Les ENTELODON, Aymard, — Atlas, pl. XIII, fig. 8 et 9,

sont caractérisés par $\frac{3}{3}$ incisives subtriangulaires, dont les supérieures sont en cône assez épais, avec un collet, et dont les inférieures sont peu déclives. La canine est peu arquée, et se déverse
légèrement en dehors. Les molaires sont au nombre de $\frac{7}{7}$. Elles
commencent par des prémolaires coniques et comprimées, rappelant un peu celles des carnassiers; les dernières ont deux collines
transverses. Les pieds ont quatre doigts, et l'astragale ressemble
à celui des bothriodon.

L'*E. magnum*, Aymard [2], a été trouvé dans le calcaire lacustre du Puy
(miocène inférieur).

L'*E. Bonzoni*, Aymard, est plus petit, mais connu seulement par quelques
dents; il provient du même gisement. (Communication inédite.)

Les ELOTHERIUM, Pomel,

sont encore incomplétement caractérisés. M. Pomel [3] les associe
aux entelodon, et pense que ces deux genres n'en forment qu'un.
M. Aymard [4] n'admet pas cette association, car l'entelodon a des
molaires qui s'usent en disques, tandis que celles de l'elotherium
forment des trèfles, ce qui se lie à une complication particulière
des saillies accessoires.

La seule espèce connue, l'*Elotherium magnum*, Pomel [5], provient du
bassin de la Gironde.

Le genre des

CHŒROPOTAMES (*Chœropotamus*, Cuv.), — Atlas, pl. XIII, fig. 10,

a été établi pour la première fois par Cuvier sur une portion de
mâchoire et sur un occipital trouvés dans les gypses de Mont-

[1] *Ossem. foss.*, 4ᵉ édit., t. V, p. 478.
[2] *Ann. Soc. agr. du Puy*, 1848, t. XII, p. 210; Gervais, *Zool. et pal.
fr.*, p. 102.
[3] *Bibl. univ. de Genève, Archives*, t. V, p. 375.
[4] *Ann. Soc. agr. du Puy*, 1849, t. XIV, p. 82.
[5] *Bull. Soc. géol.*, 3ᵉ série, t. IV, p. 1083.

martre, auxquels M. Owen a pu joindre plus tard une mâchoire
mieux conservée de l'île de Wight.

Les chœropotames ont $\frac{7}{7}$ molaires, intermédiaires entre celles
des pécaris et des hippopotames. Les arrière-molaires de la mâchoire supérieure sont composées de deux rangées de mamelons
ou pyramides, dont deux principaux à chaque rangée, et un petit
accessoire médian tantôt aux deux rangées, tantôt seulement à
l'antérieure. La dent est entourée d'un collet bien marqué et tuberculeux. La mâchoire inférieure porte des canines courtes,
comme dans les pécaris, mais plus aplaties et formant une transition assez remarquable à celles des carnassiers. Cette analogie
est encore confirmée par les premières fausses molaires, qui sont
comprimées. La mâchoire inférieure a son angle postérieur prolongé.

L'espèce la mieux connue est :

Le *Chœropotamus parisiensis*, Cuvier [1], *C. Cuvieri*, Owen, *C. gypsorum*,
Desm., trouvé dans les gypses de Montmartre et dans des terrains contemporains d'Angleterre (parisien supérieur).

Le *C. affinis*, Gervais [2], a été trouvé dans les lignites de la Débruge,
près Apt (parisien supérieur).

Le *C. matritensis*, Esquerra del Bayo [3], a été découvert dans les tertiaires anciens des environs de Madrid.

M. Clift a trouvé sur les bords de l'Irawadi (pays des Birmans)
quelques fragments qu'il rapporte avec doute à ce genre.

M. H. de Meyer avait placé dans le même genre une autre
espèce, dont il a fait depuis celui des

HYOTHERIUM, H. de Meyer, — Atlas, pl. XIII, fig. 11,

qui diffèrent des chœropotames par leurs molaires, probablement
au nombre de $\frac{6}{6}$, dont les postérieures ont aussi quatre cônes principaux, mais les petits sont plus nombreux. Ces dents présentent, en outre, de petits appendices antérieurs et postérieurs.
Celui de la dernière devient plus grand, égale le tiers de la dent,
et porte une forte pointe et de petites gibbosités. Les canines, semblables à celles des cochons pour la forme et la courbure, mais

(1) *Ossem. foss.*, 4ᵉ édit., t. V, p. 152.
(2) *Zool. et pal. fr.*, pl. 31.
(3) *Leonh. und Bronn. Neues Jahrb.*, 1840, p. 221.

plus petites et plus fortes, diffèrent par conséquent sensiblement de celles des chœropotames.

On en connaît quelques espèces des terrains miocènes et pliocènes.

Le *Hyotherium medium*, H. de Meyer [1], provient du tertiaire miocène de Weisenau.

M. H. de Meyer a décrit, sous le nom de *Chœropotamus Meissneri* [2], une espèce de la mollasse de Suisse, qui devient le *Hyotherium Meissneri*.

Le *Hyotherium Sœmmerringii*, H. de Meyer [3], *Chœropotamus Sœmmerringii*, H. de Meyer [4], a été trouvé dans les terrains tertiaires de Georgensgmünd (pliocène?).

Le *H. sideromolassicum*, Jaeger [5], avec ses variétés *majus* et *minus*, provient de ce même terrain du Bohnerz, dont nous avons parlé dans la note de la page 205.

Les BOTHRIODON, Aymard (Ancodus, Pomel),
—Atlas, pl. XIII, fig. 14,

forment un genre qui est maintenant bien connu, grâce aux beaux et nombreux ossements découverts par M. Aymard dans les terrains miocènes inférieurs du Puy en Velay. Je dois à l'obligeance de ce paléontologiste quelques documents inédits qui me permettront de compléter sa description.

La tête, qui est connue tout entière, est allongée, étroite, peu élevée en arrière, fortement évidée en tous sens, principalement à cause de la disposition de l'orbite et de la fosse temporale, qui forment une cavité très étendue d'avant en arrière, circonscrite par des arcades zygomatiques composées d'os étroits dans leur hauteur. La crête sagittale est saillante, bien détachée, entraînant la plus grande partie de l'os pariétal. La cavité cérébrale est fort réduite. Les apophyses mastoïdiennes sont courtes, les trous orbitaires simples, et les os nasaux courts (ce qui indique un boutoir faible ou nul).

[1] *Leonh. und Bronn, Neues Jahrb.*, 1843, p. 383, et 1846, p. 466.

[2] H. de Meyer, *Palæologica*, p. 81 ; et Meissner, *Mus. der Naturg. Helvet.*, nᵒˢ 9 et 10, fig. 1 et 2.

[3] *Georgensgmünd*, p. 43, et *Lethæa geogn.*, p. 1222.

[4] *Zeitsch. für Min.*, 1829, t. I, p. 150.

[5] *Foss. Saug. Wurt.*, p. 67.

La formule dentaire est :

$$\text{Inc. } \tfrac{6}{6}\text{; can. } \tfrac{1}{1}\text{; mol. } \tfrac{7}{7}\text{, dont } \tfrac{4}{4} + \tfrac{1}{1} + \tfrac{3}{3}.$$

Les incisives sont grandes; la canine ne les dépasse pas en longueur (caractère qui rappelle les anoplothériums). Les molaires présentent des rapports avec celles des anthracothériums, et surtout avec celles du genre suivant; elles ont leurs deux collines profondément divisées par un vallon, et leurs tubercules principaux en forme de pyramides, dont le bord extérieur est excavé, et l'intérieur convexe. Les trois tubercules de la face externe se lient avec les arêtes voisines, dont ils sont les points de divergence.

Les pieds sont à quatre doigts, l'astragale presque en osselet de ruminant. Les formes du corps rappellent les cochons.

On en connaît trois espèces, qui appartiennent toutes aux terrains miocènes inférieurs du Puy, et peut-être une du terrain miocène supérieur. Ce sont :

Le *Bothriodon platorhynchus*, Aymard, remarquable par l'élargissement de l'extrémité du museau (mâchoire inférieure); du Puy.

Le *B. leptorhynchus*, Aymard, à museau plus mince et à diastème plus court, la branche montante de la mâchoire inférieure naissant immédiatement après la dernière molaire; du Puy.

Le *B. velaunus*, Aymard, plus petit et à museau plus court; du Puy.

Le *B. velaunus* (*Hyopot. velaunus*, Gervais [1], *Anthracotherium velaunum*, Cuvier) [2], rentre dans l'une de ces trois espèces.

Le *D. crispus*, Gervais [3], de Gargas, est plus douteux. C'est peut-être un anoplothérioïde. M. Aymard propose pour lui le nom générique de ANORIMNOX.

Les HYOPOTAMUS, Owen, — Atlas, pl. XIII. fig. 12 et 13,

sont très voisins du genre précédent, et n'en forment peut-être qu'une section. Les principales différences indiquées par M. Pomel, qui sont l'échancrure du mamelon interne des molaires supérieures et la dernière fausse molaire supérieure sans arête à la face interne, ont été reconnues par M. Aymard communes aux deux genres. La longueur du diastème n'est qu'un caractère spécifique. On pourrait peut-être mieux justifier leur séparation par

[1] *Zool. et pal. fr.*, p. 94.
[2] *Ossem. foss.*, 4e édit., t. V, p. 480.
[3] *Zool. et pal. fr.*, p. 95, pl. 12.

l'épaisseur des collines transverses, qui sont cernées par des arêtes plus étroites et plus droites dans le bothriodon, et plus larges et plus arrondies dans l'hyopotame. Les vallons intermédiaires sont donc plus larges dans le bothriodon, et à la mâchoire inférieure elles laissent voir des rugosités plus étendues.

Les espèces connues sont conservées dans les terrains tertiaires contemporains des gypses et dans les miocènes inférieurs. Ce sont :

Le *H. bovinus* et le *H. vectianus*, Owen [1], découverts par la marquise d'Hastings dans les couches éocènes de l'île de Wight. M. Gervais [2] ajoute deux espèces, les *Hyopotamus borbonicus et priscus*, du terrain miocène inférieur d'Auvergne.

Les ANTHRACOTHERIUM, Cuv., — Atlas, pl. XIV, fig. 1 et 2,

sont encore très voisins des chœropotames, et forment avec ce genre et avec celui des hyopotames un petit groupe très naturel. Ils sont caractérisés aussi par ½ molaires, séparées des canines par une barre plus courte que dans les genres précédents. Les molaires ont des tubercules formant aussi deux collines, et séparés de même par un sillon médian, mais peu profond. Les inférieures sont hérissées de pointes coniques obtuses, mais non arrondies par le sommet. Les supérieures ont une couronne carrée, composée de quatre pyramides saillantes, mais obtuses, et d'un nombre variable de plus petites. Les canines paraissent ressembler à celles du tapir. Les incisives inférieures, au nombre de quatre, sont fortes et projetées en avant, comme celles des cochons.

Ces animaux ne sont encore connus que par des fragments assez incomplets, qui n'ont pas permis de reconstruire l'ensemble du squelette. Les premières espèces ont été trouvées dans des lignites de Cadibona, près de Savone (Piémont), qui appartiennent à l'étage moyen des terrains tertiaires. Les ossements de cette localité étaient fortement colorés en noir par le charbon, et ont motivé le nom qui a été donné à ce genre. Depuis lors, quelques autres débris ont été trouvés dans diverses parties de la France, et jusque dans l'Inde.

Les espèces appartiennent aux terrains miocènes ; elles parais-

[1] *Quarterly journ. of the geol. Soc.*, t. IV, p. 103.
[2] *Zool. et pal. fr.*, explic. de la pl. 31.

sent caractériser d'une manière assez précise le miocène inférieur
ou miocène d'Auvergne.

Nous citerons :

L'*Anthracotherium lembronicum*, Bravard [1], des environs d'Issoire, et
quelques autres espèces d'Auvergne indiquées, mais non décrites par M. Pomel.

L'*A. magnum*, Cuvier [2], trouvé dans les lignites de Cadibona et aussi
dans les marnes de la Limagne.

L'*A. minus*, Cuvier, de moitié plus petit et trouvé aussi à Cadibona.

L'*A. alsaticum*, Cuvier, dont la taille était les 3/5ᵉˢ de la première espèce,
et qui a été trouvé en Alsace.

L'*A. onoideum*, Gervais [3], *A. magnum de l'Orléanais*, Blainville [4], découvert à Neuville (Loiret).

L'*A. minimum*, Cuvier, a été transporté dans le genre Chœromorus.

L'*A. silistrense*, Pentl., est devenu un chœromeryx.

C'est probablement dans cette tribu qu'il faut placer le genre des

Hyracotherium, Owen

(*Hyotherium*, Richardson (*non* H. de Meyer), *Syotherium*,
Owen, *olim*), — Atlas, pl. XIV, fig. 3,

qui a été établi pour la première fois en 1839 [5] sur un crâne un
peu mutilé trouvé par M. Richardson dans l'argile de Londres.
Sa dentition est très voisine de celle des chœropotames : les trois
molaires principales ont à peu près les mêmes formes ; les molaires
antérieures, qui sont au nombre de quatre, sont plus grandes à
proportion et plus compliquées. Les canines paraissent avoir ressemblé à celles des pécaris et avoir eu la même direction. Les
formes du crâne sont intermédiaires entre celles des damans et des
cochons. Un des caractères les plus remarquables est la grandeur
de l'orbite de l'œil, qui rappelle l'organe analogue des rongeurs
timides, et en particulier des lièvres. Sa petite taille et les rapports généraux de formes que l'on peut lui supposer avec le daman
(*hyrax*), lui ont fait donner le nom d'*Hyracotherium*.

[1] *Consid. sur les mammif. du Puy-de-Dôme*, p. 32 ; Pomel, *Bull. Soc.
géol.*, 2ᵉ série, t. III, p. 369.

[2] *Ossem. foss.*, 4ᵉ édit., t. V, p. 467.

[3] *Zool. et pal. fr.*, p. 96.

[4] *Ostéographie*, Anthracothériums, pl. 3.

[5] *Trans. of the geol. Soc.*, 2ᵉ série, t. VI, p. 203.

L'espèce à laquelle a appartenu ce crâne a été nommé *Hyracotherium leporinum*. Elle était de la taille du lièvre (parisien inférieur).

Depuis lors, M. Colchester a trouvé à Kyson en Suffolk, dans un sable du tertiaire éocène, des dents qui indiquent une espèce plus petite, qui se distingue par quelques détails dans la forme des parties saillantes des molaires. Cette espèce a été décrite par M. Owen sous le nom de *Hyracotherium cuniculus* [1] (parisien inférieur).

Les MICROCHOERUS, S. Wood, — Atlas, pl. XIV, fig. 4,

ont provisoirement été séparés des hyracotherium à cause de quelques différences dans l'écartement des molaires et dans la forme de la dernière.

Le *M. erinaceus*, S. Wood [2], a été trouvé dans le terrain d'eau douce de Hordwell (parisien supérieur).

Les ACOTHERULUM, Gervais, — Atlas, pl. XIV, fig. 5,

sont encore imparfaitement connus. Ils paraissent, par leur dentition, voisins des palæochœrus; leurs arrière-molaires sont, comme dans ce genre, composées de deux collines, dont chacune a deux tubercules. Ils présentent, d'un autre côté, des transitions aux chevrotains et aux dichobunes.

L'*A. saturninum*, Gervais [3], provient des lignites de la Débruge, près Apt (parisien supérieur).

Les HETEROHYUS, Gervais,

rapportés par M. Gervais à la tribu des suilliens, ne peuvent lui être réunis qu'à titre provisoire, car on ne sait pas même avec certitude si ce sont des pachydermes ou des carnassiers.

L'*H. armatus*, Gervais [4], a été trouvé dans les graviers à lophiodons de Buchsweiler (Bas-Rhin) (parisien inférieur).

Je me borne à indiquer, en terminant cette tribu, le genre :

[1] *Annals and mag. of nat. hist.*, t. VIII, p. 1.

[2] *Ann. and mag. of nat. hist.*, 1844, t. XIV, p. 350; *Lond. geol. journ.*, t. I, p. 5.

[3] *Compt. rend. de l'Acad. des sc.*, 1850, t. XXX, p. 604; *Zool. et pal. fr.*, p. 92.

[4] *Zool. et pal. fr.*, explic. de la pl. 35.

PROTOCHŒRUS, Leconte,

qui, suivant l'auteur, est voisin des chœropotames, mais qui manque des petits tubercules des molaires, et dont la dernière molaire a une troisième colline.

La seule espèce indiquée est le *P. prismaticus*, Leconte ([1]), trouvé dans l'Illinois (diluvien?).

3ᵉ Tribu. — ANOPLOTHÉRIOÏDES.

Le caractère principal de cette tribu consiste dans l'absence de barres aux mâchoires, en sorte que les dents font une série continue, caractère rare dans les mammifères, et qui, dans la nature vivante, est spécial à l'homme et à la plupart des quadrumanes. Les canines perdent en général leurs formes normales. Celles de la mâchoire supérieure se confondent avec les prémolaires, et celles de l'inférieure avec les incisives.

Les anoplothérioïdes forment une transition remarquable entre les pachydermes et les ruminants, soit par leurs molaires, soit par leurs pieds. Les premières commencent à présenter des croissants internes, et les doigts se réduisent par degrés au nombre de deux. Les os du métacarpe et du métatarse ne se soudent toutefois jamais en canon.

Cuvier divisait les anoplothériums en trois sous-genres : les anoplothériums proprement dits ; les xiphodons et les dichobunes ; mais la découverte de plusieurs types nouveaux force maintenant à donner à ces groupes une valeur générique, et à admettre quelques nouveaux genres.

Tous les anoplothérioïdes sont caractéristiques des terrains tertiaires anciens et moyens. On n'en connaît aucune trace positive dans les terrains pliocènes, non plus que dans ceux de l'époque diluvienne.

Les ANOPLOTHERIUM, Cuvier, — Atlas, pl. XIV, fig. 6-12,

ont ¾ molaires ; les arrière-molaires supérieures présentent un chevron à sommet dirigé en dedans, qui se rapproche d'un gros mamelon interne, avec lequel il finit par se confondre lorsque l'usure est plus avancée. Les molaires inférieures ont deux col-

([1]) *Sillim. journal*, 1848, t. V, p. 102.

lines s'usant en forme de cœur, la septième a un troisième lobe. Les dents sont toutes à peu près égales en hauteur, et la canine ne dépasse pas les autres. Les pieds sont à deux doigts. La queue est longue, composée de vertèbres fortes et épaisses, ce qui a fait penser à Cuvier que ces animaux étaient plongeurs et vivaient à peu près comme l'hippopotame.

Les gypses de Montmartre renferment les ossements de deux espèces :

L'*Anoplotherium commune*, Cuvier [1], qui était de la taille d'un petit âne; cette espèce a aussi été trouvée à l'île de Wight.

L'*A. Duvernoyi*, Pomel [2].

La première de ces espèces a été aussi retrouvée dans quelques gisements du midi de la France, où elle formait vraisemblablement plusieurs races (ou espèces) distinctes [3].

Ce genre paraît avoir aussi existé dans le continent asiatique pendant l'époque tertiaire.

MM. Cautley et Falconer ont trouvé, dans les montagnes Sivalik, les ossements d'une espèce qu'ils ont nommée *Anoplotherium posterogenium* [4], et *A. sivalense* [5].

M. Gervais sépare sous le nom de

EURYTHERIUM, Gervais, — Atlas, pl. XIV, fig. 13,

des espèces d'anoplothériums qui ont une dentition tout à fait semblable à celle de ce genre, mais dans lesquels les pieds ont trois doigts au lieu de deux, l'index se développant et formant un petit doigt interne.

M. Pomel [6], qui a étudié avec quelques détails cette modification de l'organisation, propose une simple section dans le genre des anoplothériums, et en admet quatre espèces.

[1] Cuvier, *Ossem. foss.*, 4ᵉ édit., t. V, p. 403.

[2] *Compt. rend. de l'Acad. des sc.*, 1851, t. XXXIII, p. 16.

[3] Voyez Gervais, *Zool. et pal. fr.*, p. 92; Blainville, *Ostéographie*, et à l'APPENDICE BIBLIOGRAPHIQUE, les articles Buckland, Graves, Plieninger, Pratt, Robert, etc..

[4] *Asiatic journ.*, décembre 1835, p. 358.

[5] *Proceedings of the geol. Soc.*, t. IV, p. 235, pl. 2, fig. 1, 2.

[6] *Compt. rend. de l'Acad. des sc.*, 1851, t. XXXIII, p. 16.

La première, qui est son *Anoplotherium platypus*, Pomel, doit reprendre le nom plus ancien d'*Eurytherium latipes*, Gervais [1]. Des environs d'Apt.

L'*A. Laurillardi*, Pomel, a aussi été trouvé à Apt.

L'*A. Cuvieri*, Pomel, provient des gypses de Paris.

L'*A. secundarium*, Cuvier [2], appartient aussi à ce genre et a été trouvé à Paris et à Apt.

Les CHALICOTHERIUM, Kaup, — Atlas, pl. XV, fig. 6,

n'avaient probablement que $\frac{2}{3}$ molaires. Les arrière-molaires supérieures se continuaient en crêtes horizontales au delà du sommet des chevrons formés par la face externe des lobes, et avaient un seul gros mamelon interne entre les deux collines. Les molaires inférieures étaient semblables à celles des anoplothériums, sauf que la dernière n'avait que deux lobes sans talon.

M. Kaup [3] en a décrit deux espèces.

La plus grande, *Chalicotherium Goldfussii*, Kaup, paraît avoir atteint la taille du rhinocéros de Java. Elle a été trouvée dans les tertiaires d'Eppelsheim (miocène).

La plus petite, *C. antiquum*, Kaup, était de la grandeur du rhinocéros de Sumatra et provient de la même localité.

Il faut ajouter une espèce du dépôt lacustre de Sansan (Gers), le *C. grande*, Gervais [4], *grand Anoplotherium*, Lartet [5].

Ce genre paraît avoir existé en Asie pendant l'époque tertiaire.

MM. Cautley et Falconer [6] figurent un *Chalicotherium sivalense* des collines subhimalayennes. (Il n'a pas été décrit.)

Les TAPINODON, H. de Meyer,

ne sont pas encore suffisamment caractérisés.

Le *Tapinodon Gresslyi*, H. de Meyer [7], se rapproche des anoplothériums et a été trouvé à Egerkingen (canton de Soleure) (miocène?).

[1] *Zool. et pal. franç.*, explic. de la pl. 36.
[2] *Ossem. foss.*, 4ᵉ édit., t. V, p. 403.
[3] *Ossem. fossiles de Darmstadt*, 2ᵉ livr., pl. 7.
[4] *Zool. et pal. franç.*, p. 91.
[5] *Compt. rend. de l'Acad. des sc.*, t. IV, p. 88; Blainville, *Ostéographie*, Anoplothériums, p. 66, pl. 3 et 4.
[6] *Fauna antiqua sivalensis*, pl. 80.
[7] *Neues Jahrb.*, 1846, p. 471.

Les Xiphodontes (*Xiphodon*, Cuv.). — Atlas, pl. XV, fig. 1-5,

sont des anoplothériums à formes légères et sveltes, qui devaient être agiles comme la gazelle ou le chevreuil. Leur queue était grêle et courte, et leurs pieds didactyles. Leurs dents formaient une série continue, comme dans les anoplothériums ; les antérieures en forme de palmettes à bord tranchant et lobé, les arrière-molaires à deux croissants, rappelant beaucoup celles des ruminants, la dernière inférieure à trois lobes.

On en connaît trois espèces.

Le *Xiphodon gracile* (*Anoplotherium gracile*, Cuvier), de la taille d'un chamois, trouvé dans les gypses de Montmartre et dans les lignites de la Débruge (parisien supérieur) [1].

Le *X. gelyense*, Gervais [2], de Saint-Gely (Hérault) (parisien supérieur).

Le *X. paradoxum*, Pomel [3], a été trouvé à Apt (id.).

Les Dichobunes, Cuv., — Atlas, pl. XV, fig. 7 et 8,

ont encore les mêmes caractères essentiels, mais avec la taille des lièvres et la même disproportion que dans ce genre entre les membres antérieurs et postérieurs, ce qui devait leur donner une démarche semblable. Leurs arrière-molaires supérieures sont formées de deux rangs de pyramides obtuses ; les inférieures, de quatre mamelons en deux collines ; la dernière a un talon simulant une troisième colline. Les dents antérieures ne sont pas aussi continues que dans les genres précédents. Les pieds ont trois doigts.

On en connaît quatre espèces :

Le *Dichobune suillum*, Gervais [4], a été trouvé fossile à Nanterre, etc., dans le calcaire grossier (parisien inférieur).

Le *D. Robertianum*, Gervais [5], provient aussi du calcaire grossier des environs de Paris.

Le *D. leporinum*, Cuvier, avait la taille du lièvre, et ses doigts accessoires

[1] Voyez Cuvier, *Ossem. foss.*, 4ᵉ édit., t. V ; Gervais, *Zool. et pal. franç.*, p. 90 ; Blainville, *Ostéographie*, p. 45.

[2] *Zool. et pal. franç.*, p. 90, pl. 14.

[3] *Compt. rend. de l'Acad. des sc.*, 1851, t. XXXIII, p. 16.

[4] *Zool. et pal. franç.*, p. 94, pl. 17.

[5] *Zool. et pal. franç.*, explic. de la pl. 35.

atteignaient presque, aux quatre extrémités, la grandeur des intermédiaires [1]. (Montmartre, parisien supérieur.)

M. Owen en a fait connaître une espèce, d'une taille un peu plus grande,
qu'il nomme *Dichobune cervinum*. Une mâchoire de cette espèce, trouvée par
M. Pratt dans les terrains éocènes de l'île de Wight, avait d'abord été regardée
comme indiquant un genre nouveau voisin des moschus ; mais M. Owen a
montré qu'elle présentait tout à fait les caractères de dentition des dichobunes (parisien supérieur).

Les *D. murina* et *obliqua* sont maintenant des microthériums.

Les APHELOTHERIUM, Gervais, — Atlas, pl. XV, fig. 9,

ne sont connus que par leur mâchoire inférieure, dont les dents
sont en série continue, comme dans tous les anoplotherioïdes. Ils
commencent une série de dégradations vers les ruminants, dont
ils forment pourtant un terme plus éloigné de ces derniers que les
caïnothériums. Ils diffèrent surtout des anoplothériums par les
collines obliques de leurs molaires.

L'*Aphelotherium Duvernoyi*, Gervais [2], a été trouvé dans les gypses des
environs de Paris (et probablement aussi près d'Apt).

J'inscris provisoirement ici le genre CENOCHŒRUS, Gervais [3],
que je ne connais pas encore, et dont les quatre seules molaires
que l'on a recueillies paraissent avoir des rapports avec celles des
maïmons (quadrumanes) et avec celles des cochons. L'analogie est
probablement plus forte avec ces derniers, surtout avec le genre
ACOTHERULUM.

Le *C. anceps*, Gervais, a été trouvé à Apt.

Les OPLOTHERIUM, de Laizer et de Parieu (*Cainotherium*, Bravard),
— Atlas, pl. XV, fig. 10 et 11,

ressemblent beaucoup aux dichobunes, et n'en devraient peut-
être former qu'un sous-genre. Ils ont quatre doigts, dont les deux
médians gros et les latéraux très grêles. Ils n'atteignaient pas
même la taille des petits chevrotains des îles de la Sonde.

Les oplotherium ont été trouvés dans les terrains parisiens et
miocènes.

[1] Cuvier, *Ossem. foss.*, 4e édit., t. V ; Blainville, *Ostéographie*, p. 53.
[2] *Zool. et pal. franç.*, pl. 34 et 35.
[3] *Zool. et pal. franç.*, pl. 35.

On cite dans l'époque des gypses (parisien supérieur) :

Le *C. Courtoisii*, Gervais [1], des lignites de la Débruge, près Apt.

Les espèces paraissent nombreuses dans le miocène inférieur, mais elles sont encore peu connues et n'ont pas été comparées.

MM. de Laizer et de Parieu ont signalé deux espèces du département de l'Allier, dont la séparation est encore douteuse. Ce sont les *Oplotherium laticurvatum* et *leptognathum* [2] [*Anoplotherium laticurvatum*, Geoffroy [3]].

M. Bravard en admet trois dans les environs d'Issoire. Dans la collection envoyée par lui au Musée de Paris, il les nomme *Cainotherium commune*, *medium* et *minimum*.

M. Pomel [4] en admet cinq espèces en Auvergne, savoir : les *C. laticurvatum* et *commune* cités plus haut, et les *C. elegans*, *metapius* et *gracile*.

M. Aymard (communication inédite) signale quelques petits pachydermes non encore décrits. Je me borne ici à les indiquer sommairement.

Le premier, qui forme pour lui le genre ZOOLIGUS, est un peu plus petit que le daman, et intermédiaire pour ses dents entre les xiphodons, les dichobunes et les caïnothériums. Autant qu'on en peut juger par une portion de mâchoire inférieure, seule connue, ses formes étaient, dans sa petite taille, aussi élancées que dans les gazelles (*Zooligus Picteti*, Aymard, des calcaires lacustres du Puy).

Le second est le type du genre DIPLOCUS, et repose sur une mâchoire du Gard (parisien inférieur), décrite par M. Gervais [5] comme appartenant aux dichobunes, et qui, suivant M. Aymard, présente des caractères de transition aux ruminants (*Diplocus Gervaisii*, Aymard).

Les HYÆCULUS, Pomel,

sont très voisins des cainotherium, mais ils en diffèrent par leur cuboïde soudé au scaphoïde (sans pour cela que les métatarsiens soient unis), et par les pointes internes de la seconde colline des molaires inférieures plus aiguës.

[1] *Zool. et pal. franç.*, pl. 25 et 34.
[2] *Ann. des sc. nat.*, 2ᵉ série, t. X, p. 335.
[3] *Bull. Soc. géol.*, t. V, p. 442.
[4] *Compt. rend. de l'Acad. des sc.*, 1851, t. XXIII, p. 17.
[5] *Zool. et pal. franç.*, pl. 2, fig. 10-12.

Le *Hyæagulus collotarsus*, Pomel, de la taille du *Cainotherium laticurvatum*, et le *H. murinus*, Pomel, beaucoup plus petit, ont été trouvés dans les environs d'Apt (parisien supérieur) [1].

A la suite des cainotherium nous indiquerons quelques petits pachydermes , dont la formule dentaire n'est pas encore complétement connue, qui, suivant M. Pomel, se rapprochent des ruminants plus encore que les précédents, et qui, suivant M. Gervais, doivent probablement être réunis aux cainotherium. C'est le genre des

MICROTHERIUM, H. de Meyer,

formé pour recevoir les *Dichobune murinum* et *obliquum* de Cuvier [2], que ce savant anatomiste avait déjà soupçonné devoir être séparés des vrais dichobunes. C'est pour ces mêmes espèces que M. Pomel [3] a établi le genre AMPHIMERYX.

Les espèces sont incomplétement connues dans leurs limites. Outre les deux précitées qui ont été trouvées dans les plâtrières de Paris, M. H. de Meyer ajoute le *M. concinnum* [4] du tertiaire miocène de Weisenau, et le *M. Cartieri* [5], la plus petite espèce du genre, de la mollasse d'eau douce d'Oberbuchsiten.

Ce n'est qu'avec doute qu'on peut placer ici le genre des

ADAPIS, CUVIER,

qui a les incisives supérieures et les dents en série continue des anoplothériums, les canines plus saillantes , et des molaires qui rappellent beaucoup celles du même genre , mais qui cependant forment une transition aux tapirs , parce que quelques unes ont des collines transverses.

La seule espèce connue ne l'est que par sa tête. Elle a été trouvée dans les gypses de Montmartre et porte le nom d'*Adapis parisiensis* [6]. Cette même espèce a été retrouvée dans les environs d'Apt.

[1] *Compt. rend. de l'Acad. des sc.*, 1851, t. XXXIII, p. 17.
[2] *Ossem. foss.*, 4ᵉ édit., t. V.
[3] *Bibl. univ. de Genève, Archives*, t. XII, p. 72.
[4] *Neues Jahrb.*, 1843, p. 387.
[5] *Idem.*, 1849, p. 547.
[6] Cuvier, *Ossem. foss.*, 4ᵉ édit., t. V, p. 460.

Ce genre à aussi des rapports marqués avec les insectivores.

Les Dichodon, Owen, — Atlas, pl. XV, fig. 12 et 13,

ont encore, comme les anoplothériums, les dents en série continue; mais les molaires supérieures n'ont que quatre mamelons,
et sont dépourvues à leur surface externe des arêtes en chevrons
qui caractérisent tous les genres précédents.

Le *D. cuspidatus*, Owen [1], a été trouvé dans l'argile de Hordwell
(parisien supérieur).

Les Merycopotamus, Cautley et Falconer,

ont des arrière-molaires supérieures tout à fait semblables à celles
des dichodon, et le reste de leur dentition les rapproche des
hippopotames.

Ce genre, dont la position définitive est loin d'être fixée, a été fondé sur
une espèce découverte dans les tertiaires subhimalayens, par MM. Cautley
et Falconer [2].

On doit peut-être en rapprocher

Les Chœromeryx, Pomel,

genre seulement indiqué pour l'*Anthracotherium silistrense*,
Pentland [3]. M. Owen [4] compare aussi ses dents molaires à
celles du dichodon, et M. Pomel [5] le rapproche des deux genres
précédents.

10ᵉ ORDRE.

RUMINANTS.

L'ordre des ruminants est limité de nos jours par des
caractères parfaitement précis, car à l'existence de

[1] *Quart. journ. geol. Soc.*, t. IV, p. 36.
[2] *Fauna antiqua sivalensis*, pl. 62, 67, 68; Owen, *Odontogr.*, p. 566,
pl. 140, fig. 8.
[3] *Transactions of the geol. Soc.*, 2ᵉ série, t. II, pl. 45, fig. 2-8.
[4] *Quart. journ. geol. Soc.*, t. IV, p. 57.
[5] *Compt. rend. de l'Acad. des sc.*, 1848, t. XXVI, p. 687.

quatre estomacs se joint la forme du pied, qui est constamment composé de deux doigts principaux, et dont les
métatarsiens et les métacarpiens sont toujours (¹) unis
pour former un canon. La dentition est aussi très uniforme. Les incisives manquent à la mâchoire supérieure,
où elles sont remplacées par un bourrelet calleux. Les
inférieures sont ordinairement au nombre de huit. Les
canines manquent le plus souvent. Les molaires sont
presque toujours au nombre de $\frac{6}{6}$, et leur couronne est
marquée de deux doubles croissants, dont la convexité
est tournée en dedans dans les supérieures, et en dehors
dans les inférieures.

Dans l'âge adulte, la dernière molaire a trois collines; elle n'est pas remplacée, non plus que les deux
précédentes, mais les trois premières ont des germes
doubles. Les dents de lait sont par conséquent au
nombre de $\frac{6}{6}$, et la troisième est à trois collines, comme
la dernière adulte. Ces circonstances permettent
toujours de distinguer les mâchoires des jeunes animaux.

J'ai déjà fait remarquer ci-dessus que les animaux
fossiles offrent quelques transitions qui lient les ruminants aux ordres voisins, et en particulier aux pachydermes, bien plus qu'on ne le supposerait par l'étude
isolée des animaux vivants. Il est bien difficile de savoir
jusqu'où s'étendaient ces transitions, s'il y avait des
animaux qui eussent à la fois quatre estomacs et les métacarpiens séparés, et s'il y avait des organisations intermédiaires du système digestif. Dans cette ignorance, il
me semble qu'il vaut mieux conserver l'ordre des ruminants, qui a des caractères suffisamment précis.

L'histoire paléontologique de ces animaux est bien

(¹) Voyez la note 3, p. 279.

différente de celle des pachydermes. Leur apparition plus tardive, et avec des formes par conséquent plus voisines de celles des espèces actuelles, fait que l'on n'a eu qu'un petit nombre de genres à ajouter à ceux qu'avait fait adopter l'étude de la nature vivante. On n'en trouve aucun représentant dans les terrains tertiaires anciens, où, comme je l'ai déjà fait remarquer ailleurs, la nombreuse population des mammifères herbivores appartient presque toute à l'ordre des pachydermes. On les voit apparaître pour la première fois dans l'époque tertiaire moyenne, où ils ne tardent pas à prendre un grand développement numérique; de manière que, dans les terrains tertiaires supérieurs et diluviens, leurs ossements sont bien plus abondants que ceux des pachydermes, qu'ils paraissent avoir été destinés à remplacer presque totalement en Europe.

On a coutume de distinguer les ruminants d'après leurs cornes, ce qui a fait jusqu'à présent rapprocher les muses des chameaux. L'étude des ossements fossiles montre des liaisons nombreuses entre le premier de ces genres et les cerfs, de sorte qu'il convient de modifier un peu la classification admise; nous adopterons avec MM. Gervais, Pomel, etc., les familles des *Camélides*, des *Cervides* et des *Antilopides*.

1re FAMILLE. — CAMÉLIDES.

Les camélides sont caractérisés par l'existence de deux petites dents implantées dans l'os incisif supérieur; elles sont le rudiment des dents incisives, qui manquent dans les familles suivantes. Ils ont des canines aux deux mâchoires. Le scaphoïde et le cuboïde du tarse sont séparés, tandis qu'ils sont réunis dans tous les autres ruminants. Leurs canons sont un peu plus divisés à l'extrémité; leurs formes sont lourdes, leur cou est court, leurs sabots petits.

Les Chameaux (*Camelus*, Lin.)

n'ont pas encore été trouvés fossiles en Europe; mais MM. Cautley et Falconer [1] en ont signalé deux espèces dans les montagnes Sivalik, c'est-à-dire dans les terrains tertiaires subhimalayens.

La première, *Camelus sivalensis*, se rapproche du dromadaire.

La seconde, *Camelus antiquus*, paraît avoir été d'une taille plus petite.

On a trouvé aussi des ossements de chameaux sur les côtes occidentales de la mer Rouge [2]; mais il n'est pas prouvé que les terrains qui les renferment ne soient pas d'origine moderne.

Les Merycotherium, Bojanus,

sont un genre perdu, formé sur l'examen de quelques dents molaires supérieures, qui ressemblent beaucoup à celles des chameaux, sans pouvoir toutefois être considérées comme identiques avec celles de ce genre.

L'espèce unique, *Merycotherium sibiricum* [3], a été trouvée, à ce qu'il paraît, en Sibérie.

Les Lamas (*Auchenia*, Illig.)

paraissent avoir habité l'Amérique méridionale pendant l'époque diluvienne, comme de nos jours. M. Lund en a trouvé deux espèces dans les cavernes du Brésil; l'une d'elles surpassait le cheval par sa taille.

2e Famille. — CERVIDES.

Cette famille comprend les ruminants qui ont $\frac{3}{4}$ incisives, $\frac{4}{4}$ ou $\frac{6}{6}$ canines, et $\frac{6}{6}$ ou $\frac{7}{7}$ molaires, ces dernières dents étant caractérisées par un fût très court. Les cornes, quand elles existent, sont couvertes de peau ou sous la forme de bois.

[1] *Asiatic researches*, t. XIX, et *Fauna antiqua sivalensis*, pl. 86 à 90.

[2] Newbold, *Proc. of the geol. Soc.*, t. III, p. 789.

[3] Bojanus, *Nov. act. Acad. nat. cur.*, t. XII, p. 263.

Les Girafes (*Camelopardalis*, L., *Girafa*, Storr)
sont clairement caractérisées par leurs petites cornes velues, par
leur long cou et leur dos incliné. Elles ont des molaires qui ressemblent beaucoup à celles des élans.

Ce genre anomal, qui aujourd'hui habite exclusivement l'Afrique,
a été retrouvé dernièrement fossile en France.

Cette découverte a consisté dans une mâchoire inférieure recueillie dans la
ville d'Issoudun, en exécutant des fouilles pour un puits creusé dans un ancien donjon. La position de ce fossile n'a malheureusement pas permis d'assigner à quel terrain il avait appartenu.

M. Duvernoy [1] a donné une description détaillée de cette mâchoire, et
prouvé que l'espèce à laquelle elle se rapporte différait par de nombreux caractères de l'espèce d'Afrique, et était d'un sixième plus petite. Il propose de
la nommer *Girafe du Berri* (*Camelopardalis Biturigum*).

Le même anatomiste cite une incisive externe d'un animal du même genre
trouvé par M. Nicolet dans la mollasse de la Chaux-de-Fonds (canton de
Neuchâtel).

On a aussi trouvé des girafes fossiles dans l'Inde.

MM. Cautley et Falconer indiquent les *C. sivalensis* et *affinis*, comme recueillies dans le dépôt tertiaire subhimalayen [2].

C'est peut-être près des girafes [3] qu'il faut placer le genre des

Sivatherium, Cautley et Falc., — Atlas, pl. XVI, fig. 5 et 6,
qui est un des fossiles les plus remarquables et les plus extraor-
dinaires de l'ordre des ruminants. On en a trouvé une tête dans
la vallée de Markanda, dans la branche Sivalik des montagnes
inférieures de l'Himalaya [4], et plus tard des ossements des membres. Les uns et les autres sont conservés au British Museum.

La forme de cette tête est très singulière. Son volume approche
de celle de l'éléphant, ce qui peut faire penser que le sivathé-

[1] *Compt. rend. de l'Acad. des sc.*, 29 mai 1843, et *Ann. des sc. nat.*,
3ᵉ série, t. I, p. 36.

[2] *L'Institut*, 1844, t. XII, p. 8.

[3] M. de Blainville regarde le sivathérium comme une antilope.

[4] *Journ. of the asiatic Soc. of Bengale*, janvier 1836, et *Ann. des sc. nat.*,
2ᵉ série, t. V, p. 348.

rium avait le cou bien plus fort et plus court que la girafe. La
région postérieure du crâne, à partir des orbites, est très développé-
pée, et formait probablement des protubérances celluleuses analogues à celles de l'éléphant. La face, au contraire, est courte, et
les os nasaux sont remarquables par la manière dont ils se relèvent
et se prolongent en une voûte pointue au-dessus des narines
externes. La direction très inclinée du front et de la face, par
rapport à la surface triturante des dents, lui donne aussi un aspect
fort bizarre. Deux cornes qui naissent du sourcil, entre les orbites,
et qui s'écartent l'une de l'autre, augmentent aussi son apparence
anomale, d'autant plus que les protubérances postérieures étaient
aussi probablement la base de deux autres cornes courtes et massives.

Les molaires supérieures, les seules connues, sont au nombre de
six, et présentent tout à fait les caractères de celles des ruminants.

Ces caractères montrent que le genre des sivatherium appartenait probablement à l'ordre des ruminants, mais présentait
aussi quelques rapports avec celui des pachydermes. Ces rapports
existent dans ses formes plus lourdes, son cou plus court, et surtout dans l'existence probable d'une trompe, que la forme des os
nasaux semble démontrer.

L'espèce unique, le *Sivatherium giganteum*, devait égaler à peu près l'éléphant en grosseur et le dépasser en hauteur [1].

Les Bramatherium, Falconer,

sont probablement voisins des sivatherium, et ne sont connus
que par des fragments de mâchoires trouvés dans l'île de Périm
(golfe de Cambay).

M. Falconer a publié un mémoire [2] qui contient une comparaison détaillée du fossile de Périm et du sivatherium. La seule espèce connue (*Bramathe-
rium Perimense*, Falc.) était un peu plus petite que le sivatherium.

Les Chevrotains (*Moschus*, Lin.)

forment un type très clairement caractérisé par les longues canines qui arment la mâchoire supérieure, et qui sortent de la

[1] Voyez *Fauna antiqua sivalensis*, pl. 91 et 92.
[2] *The quart. journ. of the geol. Soc.*, t. I, p. 365.

bouche dans les mâles. Ils ont $\frac{6}{8}$ molaires, pas de cornes, et un péroné grêle qui n'existe plus dans les autres genres. Une espèce (*Moschus aquaticus*, Gray) d'Afrique, a, comme nous l'avons dit, les métacarpiens et les métatarsiens distincts et non soudés en canon, et a fourni ainsi un des arguments qui ont été invoqués pour la réunion des ruminants et des pachydermes.

Ce genre, qui n'habite plus l'Europe, a été trouvé fossile dans l'Inde, et, suivant quelques paléontologistes, dans les terrains tertiaires d'Europe.

L'espèce indienne est le *Moschus bengalensis*, Pentland [1].

On en a indiqué une espèce dans les terrains tertiaires d'Eppelsheim, qui est le *M. antiquus*, Kaup, que quelques auteurs (mais non M. H. de Meyer), rapportent au *Dorcatherium Naui*.

Le *M. Prattii*, de l'île de Wight doit, suivant M. Owen, être considéré comme un dichobune.

Les *M. murinus et obliquus*, Gervais, sont pour nous des microtherium.

Le *M. armatus*, Gervais, de Sansan, est un dicrocère.

Le *M. Nouleti*, Lartet, du même gisement, devra probablement être rapporté au genre CAINOTHERIUM.

Les AMPHITRAGULUS, Croizet (*Tragulotherium*, Croizet, *olim*),
— Atlas, pl. XVII, fig. 1,

ont, comme les chevrotains, de grandes canines cultriformes à la mâchoire supérieure; mais ils en diffèrent par une molaire de plus à l'inférieure ($\frac{4}{4}$).

On n'en a trouvé que dans les dépôts miocènes anciens d'Auvergne et du Puy.

Les dépôts lacustres de la Limagne en renferment probablement plusieurs espèces contemporaines des palæotherium. Parmi elles on n'a encore nommé que l'*A. elegans* [2].

L'*A. communis*, Aymard [3] (*Anthracotherium minutum*, Blainville), a vécu avec les hyænodon, etc., et a été trouvé fossile au Puy (Haute-Loire) (miocène inférieur).

[1] *Transact. of the geolog. Soc.*, 2ᵉ série, t. II.

[2] Pomel, *Bull. Soc. de géol. de France*, 2ᵉ série, t. III, p. 369, et t. IV, p. 385 (avec planche).

[3] *Ann. Soc. Puy*, 1848, t. XII, p. 247; Gervais, *Zool. et pal. franç.*, p. 88.

Les **Dremotherium**, Geoffr., — Atlas, pl. XVII, fig. 2,

sont très voisins des amphitragulus par la forme de leurs molaires; mais ils n'ont ni la grande canine de la mâchoire supérieure, ni la prémolaire de plus de la mâchoire inférieure ($\frac{6}{6}$ molaires).

Les espèces sont contemporaines de celles du genre précédent.

Le *D. Feignouxii*, Et. Geoffroy [1], a été trouvé dans le terrain à caïnotherium de Saint-Gérand-le-Puy (Allier) (miocène d'Auvergne).

M. Pomel [2] admet l'existence de trois espèces dans ces mêmes gisements du département de l'Allier. M. Et. Geoffroy en indiquait déjà une seconde sous le nom de *D. nanum*.

MM. Bravard et Croizet en ont trouvé des ossements près d'Issoire.

Les **Dorcatherium**, Kaup,

forment un genre dont les caractères ont été appréciés différemment par les paléontologistes. M. Kaup, qui l'a établi, lui donne pour caractère essentiel $\frac{1}{4}$ canine assez grande et $\frac{6}{6}$ molaires, dont la prémolaire inférieure est séparée des autres. L'existence du bois semble démontrée par une trace de meule, peu distincte dans la figure de M. Kaup, la tête ayant été, suivant lui, fossilisée peu de temps après l'avoir perdu. Les os lacrymaux n'étaient pas celluleux comme dans les cerfs. Il y rapporte le chevreuil de Montabuzard de Cuvier, qui a des bois plus certains, et dont les pointes de la face externe des molaires sont plus grosses que celles des chevreuils et entourées d'un collet.

M. Pomel pense que deux types ont été confondus sous ce nom, l'un à canines et sans bois, l'autre sans canines et à bois. M. Pomel [3] propose de laisser le nom de Dorcatherium à ces derniers, qui sont des cerfs moschoïdes, et de rapporter les premiers aux Amphitragulus; mais on exclurait ainsi du genre les espèces sur lesquelles il a été établi.

Une comparaison de pièces plus complètes peut seule résoudre cette difficulté.

[1] *Revue encycl.*, 1832; Gervais, *Zool. et pal. franç.*
[2] *Bull. Soc. géol.*, 2ᵉ série, t. IV, p. 382.
[3] *Bull. Soc. géol.*, t. III, p. 371.

La première espèce est le *D. Naui*, Kaup [1], trouvée à Eppelsheim (miocène), type du genre.

La seconde espèce (?), est le *Chevreail de Montabuzard* [2] (miocène).

Il faut ajouter le *D. guntianum*, H. de Meyer [3], de la mollasse de Guntzburg, près du Danube, et le *D. vindobonense*, H. de Meyer [4].

Les Pœbrotherium, Leidy,

ont $\frac{4}{4}$ molaires, et probablement pas de cornes, la première prémolaire supérieure est détachée en avant, et séparée des suivantes par une petite barre. Ce genre fait une sorte de transition entre les dorcatherium et les anoplothérioïdes.

La seule espèce connue, *P. Wilsoni*, Leidy [5], a été trouvée à Chambersburg, par M. Culbertson.

Les Palæomeryx, H. de Meyer,

ont $\frac{6}{6}$ molaires et les autres caractères des cerfs. Ils en diffèrent principalement par la petite protubérance conique située sur la pointe antérieure du croissant interne des molaires, qui ne se développe pas autant chez les véritables cerfs. Les trois dernières molaires inférieures présentent une élévation en forme de bourrelet, qui descend vers le milieu du côté externe du croissant extérieur et antérieur de la dent.

Ces caractères sont peut-être plus convenables pour former un sous-genre que pour justifier un genre. L'examen des mâchoires trouvées dans la mollasse de Lausanne me fait croire que le genre Palæomeryx ne pourra pas être conservé. Les différences qui existent entre ces animaux et les cerfs proprement dits ne dépassent pas les caractères spécifiques.

Les espèces ont toutes été trouvées dans les tertiaires miocènes supérieurs et dans les terrains pliocènes.

Je trouve indiqués :

Le *P. eminens*, H. de Meyer, de la mollasse d'Œningen (pliocène).

[1] *Ossem. foss., de Darmstadt*, 5e livr., pl. 23, p. 91.
[2] Cuvier, *Ossem. foss.*, 4e édit., t. VI, p. 209.
[3] *Neues Jahrb.*, 1846, p. 472.
[4] *Idem*, 1846, p. 471.
[5] *Proc. Acad. nat. sc. Philadelph.*, nov. 1847.

Le *P. Bojani*, H. de Meyer, des terrains lacustres de la contrée de Georgens-Gmünd (miocène).

Le *P. Kaupi*, id., de la même localité.

Le *P. pygmæus*, id.

Le *P. minor*, id., de la mollasse d'Arau (id.).

Le *P. Scheuzeri*, id., de la mollasse de Suisse et des bords du Rhin.

Le *P. medius*, id., de Weissenau.

Le *P. minimus*, id., de la même localité.

Le *P. Nicoleti*, id., de la mollasse de la Chaux-de-Fonds [1].

Les Cerfs (*Cervus*, L.), — Atlas, pl. XVI, fig. 1-4,

forment un des genres les plus nombreux parmi les mammifères vivants. Cette même abondance se retrouve dans les cerfs des terrains diluviens et tertiaires supérieurs.

Les cerfs sont faciles à distinguer des autres ruminants par leurs cornes caduques et souvent rameuses, que l'on désigne sous le nom de bois; et par la forme de leurs dents molaires, dont les racines sont plus grandes que le fût, et qui présentent du côté intérieur, à la mâchoire supérieure, et du côté extérieur, à la mâchoire inférieure, un petit appendice court et pointu placé entre les deux collines (fig. 3). Les molaires sont au nombre de $\frac{6}{7}$, les incisives de $\frac{0}{4}$, et l'on voit quelquefois dans les mâles un rudiment de canine à la mâchoire supérieure.

Le grand nombre des espèces qui composent ce genre important rend leur étude difficile, d'autant plus que les ossements qui servent à les caractériser ne sont pas toujours comparables. Les unes sont connues par des fragments de mâchoires, d'autres par des bois souvent de divers âges [2], quelques unes par des os du corps. Il résulte de là la probabilité que, parmi les cinquante ou soixante espèces que renferment les catalogues, il en est beaucoup de nominales et qu'un examen plus sérieux forcera à réunir.

Mais lors même qu'on réduirait le nombre des cerfs fossiles, il n'en restera pas moins vrai que ces animaux ont habité l'Europe

---

[1] Voyez pour toutes ces espèces : H. de Meyer, *Foss. Zaehne und Knochen von Georgensgmund*, 4°, 1834 ; *Neues Jahrb.*, 1843, p. 387 ; 1846, p. 168 ; 1847, p. 183, etc.

[2] Les bois de cerfs présentent, pour la détermination des espèces, de très grandes sources d'erreur, car chaque année ils tombent et recroissent avec des formes différentes. Il faudrait des collections très riches pour arriver à connaître toutes les phases par lesquelles passe une espèce fossile.

en très grande abondance depuis le milieu de l'époque tertiaire. Les espèces dont les débris sont renfermés dans les terrains tertiaires supérieurs paraissent, conformément aux lois générales que nous avons exposées ailleurs, avoir été toutes détruites par la catastrophe qui a terminé cette époque. Pendant l'époque diluvienne, il y a eu aussi de nombreuses espèces de cerfs; mais elles ressemblent plus aux actuelles, et quelques unes doivent probablement être considérées comme les souches de celles qui peuplent encore nos pays, là où la civilisation ne les a pas détruites.

Les cerfs les plus anciens que l'on connaisse sont ceux des terrains tertiaires miocènes supérieurs. Le célèbre dépôt de Sansan (département du Gers) en renferme divers fragments.

M. Lartet a établi sur l'un d'eux le sous-genre DICROCÈRE, dont le bois à de longs pédicelles en dessous des meules [1] et est terminé par deux pointes; le seul andouiller qui existe naît sur la même base que la perche, en sorte qu'il semble plutôt être une seconde perche antérieure. Cette organisation rappelle beaucoup celle du cerf muntjack de l'Inde.

Ce même paléontologiste [2] cita le *D. elegans*, Lartet (*Cervus dicrocerus*, Gervais), et avec doute deux autres espèces : le *D. crassus*, Lartet (auquel il rapporte, avec doute aussi, le *Chevreuil de Montabuzard*, dont nous avons parlé au sujet du *Dorcatherium*), et le *D. magnus*, Lartet. Ces trois espèces ont été trouvées à Sansan et à Simorre.

M. Lartet rapporte à son dicrocère trapu (*D. crassus*), des métatarsiens incomplétement soudés trouvés à Sansan. M. Pomel les place dans le genre Hyæmoschus établi par Gray pour une espèce vivante d'Afrique, *H. Larteti* [3]. Il leur associe des canines allongées, nommées par M. Gervais, *Moschus armatus*. Ce dernier auteur [4] pense que peut-être ces gisements (dents et métatarsiens) appartiennent au genre CHEROMERYX (p. 327), des mêmes gisements. Il est impossible de justifier ou de contester ces rapprochements.

Il est probable que les dicrocères ayant été déterminés surtout par leur bois, et les palæomeryx par leurs dents, il y aura entre ces deux genres quelques doubles emplois.

M. Lartet [5] sépare, sous le nom de MICROMERYX (*M. Flourensianus*), une

[1] On nomme *perche*, dans le bois des cerfs, la tige principale sur laquelle les *andouillers* naissent comme des rameaux. A la base de la perche, là où le bois se détache, existe un bourrelet que l'on désigne sous le nom de *meule*.

[2] *Compt. rend. de l'Acad. des sc.*, t. IV, p. 88, et t. V, p. 158; *Notice sur la colline de Sansan*, p. 34 à 36.

[3] Pomel, *Compt. rend. de l'Acad. des sc.*, t. XXXIII, p. 17.

[4] *Zool. et pal. franç.*, explic. de la pl. 33.

[5] *Loc. cit.*, p. 36.

petite espèce précédemment nommée *Cervus pygmæus* (1). Elle a été trouvée à Sansan, à Simorre, etc.

Les sables d'Eppelsheim, appartenant aussi au miocène supérieur, renferment, suivant MM. Kaup (2), etc., les espèces suivantes, dont il est impossible de reproduire ici tous les caractères distinctifs; ils reposent sur les bois et sur la dentition.

Le *Cervus Bertholdi*, Kaup (pl. XXIII, fig. 3), de la grandeur du cerf commun, mais dont les dents ressemblent plutôt à celles du chevreuil.

Le *Cervus nanus*, Kaup (pl. XXIII, fig. 2), de la taille du chevreuil, à molaires plus étroites.

Le *Cervus Partschii*, Kaup (pl. XXIII, C, fig. 9), de la grandeur de la petite antilope saltiane, et par conséquent la plus petite espèce de cerf connue jusqu'à ce jour.

Le *Cervus anocerus*, Kaup (pl. XXIV, fig. 2), qui ressemble au cerf muntjack par la longueur de ses meules. Ses bois manquent de maître andouiller et leurs perches courtes se terminent par deux pointes.

Le *Cervus dicranocerus*, Kaup (pl. XXIV, fig. 3), à bois de même nature que le précédent, mais plus grand.

Le *Cervus curtocerus*, Kaup (pl. XXIV, fig. 1), qui a du rapport avec le cerf ordinaire, mais dont le maître andouiller, grêle, est placé à la base de la couronne.

Le *Cervus trigonocerus*, Kaup (pl. XXIV, fig. 4), qui avait un bois à trois andouillers, dont l'interne et l'externe arrondis.

Il y a certainement des doubles emplois dans ces cerfs, dont quelques espèces ne sont connues que par des bois et d'autres par des dents.

La mollasse de Suisse a fourni aussi quelques cerfs, et en particulier le *C. haplodon*, H. de Meyer, et le *C. lunatus*, id. (3).

Les terrains tertiaires supérieurs (pliocènes) renferment aussi de nombreux ossements de cerfs.

Les dépôts arénacés du Puy-de-Dôme en ont fourni plusieurs espèces figurées par MM. Croizet et Jobert (4).

Les mieux connues sont les suivantes :

1° A deux andouillers, dont le premier est placé immédiatement au-dessus de la couronne :

(1) Lartet, *Bull. Soc. géol.*, t. VII, p. 217.

(2) *Ossem. foss. de Darmstadt*, 5ᵉ livr. Voyez aussi *Karsten Archiv.*, 1833 ; *Neues Jahrb.*, 1832, p. 466, et 1834, p. 371 ; Giebel, *Fauna der Vorwelt*, t. I, p. 138.

(3) Voyez *Neues Jahrb.*, 1841, p. 97 ; 1842, p. 584 ; 1844, p. 586 ; 1846, p. 471 ; 1851, p. 75, etc.

(4) *Rech. sur les ossem. foss. du Puy-de-Dôme.*

Le *Cervus etuarium*, Croizet et Jobert, à perches à double courbure; le second andouiller antérieur et à la base de la seconde courbure.

Le *Cervus pardinensis*, Croizet et Jobert, dont les perches ont chacune seulement deux légères inflexions, et où le second andouiller est placé comme dans le précédent. (Cette dernière espèce n'est peut-être pas tertiaire, car elle est indiquée comme trouvée au contact du pliocène et des alluvions volcaniques.) (Voyez Atlas, pl. XVI, fig. 4.)

2° A deux andouillers, dont le premier naît plus haut que la couronne :

Le *Cervus cusanus*, Croizet et Jobert, dont les bois rappellent beaucoup ceux du chevreuil d'Europe.

3° A deux andouillers et à pointe terminale bifurquée :

Le *Cervus isiodorensis*, Croizet et Jobert, à bois lisses.
Le *Cervus Perrieri*, Croizet et Jobert, à bois sillonnés profondément.

Outre ces espèces, dont l'existence repose sur une description et des caractères réels, il y a plusieurs autres noms qui ont été donnés par M. Croizet à des espèces non encore décrites et de gisements incertains; les pièces originales existent maintenant au musée de Paris.

Les principaux de ces noms provisoires sont : *C. borbonicus*, *C. neschersensis*, *C. Croizeti*, *C. Bravardi*, *C. Vialetti*, *C. Prieuri*.

Les cerfs des dépôts pliocènes du Puy en Velay ressemblent à ceux d'Auvergne.

M. Aymard (communication inédite) en signale deux espèces à Vialette et à Pichevieil, qui paraissent se rapprocher beaucoup du *C. pardinensis* et du *C. ardeus*. Leur comparaison n'a pas été faite d'une manière suffisante.

Les espèces des sables pliocènes des environs de Montpellier sont mieux connues.

Le *C. Cauvieri* de Christol (1) avait un bois à trois pointes comme les chevreuils, subaplati et cannelé longitudinalement.

Le *C. australis*, Marcel de Serres (2), avait le bois simplement bifurqué par la présence d'un seul andouiller médian.

---

(1) *Ann. sc. et ind. Midi*, 1852, t. II, p. 19; Gervais, *Zool. et pal. franç.*, p. 85, pl. 7.

(2) *Cavernes de Lunel-Viel*, p. 250; Gervais, *Zool. et pal. franç.*, p. 86, pl. 7.

Le *C. Tolosani*, Christol, a été trouvé dans le même gisement.

Les dépôts pliocènes de Cucuron (Vaucluse) paraissent renfermer aussi des ossements de cerfs qui n'ont pas encore été décrits [1].

Dans ces mêmes terrains tertiaires supérieurs on pourrait encore citer des espèces découvertes par M. Marcel de Serres dans les environs de Montpellier; mais les chances de doubles emplois sont très grandes, car il n'y a pas eu de comparaison complète entre ces espèces et celles mentionnées ci-dessus. M. Marcel de Serres indique comme espèces nouvelles [2] :

Une espèce aussi grande que le *Cervus Destremii*, M. de S., des cavernes.

Une de la taille du cerf ordinaire.

Le *Cervus capreolus australis*.

Une à bois droits et à meule très considérable.

Une cinquième de la taille du chevreuil.

Une sixième plus petite.

Les terrains diluviens ne renferment guère moins de cerfs que les tertiaires; mais les formes des espèces se rapprochent plus de celles du monde actuel, et, comme je l'ai dit plus haut, plusieurs doivent être considérées comme ayant survécu aux cataclysmes diluviens, et par conséquent comme étant les souches des cerfs qui ont peuplé l'Europe moderne.

On peut les diviser en plusieurs groupes : 1° Les espèces à bois élargis en grandes empaumures digitées (les DAIMS et les ÉLANS).

C'est à cette division qu'appartiennent :

Le *Cerf à bois gigantesques* [3] (*C. eurycerus*, Ald., *C. giganteus*, Blum., *C. megaceros*, Hart., *C. platyceros altissimus*, Molyneux [4], *C. hibernus*, Desm., *C. fossilis*, Goldf., *C. megalocerus*, Fischer), type du genre MEGATO-CEROS pour quelques auteurs.

Cette espèce est la plus remarquable de toutes par sa grande taille et par l'énorme développement de ses bois (voy. Atlas, pl. XVI, fig. 1 et 2). Ces bois ont plus de 3 mètres d'envergure; leur pédicelle est cylindrique, et immédiatement au-dessus de la meule naît un andouiller qui se dirige en avant et en haut. Les perches se terminent par une palme presque horizontale qui rappelle celle de l'élan, mais qui en diffère par divers caractères, et entre autres par l'extrême grandeur de ses andouillers antérieurs. Il paraît que la femelle portait aussi des bois. Les formes du reste du squelette sont plus voisines de celles du cerf que de l'élan. Cette espèce a été trouvée dans les dépôts arénacés du diluvium ancien d'une grande partie de l'Europe.

[1] Gervais, *loc. cit.*, p. 87.
[2] *Ann. sc. nat.*, 2ᵉ série, t. IX, p. 284.
[3] Cuvier, *Ossem. foss.*, 4ᵉ édit., t. VI, p. 143.
[4] *Phil. trans.*, t. XIX, p. 485.

L'Irlande, en particulier, en renferme dans ses tourbières de beaux squelettes bien conservés; ce qui l'a fait nommer quelquefois *Cerf des tourbières d'Irlande*. Quelques naturalistes pensent que cet animal a peut-être vécu dans l'époque actuelle et a été détruit par la civilisation; mais cette opinion s'accorde peu avec son gisement dans la plus grande partie de l'Europe, et a surtout été admise par ceux qui n'ont étudié cette espèce qu'en Irlande.

Le *Cervus dama giganteus*, *Daim de la Somme*, *Daim gigantesque* [1], à bois semblables à ceux du daim, sauf que la meule est en connexion immédiate avec le frontal sans aucun pédicule intermédiaire. Sa taille était d'ailleurs beaucoup plus grande. Cette espèce a été trouvée dans les tourbières d'Abbeville, dans les sables des bords de la Somme, et en Allemagne. Il paraîtrait aussi qu'on le retrouve dans les terrains tertiaires supérieurs du Puy-de-Dôme, et qu'il faut lui réunir le *C. dama Polignacus*, F. Robert, et peut-être le *C. gergovianus*, Croizet. M. Gervais [2] le nomme *Cervus somonensis*.

Le *Cervus alces fossilis*, H. de Meyer [3], ou élan fossile, confondu quelquefois avec le précédent, mais à tort. Trouvé dans les terrains diluviens de l'Italie supérieure, de la Suisse et de quelques pays du Nord. Cette espèce différait de l'élan par la forme de son front.

2° Les **Rennes**, à bois très grands (non caducs dans l'espèce vivante, et se trouvant dans les deux sexes), très ramifiés, à andouillers aplatis, les inférieurs plus ou moins securiformes.

Le *Cervus martialis*, Gervais [4], différait du renne par l'absence d'andouiller basilaire. Il a été trouvé dans les sables diluviens de Béziers, près de Pézénas.

Le *Cervus tarandus priscus*, *Cervus Guettardi*, *Cervus scanicus*, *Cervus palæodama*, *Renne d'Étampes* [5], trouvé entre des blocs de grès à Étampes, dans la caverne de Brengues (Lot), dans les brèches de Montmorency, dans la caverne de Balot (Côte-d'Or), dans les atterrissements d'Issoire (Puy-de-Dôme), etc. M. Puel a reconnu, sur un très grand nombre d'ossements, que cet animal ne différait en rien du renne actuel [6]. M. Schmerling l'a aussi trouvé en Belgique.

Sternberg et Schottin [7] citent quelques espèces qui sont très voisines du renne et qui proviennent du diluvium de Köstritz.

[1] Cuvier, *Ossem. foss.*, t. VI, p. 191.

[2] *Zool. et pal. franç.*, p. 82.

[3] *Nov. act. Acad. nat. cur.*, t. XVI, p. 2.

[4] *Bull. Acad. Montpellier*, 1849; *Zool. et pal. franç.*, p. 81, pl. 21. *C. alces, tarandus et megaceros* de Christol.

[5] Cuvier, *Ossem. foss.*, 4ᵉ édit., t. VI, p. 180.

[6] *Compt. rend. de l'Acad. des sc.*, t. VI, p. 299, et t. XI, p. 390.

[7] *Isis*, t. III, IV, V, VI, VII.

3° Les Polyclades, à bois ramifiés, sans andouiller basilaire, en partie aplatis.

On peut placer dans ce groupe deux espèces des alluvions d'Auvergne :

Le *Cervus ardeus*, Croizet et Jobert, dont les perches, d'abord courbées en arrière, se relèvent en s'écartant et se terminent par une sorte de palme qui a au moins trois pointes.

Le *Cervus ramosus*, Croizet et Jobert, à bois aplatis, courbés d'abord en dehors, puis se recourbant en dedans de manière à former presque un ovale ; 5 à 6 andouillers. Ce nom doit être changé en celui de *C. polycladus* [1], parce que le nom de *ramosus* a été donné antérieurement à une autre espèce par M. de Blainville.

4° Les Élaphes, à bois ramifiés, composés d'andouillers nombreux, tous apointis et jamais aplatis, un andouiller basilaire.

Le *Cervus primigenius*, *Elaphus fossilis*, *Cerf fossile* [2], ne diffère du cerf commun que par sa taille, qui est plus grande. Ses ossements ont été trouvés dans les dépôts arénacés, les cavernes et les tourbières de la plus grande partie de l'Europe. Il faut, suivant M. Gervais, réunir à cette espèce les *C. intermedius*, *coronatus* et *antiquus*, Marcel de Serres, de la caverne de Lunel-Viel, et le *C. canadensis*, Pael [3].

Quelques espèces se rapprochent beaucoup du cerf commun ; ce sont :

Le *Cervus elaphus Reboulii*, Christol [4], des cavernes du midi de la France.

Le *Cervus Destremii*, Marcel de Serres, de très grand taille. Cavernes de Bise.

Le *Cervus Dumasii*, Marcel de Serres et Pitt., de la caverne de Sallèles.

Le *Cervus pseudovirginius*, id., des cavernes de Lunel-Viel.

5° Les Axis, à bois composés seulement de trois pointes, savoir : un andouiller basilaire, et un autre rapproché du sommet de la perche.

Le *Cervus arvernensis*, Croizet et Jobert, à perches presque rectilignes formant un angle très ouvert, jusqu'au second andouiller, qui est dirigé en dessous, a été trouvé dans les sables volcaniques de Malbattu, près d'Issoire.

6° Les Chevreuils, à bois composés de trois pointes, sans andouiller basilaire, quelquefois un peu aplatis.

[1] Gervais, *Zool. et pal. franç.*, p. 82.
[2] Cuvier, *Ossem. foss.*, t. VI, p. 198.
[3] *Bull. Soc. géol.*, 1838, p. 178.
[4] Marcel de Serres, *Géogn. des terrains tertiaires*, p. 16.

Le *Cervus sœdlhacus*, Robert [1], atteignait les dimensions de l'élan. Il a été trouvé dans le terrain diluvien des environs de Polignac, près le Puy.

Les cerfs voisins de notre chevreuil actuel paraissent aussi avoir formé plusieurs espèces.

Le *Cervus capreolus fossilis*, Chevreuil fossile, Chevreuil des tourbières, Cuvier [2], ne paraît différer en rien du chevreuil actuel. On l'a trouvé dans les cavernes et les dépôts diluviens.

Le *Cervus capreolus Tournalii*, de Christol, et le *Cervus capreolus Leufrogi*, id., ont été trouvés dans les cavernes. Ils ressemblent au précédent sans pouvoir être confondus avec lui.

Les cerfs fossiles des dépôts diluviens, quelque obscure que soit encore leur histoire, fournissent des résultats intéressants. On voit, en effet, par leur étude, que le cerf, le renne, le chevreuil, et probablement quelques autres espèces, ont déjà vécu avant la formation des dépôts arénacés diluviens; et l'on trouve évidemment là une nouvelle preuve en faveur de l'opinion, que les événements qui se sont passés alors n'ont pas anéanti toutes les espèces (ni même la plupart d'entre elles) sur la surface de l'Europe.

On peut peut-être aussi tirer du fait que le renne a habité le midi de l'Europe, quelques arguments en faveur des théories de MM. Charpentier, Venetz, Agassiz, etc., sur l'étendue des glaciers à une certaine époque. Le renne ne peut pas vivre de nos jours dans l'Europe méridionale, parce qu'il souffre d'un climat trop chaud; n'est-il donc pas probable qu'à l'époque où de nombreux ossements fossiles nous montrent qu'il y existait, la température a été moins élevée, et que par conséquent il y a eu des époques de refroidissement.

Enfin, l'étude des cerfs diluviens fossiles peut jeter quelque jour sur l'origine des espèces actuelles. Celle du daim en particulier a été contestée; on n'en retrouve de sauvages que dans les îles méditerranéennes et dans le nord de l'Afrique, d'où l'on pense qu'ils ont été importés pour servir au plaisir de la chasse ou à l'ornement des parcs. Les ossements fossiles de daims des cavernes de Belgique et de quelques autres pays semblent prouver qu'à une époque plus ancienne le daim était déjà une espèce européenne, et qu'elle a précédé l'homme sur notre continent.

On trouve aussi de nombreux cerfs fossiles dans le continent

[1] *Ann. Soc. du Puy en Velay*, 1829.
[2] *Rech. sur les ossem. foss.*, t. VI, p. 214.

asiatique, mais les espèces n'en ont pas encore été bien détermi-nées.

MM. Cantley et Falconer en ont trouvé plusieurs espèces dans les terrains tertiaires supérieurs de l'Himalaya. Il y a entre elles de très grandes différences de taille; l'une paraît avoir égalé l'élan, et une autre n'avoir pas dépassé le lièvre.

On a aussi trouvé des ossements de cerfs sur les bords de l'Irawadi, dans le pays des Birmans.

L'Amérique en renferme aussi des débris. On cite dans l'Amérique septentrionale :

Le *Cervus americanus fossilis*, Harlan [1], trouvé sur les bords de l'Obio, et qui ressemble beaucoup au cerf du Canada.

Dans l'Amérique méridionale, M. Lund en a trouvé deux espèces dans les cavernes du Brésil.

Voyez encore, pour le genre Cerf, l'Appendice bibliographique, aux articles Eichwald, Faujas, Hermann, Hibbert, Hopkins, Kelly, Knowlton, Owen, Pedroni, Pusch, Richardson, Sloane, Sternberg, Strikland, Zipser.

Les Onotherium, Aymard,

paraissent devoir être rapprochés des cerfs; mais le petit nombre de fragments que l'on en connaît laisse leurs affinités très dou-teuses. Ils avaient probablement des appendices frontaux en forme de bois.

L'*Onotherium Ligeris*, Aymard [2], est la seule espèce connue. Elle se trouve dans les calcaires lacustres du Puy en Velay (miocène inférieur).

3e Famille. — ANTILOPIDES.

Cette famille comprend tous les ruminants à cornes creuses, c'est-à-dire formées d'un axe osseux enveloppé d'un étui corné. Les molaires se distinguent facilement de celles des cerfs par leur fût très allongé et par leur racine très peu divisée. (Atlas, pl. XVII, fig. 3-6.)

[1] *Fauna Améric.*, p. 245.
[2] *Ann. Soc. du Puy*, t. XII, p. 247, et t. XIV, p. 81.

Les Antilopes, Lin.,

ont les cornes insérées au-dessus des orbites, et composées d'un tissu assez compacte qui ne présente pas les grandes cellules caractéristiques des genres suivants. Elles se distinguent aussi par la forme de leurs dents molaires, qui n'ont jamais de pointes ni de colonnettes entre leurs collines. Ce dernier caractère, qui permet toujours de les distinguer des cerfs et des bœufs, peut les faire confondre avec les moutons et les chèvres. Il est souvent difficile de décider auquel de ces genres appartient une espèce fossile dont on ne connaît que les dents.

Quoique les antilopes forment, de nos jours, un genre très nombreux, elles ne paraissent pas, jusqu'à présent, appelées à jouer un bien grand rôle en paléontologie. Il est vrai que nous connaissons peu encore les fossiles des pays qui sont principalement leur patrie actuelle; mais ce que nous savons peut faire croire qu'en Europe leur apparition a été tardive, et qu'elles n'ont eu à aucune époque un développement numérique bien grand.

Il ne paraît pas que les antilopes aient habité l'Europe avant le milieu de l'époque tertiaire, dans laquelle leur existence est démontrée par quelques fragments trouvés dans diverses localités qu'on rapporte aux tertiaires moyens et supérieurs.

On en cite quelques espèces dans les terrains miocènes supérieurs.

L'*A. clavata*, Gervais [1] (*A. sansaniensis*, Lartet), rappelle par ses cornes les grimmes du Sénégal. Elle a été trouvée à Sansan.

L'*A. martiniana*, Lartet, du même gisement, est douteuse.

L'*A. molassica*, Jaeger [2], n'est connue que par un os de la mollasse de la Souabe supérieure.

La mollasse du mont de la Molière renferme aussi des débris qu'on rapporte à ce genre.

Les terrains pliocènes en ont aussi conservé quelques ossements.

L'*A. Cordieri*, Gervais [3], a été trouvée dans les terrains pliocènes de Montpellier.

[1] *Zool. et pal. franç.*, p. 78; Lartet, *Notice sur la colline de Sansan*, p. 36.
[2] *Foss. saug. Wurt.*
[3] *Zool. et pal. franç.*, p. 78, pl. 7; *A. recticornis*, Marcel de Serres, *Lunel-Viel*, p. 250.

L'*A. deperdita*, Gervais [1], provient de Cucuron (Vaucluse). Elle avait été rapportée au genre Moctos par M. de Christol.

L'*A.? barbamida*, Brav., n'est rapportée qu'avec doute à ce genre. Elle caractérise les dépôts sous-volcaniques d'Auvergne [2].

On trouve aussi des antilopes dans les terrains diluviens, et en particulier dans les cavernes. La plupart de ces cavités du midi de la France, ainsi que celles de Belgique et d'Angleterre, renferment quelques ossements qui appartiennent à ce genre.

M. Marcel de Serres indique l'*Antilope Christolii*, Marcel de Serres et Pittore [3], des cavernes de Bize et Salleles.

L'*A. dichotoma*, Gervais [4], a été trouvée dans les sables diluviens des environs de Lectoure (Gers).

Quelques autres espèces sont encore citées dans les brèches osseuses de Nice, d'Espagne, etc.

Il est probable que les terrains récents d'Asie en renferment plusieurs espèces. MM. Cautley et Falconer en ont trouvé quelques unes dans les montagnes Sivalik (Himalaya), mais elles n'ont pas encore été étudiées.

Un fait plus remarquable est la découverte d'ossements d'antilopes dans l'Amérique méridionale, où ce genre n'existe plus aujourd'hui.

M. Lund a trouvé, dans les cavernes du Brésil, une espèce à laquelle il a donné le nom d'*Antilope maquinensis*.

Le même naturaliste a établi, sous le nom de

LEPTOTHERIUM, Lund,

un nouveau genre qui renferme deux espèces trouvées aussi dans les cavernes du Brésil.

Ce sont les *Leptotherium majus et minus*, Lund [5].

---

[1] *Compt. rend. de l'Acad. sc.*, t. XXIV, p. 801; *Zool. et pal. franç.*, p. 78, pl. 12.

[2] Gervais, *Zool. et pal. franç.*, explic. de la pl. 26.

[3] *Journ. de géol.*, t. III, p. 260; Gervais, *Zool. et pal. franç.*, p. 77.

[4] *Compt. rend. Acad. sc.*, t. XXVIII, p. 549; *Zool. et pal. franç.*, p. 78.

[5] Lund, *Ann. sc. nat.*, 2ᵉ série, t. XX, p. 222; t. XIII, p. 311.

Les Moutons (*Ovis*, Lin.), — Atlas, pl. XVII, fig. 3,

ont une dentition très voisine des antilopes, pas de colonnettes entre les lobes des molaires, et se distinguent par leurs cornes naissant en arrière des orbites, dirigées en arrière et revenant en avant et en bas.

M. Gervais distingue les Mouflons à cornes rapprochées, simplement arquées et à axe celluleux dans toute sa longueur, et les Moutons proprement dits, à cornes plus écartées, plus en spirale et sans cellules.

C'est à cette dernière division qu'appartiennent les seuls restes fossiles qu'on ait trouvés de ce genre. Ils caractérisent tous l'époque diluvienne.

M. Gervais [1] nomme *Ovis primæva* une espèce connue par une corne trouvée dans la caverne de Saint-Julien-d'Écosse, près d'Alais (Gard) Il est difficile de savoir si elle appartient à la même espèce que le métatarsien décrit par MM. Marcel de Serres, Dubreuil et Jean-Jean [2], comme caractérisant un mouton qu'ils ont nommé *Ovis tragelaphus*. D'autres débris ont été découverts dans plusieurs cavernes du midi de la France, les brèches osseuses et le diluvium.

Le colonel Colvin a découvert, dans les montagnes Sivalik, la tête et les cornes d'une espèce qui paraît très voisine de l'Argali (*Ovis Ammon*, Lin.) qui vit aujourd'hui en Sibérie [3].

Les Chèvres (*Capra*, Lin.)

ont encore la même dentition que les moutons; mais les cornes, très rapprochées à leur base, sont dirigées en haut et arquées en arrière; elles sont prismatiques et creusées de larges cellules. Leurs pieds sont plus robustes que ceux des moutons.

M. Gervais y distingue deux groupes : les Bouquetins ou Ibex, à cornes peu divergentes, larges, noueuses, celluleuses dans toute leur étendue, et les Chèvres proprement dites, à cornes plus divergentes, tranchantes, pas noueuses, et celluleuses seulement à leur base.

Les espèces fossiles appartiennent toutes à l'époque diluvienne.

[1] *Zool. et pal. franç.*, p. 76.
[2] *Cavernes de Lunel-Viel*, p. 194.
[3] *Ann. and mag. of nat. history*, 1843, t. XI, p. 78.

On cite dans le groupe des Ibex, l'*Ibex Cebennarum*, *Bouquetin des Cévennes*, Gervais (1), de la caverne de Mialet.

L'*Ibex Rozeti* (*Capra Rozeti*, Pomel) (2), connu par des molaires plus fortes que celles des chèvres, trouvées dans les terrains diluviens de Malbattu, près d'Issoire (Puy-de-Dôme).

MM. Croizet et Robert citent aussi des fragments trouvés dans les mêmes gisements.

Dans le groupe des Chèvres, M. Owen (3) cite un frontal et des cornes trouvés dans le nouveau pliocène d'eau douce (diluvien) de Walton (Essex). Leurs caractères paraissent identiques avec ceux de la chèvre ordinaire (*C. hircus*).

M. Gervais ne pense pas que des débris analogues aient été trouvés en France (4).

Les Boeufs (*Bos*, Lin.). — Atlas, pl. XVII, fig. 4-8, se distinguent des autres ruminants par leur tête forte, qui porte des cornes à noyau caverneux et dirigées de côté. Leurs arrière-molaires ont entre leurs collines de petites colonnes qui diffèrent des pointes caractéristiques des cerfs, parce qu'elles ne sont pas détachées, et parce que leur longueur plus grande fait qu'elles atteignent la surface de mastication et s'usent avec elle. Ces colonnettes manquent dans les chèvres et les moutons. Elles sont internes aux dents supérieures et externes aux inférieures.

Toutes les espèces de boeufs déterminées avec une précision suffisante appartiennent à l'époque diluvienne ou aux dépôts les plus superficiels de l'époque tertiaire.

On ne peut pas, en effet, compter comme prouvant l'existence d'un boeuf miocène une simple indication faite avec doute par M. Lartet (5). Il annonce que M. Barrère a trouvé à Sauveterre, près de Lombez, un fragment de métatarsien *à découvert* sur les dernières assises du terrain tertiaire. Ses formes font penser à M. Lartet qu'il a appartenu à une grande espèce de boeuf (*Bos? Barreri*, Lart.).

A l'histoire des boeufs fossiles se rattachent des questions assez

(1) *Compt. rend. Acad. des sc.*, t. XXIV, p. 691; *Zool. et pal. franç.*, p. 73, pl. 10.

(2) *Compt. rend. Acad. des sc.*, 1844, t. XIX, p. 224; Gervais, *Zool. et pal. franç.*, p. 74.

(3) *Brit. foss. mamm.*, p. 489.

(4) *Zool. et pal. franç.*, p. 74.

(5) *Compt. rend. Acad. des sc.*, t. IV, p. 85, et *Notice sur la colline de Sansan*, p. 37.

importantes, et en particulier celle qui a trait à l'origine des races domestiques. Elle n'a point été résolue de la même manière par tous les naturalistes.

Lorsque J. César pénétra dans les Gaules, il trouva les forêts de ce pays habitées par une espèce de bœuf de grande taille, à laquelle il donna le nom d'*Urus*, et dans ses *Commentaires* il ajoute qu'il diffère du taureau par la grandeur et la figure de ses cornes.

Les commentateurs ont souvent appliqué ce passage de J. César à l'aurochs, qui vit encore dans les forêts de la Lithuanie; mais plusieurs raisons peuvent faire croire que deux espèces différentes vivaient à la même époque, et étaient distinguées déjà sous les noms d'*Urus* et de *Bison*. Il faut remarquer, en effet, que J. César, dans sa description de l'urus, ne parle ni de la crinière ni de l'épaisse fourrure qui rendent l'aurochs si remarquable. De plus, Sénèque [1] et Pline [2] citent le bison et l'urus comme deux animaux distincts.

L'*Urus* paraît caractérisé par sa taille très grande, ses cornes très longues, dirigées en avant, et par son front plat; c'est une espèce éteinte, au moins à l'état sauvage.

Le bison (qu'il ne faut pas confondre avec le bison d'Amérique, qui lui ressemble beaucoup, mais qui paraît distinct) était reconnaissable à sa crinière, à son épaisse fourrure, à ses jambes grêles, à ses cornes plus courtes non recourbées en avant, et à son front bombé.

Nos races domestiques n'ont aucune ressemblance avec le bison, et beaucoup plus avec l'urus, d'où quelques naturalistes ont inféré que cette dernière espèce était probablement la source d'où elles étaient dérivées. La comparaison des crânes ne me paraît pas cependant en fournir la preuve, et il est bien possible qu'elles aient été amenées en Europe par les diverses peuplades asiatiques qui l'ont successivement occupée.

[1]
 Tibi dant variæ pectora tigres,
 Tibi villosæ terga bisontes,
 Latisque feri cornibus uri.
     (*Hippolyte*, act. I, v. 63.)

[2] *Jubatos bisontes excellentique vi et velocitate uros, quibus imperitum vulgus bubalorum nomen imposuit.*   (Lib. VIII, cap. xv.)

La paléontologie confirme la distinction entre l'urus et le bison en montrant que, dans les terrains diluviens, on trouve les débris de deux espèces qui offrent des caractères analogues [1].

L'espèce que l'on peut, avec quelque probabilité, rapporter à l'urus de César, et considérer comme la souche possible des bœufs domestiques, est le *Bos primigenius*, Bojanus [2], *Bos urus priscus*, Schl., *Taurus fossilis*, Baer (Atlas, pl. XVII, fig. 8), caractérisé, ainsi que nos races actuelles, par des membres trapus, un front aplati et carré ainsi que l'occipital, dépassant d'un tiers environ nos bœufs actuels, et ayant les cornes recourbées et rabattues en avant. Ses débris ont été trouvés dans plusieurs cavernes, tourbières et dépôts diluviens [3].

Il est peu probable que l'on puisse en séparer le *Bos trochocerus*, H. de Meyer [4].

Il faut aussi lui réunir le *Bos synophris*, Fischer, et, suivant M. Gervais, les *Bos giganteus*, Croizet, *velaunus*, Robert, *intermedius*, Marcel de Serres.

Une seconde espèce a été trouvée en Angleterre et appartient aussi au même type que les bœufs domestiques : c'est le *Bos longifrons*, Owen [5] (*Bos brachyceros*, Owen *olim*, *non* Gray), découvert en Irlande.

La troisième espèce est celle que l'on peut rapprocher du bison et de l'aurochs actuel des forêts de Lithuanie. Elle n'a certainement fourni aucune de nos races domestiques : c'est l'*Aurochs fossile* de Cuvier [6], *Bos buffalus*, Pallas, *Bos priscus*, Bojanus [7], caractérisé par ses membres plus élancés, le développement plus fort à proportion de la partie antérieure, le front arrondi et les cornes divergentes très faiblement courbées. Il a été trouvé fossile dans les dépôts diluviens d'Abbeville, de Vaugirard, du canal de l'Ourcq, d'Issoire, dans la caverne de Brengues (Lot), etc. Ses formes sont assez caractérisées pour que quelques auteurs aient proposé d'en faire un sous-genre sous le nom de Bison. (Atlas, pl. XVII, fig. 9.)

Le buffle (*Bos bubalus*, L.) n'a pas encore été trouvé fossile d'une manière certaine, les ossements qu'on lui a rapportés appartiennent aux espèces précédentes ; mais M. Duvernoy [8] a décrit un crâne fossile d'Algérie apparte-

[1] Voyez, pour cette question des bœufs fossiles, Cuvier, *Ossem. foss.*; Owen, *Foss. brit. mamm.*; Gervais, *Zool. et pal. franc.*; Nilsson, *Ann. and mag. of nat. hist.*, 2ᵉ série, 1849, t. IV, p. 236 et 349.

[2] *Nova act. Acad. nat. cur.*, t. XIII, p. 422, pl. 21, 24.

[3] Voyez, pour ces détails, Gervais, *Zool. et pal. franc.*, p. 70.

[4] *Nov. act. nat. cur.*, t. XVII, p. 152, pl. 12, fig. 12-14.

[5] *Brit. foss. mamm.*, p. 508.

[6] *Ossem. foss.*, 4ᵉ édit., t. VI, p. 281.

[7] *Nov. act. nat. cur.*, t. XIII.

[8] *Compt. rend. Acad. des sc.*, 1851, 1ᵉʳ déc.

nant au même groupe que les buffles (Bubalus), qu'il propose de désigner sous le nom de *Bubalus antiquus*.

On doit probablement considérer comme une espèce distincte du groupe des Ovibos, le *Bos Pallasii*, de Kay, auquel il faut peut-être rapporter le *Bos canaliculatus*, Fischer, *Buffle musqué fossile*, Cuvier ([1]), caractérisé par ses cornes rapprochées sur le front, comme dans le bœuf musqué du Canada. Il a été trouvé en Sibérie et dans le nord de l'Amérique.

La seule espèce de bœuf qui paraisse avoir existé pendant la fin de l'époque tertiaire est le *Bos elatus*, Croizet (*Bos elatus major* et *minor*, Brav., *Aurochs antilope*, Pomel), des terrains sous-volcaniques d'Auvergne ([2]).

Les bœufs paraissent, pendant l'époque diluvienne, avoir eu une patrie très étendue.

Outre l'espèce précédente, on en a trouvé plusieurs ossements dans l'Amérique septentrionale.

M. Harlan a établi les *Bos bombifrons* et *Bos latifrons* sur des fragments trouvés dans l'État de Kentucky; mais ces espèces n'ont peut-être pas été assez comparées au bison et à l'aurochs.

M. Smith a trouvé en Afrique, sur les bords d'un des tributaires de la rivière Orange, une partie de la tête d'un animal de ce genre ([3]).

MM. Cautley et Falconer citent, comme trouvées dans les montagnes Sivalik (Himalaya), plusieurs espèces dont une doit, suivant eux, former une nouvelle section.

Des ossements trouvés sur les bords de l'Irawadi (Birmanie) indiquent une espèce de la taille d'un bœuf ordinaire.

Voyez encore, pour le genre Bœuf, à l'APPENDICE BIBLIOGRAPHIQUE, les articles Faujas, Fischer, Frémery, Hageau, Vogel.

Nous plaçons provisoirement à la fin des mammifères ongulés terrestres un genre qui offre des transitions avec presque tous les ordres inférieurs de la classe des mammifères. C'est celui des

TOXODON, Owen. — Atlas, pl. XVIII, fig. 1-8,

connu d'abord seulement par une tête dont les caractères principaux sont d'avoir le crâne déprimé, surtout sur ses régions occipitales, la cavité encéphalique petite, les arcades zygomatiques grandes et fortes, une cavité glénoïde transversale. La dentition de sa mâchoire supérieure est composée de molaires et d'incisives.

([1]) *Ossem. foss.*, 4ᵉ édit., t. VI, p. 311.
([2]) Gervais, *Zool. et pal. franç.*, explic. de la pl. 26.
([3]) *Proceed. geol. Soc.*, t. III, p. 152.

Les molaires sont au nombre de sept de chaque côté, implantées dans la mâchoire en sens inverse de celles des rongeurs, c'est-à-dire la convexité tournée en dehors. Ces dents sont longues, arquées, sans racines ; l'émail forme un tube prismatique irrégulier avec quelques sillons et moulures dont la planche XVIII peut donner une idée. *Les* incisives, au nombre de quatre, sont analogues pour la composition à celles des rongeurs, et ont dû s'user en biseau ; les intermédiaires sont petites et les externes plus grandes.

On a trouvé une mâchoire inférieure qui, si elle appartient réellement à ce genre, compléterait la dentition. Celle de la mâchoire inférieure serait composée de sept molaires et de six incisives rangées en demi-cercle.

Le Musée de Paris a depuis lors acquis quelques os des membres qui montrent que l'animal était bas sur jambes : l'acromion a une apophyse récurrente, comme certains rongeurs, le fémur rappelle celui de l'hippopotame, et l'astragale a une forme toute spéciale.

Ce genre, comme je l'ai dit, a des rapports avec plusieurs groupes de mammifères. Il ressemble aux rongeurs par la composition de ses incisives (mais non par leur nombre) ; il en diffère par la forme du crâne, et par sa cavité glénoïde transverse.

Il a des rapports évidents avec les cétacés par son occiput aplati, son cerveau petit, qui dénote très peu d'intelligence, et son nez largement ouvert en dessus, comme dans les lamantins. Il s'en éloigne par la grandeur de ses sinus frontaux et par ses incisives.

Ses formes lourdes et la composition de ses molaires peuvent le rapprocher aussi de quelques édentés gigantesques ; mais l'existence des incisives empêche de le placer dans cet ordre.

Enfin le nombre de ses molaires, ses incisives, et ces mêmes formes lourdes dont je viens de parler, peuvent aussi le faire considérer comme un pachyderme, et c'est la place que l'on paraît disposé à lui assigner jusqu'à ce qu'on connaisse le reste de son squelette.

L'espèce qui a été la première connue est le *Toxodon platensis*, Owen [1], dont on a trouvé sur les bords du rio Negro, à 120 milles nord-ouest de Montevideo, une tête enfouie dans une terre argileuse. Cette tête était longue de 2 pieds 4 pouces.

[1] *Voyage of the Beagle.*

La mâchoire inférieure que l'on croit pouvoir lui rapporter a été trouvée à Bahia-Blanca.

M. Owen [1] parle d'une seconde espèce qui égalait presque le *T. platensis* par sa taille (*Toxodon angustidens*, Owen, de Buénos-Ayres).

M. d'Orbigny [2] rapporte avec doute à ce genre un humérus qui aurait appartenu à une troisième espèce, le *Toxodon paranensis*; mais ce rapprochement nous paraît encore bien douteux.

11ᵉ ORDRE.

SIRÉNOÏDES.

Les sirénoïdes, anciennement connus sous le nom de CÉTACÉS HERBIVORES, sont caractérisés par leur corps allongé en forme de poisson, par l'absence de membres postérieurs représentés seulement par un bassin rudimentaire, par leurs membres antérieurs aplatis en nageoires, quelquefois encore munies d'ongles, par une nageoire déprimée qui remplace la queue, par leur dentition incomplète, composée quelquefois d'incisives en forme de défenses et de molaires à couronne plate qui rappellent souvent celles des pachydermes.

Les premiers caractères que nous avons indiqués les rapprochent beaucoup des cétacés; mais ils s'en éloignent par leur dentition et par leur appareil nasal qui est constitué comme dans les mammifères ordinaires et n'a pas la singulière disposition qui caractérise les cétacés souffleurs. La forme de leur tête, leur peau souvent épaisse, et leur dentition pourraient les faire associer aux pachydermes. Ils paraissent en effet être une dégénérescence à formes aquatiques de ce type, comme les phoques et les morses représentent dans les eaux les carnassiers terrestres.

[1] *Congrès de Southampton* (*Institut*, nᵒ 760).
[2] *Voyage en Amérique*, Paléontologie, p. 112.

Il est donc naturel d'en faire un ordre à part, intermédiaire entre les pachydermes et les cétacés. L'état rudimentaire des membres les rend trop différents des premiers pour qu'on puisse les considérer comme une famille de cet ordre. Ils sont moins voisins de leurs représentants terrestres que les phoques et les morses ne le sont des leurs.

On connaît actuellement trois genres de sirénoïdes. Nous aurons à en ajouter trois qui ne se trouvent qu'à l'état fossile.

Je commencerai leur histoire par celle d'un genre célèbre, connu seulement par sa tête, rapporté par plusieurs auteurs à l'ordre des pachydermes, et dont la place sera contestable tant qu'on ne connaîtra pas le reste du squelette. C'est celui des

DINOTHERIUM, Kaup, — Atlas, pl. XVIII, fig. 9-13,

dont la tête colossale est caractérisée par un occipital très aplati, des fosses nasales larges et ouvertes en dessus, de grands trous sous-orbitaires, qui, joints à la forme du nez, peuvent faire conjecturer l'existence d'une trompe. La mâchoire inférieure est terminée par deux énormes défenses dirigées en bas. Les molaires, au nombre de $\frac{4}{4}$, rappellent celles des tapirs et des lamantins.

Cet animal singulier a été connu d'abord seulement par quelques dents molaires, que Cuvier [1] pensa devoir rapporter au genre des tapirs, et qui lui firent croire à l'existence d'une très grande espèce, qu'il nomma *Tapir gigantesque*. Plus tard on trouva à Eppelsheim des morceaux de la mâchoire inférieure qui forcèrent à établir un genre nouveau. Sa grande taille et la puissante armure qu'indiquent les défenses le firent nommer *Dinotherium* (δεινός, terrible); car, dans l'origine, on se trompa sur ses véritables formes, et des divers fragments que l'on possédait on reconstruisit la mâchoire, en dirigeant les défenses en haut.

<hr>

[1] *Ossem. foss.*, 4ᵉ édit., t. III, p. 308.

La découverte par M. Klipstein d'une tête complète dans les sables d'Eppelsheim, et la description qu'en a publiée M. Kaup [1], ont fourni, pour la première fois, des données parfaitement exactes sur cette partie essentielle de l'animal. Elle fut retirée avec de très grandes peines du fond d'une fosse de dix-huit pieds de profondeur, où elle était engagée par une partie de son crâne dans une couche d'argile marneuse. Cette tête, moulée par les soins des savants naturalistes dont nous venons de parler, existe maintenant dans la plupart des musées de l'Europe, et est un des monuments les plus remarquables des êtres qui ont peuplé nos continents pendant l'époque tertiaire.

Les paléontologistes, d'accord aujourd'hui pour reconnaître dans le dinotherium un genre tout à fait perdu, ne le sont plus dès qu'il s'agit de lui assigner une place, c'est-à-dire de décider quels sont ses rapports naturels avec les autres mammifères, et quelle était la forme de son corps.

Il a été successivement rapproché des tapirs, des pangolins, des phoques, des éléphants et des lamantins. Nous ne discuterons pas en détail toutes ces opinions, car plusieurs d'entre elles ont été abandonnées même par leurs auteurs. L'idée que les dinotherium étaient de vrais tapirs n'a été soutenue par Cuvier que parce que cet illustre anatomiste connaissait seulement des dents molaires. Leur association avec les pangolins (*Manis*), proposée par M. Kaup, ne reposait que sur une phalange unguéale qu'on leur attribuait évidemment à tort. Ils n'ont aussi aucun des caractères des phoques. Mais il est plus douteux de savoir si l'on doit les rapprocher des proboscidiens et les considérer comme terrestres, ou les envisager comme voisins des lamantins et comme ayant eu des formes tout à fait aquatiques.

Je ferai remarquer d'abord que cette question perd une partie de son importance depuis que l'on a reconnu que les sirénoïdes doivent être rapprochés des pachydermes, et qu'ils sont le type aquatique qui représente cette division terrestre. Le dinotherium peut former un des anneaux de cette chaîne; il est probable qu'il est intermédiaire entre les proboscidiens et les lamantins. La question se réduit donc à savoir s'il est plus voisin des uns ou des autres.

[1] *Ossem. foss. de Darmstadt*, 1re livr., pl. 4-5, et dans un ouvrage spécial, *Description du crâne colossal*, etc.

Pour la résoudre, il importe en premier lieu de savoir sur quels matériaux on peut s'appuyer. Je pense que la tête seule est connue, et que c'est à tort, ou du moins sur des présomptions impossibles à justifier, que quelques paléontologistes lui rapportent des grands os de membres trouvés à Eppelsheim et ailleurs. Ces os appartiennent plus probablement à des mastodontes, qui sont abondants dans les mêmes gisements.

Or cette tête montre quelques rapports avec les mastodontes et les tapirs, principalement dans la dentition. La longue symphyse du *Mastodon longirostris* et les défenses qui terminent la mâchoire inférieure ont aussi une certaine analogie avec les dinotherium.

Mais, tout en reconnaissant la réalité de ces analogies, je suis plus porté à rapprocher le dinotherium des lamantins. Les arguments qui me paraissent venir à l'appui de cette opinion sont : 1° le peu de probabilité que ces défenses inférieures, si massives et si prolongées, aient pu être utiles à un animal terrestre ; 2° la dépression de l'occipital, dont on chercherait en vain un exemple dans les pachydermes, et qui rappelle au contraire tout à fait ce qui existe chez les lamantins ; 3° la large ouverture des fosses nasales, qui se retrouve dans la plupart des sirénoïdes ; 4° la forme des os incisifs, qui ressemble bien plus à celle des lamantins qu'à celle des pachydermes ; 5° la forme des fosses oculaires et temporales. Les dents molaires, d'ailleurs, ne s'opposent point à ce rapprochement, car elles ressemblent à peu près autant à celles des lamantins qu'à celles des tapirs.

Je ne me dissimule pas, du reste, que MM. Owen, Gervais et de Blainville, sont d'une opinion contraire à la mienne. Ce dernier en particulier, qui l'avait précédemment soutenue, a changé d'avis depuis qu'il a cru pouvoir attribuer au dinotherium les ossements que nous pensons appartenir plutôt aux proboscidiens.

Je persiste à croire, en me fondant sur les arguments ci-dessus énoncés, que le dinotherium était un animal aquatique, plus voisin des proboscidiens que ne le sont les sirénoïdes actuels, mais appartenant probablement au même ordre que ces derniers. Je pense qu'il vivait volontiers vers les embouchures des fleuves, et qu'il se servait de ses grandes dents pour déraciner les plantes, dont il recherchait surtout les portions charnues. Espérons que de nouvelles découvertes pourront une fois résoudre ces questions.

Les dinotherium n'ont apparu que vers le milieu de l'époque

tertiaire, et n'ont pas eu une durée bien longue. On n'en cite de certains que dans les terrains miocènes. On en a trouvé en France, en Allemagne, en Suisse, etc. L'espèce la mieux connue est :

Le *Dinotherium giganteum*, *Tapir gigantesque*, Cuvier [1], de France, d'Eppelsheim, etc. C'est à lui qu'appartient la belle tête découverte par M. Klipstein. Il faut lui réunir les *D. maximum et medium* de M. Kaup.

Le *D. Cuvieri*, Kaup [2], paraît différer du précédent. M. H. de Meyer lui réunit le *D. bavaricum* [3], le *D. secundarium*, Kaup, et le *D. Kœnigii*, id.

Il faut, suivant le même auteur, considérer comme des espèces distinctes le *D. minutum*, H. de Meyer [4], et le *D. proavum*, Eichwald [5], (*Tapirus proavus*, Eichwald, *Mastodon podolicus*, id.).

Le *D. uralense*, Eichwald, est très douteux.

M. de Blainville n'admet pas cette distribution des espèces, et il établit un *D. intermedium* qui serait peut-être le même que les *D. medium et secundarium* [6].

On a aussi trouvé des dinotherium dans l'Inde.

MM. Cautley et Falconer [7] indiquent le *D. indicum* comme provenant des montagnes Siwalick.

Les Lamantins (*Manatus*, Cuv.)

ont été quelquefois signalés à l'état fossile ; mais il faut supprimer la plus grande partie des déterminations qui se rapportent à ce genre.

En particulier, le *Manatus fossilis*, Cuvier [8], doit être placé dans le genre Halitherium dont je parlerai ci-dessous.

Les autres indications sont trop vagues pour mériter une pleine confiance, si ce n'est peut-être pour une espèce de l'Amérique septentrionale, indiquée par Harlan (*Manatus americanus fossilis*) [9].

M. R. W. Gibbes [10] cite aussi des vertèbres et des côtes de *Manatus* dans les terrains éocènes de la Caroline du Sud.

[1] *Ossem. foss.*, 4ᵉ édit., t. III, p. 306.
[2] *Ossem. foss. de Darmstadt*, 1ʳᵉ livr., p. 14, pl. 4 et 8.
[3] *Nova act. Acad. nat. cur.*, t. XVI, p. 487.
[4] *Neues Jahrb.*, 1841, p. 459.
[5] *Nova act. Acad. nat. cur.*, t. XVII, p. 734.
[6] Gervais, *Zool. et pal. franç.*, p. 41.
[7] *Faun. antiq. sivalensis*, pl. 3 et 35.
[8] *Ossem. foss.*, 4ᵉ édit., t. VIII, 2ᵉ part., p. 63.
[9] Voyez Harlan, *Journ. Acad. Philad.*, t. IV, p. 32, etc.
[10] *Proceed. Americ. Assoc.*, 1849, p. 193.

Le genre des

DUGONGS (*Halicore*, Illig.)

a aussi quelquefois été indiqué comme fossile; mais les ossements qu'on lui a rapportés paraissent appartenir au genre suivant.

LES HALITHERIUM, Kaup

(*Halianassa*, H. de Meyer, *Pugmeodon*, Kaup, *Eucotherium*, Kaup, *Pontotherium*, id., *Cheirotherium*, Bruno, *Metaxytherium*, de Christol, écrit aussi *Halytherium*), — Atlas, pl. XIX, fig. 1-4,

ont tous les caractères osseux du dugong et un crâne de formes très voisines. Ils ont comme eux des incisives supérieures en forme de défenses, et des petites incisives inférieures (5 au lieu de 4). Ils en diffèrent par leurs molaires, qui ont des tubercules mastodontiformes, et qui sont plus voisines de celles des lamantins. Les dents supérieures ont trois racines, les inférieures deux; les dernières molaires inférieures de chaque mâchoire ont un talon plus fort. Les côtes sont pleines, sans cavité spongieuse.

Ce genre a été établi dans la même année (1838), par M. Kaup, sous le nom d'HALITHERIUM, et par M. H. de Meyer sous celui d'HALIANASSA. En 1839, Bruno découvrit en Piémont un animal de même genre, et le décrivit sous le nom de CHEIROTHERIUM. Plus tard, M. de Christol publia un très bon mémoire [1] sur ses caractères; mais ne connaissant pas les noms déjà donnés, il l'appela METAXYTHERIUM. Les noms de PUGMEODON, de EUCOTHERIUM et de PONTOTHERIUM de M. Kaup ont été donnés à des espèces qui doivent lui être réunies.

Ce genre paraît devoir réunir divers fragments attribués par Cuvier à des groupes différents.

On doit considérer comme des halitherium :

Les molaires supérieures rapportées par Cuvier à l'*Hippopotamus dubius* [2].
Les molaires inférieures attribuées par le même auteur à l'*Hippopotamus medius* (t. II, p. 492).
Les humérus rapportés par Cuvier à deux phoques (t. VIII, 1, p. 454).
Le crâne du *Lamantin* fossile d'Angers du même auteur (t. VIII, 2, p. 63).
Un avant-bras du même animal, Cuvier (id.), trouvé aussi à Angers.

[1] *Ann. sc. nat.*, 2e série, t. XV.
[2] *Ossem. foss.*, 4e édit., t. II, p. 495.

Les halitherium vivaient probablement sur les côtes de la mer et vers l'embouchure des fleuves, comme aujourd'hui les dugongs et les lamantins. Il est probable qu'il y en avait plusieurs espèces, et leur synonymie est passablement embrouillée. On les trouve depuis le calcaire grossier jusqu'au terrain pliocène. Aucune n'a encore été découverte dans les terrains diluviens.

L'*Halitherium dubium* (*Hippopotamus dubius*, Cuvier) a été trouvé fossile à Blaye (Gironde) dans un calcaire qui paraît correspondre à l'âge des lophiodons (parisien inférieur).

L'*H. Guettardi*, Gervais [1], provient d'Étampes et de Longjumeau. Le terrain où il a été trouvé paraît supérieur au gypse (3ᵉ faune) et inférieur aux mollasses du Midi (5ᵉ faune).

Les terrains miocènes proprement dits renferment quelques espèces auxquelles on a donné les noms de *H. fossile, Beaumonti, Collinii, Bruggeri, Schinzii*, etc. Les auteurs ne sont point d'accord sur leur synonymie. M. Gervais admet deux espèces; ce sont :

L'*H. fossile*, comprenant le phoque et le morse fossile de Cuvier, le *M. Cuvieri*, Laurill., non Christol, et le *M. Cordieri*, Christol, de la mollasse marine et des faluns de Doué, Angers, Rennes, etc.; et l'*H. Beaumonti*, Christol, de la mollasse de Beaucaire.

Il faut y ajouter le *Metaxytherium Studeri*, H. de Meyer, de la mollasse du canton d'Argovie [2], si cette espèce ne rentre pas dans une des précédentes.

Les terrains pliocènes paraissent ne renfermer qu'une seule espèce qui a été décrite en Piémont par Bruno, sous le nom de *Chéirotherium*, et en France sous ceux de *Lamantin*, d'*Hippopotame* et de *Dugong*. C'est l'*H. Serresii*, Gervais [3], d'Asti, de Montpellier, etc.

Le genre des

TRACHYTHERIUM, Gervais. — Atlas, pl. XIX, fig. 6,

est tout à fait provisoire. Il n'a été établi que sur une dernière dent molaire inférieure. Cette dent a trois collines, composées chacune de deux tubercules mousses, et en outre un tubercule supplémentaire. Elle semble se rapprocher de son analogue dans les halitherium.

------

[1] *Zool. et pal. franç.*, p. 144; *Vache marine*, Guettard; partie du *Manatus fossilis*, Cuvier, *Manatus Guettardi*, Blainville.

[2] *Neues Jahrb.*, 1837, p. 677.

[3] *Zool. et pal. franç.*, p. 143, *H. Brocchii*, H. de Meyer, *M. Cuvieri*, Christol.

La seule espèce indiquée, *T. Raulini*, Gervais (¹), provient du calcaire
marin miocène de la Réole (Gironde).

Les Stellères (*Rhytina* ou *Rytina*, Illig.)

n'ont pas été trouvées fossiles.

12ᵉ ordre.

ZEUGLODONTES.

Je place à la suite des sirénoïdes un ordre nouveau
qu'il devient nécessaire d'établir, comme l'a déjà fait
pressentir M. H. de Meyer. Il devra renfermer quelques genres remarquables qui ont été rapprochés des
sirénoïdes lorsqu'ils étaient moins connus. Ces genres
ont les formes aquatiques de ce groupe et de celui des
cétacés, mais l'ensemble de leurs caractères les éloigne
de tous les deux ; leur museau allongé et leurs dents
tranchantes empêchent de les réunir aux sirénoïdes ;
leurs dents de deux sortes, dont les molaires à deux racines, ainsi que leurs ouvertures nasales normales, les
distinguent encore mieux des cétacés.

Leurs caractères généraux sont : un museau allongé
et mince, des os nasaux grêles ; des dents de deux sortes,
les antérieures coniques et pointues, les postérieures à
deux racines et à couronne comprimée, composée de
pyramides disposées sur un seul plan ; des vertèbres à
corps allongé, à apophyses épineuses soudées au corps,
mais petites ; des membres antérieurs petits et en
nageoires, des membres postérieurs probablement nuls.

Le mieux connu de ces genres est celui des :

(¹) *Zool. et pal. franç.*, p. 145, pl. 11, fig. 2.

ZEUGLODON, Owen

(*Basilosaurus*, Harlan, *Hydrarchus*, Koch, *Dorudon*, Gibbes,
Zygodon et *Zygodon*, olim). — Atlas, pl. XIX, fig. 12,

qui a été d'abord placé dans les reptiles, puis dans les cétacés, et replacé plus tard dans les reptiles.

La première découverte de ce genre a été faite par Harlan en 1835 [1], qui en trouva des ossements dans le terrain tertiaire de l'Arkansas (Mississipi), et qui les décrivit en les rapportant aux reptiles sous le nom de BASILOSAURUS.

En 1839, il transporta ces ossements à Londres, où M. Owen démontra par l'analyse microscopique des dents que l'animal devait être, au contraire, rapproché des lamantins. En 1843, M. Buckley, et en 1845 M. Koch, trouvèrent d'autres ossements dans l'Alabama; ceux qui ont été recueillis par ce dernier ont été l'objet de travaux par MM. Carus, Geinitz, Gunther et Reichenbach, qui cherchèrent à prouver que ces fossiles appartiennent à la classe des reptiles, et par MM. Burmeister et Müller, qui soutinrent l'opinion de M. Owen. En 1847, M. Gibbes donna une figure et une description de quelques ossements [2].

A cette époque, les documents apportés en Europe ne donnaient encore qu'une idée assez incomplète de l'animal. La même année, M. Koch repartit pour l'Amérique, et en 1848 il put recueillir une quantité considérable d'ossements qui ont été exposés publiquement par lui à Dresde et à Vienne en 1849 et en 1850.

Les caractères des zeuglodon, tels qu'ils résultent de l'étude de ces ossements, sont les suivants : le crâne est très allongé et étranglé en arrière des frontaux; la région occipitale se relève par une pente abrupte à peu près comme dans les cochons; les frontaux sont très développés en largeur au-dessus des orbites; la face est grêle, les os nasaux sont allongés, l'ouverture du nez est tout à fait normale, et n'a aucun rapport avec celle des véritables céta-

[1] *Trans. of the Americ. philos. Soc.*, vol. IV, N. S., et *Medic. phys. research.*, p. 357.

[2] *Journ. of the Acad. of nat. sc. of Philadelphia*, new series, vol. I, in-4°, p. 5. M. Toomey en a décrit un fragment de crâne dans le même recueil, *id.*, p. 16.

cés; les intermaxillaires sont grêles et allongés, la mâchoire inférieure rappelle celle des dauphins et des cachalots.

La dentition présente des caractères tout à fait particuliers. La formule dentaire de la plus grande espèce paraît être :

$$\text{Inc.} \ \tfrac{3}{4}; \ \text{can. anorm.} \ \tfrac{1}{5}; \ \text{mol.} \ \tfrac{6}{6} = \tfrac{5}{5}.$$

A la mâchoire supérieure, l'os incisif porte trois dents à une seule racine, dont la couronne est en forme de cône pointu et recourbé en arrière; vient ensuite une dent à deux racines, dont la couronne est semblable à celle des incisives, et qui peut passer soit pour une canine, soit pour une prémolaire. Les molaires ont, pour la plupart, deux grandes racines, dont la longueur est quelquefois double de celle de la couronne; celle-ci est comprimée et composée de pyramides disposées sur un même plan au nombre de quatre à neuf, la dernière est la plus petite.

L'intervalle des racines se continue sur la couronne par une dépression assez marquée, de sorte que, quand la dent est usée jusque près de cette racine, elle semble composée de deux parties réunies par un mince pédicelle. C'est cette particularité que M. Owen a voulu exprimer par le mot de *Zeuglodon*.

A la mâchoire inférieure, on trouve d'abord quatre dents à une seule racine et à couronne conique, qui paraissent les homologues des incisives; il n'y a point de dent qu'on puisse comparer à la canine, et les molaires, semblables à celles de la mâchoire supérieure, sont aussi au nombre de cinq.

La colonne épinière, si l'on en croyait la restauration qui a été faite par M. Koch, serait composée d'au moins cent vingt vertèbres; mais il y a tout lieu de croire qu'il a mélangé plusieurs individus, et même, suivant M. Müller, deux espèces. Il est très probable que l'animal était beaucoup plus court que ne le représente M. Koch (1). Ces vertèbres sont composées de corps cylindriques, allongés, avec des apophyses épineuses et transverses relativement petites; les épineuses sont soudées avec le corps, mais ne se touchent pas entre elles; les vertèbres cervicales sont très courtes; les côtes sont un peu épaissies et comme en massue vers leur extrémité inférieure.

On ne connaît du membre antérieur qu'une omoplate, un hu-

____

(1) *Mémoires de Haidinger*, t. IV.

mérus et une portion de l'avant-bras ; il paraît avoir été très court relativement à la taille de l'animal, et disposé pour la natation. L'existence du membre postérieur est tout à fait douteuse, et quoique M. Koch l'ait supposé dans sa restauration, elle ne repose que sur quelques fragments presque indéterminables.

Ces caractères démontrent :

1° Que l'animal n'est pas un véritable cétacé, les ouvertures nasales et la dentition ne peuvent laisser aucun doute ; 2° qu'il ne peut pas être beaucoup plus rapproché des lamantins, car ces derniers, avec leur tête courte et large et leurs molaires à couronne plate, appartiennent à un type tout différent ; 3° que cependant leurs affinités sont plus grandes avec ces mammifères aquatiques qu'avec aucun autre.

M. Koch rapporte au terrain tertiaire ancien les gisements dans lesquels ces animaux ont été découverts.

Il paraît qu'on en doit distinguer plusieurs espèces.

Le *Zeuglodon macrospondylus*, qui est celui dont nous avons parlé.

Le Z. *hydrarchus*, Caros, avait à la mâchoire supérieure deux dents à double racine et à couronne conique au lieu d'une.

Le Z. *trachyspondylus*, Müller, est celui dont les vertèbres, quoique plus courtes, ont servi à M. Koch à allonger le squelette du Z. *macrospondylus*.

M. Koch admet la possibilité d'une quatrième espèce encore mal déterminée [1].

Il faut aussi rapporter à ce genre les dents trouvées par M. le docteur Robert Gibbes dans les terrains tertiaires de la Caroline du Sud, et qui ont été décrites sous le nom de DORUDON [2] (quelques auteurs écrivent *Dorydon*). M. Gibbes admet lui-même ce rapprochement [3].

[1] On pourra consulter sur ce genre remarquable les travaux suivants : Caros, Geinitz, Günther and Reichenbach, *Resultat geol. anatom. and geol. Untersuchungen über Hydrarchus*, Dresden et Leipzig, 1847, in-folio ; Müller, *Bemerkungen über die mehreren arten bestehende familie der Hydrarchen*; Owen, *Transact. of the geol. Soc.*, 2ᵉ série, t. VI, p. 69 ; Koch, *Mém. de Haiding.*, t. IV, p. 53 ; H. de Meyer, *Neues Jahrb.*, 1847, p. 669 et 757 ; Tuomey, *Neues Jahrb.*, 1849, p. 497.

[2] *London geol. Journ.*, t. I, p. 37.

[3] *Journ. of the Acad. of Philadelphia*, in-4°.

Les Squalodon, Grateloup

(*Crenidelphinus*, Laurillard, *Delphinoides*, Pedroni, *Phocodon?*
Ag.), — Atlas, pl. XIX, fig. 5,

caractérisés par des dents fortes à couronne comprimée et composée aussi de pyramides dans un même plan qui les rendent crénelées, à racine double ou triple, et par un museau allongé incomplétement connu, ont été d'abord associés aux reptiles par M. Grateloup, puis rapprochés des dauphins par M. Van Beneden. Le petit nombre de fragments que l'on en connaît pouvait, en effet, rendre la question douteuse jusqu'à la découverte des zeuglodon. Il est maintenant évident qu'ils présentent les plus grandes analogies avec ce genre; il est même possible qu'ils doivent plus tard lui être réunis.

Leurs dents sont au moins au nombre de $\frac{11}{11}$ (la partie antérieure du museau est cassée). Les postérieures ou molaires rappellent celles des zeuglodon par la forme de leur couronne, mais les racines de quelques unes sont triquètres. Les antérieures ne sont connues que par leurs alvéoles. La mâchoire inférieure est inconnue.

C'est à ce genre (ou au précédent) qu'il faut rapporter la dent provenant de Malte, décrite par Scilla [1], étudiée plus tard par M. Agassiz à l'université de Cambridge, et désignée par ce savant paléontologiste sous le nom de Phocodon.

La seule espèce citée est le *Squalodon Grateloupii*, Gervais [2], *Squalodon,* Grateloup, *Delphinoides Grateloupi*, Pedroni. Elle a été trouvée dans le grès marin de Léognan (Gironde) (miocène), dans la mollasse de Saint-Jean-de-Vedas (Hérault), et dans la haute Autriche.

Il est possible que ce soit à cet ordre que l'on doive rapporter, quand il sera mieux connu, le genre des

Balænodon, Owen,

connu par des dents semblables à celles des cachalots [3]. M. H. de Meyer, par l'étude d'un crâne trouvé à Lintz, en Autriche, qu'il

[1] Scilla, *De corporibus marinis lapidescentibus*, pl. 12, fig. 1.
[2] *Ann. sc. nat.*, 3ᵉ série, t. V, p. 263; *Zool. et pal. franç.*, p. 154, pl. 8 et 11; Grateloup, *Act. Soc. Linn. de Bordeaux*, 1840, p. 201.
[3] Owen, *Brit. foss. mamm.*, p. 535.

attribue au même genre, croit pouvoir en déduire une affinité probable avec les zeuglodon [1].

M. Owen indique, dans le crag rouge (miocène) de Felixstow, le *Balænodon physaloides*. Il faut y ajouter le *Balænodon lintianus*, H. de Meyer, de Lintz.

Le genre des

SMILOCAMPTUS, Gervais,

est fondé sur une seule dent, qui rappelle un peu les dents antérieures des zeuglodontes, sans qu'il soit possible, cependant, d'en conclure avec quelque certitude si l'animal qu'elle représente avait des rapports réels avec cet ordre. M. Gervais lui trouve quelque analogie avec les phoques.

La seule dent connue, *Smilocamptus Bourgueti*, Gervais [?], a été trouvée dans le falun de Salèle.

13ᵉ ORDRE.

CÉTACÉS.

Les animaux de cet ordre se distinguent facilement par la forme singulière de leur appareil nasal qui forme un canal vertical, allant directement du fond du palais à la base du front; par leurs dents, qui sont, ou nulles, ou égales, uniformes, à une seule racine et coniques; par leurs os d'un tissu grossier et par leurs doigts à phalanges nombreuses. Leurs formes sont encore plus celles des poissons. Leurs membres postérieurs manquent toujours; leur queue est terminée par une grande nageoire déprimée, et l'on voit quelquefois sur leur dos une nageoire verticale.

M. Duvernoy, dans un mémoire récent [3], divise les

[1] *Neues Jahrb.*, 1850, p. 203.

[2] *Compt. rend. de l'Acad. sc.*, 1849, t. XXVIII, p. 645; *Zool. et pal. franç.*, pl. 41.

[3] *Ann. des sc. nat.*, 3ᵉ série, t. XV, p. 5.

cétacés d'une manière très naturelle en cinq familles que nous adoptons en changeant la forme d'une partie des noms, M. Duvernoy leur ayant laissé ceux des genres principaux qui les composent. Ce sont :

1. Les *Delphinides* (Dauphins, Duv.), à dents nombreuses aux deux mâchoires.

2. Les *Monodontes*, Duv., caractérisés par une défense droite à la mâchoire supérieure, et sans autres dents.

3. Les *Hétérodontes*, qui n'ont qu'une ou deux paires de dents à racines, et quelquefois des dents rudimentaires portées par les gencives.

4. Les *Physétérides* (Cachalots, Duv.), sans dents à la mâchoire supérieure, et à dents nombreuses à l'inférieure.

5. Les *Balénides* (Baleines, Duv.), qui n'ont de dents ni à l'une ni à l'autre mâchoire, et des fanons cornés à la supérieure.

1re Famille. — DELPHINIDES.

Cette famille comprend tous les cétacés à dents nombreuses et égales aux deux mâchoires. Le genre principal est celui des

Dauphins (*Delphinus*, Lin.), — Atlas, pl. XIX, fig. 14,

qui ont des dents coniques et allongées. Ils ont habité les mers de l'époque tertiaire, où l'on en compte plusieurs espèces, dont quelques unes sont peu éloignées par leurs formes des espèces actuelles, et dont d'autres, au contraire, s'en écartent beaucoup.

Quelques espèces ont été trouvées dans les terrains miocènes. On cite en particulier :

Le *Delphinus pseudodelphis*, Gervais [1], de la mollasse de Vendargues (Hérault).

Le *D. dationum*, Laurillard [2], de Dax (Landes).

Ces deux espèces se rapprochent, par leurs formes, du dauphin commun.

[1] *Zool. et pal. franç.*, p. 150, pl. 9.
[2] *Dict. de d'Orbigny*, t. IV, p. 634; Gervais, *loc. cit.*, p. 151; Cuvier, *Ossem. foss.*, t. VIII, p. 166.

Le *D. Renovi*, Laurillard [1], est remarquable par l'allongement de son museau, et parce que la saillie pyramidale et descendante des arrière-narines commence plus en arrière que dans aucune espèce connue. Il a été trouvé dans la mollasse miocène du département de l'Orne.

Il faut probablement ajouter une espèce indéterminée de Romans (Drôme) (Gervais, p. 150).

D'autres sont indiquées dans les terrains pliocènes. Ce sont :

Le *Delphinus Cortesii*, *Épaulard fossile*, Cuvier [2], trouvé dans les collines des Apennins, au sud de Fiorenzuola, par Cortesi. Sa tête était longue de 0ᵐ,620 et sa mâchoire avait 14 dents de chaque côté. Il est voisin des dauphins *épaulard* et *globiceps*, sans toutefois pouvoir être confondu avec ces espèces.

Le *D. Brocchii*, confondu avec le précédent et distingué par M. Balsamo Crivelli [3], du même gisement.

Une espèce indéterminée des sables pliocènes de Montpellier [4].

Une espèce a été trouvée dans le terrain diluvien.

C'est le *Delphinus (Phocœna) crassidens*, Owen, du Lincolnshire [5].

Une espèce a été citée dans les terrains tertiaires de l'Amérique septentrionale.

C'est le *Delphinus vermontanus*, Zadock Thompson [6], dont un squelette presque entier a été découvert près du lac Champlain.

Le *Delphinus Karsteinii*, trouvé par M. Olfers dans les États prussiens, forme une transition entre le *Delphinus globiceps* et le genre des *Ziphius* [7].

Les STEREODELPHIS, Gervais,

diffèrent des dauphins par leurs dents assez grosses, à couronne très courte et presque hémisphérique.

---

[1] *Dict. de d'Orbigny*, t. IV, p. 631 ; Gervais, *Zool. et pal. franç.*, p. 151 ; *Dauphin à long museau*, Cuvier, *id.*, p. 108 ; *D. longirostris*, Auct.

[2] *Ossem. foss.*, 4ᵉ édit., t. VIII, 2ᵉ part, p. 153.

[3] *Giorn. Lomb.*, 1842.

[4] Gervais, *Zool. et pal. franç.*, p. 150.

[5] Owen, *Brit. foss. mamm.*, p. 516 (Atlas, pl. XIX, fig. 14.)

[6] *Sillim. journ.*, 1850, IX, p. 256 ; *Neues Jahrb.*, 1850, p. 747.

[7] *Acad. de Berlin*, 13 décemb. 1819.

On n'en connaît qu'une espèce, le *Delphinus brevidens*, Dubreuil et Gervais [1], de la mollasse de Castries (Hérault).

Les Champsodelphis, Gervais,

ont le rostre allongé comme les delphinorhynques ; la symphyse de la mâchoire inférieure occupe les deux tiers de la longueur totale ; les dents sont fortes, à racines plus épaisses que la couronne.

On rapporte à ce genre deux espèces des terrains miocènes.

Le *Delphinus macrogenius, Dauphin fossile de Sort à longue symphyse,* Cuvier [2], découvert à Sort, département des Landes, dans les couches d'une espèce de falun, et par conséquent dans le tertiaire miocène. On avait d'abord attribué ces ossements au gavial du Gange ; mais Cuvier a montré qu'ils caractérisent un dauphin voisin du *Delphinus rostratus*. Il a, comme cette espèce vivante et comme les cachalots, les branches de la mâchoire inférieure réunies dans une grande longueur ; mais ses dents montrent qu'il ne peut être confondu avec aucune espèce actuelle.

Le *Champsodelphis Bordae* [3] trouvé à Léognan (Gironde).

Les Arionius, H. de Meyer,

sont aussi des delphinides, puisqu'ils ont des dents nombreuses aux deux mâchoires. Ces dents ont une couronne pointue et aiguë à peine recourbée, munie d'une arête antérieure et d'une arête postérieure aiguës, et sur les côtés d'une impression longitudinale irrégulière, faible. Les racines sont presque rondes.

La seule espèce connue, *Arionis servatus*, H. de Meyer [4], a été trouvée dans la mollasse de Valtringen en Wurtemberg. Il faut probablement lui réunir le *Delphinus molassicus*, Jaeger [5], et le genre Cetaceum du même auteur.

2ᵉ Famille. — MONODONTES.

Cette famille, si clairement caractérisée par l'absence de dents

[1] *Compt. rend. Acad. des sc.*, 1849, t. XXVIII, p. 139 ; Gervais, *Zool. et pal. franç.*, p. 152, pl. 9.

[2] *Ossem. foss.*, t. VIII, 2ᵉ part., p. 159 ; Gervais, *Zool. et pal. franç.*, p. 152, pl. 41.

[3] Gervais, id., p. 153, pl. 41.

[4] *Wiegm. Archiv.*, 1842, t. II, p. 57 ; Giebel, *Fauna der Vorwelt*, t. I, p. 257.

[5] *Saüg. Wurtemb.*, p. 200.

proprement dites et par une défense unique, droite, dirigée en avant, implantée dans un des maxillaires supérieurs, et striée en spirale, ne renferme que le genre des

NARVALS (*Monodon*, Lin.).

Ces cétacés ont été quelquefois indiqués comme ayant été trouvés fossiles. Georgi, dans sa description de la Russie, parle d'une dent fossile de narval de Sibérie du cabinet de Pétersbourg et de deux autres fragments trouvés aussi en Sibérie. Parkinson dit aussi qu'on en a déterré sur la côte d'Essex, et M. Cuvier en a vu lui-même un morceau dans le musée de Lyon. Mais l'authenticité de ces observations laisse quelque chose à désirer, et il n'est pas certain que ces fragments soient réellement fossiles.

3° FAMILLE. — HÉTÉRODONTES.

Cette famille, qui correspond aux genres HYPEROODON et ZIPHIUS de Lacépède et de Cuvier, est caractérisée par des dents très peu nombreuses : les unes sont logées dans des alvéoles, et n'excèdent pas une ou deux paires à chaque mâchoire ; les autres sont rudimentaires et portées par les gencives. La face supérieure du crâne, ou plutôt la base frontale de la face présente fréquemment des saillies ou proéminences qui élèvent le front et raccourcissent le rostre.

M. Duvernoy, dans le mémoire précité, a principalement étudié les hétérodontes, et il y distingue cinq genres, dont deux n'ont pas encore été trouvés à l'état fossile (les HYPEROODON et les BERARDIUS) [1].

Les ZIPHIUS, Cuv., — Atlas, pl. XIX, fig. 13,

ont les intermaxillaires inégaux, et sont caractérisés par une cavité considérable à la base du rostre, au fond de laquelle les narines communiquent en arrière, et que le vomer borde en avant.

---

[1] Voyez sur ces mêmes cétacés, Gervais, *Ann. des sciences nat.*, 3° sér., t. XIV, et *Zool. et pal. franç.*, p. 155; Van Beneden, *Bull. Acad. Bruxelles*, t. XIII.

Le *Ziphius cavirostris*, Cuvier [1], est la seule espèce de Cuvier qui reste dans ce genre, si toutefois elle est vraiment fossile. M. Gervais pense qu'elle a seulement séjourné longtemps sous l'eau, et qu'elle doit être réunie à une espèce vivante [2] trouvée à la plage des Aresquiers (Hérault). M. Duvernoy est d'une opinion contraire ; il rapporte l'espèce vivante au genre HYPEROODON, Lac. (*Chœnodelphinus* et *Chœnocetus*, Eschr.), sous le nom de *H. Gervaisii*, et il considère le *Ziphius cavirostris* comme fossile et formant une espèce et même un genre distinct [3]. La comparaison des crânes de ces deux espèces, conservées au Musée de Paris, me fait adopter l'opinion de M. Duvernoy et croire à la nécessité de leur séparation. Quant à la question de la fossilisation du *Ziphius cavirostris*, elle est difficile à résoudre.

Les DIOPLODON, Gervais
(*Mesodiodon*, Duvernoy, *Aodon*, Lesson, *Nodus* et *Diodon*, Wagner),

ont une forte dent implantée de chaque côté de la mâchoire inférieure, au commencement du second tiers. L'extrémité n'en porte aucune ni à l'une ni à l'autre mâchoire, sauf peut-être des dents rudimentaires non alvéolaires.

On en connaît trois espèces vivantes et une ou deux fossiles.

Le *D. longirostre*, Duv. (*Ziphius longirostris*, Cuvier), est d'un gisement inconnu. Celui qui a été trouvé par M. Van Beneden dans le crag d'Anvers est peut-être une autre espèce (*D. ? Becanii*, Gervais). Le crag d'Angleterre en contient probablement encore les débris d'une troisième espèce [4].

Les CHONEZIPHIUS, Duvernoy,

ont les intermaxillaires très inégaux à la base du rostre (le droit étant le plus large), et creusés en entonnoir. Vers l'extrémité antérieure ils deviennent symétriques, se joignent, et forment une large cannelure saillante.

Le *Ziphius planirostris*, Cuvier (*id.*, p. 257), du bassin d'Anvers (crag), appartient à ce genre.

[1] *Ossem. foss.*, 4ᵉ édit., t. VIII, 2, p. 233.
[2] *Zool. et pal. franç.*, p. 154.
[3] Voyez Gervais, pl. 39, avec une nouvelle dissertation sur ce sujet dans l'explication de la planche. M. Gervais persiste dans son opinion, que le *Z. cavirostris* n'est pas fossile.
[4] Duvernoy, *Ann. des sc. nat.*, 3ᵉ série, t. XIV; Gervais, *loc. cit.*; Cuvier, *Ossem. foss.*, 4ᵉ édit., t. VIII, 2, p. 245.

4ᵉ Famille. — PHYSÉTÉRIDES.

Cette famille, établie pour les cétacés qui n'ont point de dents à la mâchoire supérieure, et des dents nombreuses, égales et coniques à l'inférieure, ne comprend que le genre des

CACHALOTS (*Physeter*, Lin., *Megistosaurus*, Godm., *Nephrosteon*, Raf.),

remarquables par leur tête volumineuse, renflée en avant, et dont la partie supérieure consiste en de grandes cavités cartilagineuses qui renferment de l'huile.

Le *Physeter molassicus*, Jaeger (Saug, t. IV, p. 200), a été cité dans la mollasse.

Le *P. antiquus*, Gervais [1], est mieux connu, et a été trouvé dans les sables pliocènes de Montpellier. Il égalait à peu près par sa taille les cachalots actuels.

M. Owen [2] indique, dans les terrains diluviens de la côte d'Essex, des dents qui prouvent qu'en même temps que le mammouth vivaient des cachalots que l'on ne peut pas distinguer de l'espèce actuelle.

C'est probablement aussi à ce genre qu'il faut rapporter des ossements trouvés aux États-Unis par Harlan, et décrits par lui comme des reptiles sous le nom de NEPHROSTEON [3].

5ᵉ Famille. — BALÉNIDES.

Cette famille comprend les cétacés complétement dépourvus de dents et dont la mâchoire supérieure est armée de fanons cornés. Ces gigantesques habitants de nos mers ne paraissent pas avoir vécu dans des époques très anciennes. On ne trouve leurs restes que dans les terrains tertiaires supérieurs et dans les dépôts diluviens, et le plus souvent par fragments qui rendent difficile une détermination exacte.

[1] *Compt. rend. Acad. des sc.*, 1849, t. XXVIII, p. 646; *Zool. et pal. franç.*, p. 156, pl. 3.

[2] *Brit. foss. mamm.*, p. 524.

[3] Jameson, *Edinb. new. phil. journ.*, 1834, t. XVII, p. 342; Giebel, *Fauna der Vorwelt*, t. I, p. 236.

Les Rorquals (*Rorqualus*, F. Cuv.)

ont le corps plus allongé et la tête moins grosse et moins arquée
que les baleines.

On en trouve des débris fossiles dans plusieurs terrains miocènes et pliocènes de France [1]; mais leur comparaison avec les
baleines et les cachalots, ainsi que la distinction des espèces, laissent beaucoup à désirer.

On peut considérer comme mieux établies deux espèces des terrains pliocènes du Piémont. Ce sont [2] :

La *Balæna Cuvieri*, Desmoul., dont M. Cortesi a trouvé deux squelettes en Lombardie dans un terrain d'origine marine. Cette baleine n'avait
que 21 pieds de long, dimension bien petite si elle était adulte. Elle était
remarquable par la dépression de sa tête et par la grandeur de ses fosses temporales. L'évent était presque horizontal; la mâchoire inférieure dépassait la
supérieure.

La *Balæna Cortesii*, Desmoul., trouvée aussi par M. Cortesi, près d'un
des affluents du Pô. Tous les caractères des os indiquent un animal adulte,
cependant la longueur du corps n'était que de 12 pieds. Cette espèce était
très voisine de la précédente et n'en différait guère que par sa taille.

Les Baleines (*Balæna*, Lin.)

sont au contraire moins effilées, et ont la tête plus grosse. On
place dans ce genre :

La *Balæna Lamanonii*, Cuvier [3]. Un fragment en fut trouvé, en 1779,
dans la cave d'un marchand de vin de la rue Dauphine à Paris. Celui-ci, ne
voulant pas se livrer aux travaux nécessaires pour l'extraction complète du
morceau, le brisa et en enleva une portion qui pesait 227 livres, et la montra à un grand nombre de curieux. Lamanon est le seul naturaliste qui en
ait pris connaissance et en ait publié une description [4]. Cuvier reconnut que
cet os, qui est une partie du crâne, indiquait une baleine d'environ 55 pieds
(18 mètres) et montrait un temporal moins oblique et une cavité articulaire
moins étendue que la baleine franche.

Je terminerai l'ordre des cétacés en indiquant quelques genres

[1] Gervais, *Zool. et pal. franç.*, p. 158, etc.
[2] Cuvier, *Ossem. foss.*, 4ᵉ édit., t. VIII, 2, p. 309; Desmoulins, *Dict.
class. d'hist. nat.*
[3] Cuvier, *Ossem. foss.*, 4ᵉ édit., t. VIII, 2, p. 315.
[4] *Journ. de physique*, mai 1781.

encore trop peu connus pour pouvoir être attribués avec certitude à une des familles que nous avons admises.

Les Cetotherium, Brandt,

ne sont connus que par des ossements rapportés d'abord aux ziphius. L'occipital est large et plat, l'arcade zygomatique forte et épaisse. Ses véritables affinités ne peuvent pas encore être établies.

Le *C. Rathkei*, Brandt [1], a été trouvé dans le terrain diluvien de Russie.

Les Hoplocetus, Gervais,

forment un genre encore plus incertain, fondé uniquement sur quelques dents à racine simple, mais épaisse et renflée, et à couronne courte en forme de cône tronqué.

L'*H. crassidens*, Gervais [2], appartient à la faune miocène du département de la Drôme.

On a désigné sous le nom de Cétotolithes des os tympaniques détachés, que l'on reconnaît évidemment avoir appartenu à des cétacés, mais qu'il est plus difficile de rapporter à des genres certains.

M. Owen en décrit plusieurs sous le nom de Balæna [3]. Ce sont les *B. affinis, definita, gibbosa* et *marginata*. Quelques auteurs les associent aux Balænodons, d'autres aux Cachalots.

Voyez encore pour les cétacés, et en particulier pour les balénides, à l'Appendice bibliographique, les articles Berniard, Drummond, Kilian, Kedoch, Mackenzie, Merian, Rathke, Rose.

2ᵉ SOUS-CLASSE.

MAMMIFÈRES DIDELPHES

(*Marsupiaux*).

Les didelphes, comme je l'ai dit plus haut (p. 128), se distinguent des véritables mammifères par un en-

[1] *Bull. Acad. Pétersb.*, 1842 et 1843; *Ziphius priscus*, Eichwald, *Rapp. des trav. Acad. de Pétersb.*, 1842; de Verneuil, *Mém. Soc. géol. de France*, t. III, p. 14.
[2] *Zool. et pal. franç.*, pl. 20.
[3] *Foss. Brit. mamm.*, p. 536.

semble de caractères importants qui prouvent évidemment leur infériorité organique. Leur mode de génération tout spécial, qui laisse comme traces sur le squelette un bassin très étroit et des os marsupiaux, est la modification la plus importante qu'ils présentent au type normal. A ce point essentiel se joignent la forme du crâne qui, plus petit et plus resserré, contient un encéphale en général moins développé; et la nature de la dentition qui, tout en répétant à peu près dans les diverses familles des didelphes les types principaux des monodelphes, ne présente presque jamais des ressemblances complètes avec aucun d'eux. Ainsi il y a parmi les didelphes des herbivores et des carnivores; mais ces derniers ont des dents plus nombreuses et plus égales que les monodelphes, et dans cette circonstance aussi bien que dans leur forme on peut déjà voir une sorte de transition aux reptiles.

Par toutes ces raisons et par d'autres encore, plusieurs naturalistes considèrent, je crois avec raison, les didelphes comme formant une série parallèle à celle des monodelphes, qui doit être placée après cette dernière. J'ai déjà dit aussi que la paléontologie semble confirmer cette manière de voir; car autant qu'on en peut juger par le petit nombre de faits qui ont été observés, les didelphes ont apparu sur la terre longtemps avant les monodelphes.

Ce fait de l'existence des mammifères didelphes dès l'époque jurassique, démontrée par quelques mâchoires trouvées dans les schistes de Stonesfield, est un des points les plus importants de l'histoire paléontologique de cette classe, soit par lui-même, soit par les discussions auxquelles il a donné lieu.

C'est en 1823 que M. Buckland établit pour la pre-

mière fois, sur l'examen de deux portions de mâchoires
inférieures, que des mammifères didelphes avaient vécu
pendant l'époque jurassique.

Une pareille assertion ne pouvait pas être accueillie
sans débats, car elle renversait les idées reçues sur la
succession des êtres organisés. Il était tellement admis
alors que les mammifères n'avaient pu apparaître
qu'avec l'époque tertiaire, que ce ne fut qu'avec une
grande réserve qu'on admit la réalité de la découverte
de M. Buckland.

Mais la confiance qu'inspirait avec raison ce savant paléontologiste, ne permettant pas de douter de la réalité
même du fait, on chercha par des explications plus ou
moins heureuses à le faire concorder avec les théories
admises.

La première, imaginée et soutenue par M. Constant
Prévost, fut que les schistes de Stonesfield n'appartiennent point à l'époque jurassique, mais qu'ils sont réellement supérieurs à la craie. Dès lors il devenait naturel
qu'ils renfermassent des ossements de mammifères
comme les autres terrains supra-crétacés. Mais cette explication ne put pas résister à un examen approfondi,
et il resta démontré que le terrain de Stonesfield fait
bien partie de la formation jurassique.

Une seconde manière d'envisager ces faits fut de considérer les mâchoires de Stonesfield comme ayant appartenu à des reptiles et non à des mammifères. M. Grant
et M. de Blainville ont soutenu cette opinion, en se fondant sur le nombre des dents molaires plus grand que
dans aucun mammifère alors connu, sur leur espace-
ment régulier, sur ce qu'elles sont presque semblables
entre elles, etc. (¹). On trouvait encore des arguments

____

(¹) *Compt. rend. Acad. des sc.*, t. VII, p. 101.

dans la récente découverte du reptile connu sous le nom de *Basilosaurus*, qui avait des dents pourvues de deux racines, et qui semblait réfuter par là l'objection que l'on aurait pu tirer de la forme des dents des fossiles de Stonesfield, qui ne ressemblent à celles d'aucun reptile connu.

Mais déjà à l'Académie des sciences de Paris MM. Valenciennes, Duméril, etc., s'élevèrent contre l'opinion de M. de Blainville, et M. R. Owen a publié un mémoire détaillé ([1]), dans lequel il a prouvé, ce me semble jusqu'à l'évidence, que ces mâchoires ont bien appartenu à des mammifères. Le savant paléontologiste anglais a eu à sa disposition des matériaux plus nombreux que ses prédécesseurs. De nouvelles mâchoires plus entières lui ont permis de montrer que le mode d'insertion des dents, la forme de l'apophyse coronoïde et celle du condyle, qui est proéminent et convexe, ne pouvaient laisser aucun doute sérieux. La découverte d'ailleurs, dans la nature vivante, du genre Myrmecobius a fourni un exemple d'un didelphe à dents nombreuses, égales et également espacées ; et l'argument tiré du Basilosaurus a été annulé, parce que, comme je l'ai dit plus haut (p. 376), ce prétendu reptile a été reconnu être un cétacé (*Zeuglodon*).

Je crois donc qu'il est maintenant hors de doute que ces débris de mâchoires attestent bien l'existence des mammifères pendant l'époque jurassique. Il n'est pas tout à fait aussi certain que ces animaux aient été des didelphes.

Trois opinions ont été émises sur leurs affinités : quelques auteurs les considèrent comme des insectivores monodelphes, d'autres les rapprochent des pho-

[1] *Trans. of the geol. Soc. of London*, 2ᵉ série, t. VI, p. 47.

ques, à cause de leurs dents nettement tricuspides; d'autres enfin les considèrent comme des didelphes. Nous
ne pouvons pas entrer ici dans une discussion minutieuse; je dirai seulement que M. Owen, dans le mémoire précité, montre que cette dernière opinion est la
plus probable. Il se fonde surtout sur le nombre des
dents, et sur un processus particulier vers l'angle de la
mâchoire qui est spécial aux didelphes, et dont les
fossiles offrent des traces évidentes. Les fragments les
plus anciennement connus sont tout à fait intermédiaires par leurs formes de détail entre les sarigues
et les myrmecobius.

Ce n'est pas seulement pendant l'époque secondaire
que les mammifères didelphes ont vécu en Europe;
on en trouve des traces plus évidentes encore dans
les terrains tertiaires anciens. Cuvier a décrit une
partie d'un squelette, trouvé dans les gypses de Montmartre, qui présente clairement les os marsupiaux, et
qui ne peut par conséquent laisser aucun doute. D'autres
faits d'ailleurs sont venus s'ajouter à celui-là.

Dans les terrains récents, on ne retrouve des didelphes que dans les pays où ces animaux vivent encore aujourd'hui; c'est-à-dire que les terrains diluviens d'Amérique renferment des ossements de sarigues, et ceux de la Nouvelle-Hollande des fragments de
la plupart des autres genres. La distribution géographique actuelle paraît dater du commencement de l'époque
diluvienne.

Pour la classification des marsupiaux, je n'ai pas
adopté ici la subdivision en sept familles de M. Waterhouse, parce que les fossiles ne sont pas tous assez
connus pour se prêter à une aussi grande multiplication des groupes. J'ai préféré conserver à peu près la

distribution proposée par M. Owen, en réunissant toutefois en un même ordre ses sarcophages et ses entomophages, ainsi que les carpophages, les poephages et les rhizophages. J'adopte donc trois ordres dont un (celui des MONOTRÈMES) n'a pas encore été trouvé fossile.

1er ORDRE.

SARCOPHAGES.

Cet ordre comprend tous les mammifères didelphes qui ont des incisives petites, des canines grandes et des molaires de carnivores ou d'insectivores. Ses caractères correspondent donc tout à fait à ceux des carnassiers dans la série des monodelphes. Il renferme les DIDELPHIDÆ, DASYURIDÆ et MYRMECOBIIDÆ de M. Waterhouse.

Les sarcophages sont les seuls didelphes dont quelques espèces aient été trouvées hors de la Nouvelle-Hollande ou des îles adjacentes. Dans l'état actuel du globe, quelques unes habitent l'Amérique. C'est à cet ordre qu'appartiennent les fossiles européens dont nous avons parlé ci-dessus, c'est-à-dire les célèbres mâchoires trouvées dans les schistes de Stonesfield. Elles ont nécessité la formation de deux genres nouveaux. J'indique d'abord celui des

THYLACOTHERIUM [1], Owen, — Atlas, pl. XX, fig. 1 et 2,

qui diffère des sarigues par ses molaires plus nombreuses et plus petites, et des myrmecobius parce qu'au contraire ces dents sont un peu plus grandes à proportion. On ne connaît que sa mâchoire

[1] M. de Blainville, qui ne croyait pas que ces animaux fussent des mammifères, avait proposé pour eux le nom de *Heterotherium* et de *Amphitherium*; M. Agassiz avait employé celui d'*Amphigonus*.

inférieure, qui a $\frac{3}{2}$ incisives espacées, 1 canine médiocre, 6 fausses molaires et 6 vraies qui sont tricuspides.

Le *Thylacotherium Prevostii*, Cuvier [1], était à peu près de la taille d'un rat. (Atlas, fig. 1.)

Le *T. Broderipii*, Owen, avait une mâchoire un peu plus allongée et plus grêle. (Atlas, fig. 2.)

Le second genre, trouvé à Stonesfield, est celui des

PHASCOLOTHERIUM, Broderip, — Atlas, pl. XX, fig. 3,

qui se rapprochait davantage encore des sarigues, car il n'avait que 3 fausses molaires et 4 vraies. Il pourrait par conséquent, si c'était nécessaire, fournir encore une preuve plus forte pour montrer que ces animaux sont de vrais mammifères [2]. Il a encore toutefois quelques rapports avec les myrmecobius dans la forme des dents.

La seule espèce connue est :

Le *Phascolotherium Bucklandi*, Broderip [3], qui était un peu plus grande que les thylacotherium.

Quelques auteurs rapportent à la même division le genre

MICROLESTES, Plieninger (écrit aussi *Microlistes*),

qui semble présenter dans l'époque de son apparition les mêmes circonstances remarquables que les précédents. Il a été établi sur deux petites dents à deux racines, dont la couronne a plusieurs pointes, et qui ont été trouvées sur les limites du lias et du keuper. Si elles se rapportent, en réalité, à un mammifère didelphe, ce fait avancerait encore l'époque à laquelle ces animaux ont vécu pour la première fois, puisqu'elle les ferait remonter jusqu'à la période triasique [4].

[1] *Ossem. foss.*, 4ᵉ édit., t. X, p. 197 ; Owen, *loc. cit.*, pl. 5.

[2] Cette mâchoire fossile présente sur ses côtés des traces de sillons que M. de Blainville a considérées comme des preuves certaines qu'elle était partagée en plusieurs parties, et par conséquent comme démontrant des analogies avec les sauriens ; mais M. Owen les regarde, je crois avec raison, comme des accidents ou des traces de sillons vasculaires.

[3] Owen, *id.*, pl. 6.

[4] Plien., *Wurt. nat. Jahr. Hefte*, 1847, p. 164 ; *Neues Jahrb.*, 1848, p. 111.

Les didelphes fossiles des terrains tertiaires européens paraissent appartenir au groupe des

SARIGUES (*Didelphis*, Lin.), — Atlas, pl. XX, fig. 6,

qui est de nos jours tout à fait américain. Toutes les espèces dont la dentition a pu être étudiée d'une manière un peu complète ont paru s'accorder, sous ce point de vue, avec les sarigues plutôt qu'avec les marsupiaux de la Nouvelle-Hollande. En particulier, le nombre des incisives $(\frac{4}{4})$ paraît caractériser la plupart d'entre elles. On en a trouvé plusieurs fragments dans les terrains tertiaires anciens ; mais les espèces n'en ont pas encore été très bien précisées. La mieux connue appartient si évidemment par sa dentition, et surtout par ses os marsupiaux [1], au type des mammifères didelphes, qu'elle prouve, sans aucune possibilité de contestation, que ces animaux ont vécu en Europe avec les palæotherium et les autres pachydermes perdus de l'époque tertiaire ancienne. C'est :

La *Didelphis Cuvieri*, H. de Meyer, *Sarigue fossile*, Cuvier [2], trouvée à Montmartre. Cette espèce avait à peu près la taille de la marmose (*Didelphis murinus*), mais avec des proportions très différentes.

La *Didelphis Laurillardi*, Gervais [3], provient aussi des plâtrières de Paris. Elle ne dépassait pas la taille du *Mus minutus*.

MM. Brayard et Pomel [4] ont trouvé, dans le terrain parisien supérieur de la Débruge (dép. de Vaucluse), deux espèces qu'ils n'ont pas caractérisées. M. Gervais [5] en inscrit trois, comme provenant de ce gisement en comprenant probablement les deux de MM. Brayard et Pomel, sous les noms de *D. parva*, Gervais, *affinis*, Gervais, et *antiqua*, Gervais.

M. Aymard possède dans sa riche collection trois espèces de sarigues, trouvées aux environs du Puy dans les marnes lacustres

[1] On peut voir dans l'ouvrage de Cuvier avec quelle sécurité ce savant anatomiste sacrifia les vertèbres lombaires pour creuser la pierre où était ce squelette, afin d'y trouver les os marsupiaux. Sa confiance était telle, qu'il avait invité quelques personnes à assister à cette recherche, pensant bien que l'on verrait là une preuve remarquable de la justesse des lois qu'il cherchait à établir.

[2] *Ossem. foss.*, 4ᵉ édit., t. V, p. 518 ; Atlas, fig. 6.

[3] *Zool. et pal. franç.*, p. 133.

[4] *Ossem. foss. de la Débruge.*

[5] *Zool. et pal. franç.*, pl. 45.

(miocène inférieur). Il en forme un genre particulier sous le nom de PERATHERIUM, qui diffère des sarigues d'Amérique par ses prémolaires, dont la troisième est la plus forte, par ses arrière-molaires, qui augmentent davantage en allant de la première à la dernière, et par un talon bicuspide à la dernière. La dentition des sarigues fossiles de Paris n'est pas assez connue pour qu'on puisse savoir si ces caractères s'y appliquent.

Les trois espèces décrites par M. Aymard sont les *D. elegans* (nom changé en *Bertrandi* par M. Gervais, parce que celui d'*elegans* appartient déjà à une espèce vivante, mais qui doit être repris si, comme cela me paraît nécessaire, on admet le genre PERATHERIUM), *D. crassa* et *D. minuta* [1].

Deux espèces ont été trouvées par M. Croizet dans les calcaires lacustres (miocène inférieur) de la Limagne d'Auvergne (Issoire). Ce sont :

Les *D. arvernensis* et *Blainvillei* [2]. M. Gervais en ajoute une troisième des mêmes gisements *D. axilis*, Gervais.

Il faut probablement encore rapporter à ce genre un fragment de mâchoire trouvé dans le terrain éocène de Kyson en Suffolk, et décrit par M. Charlesworth, sous le nom de *D. Colchesteri* [3].

Les terrains diluviens d'Amérique renferment, comme on pouvait s'y attendre, un grand nombre d'ossements de sarigues. M. Lund en cite sept espèces, dont six ressemblent beaucoup à celles qui vivent actuellement dans le même pays.

Le même naturaliste a trouvé dans les cavernes du Brésil une dent molaire qui indique un animal voisin des sarigues par ses caractères génériques, mais qui a dû atteindre la taille du jaguar. Il avait proposé d'en former un nouveau genre, qu'il appelait THYLACOTHERIUM, mais il a retiré ce nom, déjà donné aux fossiles de Stonesfield; depuis lors il n'en a pas substitué d'autre. Il conviendra d'ailleurs que l'on puisse l'établir sur de plus nombreux fragments.

[1] Voyez Aymard, *Ann. Soc. du Puy*, 1848, t. XII, p. 248, et t. XV, p. 83; Gervais, *Zool. et pal. franç.*, p. 131.

[2] Croizet, *Écho du monde savant*; Gervais, *Zool. et pal. franç.*, pl. 45.

[3] Voyez Lyell, *Ann. of nat. hist.*, t. IV, p. 190; Charlesworth, *Mag. of nat. hist.*, 1839, p. 450, fig. 60; Owen, *Brit. foss. mamm.*, p. 71.

Les Galéthylax, Gervais,

diffèrent des sarigues parce qu'ils ont une prémolaire de plus
et une arrière-molaire de moins. Les incisives sont grêles et
n'ont pas pu être comptées.

La seule espèce connue, *Galéthylax Blainvillei*, Gervais ([1]), a été trouvée
au Petit-Bicêtre, dans l'étage du gypse (parisien supérieur).

Les Spalacodon, Scarles Wood,

ne sont connus que par un fragment de mâchoire inférieure découvert par M. Flover de Croydon, à Hordwell (parisien supérieur),
et dont les caractères encore mal établis laissent en suspens la
véritable place. Quelques auteurs l'associent aux insectivores monodelphes. M. Pomel (comme nous l'avons dit page 169) le range
parmi les marsupiaux ([2]).

Les Dasyures (*Dasyurus*, Geoffr.)

ont été trouvés fossiles à la Nouvelle-Hollande, où ils vivent encore de nos jours. On en cite une espèce des cavernes et des
brèches osseuses de ce pays qui atteignait la taille du *C. ursinus*.
C'est le *D. laniarius*, Owen ([3]).

Le prétendu dasyure des gypses de Paris est un hyænodon.

Les Thylacines (*Thylacinus*, Temm.)

sont dans le même cas ; une espèce vit aujourd'hui à la Nouvelle-
Hollande, et l'on en a trouvé une autre fossile dans les terrains
diluviens du même pays ([4]).

2e ORDRE.

POEPHAGES.

Cette division renferme les marsupiaux dont les inci-

(1) *Zool. et pal. franç.*, p. 133.
(2) Voyez Scarles Wood., *Ann. and mag. of nat. hist.*, 1844, t. XIV, p. 349.
(3) In Mitchell expéd. *Penny cyclop.*, t. XIV, p. 469, et *Brit. assoc.*, 1844.
(4) *Th. spelæus*, Owen, *Catal. collect. of surgeons*, p. 335.

sives antérieures sont grandes et longues à chaque mâchoire, et les canines petites et variables. On y distingue trois tribus.

1re Tribu. — PHALANGISTIDES.

Ce sont ceux dont les pieds antérieurs et postérieurs sont dans les proportions normales. On n'y a encore rapporté que quelques ossements, trouvés dans une brèche de la Nouvelle-Galles du Sud, qui indiquaient un PHALANGER (*Balantia*, Illig.) [1].

2e Tribu. — MACROPODIDES ou KANGUROOS.

Ces animaux ont les jambes postérieures très longues par rapport aux antérieures : aussi sont-ils éminemment sauteurs. Ils habitent aujourd'hui la Nouvelle-Hollande, et les seuls fossiles qu'on en connaisse ont été trouvés dans les terrains diluviens de ce pays.

Les KANGUROOS (*Macropus*, Shaw, *Halmaturus*, Illig.),

qui forment de nos jours une partie importante de la population de la Nouvelle-Hollande, paraissent aussi avoir été un des genres les plus abondants dans les époques antérieures à la nôtre. On en cite, des cavernes et des brèches osseuses, deux ou trois espèces, encore mal déterminées, et qui exigeront peut-être une fois la formation d'un genre nouveau.

M. Owen indique les *M. affinis*, *Atlas* et *Titan*. Ces derniers atteignaient une taille beaucoup plus grande que les kanguroos actuels.

Les HYPSIPRYMNES (*Hypsiprymnus*, Illig.)

ou petits kanguroos à canines, ont aussi une espèce fossile dans les brèches calcaires de la rivière de Hunter, au nord-est de la Nouvelle-Hollande [2].

3e Tribu. — RHIZOPHAGES.

Cette tribu ne comprend, dans la nature vivante, qu'un seul

[1] Voyez Owen, *loc. cit.*
[2] Owen, *loc. cit.*

genre, caractérisé par une dentition semblable à celle des rongeurs, c'est-à-dire par l'absence de canines et par $\frac{4}{4}$ incisives en biseau. C'est celui des

WOMBATS (*Phascolomys*, Geoffr.),

dont on a aussi trouvé une espèce fossile dans les cavernes et les brèches osseuses de l'Australasie, seul pays où vive actuellement l'espèce unique qui compose ce genre [1].

Il faut probablement y ajouter deux genres fossiles très remarquables, qui proviennent aussi de la Nouvelle-Hollande.

Les DIPROTODON, Owen, — Atlas, pl. XX, fig. 4,

sont connus par des mâchoires trouvées dans les cavernes de la vallée de Wellington et sur les bords de la rivière de Condamine, à l'ouest de la baie de Morten [2], ainsi que par des os longs, rapportés d'abord à des mastodontes [3], et qui appartiennent très probablement à la même espèce que les mâchoires.

Ce genre est caractérisé par des incisives en forme de défenses et par des molaires au nombre de $\frac{5}{5}$, dont la couronne est formée de deux collines transversales, disposées comme dans les tapirs et les kanguroos, mais plus comprimées et plus élevées. L'angle inférieur de la mâchoire, qui se prolonge en apophyse horizontale, comme dans tous les marsupiaux, montre l'analogie de ce fossile avec cette classe.

Le diprotodon doit probablement être rapproché des wombats; ses rapports de dentition avec quelques pachydermes le peuvent faire aussi considérer comme représentant cet ordre dans la série des marsupiaux, et comme fournissant une nouvelle preuve du parallélisme qui existe entre les monodelphes et les didelphes.

La seule espèce connue est le *D. australis*, Owen [4], qui atteignait à peu près la taille de l'hippopotame.

[1] Owen, *loc. cit.*
[2] Oven, *Report Brit. assoc.*, 1844.
[3] *Ann. and mag. of nat. hist.*, t. XI, p. 7.
[4] Owen, *loc. cit.*

LES NOTOTHERIUM, Owen, — Atlas, pl. XX, fig. 5, *a* et *b*,

manquent d'incisives, autant du moins qu'on en peut juger par une mâchoire inférieure, qui est trop mince en avant pour avoir pu en supporter. Les molaires, au nombre de 4, ont deux racines sillonnées en long, la couronne a probablement eu deux collines. La mâchoire est arrondie comme dans l'éléphant.

Ce genre est aussi un représentant du type des pachydermes dans la division des marsupiaux. M. Owen croit qu'il ne devait pas être éloigné du diprotodon.

On en connaît deux espèces, le *Nototherium inerme* et le *N. Mitchelli* [1]. Elles ont été trouvées dans les cavernes de la vallée de Wellington (Nouvelle-Hollande).

Plusieurs auteurs rapportent aux mammifères didelphes des traces de pieds très remarquables trouvées en diverses parties de l'Europe, dans des terrains qui appartiennent au commencement de l'époque secondaire.

Ces traces sont probablement formées par un animal qui a marché sur une couche de terrain avant son entier endurcissement. Elles sont assez bien conservées pour montrer que l'animal avait aux pattes postérieures cinq doigts, dont les quatre antérieurs étaient munis d'ongles assez forts, et dont le pouce, détaché et dirigé de côté, était sans ongle. Les pattes antérieures avaient aussi cinq doigts, mais le pouce petit et rapproché. Une pareille organisation rappelle les pieds des sarigues, et sur cette analogie a été établi le genre des CHIROTHERIUM, Kaup, ou CHEIROTHERIUM. Mais il est beaucoup plus probable qu'elles ont été produites par des animaux à sang froid, et nous en parlerons plus tard en traitant des reptiles.

DEUXIÈME CLASSE.

OISEAUX.

La classe brillante et variée des oiseaux, qui joue un rôle si important dans la population actuelle du globe,

[1] Owen, *Report Brit. assoc.*, 1844.

est une de celles dont l'histoire paléontologique est la
moins avancée. Les débris fossiles de ces animaux sont
rares, et ils n'ont pas encore fourni matière à des études bien importantes; aussi est-il impossible d'en présenter ici une histoire détaillée, comme je l'ai fait pour
les mammifères, et comme je le ferai plus tard pour la
plupart des autres classes. Je me bornerai à exposer
les faits essentiels et généraux, en cherchant toutefois,
sous ce point de vue, à être aussi complet que possible.

Le peu de précision des caractères ornithologiques
s'opposera d'ailleurs probablement à ce que cette partie de la paléontologie puisse jamais s'asseoir sur des bases aussi rigoureuses et aussi certaines que celles qui
traitent d'animaux dont les différences ostéologiques
sont plus nombreuses et plus tranchées. L'absence de
dents, qui sont les moyens les plus certain de distinguer les genres dans les mammifères, forme une lacune
d'autant plus fâcheuse, que les caractères déjà si incertains dans la nature vivante de la forme et des dentelures du bec ne laissent pas toujours des traces sur les
os. Toutefois une étude bien faite des parties les
plus caractéristiques du squelette permettra, dans beaucoup de cas, des approximations assez grandes; et il
est très probable que, maintenant que la paléontologie
est cultivée par tant de naturalistes, l'histoire des oiseaux fossiles est aussi destinée à faire des progrès.

Leurs ossements sont d'ailleurs faciles à reconnaître.
Leur tissu très compacte, formant dans les os longs des
cylindres dont la cavité intérieure est grande et vide, et
dans les os plats des lames minces presque sans diploé,
empêche de les confondre avec ceux des autres vertébrés.
Leur sternum développé en un large bouclier et muni
d'un bréchet en forme de quille, leur épaule composée

de trois os (omoplate, coracoïde et clavicule), leur
membre antérieur en forme d'aile, etc., constituent en
outre un ensemble de caractères tout à fait spéciaux.

La rareté des ossements fossiles d'oiseaux peut tenir
à ce que ces êtres ont été moins nombreux dans les époques antérieures à la nôtre; mais il est bien possible
aussi qu'il faille en chercher ailleurs la raison.
Ces animaux ont dû avoir bien plus de moyens d'éviter les inondations et les autres causes de destruction auxquelles on doit attribuer la fossilisation des
animaux terrestres et aquatiques. Ils ont pu, à l'aide de
leurs ailes, fuir les terres submergées pour chercher
ailleurs un asile. La nature même de leur organisation
peut aussi avoir été une cause qui ait empêché leur enfouissement, car leur pesanteur spécifique, moindre
que celle de l'eau, a dû les faire surnager dans les cas
où ils ont été entraînés par les courants. Dans cette
position, ils auront souvent pu être mangés par des poissons ou d'autres animaux carnassiers; et leurs débris
osseux n'auront que rarement été enfouis au fond des
eaux.

Au reste, depuis que l'on étudie sérieusement les
fossiles, on a trouvé bien des preuves de leur existence,
et quelques géologues pensent même que leur apparition sur la terre est plus ancienne que ne l'admettait la théorie du perfectionnement graduel. Des traces
de pas, si toutefois leur détermination est bien exacte,
paraissent prouver leur existence dès l'époque du
grès rouge: c'est-à-dire que les oiseaux seraient aussi
anciens que les reptiles! Ce fait important montre combien il faut se préserver des généralisations trop promptes et trop absolues, ou plutôt il prouve que, tout en
acceptant les théories, qui ont l'avantage de rendre la

science plus intéressante et d'attirer l'attention sur ses points les plus vitaux, il faut être toujours prêt à les modifier par l'étude des faits, et ne pas oublier que, dans une science aussi peu avancée que la paléontologie, elles sont forcément provisoires et variables.

Les ossements d'oiseaux et les traces de pas ne sont pas les seules preuves de leur existence dans les époques antérieures à la nôtre, car on a cité des plumes trouvées dans différents terrains tertiaires (Aix, Monte-Bolca et Auvergne); ainsi que des œufs (Aix, Auvergne, Weimar) [1].

Nous commencerons l'histoire des oiseaux en donnant quelques détails sur les impressions de pas [2], mentionnées ci-dessus.

On a, dans diverses contrées, observé, au point de contact des couches de certains terrains, des traces qui ressemblent à celles que font les oiseaux, en marchant sur le sable ou sur la terre argileuse mouillée. Quelques unes de ces traces, formées probablement par des animaux qui ont marché sur les roches non encore endurcies, ont paru assez évidentes pour qu'on ait cru être autorisé à en déduire l'existence des oiseaux à des époques où ils ne sont connus par aucun autre indice.

Parmi ces traces, les plus remarquables sont celles qui ont été observées sur le grès rouge du Massachusetts et qui ont été décrites par M. le professeur E. Hitchcock [3]. Ce naturaliste en a découvert en abondance dans cinq endroits différents de la vallée du Connecticut, sur des couches de grès rouge inclinées à l'est d'environ 5 de-

[1] *Neues Jahrb.*, 1847, p. 340.

[2] On a, dans ces derniers temps, désigné sous le nom d'*Ichnologie* la partie de la paléontologie qui s'occupe de ces traces.

[3] *Amer. journ. of sc. by Silliman*, janv. 1836, et *Ann. des sc. nat.*, 2ᵉ série, t. V, p. 154.

grès, et élevées d'à peu près 100 pieds au-dessus des eaux actuelles. On les trouve lorsque les couches supérieures ont été enlevées par le travail de l'homme ou par l'action des eaux.

Elles ressemblent à des traces d'oiseaux parce qu'elles sont en majorité composées de trois impressions, comme celles que feraient les trois doigts d'un oiseau, la médiane étant la plus longue. On voit que les doigts qui les ont formées étaient terminés par des ongles. Quelquefois on voit un pouce en arrière, plus rarement un dirigé en avant; une partie d'entre elles n'en ont point. Le géologue américain fait observer en outre que ces empreintes sont évidemment les traces d'un animal à deux pieds; car, dans les cas où l'on voit clairement que l'animal a marché, on ne trouve jamais qu'il y en ait plus d'une rangée à la suite les unes des autres.

Toutefois des paléontologistes dont l'autorité a un grand poids se refusent à voir dans ces traces des preuves suffisantes de l'existence des oiseaux à ces époques anciennes. J'avoue aussi que ce n'est que par une détermination assez hardie que l'on peut affirmer que ces animaux, par le fait que leurs traces ressemblent à celles que les oiseaux font de nos jours, ont en tous les caractères essentiels de cette classe. Il serait possible que quelque reptile inconnu, par exemple, eût pu laisser des impressions pareilles. Mais il faut reconnaître en même temps que la comparaison avec ce que nous présente le monde actuel montre que ces traces ressemblent plus à celles des oiseaux (¹) qu'à

______

(¹) Il y a, comme je le dirai plus bas, de grandes différences entre ces traces, relativement à l'analogie qu'elles présentent avec celles des oiseaux. Ainsi les traces des *O. giganteus* et *tuberosus* sont plus probantes que celles de l'*O. diversus*, etc.

celles de quelque autre animal que ce soit, et que de
là on peut déduire la probabilité que ces êtres ont déjà
vécu à cette époque. Il est probable d'ailleurs qu'on
trouvera une fois les ossements des animaux qui ont
marché sur ces couches, et que l'on pourra ainsi résoudre définitivement cette question, qui a une importance réelle.

Je ne puis pas d'ailleurs admettre l'opinion des paléontologistes qui considèrent ces traces comme des
éponges ou des zoophytes. Je n'en connais que les
figures; mais quelques unes d'entre elles, et en particulier celles de l'*O. giganteus*, me semblent rendre cette
explication impossible.

Admettant donc provisoirement et jusqu'à nouvelles preuves, que ces pas imprimés sur la roche représentent bien des oiseaux, il reste à savoir si l'on peut
avoir quelques données sur leurs formes et sur leurs
affinités.

M. Hitchcock fait remarquer que la longueur des enjambées,
comparée à la longueur du pied, doit faire présumer que la plupart
d'entre eux avaient des jambes longues, et étaient par conséquent
des échassiers, ce que rend d'ailleurs probable leur présence sur
une terre humide. On n'a que rarement trouvé des palmipèdes,
qui sont reconnaissables à l'empreinte de la palmure, comme on
la voit dans les traces des oiseaux vivants.

Quelques unes de ces traces présentent une apparence très remarquable; on voit en arrière du talon des marques minces qui
semblent avoir été faites par des plumes qui auraient revêtu la
totalité du tarse. Cette circonstance s'accorde mal avec les caractères actuels de la famille des échassiers, et il est difficile d'en
déduire ce qu'a dû être l'oiseau qui les a formées. Ces empreintes
sont celles qui appartiennent le moins sûrement à cette classe.

La figure 7 de la planche XX représente une de ces empreintes
d'oiseau avec des gouttes de pluie, tout à fait semblables à celles

que l'on peut observer aujourd'hui sur les marnes, sables, etc. Elles ont été recueillies par M. Hitchcock.

Les dépôts observés par le naturaliste qui a fourni ces descriptions contiennent les traces d'au moins huit espèces, qui diffèrent beaucoup par leur taille et leurs caractères. La planche XX les représente toutes réduites au huitième, et par conséquent dans leurs grandeurs proportionnelles.

Les unes ont des doigts forts et épais. Ce sont :

1° L'espèce nommée *O.* (¹) *giganteus*, H., dont la longueur du pied, sans les ongles, est de 15 pouces, et qui faisait des enjambées de 4 à 6 pieds ! Ces dimensions indiqueraient un animal bien plus grand que l'autruche et le casoar. (Voyez pl. XX, fig. 8.)

2° L'*O. tuberosus*, H., qui a des renflements tuberculeux très distincts au-dessous des doigts. Les pieds ont de 7 à 8 pouces de long, et les enjambées de 24 à 33. (Pl. XX, fig. 9.)

Les autres ont des doigts minces et coniques.

Deux d'entre elles ont en arrière ces appendices soyeux dont j'ai parlé, et présentent des formes qui ressemblent bien moins que les précédentes aux traces des oiseaux actuels. Aussi me paraissent-elles moins certaines. Ce sont :

L'*O. ingens*, H., qui a trois doigts dans lesquels l'ongle n'est jamais visible. Le pied avait de 15 à 16 pouces sans les appendices soyeux, qui eux-mêmes en avaient 8 à 9. L'enjambée, vérifiée sur un très petit nombre de cas, paraît avoir été de 6 pieds. J'avoue que je doute beaucoup de l'existence réelle de cette espèce gigantesque. (Pl. XX, fig. 10.)

Une variété plus petite, suivant M. Hitchcock, se retrouve aussi dans quelques localités.

L'*O. diversus*, H., a aussi trois doigts et un appendice soyeux. Cette espèce forme deux variétés : l'*O. clarus*, qui a le pied de 4 à 6 pouces et l'appendice de 2 à 3 (pl. XX, fig. 11), et l'*O. platydactylus*, dont le pied n'aurait que 2 à 3 pouces. (Pl. XX, fig. 12.)

Trois espèces n'ont aucune marque de plumes vers le talon. On y reconnaît plus distinctement des traces que dans les formes bizarres qui précèdent, surtout dans la première. Ce sont :

(¹) M. Hitchcock a formé, pour les oiseaux indiqués par ces traces, qu'il est impossible de rapporter à des genres actuels, le nom générique de ORNITHICHNITES.

L'*O. tetradactylus*, H., où l'on voit trois doigts dirigés en avant et l'impression de l'extrémité du pouce, qui était en arrière, et probablement inséré un peu plus haut que les autres doigts. Le pied (sans le pouce) était long de 2 1/2 à 3 1/2 pouces. (Pl. XX, fig. 13.)

L'*O. palmatus*, H., à quatre doigts dirigés en avant ; le pied est long de 2 1/2 à 3 pouces. La figure 14 de la planche XX représente ces traces qu'il me paraît bien difficile d'attribuer avec certitude à un oiseau.

L'*O. minimus*, H., à trois doigts et à pied de 1 à 1 1/2 pouce de long. Celles-ci me paraissent bien larges et bien courtes pour des traces d'oiseaux. (Pl. XX, fig. 15.)

Depuis ces travaux de M. Hitchcock , M. Deane a découvert de nouvelles impressions très bien conservées près de Turners-Falls (Massachusetts). Elles prouvent l'existence de diverses espèces de taille différente. Les unes étaient plus légères, comme on peut le voir par les traces plus faiblement marquées. D'autres ont laissé une impression très distincte de la palmure (1).

M. Hitchcock a découvert des coprolites associés à des ornitichnites. L'analyse chimique justifie par la quantité d'urée qui y a été signalée l'opinion que les uns et les autres sont dus à des oiseaux. Quelques graines trouvées dans l'intérieur prouvent que les espèces qui les ont produites étaient granivores.

Si l'on admet que ces faits se rapportent à des oiseaux, on en conclura que cette classe a eu sa première apparition pendant l'époque triasique. Il faut toutefois remarquer que rien ne prouve qu'elle ait existé pendant la longue période jurassique, et que cependant, comme nous l'avons fait remarquer ailleurs, on ne voit jamais d'interruption dans l'existence d'un groupe naturel. Si les oiseaux ont vécu dans l'époque triasique, ils ont dû vivre aussi dans l'époque jurassique, et s'ils n'ont pas existé dans cette dernière, les traces que nous avons signalées n'ont pas été produites par des animaux de cette classe. Mais, comme nous l'avons dit plus haut, il y a trop de lacunes dans l'histoire des oiseaux et

(1) *Silliin. journ.*, janvier 1844.

leurs ossements fossiles sont trop rares pour qu'on puisse
donner une grande importance à des faits purement négatifs.

Quelle que soit l'opinion que l'on se forme sur la première apparition des oiseaux, leur existence dans l'époque crétacée est incontestablement démontrée par des
ossements qui ne peuvent laisser aucun doute. Parmi
les faits les plus certains je citerai les suivants.

Lord Enniskillen a trouvé près de Maidstone quelques os, et en particulier un humérus de la dimension
de celui d'un albatros, qui indiquent probablement
une espèce perdue de la famille des palmipèdes, dont
M. Owen a fait son genre CIMOLIORNIS.

Une espèce voisine de la bécasse a été indiquée dans
le terrain crétacé de New-Jersey.

Il n'est donc plus permis de douter que les oiseaux
n'aient déjà vécu dans nos continents pendant l'époque
secondaire et qu'ils n'aient par conséquent été contemporains des grands reptiles et des ammonites. Il est donc
probable aussi qu'ils ont précédé les mammifères monodelphes.

Les oiseaux signalés par M. Mantell dans le terrain wealdien sont probablement des ptérodactyles.

Puisque les oiseaux existaient dès l'époque secondaire, il est naturel qu'on en retrouve des traces dans
l'époque tertiaire. Des observations nombreuses confirment leur présence par des ossements trouvés dans divers gisements.

Cuvier a montré que les gypses de Montmartre renferment les débris d'au moins onze espèces. Quelques-
unes sont connues par des squelettes presque entiers,
d'autres seulement par des os isolés [1].

(1) Cuvier, *Ossem. foss.*, 4ᵉ édit., t. V, p. 542.

M. Owen a décrit quelques ossements d'oiseaux trouvés dans l'argile de Londres. M. Koenig en a découvert aussi dans le même gisement.

MM. Jourdan, Gervais, etc., en ont signalé plusieurs dans les terrains tertiaires du midi de la France.

Les paléontologistes allemands en ont recueilli dans les terrains miocènes de Weisenau, Wiesbaden, etc.

Les ossements de cette classe deviennent bien plus nombreux pendant l'époque diluvienne. Les sables et les graviers, les cavernes et les brèches osseuses de la plus grande partie de l'Europe contiennent des ossements d'oiseaux qui jusqu'à présent ont été fort négligés par les paléontologistes. On n'a en général sur leur détermination que des données très incomplètes, que la nature même des caractères ornithologiques rendra peut-être toujours difficile de préciser davantage.

Les cavernes de Belgique étudiées par M. Schmerling, celle de Kirkdale en Angleterre, celles du midi de la France dont les ossements ont été recueillis par MM. Marcel de Serres, Dubrenil, etc., et quelques brèches de la Méditerranée, sont les gisements les plus importants.

La plupart des musées et des collections particulières, où l'on a réuni des ossements de mammifères des cavernes, renferment aussi des débris d'oiseaux. Les naturalistes qui voudront se livrer à leur étude trouveront immédiatement de riches matériaux qui permettront certainement de dresser un catalogue considérable des oiseaux de l'époque diluvienne. Mais, d'après les principes que j'ai émis ailleurs, je doute qu'il y ait bien des espèces nouvelles à établir par leur examen. Je me bornerai à signaler ici les indications qui existent dans les ouvrages principaux, et qui, comme on le verra, sont trop vagues pour avoir une importance réelle.

Enfin, dans les dépôts récents de quelques pays plus ou moins éloignés de l'Europe, on a fait des découvertes intéressantes d'oiseaux fossiles. Nous traiterons avec quelques détails des oiseaux gigantesques de la Nouvelle-Zélande, et nous aurons occasion de citer le grand œuf de Madagascar, ainsi que quelques ossements trouvés dans l'Amérique méridionale et dans l'Inde.

1er ORDRE.

OISEAUX DE PROIE.

Les oiseaux de ce groupe ont été trouvés fossiles dans les terrains tertiaires et diluviens. Aucun d'eux n'a encore été signalé dans l'époque crétacée.

1re FAMILLE. — DIURNES.

M. Jourdan parle d'un CATHARTE dont les ossements ont été découverts dans le terrain d'eau douce du département du Cantal [1].

M. Lund rapporte au même genre des ossements trouvés avec les megatherium dans les cavernes du Brésil.

Un oiseau trouvé par M. Owen dans l'argile de Sheppy (parisien inférieur) appartient à la famille des oiseaux de proie diurnes. Ce savant paléontologiste a montré que le sternum peu échancré, et les formes de la colonne épinière et de l'os coracoïde indiquent un oiseau de proie de la division des vautours, mais plus petit qu'aucun oiseau de proie connu. Il a cru nécessaire de créer pour cet animal un genre nouveau, et il l'a nommé *Lithornis vulturinus* [2]. (Voyez Atlas, pl. XXI, fig. 2.)

Le genre des VAUTOURS (*Vultur*, Lin.) a été trouvé fossile dans le dilu-

[1] *Institut*, 1837, p. 343.
[2] *Transact. of the geol. Soc.*, 2ᵉ série, t. VI, p. 206 ; *Brit. foss. mamm. and birds*, p. 549.

vium des environs de Magdebourg (*Vultur cinereus*, Holl.) [1], et dans les brèches de Sardaigne [2].

Les Éperviers (*Nisus*, Cuvier) ont été trouvés dans les cavernes du midi de la France. M. Marcel de Serres en indique une espèce dans les cavernes de Sallèle et de Bize, très voisine du *F. nisus* [3].

Une espèce du genre Faucon (*Falco*, Lin.) a été décrite par M. Gervais [4] comme trouvée dans le terrain pliocène de Montpellier.

Les brèches de Sardaigne ont fourni des ossements que Wagner a rapportés au genre Buse (*Buteo*, Bechstein), et Nitzsch à celui des Aigles (*Aquila*, Briss) [5].

Suivant M. Marcel de Serres [6], quelques ossements des cavernes du département de l'Aude se rapportent au premier de ces genres.

Les gypses des environs de Paris (parisien supérieur) contiennent des ossements d'un oiseau voisin du Balbuzard (*Pandion*, Savigny) [7].

Le *Gryphus antiquitatis*, Schubert, paraît avoir été établi sur des fragments du rhinocéros de Sibérie.

2ᵉ Famille. — NOCTURNES.

Le genre des Chouettes (*Strix*, Lin.) est un de ceux dont on a trouvé des ossements dans les gypses de Montmartre [8] (sous-genre *Ulula*).

Ce même genre est indiqué dans la caverne de Nabrigas et dans le diluvium de Kostritz [9].

Des ossements des brèches de Sardaigne rapportés par Wagner aux Milans sont considérés par Nitzsch comme très semblables à ceux de la *Strix nyctea*.

M. Lund en a trouvé aussi des débris dans les cavernes du Brésil [10].

M. Marcel de Serres [11] indique des ossements de Duc (*Bubo*, Cuvier) dans les cavernes du département de l'Aude.

[1] *Petref.*, p. 76; *V. fossilis*, Germar, Bronn, *Lethæa*, t. II, p. 824; Giebel, *Fauna der Vorwelt*, t. I, 2ᵉ partie, p. 9.

[2] De la Marmora, *Journ. de géol.*, t. III, p. 313.

[3] *Journ. de géol.*, t. III, p. 262.

[4] *Zool. et pal. franç.*, p. 220.

[5] *Neues Jahrb.*, 1833, p. 324; Giebel, t. I, 2, p. 9.

[6] *Institut*, 1842, p. 388.

[7] Cuvier, *Ossem. foss.*, t. V, p. 577.

[8] Cuvier, *Ossem. foss.*; Giebel, t. I, 2, p. 11.

[9] *Biblioth. univ.*, 1835, *Archives*, t. XVIII, p. 349; *Isis*, 1829, p. 739.

[10] *Institut*, 1844, p. 294.

[11] *Institut*, 1842, p. 388.

2ᵉ ORDRE.

PASSEREAUX.

Les passereaux paraissent aussi n'avoir pas encore été trouvés fossiles dans les terrains de l'époque crétacée. Le plus ancien est celui qui a été découvert à Glaris dans les schistes du Plattenberg, que les géologues considèrent maintenant comme appartenant à l'époque nummulitique.

Cet oiseau, décrit par M. H. de Meyer sous le nom de PROTORNIS GLARNIENSIS [1] (*Osteornis scolopacinus*, Gervais), est encore trop peu connu pour être rapporté avec certitude à une des familles suivantes.

1ʳᵉ FAMILLE. — DENTIROSTRES.

On a trouvé, dans les brèches de Cette, les ossements d'un HOCHEQUEUE (*Motacilla*, Bechst.) [2].

Le même gisement renferme les débris d'une GRIVE (*Turdus brasciensis*, Wagner).

Les brèches de Sardaigne (Wagner), celles de Nice [3] et le diluvium de la vallée de la Lahn [4] ont aussi fourni des fragments que l'on a rapportés au même genre.

Les terrains tertiaires miocènes de Weisenau en renferment également [5].

Des oiseaux voisins des grives, et paraissant se rapporter au genre ANABATES, (Spix), ou OPETIORHYNCHUS (Temm.), ont été trouvés dans les cavernes du Brésil par M. Lund [6].

2ᵉ FAMILLE. — FISSIROSTRES.

M. Giebel [7] décrit une HIRONDELLE (*Hirundo fossilis*, Giebel) du diluvien des environs de Quedlimbourg.

[1] *Neues Jahrb.*, 1839, p. 682; 1840, p. 211; 1841, p. 187; 1844, p. 338.
[2] Wagner, *Abh. Bayer. Acad.*, 1832, p. 751.
[3] *Phil. trans.*, 1794, t. I, p. 412.
[4] *Neues Jahrb.*, 1846, p. 515.
[5] *Neues Jahrb.*, 1843, p. 399.
[6] *Bull. Acad. Copenh.*, 1841; Giebel, *Palæozool.*, p. 313; *Fauna der Vorwelt*, I, 2, p. 13.
[7] *Fauna der Vorwelt*, I, 2, p. 18.

M. Lund indique un Martinet (*Cypselus collaris*), et M. Claussen un Engoulevent (*Caprimulgus*, Lin.) trouvés dans les cavernes du Brésil [1].

3ᵉ Famille. — CONIROSTRES.

M. Giebel [2] décrit un Moineau (*Fringilla trochanteria*, Giebel) du diluvium des environs de Quedlimbourg.

Les brèches de Sardaigne contiennent des ossements du même genre qui ressemblent beaucoup à ceux du moineau domestique [3].

Les terrains miocènes de Weisenau [4] et ceux de Sansan [5] en renferment aussi.

Les brèches de Sardaigne (Wagner), la caverne de Kirkdale [6] et celles de Liége (Schmerling) ont conservé des débris d'oiseaux du genre des Alouettes (*Alauda*, Lin.).

4ᵉ Famille. — CORACES.

M. Giebel [7] décrit deux Corbeaux trouvés dans le terrain diluvien des environs de Quedlimbourg (*Corvus fossilis*, Giebel, et *Corvus crassipennis*, Giebel).

M. H. de Meyer a trouvé une espèce du même genre très voisine du corbeau commun dans le diluvium de la vallée de la Lahn. Des débris analogues ont été observés, par Wagner, dans les brèches de Sardaigne, et par Buckland dans la caverne de Kirkdale.

Une espèce plus voisine de la corneille (*Corvus corone*, Lin.), et, suivant Nitzsch, de la corneille mantelée (*Corvus cornix*, Lin.), a été observée aussi par Wagner dans les mêmes brèches [8].

Quelques ossements, qui rappellent ceux de la pie (*Corvus pica*, Lin.), ont été observés par Puel dans la caverne de Brengues [9], et par Buckland dans celle de Kirkdale [10].

[1] *Münch. Gel. Anzeig.*, 1842, p. 886; Gervais, *Thèse*, p. 31.
[2] *Fauna der Vorwelt*, I, 2, p. 15.
[3] Wagner, *Abh. Bayer. Acad.*, 1832, p. 751.
[4] *Neues Jahrb.*, 1839, p. 399.
[5] Lartet, *Institut*, 1839, p. 263.
[6] Buckland, *Reliq. diluv.*
[7] *Fauna der Vorwelt*, I, 2, p. 16.
[8] *Abh. Acad. Bayer*, 1832, p. 751.
[9] *Bull. Soc. géol.*, 1837, p. 43.
[10] *Reliq. diluv.*

5ᵉ Famille. — TENUIROSTRES.

M. Lund rapporte au genre Picucule (*Dendrocolaptes*, Herm.), subdivision des Grimpereaux, des ossements trouvés dans les cavernes du Brésil [1].

6ᵉ Famille. — SYNDACTYLES.

C'est probablement à cette famille et au groupe des Martins-Pêcheurs ou Halcyons (*Alcedo*, Lin.) qu'il faut rapporter un nouveau genre établi par M. Owen [2] sous le nom de Halcyornis pour des ossements de l'argile de Sheppy (*H. toliapicus*). Il faut rayer du catalogue des oiseaux le genre Bucklandum de Koenig [3], car M. Owen a reconnu que la tête sur laquelle il avait été établi est celle d'un poisson.

7ᵉ Famille. — GRIMPEURS.

M. Wagner [4] décrit des fragments osseux, provenant des brèches de Sardaigne, comme ayant appartenu à un Pic, voisin du *Picus martius* (Lin.).

Des ossements de diverses espèces, trouvés par M. Lund dans les cavernes du Brésil [5], ont été rapportés par cet infatigable naturaliste au genre Coccyzus, Vieill. (groupe des Coucous), à celui des Caeuo, Temm. (groupe des Barris), et à celui des Perroquets (*Psittacus*, Lin.).

3ᵉ ORDRE.

GALLINACÉS.

Les gallinacés manquent, comme les ordres précédents, aux terrains crétacés. Leurs ossements sont rares dans les terrains de l'époque tertiaire et abondants dans les dépôts diluviens.

[1] *Münch. Gel. Anzeig.*, 1842, p. 886.
[2] *Brit. foss. mamm.*, p. 554.
[3] Koenig, *Icon. sect.*, nᵒ 91 ; Gervais, *Thèse*, p. 23.
[4] *Abh. Bayer. Acad.*, 1832, p. 751.
[5] *Münch. Gel. Anzeig.*, 1842.

1re FAMILLE. — COLOMBINS.

MM. Buckland [1] et Marcel de Serres [2] ont trouvé des ossements de Pigeons (*Columba*, Lin.) dans les cavernes d'Angleterre et de France.

2e FAMILLE. — GALLINACÉS PROPREMENT DITS.

On a trouvé des restes de TÉTRAS (*Tetrao*, Lin.) dans le diluvium [3] et dans la caverne de Brengues [4].

Cuvier [5] cite, dans les gypses de Paris, un gallinacé plus petit que la CAILLE (*Coturnix*, Mœhr.).

Des fragments qui rappellent les PERDRIX (*Perdix*, Briss.) ont été trouvés dans le tertiaire miocène de Weisenau et en Auvergne [6].

Ce même genre se retrouve souvent dans le terrain diluvien. On en cite des ossements découverts dans les cavernes de Liége (Schmerling), de Bize [7], de Kirkdale (Buckland), dans le diluvium de la vallée de la Lahn (H. de Meyer), etc.

M. Lund [8] l'a trouvé aussi dans les cavernes du Brésil.

M. Marcel de Serres indique des ossements de FAISAN (*Phasianus*, Lin.) dans la caverne de Bize, et M. Gervais dans le diluvium de Paris [9].

Des fragments osseux, trouvés dans la mollasse du mont de la Molière et dans le sable tertiaire d'Auvergne, semblent se rapprocher du genre des Coqs (*Gallus*, Brisson).

M. Gervais cite à Ardé une nouvelle espèce (*Gallus Bravardi*, Gervais).

De nombreux ossements, trouvés dans les cavernes de Lunel-Viel (Marcel de Serres) et de Liége (Schmerling), ainsi que dans le diluvium de Kostritz et de la vallée de la Lahn (H. de Meyer), semblent même ne pas pouvoir être distingués de ceux du *Coq ordinaire* domestique. Ce dernier point soulève les mêmes questions que nous avons déjà indiquées au sujet du chien, du bœuf et du cheval. Le coq domestique passe pour indigène de l'Inde et pour provenir d'une des deux espèces sauvages connues sous le nom de *Coq de Sonnerat* et de *Coq de Bancks*. On croit généralement que les populations qui ont, par leurs migrations, peuplé l'Europe ont amené cette espèce, domestiquée dans leur pays natal. Si la détermination de M. Schmer-

[1] *Reliq. diluv.*

[2] *Journ. géol.*, t. III, p. 362.

[3] Giebel, *Fauna der Vorwelt*, I, 2, p. 22.

[4] Puel, *Bull. Soc. géol.*, t. IX, p. 45.

[5] *Ossem. foss.*, 4ᵉ édit., t. V.

[6] Giebel, *loc. cit.*, p. 22 ; Gervais, *Thèse*, p. 22.

[7] Marcel de Serres, *Journ. géol.*, t. III.

[8] *Münch. Gel. Anzeig.*, 1842.

[9] *Journ. géol.*, t. III, p. 263 ; *l'Institut*, 1844, t. XII, p. 293.

ling est exacte, on devrait admettre l'existence d'une espèce qui aurait vécu en Europe avant que l'homme en eût pris possession, et dès lors l'origine des poules domestiques pourrait tout aussi bien lui être rapportée.

M. H. de Meyer signale, dans le loess de Sasbach, l'existence d'une PINTADE (*Numida*, Lin.).

M. Lund ([1]) a recueilli, dans les cavernes du Brésil, des débris d'oiseaux du genre TINAMOU (*Tinamus*, Lath., *Crypturus*, Illig.), qui est aujourd'hui encore spécial à l'Amérique.

4° ORDRE.

COUREURS (*Cursores, Struthionides*).

Cet ordre comprend les oiseaux à ailes trop courtes pour voler, qui ont été réunis autrefois aux échassiers. Leurs pattes sont robustes, leurs vertèbres moins soudées ensemble que dans les autres, leur sternum est dépourvu de bréchet. Il renferme dans la nature actuelle les autruches, les casoars et les aptéryx.

Les cavernes du Brésil paraissent renfermer des AUTRUCHES (*Struthio*, Lin.). On doit en particulier à M. Lund la découverte *intéressante* de deux espèces à trois doigts (sous-genre RHEA) dont une est bien plus grande que celle qui vit aujourd'hui dans l'Amérique méridionale ([2]).

La découverte la plus remarquable est celle qui a été faite par le Rév. Williams d'un oiseau plus grand que l'autruche d'Afrique, dans les terrains les plus récents de la partie du nord de la Nouvelle-Zélande. M. Owen, qui a décrit ces ossements intéressants ([3]), a montré que cette espèce avait des rapports avec les grands échassiers coureurs, sans pouvoir toutefois être rapportée génériquement à aucun d'eux.

De nombreux ossements rapportés en Angleterre, et étudiés par M. Owen, ont prouvé l'existence de plusieurs espèces et même de deux genres, dont l'ensemble a dû donner une apparence très remarquable à la faune de cette époque dans la Nouvelle-Zélande.

[1] *Münch. Gel. Anzeig.*, 1842.
[2] *Münch. Gel. Anzeig.*, 1842.
[3] *Mag. of nat. hist.*, t. XII, p. 444.

Le genre le plus nombreux et le plus anciennement connu est celui des Dinornis, Owen (*Megalornis*, olim), Atlas, pl. XXI, fig. 3, 4. Leurs os étaient pleins de moelle à l'intérieur, et leur fémur en particulier ne présentait pas le trou pour l'air qui est caractéristique de la plupart des oiseaux. On peut conclure de là que l'animal était incapable de voler, et plus lourd encore que l'autruche. Les proportions des membres montrent aussi un énorme développement dans la jambe, surtout sous le point de vue de la force et de la grosseur. Le tarse était plus court à proportion que dans l'autruche et les casoars. Les doigts étaient au nombre de trois. M. Owen pense que, malgré sa taille, ses affinités les plus réelles étaient avec l'aptéryx plutôt qu'avec l'autruche. Le bec n'était ni aplati comme dans cette dernière, ni allongé comme dans le premier, mais rappelant un peu celui des outardes (fig. 3).

M. Owen en distingue sept espèces qui sont :

Le *Dinornis giganteus*, le premier connu, qui a dû atteindre la taille de près de 10 pieds ; son tibia est long de 2 pieds 10 pouces. (Voyez Atlas, pl. XXI, fig. 4.)

Le *Dinornis struthioides*, de la taille de l'autruche.

Le *Dinornis didiformis*, se rapprochant davantage du dronte.

Le *Dinornis crassus*, remarquable par l'épaisseur de ses os.

Le *Dinornis casuarinus*.

Le *Dinornis curtus*.

Le *Dinornis otidiformis*, qui ne dépassait pas la taille de l'outarde.

Les Palapteryx, Owen, — Atlas, pl. XXI, fig. 5 et 6,

avaient un rudiment de pouce outre les trois doigts des dinornis. Leur bec était plus comprimé, et leurs formes évidemment intermédiaires entre celles des casoars de la Nouvelle-Hollande et celles des aptéryx.

M. Owen en cite trois espèces :

Le *Palapteryx ingens*, un peu plus petit que le *Dinornis giganteus*.

Le *Palapteryx dromioides*.

Le *Palapteryx geranoides*.

Un tibia rapporté d'abord au *Dinornis otidiformis* devra peut-être, suivant M. Owen, former le type d'un nouveau genre : Apterornis [1].

[1] Voyez sur ces oiseaux de la Nouvelle-Zélande les mémoires de M. Owen

Il n'est pas impossible que ces singuliers animaux aient vécu dans la Nouvelle-Zélande, pendant l'époque actuelle et qu'ils aient été détruits comme le dronte. L'état de conservation de leurs os et leur gisement tout superficiel peuvent le faire penser. On trouve chez les naturels du pays des traditions sur un grand oiseau, *monie* ou *moa*, qui vit encore, suivant eux, dans l'intérieur du pays, qui se retire dans des cavernes inaccessibles, et auquel ils attribuent les os du dinornis.

M. Walter Mantell [1] annonce avoir trouvé des fragments de leurs œufs.

On devra probablement placer dans la même famille l'oiseau plus gigantesque encore, dont on a trouvé des œufs et quelques rares fragments osseux dans l'île de Madagascar.

La même incertitude règne sur son antiquité. Il a été trouvé dans des alluvions récentes, et il est possible que, comme le moa, l'espèce vive encore dans l'intérieur, ce que des traditions analogues peuvent faire supposer.

Ces œufs ont été découverts en 1850 par M. Abadie et décrits par M. Isidore Geoffroy-Saint-Hilaire. Ils ont de 32 à 34 centimètres de longueur et une capacité de huit litres trois quarts (six fois autant que l'œuf de l'autruche, et cent quarante-huit fois autant que l'œuf de poule). L'épaisseur de la coquille est de trois lignes. Un fragment de métatarsien montre que l'oiseau avait trois doigts comme le dinornis.

Il est devenu le type d'un genre nouveau nommé ÉPYORNIS (*Æpyornis*), par M. Isidore Geoffroy. La taille, calculée par les œufs et par l'os, paraît ne pas s'éloigner beaucoup de 4 mètres [2].

5e ORDRE.

ÉCHASSIERS (*Grallæ*).

Les échassiers sont plus abondants à proportion dans les terrains tertiaires anciens que les ordres précédents.

insérés dans les *Trans. of the zool. Society*, vol. III, part. 1, 2, 4 et 5, t. vol. IV, part. 1, et à l'APPENDICE BIBLIOGRAPHIQUE, les articles Buckland, Deane, Gray, Mantell, Strickland.

[1] *Athenæum*, 25 septembre 1847; *Biblioth. univ. de Genève, Archives*, t. VI, p. 266.

[2] *Compt. rend. de l'Acad. des sc.*, 27 janvier 1851.

On en a trouvé en outre (bécasse), dans le terrain crétacé d'Amérique.

1re Famille. — PRESSIROSTRES.

M. Giebel décrit une Outarde (*Otis breviceps*, Giebel) [1], du terrain diluvien des environs de Quedlinbourg.

M. Lund [2] a trouvé un Cariama (*Microdactylus*, Geoffroy, *Dicholophus*, Illig.) dans les cavernes d'Amérique.

2e Famille. — CULTRIROSTRES.

M. Gervais cite des ossements de Flamant (*Phoenicopterus*, Lin.) comme trouvés dans le terrain tertiaire miocène d'Auvergne (*Ph. Croizeti*, Gervais).

M. H. de Meyer [3] a trouvé, dans le tertiaire miocène de Wiesbaden, des débris qu'il rapporte avec doute aux Cigognes (*Ciconia*, Lin.).

La cigogne commune est indiquée par MM. Marcel de Serres, Dubreuil et Jean-Jean comme trouvée dans la caverne de Lunel-Viel.

Des ossements voisins du Héron ont été trouvés par M. Croizet dans le terrain tertiaire d'Auvergne.

M. de la Marmora [4] a trouvé, dans les brèches de Sardaigne, un cubitus qui indique une espèce de Tantale (*T. bresciensis*).

3e Famille. — LONGIROSTRES.

M. Gervais nomme *Numenius gypsorum* (Courlis) une espèce des gypses de Montmartre, considérée, par Cuvier comme voisine de l'*Ibis*. C'est l'espèce qui a été nommée par quelques auteurs *Tantalus fossilis* [5].

Une autre espèce du même gisement se rapproche, par ses formes, des Bécasses (*Scolopax*, Lin.).

Un oiseau du même genre est conservé dans les tertiaires miocènes de Weisenau [6].

Des fragments indéterminés d'OEningen (pliocène) s'y rapportent peut-être aussi [7].

La caverne de Kirkdale [8] et le tuf diluvien de Meissen en ont aussi fourni.

[1] *Fauna der Vorwelt*, I, 2, p. 26.

[2] *Münch. Gel. Anzeig.*, 1842, p. 886.

[3] *Neues Jahrb.*, 1839, p. 77.

[4] *Journ. de géol.*, t. III, p. 310.

[5] *Ossem. foss.*, 4e édit., t. V, p. 597, pl. 154, fig. 14.

[6] *Neues Jahrb.*, 1843, p. 398.

[7] Blumembach, *Spec.*; Karg *Denks.*; Giebel, *Fauna der Vorwelt*, I, 2, p. 28.

[8] Buckland, *Reliq. diluv.*; Giebel, *loc. cit.*

Harlan [1] rapporte à ce même genre un os du grès vert (sénonien) de New-Jersey, conservé au Musée de Philadelphie.

Des ossements de Montmartre ont été assimilés par Cuvier au genre des ALOUETTES DE MER (*Pelidna*, Cuvier). D'autres sont rapportés par M. Gervais à celui des TRINGA [2].

4ᵉ FAMILLE. — MACRODACTYLES.

Un os de la jambe, des lignites de Kaltennordheim, paraît se rapporter à une FOULQUE (*Fulica*, Lin.) [3].

MM. Const. Prévost et Dunoyer ont trouvé dans les brèches de Montmorency des ossements qu'ils attribuent aux RÂLES (*Rallus*, Lin.) [4].

M. Lund a trouvé dans les cavernes du Brésil [5] des fragments d'un oiseau du même genre.

Le genre des NOTORNIS, Owen, présente une histoire plus singulière. Il a été fondé sur quelques ossements trouvés à la Nouvelle-Zélande avec ceux des dinornis. Puis, contrairement à ce qui s'est passé pour beaucoup d'espèces qui, connues d'abord à l'état vivant, ont été trouvées fossiles dans les terrains diluviens, cet oiseau, après avoir été inscrit seulement dans les catalogues de paléontologie, a été trouvé vivant à la Nouvelle-Zélande par M. Walter Mantell. Un très bel exemplaire existe à Londres, dans les collections de M. le docteur Mantell, et montre que ce genre est voisin des TALÈVES ou POULES SULTANES (*Porphyrio*, Brisson), dont il a la riche coloration [6].

6ᵉ ORDRE.

PALMIPÈDES.

Les palmipèdes, autant qu'on peut en juger dans cette histoire encore si pleine de lacunes, paraissent plus anciens en Europe que les autres oiseaux. On en a

[1] *Phys. et med. Res.*, p. 280.
[2] *Ossem. foss.*, 4ᵉ édit., t. V; Gervais, *Thèse*, p. 16 et 18.
[3] Schlotheim, *Petrefacten*, p. 26; Giebel, *loc. cit.*, p. 29.
[4] *L'Institut*, 1844, t. XII, p. 293.
[5] Münch, *Gel. Anzeig.*, 1842.
[6] Voyez Owen, *Mém.* cités sur le *Dinornis*; Mantell, *Ann. et mag. of nat. hist.*, novembre 1850; *Bibl. univ.*, 1851, *Archives*, t. XVI, p. 73.

trouvé une espèce (CIMOLIORNIS) dans la craie de Maidstone. Ils se continuent dans les terrains tertiaires et diluviens.

1re FAMILLE. — LONGIPENNES.

M. Giebel [1] décrit une MOUETTE (*Larus priscus*) trouvée dans les terrains diluviens de Quedlimbourg.

Les brèches de Nice paraissent renfermer des ossements que l'on peut attribuer au même genre ou à celui des HIRONDELLES DE MER (*Sterna*, Lin.)

Lord Enniskillen a trouvé, dans la craie de Maidstone, quelques os qui, suivant M. Owen, appartiennent à une espèce voisine des ALBATROS (*Diomedea*, Lin.), mais qui doit former un genre nouveau. Il l'a nommée CIMOLIORNIS (κιμωλία, craie) (écrit quelquefois par erreur *Cimolornis*), et l'espèce *C. diomedeus* [2], c'est l'*Osteornis diomedeus*, Gervais (*Thèse*).

Cet oiseau est le seul dont l'existence soit clairement démontrée dans la craie d'Europe.

2e FAMILLE. — TOTIPALMES.

Les gypses de Montmartre ont fourni à Cuvier [3] des ossements que cet illustre anatomiste considère comme plus voisins du PÉLICAN (*Pelicanus*, Lin.) que de tout autre oiseau, mais avec des formes intermédiaires entre celles du grand pélican et celles du cormoran.

Le calcaire tertiaire paludin de Mombach paraît renfermer une autre espèce de ce dernier genre, celui des CORMORANS (*Phalacrocorax*, Briss., *Carbo*, Meyer, *Halieus*, Illig.) [4].

Le genre des PÉLICANS est peut-être aussi représenté parmi les fossiles des cavernes d'Angleterre [5].

3e FAMILLE. — LAMELLIROSTRES.

MM. Marcel de Serres, Dubreuil et Jean-Jean citent avec doute le CYGNE (*Cygnus olor*) dans la caverne de Lunel-Viel.

Les OIES (*Anser*, Briss.) ont été trouvées fossiles dans le diluvien de Lawford et de France [6].

[1] *Fauna der Vorwelt*, I, 2, p. 31.

[2] Owen, *Trans. geol. Soc.*, 2e série, t. VI, p. 411; *Brit. foss. mamm.*, p. 548.

[3] *Ossem. foss.*, 4e édit., t. V, p. 596.

[4] *Neues Jahrb.*, 1839, p. 70; Giebel, *loc. cit.*, p. 33.

[5] *Bull. Férussac*, t. XIX, p. 211; Giebel, *loc. cit.*

[6] Buckland, *Reliq. diluv.*; Gervais, *Thèse*; Giebel, *loc. cit.*

Les Canards (*Anas*, Lin.) paraissent dater de l'époque des tertiaires d'Auvergne [1], et avoir laissé plusieurs espèces dans les brèches de Sardaigne [2], le diluvium de la vallée de la Lahn (H. de Meyer) et la caverne de Kirkdale (Buckland).

Les Harles (*Mergus*, Lin.) ont été représentés par une espèce pendant l'époque tertiaire ancienne. M. Gervais (*Thèse*) en cite une espèce trouvée à Ronzon, près le Puy (miocène inférieur), et il l'a nommée plus tard *Mergus Ronzoni*, Gervais.

4ᵉ FAMILLE. — PLONGEURS.

(*Brachyptères, Pygopodes.*)

M. Buckland rapporte au genre des Plongeons (*Colymbus*, Lin.) quelques ossements de la caverne de Kirkdale.

Nous ne parlerons pas ici du Dronte ou Dodo (*Didus ineptus*), quoique cet oiseau ait disparu de la nature vivante. Il n'a en effet été détruit qu'à une époque récente, et son histoire n'appartient pas à la paléontologie.

TROISIÈME CLASSE.

REPTILES.

La classe des reptiles est une de celles qui présentent le plus d'intérêt sous le point de vue paléontologique. Les débris fossiles de ces animaux révèlent des formes si bizarres dans plusieurs espèces, une taille si gigantesque dans d'autres et une distribution géographique si différente de celle qui existe aujourd'hui, qu'ils doivent nécessairement attirer l'attention du géologue et du zoologiste.

Il résulte d'ailleurs de l'antique apparition des rep-

[1] Gervais, *Thèse*, etc.
[2] Wagner, *Abh. Bayer. Acad.*, 1832, p. 751.

tiles et de leur existence pendant la totalité des périodes secondaire et tertiaire, que leurs ossements se trouvent dans beaucoup de terrains. Ils sont par là plus propres que les mammifères et les oiseaux à donner une idée de ces renouvellements remarquables de l'organisation et de cette succession des différentes faunes dont nous avons parlé dans la première partie de cet ouvrage.

On divise ordinairement les reptiles en quatre ordres : les CHÉLONIENS, ou tortues ; les SAURIENS, qui sont les crocodiles, les lézards, etc. ; les OPHIDIENS, ou serpents, et les BATRACIENS, qui comprennent les grenouilles, les salamandres, les protées, etc. Cette classification, proposée pour la première fois par M. Alexandre Brongniart, repose sur des caractères d'une observation facile ; mais on peut lui reprocher de ne pas tenir compte de l'importance relative des différences qui existent entre ces quatre divisions. Les batraciens forment un type très distinct des autres reptiles ; ils présentent un ensemble de caractères qui force à les en séparer davantage, et à les considérer comme constituant une sous-classe distincte. Leur peau nue, leurs métamorphoses, l'existence des branchies dans le jeune âge, leur cœur à deux loges, justifient cette séparation et ont même aux yeux de quelques naturalistes une valeur suffisante pour en faire une classe distincte.

Les chéloniens, les sauriens et les ophidiens sont au contraire réunis ensemble par de nombreuses analogies. Leurs écailles, l'absence de métamorphoses, leur respiration pulmonaire à tous les âges et leur cœur à quatre ou trois loges, démontrent évidemment chez eux une organisation supérieure à celle des batraciens et prouvent qu'ils sont bien plus éloignés de cette sous-classe qu'ils ne diffèrent les uns des autres.

Ces trois ordres sont du reste faciles à distinguer. Les chéloniens sont remarquables par leur enveloppe osseuse, leurs côtes et les apophyses épineuses de leurs vertèbres qui se soudent pour former une carapace, et leur sternum qui s'élargit en un plastron. Les sauriens ont presque toujours quatre membres, et des mâchoires non extensibles. Les ophidiens n'ont pour squelette qu'une tête, une colonne épinière et des côtes ; leurs mâchoires sont susceptibles d'être très écartées, soit de la tête, soit l'une de l'autre, pour donner à la bouche une très grande dimension.

L'étude des reptiles fossiles force à admettre un plus grand nombre de divisions ; les reptiles ailés et les reptiles à nageoires ne peuvent plus, en particulier, rester dans le même groupe que les crocodiles et les lézards. Ils en diffèrent par des caractères au moins aussi importants que ceux qui ont servi dans les autres classes à établir des ordres. Nous devons donc, aux trois ordres que nous venons d'indiquer et qui sont fondés sur l'étude des reptiles vivants, en ajouter trois autres qui sont :

Les Ptérodactyliens, caractérisés par l'allongement extraordinaire de l'os externe de la main qui a dû soutenir des ailes membraneuses analogues à celles des chauves-souris.

Les Énaliosauriens, chez lesquels les pattes n'ont plus de doigts distincts, mais sont converties en nageoires composées de plaques uniformes.

Les Labyrinthodontes qui, par la singulière complication du tissu de leurs dents, par l'implantation de quelques uns de ces organes sur le vomer, et par leurs

doubles condyles occipitaux, s'éloignent considérablement du type normal des sauriens et font un passage
aux batraciens, et sous certains points de vue, aux poissons.

Quelques auteurs vont plus loin encore et séparent
les crocodiliens et les sauriens proprement dits en deux
ordres distincts. Je suis tout prêt à reconnaître que cette
classification repose sur des caractères importants, et en
particulier que les organes de la circulation semblent
la justifier ; mais elle est, pour le moment au moins, inapplicable à la paléontologie. Il est impossible de répartir
avec quelque certitude les genres fossiles de manière
qu'on puisse assurer que les uns ont eu tous les caractères des crocodiliens, et que les autres sont analogues
aux sauriens proprement dits. Beaucoup de genres que
nous associons par leurs dents et par la forme de leur
crâne aux crocodiles peuvent en différer par le reste
de l'organisme. Quelques uns peuvent former des transitions. Ce serait donc augmenter les chances d'erreur, que d'admettre une division imparfaitement caractérisée par les parties solides, et nous continuerons à
ne faire des crocodiles, des dinosauriens et des lacertiformes, que des familles d'un ordre unique, celui des
sauriens.

La distinction des genres et des espèces présente
plus de difficulté que dans les mammifères. L'unifor-
mité plus grande dans la forme externe des dents, la connaissance moins complète de l'anatomie comparée des
reptiles vivants, des différences plus considérables
entre les types actuels et ceux qui ont disparu dans les
époques antérieures à la nôtre, en sont les causes principales. Il faut y joindre le fait que les dimensions absolues ne peuvent jouer qu'un rôle très secondaire.

Ces dimensions, dont il ne faut déjà pas exagérer l'importance dans les mammifères, deviennent dans les reptiles un caractère tout à fait accessoire. Ces animaux, en effet, croissent longtemps après qu'ils ont atteint leurs caractères définitifs, et tandis que les animaux supérieurs ont à l'âge adulte une taille presque constante, ou dont les variations sont renfermées dans des limites très peu étendues, on voit les reptiles changer complétement de dimension depuis le moment où leur squelette est tout à fait ossifié et où ils ont acquis la propriété de se reproduire.

Il résulte de là, que nous aurons dans les reptiles bien plus de genres et d'espèces douteuses à énumérer. Plusieurs genres ne peuvent pas être placés dans une famille certaine, et quelques uns même ne peuvent pas être rapportés à un ordre plutôt qu'à un autre. L'étude de dents isolées ne peut plus ici, comme dans les mammifères, fournir des déterminations de quelque certitude, et l'on aurait probablement mieux fait de ne pas établir autant de genres nouveaux sur des données insuffisantes.

Les reptiles manquent ou sont très peu abondants dans les époques les plus anciennes. On n'en a jusqu'à présent trouvé aucun débris dans les terrains siluriens. De nouvelles découvertes de M. Mantell prouvent leur existence pendant l'époque dévonienne. Des ossements peu nombreux et de petite dimension démontrent également qu'ils ont vécu dans l'époque carbonifère. Ils ont augmenté un peu de nombre dans les dépôts pénéens.

Mais pendant l'époque secondaire, cette classe a pris un très grand développement. Les terrains triasiques renferment déjà des espèces de grande taille et de ca-

ractères remarquables. Les mers jurassiques et crétacées ont été habitées, surtout vers leurs rivages, par
une grande quantité de ces animaux de formes très différentes de celles que nous observons aujourd'hui. Ces
reptiles paraissent par leurs dents puissantes, leur force
et leur grande taille, avoir été de redoutables carnassiers, et avoir régné en tyrans sur les populations contemporaines de poissons et de mollusques. C'est à cette
époque, en particulier, qu'appartiennent ces grands
ichthyosaures dont la forme du corps et des pattes rappelle les cétacés, et les plésiosaures qui joignent aux
caractères des reptiles et à ceux des cétacés le cou
délié et la petite tête des oiseaux aquatiques !

Pendant le temps où les mers renfermaient ces êtres
remarquables, les airs en possédaient d'autres encore
plus singuliers peut-être. Tandis que de nos jours les
oiseaux seuls et quelques mammifères (les chauves-souris) sont organisés de manière à pouvoir s'élever dans
l'air, nous voyons avec étonnement quelques reptiles de
l'époque secondaire présenter des ailes d'une forme
toute spéciale, dont les membranes considérables
étaient soutenues au moyen d'un seul doigt très long.
Ces ptérodactyles avaient une mâchoire puissante, munie de longues dents, et quelques uns ont atteint une
taille considérable.

Les reptiles terrestres de cette même époque secondaire sont plus remarquables encore par leur grandeur, tandis que leurs formes se rapprochent davantage
de celles des vivants. Vers la fin de cette époque, les
continents européens ont été habités par quelques genres, dont les formes lourdes et les pieds courts rappellent les pachydermes, mais dont les caractères essentiels sont ceux des monitors et des lézards. Nos plus

grands reptiles terrestres ont aujourd'hui au plus cinq ou six pieds de longueur, tandis que nous voyons les mégalosaures en avoir trente, et l'iguanodon atteindre la taille énorme de soixante pieds !

Avec la fin de l'époque secondaire on voit s'éteindre ces races monstrueuses, et l'époque tertiaire n'a renfermé que des reptiles à peu près semblables aux nôtres, et dont les mœurs et la distribution ont eu , sauf quelques modifications , beaucoup de rapports avec celles des reptiles actuels.

Ainsi, en résumé , la classe des reptiles, inconnue dans les premiers âges du monde, a pris naissance vers le milieu de la période primaire, a acquis dans l'époque secondaire un prodigieux développement, a eu en quelque sorte alors une époque de règne et de domination sur le reste de la création ; puis est rentrée avec la période tertiaire dans des conditions plus modestes , qui l'ont peu à peu amenée au point où elle est aujourd'hui. Il nous faut chercher quelles conclusions théoriques on peut tirer des principaux faits que présente leur histoire.

L'étude des reptiles fossiles fournit, en premier lieu, une preuve constante et sans réplique de la loi essentielle que les espèces fossiles ont eu une durée limitée. On n'a pas encore découvert, avant l'époque diluvienne, un seul reptile fossile que l'on puisse rapporter à une espèce vivante, et, pour la plupart d'entre eux, on a été obligé d'établir des genres nouveaux. Sans parler ici des ptérodactyles, des ichthyosaures, etc., il est quelques faits qui méritent d'être cités. Ainsi on n'a pas trouvé avant l'époque tertiaire un seul crocodilien qui ait les vertèbres formées sur le type de ceux qui vivent actuellement ; ainsi la plupart des lacertiens des terrains anciens ont les dents implantées autrement qu'aujourd'hui.

Si l'on compare entre eux les reptiles des divers terrains, on arrivera aussi facilement à se convaincre qu'ils forment une série de faunes distinctes ; ceux des terrains dévonien, carbonifère, pénéen et triasique, ont tous des caractères assez tranchés pour qu'on ait dû en former des genres nouveaux. Les reptiles des terrains jurassiques et crétacés ont aussi leurs formes spéciales, et ne ressemblent ni aux précédents, ni à ceux des terrains tertiaires. Ces derniers correspondent, pour les genres, avec ceux qui vivent aujourd'hui ; mais les espèces sont toujours nettement distinctes.

Il faut toutefois remarquer que si l'on consulte les catalogues que renferment la plupart des traités de géologie, on trouvera quelques exceptions à cette loi. Ainsi l'*Ichthyosaurus communis* est indiqué dans les anciens catalogues comme se trouvant dans le lias et dans la craie, etc. Plusieurs faits de ce genre ont été reconnus faux, et il faut remarquer que l'identité des espèces a souvent été établie sur l'étude d'un nombre très insuffisant de fragments, et dans un temps où les principes de la science n'étaient pas assez connus pour qu'on sentît toute la gravité de ces rapprochements. Leur réalité s'évanouit presque toujours devant un examen approfondi.

Il est encore d'autres lois que confirme l'étude des reptiles fossiles. Ainsi on y trouve des preuves de celle que j'ai établie plus haut (p. 57, 3e loi), en montrant que les différences qui existent entre les faunes perdues et les animaux actuels sont d'autant plus grandes que les faunes sont plus anciennes. Si l'on compare, en effet, la création actuelle avec la faune tertiaire, on verra, comme je l'ai dit, qu'il n'y a presque aucune différence générique ; tandis qu'une comparaison analogue avec la faune secondaire montrerait au contraire de très grandes dissemblances. Les ichthyosaures, les ptérodactyles, etc., rendent ce fait évident.

Mais nous pouvons voir aussi, comme je le disais alors, qu'il ne faut pas exagérer cette loi en voulant la trop généraliser. Si nous remontons, en effet, à des terrains plus anciens encore, nous trouverons, il est vrai, quelques types qui, tels que les labyrinthodontes s'éloignent beaucoup des genres actuels ; mais nous verrons aussi, dans ces mêmes terrains, des lacertiens qui ressemblent bien plus à ceux qui vivent aujourd'hui que les genres anomaux des terrains secondaires que je viens de rappeler.

On trouve aussi dans l'histoire des reptiles une confirmation de notre huitième loi (p. 74), qui rappelle que la température de la terre a varié. Ces grands reptiles ont dû vivre dans des climats plus chauds que le nôtre. On peut voir, en particulier, une preuve de la température plus élevée de l'époque tertiaire, dans le fait qu'alors le nord du continent européen nourrissait des serpents semblables aux boas ou aux pythons, qui sont aujourd'hui spéciaux à la zone torride. On en peut tirer aussi de ce que les tortues et les crocodiles habitaient les mers et les estuaires d'Angleterre, tandis qu'ils ne vivent aujourd'hui que dans les eaux des régions chaudes du globe.

La dixième loi (p. 75), qui établit que tous les animaux fossiles ont été formés sur le même plan que les animaux actuels, reçoit aussi de l'étude des reptiles une importante confirmation. Les types les plus bizarres et les plus éloignés par leur forme des habitants du monde actuel ont toujours leur squelette composé de pièces dont l'homologie est évidente.

Mais si la paléontologie des reptiles fournit des preuves en faveur des lois que j'ai indiquées comme probables, elle sert aussi à réfuter et à restreindre celle du perfectionnement graduel des êtres (5ᵉ loi, p. 62) que j'ai déjà montré être fondée sur une généralisation hasardée de faits incomplétement observés.

On peut remarquer en premier lieu que, dans la faune la plus ancienne, deux ordres sont représentés, et que ces deux ordres, les chéloniens et les sauriens, loin d'être les plus imparfaits, sont au contraire regardés comme les plus élevés par leur organisation.

Si nous examinons aussi quels sont les types de chacun de ces ordres, nous trouverons dans leur comparaison une seconde preuve contre le perfectionnement graduel. Plusieurs sauriens des terrains anciens sont des lacertiens thécodontes ; c'est-à-dire que, s'ils sont moins parfaits que les crocodiliens, ils le sont plus que les iguaniens et les lacertiens actuels.

Dans l'époque secondaire, nous trouvons des chéloniens d'une perfection égale aux actuels ; nous y voyons aussi des crocodiliens (¹) et des lacertiens inférieurs à

---

(1) Je dois faire remarquer ici que la comparaison de la perfection des organismes soulève des questions si délicates et si difficiles, que l'on trouve quelquefois, si l'on veut, des preuves pour ou contre, et qu'il est important, dans une discussion de cette nature, de regarder l'ensemble, et non tel ou tel détail. Les crocodiliens des terrains secondaires en fournissent une preuve. Ils sont inférieurs, sous un point de vue, à leurs successeurs, car ils ont les vertèbres biconcaves, circonstance qui prend quelque importance du fait que les crocodiliens actuels passent, dans l'état embryonnaire, par cette forme de vertèbres biconcaves, et que l'on peut dire, jusqu'à un certain point, que les téléosaures sont des crocodiliens qui n'ont pas atteint leur terme complet de développement. Ce fait est remarquable ; mais il est isolé et il n'infirme

quelques types vivants et supérieurs à d'autres. Les ichthyosaures et les plésiosaures font, il est vrai, un passage aux poissons; mais en admettant leur infériorité d'organisation relativement aux reptiles actuels, on n'en pourrait rien conclure en faveur du perfectionnement graduel, car ils sont en même temps inférieurs à la plupart des reptiles qui les ont précédés dans les terrains pénéen et triasique.

On doit donc reconnaître que chacune des faunes, qui a ses caractères tranchés et spéciaux, a eu en même temps une moyenne de perfection qu'on ne peut estimer ni supérieure, ni inférieure aux autres, et que l'on ne peut en conséquence admettre en aucune manière que les reptiles se soient graduellement perfectionnés.

L'étude de ces animaux fournit aussi des preuves contre l'idée de la transition des espèces, que j'ai montrée ailleurs être la véritable base de la théorie du perfectionnement graduel. On ne trouve aucune transition admissible entre les ichthyosaures et les reptiles qui sont venus avant ou après eux. Les ptérodactyles forment un type unique et tranché que rien ne lie à aucun genre qui les ait précédés ou suivis. On peut dire la même chose de presque tous, et l'on est forcé d'en conclure que chacun de ces genres remarquables a été créé tel que nous le connaissons, et a eu son existence tout à fait indépendante des autres.

Les détails qui vont suivre fourniront d'ailleurs des explications et des confirmations de ce que je viens d'indiquer d'une manière générale. Il ne me reste plus ici qu'à dire quelques mots des terrains où l'on a trouvé des ossements de reptiles.

pas ceux plus essentiels qui démontrent l'égalité de perfection de l'ensemble des faunes. Il se rapporte du reste à notre sixième loi, p. 69.

Les rares débris des reptiles qui ont vécu pendant l'époque dévonienne ont été découverts à Cummington, près Elgin (Morayshire).

Les terrains de l'époque carbonifère où l'on a trouvé quelques ossements de ces animaux sont les étages les plus supérieurs de cette formation, aux environs de Saarbruck (*Archegosaurus*); auxquels on pourrait ajouter, si la détermination des fossiles était plus certaine, ceux de Munsterappel dans la Bavière rhénane (*Apateon*). Les dépôts carbonifères de Greensburg (Pensylvanie, Amérique septentrionale) contiennent des impressions de pas que l'on considère comme indiquant aussi l'existence d'animaux de cette classe.

Dans l'époque pénéenne on cite les conglomérats dolomitiques des environs de Bristol, le zechstein de la Thuringe, et quelques localités de la Russie, où l'on a trouvé des ossements.

Le terrain triasique renferme des ossements de reptiles dans ses trois étages, le grès bigarré, le muschelkalk et le keuper. On cite en Allemagne, les environs de Nuremberg, de Stuttgardt, de Bayreuth, de Sulzbad, quelques gisements de Bohême et de Franconie, etc.; en Angleterre, les dépôts de Leamington et de Grinsill; en France, ceux de Lunéville, etc. Quelques gisements du nouveau grès rouge d'Angleterre, d'Allemagne et des États-Unis ont conservé des empreintes de pas.

Le terrain jurassique est plus riche. Sa formation inférieure, ou lias, est un des terrains où les reptiles sont les plus abondants. Parmi les localités principales on peut citer, en Angleterre, le lias de Lyme Regis, de Bristol et de quelques autres points, où l'on a trouvé les squelettes les plus beaux et les plus complets de plésiosaures et d'ichthyosaures, et en Allemagne le lias d'Altdorf et de Böll en Wurtemberg, qui ont fourni de nombreux crocodiliens, etc.

Les reptiles de l'oolithe inférieure sont principalement connus par l'exploitation des carrières de Stonesfield en Angleterre, ainsi que par celles des calcaires de Caen et de quelques autres parties de la Normandie. Parmi les localités les plus célèbres du terrain jurassique supérieur sont les schistes calcaires de Monheim et de Solenhofen qui ont fourni des crocodiliens, des lacertiens, et surtout les plus beaux échantillons connus du genre ptérodactyle. On peut citer aussi les dépôts kimméridgiens de Shotover, du Havre, de Honfleur, de Soleure, etc.

Le terrain wealdien, qui, comme je l'ai dit ailleurs, correspond à la fin de la période jurassique ou au commencement de l'époque crétacée, a été exploité avec un grand succès dans diverses parties de l'Angleterre, et en particulier dans l'île de Wight, les environs de Purbeck, la forêt de Tilgate, etc. C'est à ce terrain, qui a été déposé par l'eau douce et probablement dans des estuaires, que l'on doit la conservation de plusieurs genres gigantesques, tels que l'iguanodon, le mégalosaure et l'hyléosaure.

Dans les terrains crétacés, on peut citer principalement quelques gisements en Angleterre (Maidstone, Cambridge, etc.), la craie de la montagne de Maestricht, dans laquelle on a trouvé les restes du mosasaure, et les grès verts supérieurs de New-Jersey (Amérique septentrionale).

La plupart des grands dépôts tertiaires que nous avons cités en parlant des mammifères ont aussi fourni quelques ossements de reptiles. Les plus riches sont : l'argile des environs de Londres ; les dépôts inférieurs

du bassin de Paris, quelques autres localités de France
(Aix, Auvergne, Argenton, etc.); les mollasses de
Suisse, celles d'Allemagne (Wiesbaden, Weisenau,
Georgensgmund, etc.); les terrains pliocènes d'Asti,
de Montpellier, d'OEningen, le crag d'Angleterre, etc.

Dans ces divers gisements les os sont quelquefois
conservés par une véritable pétrification; quelquefois
aussi leur tissu est moins changé. Tantôt, comme je l'ai
dit ailleurs, les squelettes sont trouvés entiers et prouvent que l'animal a été mis à mort presque en même
temps qu'il a été enseveli : c'est ce qu'on voit pour
beaucoup d'ichthyosaures et de plésiosaures du lias, et
pour les téléosaures de l'oolithe. Quelquefois aussi les
os sont trouvés épars, ont été dépouillés de leurs parties
molles et charriés par les eaux, avant que d'être recouverts par la vase ou le sable. C'est ce qu'on remarque
souvent dans les terrains wealdiens; c'est ce qui arrive
aussi à quelques ossements du terrain kimméridgien,
que l'on voit recouverts par des mollusques qui ont eu
le temps de s'y fixer, entre le moment où les chairs ont
été macérées et celui où les os ont été définitivement
ensevelis.

1re SOUS-CLASSE.

REPTILES PROPREMENT DITS.

1er ORDRE.

CHÉLONIENS, ou TORTUES.

Les chéloniens sont faciles à distinguer de tous les
reptiles par l'énorme développement de leur sternum
qui forme un plastron, et par la soudure de leurs côtes

avec les apophyses épineuses des vertèbres dorsales en une carapace, qui fournit un mode de protection impérieusement réclamé par la lenteur de la marche de ces animaux.

Ils manquent tous de dents et leurs mâchoires sont protégées par un étui corné en forme de bec. Leur tête est courte, avec une cavité encéphalique médiocre, l'os carré est soudé au temporal; l'occipital s'articule avec l'atlas par un seul condyle qui correspond au corps de la vertèbre.

La *carapace* est composée de cinq séries de pièces unies ensemble par des sutures dentées. La série médiane correspond aux apophyses épineuses des vertèbres (*pièces dorsales* ou *vertébrales*), les deux séries qui les bordent à droite et à gauche proviennent de l'épatement des côtes (*pièces costales*), et les deux séries qui forment le bord (*pièces marginales*) ont été considérées par quelques auteurs comme représentant les cartilages des côtes; mais le fait que souvent elles ne se soudent pas avec le sternum, peut aussi bien en faire des épiphyses des vraies côtes. Il faut d'ailleurs remarquer que souvent les antérieures ou *nuchales* et toujours la postérieure ou *sus-caudale*, sont impaires.

Le sternum est dilaté en un vaste *plastron* composé de neuf pièces dont une médiane (*endosternal*), et huit formant quatre paires que M. E. Geoffroy désigne sous les noms de *épisternaux*, *hyosternaux*, *hyposternaux* et *xiphisternaux*.

Les membres sont placés en dedans des os du tronc ou de la carapace, disposition anormale et unique parmi les vertébrés. L'épaule est composée de trois os homologues de ceux des oiseaux, et les pattes sortent par des échancrures du plastron. Le bassin est normal.

La carapace et le plastron sont recouverts par une peau qui est ordinairement divisée en écailles. Leur bord laisse une trace sous la forme d'un sillon, en sorte que leur disposition est visible lors même que l'os seul a été conservé. Elles correspondent, sauf des changements de nombre et de proportion, aux pièces de la carapace et du plastron ; sur la première on trouve une série médiane de *plaques vertébrales*, deux séries (une de chaque côté) de *plaques costales*, et le bord est occupé par des *plaques marginales*. Il faut avoir soin de ne pas confondre les sillons larges et peu profonds qui sont formés par le bord des plaques, avec les sutures dentées des véritables pièces du squelette. Le sternum présente aussi des plaques qui correspondent à peu près aux pièces osseuses. On nomme *plaques gulaires* celles qui couvrent les épisternaux et qui sont situées sous la gorge ; *plaques axillaires* celles qui sont dans les échancrures par où sortent les pattes antérieures, et *plaques inguinales* celles des échancrures postérieures.

On distingue les chéloniens en quatre ordres, d'après la forme de leurs pieds, de leur carapace et de leur plastron.

Les Tortues de terre, ou Chersites, ont une carapace solide, très bombée, où toutes les pièces sont en contact ; un plastron également plein, largement soudé à la carapace ; des membres courts, à doigts réunis en moignons arrondis et protégés par de gros ongles qui méritent presque le nom de sabots. (Atlas, pl. XXII, fig. 1 et 2.)

Les Tortues d'eau douce, ou Élodites, ont une carapace moins solide, moins bombée, composée aussi de pièces complétement en contact, mais souvent soudées tardivement ; un plastron plus petit, quelquefois percé par une ouverture, quelquefois aussi imparfaitement soudé à la carapace ; des doigts longs, dont quatre ou cinq ont des ongles, et qui sont réunis par une palmure. (Atlas, pl. XXII, fig. 3 et 4.)

Les Tortues fluviales, ou Potamites, à caparaçe très déprimée, composée de pièces incomplétement réunies, sans pièces marginales ; à plastron composé d'éléments non soudés ; à lèvres charnues et non cornées ; à peau molle non divisée en écailles, et à doigts distincts dont trois seulement portent des ongles. (Atlas, pl. XXII, fig. 5 et 6.)

Les Tortues marines, ou Thalassites, à carapace déprimée, cordiforme, composée de pièces incomplétement réunies, mais ayant des pièces marginales ; à plastron composé d'éléments non soudés ; à lèvres cornées ; à doigts comprimés, cachés et empâtés par des écailles, en sorte que le membre antérieur est converti en une nageoire puissante. (Atlas, pl. XXII, fig. 7 à 9.)

On n'a pas de preuves incontestables de l'existence des chéloniens à la surface de la terre avant le commencement de l'époque secondaire, car on n'en a encore trouvé aucun ossement dans les terrains de l'époque primaire.

Mais des impressions de pas laissées sur les couches encore molles, et qui rappellent la forme des pieds des tortues plus que celle de tous les autres reptiles, semblent faire remonter leur apparition plus haut. On en a cité depuis longtemps dans les terrains du nouveau grès rouge (terrain triasique). Le capitaine Lambart Brickenden vient d'en découvrir dans des formations plus anciennes encore (le terrain dévonien). Je n'ai pas besoin d'ajouter qu'il est difficile d'attribuer à ces traces une autorité équivalente à celle qu'aurait la découverte de pièces osseuses. L'existence des chéloniens n'est démontrée par ces preuves plus positives que dans les terrains jurassiques et dans ceux qui les ont suivis.

Les circonstances qui accompagnent leur apparition donnent matière à quelques considérations intéressantes.

En premier lieu, on peut tirer, de l'histoire paléontologique des tortues, les mêmes conclusions que nous avons déjà vu que fournissait la comparaison plus générale des reptiles, contre le prétendu principe du perfectionnement graduel des êtres. Les quatre types que nous venons de caractériser ont apparu ensemble ; car, sans tenir compte des traces de pas dont nous venons de parler, on les trouve tous dans les terrains jurassiques.

Quant à leur distribution géographique, on trouve une confirmation de la loi que j'ai rappelée plus haut, que la température du globe a été plus uniforme qu'elle ne l'est aujourd'hui; car les chéloniens, qui de nos jours sont principalement habitants des régions chaudes, ont vécu anciennement dans les parties septentrionales de l'Europe et de l'Asie.

La taille des chéloniens fossiles ne paraît pas avoir en général excédé celle des tortues actuelles, et les dimensions qu'acquiert de nos jours la tortue franche sont supérieures à celles de presque tous les fossiles européens. La même chose n'a pas lieu pour les tortues d'Asie; car les terrains subhimalayens recèlent les débris d'un immense animal de cet ordre qui dépasse de beaucoup tous les chéloniens actuels.

Enfin, un des faits les plus remarquables de la distribution géologique des chéloniens, est le mélange qui existe souvent entre les tortues de mer et celles d'eau douce ; tandis que de nos jours les chélonées sont toujours exclusivement marines, et que les émydes et les trionyx n'habitent que les fleuves, les lacs ou les marais d'eau douce.

On trouve, par exemple, quelques chélonées ou tortues marines fossilisées dans les terrains jurassique et néocomien, dans le grès vert, et dans la craie, qui sont des dépôts formés par la mer ; tandis que d'autres espèces ont leurs ossements dans le calcaire de Purbeck ou dans les terrains wealdiens qui ont été formés par des eaux douces.

Ainsi, encore, on trouve des émydes dans diverses localités marines des terrains jurassiques, et d'autres dans des terrains d'eau douce, tels que le wealdien, les mollasses, les schistes d'OEningen, etc. Les trionyx présentent le même mélange.

Il en résulte que quelquefois un même gisement renferme des débris confondus de tortues de mer et de tortues d'eau douce. Ainsi les terrains wealdiens ont des émydes et des chélonées, et les argiles de Sheppy renferment en quantité considérable ces deux genres réunis avec des trionyx.

Doit-on conclure de ces faits que les tortues du monde ancien avaient une habitation moins stricte que celles du monde actuel, et que les émydes pouvaient vivre dans la mer et les chélonées dans l'eau douce ? Cette supposition n'est pas absolument impossible, car l'étude de ces espèces montre des transitions qui manquent aujourd'hui, et l'on connaît quelques émydes fossiles plus thalassines de formes qu'elles ne le sont actuellement, et surtout quelques chélonées qui présentent des transitions aux émydes.

Mais cette explication peut n'être pas la seule. Il est

possible aussi que des inondations subites, en augmentant les fleuves et en accélérant leur cours, aient transporté dans la mer les animaux qui les peuplaient, et les aient ainsi mélangés avec des êtres exclusivement marins. C'est, pour le dire en passant, le seul moyen d'expliquer la fossilisation des tortues terrestres.

Il est possible aussi que la différence de salure entre les diverses eaux du globe n'ait pas été toujours aussi prononcée qu'aujourd'hui. Nous verrons, dans l'histoire des poissons, des faits qui semblent montrer qu'aux époques géologiques anciennes, les eaux qui recouvraient la surface du globe n'offraient pas des différences aussi tranchées que celles qui distinguent de nos jours les eaux pélagiques des eaux terrestres.

On peut enfin remarquer que quelques unes de ces localités où sont réunies des tortues d'eau douce et de mer ont des caractères paléontologiques mixtes qui peuvent faire penser que ces terrains ont été formés dans des estuaires, auprès des embouchures des grands fleuves. Ainsi les argiles de Sheppy renferment des coquilles marines et des coquilles fluviatiles dont la réunion a été expliquée en supposant qu'elles ont été déposées naturellement, les unes par la mer, les autres par un grand fleuve qui y versait ses eaux. Il peut s'être passé quelque chose de pareil pour les tortues. Je dois toutefois faire remarquer que cette explication ne paraît plausible que pour quelques localités.

1re Famille. — TORTUES TERRESTRES,
ou CHERSITES.

(Testudinides.)

Les tortues de terre sont caractérisées, comme nous l'avons vu plus haut, par la hauteur de leur carapace qui est très bombée et qui peut résister à de fortes pressions; par leur plastron dont les pièces sont complétement soudées entre elles et unies à la carapace avec la même solidité, et par leurs doigts courts et réunis, appropriés à la marche sur la terre, mais incapables de servir à la natation.

Les mêmes raisons générales que j'ai données ailleurs, pour expliquer pourquoi les débris fossiles des animaux terrestres sont en général plus rares que ceux des êtres qui ont vécu dans les eaux, peuvent faire présumer que les ossements de cette famille ont été trouvés moins fréquemment que ceux qui appartiennent aux divisions suivantes. On a toutefois des preuves que ces tortues terrestres ont vécu à des époques assez reculées et en particulier pendant la période secondaire.

Les traces les plus anciennes, mais les moins certaines de leur existence, sont des impressions de pieds trouvées sur les vieux grès rouges (terrain dévonien) de Cummington, près Elgin, dans le Morayshire, et décrites par le capitaine Lambart Bricken-den [1]. Ces traces sont évidemment dues à un animal à quatre pieds; leur forme arrondie, sans doigts bien marqués, leur absence même de caractères précis, peuvent les faire attribuer à des tortues de terre; mais je ne saurais voir là qu'une présomption peu démontrée. D'autres plus reculées ont été découvertes sur le nouveau grès rouge (terrain triasique) des carrières de Corn-Cockle-Muir, dans le comté de Dumfries, et décrites par M. Duncan [2]. Ces traces, formées comme les précédentes par un animal à quatre pieds, sont trop courtes pour avoir été faites par des crocodiles ou par d'autres sauriens, et ce même caractère em-

---

[1] *Quarterly journal of the geological Society*, mai 1852, t. VIII.

[2] *Transactions of the royal Society of Edinburgh*, 1828; Buckland, *Traité Bridgewater*, traduit par Dorère, p. 225.

pêche de les attribuer à des émydes. Leur comparaison avec des impressions que des reptiles du monde actuel formeraient sur le sable montre que c'est avec celles des tortues de terre qu'elles ont le plus de rapports. On ne peut également voir dans ces faits qu'une probabilité, et il faut attendre la découverte de quelques ossements, pour pouvoir prononcer avec certitude que les tortues de terre ont vécu dès l'époque primaire.

Leur existence dans l'époque jurassique paraît mieux démontrée. M. Owen cite [1] des impressions d'écussons carrés, analogues à ceux qui recouvriraient une tortue terrestre de 10 pouces de long, comme se trouvant quelquefois dans les couches oolithiques de Stonesfield.

Les fragments trouvés dans les terrains tertiaires et diluviens sont plus abondants, et ont pu être déterminés avec plus d'exactitude. La plupart d'entre eux se rapportent au genre des

TORTUES PROPREMENT DITES
(*Testudo*, Brong.). — Atlas, pl. XXII, fig. 1 et 2.

Les espèces des terrains tertiaires sont les suivantes :

La plus anciennement connue est celle qui a été trouvée dans les environs d'Aix, en Provence, dans un terrain probablement contemporain de celui qui recèle des restes si nombreux de poissons. Elle a été décrite et figurée pour la première fois par Lamanon [2], et Cuvier a démontré que la hauteur de la carapace et la forme des lames costales ne peuvent se rapporter qu'à une tortue terrestre. La convexité est même si grande que les premiers fragments que l'on a découverts ont été pris pour des crânes humains, et plus tard pour des Nautiles.

Une seconde espèce [3] est la *Testudo antiqua*, Bronn, des gypses d'eau douce de Hohenhoewen, qui paraît avoir été retrouvée dans les mollasses de Suisse. Elle se rapproche surtout par la courbure de sa carapace de la *T. græca*, vivante. C'est cette espèce qui est figurée dans l'atlas.

Outre l'espèce précédente, les mollasses de Suisse renferment des débris

[1] *Report of the British association*, 1841.

[2] *Journ. de phys.*, t. XVI, p. 868. Voyez aussi Cuvier, *Ossem. foss.*, 4e édit., t. IX, p. 486, pl. 241, fig. 9-11; Fitzinger, *Ann. des Wien. mus.*, I, 1, 1835, p. 123; Giebel, *Fauna der Vorwelt*, I, 2, p. 52. M. Gray lui donne le nom de *Testudo Lamanonii* (*Syn. rept.*, p. 14).

[3] Voyez Bronn, *Neues Jahrb.*, 1832, p. 116; et *Nov. acta Acad. nat. cur.*, XV, part. II, p. 201, pl. 63 et 64; d'Althaus, *Mém. soc. de Strasbourg*, t. I, 1830; Fitzing., *Ann. Wien. mus.*, Giebel, *Fauna der Vorwelt*, I, 2, p. 52.

de tortues que l'on n'a pas encore pu caractériser d'une manière suffisante (1).

Une espèce de la mollasse du Vengeron, près Genève, n'est connue que par une omoplate qui indique une taille analogue à celle de la *T. antiqua*.

La *T. punctata*, Bourdet de la Nièvre (2), de la mollasse du mont de la Molière, n'est connue que par une simple indication et n'a pas été décrite.

Des ossements indiquant l'existence d'au moins deux tortues de grande taille ont été trouvés en Auvergne. L'une de ces espèces est citée sous le nom de *Testudo gigantea*, Bravard, mais n'a pas été décrite (3). Elle a été découverte à Bournoncle-Saint-Pierre (pliocène ?)

L'autre, qui provient du terrain miocène inférieur, est un peu moins grande et n'a été ni nommée ni décrite (4).

Une espèce de fort petite taille a été trouvée par M. Marcel de Serres dans les terrains tertiaires pliocènes de Montpellier (5).

M. Lartet (6) en indique quatre espèces dans les terrains miocènes du département du Gers. Ce sont :

La *Testudo Larteti* (*T. gigantea*, Lartet, nom qui ne peut pas être conservé, car il a été déjà employé par M. Bravard), de 8 à 9 pieds de circonférence. De Sansan et de Laymont ?

La *Testudo Caneliotana*, Lartet, longue de 8 à 9 pouces, et voisine de la *T. graeca*. De Sansan, Chelan et Marsolan.

La *Testudo Frigaciana*, Lartet, d'un tiers moindre. De Sansan.

La *Testudo pygmæa*, Lartet, de la grosseur d'un œuf de poule. De Sansan.

Dans les terrains diluviens on peut citer :

Une espèce voisine de la *Testudo graeca*, découverte par M. Marcel de Serres (7), dans les cavernes du midi de la France.

Une espèce voisine de la *Testudo radiata*, qui vit aujourd'hui à la Nouvelle-Hollande, a été signalée par Cuvier (8) dans les brèches osseuses de Nice.

---

(1) Voyez H. de Meyer, *Neues Jahrb.*, 1839, p. 5 ; 1843, p. 699.

(2) *Ann. Soc. lin. de Paris*, sept. 1825, p. 361 ; M. Brongn., *Tableau des terrains.*

(3) Voyez Pomel, *Bull. Soc. géol.*, 2ᵉ série, t. III, p. 371 ; M. Laurillard, *Dict. de d'Orbigny*, la cite sous le nom de *T. gigas*.

(4) Pomel, *Bull. Soc. géol.*, 2ᵉ série, t. IV, p. 382.

(5) *Ann. des sciences nat.*, 2ᵉ série, t. IX, p. 286. C'est la *Testudo Serresii*, Giebel, *Fauna der Vorwelt*, I, 2, p. 53. Voyez sur ces mêmes terrains et sur les débris de tortues terrestres qu'ils contiennent, De Christol, *Ann. sc. du midi de la France*, 1832, mars, et *Bull. Soc. géol.*, 1833.

(6) *Notice sur la colline de Sansan*, p. 38.

(7) Marcel de Serres, *Cav. de Lunel-Viel*, p. 216.

(8) Cuvier, *Ossem. foss.*, 4ᵉ édit., t. VI, p. 383. C'est la *T. radiata fossilis*, H. de Meyer, *Palæologica*, p. 104, et probablement aussi la *T. Cuvieri*, Fitzinger, *Ann. Wien. mus.*, Giebel, *Fauna der Vorwelt*, I, 2, p. 53.

Les tortues terrestres ont aussi été trouvées fossiles hors de l'Europe.

Des ossements découverts par M. Morton [1] dans l'étage inférieur du terrain crétacé des États-Unis indiquent probablement une espèce du genre Testudo.

C'est aussi à ce même genre qu'il faut rapporter l'espèce trouvée à l'île de France, dans un banc crayeux fort épais situé sous la lave. Il n'est pas bien démontré que cette couche ne soit pas d'origine moderne, et les ossements qui y ont été trouvés ne diffèrent pas sensiblement de ceux de la grande espèce qui vit encore aujourd'hui dans ces îles (*Testudo elephantina*, Dum. et Bibron). Cuvier [2] dit que l'humérus ne s'en distingue que parce qu'il est un peu plus gros en proportion de sa longueur, et parce que l'empreinte qu'il a en avant pour un vaisseau est plus large et moins profonde. Un tibia de la même localité est au contraire plus long et moins gros.

C'est dans le voisinage de cette espèce que doit se placer une tortue remarquable par ses dimensions gigantesques, et dont MM. Cautley et Falconer ont fait le genre Colossochelys (indiqué aussi sous le nom de Megalochelys.) De nombreux et remarquables fragments, envoyés par ces infatigables naturalistes au Musée britannique, indiquent une carapace qui a dû avoir plus de 12 pieds anglais de longueur sur 6 de hauteur, dimensions qui, à en juger par les espèces vivantes les plus voisines, donneraient à l'animal une longueur de 18 à 20 pieds. Les membres devaient être aussi massifs que ceux du rhinocéros. Ces ossements ont été trouvés dans les couches tertiaires subhimalayennes, dont nous avons déjà parlé fréquemment en traitant des mammifères. Il est possible que cet animal colossal ait été connu depuis longtemps des habitants de l'Inde, car les tortues gigantesques jouent un certain rôle dans les fables cosmogoniques indiennes.

Cette grande espèce est connue sous le nom de *Colossochelys atlas* [3], Cautley et Falconer.

<hr>

[1] *Journ. Acad. Phil.*, t. VIII, part. 2, p. 219.

[2] *Ossem. foss.*, 4ᵉ édit., t. IX, p. 493, et pl. 243, fig. 17. Cette espèce a été nommée *Testudo Néraudii*, par M. Gray, *Syn. rept.*, p. 14. Voyez encore Dubreuil et M. de Serres, *Ann. sc. nat.*, t. IX, p. 394, et t. X, pl. 10, fig. 3; Giebel, *Fauna der Vorwelt*, I, 2, p. 52.

[3] *Ann. sc. nat.*, 2ᵉ série, 1844, t. XIV, p. 501; 1845, t. XV, p. 55; et *Proceed. zool. Soc.*, 1844, p. 501; Giebel, *Fauna der Vorwelt*, I, 2, p. 54; *Megalochelys sivalensis*, Cautley et Falc., *Asiatic Journal*, t. VI, p. 354.

Les dépôts récents de l'Amérique méridionale renferment aussi des débris de tortues terrestres qui ont été décrits par M. Weiss [1]. La forme de leur carapace rappelle aussi celle de la tortue éléphantine ; mais il y a, dans les plaques marginales antérieures, des différences que M. Weiss considère comme suffisantes pour motiver l'établissement du genre TESTUDINITES.

La seule espèce connue a été trouvée avec des ossements de megatherium dans la Banda orientale ; M. Weiss la nomme *T. Seloicii*.

Les PTYCHOGASTER, Pomel,

joignent aux formes des tortues terrestres un plastron qui n'a son analogue que dans la famille des élodites. Les troisième et quatrième paires de pièces (hyposternaux et xiphisternaux) forment une plaque mobile sur le reste du sternum qui est solidement uni à la carapace. Le peu d'étendue des échancrures destinées au passage des pattes postérieures rendait nécessaire cette mobilité.

M. Pomel [2] signale l'existence de deux espèces dans les terrains miocènes inférieurs du département de l'Allier. L'espèce figurée est le *P. emydoides*, Pom.

2ᵉ FAMILLE. — TORTUES PALUDINES, ou ÉLODITES.

(Emydides.)

Les tortues paludines, ou tortues de marais, sont caractérisées par une carapace plus plate et moins solide que celle de la famille précédente, et par des doigts plus longs, susceptibles de porter des palmures, et par conséquent de servir à la natation ; mais ces doigts conservent encore la forme ordinaire, n'étant point aplatis et allongés en nageoires, et chaque pied a toujours quatre ou cinq ongles.

Ces animaux, si nombreux de nos jours, ont laissé des débris

(1) *Abh. der Acad. der Wissensch. zu Berlin*, 1830, p. 286. Voyez aussi Bronn, *Lethæa*, t. II, p. 1170 ; Fitzinger, *Ann. Wien. mus.* ; Giebel, *Fauna der Vorwelt*, I, 2, p. 53.

(2) *Bull. Soc. géol.*, 2ᵉ série, t. IV, p. 383, et pl. 4, fig. 9.

fossiles dans diverses époques. On peut dire sur eux ce que j'ai dit plus haut des tortues terrestres, que les couches des terrains anciens ont reçu les impressions de quelques pieds qu'on croit pouvoir rapporter à cette famille, et que des preuves certaines, fondées sur la découverte d'ossements, prouvent que ces tortues ont existé dès l'époque jurassique.

C'est dans le nouveau grès rouge [1] de Stourton Quarries, dans le Cheshire, que l'on a trouvé ces impressions de pieds.

Les ossements des tortues paludines n'ont pas encore été tous étudiés de manière à pouvoir être rapportés avec quelque certitude à leurs genres et sous-genres. La plupart d'entre eux ont été provisoirement attribués au genre des

ÉMYDES (*Emys*, Duméril), — Atlas, pl. XXII, fig. 3,

qui renferme les espèces vivantes les plus communes. Il est caractérisé par une carapace passablement bombée et par un plastron large, non mobile, solidement articulé à la carapace. En supposant que toutes les espèces qu'on attribue à ce genre doivent y rester, on le trouve fossile dans les terrains jurassiques, tertiaires et diluviens.

Les espèces jurassiques ont principalement été trouvées par M. Hugi dans les environs de Soleure. La pierre qui renferme ces débris remarquables est un calcaire qui appartient au terrain jurassique supérieur, probablement à l'étage kimméridgien, et qui contient aussi des mollusques qui prouvent son origine marine. Cette association des émydes et des mollusques marins est surprenante ; ces tortues, en effet, habitent aujourd'hui exclusivement l'eau douce, et leur conformation rend peu probable qu'elles aient jamais pu vivre dans la mer : leurs membres sont de trop faibles instruments de natation pour qu'elles aient pu s'aventurer dans une eau profonde et agitée. Peut-être, comme je l'ai dit, leurs débris ont-ils été transportés par des courants d'eau douce?

M. Hugi [2] affirme qu'il possède les débris d'environ vingt espèces ; une étude convenable de ces fragments fournirait certainement des résultats in-

[1] Owen, *Report of the Brit. ass.*, 1841, p. 168.
[2] *Alpenreise*, p. 10.

téressants. Cuvier a décrit trois grandes carapaces qui ne peuvent être confondues avec celles d'aucune tortue actuelle (1).

Les autres émydes citées par divers auteurs dans les terrains jurassiques, sont maintenant rapportées aux genres que nous indiquerons plus bas.

On cite une véritable émyde (?) dans le terrain wealdien.

C'est l'*Emys Menkei*, Roemer (2), de la formation wealdienne d'Obern-kirchen.

Dans les terrains tertiaires les ossements d'émydes ne sont pas moins nombreux.

M. Pomel (3) en indique une espèce dans le calcaire grossier de Caise-la-Motte.

Les plâtrières de Paris renferment quelques fragments qui appartiennent probablement à plusieurs espèces (4).

M. Gray (5) nomme la moins incomplète de ces espèces, *Emys parisiensis*. Mais il nous semble plus prudent d'imiter la réserve de Cuvier, qui considérait ces fragments comme ne pouvant pas caractériser une espèce d'une manière suffisamment précise.

Les terrains éocènes d'Angleterre (6) ont fourni des ossements qui sont mieux connus. Je citerai :

L'*Emys testudiniformis*, Owen, dont la carapace est plus convexe que dans la plupart des espèces d'eau douce, et qui ressemble, sous ce point de vue, à la *Cistudo carolina*, mais sans avoir de charnière au plastron. Sa taille est double de celle de la *Cistudo europæa*. C'est une des émydes de Sheppy de

---

(1) *Ossem. foss.*, 4ᵉ édit., t. IX, p. 451. — Ce sont : l'*Emys Grayi*, Giebel, *Fauna der Vorwelt*, t. II, p. 56 (*Emys jurensis*, Keferstein), figurée par Cuv., pl. 243, fig. 4 et 5 ;

L'*Emys Hugii*, Gray, *Syn.*, figurée par Cuv., pl. 243, fig. 6 ;

L'*Emys trionychoides*, Gray, *Syn.*, Cuv., pl. 243, fig. 7.

Des espèces indéterminées sont figurées encore planche 243, fig. 8-11.

(2) *Verst. nord-Deutsch. Ool. Geb.*, p. 14, pl. 16, fig. 11 ; Dunker, *Wealden Bildungen*, p. 79, pl. 16 ; Giebel, *Fauna*, I, 2, p. 57.

(3) *Bibl. univ. de Genève*, 1847, *Archives*, t. IV, p. 328.

(4) Cuvier, *Ossem. foss.*, 4ᵉ édit., t. V, p. 600.

(5) *Syn. rept.*, p. 33. C'est la *Clemmys parisiensis*, Fitz., *Ann. Wiener mus.*

(6) Voyez pour ces espèces : Owen, *Report. Brit. assoc.*, 1841, p. 161 ; Owen et Bell, *Palæontographical Society*, *Reptiles of London clay*, *Chelonia*, p. 67 et pl. 20 à 28 ; Cuvier, *Ossem. foss.*, 4ᵉ édit., t. IX, p. 464 ; Giebel, *Fauna der Vorwelt*, I, 2, p. 57, etc.

Cuvier. Elle a été désignée *sous le nom d'E. Parkinsoni*, par M. Gray, qui lui rapporte à tort un plastron, figuré par Parkinson, qui appartient à une chélonée. Cette tortue a été trouvée dans l'argile de Sheppy.

L'*Emys lœvis*, Bell, qui diffère de tous les chéloniens connus par deux pièces irrégulièrement arrondies, intercalées dans le plastron entre les hyosternaux et les hyposternaux vers leur bord externe. Elle provient aussi de Sheppy. (Atlas, pl. XXII, fig. 3.)

L'*Emys Comptoni*, Bell, qui a des rapports très grands avec les tortues de terre et qui a été rapportée aux émydes au moins autant à cause de sa position géologique que pour ses caractères. Elle avait seulement 3 pouces de long.

L'*Emys bicarinata*, Bell, longue d'un pied, et remarquable par l'étroitesse des plaques ou écailles vertébrales, ainsi que par trois carènes longitudinales sur ces plaques, une médiane et une en dehors de chaque côté. (La planche porte comme explication le nom de *tricarinata*.)

L'*Emys de la Bechii*, Bell, longue de 1 pied 9 pouces, et plus plate que toutes les précédentes. Elle provient de Sheppy.

L'*Emys crassa*, Bell, n'est connue que par des fragments de plastron qui sont remarquables par leur épaisseur. Elle a été trouvée dans les sables éocènes d'Hordwell.

M. Owen avait indiqué, en 1841, une espèce des sables éocènes d'Hardwich, plus plate que l'*E. testudiniformis* [1]. Mais dans le travail plus récent et plus complet qu'il a publié avec M. Bell, dans les mémoires de la Société paléontographique, il ne la mentionne plus. Peut-être rentre-t-elle dans une des précédentes.

Les emydes paraissent nombreuses dans les terrains miocènes.

Cuvier [2] indique une espèce des mollasses de la Grave (Dordogne), dont M. H. de Meyer (Bronn, *Index*) a fait l'*Emys Brongniarti*, et M. Gray l'*Emys Cuvieri*, en confondant avec elle une espèce de la mollasse suisse.

M. Lartet [3] cite deux espèces des terrains miocènes de Sansan : l'*Emys sansaniensis*, Lart., de 15 à 18 pouces de long, et l'*Emys Dumeriliana*, très petite et remarquable par la compression de la tête de son fémur.

M. Pomel [4] annonce l'existence de deux espèces dans les terrains tertiaires du Bourbonnais. M. Bravard [5] en indique une d'Auvergne que Fitzinger a inscrite sous le nom de *Clemmys Bravardi*. Je ne sais pas si c'est la

---

[1] M. Giebel (*Fauna der Vorwelt*, t. I, 2, p. 57) l'a inscrite sous le nom de *Emys Owenii*.

[2] *Ossem. foss.*, 4ᵉ édit., t. IX, p. 463, pl. 243, fig. 19.

[3] *Notice sur la colline de Sansan*, p. 38.

[4] *Bull. Soc. géol.*, 2ᵉ série, t. III, p. 371.

[5] *Monogr. de la mont. de Perrier et de deux Felis*, p. 114.

même qui est indiquée, par M. Laurillard [1], sous le nom de *Emys Etaveria*, Brav. Elles n'ont été décrites ni l'une ni l'autre.

La mollasse suisse [2] contient de nombreux ossements d'émydes. On les trouve souvent trop fragmentés pour qu'il soit facile d'en préciser les caractères spécifiques et leur histoire est encore à faire. Parmi les espèces qui ont été indiquées nous citerons les suivantes, dont aucune n'a été décrite avec des détails suffisants.

L'*Emys Wyttembachii*, Bourdet [3], à laquelle il faut, suivant M. H. de Meyer, réunir la *Chéionia Meissneri*, Bourdet, n'est connue que par une portion du plastron et par une pièce marginale trouvée dans la mollasse des environs d'Arberg (canton de Berne).

L'*Emys Cordieri*, Bourdet, et l'*Emys de Fonte*, Bourdet, sont aussi incomplètement connues et proviennent du mont de la Molière [4].

Les *Emys Fleischeri*, H. de Meyer et *Gessneri*, id, sont indiquées comme trouvées dans la mollasse d'Aarau.

L'*Emys hospes*, H. de Meyer [5], trouvée à Flonheim; l'*Emys Loretana*, H. de Meyer [6], des terrains tertiaires de Vienne; et l'*Emys striata*, H. de Meyer [7], de Georgensgmund, ne sont aussi connues que par de simples indications ou par la description de fragments insuffisants.

L'*Emys Turnaviensis*, H. de Meyer [8], présente un caractère remarquable dans l'extrême développement des plaques vertébrales de la carapace (écailles), qui repoussent les plaques costales de manière à s'articuler directement avec les marginales. Cette espèce provient des terrains tertiaires de la Styrie.

Il faut aussi, je pense, placer ici une espèce [9] séparée sous le nom de CLEMMYS, car ce genre de Wagler rentre dans celui des émydes, tel que nous l'avons limité. C'est la *C. Rhenana*, H. de Meyer, du terrain tertiaire de Mombach et de Weisenau.

On connaît aussi plusieurs émydes des terrains tertiaires pliocènes.

[1] *Dict. de d'Orbigny*, t. XII, p. 614.

[2] Voyez pour les émydes de la mollasse suisse, H. de Meyer, *Leonhard und Bronn Neues Jahrb.*, 1838, p. 667; 1839, p. 4; 1843, p. 393; 1845, p. 309, et 1846, p. 469.

[3] *Bull. Soc. phil.*, 1821; et *Schweiz. Verh.*, 1823, p. 49; Cuvier, *Ossem. foss.*, 4ᵉ édit., t. IX, p. 464; Giebel, *Fauna der Vorwelt*, t. I, 2, p. 58.

[4] *Schweiz. Verh.*, 1823, p. 50.

[5] *Leonh. und Bronn, Neues Jahrb.*, 1843, p. 702.

[6] *Id.*, 1847, p. 579.

[7] *Id.*, 1835, p. 364; *Georg. Gm.*, p. 121, pl. 10, fig. 83.

[8] Bronn, *Index*; E. Turnaviensis, id., *Leonh. und Bronn, Neues Jahrb.*, 1847, p. 183.

[9] *Leonh. und Bronn, Neues Jahrb.*, 1843, p. 391 et 586; 1847, p. 194.

Le cabinet de M. Deluc, à Genève, renferme une empreinte qui provient des sables marneux d'Asti, en Piémont, et qui a été décrite sous le nom d'*Emys Delucii*, Bourdet [1].

M. H. de Meyer [2] a décrit un fragment de carapace d'Œningen sous le nom de *Emys scutella*, H. de Meyer.

Les tertiaires supérieurs de Bruxelles renferment des émydes qui ont été étudiées par Burtin, Faujas et Cuvier [3], et qui forment probablement plusieurs espèces. La mieux connue, c'est-à-dire celle qui a été figurée par Cuvier, est désignée par M. Gray, sous le nom d'*Emys Camperi*.

Les terrains pliocènes de Montpellier en contiennent aussi [4].

On en cite aussi quelques espèces trouvées dans les terrains diluviens.

L'*Emys lutaria*, actuellement vivante ou une espèce bien voisine, se trouve dans les terrains récents de la Suède [5].

M. H. de Meyer [6] a décrit une *Emys turfa*, H. de Meyer, des tourbières d'Enkheim.

On en cite aussi des débris du val d'Arno [7], et Schlotheim [8] en indique dans un tuf calcaire à éléphants, des environs de Burgtonna.

Enfin on en a rapporté aussi quelques débris du continent asiatique. MM. Cautley et Falconer en ont trouvé dans les terrains subhimalayens, et M. Clift en cite des bord de l'Irawadi en Birmanie [9].

MM. Cautley et Falconer en ont en particulier trouvé une espèce que l'on ne peut pas, suivant eux, distinguer de l'*Emys tectum*, Gray, actuellement vivante dans l'Inde. Il paraît toutefois singulier qu'une espèce actuelle se retrouve avec les *Sivatherium*, les *Colossochelys*, etc.

[1] *Bull. Soc. phil.*, 1821; Cuv., *Ossem. foss.*, 4ᵉ édit., t. IX, p. 473.

[2] *Zur Fauna der Vorwelt, Œningen*, p. 17, pl. 7, fig. 2.

[3] Voyez Burtin, *Oryctog. de Bruxelles*, p. 5; Faujas, *Hist. de la mont. de Saint-Pierre*; Cuv., *Ossem. foss.*, 4ᵉ édit., t. IX, p. 408, pl. 243, fig. 16; Gray, *Syn. Rept.*, p. 33.

[4] De Christol, *Ann. sc. et ind. du midi de la France*, mars 1832; Marcel de Serres, *Ann. des sc. nat.*, 2ᵉ série, t. IX, p. 286.

[5] Nilsson, *Kongl. Vet. Akad. Handl.*, 1839.

[6] *Mus. Senkenberg.*, t. II, p. 60, pl. 5 et 6.

[7] Cuvier, *Ossem. foss.*, 4ᵉ édit., t. IX, p. 474.

[8] *Petrefactenkunde*, p. 35.

[9] Voyez Buckland, *Trans. of the geol. Soc.*, 2ᵉ série, t. II, p. 379, pl. 42, Cautl. et Falc., *Asiat. Journ.*, sept. 1835.

Les genres suivants ont été séparés des émydes proprement dites.

Les Palæochelys, H. de Meyer,

n'en diffèrent que par quelques détails dans les relations des pièces costales avec les vertébrales et dans la disposition des sillons formés par le bord des écailles. La troisième pièce costale (osseuse) n'est articulée qu'à la troisième pièce vertébrale ; la quatrième l'est à la fois à la troisième, à la quatrième et à la cinquième. Le contraire a lieu suivant M. H. de Meyer dans les tortues vivantes. Dans ce même genre fossile les pièces costales articulées à une seule vertébrale n'ont pas la ligne d'impression qui sépare deux écailles costales consécutives. Cette ligne se retrouve sur les pièces costales à trois adhérences vertébrales. Ces caractères permettraient de distinguer les palæochelys même quand on n'en a que des fragments ; mais je n'ai pas eu des collections suffisantes pour en vérifier la généralité et la constance.

Il faut placer dans ce genre la *Palæochelys Bussinensis*, H. de Meyer [1], trouvée dans un calcaire tertiaire d'eau douce au pied du Bussen, dans la vallée du Danube.

Il faut, suivant le même auteur, y rapporter aussi l'espèce qui avait été décrite sous le nom de *Clemmys taunica*, H. de Meyer [2].

M. H. de Meyer [3] ajoute encore deux espèces du calcaire tertiaire de Haslach, les *P. Haslachensis* et *costula*, H. de Meyer.

Les Eurysternum, Münster,

ne sont connus que par un squelette trouvé à Solenhofen. Ce fossile est assez complet, mais fortement altéré dans toute sa partie centrale, en sorte que l'on ne peut pas juger des détails du plastron et que la carapace n'est connue que par sa partie postérieure. La forme se rapporte à celle des émydiens, mais les membres sont presque aussi courts que dans les tortues de terre, principalement l'avant-bras et les doigts.

[1] *Neues Jahrb.*, 1847, p. 456 ; Quenstedt, *Handb. der Petref.*, p. 91, pl. 5, fig. 5.
[2] *Neues Jahrb.*, 1843, p. 391, 405 et 586.
[3] *Neues Jahrb.*, 1851, p. 77.

La seule espèce connue est l'*Eurysternum Wagleri*, Münster (¹).

Les PLATEMYS, Wagler,

forment un genre établi pour des espèces vivantes, et caractérisé par une carapace très déprimée, un sternum non mobile, une tête aplatie, cinq ongles aux pattes antérieures et quatre aux postérieures.

On lui rapporte quelques espèces fossiles des terrains wealdiens et tertiaires.

La *Platemys Mantelli*, Owen (²), n'est connue que par quelques fragments trouvés dans la forêt de Tilgate, comté de Sussex (wealdien).

Les espèces tertiaires sont mieux connues.

La *Platemys Bowerbankii*, Owen (³), a un rudiment de pièce accessoire entre l'hyosternal et l'hyposternal du côté externe, comme l'*Emys lævis*, mais moins développé. Elle a été trouvée dans l'argile éocène de l'île de Sheppy.

La *Platemys Bullockii*, Owen (⁴), est remarquable par l'existence d'une pièce surnuméraire bien plus complète entre l'hyosternal et l'hyposternal, car elle est aussi développée que ces deux os et forme de chaque côté une plaque qui se réunit à son homologue sur la ligne médiane, en sorte que le plastron a cinq paires de pièces au lieu de quatre. Elle provient du même gisement.

Les CHÉLYDRES, *Chelydra*, Schw.

(*Chelonura*, Flem, *Emysaurus*, Dum. et Bib.), — Atlas, pl. XXII, fig. 4,

ont également été séparées des émydes par des caractères étudiés sur une espèce vivante. Elles sont caractérisées par leur plastron

(¹) Voyez H. de Meyer, in *Münster Beitr.*, t. I, p. 75, pl. 19; Bronn, *Lethæa*, 3ᵉ édit., Terr. jur., p. 562; Giebel, *Fauna der Vorwelt*, t. I, 2, p. 62.

(²) *Report Brit. ass.*, 1841, p. 167; *Emys Mantelli*, Gray, *Syn. Rept.*; Fitzing., *Ann. Wien. mus.*; *Emyde de Sussex*, Cuv., *Ossem. foss.*, 4ᵉ édit., t. IX, p. 461; Mantell, *Geol. of Sussex*, p. 61, pl. 6 et 7; Giebel, *Fauna der Vorwelt*, t. I, 2, p. 63.

(³) *Report Brit. ass.*, 1841, p. 163; *Palæont. Society, Reptilia Chelon.*, p. 66, pl. 23; Giebel, *Fauna der Vorwelt*, t. I, 2, p. 63.

(⁴) *Report*, etc.; *Palæont. Soc.*, p. 62, pl. 21; Giebel, *loc. cit.*, t. I, 2, p. 63.

non mobile, cruciforme, composé de branches étroites, par leur tête large, leur museau court et leurs mâchoires crochues.

Ce genre ne comprend aujourd'hui qu'une seule espèce de l'Amérique septentrionale; on lui rapporte une grande espèce fossile d'OEningen (pliocène).

La *Chélydra Murchisoni*, Bell [1], belle espèce longue de 16 pouces, présente un rapport remarquable avec la chélydre serpentine vivante, par son plastron cruciforme, sa longue queue, etc.

Il faut, suivant M. Pomel [2], ajouter une seconde espèce des terrains miocènes d'Auvergne, l'*E. Meithauratiæ*, Pomel.

Les TRETOSTERNON, Owen,

sont caractérisés par une carapace large, aplatie, sculptée et pointillée, circonstances qui les rapprochent en apparence des trionyx avec lesquels on peut facilement les confondre. Ils s'en distinguent clairement par des sillons formés par les bords des écailles qui montrent que la carapace et le plastron ont été protégés par des plaques écailleuses comme dans les émydes, tandis que les trionyx ont une peau molle et uniforme qui ne laisse aucune trace de sillons sur le squelette. Les tretosternon se rapprochent encore des trionyx par d'autres caractères, et en particulier par l'état rudimentaire des pièces osseuses marginales.

La seule espèce citée est le *Tretosternon punctatum*, Owen [3]. Elle a été trouvée dans le calcaire de Purbeck (wealdien).

Je ne comprends pas bien sur quels caractères M. H. de Meyer en distingue le genre TRACHYASPIS, connu seulement par quelques fragments de la mollasse suisse, qui ont le double caractère d'être

[1] *Trans. of the geol. Soc.*, 2ᵉ série, t. III, p. 281; t. IV, p. 379, pl. 24; H. de Meyer, *Zur fauna der Vorwelt*, OEningen, p. 12, pl. 11 et 12; *Hydraspis OEningensis* et *Clemmys Kargii*, Fitz., *Ann. Wien. mus.*, t. I, p. 127; *Testudo orbicularis*, Karg., *Denk. nat. Schwabens*, *Testudo indica*, Murchison, *Trans. of the geol. Soc.*, 2ᵉ série, t. III, p. 281; Giebel, *Fauna der Vorwelt*, t. I, 2, p. 64.

[2] *Bull. Soc. geol.*, 2ᵉ série, t. III, p. 372.

[3] *Report Brit. ass.*, 1841, p. 165; Mantell, *Geol. of Sussex*, pl. 6, fig. 1, 3 et 5; Giebel, *Fauna der Vorwelt*, t. I, 2, p. 62.

creuses de petites fossettes et de présenter des sillons de bords d'écailles.

M. H. de Meyer (1) indique le *T. Lardyii*, de la mollasse de Lausanne.

Les Apholidemys, Pomel,

ont aussi des caractères intermédiaires entre les émydes et les trionyx, mais en quelque sorte inverses de ceux des tretosternon. La carapace est bordée par des pièces marginales aussi développées que dans les émydes, mais il n'y a pas plus de traces d'écailles que dans les trionyx, dont elles se rapprochent aussi par leur surface tuberculeuse.

Les *Apholidemys sublævis et granosa*, Pomel (2), ont été trouvées dans le calcaire grossier de Cuise-la-Motte.

Les Protemys, Owen,

présentent aussi une transition remarquable aux familles suivantes par l'incomplète ossification de leur sternum. La suture des hyosternaux et des hyposternaux est interrompue sur le milieu et sur les bords du plastron.

La *Protemys serrata*, Owen (3), a été trouvée dans le grès vert supérieur des environs de Maidstone.

3ᵉ Famille. — TORTUES FLUVIALES, ou POTAMITES.

(*Trionychides.*)

Ces tortues se distinguent facilement par leur corps très déprimé; leur carapace et leur plastron unis seulement par des cartilages et recouverts d'une peau molle qui ne laisse aucune impression scutale; et leurs pattes à cinq doigts, dont trois seulement ont des ongles. Les pièces marginales de la carapace sont nulles ou rudimentaires. Les espèces habitent de nos jours les grands fleuves des pays chauds.

Leur antiquité à la surface de la terre paraît être assez grande.

(1) *Leonh. und Br.*, *Neues Jahrb.*, 1843, p. 699.
(2) *Bibl. univ. de Genève*, 1847, *Archives*, t. IV, p. 328.
(3) *Palæont. Society*, *Reptilia*, part. 3, p. 15, pl. 7.

Toutefois il faut rayer de leur liste plusieurs espèces indiquées comme trouvées dans les terrains secondaires [1].

M. Wagler les a divisées en deux genres mal caractérisés. Il laisse le nom de TRIONYX à une espèce connue seulement dans son jeune âge et distinguée à cause de cela par la séparation des pièces de la carapace, et donne celui de ASPIDONECTES à toutes les autres.

MM. Duméril et Bibron en forment deux sous-genres, les CRYPTOPODES, dont le plastron est assez développé en avant et en arrière pour cacher les pattes, et les GYMNOPODES, dont le plastron est étroit, sans appendices et les pattes tout à fait libres.

Beaucoup d'espèces fossiles sont trop incomplétement connues pour qu'on puisse les répartir entre ces deux genres. Nous n'admettrons donc que celui qui a été établi par Geoffroy et adopté par Cuvier, c'est-à-dire celui des

TRIONYX, Geoffr., — Atlas, pl. XXII, fig. 5 et 6.

Ces chéloniens paraissent dater de l'époque du lias (?).

Un fémur, trouvé dans ce terrain à Linksfield, est rapporté par M. Owen [2] au genre des trionyx. Il n'est identique avec celui d'aucune espèce vivante ; mais il s'en rapproche plus que des tortues des autres familles.

On a signalé des trionyx dans diverses localités des terrains tertiaires.

Les suivants appartiennent probablement à l'époque éocène.

Le *Trionyx vittatus*, Pomel [3], a été trouvé dans les lignites du Soissonnais (soessonien).

Les plâtrières de Paris en renferment des fragments nombreux, qui n'ont toutefois pas encore suffi pour caractériser clairement une espèce. Elle a été provisoirement nommée *Trionyx parisiensis* [4].

[1] Ainsi les prétendus trionyx du nouveau grès rouge d'Angleterre ont été reconnus par M. Agassiz n'être que des poissons. Il en est de même des ossements trouvés, par M. Kutorga, à Dorpat, dans le grès bigarré. L'écusson indiqué par M. Mantell dans le terrain wealdien, et rapporté à un trionyx, appartient à un crocodilien. Les ossements du calcaire de Purbeck sont ceux du *Tretosternon punctatum* dont j'ai parlé plus haut. Les fragments du muschelkalk de Lunéville appartiennent à des labyrinthodontes.

[2] *Report Brit. ass.*, 1841, p. 168.

[3] *Bibl. univ. de Genève*, 1847, *Archives*, t. IV, p. 328.

[4] Cuvier, *Ossem. foss.*, 4ᵉ édit., t. V, p. 601.

L'argile de Londres en contient aussi des ossements, ainsi que quelques autres dépôts éocènes d'Angleterre.

MM. Owen et Bell [1] en décrivent plusieurs espèces. Ce sont le *Trionyx Henrici*, Owen, du sable éocène de Hordwell-Cliff.

Le *Trionyx Barbaræ*, Owen, du même gisement. (Atlas, pl. XXII, fig. 5).

Le *Trionyx incrassatus*, Owen, des formations éocènes de l'île de Wight.

Le *Trionyx marginatus*, Owen, d'Hordwell-Cliff.

Le *Trionyx rivosus*, Owen, du même gisement. (Atlas, pl. XXII, fig. 6.)

Le *Trionyx planus*, Owen, également d'Hordwell-Cliff.

Le *Trionyx circumsulcatus*, Owen, espèce connue par un petit nombre de fragments.

Le *Trionyx pustulatus*, Owen, de Sheppy, également représenté par un très petit nombre de pièces.

On devra probablement y ajouter une espèce encore indéterminée de Bracklesham.

Cuvier indique un trionyx trouvé dans une mollasse de la Gironde avec des palæotherium (probablement du terrain parisien supérieur). Cette espèce atteignait la taille du trionyx d'Égypte [2].

Quelques côtes, insuffisantes pour déterminer une espèce [3], ont été trouvées avec des lophiodon, aux environs de Castelnaudary (parisien inférieur).

Le *Trionyx Maunoir*, Bourdet [4], est une espèce trouvée dans les plâtrières d'Aix en Provence, clairement caractérisée par sa convexité transversale, dont la flèche de l'arc est moindre du cinquième de la corde, par la forme de la pièce impaire en avant de la première côte, et par les plaques vertébrales un peu relevées en carène.

Quelques espèces ont été trouvées dans les terrains miocènes.

Cuvier [5] en indique une trouvée à Haute-Vigne (Lot-et-Garonne), avec son *Anthracotherium minimum* (*G. Chæromorus*).

---

[1] *Palæont. Society Reptilia of London clay, Chéloniens*, p. 46, etc., pl. 18 à 19.

[2] *Ossem. foss.*, 4ᵉ édit., t. IX, p. 445; voyez aussi Fitz., *Ann. Wien. mus.*, t. 1; Giebel, *Fauna der Vorwelt*, t. I, 2, p. 67; *Trionyx Laurillardi*, Gray, *Syn. Rept.*

[3] Cuvier, *Ossem. foss.*, 4ᵉ édit., t. IX, p. 449; Giebel, *Fauna der Vorw.*, t. I, 2, p. 67; *Trionyx Dodunii*, Gray, *Syn. Rept.*

[4] *Bull. Soc. philomatique*, 1821; et Cuv., *Ossem. foss.*, 4ᵉ édit., t. IX, p. 442.

[5] *Ossem. foss.*, 4ᵉ édit., t. IX, p. 448: c'est la *Trionyx Amansii*, Gray, *Syn. Rept.*; Fitz., *Ann. Wien. mus.*; Giebel, *Fauna der Vorwelt*, t. I, 2, p. 67.

Le même auteur parle d'une espèce [1] trouvée à Avaray avec des dents de dinotherium et de mastodontes.

M. Pomel [2] en cite une des terrains tertiaires du Bourbonnais.

Le *Trionyx Partschii*, Fitz [3] a été trouvé dans le calcaire de Leith.

Le *Trionyx Gergensii* (*Aspidonectes Gergensii*, H. de Meyer) [4], a été découvert dans le terrain tertiaire des environs de Mayence.

Les mollasses de la Suisse (canton de Vaud, d'Argovie, etc.) renferment des débris de trionyx. Les fragments découverts jusqu'à présent n'ont pas permis de caractériser des espèces [5].

On en cite aussi dans les dépôts pliocènes.

M. A. de Sismonda [6] a décrit et figuré une espèce des terrains supérieurs du Piémont, qui paraît très voisine du *Trionyx ægyptiacus* vivant.

Les sables tertiaires de Montpellier en renferment aussi [7].

Les trionyx ont aussi vécu pendant l'époque quaternaire.

Le *Trionyx Schlotheimii*, Fitz. [8], provient du diluvium de Burgtonna en Thuringe.

Enfin, hors d'Europe on en a trouvé dans les terrains sublimalayens et sur les bords de l'Irawadi en Birmanie [9].

4ᵉ FAMILLE. — TORTUES MARINES, ou THALASSITES.

(Chélonées.)

Les tortues de mer se distinguent de toutes les autres par leurs

---

[1] Cuvier, *id.*, t. IX, p. 450 ; c'est la *Trionyx Lockardi*, Gray, *Syn.*; Fitz., *Ann. Wien. mus.*, t. I; Giebel, *Fauna der Vorwelt*, t. I, 2, p. 67.

[2] *Bull. Soc. géol.*, 2ᵉ série, t. III, p. 372.

[3] *Ann. Wien. mus.*, t. I; *Neues Jahrb.*, 1846, p. 380; Giebel, *Fauna der Vorwelt*, t. I, 2, p. 67.

[4] *Neues Jahrb.*, 1844, p. 363.

[5] Voyez H. de Meyer, *Neues Jahrb.*, 1837, p. 677; 1839, p. 5; 1843, p. 699.

[6] *Mém. Acad. de Turin*, 2ᵉ série, t. I, p. 88; Giebel, *Fauna der Vorwelt*, t. I, 2, p. 68.

[7] Voyez de Christol, *Ann. des sc. du Midi*, mars 1832; *Bull. Soc. géol.*, 1833; Marcel de Serres, *Ann. des sc. nat.*, 2ᵉ série, t. IX, p. 286.

[8] *Ann. Wien. mus.*, t. I; *Schlotheim Pétref.*, p. 35.

[9] Voyez Cautley et Falconer, *Journ. Asiat. Soc. of Bengale*, sept. 1835; *Ann. sc. nat.*, 2ᵉ série, t. IV, p. 60; Buckland, *Trans. of the geol. Soc.*, 2ᵉ série, t. II, p. 379; Fitz., *Ann. Wien. mus.* (*T. Cliftii*).

pattes comprimées et étalées comme des rames, tellement qu'on a peine à reconnaître les doigts sous les écailles qui les couvrent. Les antérieures sont plus grandes que les postérieures. La carapace est large, peu bombée et cordiforme. Les côtes libres, à leur extrémité, s'articulent par des cartilages avec les pièces marginales. Le plastron est composé de pièces osseuses dentelées et placées à distance. La tête est protégée en dessus par une sorte de bouclier résultant de l'union et du prolongement des os supérieurs du crâne.

Ces animaux vivent aujourd'hui dans les régions chaudes du globe, quittant rarement la mer, sauf pour la ponte des œufs, et s'éloignant quelquefois des côtes jusqu'à une distance de sept ou huit cents lieues. Il y a donc, comme je l'ai dit plus haut, lieu de s'étonner quand on voit leurs ossements réunis avec ceux des émydes, des trionyx et même des tortues terrestres. Il est probable que leur habitation n'a pas toujours été aussi tranchée qu'actuellement.

Les tortues de mer appartiennent presque toutes au genre des

Chélonées (*Chelonia*, Brong.), — Atlas, pl. XXII, fig. 7-9.

Elles ont été citées dans les terrains triasiques; mais les preuves de leur existence à cette époque sont très douteuses.

Cuvier [1] cite un radius et un pubis qui rappellent ceux des chélonées et qui correspondraient à une carapace de 8 pieds de longueur. Mais ces débris isolés ne peuvent pas donner une certitude, et il est même probable qu'ils ont appartenu à d'autres reptiles. On n'a jamais trouvé aucun fragment de carapace ou de plastron. Quelques auteurs cependant lui ont donné un nom. C'est la *Ch. Cuvieri*, de M. Gray, et la *Ch. Lunevillensis*, de Keferstein; M. H. de Meyer attribue ces os au genre Nothosaurus.

On a pu démontrer d'une manière plus certaine leur existence à la fin de l'époque jurassique.

M. Owen a décrit sous le nom de *Chelone planiceps* [2] une espèce du portlandstone, qui diffère de toutes celles que l'on connaît par son crâne très large et déprimé, ses os préfrontaux, ses nasaux séparés, etc. Elle forme

[1] *Ossem. foss.*, 4e édit., t. IX, p. 483.
[2] *Report Brit. ass.*, 1841, p. 163; et Giebel, *Fauna der Vorwelt*, t. I, 2, p. 71.

par ces caractères une sorte de passage aux platémys, tout en présentant, dans le bouclier supérieur de la tête, une preuve évidente qu'elle appartient bien au genre des Chélonées.

Deux espèces ont été indiquées dans le terrain wealdien.

La *Chelone obovata*, Owen (1), a été trouvée dans le calcaire de Purbeck. Elle se distingue facilement par sa carapace ovoïde, dont la plus grande largeur est vers les cinquième et sixième côtes, de sorte que le petit bout est en avant. Cette carapace a environ 10 pouces de long ; son ossification est plus grande que dans la plupart des autres chélonées.

On trouve encore dans les terrains wealdiens supérieurs des ossements indéterminés de chélonées. M. Mantell (2) a figuré une carapace de 3 pieds trouvée dans la forêt de Tilgate.

On connaît aussi des chélonées des terrains crétacés.

Les grès verts inférieurs d'Angleterre renferment une espèce nommée par M. Owen, *Chelone pulchriceps* (3), et caractérisée par une tête très déprimée, longue d'environ 2 pouces. Cette tortue ressemble un peu à la *Ch. planiceps*, mais en diffère par plusieurs détails, et en particulier par sa taille qui est moitié plus petite.

La craie inférieure de Durham (Kent) a conservé les traces d'une tortue décrite par M. Owen sous le nom de *Chelone Benstedi* (4). Elle est devenue, sans motifs suffisants, le type du genre CIMOCHELYS.

La *Chelone Camperi*, Owen (5) a été trouvée dans la craie supérieure d'Angleterre et paraît se rapporter à une des espèces décrites par Camper.

M. Owen (6) signale plusieurs débris indéterminés de chélonées provenant de Tonbridge et de Maidstone.

La craie sablonneuse de la montagne de Maestricht contient aussi de nombreux ossements de tortues ; ils ont été décrits (7) d'abord par Faujas de

(1) *Report*, etc., p. 170; et Giebel, *Fauna der Vorwelt*, t. I, 2, p. 71.

(2) *Ill. of the geol. of Sussex*, p. 62, pl. 6, fig. 2; *Ch. Mantelli*, Fitz., *Ann. Wien. mus.*; Giebel, *Fauna der Vorwelt*, t. I, 2, p. 71.

(3) *Rept. Brit. ass.*, 1841, p. 172; et *Palæont. Soc., Rept.*, part. 3, p. 8, pl. 7 A, fig. 1-3; et Giebel, *loc. cit.*

(4) *Report Brit. ass.*, 1841, p. 73; et *Palæont. Soc., Rept.*, part. 3, p. 4, pl. 1, 2 et 3; *Emys Benstedi*, Mantell, *Philos. trans.*, 1841.

(5) *Palæont. Soc., Rept.*, part. 3, p. 9, pl. 5; Camper? *Phil. trans.*, 1786, t. LXXVI.

(6) *Palæont. Soc.*, id., p. 11.

(7) *Hist. nat. de la montagne de Saint-Pierre*; Cuvier, *Ossem. foss.*, 4e édit., t. IX, p. 175; *Chelonia cretacea*, Keferst., *Naturg.*, t. II, p. 253; *Ch. Hoffmanni*, Gray, *Syn.*; Fitz., *Ann. Wien. mus.*; *Ch. Hoffmanni* et *Ch. Faujasii*; Giebel, *Fauna der Vorwelt*, t. I, 2, p. 72.

Saint-Fond, qui en figura des pièces détachées du plastron (pl. 15 et 16), sous le nom de *bois d'un quadrupède voisin de l'élan*, et attribua les autres débris à la véritable famille à laquelle ils appartiennent. Mais il pensa en même temps qu'elles devaient former un genre nouveau. Cuvier en fit une meilleure étude et démontra que ces fossiles sont de vraies chélonées.

Les chélonées ont été très abondantes à l'époque tertiaire et se sont avancées bien plus au nord qu'aujourd'hui. On en a trouvé, dans les seuls terrains éocènes d'Angleterre, autant d'espèces qu'on en connaît de nos jours dans tout le globe. La taille de ces espèces fossiles ne paraît pas avoir atteint celle des tortues qu'on trouve dans nos mers actuelles.

M. Pomel [1] cite des chélonées dans le calcaire grossier de Cuise-la-Motte (parisien inférieur).

Cuvier parle d'une espèce trouvée dans les schistes de Glaris, mais dans un état de conservation trop imparfait pour permettre une détermination exacte [2]. Cette tortue, déjà figurée par Knorr, a été représentée de nouveau par Andreæ et dans l'ouvrage de Cuvier. L'allongement de ses doigts prouve que c'était une tortue de mer. Les schistes de Glaris rapportés d'abord à une époque très ancienne, puis à la période crétacée par M. Agassiz, sont maintenant considérés comme appartenant au terrain nummulitique.

Les terrains éocènes d'Angleterre en renferment, comme nous l'avons dit, de nombreuses espèces qui ont été décrites par M. Owen [3]. Ce sont les suivantes.

La *Chelonia breviceps*, Owen, ressemble aux vivantes par sa carapace ovoïde, appointie en arrière. Elle était un peu plus grande que la *Ch. planimentum*, et a été découverte dans l'argile de Sheppy. C'est l'*Emys Parkinsonii*, Gray et la *Ch. antiqua* (?), Koenig. (Atlas, pl. XXII, fig. 9.)

La *Chelonia longiceps*, Owen, y paraît assez commune et se distingue par l'allongement du crâne et le prolongement du rostre, qui rappellent les trionyx, avec toutefois les formes essentielles des chélonées. Cette espèce provient aussi de l'île de Sheppy. (Atlas, pl. XXII, fig. 8.)

La *Chelonia latisculata*, Owen, est remarquable par ses écussons très larges; mais il est possible que ce ne soit qu'un jeune âge de la *Chelonia longiceps*.

[1] *Bibl. univ. de Genève*, 1847, *Archives*, t. IV, p. 328.

[2] Cuvier, *Ossem. foss.*, 4ᵉ édit., t. IX, p. 484, et pl. 242, fig. 4; Knorr, t. I, pl. 34; Andreæ, *Briefe*, pl. 16. C'est la *Chelonia glaricensis*, Keferst., *Natur.*, t. II, p. 253; la *Ch. Knorrii*, Gray, *Syn.*, Fitz., *Ann. Wien. mus.*: Giebel, *Fauna der Vorwelt*, t. I, 2, p. 71.

[3] *Report Brit. ass.*, 1841; et *Paleont. Soc.*, *Rept.*, part. 1, *Chelonia*, pl. 1 à 15; Giebel, *Fauna der Vorwelt*, t. I, 2, p. 73.

La *Chelonia convexa*, Owen, ressemble à la tortue franche, mais avec une carapace plus bombée que toutes les autres espèces connues, vivantes et fossiles. Elle vient, comme les précédentes, de l'argile de Sheppy.

La *Chelonia subcristata*, Owen, qui est aussi de l'île Sheppy, a, avec les mêmes formes générales, des différences dans la forme des plaques et une espèce de carène sur les 6°, 7° et 8° plaques vertébrales.

La *Chelonia planimentum*, Owen, a la symphyse de la mâchoire inférieure longue et plate, le crâne haut et convexe, le museau ordinaire et les côtes fortes. Cette espèce, longue de 12 pouces, a été trouvée sur la côte orientale du comté d'Essex.

La *Chelonia crassicostata*, Owen, provient de l'argile d'Hardwich. C'est la *Testudo plana*, de Koenig.

La *Chelonia declivis*, Owen, a été découverte dans les dépôts éocènes de Bognor (Sussex).

La *Chelonia trigoniceps*, Owen, a été trouvée dans l'argile d'Hardwich.

La *Chelonia cuneiceps*, Owen, provient de l'île de Sheppy.

La *Chelonia subcarinata*, Bell, a été trouvée dans la même localité.

Quelques autres fragments indéterminés de l'argile d'Hardwich sont encore indiqués par M. Owen.

Il a encore d'autres chélonées plus imparfaitement connues qui ont été trouvées dans divers terrains plus récents.

M. Marcel de Serres [1] indique plusieurs espèces des terrains tertiaires supérieurs de Montpellier.

Il faut ajouter la *Chelonia radiata*, Fischer [2], trouvée en Sibérie.

Je ne connais pas la *Chelonia Wagleri*, Fitzinger [3].

Les chélonées ont aussi été trouvées fossiles en Amérique. On cite en particulier dans le terrain crétacé :

La *Chelonia Couperi*, Harlan [4].

LES SPHARGIS, MERREM
(*Coriudo*, Flem., *Dermatochelys*, Blainv.),

sont des chélonées dont la cuirasse est enveloppée d'une peau

[1] *Ann. des sc. nat.*, 2° série, t. IX, p. 286.
[2] *Actes de Moscou*, t. VII.
[3] *Ann. Wien. mus.*, t. I, p. 107.
[4] *Silim. Journ.*, 1842-43, p. 444; Giebel, *Fauna der Vorwelt*, t. I, 2, p. 74.

coriace, tuberculeuse chez les jeunes et lisse chez les adultes.
Elles n'ont jamais d'écailles.

On en connaît une espèce vivante, le *Luth*. Il est probable
qu'il faut rapporter au même genre des fragments considérés
d'abord comme étant des portions de la peau d'un coffre (*Os-
tracion*).

Ces débris ont été trouvés dans la mollasse bleue (miocène) de Vendargues
(Hérault), et désignés par M. Gervais [1], sous le nom de *Sphargis pseudo-
stracion*.

M. H. de Meyer rapproche des émydes deux genres qui nous
paraissent avoir plus de rapports avec les tortues de mer.

Les Idiochelys, H. de Meyer. — Atlas, pl. XXII, fig. 10,

sont remarquables par une perturbation complète dans les pièces
(osseuses) vertébrales dont les premières sont encore visibles,
mais sans se toucher l'une l'autre, et dont les dernières ont complétement disparu, en sorte que les pièces costales sont directement en contact sur la ligne médiane. L'extrémité des côtes, qui
est libre et reçue dans des fossettes des pièces marginales où elles
étaient évidemment attachées par des cartilages, semble prouver leur affinité avec les tortues marines. Le plastron n'est connu
que très imparfaitement ; il me semble tendre au même résultat,
car il est composé de pièces dentelées et séparées. On peut objec-
ter, il est vrai, la longueur de la queue, qui rappelle plutôt les
tortues d'eau douce ; mais la brièveté des pieds que l'on a aussi
invoquée a peu d'importance, vu qu'on ne connaît que les postérieurs qui ne sont jamais très allongés.

On en connaît deux espèces des schistes de Solenhofen.

L'*I. Fitzingeri*, H. de Meyer [2].
L'*I. Wagneri*, H. de Meyer [3], lui ressemble beaucoup.

[1] *Dict. de d'Orbigny*, t. XI, p. 48.
[2] Elle a été décrite et figurée dans les *Beitr. zur Petraf.* du comte de
Munster, t. I, p. 59, pl. 7, fig. 1; Giebel, *Fauna der Vorwelt*, t. I, 2, p. 61.
[3] *Id.*, t. III, p. 11, pl. 8, fig. 1; Giebel, *id.*

Les Aplax, Meyer,

ne sont connus que par un échantillon des schistes lithographiques de Kelheim, caractérisé par des côtes étroites, non soudées ensemble, formant une carapace plus incomplète que dans aucun autre chélonien. M. H. de Meyer ne pense pas que cette circonstance soit due au jeune âge.

L'espèce connue, qui est la plus petite de tous les chéloniens, a été nommée *A. Oberndorferi*, H. de Meyer [1].

2ᵉ ORDRE.

SAURIENS.

Les sauriens se distinguent des chéloniens par l'absence de carapace; des ophidiens, parce qu'ils ont ordinairement quatre membres, des paupières mobiles et des mâchoires fixes; et des batraciens par leur peau écailleuse et par l'absence des métamorphoses. Ils n'ont ni les ailes des ptérodactyles, ni les nageoires des énalio-sauriens, ni les doubles condyles occipitaux et les dents à tissu compliqué des labyrinthodontes.

Ils forment dans le monde actuel l'ordre le plus essentiel des reptiles, et sont aujourd'hui nombreux en genres et en espèces. Ils ont apparu vers le milieu de l'époque primaire; ont pris un très grand développement dans la partie jurassique de l'époque secondaire, et ont eu alors des formes remarquables, une taille souvent gigantesque et un développement numérique considérable. Avec l'époque tertiaire ils sont rentrés dans des bornes plus restreintes, et par leurs dimensions moindres ils ne représentent plus une partie aussi importante de la population animale du globe.

[1] *Neues Jahrb.*, 1843, p. 585; Giebel, *Fauna der Vorwelt*, t. I, 2, p. 75.

Je n'ai pas pu adopter ici la classification que l'on suit généralement pour l'étude des sauriens vivants. Elle tire le plus souvent ses caractères essentiels de la forme de la langue et surtout de la disposition des écailles, et ne se lie que très indirectement avec la forme du squelette. Par exemple, les iguaniens, les lacertiens, les scincoïdiens et les chalcidiens, qui sont faciles à distinguer par leurs téguments et par leurs caractères extérieurs, ne peuvent presque pas l'être par l'étude de leurs os. Il m'a paru convenable de simplifier la méthode pour la plier à l'état actuel de la paléontologie des reptiles; et, à l'exemple des anciens erpétologistes allemands, Oppel et Merrem, et autorisé par celui plus récent de M. de Blainville, je ne partage les sauriens vivants qu'en deux familles, en distinguant les crocodiles ou sauriens cuirassés, et les sauriens squameux ou lacertiformes. A ces deux divisions je suis obligé pour quelques reptiles fossiles, dont les formes aujourd'hui perdues ne rentrent pas dans nos classifications modernes, d'en ajouter une, celle des dinosauriens.

Les trois familles qui composent ainsi cet ordre sont distinguées comme suit.

Les Dinosauriens sont caractérisés par leurs os longs, qui ont à l'intérieur une cavité médullaire comme les mammifères; par des pieds courts, presque semblables, sauf dans les phalanges unguéales, à ceux des pachydermes; par un sacrum composé de plusieurs vertèbres ankylosées (au moins cinq), et par une mâchoire inférieure qui, dans quelques uns au moins, est susceptible d'un mouvement horizontal pour la trituration.

Les Crocodiliens ont le corps protégé par des plaques osseuses; une bouche grande, armée de dents coniques,

implantées dans des alvéoles ; des doigts grêles, palmés, et le sacrum composé en général de deux verté-
bres.

Les LACERTIFORMES ont des écailles cornées , une
bouche plus courte, des dents rarement implantées dans
des alvéoles, des doigts grêles, et aussi un sacrum à
vertèbres peu nombreuses.

1re FAMILLE. — DINOSAURIENS.

Ces reptiles, qui ne se retrouvent plus dans la création actuelle,
sont remarquables par leur taille gigantesque, aussi bien que par
leurs caractères qui présentent des transitions aux mammifères.
Ils rappellent les animaux de cette classe par leurs membres
très développés. Leurs os longs, grands et forts, à apophyses puissantes, sont pourvus d'un canal médullaire très marqué. Leurs
pieds sont courts et ressemblent à ceux des pachydermes pesants.
Leurs côtes s'attachent au tronc par une double articulation ; et
les lames tectrices des vertèbres sont très développées. Enfin ils
ont dans leur sacrum un caractère remarquable, car cet os est
formé de cinq vertèbres soudées, ce qui est fréquent dans les
mammifères, mais qui n'existe dans aucun reptile. Dans tous les
autres animaux de cette classe, vivants et fossiles, le sacrum
n'est jamais composé que d'une ou de deux vertèbres.

Les dinosauriens semblent se rapprocher, au contraire, par
leurs dents, des dernières familles des sauriens. Ces organes, comprimés et dentelés, ont dans la nature vivante leurs analogues
chez les iguaniens et les lacertiens. La forme des os de l'épaule
et plusieurs détails du squelette rappellent les scinques et divers
genres très éloignés des crocodiliens.

La découverte et la reconstitution de ces reptiles peuvent être
considérées comme un des résultats remarquables de la paléontologie. Tandis que nous voyons aujourd'hui les iguanes et les monitors,
qui sont les plus grands reptiles terrestres connus, arriver à peine
à la taille de 5 ou 6 pieds ; les débris fossiles nous prouvent
que le mégalosaure a dû avoir 30 à 40 pieds de longueur, l'iguanodon 60, et le pelorosaure 70. Leur anatomie démontre qu'ils

ont dû vivre sur la terre, ce qui rend ces gigantesques proportions encore plus étonnantes.

Les dinosauriens n'ont vécu que pendant la période secondaire. Leur existence dans l'époque triasique est peu certaine; leurs ossements ont été trouvés dans divers gisements jurassiques et deviennent surtout abondants dans les terrains wealdiens. Un seul genre (l'iguanodon) paraît avoir vécu jusqu'à l'époque néocomienne.

J'ai dit que ces reptiles avaient dû être terrestres. On en trouve la preuve dans la forme et la nature de leurs os pourvus d'un canal médullaire, et surtout dans la brièveté de leurs pieds tout à fait impropres à la natation. Leurs dents indiquent des différences dans leurs habitudes, car tandis que le mégalosaure était un puissant carnassier, il est probable que le gigantesque iguanodon ne se nourrissait que de végétaux.

Parmi les genres qui composent cette famille, trois seulement sont connus d'une manière un peu complète. Le premier est celui ds

MEGALOSAURUS, Buckl., — Atlas, pl. XXIII, fig. 1-5,

qui présente dans son squelette les caractères généraux de la famille et qui se distingue facilement par sa dentition. M. Buckland a figuré une portion de la mâchoire inférieure (voy. pl. XXIII, fig. 1), qui montre que la tête se terminait probablement en avant par un museau droit, mince et comprimé latéralement. Les dents à leur naissance (fig. 1 et 2) sont droites, comprimées, dentées en scie sur leurs bords et en forme de pointe de sabre; à mesure qu'elles croissent, elles prennent une courbure en arrière, qui leur donne la forme d'une serpette, et l'émail dentelé se continue le long de l'arête postérieure ou tranchante de la dent, tandis que du côté opposé il ne descend qu'à une petite distance du sommet. Ces dents sont donc, comme celles de plusieurs reptiles et poissons, disposées de manière que la proie une fois saisie ne puisse plus s'échapper. L'extrémité pointue se fixait dans les chairs, et le côté postérieur tranchant y faisait de profondes déchirures.

Le bord externe de la mâchoire est plus haut que le bord interne, et ces deux côtés sont réunis par des cloisons qui forment de larges alvéoles dans lesquels on voit des dents de remplacement placées en réserve. Cette disposition est intermédiaire entre l'organisation des crocodiles et celle des lézards. Les premiers ont des alvéoles dentaires, mais le bord externe de la mâchoire ne dépasse pas l'interne. Les lézards présentent au contraire cette inégalité, mais n'ont pas d'alvéoles.

Les corps des vertèbres ont une surface articulaire plane ou légèrement concave, la partie annulaire est remarquablement polie et jointe au corps par une suture flexueuse. La tête des côtes est portée par un col long et comprimé. Le coracoïdien (pl. XXIII, fig. 3) est très grand et rappelle celui des varans. Le fémur (pl. XXIII, fig. 5) a une tête dirigée en avant et un trochanter saillant ; il a une double courbure et est intermédiaire entre celui des crocodiles et celui des varans.

On a trouvé des ossements de mégalosaures dans divers terrains. Il sont surtout fréquents dans les schistes de Stonesfield (grande oolithe) ; on en trouve aussi dans le calcaire de Caen et dans les trois étages du terrain wealdien : le calcaire de Purbeck, les sables d'Hastings et le wealdien proprement dit. Je ne crois pas que l'on doive rapporter à la même espèce les débris trouvés dans toutes ces localités.

La seule qui ait été admise par les géologues anglais, est le *Megalosaurus Bucklandi*, Cuvier [1]. M. Owen estime sa taille à 30 pieds. Quelques fragments semblent même indiquer que certains individus la dépassaient. Si l'on reconnaît l'existence de plusieurs espèces dans ce genre, ce nom doit rester à celle de Stonesfield, car c'est dans ce gisement que M. Buckland a découvert les os qui ont servi à la première description. Quelques autres fragments ont été trouvés dans l'oolithe de Bath (Somersetshire).

M. Caumont [2] indique une dent de mégalosaurus dans le calcaire de Caen (Normandie).

M. Bertrand Geslin en a trouvé une vertèbre dans l'oolithe moyenne du canal de Belcroix, près la Rochelle.

On en cite aussi plusieurs fragments des environs de Besançon, de Soleure, etc.

M. Mantell en a découvert de nombreux ossements dans la formation wealdienne [3]. M. Owen les assimile au *M. Bucklandi*.

Le Jura blanc de Schnaitheim (Kimméridgien ?) renferme des débris d'os-

[1] Buckl., *Trans. of the geol. Soc.*, 2e série, I ; Cuvier, *Ossem. foss.*, 4e édit., t. X, p. 185.

[2] *Mém. Soc. linn. de Normandie*, t. IV, p. 207, pl. 8.

[3] Voy. Mantell, *Geol. of Sussex*, p. 67, pl. 9, fig. 18 et 19 ; Owen, *Report Brit. ass.*, 1841, p. 103, etc.

semeuts et des dents que M. Quenstedt [1] rapporte aux megalosaurus. Ils indiquent peut-être l'existence de plusieurs espèces; l'une d'elles aurait surpassé par sa taille celles d'Angleterre. Ce géologue rapporte au même genre des dents qui ont été décrites par M. H. de Meyer sous le nom de BAACUYTÆNIUS (*B. perennis*) [2], du Jura supérieur de Aalen, et qui se retrouvent à Schnaitheim. Le *Geosaurus maximus*, Plieninger [3], du Jura supérieur d'Ulm, n'est probablement aussi qu'un mégalosaure [4].

Le second genre est celui des

HYLÆOSAURUS, Mantell, — Atlas, pl. XXIII, fig. 6-11,

qui a été trouvé dans la forêt de Tilgate (terrain wealdien). Il présente dans son squelette quelques caractères spéciaux. Les corps des vertèbres sont subbiconcaves, plus courts que dans les deux autres genres; les lames tectrices sont très développées et ont de grandes apophyses; les transverses en particulier se dirigent contre l'enveloppe extérieure et contribuent à la soutenir comme chez les tatous. Ces vertèbres vont en augmentant à mesure qu'elles s'approchent du bassin. L'omoplate est longue et étroite, et l'os coracoïdien est plus simple que dans les mégalosaures (pl. XXIII, fig. 6). Ces deux os ressemblent surtout à ceux des scinques et des caméléons et s'éloignent assez du type des crocodiles et des varans.

La peau était recouverte par des écussons elliptiques ou circulaires, sans imbrication (pl. XXIII, fig. 10). Le sommet des plus petits porte un tubercule qui s'efface dans les grands. Une des parties qui ont le plus embarrassé les anatomistes, ce sont de grandes plaques, longues de 17, 14 et 11 pouces, aplaties, triangulaires et pointues (pl. XXIII, fig. 9). M. Mantell [5] les compare aux écailles dorsales qui forment une crête dans beaucoup d'iguaniens. M. Owen doute si l'on ne doit pas les regarder comme des côtes abdominales.

[1] *Floetzgebirge Würt.*, p. 493; et *Handb. der Petref.*, p. 112.

[2] Munster, *Beitr.*, t. V, pl. 8, fig. 2.

[3] *Jahreshefte*, 1849, t. I, p. 7.

[4] Voyez encore pour ce genre : Giebel, *Fauna der Vorwelt*, t. I, 2, p. 80; Bronn, *Lethæa*, 3ᵉ édit., Terr. jur., p. 497; Laurillard, *Dict. de d'Orbigny*, t. V, p. 34.

[5] Voyez un mémoire spécial sur ces épines, *Philos. trans.*, 1850, 2ᵉ part., p. 391, pl. 27.

Il est probable que l'on doit rapporter à l'hylæosaurus des dents
trouvées dans le même gisement et qui ne peuvent pas appartenir à des crocodiliens. Ces dents (pl. XXIII, fig. 11) ont des bords
épais et plats, non dentés, et une base subcylindrique qui s'élargit en une épaule angulaire obtuse; elles sont obscurément striées
longitudinalement. Elles sont portées par une mâchoire inférieure
courbée en bas à un degré inusité, et placées dans des alvéoles
peu profonds, régulièrement divisés, presque complets. Dans
l'origine, M. Mantell, doutant qu'elles appartinssent aux hylæosaurus, les avait attribuées au genre CYLINDRICODON de Jaeger.

On n'en connaît qu'une seule espèce, l'*Hylæosaurus armatus*, Mantell, qui
atteignait probablement une longueur de 25 pieds, et qui a été trouvée, comme
nous l'avons dit, dans la formation wealdienne de Tilgate, de Bolney et de
Baule [1].

Le troisième genre, celui des

IGUANODON, Mantell

(*Iguanosaurus*, Conyb.; *Therosaurus*, Fitz.; *Hikanodon*, Keferstein), — Atlas, pl. XXIV, fig. 1-13.

n'est pas moins remarquable que les précédents et les dépasse
par sa taille. Ses dents présentent un caractère tout à fait spécial;
elles s'usent par la mastication en une surface plane, tandis que
dans tous les autres reptiles ces organes conservent leurs formes
primitives et ne servent ordinairement qu'à retenir la proie et
non à la triturer. Ces dents (pl. XXIV, fig. 1-8) ont une surface
externe plate, couverte d'émail et ornée de trois carènes mousses
longitudinales. Leur diamètre transversal ou leur épaisseur est
un peu moins forte que leur largeur, et leur coupe horizontale
forme un triangle dont l'angle le plus obtus est dirigé en dedans.
Leur couronne a des bords tranchants, fortement dentelés, qui rap-

[1] Voyez Mantell, *Geol. of south-east of England*, p. 316, pl. 1, 5 et 6;
Medals of creat., t. II, p. 704 et 734, fig. 1-4; et *Philosoph. trans.*, 1841,
p. 144, pl. 10; Bronn, *Lethæa*, 3ᵉ édit., Terr. jur., p. 503; Giebel, *Fauna der
Vorwelt*, t. I, 2, p. 82; Quenstedt, *Handb. der Petref.*, p. 113, pl. 8,
fig. 2; Laurillard, *Dict. de d'Orbigny*, t. V, p. 34; Owen, *Report Brit.
ass.*, 1841, p. 111, etc.

pellent un peu l'organisation des dents des iguanes vivants. La mastication use inégalement cette couronne ; la face externe étant, comme nous l'avons dit, couverte d'émail, se conserve plus longtemps, en sorte que la surface triturante forme un triangle oblique.

La mâchoire inférieure (pl. XXIV, fig. 1 et 2), s'amincit en avant et se termine en un processus horizontal, qui rappelle un peu les formes de quelques édentés (Mylodon, etc.) Les dents sont logées dans un sillon dont le parapet extérieur est très grand ; elles ne sont pas soudées au bord, comme on l'avait cru une fois, mais bien libres comme dans les mégalosaures ; les alvéoles paraissent manquer de cloisons de séparation. Les dents n'existent pas dans la partie antérieure de la mâchoire.

Ces faits ont été observés pour la première fois par M. le docteur Mantell [1]. Ce savant paléontologiste a même pu reconnaître, d'après quelques fragments, le mode de développement des dents ; la couronne se formait la première et se complétait comme dans les mammifères avant que commençât la sécrétion de la racine.

Il a montré aussi que l'existence d'une véritable mastication chez l'iguanodon devait entraîner dans la tête et dans les mâchoires des modifications importantes au type des reptiles. L'articulation glénoïde devait permettre un mouvement horizontal de la mâchoire inférieure et les trous par lesquels sortent les nerfs de la face prouvent par leur grandeur que l'animal a dû être muni de joues et de lèvres bien plus charnues et plus développées que les crocodiles ou les lézards actuels.

La tête de ce gigantesque reptile n'est du reste connue que par des fragments imparfaits. M. Mantell lui attribue un os conique qui devait, suivant lui, former une corne nasale analogue à celles qui se trouvent sur le front de l'*Iguana cornuta*.

Le squelette est remarquable par la force et la grandeur des os qui le composent. Il est connu principalement par une grande plaque, qui fait maintenant partie de la collection du *British Museum* et qui a été possédée et étudiée d'abord par M. Mantell.

---

[1] Voyez Mantell, *Phil. mag.*, 1824 ; *Geol. of Sussex*, p. 67, pl. 4, 11, 12, 14, etc. ; *Geol. of south-east Engl.*, p. 268, 308 ; *Wonders of geology*, t. 1, p. 427 ; *Phil. trans.*, 1841, part 2, p. 131, pl. 6, 7, 8 et 9.

M. Owen [1] vient de la figurer et de la décrire de nouveau. Les vertèbres ont des corps courts, cunéiformes, à faces articulaires, planes ou subconcaves ; l'arc neural (lames tectrices) est solidement soudé au corps ; les apophyses transverses sont robustes et les apophyses épineuses très grandes. Dans la région coccygienne on remarque des apophyses verticales inférieures très développées (arc hæmal, os en V) (pl. XXIV, fig. 9 et 10).

La clavicule (pl. XXIV, fig. 11) est l'os le plus long du corps (37 pouces anglais) et a une forme tout à fait particulière , elle est amincie au milieu et étalée à son extrémité interne. L'humérus n'a que 19 pouces (pl. XXIV, fig. 12), et est par conséquent très court relativement au fémur.

Le sacrum est composé de six vertèbres soudées.

Le fémur (pl. XXIV, fig. 13), long de 33 pouces anglais, est plus droit que dans le megalosaurus ; il a une tête arrondie et bien détachée et un fort trochanter médian. Le tibia est presque aussi long que lui (31 pouces), le péroné est assez considérable. Les métatarsiens sont très gros et longs ; les phalanges des doigts courtes et grosses (pl. XXIV, fig. 14 et 15) ; les pénultièmes sont presque cuboïdes, et les dernières, plus amincies et déprimées, présentent sur leur face supérieure la trace d'insertion d'un ongle probablement aplati. Ces dimensions comparatives des os de l'iguanodon montrent qu'il a été haut sur jambes, le membre postérieur étant sensiblement plus long que l'antérieur, et que ses pieds ont été courts et robustes. Quelques auteurs [2] estiment même qu'ils égalaient huit fois en volume ceux de l'éléphant.

Les iguanodons ont dû être des animaux herbivores et terrestres. On les a trouvés dans les terrains wealdiens et crétacés. Tous les fragments ont été jusqu'à présent rapportés à la même espèce ; mais on n'a peut-être pas encore eu des pièces suffisantes pour que cette assimilation fût incontestable.

M. Mantell estime que l'iguanodon du terrain wealdien [3] (*Iguanodon Mantelli*, H. de Meyer) atteignait la taille de plus de 60 pieds, avec une circonférence de 14 pieds 1/2. M. Owen ne lui donne que 9 mètres de longueur.

[1] *Palæontogr. Soc., Foss. rept.*, part. 3, *Cretac. form.*, p. 165, pl. 33 et 34.

[2] Laurillard, *Dict. de d'Orbigny*, t. V, p. 35.

[3] Voyez, outre les ouvrages précités de M. Mantell, Bronn, *Lethæa*, pl. 34.

La portion considérable de squelette dont nous avons parlé ci-dessus [1]
a été trouvée dans des carrières de Kentish-Rag, près de Maidstone (grès
vert inférieur appartenant à la formation néocomienne). M. Mantell fait remarquer que les phalanges unguéales ne sont pas les mêmes que celles de
l'iguanodon des terrains wealdiens.

Les PELOROSAURUS, Mantell, — Atlas, pl. XXIV, fig. 16-18,

sont encore incomplètement connus. M. Mantell a établi ce
genre sur quelques ossements qui font partie de sa riche collection
et qui proviennent aussi des terrains wealdiens ; il le caractérise
principalement d'après l'examen d'un humérus et de quelques
vertèbres caudales.

L'humérus (pl. XXIV, fig. 18) rappelle celui des iguanodon,
mais a des formes et des proportions un peu différentes. Il a une
longueur de 4 pieds anglais, ce qui semblerait indiquer un reptile de plus de 80 pieds (!), si on le comparait avec celui du crocodile ; mais les membres étant plus longs dans les dinosauriens,
cette estimation est probablement exagérée. Il est plus droit que
celui de l'iguanodon et beaucoup moins élargi à ses extrémités
que celui de l'hylæosaurus.

Les vertèbres (pl. XXIV, fig. 16) qui ont été trouvées avec cet os
ont été rapportées d'abord aux iguanodon, puis par M. Owen au
genre CETIOSAURUS. Elles ont des corps subquadrangulaires et leur
diamètre antéro-postérieur est très court ; elles sont concaves en
avant et plates en arrière, les arcs neuraux (lames tectrices) sont
solidement soudés au corps, les apophyses articulaires antérieures
sont allongées en avant, les arcs hæmaux (os en V) existaient au
moins dans quelques unes d'entre elles (pl. XXIV, fig. 17). M. Mantell a en particulier figuré une vertèbre caudale dans laquelle cet
os en V est soudé avec le corps comme dans les poissons et dans
le mosasaure.

Cuvier, *Ossem. foss.*, 4ᵉ édit., t. X, p. 199 ; Buckland, *Géol. et min.*, *Traité
Bridgewater*, t. I, p. 210 ; Giebel, *Fauna der Vorwelt*, t. I, 2, p. 86 ; Owen,
Odontogr., p. 229 ; *Report Brit. ass.*, 1841, p. 120 ; Quenstedt, *Handb.*,
p. 113 ; etc.

(1) Voyez Owen, *Pal. Soc., loc. cit.*; Mantell, *Ann. sc. nat.*, 2ᵉ série, t. II,
p. 63.

Le *Pelorosaurus Conybeari*, Mantell [1], auquel on doit probablement réunir le *Cetiosaurus brevis*, Owen [2], a été trouvé dans le terrain wealdien de la forêt de Tilgate.

M. Mantell ajoute dans le même mémoire que quelques ossements des couches oolithiques de l'Oxfordshire devront peut-être être rapportés au même genre.

Quelques auteurs associent à cette famille deux genres encore très incomplétement connus [3].

Les REGNOSAURUS, Mantell [4],

ne sont connus que par une petite mâchoire (longue de 3 pouces anglais), remarquable par les irrégularités de sa surface extérieure et parce qu'elle se courbe en bas d'une manière extraordinaire. Les dents étaient reçues dans des cavités profondes et cylindriques, séparées par des cloisons régulières comme dans les véritables thécodontes. Cette mâchoire n'a pas encore été figurée.

Le *Regnosaurus Northamptoni*, Mantell, a été trouvé dans la formation wealdienne [5].

Les PLATEOSAURUS, H. de Meyer,

s'ils appartiennent réellement à cette famille, lui assigneraient une existence bien plus ancienne que les genres précédents; mais ils ne sont connus que d'une manière très imparfaite. Des vertèbres et des os des membres trouvés dans les terrains triasiques sont les seuls fragments que l'on en connaisse. Ils paraissent par leur grosseur, leur pesanteur et leurs cavités internes, se rapprocher des ossements analogues des megalosaurus et des iguanodon.

[1] Mantell, *On the pelorosaurus*, *Phil. trans.*, 1850, part. 2, p. 379, pl. 21-26; voyez encore Bronn, *Lethæa*, 3ᵉ édit., Terr. jur., p. 508.

[2] *Report Brit. ass.*, 1841, p. 94.

[3] Il faudra probablement ajouter le genre HETEROSAURUS, Cornuel, *Bull. Soc. géol.*, 2ᵉ série, t. VII, p. 702, qui a de grands os des membres, creux à l'intérieur. Il paraît qu'on doit lui attribuer des dents coniques, longues de plus de 73 millimètres, lisses et seulement un peu striées à la base, qui le distingueraient de tous les dinosauriens connus. L'*H. neocomiensis*, Cornuel, a été trouvé à Vassy (Haute-Marne), dans le terrain néocomien inférieur.

[4] *Ann. et mag. of nat. history*, 2ᵉ série, 1848, t. II, p. 51.

[5] Voyez aussi Bronn, *Lethæa*, 3ᵉ édit., Terr. jur., p. 509.

Le *Plateosaurus Engelhardti*, H. de Meyer [1], est la seule espèce connue et provient des grès supérieurs du keuper des environs de Nuremberg.

2ᵉ FAMILLE. — CROCODILIENS, ou SAURIENS CUIRASSÉS.

(*Emydo-Sauri*, Blainv.)

Ces reptiles sont caractérisés par des plaques osseuses qui recouvrent le dos et une partie des flancs; par un crâne très allongé et puissant, fort rugueux, et qui n'est recouvert que par de la peau; par des dents nombreuses, grosses, coniques, en rang simple, implantées par une véritable gomphose; par leurs narines ouvertes à l'extrémité du museau et dans l'arrière-gorge; et par leur mâchoire inférieure très longue, articulée en arrière de l'occipital, sur des os carrés soudés au crâne.

A ces caractères tirés des parties dures, qui sont les seules qu'on peut vérifier sur les fossiles, on peut en ajouter plusieurs pris dans les organes plus importants. Ce sont en particulier les seuls reptiles où le cœur ait encore quatre loges; le mélange des sangs est principalement dû à la persistance du canal artériel, c'est-à-dire à une communication entre l'artère pulmonaire et l'aorte, par laquelle une partie du sang veineux est versé dans le système artériel.

Dans le monde actuel, les crocodiliens forment un groupe très naturel, composé seulement des crocodiles, des gavials et des caïmans. Les fossiles ont des formes beaucoup plus variées, et les animaux de cette famille qui ont vécu dans des époques anciennes, tout en conservant les caractères essentiels des crocodiles modernes, en diffèrent par des modifications d'organes d'une haute importance.

Parmi ces différences, une des plus remarquables est la forme des vertèbres. Dans les crocodiliens actuels, les vertèbres cervicales à partir de la troisième, et celles du dos et des lombes, ont leurs corps concaves en avant, et convexes en arrière. On retrouve le même caractère dans les crocodiliens des terrains tertiaires; mais parmi ceux des époques antérieures on observe deux modifications singulières. Quelques uns ont les corps de leurs

---

[1] *Leonh. und Bronn*, *Neues Jahrb.*, 1837, p. 316; et 1839, p. 77. Voyez aussi Bronn, *Lethæa*, 3ᵉ édit., Terr. trias., p. 110.

vertèbres terminés aux deux extrémités par une surface plane ou un peu concave, rappelant sous ce point de vue l'organisation des poissons. D'autres ont l'articulation antérieure convexe et la postérieure concave, c'est-à-dire en quelque sorte que la vertèbre chez eux occupe une position inverse de celle qu'elle a chez les crocodiles modernes. Ces circonstances peuvent servir à les subdiviser en trois tribus.

Les crocodiliens ont apparu avec l'époque jurassique (¹). On en trouve de nombreux débris dans le lias, ainsi que dans les étages suivants, et en particulier dans les terrains oxfordiens, coralliens et wealdiens. Ils ont été pendant cette époque plus nombreux en espèces et plus variés en formes que dans aucune autre. Ils paraissent avoir diminué pendant les périodes crétacée et tertiaire ; et leurs formes se sont peu à peu rapprochées des types qui vivent de nos jours.

1ʳᵉ Tribu. — CROCODILIENS A VERTÈBRES CONCAVO-CONVEXES

(*Procœli*, Owen),

c'est-à-dire à vertèbres qui ont des corps concaves en avant et convexes en arrière. Le genre principal est celui des

Crocodiles (*Crocodilus*, Brong.), — Atlas, pl. XXV, fig. 1 et 2,

qui contient toutes les espèces vivantes de la famille des crocodiliens, et qui se subdivise en trois sous-genres :

Les Crocodiles proprement dits (*Champsé*, Merrem), à museau médiocre, formant avec la tête un triangle isocèle, la quatrième paire des dents inférieures passant dans une échancrure de la mâchoire supérieure. (Atlas, pl. XXV, fig. 1.)

Les Caïmans (*Alligator*, Cuv., *Champsa*, Wagler), à museau médiocre ou court, large, la quatrième paire des dents inférieures étant reçue dans des fossettes de la mâchoire supérieure. (Atlas, pl. XXV, fig. 2.)

Les Gavials (*Gavialis* ou *Longirostris*, Cuv. ; *Leptorhynchus*, Clift), à museau rétréci, cylindrique, extrêmement allongé, les pre-

(¹) A moins qu'il n'y ait de véritables crocodiliens parmi les reptiles des terrains triasiques que nous avons provisoirement placés avec les genres dont les affinités sont douteuses.

mière et quatrième paires des dents inférieures passant dans des échancrures de la mâchoire supérieure.

Ces reptiles ne paraissent pas avoir existé en Europe avant la fin de l'époque secondaire ; il est probable qu'il faut rapporter aux genres suivants les nombreuses citations qui semblent indiquer qu'on en a trouvé des ossements dans les terrains jurassiques et crétacés proprement dits (¹). Quelques fragments semblent seulement, comme nous le dirons plus bas, faire remonter leur apparition jusqu'aux dépôts les plus récents de l'époque crétacée que l'on a désignés sous le nom de terrain danien, époque encore imparfaitement déterminée et qui est intermédiaire entre la craie blanche et les terrains tertiaires anciens.

Les crocodiles se trouvent en général dans les dépôts d'eau douce, et dans ceux qu'on peut supposer avoir été formés près des embouchures des fleuves ; d'où l'on peut conclure que les mœurs de ce genre étaient, pendant l'époque tertiaire, les mêmes qu'aujourd'hui. On doit seulement remarquer qu'ils s'étendaient plus au nord qu'actuellement, car on en a trouvé des débris en Angleterre et dans les parties tempérées de la France.

L'espèce la plus ancienne parmi celles d'Europe, en ne tenant pas compte de la dent de Meudon (²), appartient, avons-nous dit, au terrain danien.

C'est le *Crocodilus isorhynchus*, Pomel (³), intermédiaire entre les crocodiles proprement dits et les gavials ; mais plus voisin de ces derniers. Il a été trouvé au Mont-Aimé, près de Vertus, à quelques lieues de Sézanne (Marne).

Quelques espèces paraissent appartenir à la faune nummulitique, ou suessonienne.

Cuvier (⁴) cite un humérus et des dents trouvés dans les lignites et l'argile

(¹) Le crocodile de Meudon, s'il est véritablement un crocodile, aurait bien vécu dans l'époque secondaire, car il a été trouvé dans la craie. Mais cet animal n'est connu que par une seule dent (Cuv., *Ossem. foss.*, 4ᵉ édit., t. IX, p. 320), et l'on ne peut pas, sur un si faible indice, décider de ses véritables affinités génériques.

(²) Malgré le peu de certitude de cette espèce, M. Gray lui a donné un nom (*C. Brongniarti*, Gray, *Syn. rept.*, p. 60).

(³) *Bibl. univ. de Genève*, 1847, *Archives*, t. V, p. 301.

(⁴) *Ossem. foss.*, 4ᵉ édit., t. IX, p. 324.

plastique d'Auteuil, près Paris. M. Giebel [1] en a fait le *Crocodilus indeterminatus*, et M. Gray [2], le *C. Becquereli*.

Cuvier [3] rapporte à la même époque (?) les débris d'une espèce très voisine découverte dans les lignites de la Provence : c'est le *C. Blavieri*, Gray.

M. Pomel [4] indique dans l'argile plastique de Meudon (avec le *Coryphodon eocænus*) une espèce sous le nom de *Crocodilus exlorbicus*. M. Gervais [5] le réunit au *Crocodilus depressifrons*, Blainv., découvert à Noyon par M. Graves.

L'étage parisien inférieur, ou calcaire grossier, en contient aussi.

Cuvier en indique quelques uns qui sont encore imparfaitement indéterminés.

Les ossements d'une espèce provenant des marnières d'Argenton [6] montrent que des crocodiles ont vécu à la même époque que les lophiodon. Leurs dents étaient plus comprimées que celles des crocodiles vivants, et dentelées sur leurs bords ; leurs ongles ont dû être plus courts et plus plats (*C. communis*, Giebel, *C. Rallinati*, Gray).

Les graviers de Castelnaudary [7] en renferment aussi des débris mêlés avec ceux des lophiodon (*C. Dodunii*, Gray).

Quelques dents trouvées dans un calcaire marneux d'eau douce, près de Blaye [8], me paraissent incertaines soit quant à la détermination spécifique, soit quant à l'âge du terrain qui les renferme.

Il en est de même de quelques débris trouvés près du Mans [9].

L'argile de Londres, qui, comme nous l'avons dit ailleurs, est probablement contemporaine du calcaire grossier, renferme de beaux fragments de crocodiles.

M. Owen [10] décrit les espèces suivantes :

Le *Crocodilus toliapicus*, Owen [11], à museau aminci vers l'extrémité, rap-

[1] *Fauna der Vorwelt*, t. I, 2, p. 121.

[2] *Synops. rept.*, p. 64.

[3] *Ossem. foss.*, 4ᵉ édit., t. IX, p. 326.

[4] *Bibl. univ.*, loc. cit., p. 302.

[5] *Dict. de d'Orbigny*, Reptiles, t. XI, p. 56.

[6] *Ossem. foss.*, 4ᵉ édit., t. IX, p. 330.

[7] *Id.*, p. 334.

[8] *Id.*, p. 335. C'est le *C. Jouannetti*, Gray, *Syn. rept.*, p. 64.

[9] Cuvier, *Ossem. foss.*, 4ᵉ édit., t. IX, p. 337.

[10] *Palæontogr. Soc.*, 1849; *Reptilia*, part. 2; *Crocodilia and ophidians of the London clay*.

[11] Owen, loc. cit., p. 29, pl. 2, fig. 1 et 2 A. C'est le *C. Spenceri*, Buckl.,

pelant plus celui du *C. acutus* que celui de l'espèce du Nil. Ses dents sont au nombre de $\frac{12}{9} = 84$, plus uniformes, plus régulières et plus espacées que dans les deux espèces suivantes. Il a été trouvé dans l'argile de Sheppy.

Le *Crocodilus champsoïdes*, Owen [1], à museau plus allongé que le précédent, mais moins aminci à l'extrémité où les os incisifs forment une partie arrondie. Il ressemble davantage au *Crocodilus Schlegelii*, de Bornéo, et provient aussi de Sheppy.

Le terrain éocène supérieur contient aussi quelques crocodiles remarquables.

Cuvier [2] a trouvé, dans les plâtrières de Montmartre, un os frontal qui prouve l'existence d'un crocodile appartenant au sous-genre des caïmans ou à celui des crocodiles proprement dits, et probablement voisin du *C. sclerops*. Un humérus des mêmes gisements indique ou la même espèce, ou une très voisine du *C. lucius*. M. Giebel [3] attribue le premier de ces fragments à une espèce qu'il nomme *Crocodilus parisiensis*, et M. Gray, *C. Cuvieri*. Ce dernier auteur établit pour l'humérus un *Crocodilus Trimmeri*.

MM. Requien, Matheron, Jourdan, etc., en ont trouvé des fragments à Gargas, près d'Apt [4]. Gaultier de Claubry [5] en a découvert avec des palæotherium dans une tranchée de chemin de fer près de Bert. M. Naudot [6] en a recueilli à Provins dans un banc de calcaire lacustre avec des mammifères de la faune éocène.

Les terrains d'Angleterre supérieurs à l'argile de Londres et plus ou moins contemporains des gypses de Paris, ont fourni quelques espèces. M. Owen [7] a décrit :

Le *Crocodilus Hastingsiæ*, Owen [8], découvert par la marquise de Hastings dans les dépôts éocènes de Hordle-Cliff (Hampshire) ; sa tête est beaucoup plus large que dans les *Crocodilus toliapicus* et *champsoïdes* ; il appartient cependant comme eux au sous-genre des crocodiles proprement dits. Il a aussi $\frac{12}{9} = 84$ dents. (Atlas, pl. XXV, fig. 1.)

Traité Bridg., t. I, p. 251, et probablement en partie le *Crocodile de Sheppy*, Cuv., *Ossem. foss.*, 4ᵉ édit., t. IX, p. 327.

[1] Owen, loc. cit., p. 31, pl. 2, fig. 2 et 3. Cette espèce a été confondue avec la précédente par M. Buckland.

[2] *Ossem. foss.*, 4ᵉ édit., t. IX, p. 329.

[3] *Fauna der Vorwelt*, t. I, 2, p. 121.

[4] Gervais, *Dict. de d'Orbigny*, t. XI, p. 56.

[5] *Compt. rendus de l'Acad. des sc.*, 1840, 2ᵉ sem., p. 362.

[6] *Ann. des sc. nat.*, 1829, t. XVIII, p. 426.

[7] Owen, *Palæontogr. Society*, loc. cit.

[8] *Id.*, p. 37, pl. 6, 7, 8, 9 et 12, fig. 2 et 5.

Le *Crocodilus Hantoniensis* (*Alligator Hantoniensis*, Owen) (1) fait partie du groupe des caïmans et a été trouvé dans la même localité. (Atlas, pl. XXV, fig. 2.)

Le *Crocodilus Dixoni* (*Gavialis Dixoni*, Owen) (2) appartient au groupe des gavials. Il n'est connu que par des fragments découverts à Bracklesham.

Les lignites de Steyermark, rapportés par M. Giebel (3) à l'époque éocène, renferment les débris d'un crocodile qui a été séparé par Pranger (4) sous le nom d'Essronos (*E. Ungeri*), parce qu'il paraissait avoir une dent incisive impaire en avant. M. Fitzinger (5) a montré que la dentition était bien normale et que M. Pranger avait été trompé par l'imparfaite conservation du bout du museau. On en connaît aussi quelques plaques dermales.

Les crocodiles des terrains miocènes sont mal connus. On en cite dans les dépôts miocènes inférieurs d'Auvergne.

M. Pomel (6) indique deux espèces de crocodiles du groupe des caïmans. Ils forment, suivant cet auteur, un sous-genre distinct (Diplocynodon) caractérisé par la troisième et la quatrième paire de dents de la mâchoire inférieure, qui pénètrent ensemble dans la supérieure. Les dents sont peu nombreuses. M. Pomel figure le *D. Ratelii*. (Est-ce le même que le *Crocodilus elaveris*, Bravard ??)

M. E. Geoffroy-Saint-Hilaire (7) a établi pour quelques fragments de crocodiles du calcaire à Indusies d'Auvergne, le genre Osteosaurus, caractérisé par des mâchoires droites semblables, du reste, ainsi que le crâne, aux organes analogues des crocodiles proprement dits.

Dans les terrains miocènes proprement dits, nous pouvons indiquer quelques espèces.

M. H. de Meyer a annoncé la découverte de quelques crocodiles dans les dépôts de Weisenau; mais ils n'ont pas encore été décrits. Ce sont les *Crocodilus Bruchii*, *Rathii*, *medius* et *Brauniorum* (8).

Le *Crocodilus plenidens*, H. de Meyer (9), du même gisement, n'a pas de

(1) Owen, *Palæontogr. Soc.*, p. 42, pl. 8, fig. 2 ; Searles Wood, *London geolog. journal*, septembre 1846, t. I, p. 6.

(2) Owen, *id.*, p. 46, pl. 10.

(3) *Fauna der Vorwelt*, t. I, 2, p. 123.

(4) *Steyermarkische Zeitung*, 1845, t. I, p. 8.

(5) *Leonh. und Bronn, Neues Jahrb.*, 1846, p. 188.

(6) *Bull. Soc. géol.*, 2e série, 1846, t. III, p. 372, et t. IV, p. 383.

(7) *Etudes progress. d'un naturaliste*, p. 108.

(8) H. de Meyer, *Leonh. und Bronn, Neues Jahrb.*, 1843, p. 393, et 1846, p. 190; Giebel, *Fauna der Vorwelt*, t. I, 2, p. 123.

(9) *Neues Jahrb.*, 1838, p. 667.

cavité dans l'intérieur des dents, M. H. de Meyer [1] en a fait le genre PLENOPON (*Pl. crocodiloides*); mais il reste à savoir ce qu'il peut y avoir de constant dans cette organisation.

M. Quenstedt [2] indique l'existence de dents de crocodiles dans le calcaire d'eau douce d'Ulm et dans le Bohnerz de Moeskirch.

M. Lartet [3] signale un os de l'avant-bras trouvé à Sansan, qui peut être rapporté à un crocodile, et dit que M. Noulet en a trouvé une dent à Lavardens (Gers), et deux autres à Cauville (Lot-et-Garonne).

Les espèces des terrains pliocènes sont à peine indiquées.

M. Marcel de Serres [4] en a trouvé dans les terrains tertiaires supérieurs des environs de Montpellier.

MM. Croizet et Jobert [5], suivant quelques auteurs, en ont recueilli en Auvergne; mais seulement, je crois, dans les calcaires miocènes.

Les crocodiles existent aussi dans les terrains diluviens.

Cuvier [6] parle d'un calcanéum trouvé à Brentfort (Middlesex), qui fait partie de la collection de M. Deluc. C'est le *C. Delucii*, Giebel [7] (non Gray), et le *C. Mannyi*, Gray.

Le continent européen n'a pas seul fourni aux paléontologistes des ossements fossiles de crocodiles. L'Asie paraît en renfermer beaucoup dans ses terrains tertiaires et diluviens.

MM. Cautley et Falconer [8], qui ont si heureusement exploité les terrains tertiaires subhimalayens, en ont trouvé trois espèces.

La première appartient au sous-genre des crocodiles proprement dits, et se rapproche beaucoup du *C. biporcatus*, Cuv., qui vit encore aujourd'hui dans le Gange. Cet animal a dû atteindre 18 à 20 pieds (anglais) de longueur.

Les deux autres sont du sous-genre des gavials.

L'une ressemble beaucoup à celle qui habite aujourd'hui l'Inde.

[1] *Neues Jahrb.*, 1839, p. 77; Giebel, *Fauna der Vorwelt*, I, 2, p. 124.
[2] *Handb. der Petref.*, p. 103.
[3] *Notice sur la colline de Sansan*, p. 39.
[4] *Ann. des sc. nat.*, 2ᵉ série, t. IX, p. 286.
[5] *Rech. sur les ossem. foss. du Puy-de-Dôme*, p. 25.
[6] *Ossem. foss.*, 4ᵉ édit., t. IX, p. 336.
[7] *Fauna der Vorwelt.*, t. 1, 2, p. 122.
[8] *Journ. Asiat. Soc.*, sept. 1835, p. 354; *Ann. sc. nat.*, 2ᵉ série, t. IV, p. 60, et t. IX, p. 128; Giebel, *Fauna der Vorwelt*, t. I, 2, p. 122.

L'autre, *C. crassidens* (1), a les dents plus grosses et atteignait une très grande stature.

M. Clift (2) a trouvé sur les bords de l'Irawadi, en Birmanie, une espèce qui rentre aussi dans le sous-genre des gavials; c'est le *C. Cliftii* (*Leptorhynchus Cliftii*, H. de Meyer).

L'Amérique a aussi des crocodiles fossiles. Ils y ont apparu déjà à la fin de l'époque crétacée.

M. Harlan en indique deux espèces. Le *C. macrorhynchus*, Harl. (3) (*C. Harlani*, H. de Meyer), a été trouvé dans le grès vert de New-Jersey (terrain sénonien).

Le *C. clavirostris*, Harlan (4), provient des environs de Vincentown (New-Jersey), et a été recueilli dans une craie marneuse dont l'âge est incertain.

M. Owen (5) a décrit quelques vertèbres de crocodiles trouvées aussi dans le grès vert de New-Jersey, par M. le professeur Rogers. Il établit sur ces ossements deux espèces, le *C. basifissus*, Owen, qui paraît se rapprocher des calmans, et le *C. basitruncatus*, Owen, qui est probablement un vrai crocodile (6).

2ᵉ TRIBU. — CROCODILIENS A VERTÉBRES BICONCAVES.

(*Amphicœli*, Owen.)

Dans cette tribu sont comprises aussi les espèces qui ont les corps des vertèbres terminés par deux surfaces planes, ainsi que celles où il y a une surface plane et une concave. Les crocodiliens de cette division n'ont vécu que dans l'époque secondaire. Le genre qui en forme en quelque sorte le type est celui des

(1) *Proceed. geol. Soc.*, t. II, p. 369.

(2) *Trans. of the geol. Soc.*, 2ᵉ série, t. II, pl. 43, fig. 1-12; H. de Meyer, *Palæolog.*, p. 108; Giebel, *Fauna der Vorwelt*, t. I, 2, p. 123.

(3) *Journ. Acad. Philad.*, t. IV, p. 15, pl. 1; *Med. and phys. researches*, p. 369; H. de Meyer, *Palæol.*, p. 108; Lyell, *Voyage en Amérique*, etc.

(4) *Proceed. Acad. nat. Soc. Philad.*, 1844, p. 82.

(5) *Quarterly journ. of the geol. Soc.*, 1849, t. V, p. 380.

(6) Il ne faut pas attribuer aux véritables crocodiles les citations suivantes : Franc, *Sur les os de crocodiles trouvés à la Favorite, près de Lonigo, prov. de Vicence* (*Bull. Fér.*, 1827, t. X, p. 291); Scortegagna, sur les mêmes os (*Exercitat. dell' Ateneo di Venezia*, 1838, 4°, avec une planche). Ces ossements appartiennent au terrain jurassique, et quoiqu'ils soient très mal connus, on peut les rejeter dans une des tribus suivantes.

Téléosaures (*Teleosaurus*, Geoffr.) , — Atlas, pl. XXV , fig. 3-8,

qui joint au caractère essentiel des vertèbres biconcaves plusieurs différences d'avec les crocodiles vivants. La forme générale du crâne est celle des gavials. Les narines s'étendent beaucoup moins en arrière, car leur ouverture palatine a lieu au niveau de l'arcade jugale; l'ouverture antérieure est terminale. La mâchoire inférieure s'élargit à son extrémité en forme de cuilleron, et porte sur ses côtés des dents semblables à des canines. Les autres dents sont minces, coniques, aiguës et égales, propres à saisir une proie. Le sternum ressemble à celui des crocodiles vivants; le membre antérieur est plus petit à proportion, et le membre postérieur présente quelques transitions au type des énaliosauriens. Le corps était recouvert par une armure plus solide que celle des crocodiles actuels; car elle était composée de plaques plus grandes, disposées de manière que le bord postérieur de chaque écusson recouvrait la base du suivant.

On peut conclure de ces caractères que les téléosaures avaient des mœurs à peu près analogues à celles des gavials, et que comme eux ils étaient aquatiques et vivaient de poissons. Quelques circonstances de leur organisation peuvent même faire penser qu'ils étaient encore mieux organisés pour la natation, plus essentiellement aquatiques, et probablement marins, comme les gisements où l'on trouve leurs os semblent le prouver. Leurs vertèbres biconcaves, qui sont de nos jours l'apanage des poissons, le nombre plus grand de leurs côtes et leur armure plus forte, justifient cette manière de voir.

Les téléosaures sont connus depuis fort longtemps, car un de leurs squelettes, trouvé dans le lias, a été figuré et décrit en 1758; leurs caractères n'ont été précisés que bien plus tard.

Ce genre a été fort subdivisé dans ces dernières années; mais je crois que l'on a souvent donné trop d'importance à des caractères secondaires, qui paraissent plus propres à faciliter l'étude des espèces qu'à servir de base à des genres. Je ne dois cependant pas passer sous silence ces travaux, d'autant plus que les groupes qui ont été établis concordent souvent avec la distribution géologique. Je les admets provisoirement, à titre de sous-genres.

Je commencerai par ceux du lias.

Les MYSTRIOSAURES ([1]) Kaup, auxquels on est d'accord de réunir les ENGYOMMASAURES du même auteur, ont le museau très long, les yeux dirigés en haut, le crâne aplati. Les dents sont nombreuses, les antérieures recourbées en arrière, légèrement striées. On n'en a trouvé que dans le lias.

Le *Téléosaure de Chapman* ([2]) (*T. Chapmani*, Koenig) a été trouvé d'abord près de Whitby (Yorkshire), et décrit, en 1758, par MM. Waller et Chapman. Plus tard un squelette entier, long de 5 mètres 1/2, fut découvert à Saltwick. Ces deux gisements appartiennent au lias supérieur. Ses dents sont sensiblement égales entre elles et au nombre de $\frac{7}{7} + \frac{18}{18} = 140$. Ses vertèbres sont au nombre de 64, dont 16 dorsales. Ses écussons dermaux sont forts et ont jusqu'à 3 pouces 1/2 de longueur dans leur plus grand diamètre qui est transversal; ils sont marqués de trous et d'incrustations très prononcées.

Quelques auteurs réunissent à cette espèce le *T. de Laurillard* ([3]) (*Mystriosaurus Laurillardi*, Kaup), trouvé dans le lias d'Altdorf. M. Bronn le considère comme formant une espèce distincte, caractérisée par $\frac{7}{7} + \frac{18}{18} = 130$ dents et par des trous palatins plus petits. L'animal atteignait une longueur de 13 pieds. (Atlas, pl. XXV, fig. 4.)

M. Bronn considère encore comme une espèce distincte ([4]) celle qui a été

<hr>

[1] Kaup, *Catalog. von Gyps-Abgüssen*, 1834; Bronn and Kaup, *Abhand. über die Gavial-artigen repl. der lias formation*; Munster, in *Neues Jahrb.*, 1838, p. 127; Theodori, *id.*, 1841, p. 310 et 697; H. de Meyer, *id.*, 1844, p. 689; Quenstedt, *id.*, 1850, p. 319; etc.

[2] Waller et Chapmann, *Philos. trans.*, 1758, t. L, pl. 22 et 30; Young and Bird, *Yorkshire*, 1828, p. 287; Cuvier, *Ossem. foss.*, 4ᵉ édit., t. IX, p. 222; Owen, *Rep. Brit. ass.*, 1841, p. 75; Buckland, *Traité Bridg.*, pl. 25, fig. 1 et 25, fig. 2; Hunter, *Lond. and Edinb. philos. mag.*, 1836, t. IX, p. 498; Bronn, *Lethæa*, 3ᵉ édit., *Terr. jorass.*, p. 527; Giebel, *Fauna der Vorwelt*, t. I, 2, p. 109.

[3] Walch, *Naturf.*, 1776, t. IX, p. 279, pl. 4, fig. 8; Merck, 1786, 3ᵉ lettre, et Hess. *Beitraege*, 1787, t. II, p. 81; Cuvier, *Ossem. foss.*, 4ᵉ édit., t. IX, p. 229; Faujas, *Hist. de la mont. de Saint-Pierre*, pl. 54; Sœmmerring, *Munch. Denks.*, t. V, p. 28; *Crocodilus altdorfensis*, *Holl. Petref.*, p. 85; *Streptospondylus altdorfensis*, H. de Meyer, *Palæol.*, p. 406; Bronn et Kaup, *loc. cit.*; Giebel, *Fauna der Vorwelt*, ib.

[4] Collini, *Act. Acad. Theod. Palatin*, 1784, t. V, p. 84, pl. 3, fig. 1 et 2; Faujas de Saint-Fond, *Hist. nat. de la mont. de Saint-Pierre*, pl. 53; Sœmmerring, *Munch. Denks.*, t. V, p. 28; Cuv., *Ossem. foss.*, 4ᵉ édit., t. IX, p. 30; *Engyommasaurus Brongniarti*, Kaup, *Verst.*, p. 28; Bronn, *Lethæa*, 3ᵉ édit.,

décrite par Collini sous le nom de *Poisson scie* ou d'*Espadon*, et qui provient aussi du lias d'Altdorf. Il la désigne sous le nom de *M. Brongniarti*, et lui attribue $\frac{4}{4} + \frac{44}{44}? = 152?$ dents et les branches de la mâchoire plus longues que la symphyse; la forme des orbites avait motivé l'établissement du genre ENGYOMMASAURUS.

Je ne puis admettre l'assimilation que font plusieurs auteurs allemands entre ces deux dernières espèces et les crocodiles de Honfleur, décrits par Cuvier, dont je parlerai en traitant des téléosaures du terrain kimméridgien.

Le *T. longipes* [1] (*Myst. longipes*, Bronn) a une mâchoire inférieure à longue symphyse, un crâne étroit vers les orbites et des membres antérieurs plus longs à proportion que les autres espèces. Sa taille était de 6 pieds. Il a été trouvé dans le lias supérieur de Boll (Wurtemberg).

A ces espèces, il faudra probablement en ajouter encore quelques-unes. Je ne pense pas toutefois que l'on doive inscrire définitivement et sans nouvel examen, toutes celles qui ont été indiquées par les auteurs allemands comme trouvées dans le lias du Wurtemberg. Je citerai parmi elles :

Le *T. Egertoni* (*Myst. Egertoni*, Kaup) [2], dont les dents du milieu de la symphyse sont plus petites et plus éloignées que dans les autres espèces. La mâchoire inférieure est conique et amincie en avant, la symphyse est plus grande que les branches. Les dents sont au nombre de 154. Ce reptile a dû atteindre 17 pieds.

Le *T. Tiedemanni* (*Myst. Tiedemanni*, Kaup) [3], dont le crâne est long et le museau linéaire, et chez qui la symphyse de la mâchoire inférieure est plus longue que dans aucune espèce, car elle a 60 pour 100 de la longueur du crâne. Ses extrémités antérieures sont plus grandes à proportion des postérieures. Ses dents ont dû être environ au nombre de 140. Un échantillon de cette espèce, de 7 pieds de longueur, a été très bien figuré dans l'ouvrage précité de MM. Bronn et Kaup.

Le *T. Schmidti* (*Myst. Schmidti*, Kaup) [4], chez lequel la surface élevée des palatins est en forme de rectangle allongé.

Le *T. Mandelslohi* (*Myst. Mandelslohi*, Kaup) [5], qui a la même surface à

Terr. jur., p. 528 ; Bronn et Kaup, *Gavial-artig*, p. 31, pl. 4 ; Giebel, *Fauna der Vorwelt*, t. I, 2, p. 112 ; etc.

[1] Bronn et Kaup, *Gavial-art.*, p. 46, pl. 6 ; Bronn, *Lethæa*, 3ᵉ édit., Terr. jur., p. 529 ; Giebel, *Fauna der Vorwelt*, t. I, 2, p. 113 ; etc.

[2] Bronn et Kaup, *Gavial-art.*, p. 28, pl. 1, fig. 7 ; Leonh. und Bronn, Neues Jahrb., 1842, p. 374 ; et 1843, p. 123 ; Giebel, *Fauna der Vorwelt*, t. I, 2, p. 109.

[3] Bronn et Kaup, *Gavial-art.*, p. 28, pl. 2 ; Leonh. und Bronn, Neues Jahrb., 1842, p. 375 ; Giebel, *Fauna der Vorwelt*, t. I, 2, p. 110.

[4] Bronn et Kaup, *Gavial-art.*, p. 12 et 28.

[5] Id., pl. 3, fig. 7, et pl. 5 ; Leonh. und Bronn, Neues Jahrb., 1844, p. 689.

sept côtés, plus large que longue, et dont les orbites sont très petites et éloignées. L'exemplaire que l'on connaît indique une longueur de 8 pieds. (Atlas, pl. XXV, fig. 5.)

Le *T. du Museum Senkenberginum* [1] a le crâne court par rapport à la colonne épinière, la symphyse courte, les arcades orbitaires très grandes et les extrémités antérieures petites. Il a dû atteindre 11 pieds de longueur.

Le *T. minimus*, Quenstedt [2], paraît une des plus petites espèces connues. (Atlas, pl. XXV, fig. 3.)

Le *T. Merkii* [3], Theodori, provient du lias de Banz; ses os de l'avant-bras sont plus courbés que dans les autres espèces.

Le *T. Munsteri* [4] (*Myst. Munsteri*, Giebel), a été trouvé à Holzmaden.

Le comte de Munster [5] a décrit en outre quatre espèces qui sont : le *M. speciosus*, de Berg, près d'Altdorf; le *M. canalifer*, de Holzmaden; le *M. Franconicus*, des environs de Bayreuth; et le *M. tenuirostris*, de Berg.

Les MACROSPONDYLUS, H. de Meyer (*Geosaurus*, Jaeger, *non* Cuv.), ne diffèrent des mystriosaurus que par leurs vertèbres plus longues et par les proportions du membre postérieur, où le fémur en forme d'S n'est guère plus long que la jambe. M. Bronn réunit ce groupe au précédent.

Le *Téléosaurus bollensis* [6] (*Gaviol de Boll*, Cuvier; *Crocodilus bollensis*, Jaeger; *Macrospondylus bollensis*, H. de Meyer), a été trouvé dans le lias

et 871; *Macrospondylus*, H. de Meyer, *Neues Jahrb.*, 1840, p. 584; Giebel, *Fauna der Vorwelt*, t. I, 2, p. 111.

(1) *M. Senkenberginus*, H. de Meyer, *Neues Jahrb.*, 1841, p. 96, et 1844, p. 689; Bronn et Kaup, *Gavial-artig.*, p. 28.

(2) *Handb. der Petref.*, p. 101, pl. 6, fig. 15.

(3) Theodori, *Leonh. und Bronn, Neues Jahrb.*, 1844, p. 310 et 622; Munster, *id.*, 1843, p. 135.

(4) *Leonh. und Bronn, Neues Jahrbuch*, 1843, p. 122; Giebel, *Fauna der Vorwelt*, t. I, 2, p. 113.

(5) *Leonh. und Bronn, Neues Jahrb.*, 1843, p. 129 à 134.

(6) Eilenburg, *Description du cabinet royal de Dresde*, 1755, p. 37; Walch, *Merkwurdigkeiten der Natur.*, p. 105; Walch et Knorr, t. II, p. 170; Dusseldorf, *Merkwur. der koen. Residenz, Dresden*, p. 500; Pötsch, *Beschr. der Kabineten in Dresden*, 1805, p. 15; Cuvier, *Ossem. foss.*, 4e édit., t. IX, p. 250; Sæmmerring, *Münch. Denks.*, 1815, t. V, p. 23; Jaeger, *Foss. Rept. Würtembergs*, p. 6, pl. 3, fig. 1-3; H. de Meyer, *Isis*, 1830, p. 518; et *Nova act. nat. cur.*, t. XV, 2, p. 196, etc.; Bronn et Kaup, *Gavial-artig.*, p. 27; Bronn, *Lethæa*, 3e édit., *Terr. jur.*, p. 529; Giebel, *Fauna der Vorwelt*, t. I, 2, p. 107.

supérieur de Boll. Une plaque de schiste contenant la partie postérieure du corps d'un de ces animaux est conservée depuis près d'un siècle dans le cabinet de Dresde. (Atlas, pl. XXV, fig. 6, écusson dorsal).

Le *Geosaurus bollensis* [1], Jaeger, appartient évidemment à ce genre et, suivant M. Bronn, il doit même être réuni à l'espèce précédente ; mais M. Giebel pense que les vertèbres ont des proportions différentes, et il le nomme *Macrospondylus Jaegeri*. Il a été trouvé à Hainingen (lias supérieur du Wurtemberg).

Les PELAGOSAURUS, Bronn, diffèrent des mystriosaurus et des macrospondylus par leurs yeux plus écartés, séparés par un espace plus grand que leur propre largeur, par la symphyse de leur mâchoire inférieure plus courte que les branches, par leurs dents au nombre de $\frac{4}{1} + \frac{22}{30} = 110$ (à 116?), par le développement plus grand des apophyses de l'os sphénoïde et par la petitesse relative de leurs membres antérieurs qui n'atteignent que la moitié de la longueur des postérieurs.

La seule espèce citée est le *Pelagosaurus typus*, Bronn [2], (*Stenrosaurus Bronni*, Laurillard), du lias de Boll (Wurtemberg). Elle atteignait une longueur de plus de cinq pieds. (Atlas, pl. XXV, fig. 7 et 8.)

Les téléosaures de l'oolithe inférieure et de la grande oolithe ont été placés dans deux genres.

On réserve le nom de TÉLÉOSAURUS proprement dits à l'espèce qui a été trouvée dans le calcaire de Caen (Normandie) et qui est caractérisée par des orbites grandes et rapprochées, par des trous crotaphidiens plus larges que longs, par 160 dents alternant de grandeur comme dans la plupart des mystriosaurus, par un museau aplati et cinq fois aussi long que large (mesuré de l'extrémité jusqu'au pariéto-frontal), par des vertèbres dorsales dont les apophyses transverses sont plus longues que dans aucun autre crocodilien, par des écailles épaisses, rectangulaires, formant des

---

[1] Jaeger, *Foss. Rept. Württemb.*, p. 7, pl. 4, fig. 1 ; Giebel, *Fauna der Vorwelt*, t. 1, 2, p. 108.

[2] Bronn et Kaup, *Gavial-artig.*, p. 28, pl. 3, fig. 1-6 ; Bronn, *Lethæa*, 3ᵉ édit., *Terr. jur.*, p. 532 ; et *Neues Jahrb.*, 1842, p. 376 ; 1843, p. 131 ; Munster, id. ; Laurillard, *Dict. de d'Orbigny*, t. IV, p. 365 ; Giebel, *Fauna der Vorwelt*, t. 1, 2, p. 104 ; Geinitz, *Verstein.*, pl. 0, fig. 4. Cette espèce a été confondue par Schmidt (*L. und B.*, *Neues Jahrb.*, 1838, p. 669) avec le *Macrospondylus Bollensis*.

séries régulières au nombre de 10, composées chacune de 15 à 16 écailles.

Cette espèce (1), décrite d'abord par Lamouroux sous le nom de *Crocodile de Caen* (1820), puis par Cuvier sous celui de *Gavial de Caen*, et nommée *Teleosaurus cadomensis* par Et. Geoffroy, est connue par les débris d'au moins dix individus, et a dû atteindre la taille de vingt pieds. Ces débris ont été trouvés dans des terrains qui paraissent correspondre à l'étage de la grande oolithe.

M. Owen en a décrit de l'oolithe de Bath et des schistes de Stonesfield, qui sont contemporains de cette époque, et une variété provenant de l'oolithe de Chipping Norton. Quelques citations plus douteuses sembleraient indiquer aussi son existence dans les terrains jurassiques supérieurs. Nous y reviendrons plus loin.

Le genre GLAPHYORHYNCUS, H. de Meyer, a été établi pour un téléosaure de l'oolithe ferrugineuse de Aalen (Wurtemberg) ; mais il n'a pas encore été caractérisé.

La seule espèce indiquée est le *G. aalensis*, H. de Meyer (2).

Les calcaires lithographiques de Bavière (terrain corallien) renferment aussi des téléosaures qui diffèrent par quelques caractères de ceux du lias. On a aussi formé des genres que nous n'acceptons également que comme sous-genres ou groupes provisoires.

Les AEOLODON (3), H. de Meyer (*Palæosaurus*, Et. Geoffroy, *non* Riley, *non* Fitz.), ont aussi le museau allongé, les narines terminales et les dents nombreuses (106) des autres téléosaures. Les

(1) Lamouroux, *Ann. des sc. phys.*, t. III, p. 163 ; Cuvier, *Ossem. foss.*, 4e édit., t. IX, p. 253 ; Geoffroy, *Mém. du Muséum*, 1825, t. XII, p. 135 ; *Rech. sur les grands Sauriens*, p. 43, et *Ann. sc. nat.*, 1831, t. XXIII ; H. de Meyer, *Palæol.*, p. 114 ; Owen, *Report Brit. ass.*, 1841, p. 81 ; Bronn, *Lethæa*, 3e édit., *Terr. jur.*, p. 519 ; Giebel, *Fauna der Vorwelt*, I, 2, p. 103. C'est le *Gavialis Lamourouxii*, de Gray, *Syn. rept.*, p. 57. M. Et. Geoffroy, dans son mémoire sur les grands sauriens, p. 53, indique à l'occasion du fossile de Caen, un genre nouveau de téléosaures : CYSTOSAURUS, qui n'a pas été décrit.

(2) *Leonh. und Bronn*, *Neues Jahrb.*, 1842, p. 303 ; 1845, p. 282 ; Bronn, *Lethæa*, 3e édit., *Terr. jur.*, p. 532 ; Giebel, *Fauna der Vorwelt*, t. I, 2, p. 117.

(3) Ce nom a été écrit quelquefois par erreur AELODON.

trous crotaphidiens sont plus grands que les orbites et plus longs
que larges, la symphyse de la mâchoire plus grande que les
branches, les dents très longues et épaisses, subuliformes. Les
vertèbres sont plus nombreuses (au moins de 10) que dans les
crocodiliens connus ; on compte 7 cervicales, 12 à 13 dorsales,
4 à 5 lombaires, 2 sacrées et 52 coccygiennes. La jambe a seulement la moitié de la longueur de la cuisse, et le métatarse est très
court. Le corps est couvert de grands et de petits écussons carrés,
un peu bombés en dehors, rugueux et ponctués, les plus grands
étant en outre marqués de stries longitudinales.

Sœmmerring a décrit, en 1814, sous le nom de *Crocodilus priscus*, la
seule espèce [1] que l'on rapporte à ce genre, et Cuvier en parle sous le nom
de *Gavial des schistes calcaires de Monheim*. C'est le *Teleosaurus priscus*,
Owen (*Aeolodon priscus*, H. de Meyer).

On n'en connaît qu'un seul exemplaire ; il est complet sauf les pattes antérieures, mais médiocrement conservé. Sa longueur est de 3 pieds. Il a été
trouvé en 1812 à Meulinhard, près Daiting, à deux lieues de Monheim
(Bavière).

Les GNATHOSAURUS, H. de Meyer, peuvent à peine être séparés
des aeolodon, au moins par les caractères que l'on en connaît. La
mâchoire inférieure est le seul fragment que l'on possède. Elle
est longue, non épaissie en avant, et porte des dents subuliformes
nombreuses (40).

Le *Gnathosaurus subulatus*, H. de Meyer [2], a été trouvé dans les schistes
lithographiques de Solenhofen.

Les téléosaures des terrains kimméridgiens ont été étudiés par
Cuvier qui a eu à sa disposition des fragments recueillis au Havre
et à Honfleur, mélangés avec ceux d'un autre genre dont nous
parlerons plus loin (*Steneosaurus*). Ce mélange était même si com-

[1] Sœmmerring, *Münch. Denks.*, 1814, t. V, p. 45, pl. 1 ; Cuvier, *Ossem.
foss.*, 4e édit., t. IX, p. 249 ; Holl., *Petref.*, p. 87 (*Teleos. Sœmmerringi*) ;
Gray, *Syn.*, p. 56 (*Gavialis priscus*) ; Owen, *Report Brit. ass.*, 1841, p. 76 ;
H. de Meyer, *Isis*, 1830, p. 518 ; *Palœolog.*, p. 105 ; Giebel, *Fauna der
Vorwelt*, t. I, 2, p. 106 ; Bronn, *Lethœa*, 3e édit., *Terr. jur.*, p. 535.

[2] H. de Meyer, *Museum Senkenberg.*, 1833, t. I, p. 1, pl. 1, fig. 1-2 ;
Leonh. und Bronn, *Neues Jahrb.*, 1834, p. 113 ; Giebel, *Fauna der Vorwelt*,
I, 2, p. 107 ; Bronn, *Lethœa*, 3e édit., *Terr. jur.*, p. 536.

plet, que Cuvier éprouva du doute dans l'association à établir entre les crânes et les vertèbres. Il reconnut promptement l'existence de deux types différents, l'un des crânes étant caractérisé par un museau plus long, l'autre par un plus court. Les vertèbres étaient aussi de deux natures : les unes avaient les deux extrémités des corps concaves, les autres avaient la face antérieure convexe et la postérieure concave. Ce savant anatomiste associa les vertèbres biconcaves aux longs museaux et les vertèbres convexo-concaves aux têtes plus courtes. Le motif qui le décida fut que les têtes longues diffèrent moins de celles des crocodiles actuels que les autres, qu'il en est de même des vertèbres biconcaves comparées aux convexo-concaves; et qu'il est naturel de supposer que les différences ont été proportionnelles dans toutes les parties du corps. Cette opinion de Cuvier, généralement partagée aujourd'hui, n'a pas été toujours admise (1). Je

(1) De ces divergences est résultée une très grande complication dans la synonymie des deux genres auxquels on peut attribuer ces fossiles du Havre et d'Honfleur. M. Ét. Geoffroy les avait réunis sous le nom de Steneosaurus. En 1830, M. H. de Meyer proposa le premier, avec raison, de les séparer en deux genres. Mais malheureusement il associa les museaux longs aux vertèbres convexo-concaves, et les museaux courts aux vertèbres biconcaves. Il nomma les premiers Streptospondylus et les autres Metriorhynchus. En 1837, M. Bronn, dans la première édition de la *Lethæa*, adopta l'opinion de Cuvier; et ne conserva pas le nom de Streptospondylus pour le gavial à long museau, car ce nom impliquait l'existence de vertèbres convexo-concaves. M. Bronn le changea contre celui de Leptocranius et conserva celui de Metriorhynchus. M. Owen, en 1841, proposa pour ce dernier de revenir au nom de Steneosaurus et il associa aussi les vertèbres et les crânes comme Cuvier. En 1847, M. H. de Meyer, dans l'*Index palæontologicus*, revint à cette dernière opinion, et alors il transporta son nom de Streptospondylus aux museaux courts et donna celui de Steneosaurus aux museaux longs. Dans la troisième édition de la *Lethæa*, M. Bronn propose, vu les rapports évidents des museaux longs avec les Mystriosaurus (téléosaures), de les placer dans ce genre et de laisser aux courts le nom de Metriorhynchus. En *résumé*, on voit que les crocodiliens à long museau, du Havre et d'Honfleur, ont été des *Streptospondylus* pour M. H. de Meyer en 1830; des *Leptocranius* pour M. Bronn en 1837; des *Steneosaurus* pour M. H. de Meyer en 1847, et des *Mystriosaurus* pour M. Bronn en 1851. Nous les considérons comme des téléosaures. Les crocodiliens à museau court ont été, en 1830, des *Metriorhynchus*, H. de Meyer; en 1841, des *Steneosaurus*, Owen; en 1847, des *Streptospondylus*, H. de Meyer; en 1851, ils sont redevenus des *Metriorhynchus*, pour M. Bronn. Nous en parlerons plus loin sous le nom de sténéosaures.

l'adopte dans cette seconde édition en ajoutant un argument qui me paraît très puissant. Les museaux longs sont tout à fait semblables à ceux des téléosaures; il est probable en conséquence que les vertèbres qui les accompagnaient ont dû être biconcaves comme celles des animaux de ce genre.

L'espèce à long museau ne présente aucun caractère appréciable qui puisse la séparer des véritables téléosaures. M. Bronn lui-même renonce maintenant à son genre Leptocranius pour la placer avec les mystriosaurus. Il va trop loin, je crois, en la considérant comme de même espèce que les téléosaures du lias d'Altdorf. Nous l'inscrivons ici sous le nom de *Teleosaurus longirostris* [1] (*Steneosaurus rostromajor*, Geoff.; *Leptocranius longirostris*, Bronn; *Premier Gavial* (à museau allongé) *d'Honfleur*, Cuvier). Les branches de la mâchoire sont plus longues que la symphyse et ne s'ouvrent que sous un angle de 50 degrés. Les dents sont au nombre de 22 de chaque côté de la mâchoire inférieure. La tête mesurait à peu près trois pieds de longueur; le crâne est joint au museau par un rétrécissement graduel; les trous crotaphidiens sont grands, plus longs que larges; l'os frontal est plat, peu échancré par les orbites.

On a trouvé en Angleterre une seconde espèce du terrain kimméridgien, le *Teleosaurus asthenodeirus*, Owen [2], caractérisé par des côtes cervicales plus petites, par un cou plus faible, par des écussons plus lisses et probablement plus fortement imbriqués. Il provient de l'argile de Shotover.

On a trouvé dans les terrains jurassiques supérieurs de Soleure (calcaire à tortues, terrain kimméridgien) des débris de téléosaures.

Cuvier [3] a comparé leurs vertèbres à celles du *Teleosaurus cadomensis* sans pouvoir y trouver de différences; quelques dents semblent aussi s'y rapporter, d'autres sont différentes. Il est impossible sans de nouvelles preuves d'admettre, comme on l'a fait, l'identité de ces espèces.

3ᵉ TRIBU. — CROCODILIENS A VERTÉBRES CONVEXO-CONCAVES

(*Prosthocœli*, Owen).

c'est-à-dire à vertèbres dont les corps ont l'articulation antérieure

[1] Voyez Et. Geoffroy, *Mém. Mus.*, t. XII, p. 146; Cuvier, *Ossem. foss.*, 4ᵉ édit., t. IX, p. 284; H. de Meyer, *Palæolog.*, p. 106; Bronn, *Lethæa*, 3ᵉ édit., *Terr. jur.*, p. 528; Giebel, *Fauna der Vorwelt*, I, 2, p. 114.

[2] Owen, *Report Brit. ass.*, 1844, p. 81; Giebel, *Fauna der Vorwelt*, I, 2, p. 104.

[3] *Ossem. foss.*, 4ᵉ édit., t. IX, p. 282.

convexe et l'articulation postérieure concave, disposition inverse de celle qui existe dans les crocodiles actuels, et analogue au contraire à ce qu'on trouve dans le cou de la plupart des grands mammifères herbivores.

Les Sténéosaures (*Steneosaurus*, Geoffr.)

(*Metriorhynchus*, H. de Meyer, 1830 ; *Streptospondylus*, id., 1847, non 1830). — Atlas, pl. XXII, fig. 9,

sont caractérisés, en outre de la forme anormale de leurs vertèbres, par leurs narines externes moins terminales que dans la plupart des téléosaures, ouvertes à la partie supérieure du museau qui n'est pas élargi. Les yeux sont latéraux et les formes générales de la tête sont encore celles des gavials. Les apophyses transverses des vertèbres naissent de quatre petites côtes saillantes qui leur font une base pyramidale.

J'ai dit plus haut quels sont les doutes (¹) qui se sont présentés pour savoir si c'était bien à ces têtes que se rapportaient les vertèbres convexo-concaves et quels sont les motifs qui ont engagé à répartir les deux espèces comme nous l'avons fait. J'ai conservé à ce genre le nom de stenéosaurus, parce qu'il est le plus ancien. Lors même que Geoffroy l'appliquait à deux espèces dont une a dû passer dans le genre des téléosaures, il me paraît conforme aux principes de la nomenclature de le conserver pour celle qui continue à former un genre distinct. Les auteurs allemands ont préféré le nom de *Metriorhynchus*, quoique plus récent. Le nom de *Streptospondylus* peut encore moins être conservé, puisque, postérieur à celui que nous adoptons, il a successivement désigné les deux types réunis par Geoffroy sous le nom de *Steneosaurus*.

L'espèce (²) qui a donné lieu à ces discussions est le *Steneosaurus rostro-minor*, Geoff. (2ᵉ *Gavial d'Honfleur à museau plus court*, Cuv. ; *Metriorhynchus Geoffroyi*, H. de Meyer, 1830, et Bronn, 1851 ; *Streptospondylus*

<hr>

(¹) Voyez la note de la page 490.

(²) Diquemarre, *Journ. de phys.*, 1786, t. VII, p. 406 ; Faujas de Saint-Fond, *Mont. de Saint-Pierre*, p. 225 ; Cuv., *Ossem. foss.*, 4ᵉ édit., t. IX, p. 284 ; Geoffroy, *Mém. Mus.*, 1825, t. XII, p. 146 ; H. de Meyer, *Isis*, 1830, p. 518, *Palæologica*, p. 106, et *Index palæont.* ; Gray, *Syn. rept.*, p. 57 ; Owen, *Report Brit. ass.*, 1841, p. 82 ; Giebel, *Fauna der Vorwelt*, I, 2, p. 118 ; Bronn, *Lethæa*, 3ᵉ édit., *Terr. jur.*, p. 517.

Geoffroyi, H. de Meyer, 1847 ; *Streptospondylus Jurinei*, Gray). Elle est connue par un petit nombre de fragments, parmi lesquels un des principaux est un museau conservé dans le musée d'histoire naturelle de Genève, qui a été figuré par Cuvier et que nous reproduisons ici. (Atlas, pl. XXV, fig. 9.) Suivant M. Owen, la même espèce se trouve dans les argiles de Shotover (kimméridgien).

M. Owen [1] décrit des vertèbres convexo-concaves, trouvées dans quelques localités d'Angleterre. Elles appartiennent probablement au genre stenosaurus ; mais les espèces qui ont été formées d'après ces rares débris ne peuvent être considérées que comme tout à fait provisoires.

Il désigne sous le nom de *Streptospondylus Cuvieri*, une vertèbre découverte dans la grande oolithe de Chipping-Norton.

Il en cite une seconde trouvée dans le lias de Whitby.

Il nomme *Streptospondylus major* une espèce dont l'existence semble démontrée par des vertèbres trouvées dans les terrains wealdiens ; mais il est probable que ces ossements appartiennent à un des grands dinosauriens.

On doit probablement classer encore dans les crocodiliens de la troisième tribu le genre des

CETIOSAURUS, Owen,

qui n'est connu que par des vertèbres et des os des membres trouvés dans les terrains wealdiens et jurassiques supérieurs d'Angleterre. Toutefois ce n'est que dans un petit nombre de vertèbres qu'on a observé la forme convexo-concave des corps, et la plupart des autres sont biconcaves. Mais M. Owen fait remarquer que toutes ces vertèbres biconcaves sont de la partie postérieure du tronc, et qu'il est probable, conformément à ce qui existe en général, que les articulations des corps étaient plus rondes dans les vertèbres plus antérieures.

Le caractère principal des cetiosaurus est le tissu spongieux de leurs os, qui rappelle celui des cétacés ; ce caractère est joint à l'absence complète de cavité médullaire dans les os longs ; les phalanges unguéales semblent démontrer qu'ils ont pu être terrestres. Ces animaux ont atteint des tailles considérables.

On en connaît quatre espèces [2].

[1] *Report Brit. ass.*, 1841, p. 88.

[2] Owen, *Report Brit. ass.*, 1841, p. 100 ; Kingdon, *Geol. Soc.* 1825, 3 juin (*Whale and Crocodile*) ; Giebel, *Fauna der Vorwelt*, I, 2, p. 120 ; Bronn, *Lethœa*, 3ᵉ édit., *Terr. jur.*, p. 542.

Le *Cetiosaurus medius*, Owen, de la grande oolithe de Enstone, près Woodstock, de l'oolithe inférieure de Chipping-Norton, etc.

Le *Cetiosaurus longus*, Owen, du terrain portlandien de Garsington, près d'Oxford, connu par quelques vertèbres; le corps d'une d'entre elles est long de 178 millimètres.

Le *Cetiosaurus brevis*, Owen, du terrain wealdien, dont les vertèbres sont plus courtes à proportion.

Le *Cetiosaurus brachyurus*, id., du terrain wealdien.

CROCODILIENS DOUTEUX.

A la suite des trois tribus que nous avons admises, nous devons indiquer quelques genres qui paraissent appartenir à la famille des crocodiliens, mais qui sont trop incomplétement connus pour qu'on puisse leur attribuer une place certaine.

Nous commencerons en énumerant quelques genres qui se trouvent dans les terrains wealdiens, et qui n'ont pas pu être comparés d'une manière convenable, parce que les uns sont connus par leurs dents et d'autres par diverses parties du squelette.

Les Succhosaurus, Owen, — Atlas pl. XXV, fig. 10,

sont caractérisés par des dents arquées et comprimées latéralement, qui ont deux bords tranchants, mais non en scie, l'un en arrière sur la ligne concave, l'autre en avant sur la ligne convexe. Les côtés de ces dents sont en outre traversés par de petites côtes relevées, longitudinales, parallèles, avec des intervalles réguliers d'une ligne dans une dent d'un pouce et demi. Ces côtes se terminent avant l'extrémité de la dent, et plus promptement au côté convexe qu'au côté concave.

Ces reptiles, encore très imparfaitement connus dans le reste de leur organisation, sont fossiles dans les terrains wealdiens d'Angleterre.

Ce gisement indique qu'ils ont vécu dans l'eau douce.

M. Owen, qui les a fait connaître (¹), n'en indique qu'une espèce, le *Succhosaurus cultridens*.

(¹) Owen, *Report Brit. ass.*, 1841, p. 67, et *Odontography*, pl. 62 A, fig. 9 et 10. Ce sont peut-être ces dents qui ont été décrites par M. Mantell comme appartenant à un gavial, *Illust. geol. of Sussex*, pl. 5, fig. 5, etc.;

Les Goniopholis, Owen, — Atlas, pl. XXV, fig. 11,

ont des dents qui diffèrent de celles des téléosaures par des caractères inverses. Elles sont remarquables par leur épaisseur et par leur couronne arrondie et obtuse ; elles ont aussi des petites côtes saillantes, longitudinales, mais les deux plus marquées sont sur les côtés et non en avant et en arrière.

Les vertèbres ont l'extrémité des corps presque plats, ou sont un peu biconcaves ; les caudales portent de grands arcs hæmaux (osselets en V) non ankylosés. L'ilium est plus large que dans les crocodiles vivants. Les extrémités sont inconnues.

Les écussons de la peau présentent des caractères assez particuliers. Ils sont nombreux, forts et osseux, ressemblant, en ce point, plus à ceux des téléosaures qu'aux plaques des crocodiles actuels. Mais ils en diffèrent parce qu'ils forment des quadrilatères plus réguliers, et surtout parce qu'ils ont un processus conique qui est reçu dans une dépression analogue de l'écusson voisin. Ces plaques sont unies ainsi d'une manière très solide, et présentent une organisation dont il n'y a pas d'autre exemple dans la classe des reptiles.

Les goniopholis ont habité les eaux douces comme les crocodiles actuels. Leurs dents obtuses peuvent faire penser qu'ils étaient moins carnassiers et qu'ils poursuivaient peu les poissons. Peut-être étaient-ils herbivores ; peut-être aussi leurs dents ont-elles pu leur servir à briser des coquilles et des crustacés.

L'espèce décrite par M. Owen [1] est le *Goniopholis crassidens*, *Crocodile de Swanage*, Mantell, trouvé dans les terrains wealdiens d'Angleterre (sables d'Hastings et calcaire de Purbeck). Ce reptile, par ses formes lourdes, représentait assez bien les caïmans dans l'époque jurassique, qui a été surtout riche en crocodiles à museau allongé.

Giebel, *Fauna der Vorwelt*, I, 2, p. 537 ; Bronn, *Lethæa*, 3ᵉ édit., *Terr. jur.*, p. 536.

[1] Owen, *Report Brit. ass.*, 1841, p. 69 ; *Swanage Crocodile*, Mantell, *Wonders of geology*, t. 1, p. 353 ; *Crocodilus Mantelli*, Gray, *Syn. rept.*, p. 61 ; Giebel, *Fauna der Vorwelt*, I, 2, p. 117 ; Bronn, *Lethæa*, 3ᵉ édit., *Terr. jur.*, p. 511.

Les Macrorhynchus, Dunker,

me paraissent se rapprocher beaucoup de la tribu des téléosauriens. Ils ont une tête allongée comme les gavials, et ils présentent dans leurs os nasaux et temporaux, ainsi que dans leurs orbites, les caractères généraux de ces crocodiliens vivants et des
téléosaures. Leur museau est renflé à l'extrémité, les narines sont
terminales. Les dents manquent et l'on ne voit que la matière qui
a rempli les alvéoles (1) comme dans les phytosaurus. Elles
sont au nombre de 34 de chaque côté, dont 5 incisives. Leurs caractères distinctifs principaux consistent dans l'amincissement du
museau qui commence déjà vers les yeux et qui est peu émoussé
à l'extrémité, dans la brièveté des os nasaux, dans les orbites
qui ne sont pas fermées à leur angle extéro-postérieur et qui sont
assez grandes et écartées, et dans leurs temporaux plus petits.

On n'en connaît qu'une espèce, le *Macrorhynchus Meyeri*, Dunker (2), du
terrain wealdien d'Oberkirchen en Westphalie.

Les Pholidosaurus, H. de Meyer,

sont, comme nous l'avons dit plus haut, difficiles à comparer avec
les autres crocodiles, et en particulier avec les macrorhynchus et
les goniopholis dont il est possible qu'ils se rapprochent, car ils
ne sont connus que par une partie du squelette, c'est-à-dire par
des vertèbres, des côtes et des écussons dermaux.

Les vertèbres sont biconcaves (ou convexo-concaves), plus longues que larges; les apophyses épineuses ne paraissent pas toucher l'armure tégumentaire. Celle-ci est composée de trois sortes
de plaques. Les dorsales sont beaucoup plus larges que longues, se
recouvrent d'une manière peu marquée par leur bord postérieur et
forment deux rangées longitudinales en toit aplati. Les plaques latérales ne forment probablement qu'une rangée; elles sont aussi
longues que les dorsales, mais encore plus larges, et se recouvrent de

---

(1) L'animal n'est connu que par deux crânes dont les os sont détruits et
dont on possède le moule intérieur et l'empreinte externe.

(2) Dunker, *Nord-Deutsch. Weald. bildung.*, p. 74, pl. 20; H. de Meyer,
Leonh und Bronn, Neues Jahrb., 1844, p. 566; Plieninger, id., 1848, p. 109;
Bronn, *Lethæa*, 3e édit., *Terr. jur.*, p. 538.

même. Les plaques ventrales sont rhomboïdales et sont simplement
en contact sans se recouvrir. Toutes ces plaques sont couvertes
extérieurement de fossettes et de stries transverses.

On n'en connaît qu'une seule espèce [1], le *Pholidosaurus Schaumbergensis*, H. de Meyer, des terrains wealdiens de la principauté de Lippe-Schaumbourg. Les écussons dermaux ont été décrits [2] comme des écailles de trionyx.

Quelques autres genres sont caractérisés par le développement des côtes postérieures qui protégent l'abdomen d'une manière plus complète que dans les précédents. Ce sont les Poecilopleuron, les Racheosaurus et les Pleurosaurus, qui, quand ils seront mieux connus, devront peut-être former une tribu distincte.

Les Poecilopleuron, Deslongchamps (nommés aussi *Pœkilopleuron*
et *Poikilopleuron*),

sont principalement caractérisés par la forme de leurs côtes qui sont de trois sortes. Les *côtes ordinaires* sont grêles, les antérieures cylindriques, les postérieures canaliculées, et les moyennes triangulaires vers leur extrémité. Les deux dernières sont terminées vers leur bord postérieur par un processus horizontal cartilagineux. Les *côtes ventrales antérieures*, dont on trouve sept en arrière du sternum, symétriquement placées des deux côtés de la ligne médiane de l'abdomen, forment un angle dirigé en avant et sont amincies à leurs deux extrémités. Les *côtes ventrales postérieures*, qui sont aussi au nombre de sept, ressemblent aux précédentes, mais sont composées de deux pièces retenues seulement par des ligaments. Il faut y joindre une quatrième sorte de corps ressemblant aussi à des côtes, mais très longs, minces, en forme d'S; une moitié de leur longueur est enchâssée dans le canal qui creuse le bord supérieur des côtes ventrales postérieures, et l'autre moitié est en connexion avec la colonne épinière.

Les vertèbres sont biconcaves, mais très peu creusées; les caudales, fortes et nombreuses, ont des arcs hæmaux (osselets en V)

---

[1] H. de Meyer, *Leonh. und Bronn*, *Neues Jahrb.*, 1841, p. 443; Dunker, *Nord-Deutsch. Weald. bild.*, p. 74, pl. 17-19; Bronn, *Lethæa*, 3ᵉ édit., *Terr. jur.*, p. 530.

[2] *Isis*, 1840, p. 868.

ankylosés. Les extrémités antérieures n'ont que la moitié de la longueur des postérieures (comme beaucoup de téléosaures) ; leurs os
sont creux et ont des caractères très spéciaux, et en particulier
de grandes cavités internes. Chaque extrémité porte cinq doigts
onguiculés. Aux pattes antérieures la forme crochue des ongles
paraît propre à saisir une proie. On ne connaît pas d'écussons
dermaux.

Les cavités internes des os longs, la forme de la queue, l'absence
probable d'écussons, ont fait penser à quelques paléontologistes
que ces reptiles pourraient se rapprocher des dinosauriens. Mais
la brièveté du membre antérieur et la disposition des côtes peuvent faire croire qu'ils étaient aquatiques. M. Owen a montré d'ailleurs que la forme des vertèbres et des parties connues du squelette se rapprochent beaucoup plus de celle des crocodiliens.

On n'en connaît qu'une seule espèce [1], le *Poecilopleuron Bucklandii*,
Eudes Deslongchamps. Il a été trouvé en 1835 dans la grande oolithe de
Caen, et était, par conséquent, contemporain du megalosaurus. Il a dû at-
teindre 25 pieds de longueur.

M. Owen [2] rapporte à cette même espèce une vertèbre du terrain wealdien de la forêt de Tilgate. Ce rapprochement ne me paraît pas reposer sur
des preuves suffisantes.

Les RACHEOSAURUS, H. de Meyer,

ne peuvent pas encore être classés définitivement, parce qu'on ne
connaît ni leur tête, ni leur cou, ni leurs membres postérieurs.
Ils sont caractérisés par des vertèbres longues, munies d'apophyses
épineuses très larges. Les côtes s'étendent jusque vers le bassin,
de sorte qu'il y a à peine une vertèbre lombaire. Elles sont élar-
gies vers les extrémités et sont là articulées avec un petit fragment
de même forme qui s'étend jusqu'à la ligne médiane du corps pour
fortifier les côtes qui ne se rendent pas au sternum. Ce caractère
prouve leur analogie probable avec les poecilopleuron plutôt qu'a-
vec les acolodon. Le fémur est fort, mais la jambe n'a que le tiers
de sa longueur ; le métatarse est aussi long que le tibia.

[1] Eudes Deslongchamps, *Mém. Soc. lin. de Normandie*, 1836, t. VI,
p. 23, et à part sous le titre de *Mém. sur le Poecilopleuron Bucklandii*, in-4° ;
Giebel, *Fauna der Vorwelt*, I, 2, p. 101 ; Bronn, *Lethæa*, 3e édit., *Terr. jur.*,
p. 542.

[2] *Report Brit. assoc.*, 1841, p. 84.

Le *Racheosaurus gracilis* [1], H. de Meyer, a été trouvé dans les schistes de Monheim (terrain corallien). Le seul individu connu a dû atteindre la taille de 5 1/2 pieds.

Les PLEUROSAURUS, H. de Meyer,

ont dans leurs côtes une complication qui dépasse même celle des pœcilopleuron, en présentant des différences assez marquées. Ils ne sont connus aussi que par une partie du squelette assez mal conservée, si l'on en juge par la planche qu'en a donnée M. H. de Meyer. La tête, le cou, une partie de la poitrine et les membres antérieurs manquent tout à fait.

Les côtes sont portées par toutes les vertèbres antérieures au bassin. Chacune d'elles est unie avec une pièce allongée, courbée en demi-cercle qui s'élargit en approchant de la ligne médiane du ventre; d'autres pièces, aussi en forme de côtes, mais plus courtes et minces, se voient entre les précédentes, de sorte que chaque vertèbre semble porter une double côte de chaque côté. Ces os servent probablement à unir les côtes ordinaires avec les ventrales en s'attachant aux unes et aux autres. La queue est composée de vertèbres considérables et munies de fortes apophyses hæmales (os en V). La jambe a les deux tiers de la longueur de la cuisse. Les doigts sont courts et au moins au nombre de quatre. On n'a point trouvé de plaques dermales.

On n'en connaît qu'une espèce, le *Pleurosaurus Goldfussi*, H. de Meyer [2], trouvé dans les schistes lithographiques de Daiting.

M. Bronn dit qu'il ne serait pas impossible que ce genre fût le même que celui des ANGUISAURUS, Münster [3], et que M. H. de

[1] H. de Meyer, *Nova acta Acad. nat. cur.*, 1831, t. XV, part. 2, p. 173, pl. 41 et 42; Giebel, *Fauna der Vorwelt*, I, 2, p. 115; Bronn, *Lethœa*, 3e édit., *Terr. jur.*, p. 545.

[2] H. de Meyer, *Nova acta Acad. nat. cur.*, t. XV, part. 2, p. 194; *Leonh. und Bronn*, *Neues Jahrb.*, 1843, p. 487; Münster, *Beitraege*, t. I, p. 52, pl. 6; Giebel, *Fauna der Vorwelt*, I, 2, p. 101; Bronn, *Lethœa*, 3e édit., *Terr. jur.*, p. 546.

[3] Münster, *Leonh. und Bronn*, *Neues Jahrb.*, 1839, p. 676; Giebel, *Fauna der Vorwelt*, I, 2, p. 141; Bronn, *Lethœa*, 3e édit., *Terr. jur.*, p. 546 et 558.

Meyer annonce aussi la possibilité de ce rapprochement. Je n'ai pas eu à ma disposition les matériaux nécessaires pour me former une opinion à cet égard. Le genre Anguisaurus n'a pas été figuré; mais en lisant la courte et incomplète description qui en a été donnée, où on le représente comme rappelant les pygopus et comme n'ayant que deux courts membres postérieurs (sans membres antérieurs), je l'aurais jugé fort différent.

3ᵉ Famille. — SAURIENS SQUAMEUX, ou LACERTIFORMES.

Cette famille, moins naturelle que les deux précédentes et formée plutôt à cause de l'imperfection de nos connaissances paléontologiques, renferme tous les sauriens qui sont revêtus de petites écailles, et en particulier ceux qui ont pour types les lézards, les iguanes et les monitors. Ils se distinguent des crocodiliens par leur tête plus courte, leur crâne plus lisse, leur mâchoire inférieure plus petite et par l'absence d'écussons dermaux. Leurs membres médiocres ou petits, leurs doigts minces, leurs formes grêles, et leur sacrum composé au plus de deux vertèbres, empêchent de les confondre avec les dinosauriens.

On ne connaît encore qu'un petit nombre de reptiles fossiles appartenant à cette division, surtout si on le compare à l'immense quantité d'espèces qui vivent de nos jours. Mais parmi ces fossiles il y en a qui méritent tout à fait d'attirer l'attention, soit par leur grande taille, soit par leur forme bizarre. Ainsi que dans les familles précédentes, on voit que de très grandes espèces ont habité notre globe avant la création actuelle; mais ici les plus remarquables ont vécu dans la mer, et elles sont d'ailleurs restées bien au-dessous de la taille gigantesque de l'iguanodon.

La famille des lacertiformes se trouve dans tous les terrains de l'époque secondaire et même dans les plus récents de la période primaire, car les dépôts pénéens en renferment plusieurs espèces. Ils se continuent moins nombreux et moins remarquables dans l'époque tertiaire.

Je commencerai leur histoire par celle de quelques genres intéressants à la fois par leur haute antiquité et par leur dentition, où l'on voit des caractères qui ne se retrouvent plus dans les sauriens squameux vivants. Ces derniers ont deux modes d'implantation pour les dents : la forme *acrodonte*, où la dent est soudée solidement sur le bord saillant et plein de l'os de la mâchoire; et la forme *pleurodonte*, où ces organes sont implantés dans un sillon dont le bord externe se relève plus haut que l'interne, de sorte que l'attache a surtout lieu par le côté extérieur de la dent.

Les reptiles fossiles dont il s'agit ici joignent aux caractères essentiels des lacertiformes un mode d'implantation de dents qui rappelle les crocodiliens, c'est-à-dire qu'il y a des alvéoles distincts plus ou moins séparés. Cette forme, que l'on a désignée sous le nom de *thécodonte*, ne se trouve jointe aux formes lacertiennes que dans quelques sauriens d'un âge très reculé, qui forment une transition remarquable des lacertiformes aux crocodiles, et en particulier à ceux qui ont des vertèbres biconcaves.

Le premier genre dont nous parlerons parmi ces lacertiformes thécodontes est celui des

Protorosaurus, H. de Meyer [1],

qui se rapprochent beaucoup des monitors par leurs formes et par leur taille. Ils ont la plupart des caractères du squelette de ce genre, mais ils en diffèrent par l'implantation de leurs dents dans des alvéoles distincts, comme chez les thécodontes. La mâchoire inférieure en a quatorze; ces dents sont plus longues, plus minces et plus cylindriques que dans le thécodontosaure. Les pieds, qui sont très bien conservés, sont tout à fait ceux des monitors.

Ces sauriens sont parmi les plus anciens que l'on connaisse, car ils se trouvent dans les schistes cuivreux de la Thuringe (terrain pénéen). On en connaît deux espèces.

La plus anciennement connue est le *Protorosaurus Speneri*, H. de Meyer (*Monitor fossile de la Thuringe*, Cuvier).

Cette espèce [2] a déjà été figurée, en 1710, par C.-M. Spener, médecin

[1] Quelques auteurs écrivent Protrosaurus.

[2] Spener, *Miscellanea Berolinensia*, 1710, 1, fig. 24 et 25; Link, *Lettre à Woodward*, 1718, et *Acta eruditorum*, 1718, p. 188, pl. 2; Swendenborg, *De cupro*, pl. 2; d'Argenville, *Oryctologie*, p. 331; Walch, *Comm. sur Knorr*, 2, sect. 2, p. 150; Zenker, *De primis anim. verteb. vestigiis*, 1836, p. 9; Kurtze, *Comm. de petref. Mansf.*, 1839, p. 33; Holl., *Petref.*, p. 82 (*Monitor antiquus*); Kundmann, *Rariora nat. et art.*, p. 76; Sœmmerring,

de Berlin, sur l'invitation de Leibnitz, puis par Link et par Swedenborg. Ce dernier la décrivit sous le nom de *chat de mer* (*meer katze*), entendant probablement par là un phoque ou un animal marin. Plusieurs auteurs ont depuis lors interprété le mot *meer katze* comme signifiant un singe, et l'on a considéré cette empreinte comme prouvant l'existence des singes fossiles (voyez p. 135). Sa taille ne dépassait pas celle des varans actuels.

Le *Protorosaurus macrorhya* [1], H. de Meyer, se distingue par des pattes antérieures beaucoup plus fortes et munies d'ongles plus considérables.

Les naturalistes anglais ont fait connaître quelques genres qui ont le même mode d'implantation des dents, et qui sont au moins aussi anciens que le précédent.

Les Thecodontosaurus, Riley et Stutchbury,

se rapprochent beaucoup des varaniens, dont ils diffèrent toutefois par leurs dents thécodontes. Ces dents sont rapprochées, coniques, comprimées, très aiguës. Leurs bords antérieurs et postérieurs sont finement denticulés, et l'extrémité est légèrement recourbée.

On rapporte à ce genre quelques pièces du squelette trouvées avec les dents, entre autres des vertèbres biconcaves très développées dans leur partie supérieure, et des côtes qui par leurs deux têtes bien distinctes rappellent celles des crocodiles.

La seule espèce connue [2] a vingt et une dents à la mâchoire inférieure. C'est le *Thecodontosaurus antiquus*, Ril. et Stutch., trouvé dans le conglomérat dolomitique des environs de Bristol [3] (terrain pénéen, étage inférieur).

Denk. Acad. Munch., V, p. 14; Bronn, *Lethæa*, 1re édit., t. I, p. 229; H. de Meyer, dans Münster, *Beitraege*, t. V, pl. 8, fig. 1; Cuvier, *Ossem. foss.*, 4e édit., t. X, p. 99, pl. 237, fig. 1; Germar, *Die Verstein. des Mansf. kupfersch.*, fig. 16 (*Monitor Speneri*); Giebel, *Fauna der Vorwelt*, I, 2, p. 138; Quenstedt, *Handb. der Petref.*, p. 108, etc.

[1] H. de Meyer, *Leonh. und Bronn, Neues Jahrb.*, 1845, p. 797; Giebel, *Fauna der Vorwelt*, I, 2, p. 130.

[2] Riley et Stutchbury, *Trans. of the geol. Soc.*, 2e sér., 1840, t. V, p. 352, pl. 29 et 30; Owen, *Odontography*, p. 266, et *Report Brit. assoc.*, 1841, p. 133; Giebel, *Fauna der Vorwelt*, I, 2, p. 131; Quenstedt, *Handb. der Petref.*, p. 109.

[3] Les géologues anglais considèrent ce conglomérat de Bristol comme plus ancien que le zechstein de la Thuringe (Lyell, *Man. of elem. geology*, p. 363).

Les Palæosaurus, Riley et Stutchbury (non *Palæosaurus*, Geoffr.,
            nec Fitzinger), — Atlas, pl. XXVI, fig. 1,

ont aussi des dents comprimées et pointues ; mais un seul des bords
est denticulé, et l'autre est simplement tranchant. Les dents, d'une
des espèces surtout, sont très larges par rapport à leur longueur.
Les vertèbres sont biconcaves, et la forme du squelette est tout à
fait lacertienne.

On en connaît deux espèces [1] qui proviennent des mêmes terrains que
les thécodontosaures ; ce sont le *Palæosaurus cylindrodon*, Ril. et Stutch., et
le *Palæosaurus platyodon*, id., qui sont distingués par le degré de compression
des dents.

Les Cladyodon, Owen (*Cladeiodon*, Quenst. ; *Kladeisteriodon*,
            Plien.), — Atlas, pl. XXVI, fig. 2,

sont caractérisés par des dents encore aiguës et en scie, presque
aussi recourbées que celles des mégalosaures ; leur compression,
plus grande que dans ce genre et que dans les thécodontosaures,
ne l'est cependant pas autant que dans le *Palæosaurus platyodon*.

On en cite une seule espèce [2], le *Cladyodon Lloydii*, Owen, connue seulement par des dents détachées.

M. Quenstedt réunit à ce genre celui des Zanclodon, Plieninger, nommé d'abord par le même auteur Smilodon. Dans ce cas il
formerait un passage aux lacertiformes acrodontes, car les dents,
très éloignées les unes des autres et longues d'un pouce, sont
logées dans des entailles profondes seulement de 3 lignes et
paraissent soudées avec l'os de la mâchoire. On a trouvé avec ces
dents des vertèbres biconcaves et des plaques osseuses dermales,
variant d'un quart de ligne à une ligne et demie de diamètre, et
finement striées sur leur surface externe.

[1] Riley et Stutchbury, *loc. cit.* ; Owen, *Report Brit. assoc.*, 1841, p. 154 ;
Williams, *Lond. and Edinb. phil. mag.*, 1835, t. VI, p. 149 ; Giebel, *Fauna
der Vorwelt*, I, 2, p. 130.

[2] Owen, *Trans. of the geol. Soc.*, 2ᵉ série, t. V, pl. 28, fig. 6, et *Report
Brit. assoc.*, 1841, p. 181 ; Giebel, *Fauna der Vorwelt*, I, 2, p. 132 ; Quenstedt,
Handb. der Petref., p. 109.

On en connaît deux espèces [1]. Le *Zanclodon lævis*, Plien., a été trouvé dans les schistes bitumineux du Lettenkohle (Keuper), de Gaildorf (Wurtemberg).

Le *Zanclodon crenatus*, id., a été recueilli dans le même terrain et dans le muschelkalk.

D'autres lacertiformes appartiennent pour la dentition aux formes actuelles, et renferment quelques genres remarquables par leur taille colossale. Nous indiquerons d'abord celui des

MOSASAURUS, Conybeare
(*Sauro-champsa*, Wagler; *Cetaceum*, P. Camper; *Monitor*, A. Camper), — Atlas, pl. XXVI, fig. 3,

ainsi nommé, parce qu'il a été trouvé pour la première fois sur les bords de la Meuse près de Maestricht. Ses ossements furent dans l'origine considérés comme ayant appartenu à un cétacé, puis à un crocodile [2]. Adrien Camper, et après lui Cuvier, montrèrent par les caractères de la dentition et du squelette que le mosasaurus a des affinités plus marquées avec les monitors et les iguaniens qu'avec aucun autre genre de reptiles.

Les os du crâne et de la face ressemblent beaucoup à ceux des varans, et les dents dépourvues de vraies racines, et soudées aux os de la mâchoire, prouvent que cet animal se lie à ce genre par des caractères importants, et s'éloigne considérablement des crocodiles. L'existence des dents sur les ptérygoïdiens augmente encore les différences avec ce dernier genre, et semble le rapprocher des iguaniens; ces dents manquent dans les varans vivants. La mâchoire supérieure portait probablement quatorze dents, nombre qui paraît aussi avoir été celui de la mâchoire inférieure. Ces dents sont pyramidales, un peu arquées; leur face externe est plane et se distingue par deux arêtes aiguës de leur face interne qui est en demi-cône. Leur base est épatée.

Les vertèbres sont concavo-convexes. Celles du cou, du dos et

[1] Plieninger, *Wurt. Jahreshefte*, 1846, 2, p. 132, pl. 4 (*Smilodon*); et p. 247 (*Zanclodon*); Quenstedt, *Handb. der Petref.*, p. 110; Bronn, *Lethæa*, 3ᵉ édit., *Terr. trias.*, p. 121.

[2] P. Camper, *Phil. trans.*, 1786, t. LXXVI, p. 443, pl. 15 et 16 (*Cetaceum*), et *Œuvres*, édit. franç., t. I, p. 397; Van Marum, *Mém. de la Soc. Teylérienne*, 1760; Faujas de Saint-Fond, *Hist. de la mont. de Saint-Pierre*, p. 53, etc., pl. 4-9, 11, 18, 49, 51 et 52 (*Crocodile*).

des lombes sont au nombre de 34 ; il paraît que la queue en a eu 97. Les apophyses articulaires manquent depuis le milieu du dos, et cette circonstance, jointe à la forme des vertèbres du cou, indique une flexibilité plus grande que dans les crocodiliens. La queue a été comprimée ; elle est très haute dans le sens vertical, et a des os en chevron forts ; elle a dû être un puissant instrument de natation. Les côtes n'ont qu'une seule tête.

L'humérus est épais et court comme celui des ichthyosaures, et l'on peut conjecturer de l'aplatissement des os des membres que les pieds ont été peut-être convertis en nageoires comme chez les énaliosauriens. Si cette conjecture est vraie, le mosasaurus devra devenir le type d'une nouvelle famille, et ne pourra plus être rapproché des varans et des iguanes.

De ces caractères il résulte évidemment que le mosasaurus a été un reptile carnassier aquatique, bien organisé pour une natation rapide, et assez agile et souple pour saisir avec facilité les poissons dont il a dû faire sa nourriture ordinaire. Le gisement où l'on trouve ses débris montre qu'il a été marin.

L'espèce la mieux connue [1] a été décrite par de nombreux auteurs ; c'est le *Mosasaurus Camperi* ou *Mosasaurus Hofmanni*, dont les premiers ossements ont été trouvés dans le terrain crétacé supérieur des environs de Maestricht, et qu'en a retrouvé depuis dans la craie de Lewes. Sa taille a dû être de 25 pieds.

La seconde espèce [2] a été trouvée dans le grès vert de New-Jersey (terrain de la craie blanche) et dans quelques autres gisements analogues de l'Amérique septentrionale ; c'est le *Mosasaurus Maximiliani*, Goldf. (*M. Neowidii*, H. de Meyer ; *M. Dekayi*, Bronn ; *Ichthyosaurus Missuriensis*, Harlan). Elle est surtout connue par un crâne très bien conservé qui a été apporté par

[1] Cuvier, *Ossem. foss.*, 4ᵉ édit., t. X, p. 110 ; Adrien Camper, *Journ. de phys.*, t. XLI, p. 278, pl. 2, fig. 4 (*Monitor*) ; Mantell, *Geol. of Sussex*, pl. 53 et 44 ; Bronn, *Lethœa*, t. I, p. 759 ; Owen, *Report Brit. assoc.*, 1841, p. 144 ; Buckland, *Traité Bridgew.*, trad. Doyère, 1, 188 ; Sœmmerring, *Denks. Acad. Munch.*, t. V, p. 33 ; t. VI, p. 37 (*Lacerta gigantea*) ; Wagler, *Syst. der Amphibien*, p. 139 (*Saurochampsa*) ; Giebel, *Fauna der Vorwelt*, 1, 2, p. 138 ; Quenstedt, *Handb. der Petref.*, p. 116, etc.

[2] Goldfuss, *Nova act. Acad. nat. cur.*, t. XXI, part. 1, p. 173, pl. 6-9 ; H. de Meyer, *Leonh. und Bronn, Neues Jahrb.*, 1845, p. 312 ; Bronn, *Lethœa*, t. I, p. 760 ; Dekay, *Ann. lyc. de New-York*, 1830, t. III, p. 138, et *Sillim. journ.*, 1830, t. XVIII, p. 243 ; Harlan, *Medical and phys. researches*, p. 344 (*Ichthyosaurus*), et *Journal, Acad. Phil.*, t. IV, pl. 11.

le prince de Neuwied, donné au musée de Bonn et étudié par Goldfuss. Sa
taille totale a dû être de 24 pieds.

M. Harlan [1], en s'exagérant les rapports qui existent entre ce
reptile et les batraciens, a cru devoir en faire un genre nouveau qu'il
a nommé BATRACHIOSAURUS et BATRACHIOTHERIUM. Le premier de
ces noms a été aussi donné par Fitzinger à un genre tout différent
dont nous parlerons plus bas.

Les GEOSAURUS, Cuv.

(non *Geosaurus*, Jæger, *Halilimnosaurus*, Ritgen), — Atlas,
pl. XXVI, fig. 4,

ont, comme le genre précédent, les dents soudées aux mâchoires;
mais ces dents sont comprimées, tranchantes en avant et en arrière, pointues, un peu arquées, et leur tranchant offre une den-
telure fine et serrée. La mâchoire supérieure en porte dix-neuf
à vingt et une. L'œil était protégé par quelques écailles osseuses,
comme on en retrouve dans les oiseaux et dans plusieurs reptiles.
Les vertèbres sont biconcaves. Le bassin a plus de ressemblance
avec celui du crocodile qu'avec celui du moniter. La même
analogie existe pour les fémurs.

La seule espèce européenne [2] est le *Geosaurus Sœmmerringii* (*Lacerta
gigantea*, Sœmmerring; *Halilimnosaurus crocodiloides*, Ritgen; *Grand saurien de Monheim*, Cuv.). Elle a été trouvée dans les schistes calcaires de Monheim et de Solenhofen, et a dû atteindre la taille de 12 à 13 pieds.

Le *Geosaurus Mitchelli*, Dekay, provient du grès vert (terrain de la craie
blanche) de New-Jersey.

Le *Geosaurus maximus*, Plieninger, est probablement, comme nous l'avons
dit, un *Megalosaurus*.

[1] *Lond. and Edinb. phil. mag.*, 1839, t. XIX, p. 302; *Bull. Soc. géol.*,
1839, t. X, p. 89.

[2] Sœmmerring, *Denk. Acad. Munch.*, 1816, t. VI, p. 36, fig. 1-10; Cuv.,
Ossem. foss., 4ᵉ édit., t. X, p. 175; Ritgen, *Nova act. Acad. nat. cur.*,
t. XIII, part. 1, p. 329; Holl., *Petref.*, p. 85 (*Mosasaurus bavaricus*),
H. de Meyer, *Nova acta*, t. XV, part. 2, p. 184; Giebel, *Fauna der Vorwelt*,
t. I, 2, p. 134; Quenstedt, *Handb. der Petref.*, p. 115; Bronn, *Lethæa*, 3ᵉ édit.,
Terr. jur., p. 554.

Les LEIODON, Owen, — Atlas, pl. XXVI, fig. 5 et 6,

ont des rapports avec les mosasaurus par leurs dents soudées à l'os de la mâchoire, comme les reptiles connus sous le nom d'acrodontes. Ces dents diffèrent de celles des mosasaurus, parce que leur côté externe est aussi convexe que l'intérieur, et parce que la couronne, qui est elliptique, est bordée à ses côtés intérieur et postérieur par une petite côte tranchante. La base de la dent est circulaire et soudée à un processus conique. Il est probable que le squelette présentait des rapports avec celui du mosasaurus.

Les dents de la seule espèce connue (¹), *Leiodon anceps*, Owen, ont été trouvées dans la craie de Norfolk. Elles indiquent un animal d'une taille moitié de celle du mosasaurus de Maëstricht. Il faut peut-être aussi lui rapporter des vertèbres trouvées dans la même localité que les dents.

Les RAPHIOSAURUS, Owen, — Atlas, pl. XXVI, fig. 7,

ne sont connus que par une portion de mâchoire inférieure contenant vingt-deux dents rapprochées et soudées à un os maxillaire dont le bord externe est plus élevé que l'interne, comme dans les reptiles pleurodontes.

Cet échantillon (*Raphiosaurus subulidens*, Owen), a été trouvé dans la craie de Cambridge. On ne sait si l'on peut lui rapporter des vertèbres découvertes dans la craie de Maidstone, qui ont tous les caractères de celles des lacertiens modernes (²).

Les CONIOSAURUS, Owen,

ressemblent aussi aux lézards par le mode d'implantation des dents; mais la forme de ces organes rappelle plutôt la famille des iguaniens. On en connaît un os maxillaire qui porte de dix-huit à vingt dents : les cinq ou six premières sont grêles et laniariformes,

(¹) Owen, *Odontogr.*, p. 261, pl. 72, et *Report Brit. assoc.*, 1841, p. 144; Giebel, *Fauna der Vorwelt*, I, 2, p. 138.

(²) Owen, *Trans. of the geol. Soc.*, 2ᵉ série, t. VI, p. 39; *Report Brit. assoc.*, 1841, p. 143, et *Palæont. Soc., Rept.*, part. 3, p. 19, pl. 10, fig. 5 et 6; Giebel, *Fauna der Vorwelt*, I, 2, p. 139.

et les autres augmentent progressivement d'épaisseur; elles sont comprimées, infléchies en dedans et finement striées.

On rapporte au même genre quelques vertèbres trouvées avec les dents; elles sont concavo-convexes et assez allongées.

Le *Coniosaurus crassidens* [1], Owen, a été trouvé dans la craie moyenne de Clayton (Sussex), de Worting et de Fealmer.

Les Dolichosaurus, Owen,

sont remarquables par l'allongement considérable de leur corps, par le grand nombre de leurs vertèbres et par la petitesse de leur tête. On reconnaît facilement chez eux des caractères intermédiaires entre les lacertiens et les ophidiens; il semble même qu'on pourrait les rapprocher tout à fait des sauriens à pieds rudimentaires ou nuls, comme les seps, les bipes et les ophisaures. Mais les os des membres qui sont conservés prouvent plus de rapports avec le type des lézards que n'en ont ces genres vivants. Le développement de l'arc scapulaire, du bassin, du fémur, etc., est beaucoup plus grand. Les dolichosaurus forment donc un type nouveau appartenant aux lacertiformes, mais avec des déviations vers le type ophidien, quant à la forme des os du tronc, et avec des pattes plus développées que dans les genres qui de nos jours ont le même allongement de la colonne vertébrale.

Le *Dolichosaurus longicollis* [2], Owen, provient de la craie marneuse du comté de Kent.

Les Homœosaurus, H. de Meyer,

sont de petits reptiles, à tête courte rappelant celle des lézards, à mâchoire supérieure armée de vingt-six dents de chaque côté, plus fortes et moins pointues que dans les lézards de même taille, les quatre premières éloignées des autres et plus grosses. Les formes du corps sont celles des lézards, avec le cou un peu plus long et le tronc plus court. Les pattes rappellent aussi celles de ce genre; les doigts sont inégaux et au nombre de cinq à chaque pied.

[1] Owen, *Palæont. Soc., Rept.*, part. 3, p. 21, pl. 9, fig. 13, 14 et 15; Dixon, *Geol. and foss. of Sussex*, in-4°, p. 386.

[2] Owen, *Palæont. Soc., Rept.*, part. 3, p. 22, pl. 10, fig. 1-4; Dixon, *Geol. and foss. of Sussex*, p. 388.

Ce genre paraît renfermer deux espèces des schistes de Solen-hofen. Ce sont :

L'*Homœosaurus Maximiliani* (1), H. de Meyer, et l'*Homœosaurus Nep-tunius*, id. Cette dernière espèce (2) a été rapportée par Goldfuss au genre des lézards, M. Fitzinger en avait fait un genre distinct sous le nom de LEPTOSAURUS.

Les SAPHÆOSAURUS, H. de Meyer,

paraissent voisins des homœosaurus et sont connus par un sque-lette complet (sauf la tête) remarquablement bien conservé, qui fait partie de la collection de M. Thiollière, à Lyon.

Les vertèbres sont au nombre de quatre cervicales, rappelant le type des lézards ; vingt-trois dorsales à apophyses articulaires développées et à apophyses épineuses en cordon mince et peu élevé ; pas de lombaires, car la vertèbre la plus près du bassin porte en-core des côtes ; deux sacrées, et à peu près quarante caudales. Les vraies côtes sont un peu renflées à leur extrémité ; elles se ratta-chent aux côtes ventrales au moyen de côtes intermédiaires pro-bablement cartilagineuses. Les os en V (arcs hæmaux) s'attachent, comme dans les crocodiles, entre deux vertèbres consécutives, tandis que dans les lézards ils sont articulés sur des apophyses spéciales de chaque vertèbre.

L'omoplate est quadrangulaire, longue de 10 1/2 millimètres et large de 8 ; le coracoïdien est à peu près aussi long qu'elle. La clavicule ressemble, ainsi que les os précédents, aux organes ana-logues des lézards. Les mêmes ressemblances se retrouvent dans le reste du membre antérieur, sauf que les doigts, également au nombre de cinq, ont des phalanges d'une longueur plus uniforme. Le membre postérieur ne présente pas non plus de différences marquées.

Les caractères qui précèdent montrent que le saphæosaurus est très voisin des lézards, mais avec trop de différences pour qu'on

(1) H. de Meyer, *Homœosaurus und Ramphorhynchus*, etc., in-4°, avec planches.

(2) Goldfuss, *Nova acta Acad. nat. cur.*, t. XV, part. 1, p. 115, pl. 114, fig. 2 (*Lacerta neptunia*) ; Fitzinger, *Ann. der Wien. mus.* (*Lepto-saurus*) ; H. de Meyer, *loc. cit.*, p. 5.

puisse les confondre en un même genre. Il est plus rapproché des *homœosaurus* et n'en diffère même que par les proportions de l'avant-bras et du bras, par celles de la cuisse et de la jambe, par la longueur de la queue, etc. Il me paraît douteux que ces différences aient une véritable valeur générique.

Le *Saphæosaurus Thiollieri* [1], H. de Meyer, a été trouvé dans les schistes lithographiques (terrain corallien) de Cirin, dans le département de l'Ain. Sa longueur totale, sans la tête, est de 54 centimètres.

Quelques sauriens lacertiformes des terrains tertiaires [2] ont été rapportés à des genres vivants. La plupart n'ont encore été comparés que d'une manière très superficielle.

M. Pomel [3] a trouvé dans les terrains miocènes d'Auvergne des débris d'un saurien qui est voisin par sa dentition de la DRAGONNE (*Dracæna*, Daudin), c'est-à-dire des reptiles qui sont maintenant répartis entre les genres CROCODILURUS, Spix, et THORICTES, Wagler. Il rapporte à la même espèce des écailles osseuses qu'il avait d'abord attribuées avec doute à un MOSITOR. Plus tard il a désigné sous le nom de DRACÆNOSAURUS le genre nouveau que ces débris pourront caractériser quand ils seront mieux connus.

M. Gervais [4] attribue ces fragments avec doute à un SCINQUE (*Scincus Croizeti*, Gerv.)

M. H. de Meyer [5] a rapporté aux IGUANES (*Iguana*, Daud.), sous le nom de *Iguana Haueri*, des dents trouvées dans le terrain tertiaire

(1) H. de Meyer, *Lettre à M. V. Thiollière*, traduite dans : Thiollière, *Deuxième notice sur le gisement*, etc., *des calc. lith. du départ. de l'Ain*, Lyon, 1851, in-4° (avec une belle planche).

(2) Je ne parle ici que des reptiles de l'époque tertiaire. Les assimilations qui ont été faites entre les sauriens des terrains plus anciens et les genres vivants sont toutes (sauf de rares exceptions) plus que contestables. J'en ai signalé plusieurs ci-dessus. On peut en ajouter quelques autres : les VARANS (*Varanus Merr*), et les MOSITORS, Cuvier, décrits par Kaurga, sont des poissons (*Lamnodus*). Le scincoïlien indiqué par M. Owen (*Report Brit. assoc.*, 1841, p. 145), de l'oolithe d'Angleterre, n'est pas encore suffisamment connu.

(3) Pomel, *Bull. Soc. géol.*, 2e série, t. I, 1844, p. 593; et t. III, 1846, p. 372.

(4) Gervais, *Dict. univ. d'hist. nat. de Ch. d'Orbigny*, t. XI, p. 56.

(5) H. de Meyer, dans Münster, *Beitraege zur Petref.*, t. V, p. 32, pl. 6, fig. 12; *Leonh. und Bronn, Neues Jahrb.*, 1842, p. 494; Giebel, *Fauna der Vorwelt*, I, 2, p. 141.

de Vienne, M. Agassiz (1) a reconnu qu'elles appartenaient à un poisson (*Acanthurus Haueri*.)

Des ossements qui rappellent les formes des Geckos, Daudin (*Stellio*, Schn.; *Ascalabotes*, Cuv.), ont été signalés par M. Eichwald (2) dans les tertiaires supérieurs de Russie, et par M. Pentland (3) dans les terrains pliocènes d'Australie.

Les Lézards (*Lacerta*, Lin.),

ont été trouvés fossiles plus fréquemment et d'une manière plus certaine.

M. Owen (4) en indique un de la grandeur d'un iguane, trouvé dans les sables éocènes de Kingston en Suffolk.

M. Pomel (5) en cite un autre (voisin du *L. velox*, vivant) trouvé dans les terrains tertiaires miocènes d'Auvergne.

Cinq espèces, dont une douteuse, sont indiquées par M. Lartet dans le terrain miocène de Sansan (6). Ce sont les *Lacerta sansaniensis*, *Ponsortiana*, *bipedalata*, *Philippiana*, et *ambigua* (?), Lartet.

M. le comte de Munster (7) a nommé *Lacerta spelæa*, une espèce trouvée dans le terrain diluvien d'Allemagne.

M. Tournal (8) a découvert, dans les cavernes du midi de la France, un lézard qui ne paraît pas différer du *Lacerta ocellata*, vivant.

Dan. Hermann en a cité un dans l'ambre de Prusse (9).

Les Orvets (*Anguis*, Lin.),

associés autrefois aux ophidiens à cause de leurs membres nuls, et placés maintenant dans les sauriens à cause de leur mâchoire non extensible et de leurs paupières, n'ont été cités qu'avec doute à l'état fossile.

(1) *Leonh. und Bronn, Neues Jahrb.*, 1846, p. 471.
(2) *Verhandl. der Kurland. Gesellschaft*, t. II, p. 35.
(3) *Edinb. phil. Journ.*, 1820 et 1833.
(4) *Report Brit. assoc.*, 1841, p. 145.
(5) *Bull. Soc. géol.*, 2ᵉ série, t. I, p. 593.
(6) *Notice sur la colline de Sansan*, p. 59.
(7) *Bayreuth Petref.*, p. 69.
(8) *Ann. de chimie et de physiq.*, février 1833.
(9) Dan. Hermann, *De rana et lacerta succino Prussiaco insitis*, Cracov., 1580, in-8°; et Riga, 1600, in-4°.

M. Lartet [1] en indique trois espèces douteuses des terrains miocènes de Sansan : les *Anguis* (?) *Laurillardi*, *Bibronianus*, et *acutidentatus*, Lartet.

SAURIENS INCOMPLÈTEMENT CONNUS.

Un grand nombre de genres de reptiles ont été établis, principalement dans ces dernières années, sur des fragments très incomplets. L'ardeur des paléontologistes à faire connaître des fossiles nouveaux les a souvent entraînés trop loin, et l'on ne peut se dissimuler qu'une trop grande facilité à donner des noms et à classer des corps en réalité indéterminables n'ait augmenté beaucoup les difficultés de la science. J'ai réuni ici à titre d'indication la plupart de ces genres incertains, qui sont plus ou moins voisins des sauriens. Quelques-uns peut-être devront, quand ils seront connus, se placer dans les ordres suivants, et en particulier dans ceux des énaliosauriens et des labyrinthodontes.

I. — *Sauriens des terrains pénéens.*

Les DEUTEROSAURUS, Eichwald,

sont connus par des vertèbres et des côtes [2]. Les premières appartiennent à la région dorsale et sont au nombre de onze ; elles ont peut-être quelques rapports avec celles des *Palæosaurus*, Riley et Stutchbury.

Le *Deuterosaurus biarmicus*, Eichwald, a été trouvé dans les schistes cuivreux (Zechstein), du gouvernement d'Oremburg.

Les RHOPALODON, Fischer de Waldheim,

n'ont primitivement été connus [3] que par un fragment de mâchoire inférieure qui contient neuf dents, éloignées, non insérées dans des alvéoles, mais soudées au bord de la mâchoire. Elles sont

[1] *Notice sur la colline de Sansan*, p. 40.

[2] Eichwald, *Géognosie de la Russie* (en russe), Saint-Pétersbourg, 1846, p. 457 ; *Bull. de la Soc. des nat. de Moscou*, 1848, t. XXI, p. 151.

[3] Ficher de Waldheim, *Lettre à Murchison sur le Rhopalodon*, Moscou, 1841 ; Giebel, *Fauna der Vorwelt*, 1, 2, p. 173.

en forme de massue allongée, pointue, pédonculée, bordées
d'émail lisse, avec une arête externe dentée.

Depuis lors la découverte d'une seconde espèce a fait connaître
de nouveaux caractères. La mâchoire supérieure porte une forte
canine qui rappelle celles de quelques mammifères et du genre Dicynodon dont nous allons parler. Cette circonstance avait engagé
M. Fischer de Waldheim à en faire un genre nouveau sous le nom
de DISOSAURUS. C'est probablement aussi une dent analogue qui
a été décrite par M. Kutorga (1) comme appartenant à un mammifère, sous le nom de SYODON (*S. biarmicum*). On observe aussi quelques petites dents palatines inégales portées sur l'apophyse pté-
rygoïde du sphénoïde. La mâchoire inférieure a une symphyse
très forte et portait probablement aussi une grande canine.

La première espèce connue (2) est le *Rh. Wangheimii*, Fischer, des conglomérats du zechstein de l'Oural.

La seconde est le *Rh. Murchisoni*, Fischer (3), du zechstein du gouvernement d'Orenburg. Une troisième est indiquée avec doute par M. Eichwald.

Les DICYNODON, Owen,

forment un genre très bizarre, connu par des crânes trouvés au
cap de Bonne-Espérance, par M. Bain, dans des terrains que l'on
doit probablement rapporter à l'époque pénéenne. Ces crânes ont
à la fois des caractères des chéloniens, des crocodiliens et des lacertiformes. Ils ressemblent assez aux premiers par leur tête
courte et arrondie pour qu'on les ait décrits d'abord sous le nom
de *Tortues bidentées* du Cap. Ils ont les formes occipitales des crocodiles, et se rapprochent surtout des lézards par leurs narines séparées, par leurs intermaxillaires réunis, par leur crâne comprimé
en avant, et par la forme du condyle occipital.

Ils se distinguent de tous les reptiles vivants par un caractère qui les rapproche au contraire, comme nous l'avons dit, des rhopalodon. La mâchoire supérieure porte de chaque côté une seule
grande dent semblable aux canines prolongées en défense des
chevrotains, des morses ou des machairodus. Leur examen

(1) *Beitr. zur Kentnitz des Kupfer-Sandsteins*, Saint-Pétersbourg, 1838.
(2) Fischer de Waldheim, *loc. cit.*
(3) *Bull. Soc. des nat. de Moscou*, 1845, t. IV; Eichwald, *id.*, 1848, t. XXI,
2, p. 141.

microscopique montre qu'elles sont fort éloignées de celles des labyrinthodontes et qu'elles ont la simplicité de tissu des dents des crocodiles.

On en connaît quatre espèces ([1]), les *Dicynodon Baini, lacerticeps, strigiceps* et *testudiceps (testudiniformis)*, décrits par M. Owen.

II. — *Sauriens du terrain triasique.*

Les PHYTOSAURUS, Jaeger
(*Belodon*, H. de Meyer; *Belosaurus*, id., 1842), — Atlas, pl. XXVI, fig. 9, *a, b,*

ne sont connus que par des fragments de mâchoires et des dents isolées. Les premiers montrent que l'animal avait un museau allongé comme celui des gavials. Les dents implantées dans des alvéoles complets semblent démontrer que la place de ce genre n'est pas loin de la famille des crocodiliens.

Le mode de conservation de ces fragments a donné lieu à une erreur. La substance qui a formé la roche où ils sont contenus a pénétré pendant qu'elle était encore liquide dans les alvéoles vides, dans les canaux de la mâchoire et dans les cavités nutritives des dents. Lorsqu'elle a été solidifiée, l'os lui-même s'est détruit et a laissé à découvert la matière moulée dans ces diverses parties ; celle qui remplissait les alvéoles s'est présentée sous la forme de cylindres plus ou moins réguliers, terminés par des surfaces arrondies correspondant aux cavités de la base des dents (pl. XXVI, fig. 9, *b*). On a pris ces moules pour les vraies dents et on les a décrits comme caractérisant un reptile herbivore.

Les véritables dents (pl. XXVI, fig. 9, *a*) sont au contraire allongées, coniques, très légèrement courbées à l'extrémité qui est peu pointue. Le reptile dont elles indiquent l'existence a donc dû avoir des mœurs semblables à celles des sauriens carnivores, et le nom de *Phytosaurus* est devenu inexact.

Jaeger, qui les a le premier fait connaître ([2]) et qui a connu

[1] Owen, *Trans. of the geol. Soc. of London*, vol. VII, 2ᵉ partie, 1845 ; *Bibl. univ.*, 1846, *Archives*, t. I, p. 230.

[2] Jaeger, *Foss. rept. Würtembergs*, p. 22, pl. 6 ; Alberti, *Trias*, p. 151 ; H. de Meyer et Plieninger, *Beitr. zur pal. Würtembergs*, p. 91, pl. 11 et 12 ; Giebel, *Fauna der Vorwelt*, 1, 2, p. 172 ; Bronn, *Lethæa*, 3ᵉ édit., *Terr. triasiques*, p. 118.

l'erreur que nous venons de signaler, a distingué deux espèces
auxquelles il pensait même à donner une valeur générique sous
les noms de CUBICODON et de CYLINDRICODON. Quelques uns de ces
moules, en effet, sont assez régulièrement cylindriques et d'autres
ont une coupe un peu quadrilatère. De nombreuses transitions
lient ces deux formes et l'on ne doit probablement admettre qu'une
seule espèce.

Ce serait le *Phytosaurus cylindricodon*, Jaeger, ou mieux le *Belodon Plie-
ningeri*, H. de Meyer. Il a été trouvé dans le Wurtemberg, près de Lowens-
tein, Leonberg, etc., et aux environs de Tubingen, dans le terrain du keuper
(formation supérieure du terrain triasique).

Les MENODON, H. de Meyer, — Atlas, pl. XXVI, fig. 10,

ont été caractérisés par un fragment de mâchoire inférieure et par
un os coracoïde. Le premier est très mince, comprimé et long de
deux pouces huit lignes. Il paraît avoir porté trente dents, disposées sur un seul rang et insérées par des racines solides dans des
alvéoles séparés, mais peu profonds. Elles sont très petites,
cylindriques à leur base, peut-être (?) un peu comprimées, pointues, en forme de cône à leur extrémité, et ont quelques stries longitudinales.

Le *Menodon plicatus*, H. de Meyer (¹), a été trouvé dans les couches supérieures du grès bigarré de Soultz-les-Bains.

Les TERMATOSAURUS, Plieninger, — Atlas, pl. XXVI, fig. 11,

sont encore moins bien caractérisés, car ce genre n'a été établi
que sur quelques dents, longues d'un demi-pouce à un pouce et
demi. Elles sont presque cylindriques, diminuant peu jusqu'à la
pointe qui est en cône mousse. Leur caractère principal consiste
dans la cannelure très distincte de l'émail, qui présente des stries
longitudinales demi-cylindriques très élevées, séparées par des
sillons profonds et un peu plus étroits. La pointe de la dent est
souvent lisse. La substance en dessous de l'émail est finement

(¹) H. de Meyer, *Mém. de la Soc. d'hist. nat. de Strasbourg*, t. II, liv. 3,
pl. 4, fig. 3; Bronn, *Lethæa*, 3ᵉ édit., *Terr. trias.*, p. 118.

fendillée dans sa longueur, mais on n'y voit aucun repli comme
dans les labyrinthodontes.

Le *Termatosaurus Alberti*, Plieninger [1], a été trouvé dans les terrains les
plus supérieurs du keuper du Wurtemberg, ou plutôt dans les brèches qui
sont intermédiaires entre ce terrain et le lias.

Les Rysosteus, Owen,

ne sont connus que par des fragments de vertèbres biconcaves,
par un fémur qui rappelle celui des teleosaurus et par un humérus. Il est possible que les vertèbres aient été en contact avec une
armure osseuse. Ces débris sont insuffisants pour éclairer sur les
rapports zoologiques du genre.

La seule espèce connue [2] provient d'une couche ossifère située au-dessous
du lias de Bristol et de Glocester. Ce terrain est rapporté au lias par quelques
auteurs et à la formation triasique par d'autres [3]. Ses débris organiques
me paraissent rendre cette dernière opinion plus probable.

Les Rhynchosaurus, Owen,

sont un peu mieux déterminés, car on en a découvert divers ossements, et aussi des traces de pas qui paraissent se rapporter à la
même espèce que les os. Les caractères du squelette s'accordent
tout à fait avec ceux des lacertiens vivants, sauf que les vertèbres
sont fortement biconcaves. Le crâne a des caractères tout spéciaux; il est en forme de pyramide quadrangulaire, et les mâchoires du seul échantillon que l'on connaisse sont si rapprochées
l'une contre l'autre, qu'il paraît impossible qu'il y ait eu des dents.
Il est vrai que, comme dans quelques reptiles actuels, ces dents
pourraient, quand la bouche est fermée, être cachées par le bord
saillant des mâchoires; mais la forme des os incisifs et maxillaires, qui rappellent en plusieurs points ceux des chéloniens, semblent donner une réalité à cette apparence. Il est possible que le
rhynchosaurus présente le singulier caractère d'un lacertien dont
les mâchoires seraient dépourvues de dents, et peut-être revêtues

[1] H. de Meyer et Plieninger, *Beitr. zur palæont. Wurtembergs*, p. 122,
pl. 12, fig. 25, 37, 93 et 94.

[2] Owen, *Report Brit. assoc.*, 1841, p. 159 ; Bronn, *Lethæa*, 3ᵉ édit., *Terr.
jur.*, p. 519.

[3] Voyez Lyell, *A manual of elem. geol.*, p. 289.

d'un bec corné comme celles des chéloniens. On ne pourra toutefois regarder ces conclusions comme certaines que quand on aura pu observer le bord alvéolaire des os des mâchoires.

L'espèce connue, *Rhynchosaurus articeps*, Owen (1), a été trouvée dans le nouveau grès rouge de Grinsill.

Les PSAMMOSAURUS, Zenker (2) (non *Psammosaurus*, Fitz.),

n'ont été distingués que par quelques ossements tout à fait indéterminables. Ce genre ne peut pas être admis.

III. — *Sauriens du lias.*

Les MACROMIOSAURUS, Curioni,

paraissent réunir des caractères qu'on n'est pas habitué à trouver ensemble, si toutefois on peut se fier à la description qui en a été donnée (3). Cette description en effet est loin d'être claire et paraît en certains points presque impossible (4).

Les caractères essentiels sont : 1° un très long cou (vingt et une vertèbres) ; 2° des côtes ventrales semblables à celles des ichthyosaures et des plésiosaures ; 3° des pieds à cinq doigts distincts, courts, le quatrième le plus long ; les phalanges sont au nombre de deux, trois, quatre, cinq, trois ; 4° le fémur très court, n'atteignant que le tiers de la longueur de l'humérus. Les deux premiers caractères semblent placer ce genre dans les énaliosauriens, mais le troisième s'y oppose tout à fait.

La seule espèce connue est le *Macromiosaurus Plinii*, Curioni, du lias du lac de Côme ; sa longueur était de 8 pouces 4 lignes.

Les LARIOSAURUS, Curioni,

ne paraissent pas pouvoir être distingués des macromiosaurus.

(1) Owen, *Report Brit. assoc.*, 1841, p. 145 ; *Trans. of the Cambridge phil. Soc.*, 1842, t. VII, p. 355, pl. 5 et 6.

(2) Zenker, *Beitr. zur naturg. der Vorwelt*, Iena, 1833, p. 60, pl. 6, fig. C-I.

(3) Curioni, *Giornale lombardo*, 1847, t. XVI, p. 157 ; Bronn, *Lethæa*, 3e édit., *Terr. jur.*, p. 547.

(4) En particulier dans la disposition des vertèbres lombaires, cachées en partie par les côtes ventrales et dont on en voit cependant 16 ! dont 8 sur la région du pubis et 8 en dessous. Deux d'entre elles ont des côtes (!)

Leur cou a aussi vingt et une vertèbres ou à peu près, et les phalanges sont de formes normales. Les os du bras rappellent ceux des plésiosaures.

Le *Lariosaurus Balsami*, Curioni, a été trouvé aussi dans le lias des environs de Côme. On en connaît plusieurs exemplaires [1]. Cette espèce n'atteignait, à ce qu'il paraît, qu'une longueur d'un décimètre depuis l'extrémité du museau jusqu'à l'origine de la queue.

IV. — *Espèces des terrains oolithiques et oxfordiens.*

Les GLAPHYORHYNCHUS, H. de Meyer,

ne sont connus que par une mâchoire grêle qui porte des alvéoles ovales-obliques. Ce genre n'a été ni décrit ni figuré.

La seule espèce indiquée [2] est le *Gl. aalensis*, H. de Meyer, trouvé dans l'oolithe ferrugineuse du Wurtemberg (grande oolithe).

Les THAUMATOSAURUS, H. de Meyer,

sont des reptiles gigantesques qui rappellent par leurs dimensions les dinosauriens, mais dont les os n'ont pas de cavités médullaires à l'intérieur. Les rugosités de la surface des os de la mâchoire semblent indiquer que la tête était couverte d'écussons. Les dents sont placées dans des alvéoles bordés par des parois minces et incomplètes du côté interne. Elles ont de grandes racines creuses et sont coniques, égales, un peu courbées; la couronne est légèrement striée. Ce genre n'a pas été figuré. M. H. de Meyer le rapproche des crocodiliens et M. Quenstedt des énaliosauriens.

La seule espèce connue [3], *Thaumatosaurus oolithicus*, H. de Meyer, a été trouvée près de Neuffen en Wurtemberg, dans le calcaire marneux du jura brun (oolithe inférieure).

[1] Balsamo Crivelli, *Politecn. di Milano*, mai 1839; Curioni, *Giornale lombardo*, 1847, t. XVI, p. 157; Bronn, *Lethæa*, 3ᵉ édit., *Terr. jurassiques*, p. 548.

[2] H. de Meyer, *Leonh. und Bronn, Neues Jahrb.*, 1842, p. 303; 1843, p. 282; Giebel, *Fauna der Vorwelt*, I, 2, p. 117.

[3] H. de Meyer, *Leonh. und Bronn, Neues Jahrb.*, 1841, p. 176; Quenstedt, *Die Floetzgeb. Wurt.*, p. 352; Bronn, *Lethæa*, 3ᵉ édit., *Terr. jur.*, p. 350; Giebel, *Fauna der Vorwelt*, I, 2, p. 125.

Les Ischyrodon, Mérian,

ne reposent que sur une seule dent de grande dimension, qui est
striée en long dans le milieu de son côté concave et lisse dans le
reste. Les stries sont tranchantes. Sa hauteur est d'un décimètre,
quoique sa base et sa pointe soient cassées. Son plus grand diamètre à sa base est de 1 pouce 11 lignes (0ᵐ,052), et son plus petit
de 1 pouce 7 lignes (0ᵐ,043).

L'*Ischyrodon Meriani*, H. de Meyer [1], a été trouvé dans l'oolithe ferrugineuse de Wolfliswyl, en Argovie (terrain kellowien?).

Les Brachytænius, H. de Meyer, — Atlas, pl. XXVI, fig. 12,

ne sont également connus que par quelques dents cylindriques,
très peu courbées et ornées vers l'extrémité de deux arêtes opposées, tranchantes, courtes, qui s'évanouissent en arrière avant le
milieu de la dent. La surface de la base est striée de quelques lignes longitudinales, qui, vues à la loupe, sont un peu noueuses.

On ne connaît [2] que le *Brachytænius perennis*, H. de Meyer, du calcaire
jaune jurassique de Aalen, en Wurtemberg (grande oolithe?).

V. — *Espèces des schistes lithographiques et des étages jurassiques supérieurs.*

Les Atoposaurus, H. de Meyer,

ont dans leur squelette des caractères qui les rapprochent des crocodiliens, et en particulier le carpe, qui n'est composé que de deux
os à sa première rangée, la forme du tarse et celle du pied postérieur, ainsi que la symphyse de la mâchoire inférieure. Le peu
que l'on connaît de la tête et la forme des doigts antérieurs rappellent plutôt les lézards ; les dents sont celles des geckos et des
genres voisins, le bassin a des caractères spéciaux.

[1] H. de Meyer, *Leonh. und Bronn, Neues Jahrb.*, 1838, p. 414 ; 1841,
p. 183 ; et 1845, p. 282 ; Giebel, *Fauna der Vorwelt*, I, 2, p. 126.

[2] H. de Meyer, dans Münster, *Beitr. zur Petref.*, t. V, pl. 8, fig. 2 ; et
Leonh. und Bronn, Neues Jahrb., 1842, p. 303, et 1845, p. 282 ; Bronn,
Lethæa, 3ᵉ édit., *Terr. jur.*, p. 551 ; Giebel, *Fauna der Vorwelt*, 1, 2, p. 126.

On en connaît deux espèces des schistes lithographiques (terrain corallien).

L'*A. Oberndorferi*, H. de Meyer [1], a été trouvé à Kelheim.

L'*A. Jourdani*, H. de Meyer [2], provient des schistes lithographiques de Cirin (département de l'Ain), et fait partie de la collection de M. Thiollière.

Les ANGUISAURUS, Münster,

paraissent manquer de membres antérieurs, et par conséquent se rapprocher des types nombreux qui forment une transition des sauriens aux ophidiens. Ils ont une tête qui rappelle un peu celle des serpents, des vertèbres allongées, à apophyses épineuses fourchues, et des côtes ventrales coudées comme celles des ptérodactyles.

Nous conservons ici ce genre, malgré l'autorité de quelques auteurs qui le réunissent aux pleurosaurus (voy. p. 499). Ce rapprochement ne paraît pas suffisamment démontré.

L'*Anguisaurus bipes*, Münster [3], a été découvert dans les schistes lithographiques de Solenhofen.

Les MACHIMOSAURUS, H. de Meyer (*Madrimosaurus*, id.),

ne sont connus que par quelques dents fortes, en forme de cône mousse, à base circulaire et à couronne fortement striée.

Le *Machimosaurus Hugii*, H. de Meyer [4], a été trouvé dans le terrain portlandien de Soleure et du Hanovre.

Les SERICODON, H. de Meyer (*Sericosaurus*, id.),

n'ont aussi été établis que sur des dents. Elles sont grêles et pointues, à base ovale, sans arêtes, avec les environs de la pointe très-finement et légèrement striés.

[1] H. de Meyer, *Leonh. und Bronn, Neues Jahrb.*, 1850, p. 198; Bronn, *Lethæa*, 3ᵉ édit., *Terr. jur.*, p. 552.

[2] H. de Meyer, id., et dans une lettre traduite par M. Thiollière, dans sa *Deuxième notice sur le gisement, etc., des calcaires lithographiques du département de l'Ain*, Lyon, 1851, in 4°, avec planches.

[3] Münster, *Leonh. und Bronn, Neues Jahrb.*, 1839, p. 6 et 76; Bronn, *Lethæa*, 3ᵉ édit., *Terr. jur.*, p. 558.

[4] H. de Meyer, *Leonh. und Bronn, Neues Jahrb.*, 1838, p. 415; 1845, p. 310; Rœmer, *Ool. Geb.*, pl. 12, fig. 19 (*Ichthyosaurus*).

Le *S. Jugleri*, H. de Meyer [1], provient des mêmes gisements que le genre précédent.

M. H. de Meyer [2] cite un genre ERHŒNOSAURUS trouvé aussi dans le portlandien de Soleure. Il paraît avoir été simplement cité une fois dans l'*Allgemeine Schweitz. Zeitung*.

VI. — *Espèces des terrains crétacés.*

Les NEUSTOSAURUS, E. Raspail,

forment un genre qui paraît avoir été étudié avec soin par M. E. Raspail, mais qui présenterait une association de caractères bien anomale. On n'en connaît pas le crâne. Les membres postérieurs, qui sont assez bien conservés, ressemblent à ceux des crocodiles et ont quatre doigts libres. Les antérieurs sont courts et aplatis, et des plaques discoïdes trouvées près de l'humérus font penser à M. Raspail qu'ils étaient organisés comme ceux des énaliosauriens (!).

Le *Neustosaurus Gigondarum*, E. Raspail [3], a été trouvé dans le terrain néocomien de Gigondas (Vaucluse).

Les MÉSOLEPTES, Cornaglia et Chiozza,

ne sont connus que par un squelette qui manque de la tête, des pattes et de la queue. Il paraît appartenir au type des lacertiformes et se distinguer par l'étranglement médian de ses vertèbres.

La seule espèce connue a été trouvée dans le calcaire noir des environs de Comen, près Trieste, que M. Heckel rapporte à l'époque crétacée et qui est situé sous le calcaire à hippurites. Elle a été décrite par MM. Cornaglia et Chiozza [4].

Les POLYPTYCHODON, Owen. — Atlas, pl. XXVI, fig. 13,

ont des dents coniques, marquées de plis longitudinaux nombreux et serrés, dont un petit nombre se continuent jusque vers le

[1] H. de Meyer, *idem*.
[2] Dans Bronn, *Index palæontologicus, Nomenclator*, p. 464.
[3] E. Raspail, *Observ. sur un nouveau genre de saurien fossile*, Paris et Avignon, 1842, in-8°; Giebel, *Fauna der Vorwelt*, I, 2, p. 464.
[4] E. Cornaglia et L. Chiozza, *Cenni geologici sull' Istria* (*Giornale dell' Instituto Lombardo de sc. litt. et art.*, 1854, t. III, pl. 1).

sommet, ou cessent même un peu avant lui. Quelques os trouvés
avec ces dents rappellent par leurs dimensions les dinosauriens,
mais semblent avoir appartenu à un animal aquatique.

On en connaît deux espèces.

Le *P. contůncus*, Owen [1], a été découvert dans le grès vert inférieur de
Maidstone (terrain aptien).

Le *P. interruptus*, id. [2], provient des craies marneuses d'Angleterre et
des grès verts supérieurs.

Les MACROSAURUS, Owen,

dont on ne connaît que quelques vertèbres concavo-convexes, se
rapprochent des mosasaures par les caractères généraux de ces organes qui sont cependant plus longs à proportion, qui ont des arcs
hæmaux soudés au corps, et qui présentent quelques autres caractères différentiels.

La seule espèce connue [3], a été trouvée dans le grès vert de New-Jersey,
par M. H. Rogers (terrain de la craie blanche).

Les HYPOSAURUS, Owen,

ont des vertèbres biconcaves qui semblent indiquer le type des
téléosauriens, tout en ayant des caractères qui ne permettent
de les confondre avec aucun genre connu.

Ces vertèbres [4], la seule partie que l'on connaisse de ce genre, ont été
trouvées à New-Jersey avec les débris du genre précédent.

3ᵉ ORDRE.

PTÉRODACTYLIENS, ou REPTILES VOLANTS.

(*Ornithosaurii*, Pr. Canino; *Pterosauria*, Owen; *Podoptera*, Fischer;
Ptéropodes, H. de Meyer.)

L'ordre dont il s'agit ici présente un rapprochement
remarquable entre les caractères des sauriens et ceux

[1] Owen, *Report Brit. assoc.*, 1841, p. 156, *Odontography*, pl. 72, fig. 3
et 4, et dans *Palæont. Soc.*, *Rept.*, part. 3, p. 47, pl. 12, 13 et 14.

[2] Owen, *Palæont. Soc.*, *loc. cit.*, p. 55, pl. 10, 11 et 14.

[3] Owen, *Quart. Journal of the geol. Soc.*, 1849, t. V, p. 380, pl. 10
et 11.

[4] Owen, *idem*.

des chauves-souris et des oiseaux ; aussi les animaux qui le composent ont-ils été successivement placés dans les oiseaux, les mammifères et les reptiles. Un examen approfondi montre cependant jusqu'à l'évidence que leurs rapports avec les chéiroptères et les oiseaux sont plus apparents que réels. Leurs dents toutes égales et coniques, leur encéphale très petit, leurs doigts à phalanges en nombre différent, leur sternum et leur épaule de reptiles, etc., prouvent qu'il est impossible de les considérer comme des mammifères. L'existence même des dents, la brièveté de leur cou, la minceur de leurs côtes, l'absence d'apophyses récurrentes, la forme de leur sternum, la minceur de leur queue, le nombre de leurs doigts, etc., repoussent tout à fait l'idée de les réunir aux oiseaux.

Ces caractères, au contraire, les placent dans la classe des reptiles, dont ils ont tout à fait les pieds, et en particulier le nombre des phalanges des doigts ; mais ils présentent le fait remarquable d'avoir eu de véritables ailes pour voler, circonstance qui ne se retrouve pas aujourd'hui dans cette classe. Les dragons seuls ont des membranes étendues, mais elles sont portées par leurs côtes, et dans aucun type actuel le membre antérieur ne prend une forme d'aile.

Ils ont en outre l'intérêt de présenter une forme d'aile tout à fait nouvelle. Dans les oiseaux, les doigts, peu distincts et réunis, servent de base à des plumes. Dans les chéiroptères, quatre doigts s'allongent et portent des membranes, le pouce seul reste rudimentaire. Dans les ptérodactyliens, un seul doigt prend de très grandes dimensions en longueur, et les autres restent courts et normaux.

Les ptérodactyliens sont, comme la plupart des reptiles précédents, caractéristiques de l'époque secondaire. On trouve principalement leurs squelettes dans les schistes de Solenhofen, ainsi que dans l'oolithe et le lias, dans le terrain wealdien et jusque dans la craie.

Les formes que nous avons décrites ci-dessus montrent que les ptérodactyliens ont dû vivre à peu près à la manière des chauves-souris. La forme des dents et la grandeur de la mâchoire indiquent des animaux carnassiers, mais pas très forts. Les plus petites espèces ont dû être insectivores ; les grandes ont pu saisir des poissons ou de petits reptiles. La grandeur des yeux indique des animaux nocturnes. Les pieds postérieurs étaient assez forts pour que ces animaux aient pu avoir une station analogue à celle des oiseaux et se percher sur les arbres. Les griffes de leurs pieds et les doigts courts de leurs mains ont dû leur donner la faculté de grimper le long des rochers.

On peut les partager en trois genres, suivant le nombre des phalanges du doigt qui porte l'aile et la disposition des dents.

Les PTÉRODACTYLES (*Pterodactylus*, Cuv.)
(*Ornithocephalus*, Sœmmerring, *partim* ; *Pterotherium*, Fischer),
— Atlas, pl. XXVI, fig. 14-17,

ont le grand doigt qui soutient l'aile à quatre phalanges ; les mâchoires portent des dents jusqu'à leur extrémité ; l'omoplate et l'os coracoïdien ne sont pas soudés ensemble ; la queue est courte et mobile. Le crâne est allongé, les intermaxillaires sont grands. Les ouvertures nasales sont larges et situées vers le milieu du museau ; elles sont en partie fermées en avant par un petit os comme dans les monitors et ont un cercle de petits osselets articulés ou non et une petite ouverture entre l'orbite et le nez, comme dans les oiseaux. La mâchoire inférieure est composée comme dans le crocodile, sans processus coronaire ; elle est articulée en arrière des yeux. Les dents sont au nombre de cinq à dix-sept de chaque côté, inégales, coniques ou piriformes, un peu arquées et comprimées, pointues, insérées dans des cavités séparées et creuses à leur base.

Suivant Münster, les dents de remplacement se logent dans la cavité des autres ; suivant Goldfuss, elles sont latérales. Le cou est long, composé de sept vertèbres ; on compte en outre treize à quinze dorsales, deux ou trois lombaires, six vertèbres ankylosées pour l'os sacrum, et dix à quinze caudales. Les pièces de l'épaule, du sternum et du bassin sont organisées comme dans les lézards, sauf que ce dernier semble porter des os marsupiaux. Les os longs sont creux et ont des ouvertures aériennes comme dans les oiseaux. Il y a cinq ou six os du carpe, cinq métacarpiens, cinq doigts aux membres antérieurs a une, deux, trois, quatre et quatre phalanges ; les quatre premiers sont courts et terminés par des ongles crochus, l'externe est très long, sans ongle. Les membres postérieurs ont aussi cinq doigts, mais aucun n'est allongé.

On en connaît plusieurs espèces qui proviennent uniquement des étages jurassiques supérieurs, du terrain wealdien et du terrain crétacé.

Les plus certains ont été trouvés dans les schistes lithographiques (terrain corallien).

Le *Pterodactylus longirostris*, Oken [1], est le plus anciennement connu. On en a trouvé à Pappenheim un squelette presque entier. La longueur totale est de 10 pouces, l'envergure de 24. Les dents sont au nombre de $\frac{11}{17}$. (Atlas, pl. XXVI, fig. 13.)

Le *Pterodactylus crassirostris*, Goldf. [2], a 1 pied de longueur et 35 pouces d'envergure. Les dents paraissent au nombre de $\frac{9}{4}$. La tête est grande et le cou plus court. Il a été trouvé avec le précédent. (Atlas, pl. XXVI, fig. 14.)

Le *Pterodactylus brevirostris*, Cuv. [3], a le museau beaucoup plus court que

[1] Collini, *Comment. Palat. phys.*, 1784, t. V, p. 58 ; Oken, *Isis*, 1819, p. 1788, pl. 20 ; Cuvier, *Ossem. foss.*, 4ᵉ édit., t. X, p. 216 ; Sœmmerring, *Munch. Denks.*, 1812, t. IV, p. 89, pl. 5-7, et 1820, t. VI, p. 102 (*Ornithocephalus antiquus et longirostris*) ; Goldfuss, *Nova acta Acad. nat. cur.*, t. XV, 1ʳᵉ part., p. 63, pl. 10 ; Buckland, *Traité Bridgew.*, pl. 21 ; Ritgen, *Nova acta*, t. XIII, 1ʳᵉ part., p. 329, pl. 16 (*P. crocodilocephaloides*) ; Giebel, *Fauna der Vorwelt*, I, 2, p. 92 ; Bronn, *Lethæa*, 3ᵉ éd., *Terr. jur.*, p. 492 ; Quenstedt, *Handb. der Petref.*, p. 139.

[2] Goldfuss, *Nova acta Acad. nat. cur.*, t. XV, 1ʳᵉ part., p. 63, pl. 7-10 ; Buckland, *Traité Bridgew.*, pl. 22 ; Giebel, Bronn, Quenstedt, *loc. cit.*

[3] Cuvier, *Ossem. foss.*, 4ᵉ édit., t. X, p. 256 ; Goldfuss, *Nova acta Acad. nat. cur.*, t. XV, 2ᵉ part., p. 69, pl. 10 ; Buckland, *Traité Bridgew.*, pl. 22 ; Ritgen, *Nova acta*, t. XIII, 1ʳᵉ part., p. 329 (*P. nattecephaloides*) ; Sœmmerring, *Denks. Acad. Munch.*, t. VI, p. 89, pl. 1 et 2 (*Ornithocephalus brevirostris*) ; Giebel, *Fauna der Vorwelt*, I, 2, p. 94 ; Quenstedt, *Handb. der Petref.*, p. 139.

les deux espèces précédentes, et sa tête ressemble plutôt, comme le dit Cuvier, à celle d'une oie sortant de l'œuf qu'à celle d'un reptile. Sa taille est d'un tiers plus petite que le *Pt. longirostris*; il provient d'Eichstaedt en Bavière. Les dents sont très petites, et, suivant Sœmmerring, au nombre seulement de ½; sa longueur est de 2 pouces 6 1/2 lignes. Les pieds postérieurs n'ont que quatre doigts (¹). (Atlas, pl. XXVI, fig. 16).

Le *Pterodactylus Kochii*, Wagner (²), des schistes lithographiques de Kehlheim. Le cercle osseux de l'œil est simple, le cou rappelle celui du *Pt. crassirostris*. Il a 4 doigts comme le précédent, accompagnés d'un rudiment de pouce sans ongles; sa longueur est de 8 pouces.

Le *Pterodactylus medius*, Münster (³), de Mœnlenhard près Daiting, tient le milieu entre le *Pt. crassirostris* et le *Pt. longirostris*.

Le *Pterodactylus Meyeri* (⁴), Münster, de Kehlheim, est très petit et n'a que 1 2/3 pouce de longueur. Il ressemble beaucoup au *Pt. brevirostris*. Le cercle osseux des yeux est composé de plusieurs pièces en forme de tuiles, ce qui est peut-être un caractère du jeune âge. Les pieds ont 4 doigts.

Le *Pterodactylus grandis*, Cuv. (⁵), n'est connu que par quelques os des membres qui proviennent aussi de Solenhofen, et qui indiquent une espèce bien plus grande que les trois précédentes.

Ce même gisement a fourni encore quelques espèces très incomplètement déterminées (⁶), et entre autres les *Pterodactylus dubius*, Münster, *longipes*, Münster, et *secundarius*, H. de Meyer.

Les ptérodactyles des terrains wealdiens ne sont connus que par des fragments d'os longs qui ont été d'abord décrits par M. Mantell comme appartenant à des oiseaux (*Palæornis*). Leurs os, en effet, qui sont creusés de grandes cavités aériennes, rappellent tout à fait ceux de cette classe. M. Owen a démontré qu'ils doivent être rapportés à des ptérodactyles.

(¹) MM. H. de Meyer et Giebel ont partagé les Ptérodactyles en trois sous-genres (*Jahres Bericht des Naturw. Vereins zu Halle*, 1849-50, p. 2). Ils laissent le nom de Ptérodactyles à ceux qui ont 4 doigts aux pieds postérieurs, ils donnent celui de Macrotrachelus à ceux qui ont 5 doigts et [illegible] dents, et celui de Brachytrachelus à ceux qui ont 5 doigts et [illegible] dents.

(²) Wagner, *Abhand. der Bayr. Acad. der Wiss.*, 2, p. 103, pl. 1 ; Giebel, *Fauna der Vorwelt*, I, 2, p. 94.

(³) Münster, *Nova acta Acad. nat. cur.*, t. XV, 2ᵉ part., p. 31, pl. 6; Giebel, *Fauna der Vorwelt*, I, 2, p. 95.

(⁴) Münster, *Leonh. und Bronn, Neues Jahrb.*, 1842, p. 35 ; H. de Meyer, dans Münster, *Beitr. zur Petrefact.*, t. V, p. 24, pl. 7, fig. 2; Giebel, *loc. cit.*

(⁵) Cuvier, *Ossem. foss.*, 4ᵉ édit., t. X, p. 237 ; Giebel, *loc. cit.*

(⁶) Münster, *Beitr. zur Petref.*, t. 1ᵉʳ, p. 83, pl. 7, fig. 2 ; H. de Meyer, *Leonh. und Bronn, Neues Jahrb.*, 1843, p. 584 ; Giebel, *loc. cit.*

L'espèce dont ils indiquent l'existence a été nommée *Pterodactylus ornis* par M. Giebel [1]. Sa taille était à peu près double de celle du *Pt. crassirostris*.

On a trouvé aussi des ptérodactyles dans les terrains crétacés. Ils sont en général connus seulement par des fragments qui indiquent des espèces d'une très grande taille.

M. Bowerbanck a, le premier, découvert des ossements de ce genre dans la craie blanche de Maidstone (Kent), et a donné le nom de *Pterodactylus giganteus*, Bow. [2], non Goldf., à une espèce qui dépassait beaucoup par sa taille toutes celles qui étaient connues (6 à 7 pieds d'envergure). Après de longues discussions on est aujourd'hui d'accord pour lui attribuer les ossements que M. Owen rapportait aux oiseaux sous le nom de *Cimoliornis diomedeus*, Owen, et que nous avons inscrits sous cette désignation à la page 421, imprimée avant que les dernières publications sur ce sujet nous fussent parvenues.

Le *Pt. giganteus* devra changer son nom contre celui de *Pt. diomedeus*, soit à cause de l'antériorité, soit parce que ce nom est devenu faux par la découverte de deux espèces bien plus grandes encore [3], le *Pt. compressirostris*, Owen, et le *Pt. Cuvieri*, Bowerb. Ce dernier paraît avoir atteint une envergure de 16 pieds 6 pouces (5 mètres).

Les RAMPHORHYNCHUS, H. de Meyer

(Ornithocephalus, Sœmm., *partim)*, — Atlas, pl. XXVI, fig. 18,

diffèrent des ptérodactyles par leurs mâchoires dépourvues de dents vers leur extrémité antérieure qui était probablement recouverte par un bec corné. Leur omoplate et leurs os coracoïdiens sont soudés ensemble. La queue est longue et roide, composée d'environ trente vertèbres. Ils ont comme eux quatre articulations au doigt qui porte l'aile.

On n'en a trouvé que dans les terrains jurassiques, mais ils paraissent plus anciens que le genre précédent. Une espèce appartient au lias.

Le *Ramphorhynchus macronyx* [4], Buckl., a été trouvé dans le lias de

[1] Mantell, *Trans. of the geolog. Society of London*, 2ᵉ série, t. V, p. 175, pl. 13, fig. 4; Owen, *London geolog. journal*, 1846, t. II, p. 96, fig. 1-7; Giebel, *Fauna der Vorwelt*, I, 2, p. 99; Quenstedt, *Handb. der Petref.*, p. 142.

[2] *Quart. journ. of the geol. Soc.*, 1846, p. 7, et 1848, p. 2; *Annals and mag. of natural hist.*, novembre 1852; Owen, *Palæontographical Society, Reptiles*, p. 80; Quenstedt, *Handb. der Petref.*, p. 142.

[3] *British. assoc.*, 1851; Owen, *loc. cit.*

[4] Buckland, *Proceed. geol. Soc.*, février 1829, *Transactions of the geol. Soc.*, 2ᵉ série, III, 217, p. 27, et *Traité Bridgew.*, pl. 22; Owen, *Report Brit. ass.*, 1841, p. 56. Il faut lui réunir les *Pt. Banthensis* et *Goldfussi*,

Lyme-Regis et dans celui de Bavière. Il est caractérisé par une taille qui dépasse de moitié celle du *Pt. crassirostris*, par des dents petites, comprimées et à deux tranchants, par un cou aussi long à proportion que celui du *Pt. longirostris*, et par de grandes phalanges unguéales.

Les autres espèces proviennent des schistes lithographiques de Bavière.

Le *Ramphorhynchus Gemingii*, H. de Meyer [1], est connu par un squelette presque complet. Les arcades orbitaires sont très grandes. Les dents, au nombre de $\frac{7}{7}$, sont éloignées et faiblement courbées. La queue est longue et composée d'au moins dix-neuf vertèbres soudées entre elles. C'est l'espèce figurée dans l'Atlas.

Le *Ramphorhynchus Münsteri*, H. de Meyer [2], a été décrit par Sœmmerring comme un oiseau.

Le *Ramphorhynchus longicaudus*, H. de Meyer, est une petite espèce d'Eichstaedt figurée et décrite en détail par M. H. de Meyer [3].

Les Ornithopterus, H. de Meyer,

diffèrent des deux genres précédents par le long doigt de l'aile, qui n'est composé que de deux phalanges. Ce genre est encore incomplétement caractérisé et ne renferme qu'une espèce de Solenhofen.

C'est l'*Ornithopterus Lavateri*, H. de Meyer [4], qui n'est connu que par des fragments du membre antérieur, conservés dans la collection Lavater, à Zurich.

Quelques espèces sont trop mal connues pour pouvoir être asso-

Theodori, *Frorieps Notizen*, 1830-39, n° 623. Voyez encore H. de Meyer, *Nova acta Acad. nat. cur.*, t. XV, 2° part., p. 198, pl. 40; Münster, *Beitr.*, V, 31; Giebel, *Fauna der Vorwelt*, I, 2, p. 96; Bronn, *Lethæa*, 3° édit., *Terr. jur.*, p. 494.

[1] H. de Meyer, *Leonh. und Bronn, Neues Jahrb.*, 1846, I, 1, et *Palæontographica*, I, p. 20, pl. 5; Giebel, *Fauna der Vorwelt*, I, 2, p. 97; Bronn, *Lethæa*, 3° édit., *Terr. jur.*, p. 495.

[2] Goldfuss, *Nova acta Acad. nat. cur.*, XV, 1, p. 112, pl. 11, fig. 4; Münster, *Nachtrage zu Ornith. Münsteri*, Bayreuth, 1830; Giebel, *loc. cit.*; Bronn, *loc. cit.*

[3] *Homœosaurus Maximiliani und Ramphorhynchus longicaudus*, Francf., 1847, in-4°.

[4] H. de Meyer, *Leonh. und Bronn, Neues Jarb.*, 1838, p. 415 et 668; 1845, p. 282; 1848, p. 114; Giebel, *Fauna der Vorwelt*, I, 2, 91; Bronn, *Lethæa*, 3° édit., *Terr. jur.*, p. 496.

ciées avec certitude à l'un de ces trois genres plutôt qu'aux
autres.

En particulier, le *Pt. Bucklandi* (1), Goldf., qui est la seule espèce trouvée
à Stonesfield (grande oolithe), n'a pas été décrit, et je ne sais pas s'il doit
être rapporté aux ptérodactyles ou aux ramphorhynchus (2).

4e ORDRE.

ÉNALIOSAURIENS.

(*Nexipodes*, H. de Meyer.)

Nous arrivons aux reptiles les plus bizarres et les
plus remarquables peut-être qu'ait fait connaître la
géologie, car ils réunissent des caractères qui semblent,
au premier coup d'œil, incompatibles. Ils ont des vertèbres semblables à celles des poissons, leurs dents rappellent celles des crocodiliens, leur tronc est celui des
lézards, et leurs pattes sont formées comme celles
des cétacés. Quelques uns d'entre eux ont atteint des
dimensions considérables, et ont dû exercer leur domination sur les mers de presque toute l'époque secondaire.

Leurs véritables affinités ont été l'objet de plusieurs
contestations; nous les considérons comme plus voisins
des sauriens que de tous les autres types, mais séparés
toutefois de ceux qui vivent actuellement par des différences assez importantes pour nécessiter la formation
d'un ordre nouveau. Les caractères principaux des énaliosauriens sont : des vertèbres biconcaves plus larges que
longues, et dont les lames tectrices sont faiblement unies

(1) Owen, *Report Brit. assoc.*, 1841, p. 156 ; Giebel, *Fauna der Vorwelt*, I, 2, p. 99.
(2) Voyez encore Spix, *Denks. Bayer. Acad.*, 1816-17, t. VI (*Pteropus* de
Solenhofen).

aux corps ; des dents coniques, sans cavité à leur base, implantées dans un canal commun de la mâchoire, qui n'a que de courts alvéoles à sa partie profonde ; et quatre membres courts et aplatis, dont les doigts sont formés par de nombreux osselets discoïdaux disposés comme dans les cétacés.

Ils ont vécu en très grande abondance à l'époque du lias : on en trouve aussi dans les terrains qui ont précédé cette formation (trias) ; et ils se continuent jusque vers la fin de la période crétacée. Les traces les plus récentes qu'on en ait signalées sont des fragments trouvés dans la craie marneuse de Douvres. Ces reptiles ont donc été limités à l'époque secondaire ; leur apparition concorde à peu près, comme on le voit, avec celle des ammonites, et leur présence peut servir à caractériser les mêmes terrains.

On peut les diviser en deux familles dont les caractères correspondent avec la distribution géologique.

Les Ichthyosauriens (*Ichthyosaures* et *Plésiosaures*) ont les os du crâne assez développés, de sorte que quand on voit la tête en dessus, les ouvertures n'en échancrent qu'une faible partie. Tous les reptiles de cette famille ont été trouvés dans les terrains jurassiques et crétacés.

Les Simosauriens ont les fosses temporales et les cavités orbitaires et nasales très considérables, disposées de manière à occuper la plus grande partie de la surface du crâne et à laisser peu de place pour le développement des os. Ils ne se trouvent que dans les terrains triasiques.

1re FAMILLE. — ICHTHYOSAURIENS.

Cette famille, qui comprend, comme nous l'avons dit, les énaliosauriens des terrains jurassiques et crétacés, renferme les genres
les mieux connus. Le premier est celui des

ICHTHYOSAURUS, Kœnig
(*Proteosaurus*, Home ; *Gryphus*, Wagler), — Atlas, pl. XXVII,
fig. 1-15,

caractérisés par des formes lourdes, un cou court, une tête très
forte, des yeux énormes revêtus de plaques osseuses, et des dents
nombreuses. La figure 1 de la planche XXVII représente le squelette
restauré de ce singulier reptile, dont je vais tâcher de donner une
idée par une courte description.

La tête est grande et allongée (fig. 2 et 3) ; le museau est formé
presque en entier par les intermaxillaires, les maxillaires sont
relégués aux côtés de sa base ; les narines sont percées entre les
nasaux ; les autres os ressemblent à ceux des lézards et des iguanes.
L'œil est très grand et protégé en avant par un cercle de pièces
osseuses qui rappellent ce qu'on trouve dans les oiseaux, les tortues et quelques sauriens. Il est probable que cet organe si développé a permis à l'ichthyosaure de voir clair la nuit.

Les dents (fig. 4-11) sont coniques et ressemblent beaucoup à
celles des crocodiles ; mais elles sont pleines à leur base, et en
outre elles sont plus nombreuses, car on en trouve jusqu'à cent
quatre-vingts. Elles sont assujetties dans un canal de l'os maxillaire qui n'est point divisé en loges, mais qui est seulement marqué dans sa partie profonde de petites cavités alvéolaires rudimentaires. Les dents se remplacent comme dans les crocodiles, sauf
que, ces organes n'étant pas creux, la nouvelle dent ne se loge
pas dans l'ancienne, si ce n'est dans une petite cavité qu'elle y
creuse elle-même par sa pression continue (voy. fig. 4).

Les vertèbres sont nombreuses (jusqu'à 126). Leurs corps sont
fortement biconcaves (fig. 13-15) et d'une forme discoïdale, étant
courts par rapport à leur largeur. Les lames tectrices (arcs neuraux) sont peu développées, et, comme dans les poissons, elles sont
imparfaitement soudées aux corps ; aussi les trouve-t-on le plus

souvent séparées. La queue est courte, presque toujours fracturée ou fortement déviée, ce qui fait penser à M. Owen qu'il y avait sur cet organe une nageoire tégumentaire. Les côtes sont minces et s'étendent depuis la vertèbre axis jusqu'aux deux premiers tiers des vertèbres caudales ; les thoraciques ont une double articulation supérieure. Le sternum (fig. 12) est très développé et offre quelques uns des caractères de celui des ornithorhynques et des monitors ; il est formé d'une pièce impaire.

Les pattes (fig. 12) sont au nombre de quatre et tout à fait en forme de nageoires. L'épaule, composée d'une omoplate, d'une clavicule et d'un os coracoïdien, a les caractères essentiels des lézards. L'humérus est court et solide ; les os de l'avant-bras sont aussi larges que longs et en forme de disque. Ceux de la main sont plats et disposés en séries qui correspondent aux doigts ; ils s'ajustent par leurs angles en forme de pavé, et forment, comme dans les cétacés, une nageoire dont les parties ont dû avoir très peu de mouvement les unes sur les autres. Le nombre de ces pièces est considérable ; les séries sont au nombre de cinq à sept, et chacune compte jusqu'à vingt osselets. On voit que la forme ordinaire des pieds antérieurs des reptiles a été singulièrement modifiée. Les membres postérieurs sont organisés comme les antérieurs.

De cette description il résulte que les ichthyosaures ont été des reptiles éminemment aquatiques. Il est probable qu'ils ne quittaient jamais volontairement la mer, et que si un accident quelconque les rejetait sur la côte, ils devaient y rester échoués et immobiles comme les cétacés. Ils étaient admirablement organisés pour nager, et leurs mâchoires fortement armées indiquent qu'ils ont été des carnassiers d'autant plus redoutables que leur grande taille exigeait une nourriture abondante. Quelques espèces en effet ont dû atteindre une longueur de trente pieds.

Une observation de M. S. Charring Pearce [1], d'un petit ichthyosaure compris dans un grand, pourrait peut-être faire supposer que ces animaux étaient vivipares (?).

Les espèces d'ichthyosaures paraissent avoir été nombreuses [2].

[1] *Ann. and mag. of nat. hist.* janv. 1846 ; *Bibl. univ.*, 1846, *Archives*, t. I, p. 232.

[2] Voy. principalement pour les ichthyosaures : sir Ev. Home, *Philosoph. trans.*, 1814, 1816 et 1819 ; Conybeare, *Trans. of the geol. Soc.*, t. V.

La plupart ont été trouvés dans le lias.

L'*Ichthyosaurus communis*, de la Bèche et Conyb., du lias de Lyme-Regis et de Boll en Wurtemberg, a des dents à couronne conique, médiocrement aiguës, légèrement arquées et profondément striées. Cette espèce a atteint une grande taille. (Atlas, pl. XXVII, fig. 1, 5, etc.)

L'*Ichthyosaurus platyodon*, de la Bèche et Conyb., des mêmes localités, a la couronne des dents comprimée, offrant de chaque côté une arête tranchante. Cette espèce varie de 5 à 13 pieds. (Atlas, fig. 2, 3 et 11.)

L'*Ichthyosaurus tenuirostris*, de la Bèche et Conyb., des mêmes localités, a des dents plus grêles et un museau plus long et plus mince. Moitié plus petit que l'*I. communis*. (Atlas, fig. 8.)

L'*Ichthyosaurus intermedius*, de la Bèche et Conyb., des mêmes localités, a des dents plus aiguës et moins profondément striées que celles du *communis*, moins grêles que dans le *tenuirostris*. De la taille du précédent. (Atlas, fig. 7.)

L'*Ichthyosaurus acutirostris*, Owen, provient du lias de Whitby, de Boll, etc.

L'*Ichthyosaurus latifrons*, Koenig, du lias de Lyme-Regis.

L'*Ichthyosaurus latimanus*, Owen, du lias de Bristol.

L'*Ichthyosaurus conchiodon*, Owen, du lias de Lyme-Regis.

L'*Ichthyosaurus thyreospondylus*, Owen, du lias de Bristol.

L'*Ichthyosaurus integer*, Bronn, du lias de Boll; il est très voisin de l'*I. communis*.

L'*Ichthyosaurus trigonodon*, Theodori [1], du lias de Banz.

L'*Ichthyosaurus coniformis*, Harlan [2], est très douteux.

Une espèce a été indiquée dans les terrains jurassiques moyens c'est :

L'*Ichthyosaurus trigonus*, Owen, des roches de Kelloway (terrain kellovien).

Une espèce plus récente a été découverte en 1845 dans les terrains crétacés, c'est :

p. 214, et 2ᵉ série, t. I, p. 108 ; Cuvier, *Ossem. foss.*, 4ᵉ édit., t. X, p. 390 ; Buckland, *Traité Bridg.*, trad. par Doyère ; Jaeger, *De Ichthyosauri sive Proteosauri fossilis speciminibus in agro bollensi repertis*, Stuttg., 1824, in-4° ; Hawkins, *Memoir on Ichthyosauri and Plesiosauri*, Londres, 1834, in-folio ; Owen, *Report on British rept.*, 1839 et 1841 (*British assoc.*) ; Bronn, *Über Ichthyosauren von Boll.* (*Leonh. und Bronn, Neues Jahrb.*, 1844, et *Lethæa*, 3ᵉ édit.) ; Giebel, *Fauna der Vorwelt*, I, 2, p. 151 ; Quenstedt, *Handb. der Petref.*, p. 120 ; Sternberg, *Bull. Fér.*, 1828, etc.

[1] *Münch. Gel. Anzeigen*, 1843, p. 905 ; Giebel, *loc. cit.*, etc.

[2] *Journ. Acad. Philad.*, III, p. 338.

L'*Ichthyosaurus campylodon*, Carter, trouvé dans la craie inférieure de Cambridge [1]. (Atlas, fig. 9 et 10.)

Il faut retrancher du genre des Ichthyosaures :

L'*I. lunevillensis*, Alberti, qui est un *Nothosaurus*.
L'*I. missouriensis*, Harlan, qui est un *Mosasaurus*.
L'*I. macrospondylus*, Jaeger, qui est un *Teleosaurus*.
Les espèces décrites par M. Kutorga, qui sont des poissons (*Launodus*).

Le deuxième genre des énaliosauriens, celui des

PLÉSIOSAURUS, Conybeare,
(*Halidracon*, Wagl.), — Atlas, pl. XXVIII, fig. 1-4,

se distingue facilement des ichthyosaures par ses formes plus élancées, son cou très allongé semblable au corps d'un serpent, et sa tête petite et moins fortement armée. Ces deux genres, du reste, ont été contemporains l'un de l'autre et ont habité les mêmes mers. Le plésiosaure, moins fort que l'ichthyosaure, devait avoir plus de souplesse et d'agilité pour saisir sa proie, soit un peu au-dessus des eaux, soit au-dessous de la surface, en plongeant sa tête et son long cou comme le font aujourd'hui les cygnes. (Voy. pl. XXVIII, fig. 1, un squelette restauré.)

Le plésiosaure s'éloigne encore plus que le genre précédent des formes actuelles de la création. Sa tête a des caractères de l'ichthyosaure, du crocodile et surtout du lézard. Ses dents (fig. 4) sont grêles, pointues, un peu arquées et cannelées longitudinalement; les postérieures sont les plus grandes, tant en haut qu'en bas ; elles sont implantées dans des alvéoles plus profonds que ceux de l'ichthyosaure.

Les vertèbres sont moins concaves et moins discoïdales que dans ce genre; elles sont marquées en dessous de deux fossettes. Le cou égale presque en étendue le corps et la queue réunis : dans le *P. dolichodeirus*, il a trente-trois vertèbres, nombre supérieur à celui du cygne (qui en a vingt-trois), celui de tous les oiseaux dont le cou est le plus long. Elles s'étendent aussi de la vertèbre axis aux deux tiers de la queue, mais les cervicales sont courtes; chaque côte abdominale est unie à celle de l'autre côté par la réu-

[1] *London geol. journ.*, I, p. 7, 1846; Owen, *Palæont. Soc., Reptil.*, part. 3, p. 69.

nion directe des deux cartilages, comme dans le caméléon, ce qui indique une facilité très grande à gonfler les poumons, et par conséquent à faire provision d'air pour pouvoir plonger. Ces cartilages sont composés de sept pièces, une médiane et trois de chaque côté.

Les membres ressemblent beaucoup à ceux des ichthyosaures ; mais ils sont encore plus grands à proportion ; les coracoïdiens sont très développés et entraînent un allongement du sternum. Cette organisation prouve que les plésiosaures étaient aquatiques, et qu'ils ont dû avoir beaucoup de peine à se traîner sur la terre.

Leur tête moins forte et leurs dents moins nombreuses peuvent faire penser qu'ils étaient moins carnassiers que les ichthyosaures. Ils ont dû rechercher les eaux plus tranquilles ; car plus grêles et plus faibles qu'eux, ils étaient moins bien taillés pour résister aux vagues.

On connaît beaucoup d'espèces de plésiosaures, dont quelques-unes ont dû atteindre une taille assez considérable, sans toutefois égaler les grands ichthyosaures. J'indique ici les plus connues.

Les plus anciennes se trouvent dans le lias.

Le *Plesiosaurus dolichodeirus*, Conyb. [1] (*Plésiosaure à long cou*, Cuvier), est l'espèce qui a le cou le plus allongé et la tête la plus petite à proportion du corps. (Atlas, fig. 1 et 2.)

Le *Plesiosaurus macrocephalus*, Conyb. [2] (Atlas, fig. 3), a la tête beaucoup plus grande et le cou plus fort. Il a été trouvé dans le lias de Lyme-Regis.

Le *Plesiosaurus Hawkinsii*, Owen, du même terrain, a le museau moins allongé et plus étroit.

M. Owen [3] en indique encore plusieurs espèces, moins complétement connues, du lias d'Angleterre. Ce sont :

Le *Plesiosaurus arcuatus*, Owen, du lias de Bath et de Cheltenham.

Le *Plesiosaurus brachycephalus*, Owen, du lias de Whitby, de Boll, etc.

[1] Conybeare, *Trans. of the geol. Soc.*, 2ᵉ série, t. I, p. 119, pl. 18, 19, 48 et 49 ; Cuvier, *Ossem. foss.*, 4ᵉ édit., t. X, p. 466 ; de la Bèche, *Trans. of the geol. Soc.*, 2ᵉ série, t. II, p. 27 ; Lonsdale, *id.*, t. III, p. 272, pl. 4, 17 et 18 ; Buckland, *Traité Bridgew.*, pl. 16, 17 et 18 ; Owen, *Report Brit. ass.*, 1839, p. 60 ; *P. priscus*, Miller ; *P. Homil*, Gray, *Syn. Rept.*, p. 66 ; *P. extarsostinus*, Hawkins, *Mem. on Ichthyos.* ; Giebel, *Fauna der Vorwelt*, 1, 2, p. 146 ; Bronn, *Lethaea*, 3ᵉ édit., *Terr. jur.*, p. 485.

[2] Conybeare, *loc. cit.* ; Buckland, *Traité Bridg.*, pl. 19 ; Owen, *Trans. of the geol. Soc.*, 2ᵉ série, t. V, p. 515, et *Report Brit. ass.*, 1839, p. 62 ; Giebel, *Fauna der Vorwelt*, t. I, 2, p. 147.

[3] *Report Brit. ass.*, 1839.

Le *Plesiosaurus costatus*, Owen, du lias de Bristol.

Le *Plesiosaurus macromus*, Owen, du lias de Lyme-Regis.

Le *Plesiosaurus rugosus*, Owen, du lias de Lyme et de Whitby.

Le *Plesiosaurus subtrigonus*, Owen, du lias de Weston, près Bath.

Une espèce indéterminée est encore indiquée par Bryce [1] dans le lias d'Irlande.

Le *Plesiosaurus megacephalus*, Stutchbury [2], a été découvert dans le lias de Bristol.

Les plésiosaures de l'oolithe sont encore mal connus.

Trois espèces ont été établies par Cuvier [3] d'après l'étude de quelques vertèbres. Ce sont :

Le *Plesiosaurus carinatus*, Cuv., connu par une vertèbre cervicale, qui a à sa surface inférieure une arête qui manque dans les autres espèces. Elle provient probablement de Boulogne-sur-Mer.

Le *Plesiosaurus pentagonus*, Cuv., est indiqué par une vertèbre de la queue d'une forme pentagonale; elle provient de l'Auxois.

Le *Plesiosaurus trigonus*, Cuv., n'est aussi connu que par une vertèbre caudale, mais qui est triangulaire. Il a été trouvé dans l'oolithe du Calvados.

D'autres proviennent des étages supérieurs du terrain jurassique.

Le *Plesiosaurus affinis*, Owen [4], a été trouvé dans les argiles kimméridgiennes des environs d'Oxford et d'Heddington.

Le *Plesiosaurus dœdicomus*, id., et le *Plesiosaurus trochanterius*, id., proviennent des gisements analogues de Shotover et d'Oxford.

Dans ces mêmes terrains kimméridgiens d'Angleterre, on a trouvé une grande espèce remarquable par la brièveté de ses vertèbres qu'on peut comparer à des dames à jouer. C'est le *Plesiosaurus brachyspondylus*, Owen [5] (*P. recentior* et *P. giganteus*, Conybeare?), que quelques auteurs ont voulu rapprocher du genre SPONDYLOSAURUS, dont nous parlerons plus bas. Cette association paraît prématurée.

Les plésiosaures, comme les ichthyosaures, ont vécu pendant l'époque crétacée [6].

[1] *Lond. and Edinb. phil. mag.*, 1831, t. IX, p. 331.

[2] *Quarterly journ. of the geol. Soc.*, n° 8, nov. 1846, t. II, p. 411.

[3] *Ossem. foss.*, 1re édit., t. X, p. 465.

[4] *Report Brit. ass.*, 1839.

[5] Owen, *Report Brit. ass.*, 1839; Conybeare, *Trans. of the geol. Soc.*, 2e série, t. I, p. 119.

[6] Voyez, pour les espèces de la craie d'Angleterre, Owen, *Report Brit. ass.*, 1841, et surtout son mémoire dans les publications du *Palœontographical Soc.*, *Rept.*, part. 3, p. 58 à 68.

Le *Plesiosaurus pachyomus*, Owen, a été trouvé dans le grès vert des environs de Cambridge.

Le *Plesiosaurus Bernardi*, Owen, provient de la craie des environs de Douvres.

Le *Plesiosaurus constrictus*, Owen, a été découvert dans la craie de Steyning (Sussex).

Les naturalistes américains en ont aussi décrit des ossements de l'Amérique septentrionale (¹).

M. Harlan en indique une espèce des grès verts de New-Jersey.

Les Spondylosaurus, Fischer (²),

ne sont connus que par quelques vertèbres dorsales qui réunissent les caractères des ichthyosaures et des plésiosaures. M. Owen les a rapportés, comme nous l'avons dit, à son *Plesiosaurus brachyspondylus*, mais M. Bronn conteste cette association. Les vertèbres du spondylosaure sont plus cylindriques, moins profondément concaves en avant, plus larges que longues et plus longues que hautes. Les trous nutritifs et les arcs neuraux présentent aussi des différences.

Les fragments connus me paraissent insuffisants pour décider cette question.

Deux espèces (peut-être trois) ont été indiquées (*Spondylosaurus Frearsii* et *Fahrenkohli*, Fischer). Elles proviennent du terrain oxfordien des environs de Moscou.

Le genre des

Pliosaurus, Owen, — Atlas, pl. XXVIII, fig. 5,

renferme des reptiles gigantesques des terrains kimméridgiens et oxfordiens, dont les caractères sont également intermédiaires entre les ichthyosaures et les plésiosaures.

Leurs dents grandes, simples, coniques, à petites arêtes bien

---

(¹) Harlan, *Journ. Acad. Phil.*, IV, p. 232; Giebel, *Fauna der Vorwelt*, I, 2, p. 151.

(²) Fischer de Waldheim, *Bull. de la Soc. des nat. de Moscou*, 1845, t. XVII, p. 343; 1846, t. XVIII, p. 577; 1846, t. XIX, p. 90; 1848, t. XXI, p. 133; Owen, in *Murchison Russie*, I, p. 417; Bronn, *Lethæa*, 3ᵉ édit., *Terr. jur.*, p. 487.

de jnies, longitudinales ou obliques, ressemblent tout à fait à celles des plésiosaures, sauf qu'elles sont plus épaisses, subtriédrales, et qu'elles ont leur côté externe séparé de l'interne par deux bords un peu tranchants. Les os des extrémités sont aussi ceux des plésiosaures; les coracoïdes sont énormes; le fémur, très fort, cylindrique à la base et épaté à l'extrémité, est dépourvu de cavité médullaire. Les vertèbres ont, comme dans ce même genre, les corps unis par des facettes presque planes.

Mais à ces ressemblances se joignent de très grandes différences de formes. Au lieu du cou long et mince des plésiosaures, les pliosaures ont un cou très court, composé de vertèbres discoïdales, et une tête énorme et massive, qui leur donnent cette forme de cétacés qui caractérise les ichthyosaures.

Ces reptiles paraissent avoir apparu plus tard que les deux genres entre lesquels ils sont intermédiaires; car on n'a encore trouvé aucun fragment de leurs squelettes dans le lias ni dans l'oolithe, et comme je l'ai dit ci-dessus, ils n'ont été recueillis que dans les terrains oxfordiens et kimméridgiens.

On en connaît en Angleterre deux espèces qui sont principalement caractérisées par la forme de leurs côtes cervicales. Ce sont les *Pliosaurus brachydeirus*, Owen, et *P. trochanterius*, Owen [1]. Une partie des ossements de la première espèce ont été rapportés par le même auteur au genre plésiosaure. Plus tard elle a été désignée sous le nom de *Pliosaurus grandis*.

M. Fischer [2] ajoute une troisième espèce de Russie, le *Pliosaurus Wosinskii*, Fischer.

2ᵉ FAMILLE. — SIMOSAURIENS.

Cette famille renferme tous les énaliosauriens des terrains triasiques et est caractérisée par les énormes trous qui échancrent le crâne.

Les NOTHOSAURUS, Munster
(Dracosaurus, Munst.), — Atlas, pl. XXVIII, fig. 6 et 7,

ressemblent aux plésiosaures par la longueur de leur cou qui est composé d'au moins vingt vertèbres, par la forme de leurs membres et par la plupart des détails du squelette. Ils en diffèrent par

[1] *Odontography*, London, 1840-1845, t. I, p. 282, et *Report Brit. ass.*, 1841, p. 60.

[2] *Bull. de la Soc. des nat. de Moscou*, 1846, t. XIX, part. 2, p. 105.

quelques caractères importants. Leur tête est étroite; les fosses temporales, orbitaires et nasales, sont largement ouvertes et beaucoup plus apparentes à la face supérieure. Les ptérygoïdiens, les maxillaires et les palatins, sont soudés en une plaque continue. Les orbites sont rapprochées de la partie antérieure du museau et par contre les ouvertures nasales sont loin d'être terminales. Les dents sont nombreuses, minces, coniques, trois à cinq fois aussi longues que larges, légèrement infléchies et implantées dans des alvéoles distincts. Les antérieures, portées par l'os incisif, sont de grandeur médiocre, elles sont suivies par deux à cinq dents beaucoup plus fortes, disposées comme des canines; les postérieures sont les plus petites. Toutes ces dents sont striées d'une trentaine de lignes longitudinales plates ou peu relevées qui se continuent jusqu'à la pointe en diminuant de nombre. Les vertèbres sont plus fortement biconcaves que dans les plésiosaures, mais leurs corps manquent des fossettes caractéristiques de ce genre. Le fémur et l'humérus sont un peu plus courts à proportion. Les membres antérieurs sont plus allongés que les postérieurs.

Ces reptiles sont spéciaux à l'époque triasique, et ils ont été remplacés dans le lias par les plésiosaures. Ces deux genres ne se trouvent pas dans les mêmes terrains et n'ont pas vécu ensemble.

On connaît une seule espèce de l'étage inférieur ou formation pœcilienne : C'est le *Nothosaurus Schimperi* [1], H. de Meyer, qui a été trouvé dans le grès bigarré de Soulz-les-Bains. Il est caractérisé par la brièveté de la symphyse de la mâchoire inférieure, et parce que la dernière grosse dent est implantée en arrière de sa terminaison postérieure.

L'étage moyen ou muschelkalk en renferme plusieurs.

La mieux connue [2] est le *Nothosaurus mirabilis*, Münster (*Saurien de Lunéville*, Cuv.; *Dracosaurus Bronni*, Münster; *Plesiosaurus speciosus et lunevillensis*, id.; *Ichthyosaurus lunevillensis*, Alberti; *Chelonia Cuvieri*,

[1] H. de Meyer, in *Leonh. und Bronn, Neues Jahrb.*, 1842, p. 101, et *Mém. de la Soc. d'hist. nat. de Strasbourg*, t. II, p. 7, pl. 1, fig. 2; Giebel, *Fauna der Vorwelt*, I, 2, p. 161.

[2] Münster, *Leonh. und Bronn, Neues Jahrb.*, 1834, p. 523 et 538; 1835, p. 333; Alberti, id., 1838, p. 469, et *Trias*, p. 51; H. de Meyer et Plieu., *Pal. Würtemb.*, p. 48; Zenker, *Jena*, p. 236; Cuvier, *Ossem. foss.*, 4ᵉ édit., t. X, p. 208; Bronn, *Lethæa*, 3ᵉ édit., *Terr. triasiques*, p. 106. Voyez surtout H. de Meyer, *Zur Fauna der Vorwelt, Rept. des Muschelkalks*, p. 15, pl. 1, 2, etc.

Gray ; *Chelonia hantzbergii*, Ecfurst), qui a été trouvé à Lunéville, à Bayreuth, à Laineck, dans la haute Silésie, etc. Plusieurs ossements importants de cette espèce ont été très bien figurés dans la belle monographie de M. H. de Meyer. Elle a dû atteindre une longueur de 7 pieds. (Atlas, fig. 6 et 7.)

Le *Nothosaurus giganteus* [1], Münster, est plus rare, et a été trouvé dans les mêmes gisements.

Le *Nothosaurus venustus* [2], Münster, trouvé à Querfurt, à Iéna, dans le Harz, à Bayreuth, etc, n'a pas dû dépasser le quart de la taille du *N. mirabilis*.

Le *Nothosaurus Münsteri* [3], H. de Meyer, de Bayreuth, est le plus petit de tous.

Le *Nothosaurus Andriani* [4], H. de Meyer, provient aussi de Bayreuth.

Le *Nothosaurus angustifrons* [5], H. de Meyer, a été découvert dans le muschelkalk de Krailsheim.

M. H. de Meyer rapporte avec doute à ce genre l'espèce qu'il avait d'abord décrite sous le nom de *Simosaurus Mougeoti*, et qui a été trouvée à Lunéville.

Les Pistosaurus, H. de Meyer,

sont, suivant M. H. de Meyer [6], caractérisés par la forme du contour de leur crâne qui ressemble à une bouteille à col étroit. Ils diffèrent en outre des nothosaurus par leurs orbites situées en arrière du milieu et par les ouvertures nasales situées sur les côtés et non en dessus.

Le *Pistosaurus longævus*, H. de Meyer, a été trouvé dans le muschelkalk de Bayreuth. La planche destinée à le représenter, et annoncée comme devant faire partie du *Fauna der Vorwelt*, n'a pas encore paru.

Les Conchiosaurus, H. de Meyer,

ont un museau beaucoup moins allongé que les nothosaurus et qui

[1] Münster, *id.*; H. de Meyer, *Zur Fauna der Vorwelt*, p. 22, pl. 14, 14 et 22.

[2] *Leonh. und Bronn, Neues Jahrb.*, 1839, p. 525 ; H. de Meyer, *id.*, 1840, p. 96.

[3] H. de Meyer, *Neues Jahrb.*, 1839, p. 559 ; 1843, p. 587 ; *Zur Fauna*, p. 20, pl. 9.

[4] H. de Meyer, *Neues Jahrb.*, 1839, p. 559 ; *Pal. Wurtemb.*, pl. 48 ; *Zur Fauna*, p. 21, pl. 12.

[5] H. de Meyer, *Neues Jahrb.*, 1842, p. 584, et *Pal. Wurtemb.*, p. 47, pl. 10, fig. 2. Voyez encore, pour toutes ces espèces, Giebel, *Fauna der Vorwelt*, I, 2, p. 160 ; Quenstedt, *Handb. der Petref.*, p. 132.

[6] H. de Meyer, *Leonh. und Bronn, Neues Jahrb.*, 1839, p. 699 ; 1843, p. 587, et 1847, p. 573 ; *Zur Fauna der Vorwelt, Rept. des Musch.*, p. 23.

rappelle plutôt la forme de celui des caïmans. Les narines sont terminales. Les dents, au nombre seulement de douze de chaque côté, sont à peu près égales, éloignées les unes des autres, non comprimées, creuses, un peu renflées au-dessus de la racine et appointies à l'extrémité, en sorte que les plus petites sont un peu globuliformes et les plus grandes piriformes. Elles sont striées dans leur longueur et quelques stries n'atteignent pas la pointe. Il y avait en avant au moins une grosse canine et quelques petites antérieures.

On ne connaît qu'une seule espèce. Elle appartient, comme les précédentes, à l'époque triasique.

C'est le *Conchiosaurus clavatus* (1), H. de Meyer, trouvé à Laineck, près de Bayreuth.

Les SIMOSAURUS, H. de Meyer, — Atlas, pl. XXVII, fig. 16 à 18,

ont également une tête beaucoup plus courte que les nothosaurus. Elle est remarquable par la grandeur des ouvertures, principalement des fosses temporales qui laissent très peu de place aux os du crâne, et en particulier à la cavité encéphalique. Les orbites sont également grandes et largement ouvertes en dessus, ainsi que les narines, qui ne sont pas terminales. Les dents, au nombre de vingt-cinq à vingt-six de chaque côté, occupent des alvéoles complets disposés dans l'os maxillaire jusqu'au niveau du milieu des temporaux. Elles sont un peu inégales, mais on n'y distingue pas de canines. Elles sont moins minces que dans les nothosaurus, généralement recourbées et ont une petite carène externe. Elles sont striées de lignes profondes qui arrivent toutes jusqu'à la pointe, mais qui disparaissent vers la racine. La mâchoire inférieure a une symphyse courte près de laquelle les dents sont un peu plus fortes.

Ce genre est encore spécial à l'époque triasique.

La seule espèce certaine est le *Simosaurus Gaillardoti* (2), H. de Meyer, du muschelkalk de Lunéville, de Louisbourg et de Krailsheim. C'est à cette

(1) *Mus. Senkenberg.*, 1833, I, part. 1, p. 8, pl. I, *Neues Jahrb.*, 1834, p. 114; 1838, p. 415; Giebel, *Fauna der Vorwelt*, I, 2, p. 162; Bronn, *Lethæa*, 3e édit., *Terr. trias.*, p. 107.

(2) H. de Meyer, Leonh. und Bronn, *Neues Jahrb.*, 1842, p. 99, 184

espèce qu'il faut rapporter quelques uns des débris attribués par Cuvier à des tortues ou à des plésiosaures.

Nous avons dit plus haut que le *Simosaurus Mougeoti* [1], H. de Meyer, était peut-être un vrai nothosaure. Il provient aussi du muschelkalk de Lunéville.

Quelques auteurs rapprochent de ces divers genres celui des Charitosaurus, H. de Meyer, mais il a été transporté dans la classe des poissons sous le nom de *Charitodon*.

Les Sphenosaurus, H. de Meyer, (*Palæosaurus*, Fitzinger; non *Palæosaurus*, Riley et Stutch., *nec* Geoffroy),

ont des vertèbres très courtes à corps presque plats ou faiblement biconcaves. Leur caractère principal consiste dans une plaque osseuse, ovale-transverse, qui se trouve en dessous du corps des vertèbres dorsales, lombaires et sacrées, et même sous les premières caudales, et qui renforce comme une sorte de coin la colonne épinière. Cette organisation se retrouve dans les premières vertèbres cervicales des ichthyosaures. Le fémur fort rappelle celui des racheosaurus.

Ce genre fait probablement partie de la famille des énaliosauriens. M. Giebel l'associe aux lacertiformes.

Le *Sphænosaurus Sternbergii*, H. de Meyer (*Palæosaurus Sternbergii*, Fitzinger) [2], a été trouvé dans un gisement de Bohême qui appartient probablement au Rothliegende (terrain pénéen, étage inférieur). Un échantillon est conservé dans le musée de Prague ; il atteignait une longueur de 4 1/2 pieds.

Nous ne pouvons pas terminer l'histoire des énaliosauriens sans dire quelques mots de fossiles très remarquables qui paraissent être leurs excréments pétrifiés, et qu'on a nommés *coprolithes*. Le lias de Lyme-Regis et les craies marneuses de Lewes en renferment une quantité considérable, et leur étude a permis au docteur Buckland d'ajouter de nouveaux faits à l'histoire des genres fos-

et 583; 1843, p. 587; H. de Meyer et Plien., *Rept. Wurt.*, p. 45, pl. 11, fig. 1; H. de Meyer, *Zur Fauna der Vorwelt, Rept. der Musch.*, pl. 15, 16 et 17; Giebel, *Fauna der Vorwelt*, I, 2, p. 162; Bronn, *Lethæa*, 3ᵉ édit., *Terr. trias.*, p. 109.

[1] H. de Meyer, *Leonh. und Bronn, Neues Jahrb.*, 1842, p. 126; Giebel, *Fauna der Vorwelt*, I, 2, p. 162.

[2] Fitzinger, *Ann. der Wiener Mus.*, 1837, II, p. 171, pl. 2; H. de Meyer, *Leonh. und Bronn, Neues Jahrb.*, 1847, p. 182; Giebel, *Fauna der Vorwelt*, I, 2, p. 132.

siles de cette famille. Quelques uns sont assez bien conservés pour que l'on trouve dans leur intérieur des écailles et autres débris, qui montrent quels sont les êtres dont les enaliosauriens faisaient leur nourriture ordinaire. On a pu ainsi déterminer quelques espèces de poissons, et reconnaître que ces voraces reptiles avalaient des animaux d'une taille considérable, ce qui suppose qu'ils avaient un estomac volumineux. La forme même des excréments montre que l'intestin a eu une disposition intérieure en spirale comme certains poissons; et il est vraisemblable que cette circonstance, en retardant la marche des aliments, a compensé la brièveté probable du canal alimentaire, auquel la grandeur de l'estomac laissait peu de place pour son développement. (Atlas, pl. XXVIII, fig. 8-11).

5e ORDRE.

LABYRINTHODONTES.

Ces reptiles sont caractérisés par une singulière complication dans le tissu de leurs dents, par les plaques osseuses vermiculées qui recouvrent et protégent leur crâne, par leurs condyles occipitaux et leur vomer semblables à ceux des batraciens, tandis que le reste du crâne a plutôt les caractères des crocodiles, et par une peau couverte d'écailles.

Les premiers qui aient été signalés sont ceux du keuper du Wurtemberg. Ils ont été décrits par Jaeger sous le nom de MASTODONSAURUS, nom qui, comme le fait observer M. Owen, présente une erreur, car leurs dents n'ont aucun rapport avec celles des mastodontes. Cette première espèce fut nommée *M. salamandroides*, et, peu de temps après, le nom d'espèce, contrairement aux principes de la nomenclature, devint le nom de genre, et ces mêmes reptiles furent appelés *Salamandroides giganteus* et *Salamandroides Jaegeri*. Leurs dents, dont la texture est très compliquée, leur ont fait maintenant donner le nom de LABYRINTHODONTES.

Ces reptiles remarquables ont été rapprochés tantôt des sauriens, tantôt des batraciens ; il n'est pas facile de décider quelles sont leurs véritables affinités. Les différences qui séparent aujourd'hui ces deux ordres sont en effet tirées principalement d'organes qui ne laissent aucune trace dans les squelettes fossiles. Les batraciens sont essentiellement caractérisés par leur cœur à deux loges et leurs branchies dans le jeune âge, tandis que leurs caractères ostéologiques ne sont pas à beaucoup près aussi évidents.

On comprend donc facilement que les paléontologistes soient en désaccord sur ce point. Nous passerons rapidement en revue les motifs qui peuvent faire prévaloir l'une ou l'autre opinion.

Ceux qui les rapprochent des batraciens s'appuient sur les faits suivants :

1° Les labyrinthodontes ont comme eux deux condyles occipitaux portés chacun par un des os occipitaux latéraux. Cette circonstance avait déjà frappé Jaeger comme étant très caractéristique.

2° Ils ont souvent des dents sur le vomer et les palatins, ce qui est conforme à ce qu'on trouve dans plusieurs batraciens, et est fort différent de ce qu'offrent les sauriens, chez qui les dents palatines, si elles existent, sont portées par les ptérygoïdiens.

3° Ils manquent d'occipitaux supérieurs et ont les os temporaux organisés comme ceux des batraciens.

4° Parmi plusieurs pièces du squelette on n'a encore trouvé aucune côte, ce qui peut faire penser qu'elles manquaient ou étaient très courtes.

5° Ils manquent de l'os lacrymal.

6° Les trous palatins sont très grands.

Ces arguments (¹) ont paru décisifs à plusieurs paléontologistes, et en particulier ont décidé MM. Jaeger, Fitzinger, Owen, Quenstedt, etc., à les placer dans la division des batraciens.

Mais à ces motifs on en oppose d'autres qui prouvent des analogies avec les sauriens.

1° Les dents des labyrinthodontes sont grandes, fortes, coniques, implantées dans des alvéoles, tandis que dans les batraciens ces organes sont nuls ou très petits.

2° La tête est couvert d'une armure osseuse, et le corps est revêtu d'écailles, caractères généraux à tous les sauriens et qui ne se retrouvent jamais dans les batraciens.

3° La forme de la tête dans quelques uns d'entre eux rappelle tout à fait les crocodiles.

4° La grande taille de plusieurs de ces reptiles donne peu de probabilité à l'idée qu'ils aient eu des métamorphoses. On n'a jamais trouvé d'ossements qui pussent faire préjuger de l'existence d'un état de larve.

L'opinion que les labyrinthodontes doivent plutôt être rapprochés des sauriens a été admise par MM. H. de Meyer, Bronn, Mantell, etc.

J'ai déjà dit plus haut que nous manquions, pour décider cette question, de la connaissance des faits les plus essentiels, et qu'en conséquence on ne peut conclure qu'avec doute. Je persiste à les rapprocher provisoirement des sauriens plutôt que des batraciens, parce que les arguments tirés des dents et des écailles me parais-

(¹) Je dois faire remarquer que ces arguments ont une valeur inégale suivant les genres. Les mastodonsaurus ressemblent plus aux batraciens que les archegosaurus. Ces derniers ont des ouvertures palatines médiocres et les os de la voûte du palais soudés à la manière des crocodiliens et non comme dans les grenouilles.

sent plus puissants que les autres. Je les place dans la sous-classe des reptiles proprement dits, et jusqu'à preuve contraire je ne suppose pas qu'ils aient eu des métamorphoses. Je les considère comme devant constituer un ordre particulier, placé à l'extrémité de cette série et formant une transition évidente aux batraciens [1].

Je dois ajouter encore quelques détails sur leur organisation :

Leurs dents sont, comme je l'ai dit, grandes et fortes, coniques, très légèrement arquées et striées. Leur composition microscopique est des plus remarquables, et ne résout point la question de leur affinité, car elle ne les rapproche ni des crocodiliens, ni des batraciens ; leur section montre des lames osseuses très compliquées et sinueuses, et de nombreux plis très infléchis de la surface externe du cément, qui, en convergeant vers la cavité interne, forment un dédale de lignes inextricables, (voy. Atlas, pl. XXIX, fig. 4). L'organisation de ces dents rappelle plutôt les poissons que les reptiles.

Le crâne se compose d'un squelette intérieur, remarquable par l'immense étendue des trous palatins et par l'amincissement des os qui les séparent. Il a une forme tantôt parabolique, tantôt allongée. Il est recouvert par une carapace de pièces osseuses solides qui n'est percée que par les orbites et par les ouvertures nasales qui sont peu étendues.

Des pièces osseuses analogues recouvrent le corps

[1] Voyez principalement, pour toute cette discussion, H. de Meyer et Plieninger, *Beitr. zur Palæont. Wurtemb.*, 1844, in-f° ; Owen, *Proceed. of the geol. Soc.*, III, p. 389, *Trans.*, id., 2° série, VI, part. 2, et *Odontography* ; Burmeister, *Die Labyrinthodonten aus dem Saabrucker Steinkohlengebirge*, gr. in-4° ; Quenstedt, *Die Mastodonsaurier in grünen Keupersandstein Wurt. sind Batrachier*, Tubing., 1850, in-f°.

au moins dans quelques parties. Elles sont creusées de sillons ou de fossettes et ont été quelquefois confondues avec des carapaces de chéloniens. (Atlas, pl. XXIX, fig. 5 et 6.)

Les os des membres sont peu connus et paraissent, comme tout le reste de l'organisme, démontrer des formes intermédiaires entre les sauriens et les batraciens.

Les labyrinthodontes ont apparu pour la première fois dans les terrains carbonifères. Un genre paraît avoir vécu dans la période pénéenne. Ils se trouvent en abondance dans ceux de l'époque triasique et se sont probablement éteints avant la période jurassique, à l'exception toutefois du genre rhinosaurus qui a été trouvé dans le lias, mais dont les rapports zoologiques sont encore contestés.

Les premiers labyrinthodontes ont été de petite taille; le crâne des espèces carbonifères varie de 1 1/2 pouce à 7 pouces de longueur. Ils ont augmenté de dimension dans l'étage inférieur du terrain triasique où l'on trouve des crânes de 9 à 10 pouces, et ont atteint dans le lettenkohle (keuper inférieur) une longueur de 30 pouces. Enfin, dans les étages moyens du keuper on a découvert des têtes qui mesuraient 4 pieds.

Les MASTODONSAURUS, Jaeger
(*Salamandroides*, Jaeger; *Batrachosaurus*, Fitzinger), — Atlas, pl. XXIX, fig. 4-6),

sont connus par des crânes et par quelques os. La tête (fig. 1 et 2) est courte, plate, parabolique, large; les orbites sont situées dans la moitié postérieure, leur bord antérieur correspondant au milieu de la tête. Elles sont rapprochées l'une de l'autre et aussi grandes que la distance qui les sépare. Les dents (fig. 3) sont petites et nombreuses; les narines sont terminales.

On en connaît quatre espèces qui sont réparties dans les divers étages du terrain triasique.

La plus ancienne est le *Mastodonsaurus cadesensis*, H. de Meyer [1], du grès bigarré. Il n'a pas encore été décrit.

Le *Mastodonsaurus Meyeri*, Münst. [2], est une espèce douteuse, connue seulement par des dents du muschelkalk de Rothembourg.

Le *Mastodonsaurus Jaegeri*, Alberti [3] (*Salamandroides giganteus*, Jaeger; *Mastod. giganteus*, Quenstedt; *Labyrinthodon Jaegeri*, Owen), est, au contraire, connu par de belles têtes, bien conservées, des dents, plusieurs os, etc., qui ont été figurés par MM. H. de Meyer et Plieninger. La tête mesure 27 pouces en longueur et 21 dans sa plus grande largeur, qui est à sa partie postérieure. Les dents de la mâchoire supérieure sont sur deux rangées. Les externes, dont le nombre dépasse cent, sont portées sept par l'intermaxillaire, et les autres par le maxillaire. Celles de la seconde rangée sont portées par le vomer et les palatins, les trois antérieures sont plus grosses. Les dents de la mâchoire inférieure sont sur une seule rangée; mais on en voit, en avant de chaque côté, une grande, hors de ligne, qui perce la mâchoire supérieure et sort par une petite ouverture du nez. Ce reptile a été trouvé dans le letten-kohle (keuper inférieur) du Wurtemberg, et en particulier dans les schistes alumineux de Gailsdorf. Il n'est pas certain que les ossements d'Angleterre, qu'a décrits sous ce nom M. Owen, se rapportent bien à la même espèce.

Le *Mastodonsaurus Andriani*, Münster [4], des étages supérieurs du keuper de Bayreuth et de Wurzbourg, paraît se distinguer de l'espèce précédente par ses dents dans lesquelles les stries sont alternativement larges et étroites (?).

Les CAPITOSAURUS, Münster, — Atlas, pl. XXIX, fig. 7,

ne diffèrent des mastodonsaurus que par leurs cavités orbitaires beaucoup plus petites que l'espace qui les sépare et situées plus en arrière. On remarque sur le sommet de la tête un petit trou rond (trou du vertex), qui dans ce genre est peu éloigné des orbites. On en connaît deux ou trois espèces du terrain triasique.

[1] H. de Meyer, *Bronn Index pal.*, II, p. 690.

[2] Münster, *Beitr. zur Petref.*, I, p. 102; Giebel, *Fauna der Vorwelt*, I, 2, p. 167.

[3] Jaeger, *Rept.*, p. 35, pl. 4 et 5; Alberti, *Trias*, p. 120 et 314; H. de Meyer et Plieninger, *Beit. zur Pal. Wurtemb.*, p. 11, pl. 3 à 7; Owen, *Report Brit. ass.*, 1841, p. 181; Giebel, *Fauna der Vorwelt*, I, 2, p. 166; Bronn, *Lethæa*, 3ᵉ édit., *Terr. trias.*, p. 113; Quenstedt, *Handb. der Petref.*, p. 158 (*M. giganteus*).

[4] Münster, *Beitr. Petref.*, I, p. 102, pl. 13, fig. 8; Giebel, *loc. cit.*

Le *Capitosaurus robustus*, H. de Meyer [1], a été trouvé dans les étages supérieurs du keuper, près de Stuttgardt. M. Quenstedt pense qu'on doit le réunir aux mastodonsaurus.

Le *Capitosaurus arenaceus*, Münster [2], a été découvert dans le keuper de Bentz, en Franconie.

Les Metopias, H. de Meyer,

ont encore, comme les genres précédents, une tête parabolique, large. Leurs orbites sont petites et séparées comme dans le genre précédent, mais ouvertes dans la moitié antérieure de la tête. Le trou du vertex est fort éloigné des orbites et près du bord postérieur du crâne. Les dents ressemblent, autant qu'on en peut juger, à celles des mastodonsaurus ; celles de la mâchoire supérieure sont nombreuses et forment aussi deux rangées.

On n'en connaît qu'une espèce.

Le *Metopias diagnosticus*, H. de Meyer [3], a été trouvé dans les étages supérieurs du keuper du Wurtemberg.

Les Trematosaurus, Braun,

ont la tête plus allongée et triangulaire ; les yeux sont au milieu de la longueur. Les ouvertures nasales sont séparées de l'extrémité par une distance égale à leur double largeur. Les dents de la mâchoire supérieure sont au nombre de soixante-huit dans le rang externe, dont les sept antérieures plus grosses et les autres très petites. Celles du rang interne sont au nombre de trente-six dont neuf environ, placées entre les yeux et les ouvertures nasales, dépassent toutes les autres par leurs dimensions. Elles sont séparées en deux groupes par un intervalle dans lequel on remarque quatre petites dents. La mâchoire inférieure n'en porte qu'un rang, dans lequel on n'en remarque qu'une plus grosse en avant.

[1] H. de Meyer et Plien., *Beitr. zur Pal. Wurtemb.*, p. 6, pl. 9, fig. 1 et 2 ; Quenstedt, *Mastod. Wurt.*, p. 34, pl. 1 et 2.

[2] Münster, *Leonh. und Bronn, Neues Jahrb.*, 1836, p. 588 ; 1838, p. 469 ; 1840, p. 585 ; 1842, p. 302 ; 1844, p. 503 ; Giebel, *loc. cit.*

[3] H. de Meyer, *Leonh. und Bronn, Neues Jahrb.*, 1842, p. 302 ; H. de Meyer et Plieninger, *Beitr. zur Pal. Wurtemb.*, p. 18, pl. 10, fig. 1 et pl. 11, fig. 11, *a, b* ; Giebel, *Fauna der Vorwelt*, t. I, 2, p. 198 ; Bronn, *Lethæa*, 3ᵉ édit., *Ter. trias.*, p. 113.

On n'en connaît qu'une espèce du grès bigarré de Bernbourg. C'est le *Trematosaurus Brauni*, H. de Meyer [1], auquel il faut réunir le *Trematosaurus ocella*, Dunker.

Les ZYGOSAURUS, Eichwald,

ont la tête parabolique des mastodonsaurus et des metopias, de grandes orbites séparées par un intervalle plus petit qu'elles, un très grand trou du vertex, et leurs dents composées comme celles des autres labyrinthodontes. Ils diffèrent de tous les genres précédents par de très grandes fosses temporales et par leurs os zygomatiques très grands et très développés, circonstance d'où M. Eichwald a tiré le nom de genre. Les dents sont petites, coniques, soudées aux os par un socle épaissi, mais sans alvéoles. La mâchoire supérieure en porte de trois sortes, savoir : environ seize petites postérieures, deux incisives beaucoup plus fortes et de grosses dents palatines devant lesquelles on en observe de petites disposées comme les dentelures d'une râpe.

Ce genre est le seul qui ait été trouvé dans les terrains pénéens.

Le *Zygosaurus lucius*, Eichwald [2], provient du grès cuivreux du gouvernement d'Orenburg.

Les ODONTOSAURUS, H. de Meyer,

ne sont encore qu'incomplètement connus. On en a trouvé une portion de mâchoire inférieure, brisée en avant et contenant cinquante dents insérées dans un sillon peu profond. Elles augmentent de dimension en s'approchant de la partie antérieure; les plus petites ont une ligne et demie de hauteur et les plus grandes quatre lignes; ces dernières sont épaisses d'une ligne. Leur tissu paraît composé comme celui des dents des mastodonsaurus, mais elles sont presque cylindriques, un peu arquées et terminées par une pointe conique.

[1] V. Braun, *Amtl. Bericht. naturfors. Ges. Braunschweig*, 1841, p. 74; 1842, p. 96; 1844, p. 569; Burmeister, *Die Labyrinthodonten*, I, *Trematosaurus*, p. 71; H. de Meyer, *Neues Jahrb.*, 1848, p. 569; Giebel, *Fauna der Vorwelt*, I, 2, p. 170; Bronn, *Lethœa*, 3ᵉ édit., *Terr. trias.*, p. 112.

[2] Eichwald, *Bull. de la Soc. des nat. de Moscou*, 1848, t. XXI, p. 159, pl. 2, 3 et 4; *Leonh. und Bronn, Neues Jahrb.*, 1850, p. 876.

La seule espèce connue, l'*Odontosaurus Voltzii*, H. de Meyer [1], a été trouvée dans le grès bigarré moyen de Soultz-les-Bains.

Les ARCHEGOSAURUS, Goldfuss, — Atlas, pl. XXIX, fig. 9-12,

sont intéressants à étudier comme étant les seuls reptiles qui aient été trouvés dans les terrains carbonifères. Ils s'éloignent un peu du type des vrais labyrinthodontes. Leur tête est allongée et rappelle même dans quelques espèces celle des crocodiles. Leur corps est couvert de petites écailles anguleuses. Leurs pieds sont assez semblables à ceux des protées, terminés probablement par quatre doigts. Leurs côtes sont minces.

Les motifs qui peuvent justifier une certaine analogie avec les labyrinthodontes sont :

1° Les pièces osseuses dermales qui protègent le crâne sur toute la surface supérieure et sur ses flancs.

2° L'existence d'un trou au vertex disposé comme dans les metopias.

3° La disposition des dents sur deux rangées à la mâchoire supérieure, l'interne étant portée également par les vomers et les palatins.

4° L'existence de deux condyles occipitaux, comme dans les labyrinthodontes, les batraciens et les mammifères.

5° Les orbites grandes, ouvertes en-dessus du crâne et un peu en arrière de son milieu, comme dans les mastodonsaurus.

Le corps est protégé par un système d'écailles très particulier. En arrière de la tête, sur la ligne médiane, on voit une grande plaque rhomboïdale allongée (pl. XXIX, fig. 11, *a*). De chaque côté de cette plaque on en voit une autre terminée en arrière par une longue tige articulée, dirigée en dehors, et élargie à l'extrémité (fig. 11, *b*). M. Burmeister les considère comme des clavicules ; M. Goldfuss pense qu'elles ont recouvert des branchies (?). Tout le reste du corps est couvert de petites écailles. Les unes entourent par des lignes concentriques la pièce rhomboïdale (fig. 11, *c*) ;

[1] H. de Meyer, *Leonh. und Bronn, Neues Jahrb.*, 1835, p. 68 ; 1839, p. 242 ; et dans les *Mémoires de la Soc. d'hist. nat. de Strasbourg*, t. II, 3ᵉ livr. ; Giebel, *Fauna der Vorwelt*, 1, 2, p. 169 ; Bronn, *Lethæa*, 3ᵉ édit., *Terr. trias.*, p. 116.

d'autres forment des chevrons dirigés en avant, dont les pointes correspondent à la ligne du dos (fig. 11, *d*, et 12).

Les dents (fig. 10) sont striées de profondes lignes longitudinales; elles rappellent celles des labyrinthodontes par les lames de cément qui pénètrent dans leur intérieur en rayonnant également vers la cavité de la pulpe. Elles en diffèrent, en étant beaucoup plus simples, car ces lames sont presque droites et n'ont point la complication que nous avons signalée dans les mastodonsaurus.

On en connaît quatre (?) espèces [1].

L'*A. Dechenii*, Goldfuss, a un crâne long de 6 1/2 pouces, dont la largeur égale la moitié de la longueur.

L'*A. medius*, Goldfuss, a un crâne un peu plus large à proportion (² de la longueur) et les orbites un peu plus écartées.

L'*A. minor*, Goldfuss, est distingué par une largeur du crâne plus grande encore (² de la longueur) et par des orbites plus grandes situées à peu près vers le milieu.

Il n'est pas impossible que ces différences tiennent en partie à l'âge. Ces trois espèces ont été trouvées dans des géodes contenues dans des couches de fer argileux qui dépendent des terrains carbonifères supérieurs de Saarbruck.

Il faut ajouter l'*A. latirostris* [2], Jordan, des terrains carbonifères des environs de Bonn.

Il serait possible qu'on dût encore placer dans ce genre quelques têtes plus ou moins bien conservées qui ont été attribuées à des poissons cuirassés, et entre autres, suivant M. H. de Meyer, le *Sclerocephalus Hauseri*, Goldfuss [3], des terrains carbonifères de Heimkirchen au nord de Keiserlautern. M. Quenstedt pense que le *Pygopterus lucius*, Agassiz, est dans le même cas.

Les RHISOSAURUS, Fischer de Waldheim, — Atlas, pl. XXIX, fig. 8,

sont plus récents que tous les vrais labyrinthodontes, car ils ont été trouvés dans le lias. Ils en diffèrent d'ailleurs par plusieurs

[1] Voyez, pour toutes ces espèces et pour les caractères du genre, Goldfuss, *Leonh. und Bronn*, *Neues Jahrb.*, 1847, p. 400, et son mémoire intitulé: *Beitraege zur vorweltlichen Fauna des Steinkohlengebirges*, Bonn, 1847, in-4; Burmeister, *Die Labyrinthodonten aus dem Saarbruker Steinkohlengebirge*, part. 3 (*Archegosaurus*), Berlin, 1850, gr. in-4; Quenstedt, *Handb. der Petrefactenkunde*, p. 153; H. de Meyer, *Palaeontographica*, I, p. 112.

[2] *Verhandl. der naturf. Vereins des Rheinlande*, t. IV, pl. 4, fig. 2 et 3; Burmeister, *loc. cit.*

[3] *Beitr. zur vorweltlichen Fauna des Steinkohleng.*, etc.

caractères, et en particulier par la hauteur plus grande de la tête, rappelant celle des chéloniens, tandis qu'elle est déprimée dans les labyrinthodontes.

On ne connaît pas encore les caractères qui seraient les plus importants pour fixer les rapports zoologiques de ce genre, et en particulier dans la tête, qui est seule connue, on n'a pu observer ni les condyles occipitaux, ni la structure intime des dents ; on ne sait pas non plus si ces dernières sont implantées sur deux rangs.

La tête est couverte de plaques osseuses qui forment une armure semblable à celle des labyrinthodontes et qui sont sillonnées de la même manière. Elle forme un cône obtus. Les orbites sont grandes, mais ouvertes sur les côtes de la tête ; on remarque sur le sommet du crâne le trou du vertex caractéristique de quelques uns des genres précédents.

Les narines sont grandes, situées près de l'extrémité du museau et séparées l'une de l'autre par une distance égale à la moitié de leur largeur. La mâchoire inférieure est arrondie en arrière et ne dépasse pas le crâne. Les deux mâchoires étant rapprochées l'une de l'autre, c'est-à-dire la bouche étant fermée, on ne peut pas voir s'il y a eu des dents internes. Les externes sont au nombre de vingt-quatre à la mâchoire supérieure, dont huit incisives. Elles sont fines, un peu comprimées, distantes et très pointues. Les inférieures sont plus petites.

On ne connaît qu'une espèce du lias du gouvernement de Simbirsk : le *Rhinosaurus Jasykovi*, Fischer de Waldh [2]. La tête a 3 pouces 5 lignes de longueur.

En terminant l'histoire de l'ordre des labyrinthodontes, je dois faire remarquer d'abord que les espèces décrites par M. Owen sous le nom de *Labyrinthodon*, n'étant connues que par quelques fragments, ne peuvent pas facilement être comparées aux genres précédents, et qu'il y a probablement des doubles emplois.

Les grès rouges supérieurs d'Angleterre (terrain triasique) renferment, outre le *Mastodonsaurus Jaegeri*, qui y a été cité, mais dont l'existence n'est pas certaine, les espèces suivantes [2] :

[1] Fischer de Waldheim, *Bull. de la Soc. imp. des nat. de Moscou*, 1847, t. XX, p. 366, pl. 5 ; Bronn, *Lethæa*, 3e édit., *Terr. jur.*, p. 472.

[2] Owen, *Proceed. of the geol. Soc.*, t. III, p. 359, et *Odontography*, t. I, p. 195.

Le *Labyr. leptognathus*, Owen.

Le *Labyr. pachygnathus*, Owen.

Le *Labyr. ventricosus*, Owen.

Le *Labyr. scutulatus*, Owen.

Je dois indiquer aussi quelques genres qui sont trop incomplétement connus pour être classés.

Les Xestorhytias, H. de Meyer [1], ne sont connus que par une portion postérieure de crâne qui n'a été encore ni décrite ni figurée.

Le X. *Perrinii*, a été trouvé dans le muschelkalk de Lunéville.

Les Télerpeton, Mantell, — Atlas, pl. XXIX, fig. 13,

ne peuvent point être appréciés dans leurs véritables affinités, car on n'en connaît que des portions postérieures du squelette, qui ne s'accordent avec aucun des genres connus. Nous les plaçons provisoirement à la suite de l'ordre des labyrinthodontes, car ils semblent comme eux former une transition entre les sauriens et les batraciens.

Ces reptiles sont plus anciens que tous ceux que l'on connaît ; ils ont été découverts dans les couches dévoniennes du Morayshire. Des fragments découverts par M. Patrick Duff, et décrits par M. Mantell [2], prouvent l'existence de cette classe dans une époque qu'on croyait, jusqu'à présent, complétement dépourvue de vertébrés plus parfaits que les poissons.

On n'a jusqu'à présent trouvé que des colonnes épinières, depuis le milieu de la région dorsale jusqu'à la queue, en connexion avec des membres postérieurs incomplets, une trace confuse du crâne, un fragment très mal conservé de mâchoire inférieure et des petites dents. M. Mantell décrit ces pièces osseuses comme appartenant au type lacertien, avec une tendance vers les batraciens.

Les dents sont très petites, coniques et polies ; les vertèbres ressemblent surtout à celles des salamandres, par leurs arcs neuraux, les caudales ont de très longues apophyses. Les côtes, dont

---

[1] H. de Meyer, *Leonh. und Bronn*, *Neues Jahrb.*, 1842, p. 584 ; Giebel, *Fauna der Vorwelt*, I, 2, p. 168.

[2] Mantell, *Quarterly journ. of the geol. Soc.*, vol. VIII, p. 100 (mai 1852).

il y avait probablement vingt-quatre paires, sont minces; leur attache avec la colonne épinière est indistincte; elles sont notablement plus longues que dans les batraciens (sauf peut-être dans le genre des *Pleurodeles*, Waltl.). Le bassin est subquadrangulaire; le fémur a un trochanter assez marqué; le tibia et le péroné sont séparés, les doigts sont inconnus.

La seule espèce connue est le *Terlepeton elginense*, Mantell, trouvé près d'Elgin, dans le Morayshire.

Je cite encore ici avec le plus grand doute le genre APATÉON, H. de Meyer [1], établi sur une empreinte vague, découverte dans les schistes bitumineux (terrain carbonifère) de Münsterappel, dans la Bavière rhénane. Elle est longue de 16 lignes; on y voit la trace d'une colonne épinière composée d'environ vingt-deux vertèbres, celle de quelques os des membres, et l'impression confuse d'une tête. M. Quenstedt nous paraît avoir raison, quand il dit qu'il est impossible de décider si c'est un poisson, un saurien, ou un batracien.

Cette empreinte a reçu le nom d'*Apatéon pedestris*, H. de Meyer.

6e ORDRE.

OPHIDIENS.

L'ordre des ophidiens, ou serpents, comprenait, dans les méthodes de Brongniart et de Cuvier, tous les reptiles très allongés et dépourvus de membres. On a reconnu plus tard que l'on ne devait pas associer aux vrais serpents les cécilies, qui sont des batraciens, ni les orvets et quelques genres voisins qui ont des affinités plus grandes avec les lézards.

On est actuellement d'accord pour réduire l'ordre des ophidiens aux reptiles qui joignent aux caractères indiqués ci-dessus, des écailles, des mâchoires très extensibles et mobiles, et des yeux sans paupières.

[1] *Palæont.*, t. I, p. 153, pl. 20, fig. 1; Quenstedt, *Handb. der Petref.*, p. 154.

Ces animaux sont en outre caractérisés par une petite tête, attachée sur un seul condyle occipital, et par des vertèbres très nombreuses, dont les corps sont terminés en arrière par une tête arrondie reçue dans une cavité correspondante profonde de la vertèbre suivante.

Ils sont bien loin de jouer en paléontologie le rôle qu'ils ont de nos jours. Leurs débris fossiles n'ont encore été observés dans aucun terrain antérieur à l'époque tertiaire ([1]), ce qui semblerait prouver que leur apparition a été toute récente, et qu'ils n'ont eu aucun représentant dans les faunes de l'époque secondaire, où les autres reptiles ont été si variés, si nombreux et si remarquables.

Leurs ossements sont même très rares à l'époque tertiaire. Jusqu'à ces dernières années on en citait seulement dans les terrains tertiaires supérieurs. M. Owen en a fait connaître quelques uns des dépôts éocènes d'Angleterre.

Les ossements de ces terrains se rapportent à deux genres. Le premier est celui des

PALÆOPHIS, Owen, — Atlas, pl. XXX, fig. 1-3.

Leurs vertèbres ont à peu près les caractères de celles des boas et des pythons, et diffèrent davantage de celles des couleuvres et des serpents venimeux. Elles se distinguent par leur turbercule costal plus bas, leur apophyse épineuse plus haute et moins longue, etc.

Quelques espèces ont atteint des dimensions considérables (jusqu'à 20 pieds de longueur), fait qui tend à confirmer ce que nous avons souvent dit, que la température du nord de l'Europe a été plus chaude pendant la période tertiaire qu'aujourd'hui. Les ser-

____

([1]) Il ne faut, en effet, tenir aucun compte de quelques assertions des anciens auteurs, qui attribuent à des serpents des débris ou des empreintes mal observés.

pents d'une si grande taille ne peuvent, en effet, vivre actuellement que sous le climat de la zone torride, et rien n'autorise à croire qu'il en ait pu être autrement dans les temps plus anciens.

M. Owen (1) en indique quatre espèces :

Le *P. typhæus*, Owen, de l'argile éocène de Bracklesham (Sussex).
Le *P. porcatus*, Owen, du même gisement.
Le *P. toliapicus*, Owen, de Sheppy.
Le *P. (?) longus*, Owen, du même gisement.

Les Palæryx, Owen, — Atlas, pl. XXX, fig. 4-6,

diffèrent des palæophis par l'absence du processus aliforme apointi du bord postérieur de la neurapophyse, et par la ressemblance plus grande de leurs vertèbres avec les eryx.

On en connaît deux espèces du sable éocène d'Hordwell-Cliff (parisien supérieur) (2).

Ce sont les *P. rhombifer* et *depressus*, Owen, d'une taille très inférieure aux palæophis.

Les ophidiens plus récents ont, en général, été rapportés aux genres actuels. La plus grande partie des espèces paraît appartenir à celui des

Couleuvres (*Coluber*, Lin.),

qui est aussi, de nos jours, un des plus abondants. On en cite quelques espèces dans les terrains tertiaires moyens et supérieurs, ainsi que dans les terrains diluviens.

Les terrains miocènes en renferment une, c'est le *Coluber sansaniensis*, Lartet (3), de Sansan, de dimensions très variables, et dont les plus grosses vertèbres dépassent d'un tiers le volume de celles des couleuvres vivantes de moyenne grandeur.

On en cite un plus grand nombre dans les terrains pliocènes.

(1) *Palæont. Soc.*, *Rept. of London clay*, p. 56. Le *P. toliapicus* avait déjà été décrit par le même auteur à la *Société géologique*, 18 déc. 1839, et cité dans le *Report Brit. assoc.*, 1841, p. 180.
(2) *Palæont. Soc.*, *Rept. of London clay*, part. 2, p. 67, pl. 13.
(3) *Notice sur la colline de Sansan*, p. 40.

Les schistes d'OEningen [1], en particulier, en renferment trois espèces.

Le *C. Oeoni*, H. de Meyer, long de 3 pieds; la *C. Kargii*, H. de Meyer, de 16 1/2 pouces, et le *C. arcuatus*, id., connu seulement par une extrémité postérieure.

Les formations tertiaires des environs du Dniester, Podolie, ont fourni le *C. podolicus*, H. de Meyer [2].

Les couleuvres des terrains diluviens paraissent se rapprocher beaucoup des espèces vivantes.

Les brèches de Cette renferment des ossements que Cuvier [3] dit ne pas pouvoir être distingués de ceux de la couleuvre à collier (*C. natrix*, Lin.).

Cette même espèce se retrouve dans quelques cavernes et dans d'autres dépôts diluviens [4].

OPHIDIENS MAL CONNUS.

Nous terminerons ce qui tient aux ophidiens en indiquant quelques espèces trop imparfaitement connues pour être classées.

M. Morren [5] a découvert, dans les environs de Bruxelles, des ossements de serpents qui paraissent appartenir à deux ou trois espèces. Il cite :

Des dents à venin rappelant l'organisation des Crotales et indiquant une espèce très venimeuse;

Des vertèbres qui ressemblent à celles des Couleuvres, des Dendropsis, etc.

Goldfuss [6] a rapporté au genre Ophis, et décrit sous le nom d'*Ophis dubius*, l'impression d'un fragment de corps enroulé en spirale et montrant de petites écailles disposées en ligne. Ce frag-

---

[1] H. de Meyer, *Zur Fauna der Vorwelt, OEningen*, p. 41, pl. 2 et 6; Giebel, *Fauna der Vorwelt*, I, 2, p. 175.

[2] H. de Meyer, *loc. cit.*, p. 11; Pusch., *Pol. pal.*, p. 168, pl. 15, fig. 5; Giebel, *Fauna der Vorwelt*, I, 2, p. 176.

[3] *Ossem. foss.*, 4ᵉ édit., t. VI, p. 357.

[4] Schmerling, *Ossem. foss. des cavernes de Liége*, p. 173; Münster, *Bayreuth Petref.*, p. 83; etc.

[5] Morren, *Revue syst. des nouv. découv. d'ossem. fossiles du Brabant*, p. 56.

[6] *Nova Act. Acad. nat. cur.*, t. X, 1ʳᵉ partie, p. 127, pl. 13, fig. 8; Keferstein, *Naturg.*, t. II, p. 269 (*Coluber fossilis*); Giebel, *Fauna der Vorwelt*, I, 2, p. 175.

ment peu caractérisé a été trouvé dans les lignites tertiaires des Siebengebirge.

M. Pomel [1] indique une espèce, de la taille des plus grands pythons, trouvée à Cuise-la-Motte (terr. suessonien?), et une autre, voisine des couleuvres et surtout de la *Rhinechis Agassizii*, découverte en Auvergne (de la taille d'une *Naja*).

M. Kolder [2] rapproche des ERYX une espèce asiatique (tertiaire miocène?).

M. Lartet [3] rapporté avec doute aux VIPÈRES (*Vipera sanso-niensis?*) des dents canaliculées du terrain tertiaire miocène de Sansan.

Le CROTALE décrit par Eaton [4] est un fragment de végétal (*Lepidodendron*).

2ᵉ SOUS-CLASSE.

AMPHIBIENS, ou BATRACIENS.

Nous réunissons dans cette sous-classe tous les reptiles qui ont des métamorphoses et qui respirent par des branchies pendant leur jeune âge. Ils ont tous la peau nue et le cœur à deux loges ; leur encéphale est petit et leur tête est unie au tronc par deux condyles occipitaux ; leurs côtes sont courtes, rudimentaires ou nulles.

On peut les diviser en trois ordres [5] :

Les BATRACIENS ANOURES, qui n'ont pas de queue, très peu de vertèbres et des membres longs.

Les BATRACIENS URODÈLES, qui ont une longue queue, et des membres courts.

Les PSEUDOPHIDIENS, ou CÉCILIES, qui ont la forme de

[1] Gervais, *Dict. d'hist. nat. de d'Orbigny*, t. XI, p. 56.
[2] *Gleanings in science*, 1834, n° 30.
[3] *Notice sur la colline de Sansan*, p. 41.
[4] *Sillim. journal*, t. XX, p. 122.
[5] Quelques auteurs ajoutent l'ordre des LÉPIDOSIRÈNES, que d'autres placent dans la classe des poissons. On n'en connaît pas de fossiles.

serpents et manquent de membres. Ce dernier ordre n'a pas été trouvé fossile.

Les débris d'amphibiens fossiles sont presque aussi rares que ceux des ophidiens, et leur apparition est tout aussi récente, si toutefois on ne leur réunit pas les labyrinthodontes. On n'en connaît aucun qui soit plus ancien que l'époque tertiaire. Leurs formes se rapprochent beaucoup de celles des êtres qui vivent encore aujourd'hui.

1er ORDRE.

BATRACIENS ANOURES.

Les batraciens anoures sont faciles à distinguer par leurs pattes très grandes, surtout les postérieures, leur large bouche, l'absence de queue, etc.

On peut les diviser en quatre familles dont trois seulement sont connues à l'état fossile.

Les RANIFORMES (*Grenouilles*) ont des dents à la mâchoire supérieure, des doigts pointus, et ordinairement des jambes postérieures très longues qui leur permettent de sauter.

Les BUFONIFORMES (*Crapauds*) n'ont pas de dents à la mâchoire supérieure, des doigts pointus et ordinairement des jambes postérieures médiocres qui les forcent à ramper.

Les HYLÆFORMES (*Rainettes*) ont les doigts élargis en disque et peuvent grimper aux arbres. On n'en connaît pas de fossiles.

Les PHRYNAGLOSSES (*Pipa*) diffèrent de tous les précédents, parce qu'ils n'ont pas de langue et parce que les deux trompes d'Eustachi sont réunies et n'ont qu'une seule ouverture médiane.

1re Famille. — RANIFORMES.

Cette famille est la plus nombreuse en espèces fossiles.

Les Grenouilles (*Rana*, Lin.),

qui en forment le type principal, ont laissé quelques débris dans les terrains tertiaires et diluviens.

La *Rana aquensis*, Coquand [1], a été trouvée dans le terrain tertiaire d'eau douce d'Aix en Provence.

Les terrains miocènes d'Auvergne renferment quelques débris d'espèces indéterminées (collections de MM. de Laizer, Croizet, Bravard) [2].

M. Lartet [3] en indique cinq espèces dans les terrains miocènes de Sansan. Ce sont: les *Rana gigantea*, Lartet, *sansaniensis*, id., *lœvis*, id., *rugosa*, id., et *pygmœa*, id.

M. H. de Meyer [4] croit à l'existence d'une quantité considérable d'espèces de grenouilles dans les terrains tertiaires de Weisenau et dans les graviers de Hellern près d'Osnabruck. L'étude de nombreux humérus le porte à admettre vingt-quatre (!) espèces à Weisenau et trois à Hellern.

La *R. luschitzana*, H. de Meyer [5], a été trouvée dans les terrains tertiaires de Bohême.

La *R. Jaegeri*, H. de Meyer [6], provient des terrains miocènes de Halsbach.

La *R. antiqua*, Münster [7], a été découverte dans les terrains tertiaires d'Osnabruck.

Les sables tertiaires de Volhynie ont fourni la *R. volhynica*, Eichwald [8].

M. Pusch en indique aussi une espèce des schistes tertiaires de Podolie [9].

M. Schmidt a fait connaître une grenouille renfermée dans l'ambre jaune [10].

[1] Marcel de Serres, *Ann. des sc. nat.*, 1845, 3e série, t. IV, p. 249.

[2] Gervais, *Dict. de d'Orbigny*, t. XI, p. 56; Pomel, *Bull. Soc. géol.*, 2e série, t. III, p. 372.

[3] *Notice sur la colline de Sansan*, p. 41.

[4] *Leonh. und Bronn, Neues Jahrb.*, 1845, p. 798.

[5] *Idem*, 1847, p. 181, et *Palœontographica*, t. II, p. 66.

[6] *Neues Jahrb.*, 1851, p. 78.

[7] *Neues Jahrb.*, 1835, p. 446; Giebel, *Fauna der Vorwelt*, I, 2, p. 180.

[8] *Nova act. Acad. nat. cur.*, t. XVII, 2e part., p. 755, pl. 61, fig. 11; Giebel, *loc. cit.*

[9] Pusch, *Polens pal.*, p. 168, pl. 15, fig. 5.

[10] *Ann. sc. nat.*, 2e série, t. XI, p. 379. Voyez aussi Dan. Hermann, *De rana et lacerta aucin.*, etc., 1580, in-8°, et Rigæ, 1600, in-4°.

Elle a les caractères de la *R. temporaria* avec des doigts plus grêles et plus délicats.

La *R. pusilla*, Owen [1], a été trouvée dans des fragments de roches schisteuses de Bombay.

Les terrains diluviens en contiennent aussi quelques espèces.

On cite, dans divers gisements de cette époque [2], les *R. temporaria* et *esculenta*, actuellement vivantes.

Les ASPHÆRION, H. de Meyer,

me paraissent à peine distincts des grenouilles. Ce nom leur a été donné parce que l'humérus n'a pas de tête inférieure arrondie, mais s'unit avec l'avant-bras par une surface presque plate.

La seule espèce connue, l'*A. Reussii*, H. de Meyer [3], a été trouvée en Bohême dans les environs de Luschitz (tertiaire d'eau douce) avec la *Rana luschitzana*.

Les PALÆOBATRACHUS, Tschudi, — Atlas, pl. XXX, fig. 7 et 8,

diffèrent des grenouilles par quelques modifications dans les proportions. Leur tête est très large, leur colonne épinière est courte et solide, et cependant à onze vertèbres, tandis que les grenouilles en ont dix. Les membres sont forts.

La seule espèce connue [4] est le *P. Goldfussii*, Tschudi (*Rana diluviana*, Goldfuss), des lignites des Siebengebirge. On a trouvé aussi quelques empreintes de ses premiers états. La figure 8 représente un têtard.

Les LATONIA, H. de Meyer,

sont de grands batraciens qui ont des caractères intermédiaires entre les crapauds et les grenouilles. Leur mâchoire supérieure munie de petites dents coniques, et la longueur de leurs pattes postérieures, les rapprochent davantage de ces dernières, et forcent

[1] *Quart. journ. of the geol. Soc.*, t. III, p. 224.

[2] Münster, *Bayreuth. Petref.*, p. 83; Jaeger, *Saügethiere Wurt.*, p. 127 et 149.

[3] *Palæontographica*, t. II, p. 68.

[4] Tschudi, *Mém. Soc. hist. nat. Neuchâtel*, 1839, t. II, p. 23; *Mus. Senkenb.*, t. III, p. 220, pl. 15; Goldfuss, *Nova act. Acad. nat. cur.*, t. XV, 1ᵉ part., p. 149, pl. 12 et 13; Giebel, *Fauna der Vorwelt*, I, 2, p. 181.

à les placer dans la famille des raniformes. La forme de leur tête rappelle celle des crapauds cornus d'Amérique, sauf que les orbites sont sur le milieu de la longueur et que les ouvertures nasales sont plus éloignées.

La *Latonia Seyfriedii*, H. de Meyer [1], a été trouvée dans les schistes d'OEningen. Lavater [2] l'avait décrite comme un ornitholithe.

Les Sonneurs (*Bombinator*, Wagl.)

ont les dents des grenouilles et les membres postérieurs courts des crapauds. La peau couvre l'orifice externe de l'oreille sans s'amincir.

Quelques espèces de ce genre ont été citées parmi les fossiles; mais les unes doivent entrer dans le genre suivant, les autres sont très incertaines [3].

Les Pelophilus, Tschudi,

diffèrent des précédents par quelques proportions dans les os du crâne et par le prolongement postérieur de la mâchoire inférieure fort et arrondi.

Le *Pelophilus Agassizii*, Tschudi [4] (*Bombinator oeningensis*, Agassiz), a été trouvé à OEningen.

2ᵉ Famille. — BUFONIFORMES.

Cette famille renferme les genres qui n'ont point de dents à la mâchoire supérieure.

Les Crapauds (*Bufo*, Lin.)

ont été cités, mais d'une manière peu certaine, dans quelques terrains récents.

[1] H. de Meyer, *Neues Jahrb.*, 1843, p. 580, etc.; et *Zur Fauna der Vorwelt*, OEningen, p. 18, pl. 4, 5 et 6; Giebel, *Fauna der Vorwelt*, I, 2, p.183.

[2] *Taschenbuch für Mineralogie*, 1808, p. 71.

[3] Wiegmann, *Leonh. und Bronn Neues Jahrb.*, 1842, p. 180.

[4] Tschudi, *Mém. Soc. hist. nat. Neuchâtel*, t. II, p. 22, pl. 1; H. de Meyer, *Zur Fauna der Vorwelt*, OEningen, p. 27, pl. 5, fig. 4 et 5; Agassiz, *Mém. Soc. hist. nat. Neuchâtel*, t. I, 1835, p. 27; Giebel, *Fauna der Vorwelt*, I, 2, p. 182.

MM. Marcel de Serres, Dubreuil et Jeanjean citent, dans la caverne de Lunel-Viel [1], deux espèces, dont une est de la taille du *Bufo itgua*, qui vit à la Guyanne.

Les Paleophrynos, Tschudi,

sont très voisins des crapauds et en diffèrent à peine par un crâne plus comprimé, un occipital élargi sur les côtés et par les apophyses transverses des vertèbres plus développées.

Le *P. Gessneri*, Tschudi, est connu depuis longtemps [2] comme se trouvant à Œningen.

Le *P. dissimilis*, H. de Meyer [3], provient du même gisement.

3ᵉ Famille. — HYLÆFORMES.

Cette famille, qui comprend les Rainettes (*Hyla*), n'a pas de représentants fossiles, ainsi que nous l'avons dit plus haut.

4ᵉ Famille. — PHRYNAGLOSSES.

L'existence de cette famille à l'état fossile est très douteuse.

M. Pomel [4] rapporte avec doute aux Pipa quelques fragments des terrains miocènes d'Auvergne.

2ᵉ ORDRE.

BATRACIENS URODÈLES.

Les batraciens urodèles (ou batraciens à queue, voisins des salamandres) ont laissé dans cette même époque tertiaire des débris plus remarquables. De ce nombre est le fameux fossile d'Œningen, pris par Scheuzer

[1] *Cav. de Lunel-Viel*, p. 219, pl. 20, fig. 20 et 21.

[2] Andreæ, *Briefe*, 1776, p. 267, pl. 45; Karg, *Denk. Naturf. Schwabens*, 1805, p. 28; Cuvier, *Ossem. foss.*, 4ᵉ édit., t. X, p. 471; Tschudi, *Mém. Soc. hist. nat. Neuchâtel*, t. II, p. 22, etc., pl. 1; H. de Meyer, *Zur Fauna der Vorwelt*, Œningen, p. 24, pl. 5, fig. 2; Giebel, *Fauna der Vorwelt*, t. 1, 2. p. 183.

[3] H. de Meyer, *loc. cit.*, p. 26, pl. 5, fig. 3; Giebel, *loc. cit.*

[4] *Bull. Soc. géol.*, 2ᵉ série, t. I, p. 593.

pour un squelette humain, et qui forme maintenant le genre :

ANDRIAS, Tschudi. — Atlas, pl. XXX, fig. 9.

On comprend difficilement comment Scheuzer a commis une erreur aussi grave que de voir dans cette salamandre gigantesque un fossile humain, et de la nommer *Homo diluvii testis*. Ses formes sont intermédiaires entre celles de la grande salamandre de Java et les ménopomes, et ne peuvent laisser aucun doute sur la famille à laquelle a appartenu cet animal remarquable.

L'erreur de Scheuzer a été corrigée par divers auteurs. Cuvier a démontré que ce fossile est voisin des salamandres, et l'a nommé *Salamandre gigantesque*. Depuis lors il a reçu des noms divers, et il possède maintenant une synonymie très embrouillée. Harlan le rapporte aux MÉNOPOMES, Gessner aux SILURES ; Barton en fait le genre PROTONOPSIS ; Wagler, celui de SALAMANDROPSIS ; Eichwald, celui de PROTEOCORDYLUS ; Fitzinger, de PALÆORRITON ; Leuckart, de HYDROSALAMANDRA ; van der Hœven, de CRYPTOBRANCHUS.

Ce fossile, dont on connaît maintenant une quinzaine d'échantillons, ressemble dans presque tout son squelette à la *Salamandra maxima* (¹). Les rochers et les ptérygoïdiens ont plutôt les caractères des ménopomes d'Amérique. Les doigts diffèrent de ceux de ces deux genres par leur longueur plus grande, surtout aux pattes antérieures, où ils dépassent tous la longueur de l'avant-bras.

On n'en connaît qu'une espèce (²) des schistes d'OEningen. C'est l'*Andrias Scheuzeri*, Tschudi ; sa longueur a un peu dépassé 3 pieds.

(¹) Cette salamandre, décrite sous le nom de *S. maxima* par MM. Temminck et Schlegel, a reçu les noms de MEGALOTRITON, SIEBOLDIA, MEGALOBATRACHUS, etc.

(²) Scheuzer, *Phil. trans.*, 1726, t. XXXIV, p. 38 ; *Id.*, *Phys. sacra*, p. 66, et dans un mémoire spécial ; *Homo diluvii testis* ; Gessner, *De petrif. differentiis*, Tiguri, 1752, p. 47 ; *De petrificatis*, Lugd. Bat., 1758, p. 76 ; Andreæ, *briefs*, p. 52 ; Camper, *Verhandl. Wetens.*, Harlem, 1790, t. VIII, p. 35 ; Razoumowski, *Mém. Soc. Lausanne*, 1788, t. III, p. 216 ; Karg., *Denks. naturf. Schwabens*, t. I, p. 54, pl. 2, fig. 3 ; Cuvier, *Ossem. foss.*, 4ᵉ édit., t. X, p. 360 ; Fitzinger, *Ann. der Wien. Mus.*, 1837, t. II ; Vander Hœven, *Tijdsh. v. natuurl. Ges.*, 1838, et *Mém. Soc. d'hist. nat. de Strasb.*, 1840, t. III, part. 1ʳᵉ ; Leuckart, *Froriep's Neue Notizen*, 1840, t. XIII, p. 19 ; Tschudi, *Mém. Soc. hist. nat. de Neuchâtel*, 1839, t. II, p. 22, pl. 3, 4 et 5 ; H. de

Les Salamandres (*Salamandra*, Lin.), — Atlas, pl. XXX, fig. 10,

ont vécu avec les grenouilles et les crapauds dont nous avons parlé plus haut.

M. Goldfuss [1] a décrit sous le nom de *Salamandra ogygia* une espèce des lignites schisteux des Siebengebirge, près de Bonn. (C'est l'espèce figurée.)

Il faut ajouter des fragments indéterminés des terrains miocènes de Hocheim et de Weisenau [2] et deux espèces douteuses [3] de Sansan, les *S. sansaniensis* et *Goussardiana*, Lartet.

Les Tritons (*Triton*, Laur.), — Atlas, pl. XXX, fig. 11,

ou salamandres aquatiques, à queue comprimée, paraissent plus fréquents à l'état fossile.

Goldfuss cite dans les mêmes lignites des Siebengebirge le *Triton noachicus*, Goldfuss [4]. (C'est l'espèce figurée dans l'Atlas.)

Le *T. opalinus*, H. de Meyer [5], a été trouvé dans les terrains tertiaires d'eau douce de Luschitz, en Bohême.

M. Lartet [6] indique deux espèces dans les terrains miocènes de Sansan, les *T. sansaniense*, Lart., et *Lacasianum*, id.

C'est avec doute que nous ajoutons à la fin de cet ordre le genre des

Orthophya, H. de Meyer,

caractérisés par un corps allongé, un crâne petit et étroit, des dents nombreuses, petites et coniques, des vertèbres biconcaves à apophyses épineuses plates et sans transverses. On n'y voit ni côtes ni membres.

Deux espèces ont été trouvées dans les terrains tertiaires d'OEningen ; ce sont les *O. longa* et *solida*, H. de Meyer [7].

Meyer, *Zur Fauna der Vorwelt*, OEningen, p. 28, pl. 8, 9 et 10; Giebel, *Fauna der Vorwelt*, t. I, 2, p. 186, etc.

[1] *Nova acta Acad. nat. cur.*, t. XV, 2ᵉ part., p. 121, pl. 13, fig. 4 et 5.

[2] H. de Meyer, *Leonh. und Bronn, Neues Jahrb.*, 1843, p. 396 et 407.

[3] Lartet, *Notice sur la colline de Sansan*, p. 42.

[4] *Nova acta Acad. nat. cur.*, t. XV, 2ᵉ part., p. 126, pl. 13, fig. 6 et 7; Giebel, *Fauna der Vorwelt*, I, 2, p. 187.

[5] *Leonh. und Bronn, Neues Jahrb.*, 1847, p. 192.

[6] *Notice sur la colline de Sansan*, p. 42.

[7] H. de Meyer, *Zur Fauna der Vorwelt*, OEningen, p. 39 et 40, pl. 3, fig. 3 et pl. 2, fig. 4; Giebel, *Fauna der Vorwelt*, t. I, 2, p. 188.

APPENDICE.

TRACES DE PAS ATTRIBUÉES A DES REPTILES.

Atlas, pl. XXX, fig. 12.

Nous avons parlé, page 403, de traces de pas appartenant à des oiseaux. Des impressions plus fréquentes et plus variées paraissent pouvoir être rapportées à la classe des reptiles.

La disposition de ces traces de pas prouve très souvent que l'animal avait quatre pattes, et exclut par conséquent les oiseaux de la comparaison. On voit fréquemment les pas régulièrement disposés comme ceux d'un quadrupède marchant sur le sable, et les impressions des pattes postérieures se distinguent facilement de celles des antérieures.

L'absence complète d'ossements de mammifères dans les terrains qui recouvrent immédiatement ces traces, et la fréquence au contraire des débris de reptiles, semblent démontrer qu'elles sont dues à ces derniers.

Il faut cependant reconnaître que parmi les formes que l'on a découvertes, il en est plusieurs qui ne semblent correspondre à aucun animal connu, d'autres qui se retrouvent encore moins dans les reptiles actuels que dans les mammifères. Cette partie de la science est entourée en conséquence de difficultés presque inextricables.

Les premières traces ont été découvertes en 1814 dans le grès bigarré de Dumfries (Écosse). Depuis lors de nombreuses découvertes ont montré des formes bizarres et variées. Je n'essaierai pas ici de les décrire en détail, et, vu le peu de certitude des résultats auxquels

on est arrivé, je me bornerai à indiquer les principales
et à citer les mémoires les plus importants dans lesquels elles ont été décrites ou figurées.

Elles ont été désignées sous des noms variés. On a
nommé TETRAPODICHNITES celles qu'on a attribuées à des
animaux à quatre pattes ; DIPODICHNITES, celles qu'on a
supposées produites par des animaux sautant sur leurs
pattes de derrière ; on les appelle SAUROIDICHNITES et
BATRACHIOIDICHNITES, lorsqu'on les a attribuées à des
sauriens ou à des batraciens ; PACHYDACTYLI et PACHY-
DACTYLO-PTERODACTYLINI (1), quand on a voulu exprimer
leurs formes.

Les plus anciennes ont été trouvées dans les terrains dévoniens.

Nous avons déjà parlé, page 442, de traces attribuées par M. Mantell à des
tortues, et trouvées dans le vieux grès rouge du Morrayshire.

Des terrains du même âge dans l'Amérique du Nord ont fourni à M. Lea (2)
des traces qui ont les caractères de celles des sauriens et qui ressemblent en
particulier aux impressions faites par un caïman, sauf quelques différences
qui ont paru à M. Lea suffisantes pour établir un genre nouveau, celui des
SAUROPUS (S. primaevus).

Les terrains carbonifères en ont aussi conservé en Amérique.

M. Lyell a décrit des empreintes d'un animal quadrupède dans le terrain
houiller de la Pensylvanie (3). Il se rapprochait probablement du cheirotherium, mais en marchant il posait les pieds à une plus grande distance transversale que lui, les pouces alternaient à droite et à gauche et paraissent avoir
été externes (1).

Les plus remarquables et les mieux connues appartiennent aux
terrains pénéens et triasiques.

(1) Voyez, pour ces noms, Hitchcock, *Final report on the geol. of Massachusetts*, 2 vol. in-4°, Philadel., 1842, et dans *Sillim. journ.* Les SAURO-
PEZIUM, King, *Sillim. journ.*, t. XLVIII, paraissent en grande partie n'être
pas de vraies traces de pas.

(2) *Silliman journal*, 2ᵉ série, 1849, t. VIII, p. 160; et t. IX, p. 124.

(3) *Quarterly journ. of the geol. Soc.*, 1846, t. II, p. 417; *Manual of ele-
mentary geol.*, p. 337; *Athenæum*, 1846, 12 fév.; King, *Sillim. journ.*,
1845, t. XLVIII, p. 343.

On a découvert en 1834 dans le grès bigarré de Hessen, aux environs de Hildburghausen (1), des traces remarquables par leurs cinq doigts disposés presque comme dans une main, ce qui leur a fait donner par M. Kaup le nom de CHIROTHERIUM ou CHEIROTHERIUM et de CHIROSAURUS (Atlas, pl. XXX, fig. 12). Le pouce est écarté des autres doigts, et l'on voit distinctement l'impression des phalanges et des ongles. Quelques auteurs, entre autres MM. Duncan, Bronn, Wiegmann, de Humboldt, les ont attribuées à des mammifères et surtout à des didelphes. C'est le PALÆOSITHECUS, de Voigt, p. 155. MM. Linck, de Münster, Owen, Kaup., etc., en ont fait des batraciens. M. Owen a même été jusqu'à y voir les pas du labyrinthodon.

M. Schmidt (2) le compare aux salamandres, et se base sur des observations qu'il a faites sur la marche de ces animaux dans un terrain qui les gêne.

Des traces de pas ont aussi été trouvées dans des terrains analogues des environs de Jéna et de Pœlzig (3).

M. Plieninger en a signalé dans le keuper (4).

Les grès rouges supérieurs d'Angleterre (terr. triasique) ont offert des empreintes analogues à celles du cheirotherium, d'autres que l'on a comparées à des tortues et quelques types nouveaux.

Nous avons parlé, en traitant des tortues, de traces observées dans le Dumfriesshire par M. Duncan. Ces traces ont été aussi étudiées par MM. Strickland, Harkness et Jardine (5). Ce dernier a établi les genres CHELICHNUS et CHELASRODOS pour les tortues, et le genre HERPETICHNUS pour des traces de sauriens.

Des tortues à doigts plus allongés paraissent avoir marché dans le grès bigarré de Stourton (6).

Le nouveau grès rouge d'Amérique renferme des empreintes très abondantes. On en a trouvé dans le Massachusetts, le Connecticut et New-Jersey. M. Deane (7) en a décrit plusieurs, et MM. Mantell, Black, etc., s'en sont occupés.

(1) Voyez, pour les traces d'Hildburghausen, Kaup, *Leonh. und Bronn, Neues Jahrb.*, 1835, p. 128; Bronn, *id.*, 1835, p. 232; *Wiegmann Archiv*, 1835, p. 127 et 395; Berthold, *Goetting. Anzeig.*, 1835; Kessler, *Die Plastik der Urwelt*, etc.; Hildburg., 1er cahier; de Humboldt, *Ann. sc. nat.*, 2e série, t. IV, p. 155; Link, *id.*, p. 159; Giebel, *Fauna der Vorwelt*, I, 2, p. 190; Bronn, *Lethæa*, 3e édit., *Terr. trias.*, p. 122.

(2) *Leonh. und Bronn, Neues Jahrb.*, 1846, p. 1.

(3) Koch und Schmidt, *Die Fachrten abdrücke*, 1841; Cotta, *Ueber Thier fachrten in bundten sandst. Dresden*, Leipsig, 1839, in-8.

(4) *Leonh. und Bronn, Neues Jahrb.*, 1838, p. 536, et 1839, p. 247.

(5) Strickland, *Athenæum*, 1845, p. 724; Harkness, *Ann. and mag. of nat. hist.*, 2e série, t. VI, p. 203, et t. VIII, p. 90; sir W. Jardine, *id.*, p. 208.

(6) *Mag. of nat. hist.*, janv. 1838.

(7) Deane, *Silliman journ.*, t. XLVIII, XLIX, et 2e série, t. V; *Boston journ.*, t. V. Voyez aussi Mantell, *Quarterly journ. of the geol. Soc.*, 1846, t. II, p. 38; Black, *id.*, p. 65; Dexter Marsh, *Sillim. journ.*, 2e série, t. VI, p. 272.

De grandes traces trouvées dans les Alleghanys sont devenues pour M. King (¹) le type du genre THENASORUS (*T. heterodactylus*).

M. Hitchcock (²) nomme OROZOUM des empreintes de 20 pouces de long d'un quadrupède qui a marché sur les grès bigarrés du Connecticut.

Il paraît qu'on en a retrouvé jusque dans le terrain crétacé.

M. Saxby (³) en décrit quelques unes des grès verts supérieurs de l'île de Wight. La plupart paraissent se rapporter à des oiseaux ; quelques unes ont été formées par des quadrupèdes.

(¹) *Froriep's Notizen*, n° 806, février 1846.
(²) *Sillim. journ.*, 2° série, t. IV, p. 54 ; Deane, *id.*, t. III, p. 78 ; Quenstedt, *Handb. der Petref.*, p. 157.
(³) Saxby, *Philos. mag.*, 1846, t. XXIX, p. 319.

NOTE A.

SUR LES LIMITES DE L'ESPÈCE EN PALÉONTOLOGIE.

J'ai fait remarquer, page 42, qu'il est très important, dans la discussion des faits généraux de la paléontologie, de donner au mot *espèce* une valeur aussi précise que possible. Plusieurs naturalistes ont été entraînés par des idées préconçues à lui accorder un peu plus de latitude que dans la nature vivante, en faisant la part de l'influence possible des modifications géologiques sur les caractères spécifiques.

On ne saurait trop insister sur les dangers d'une pareille méthode qui ouvre la porte à l'arbitraire, et qui, en introduisant le vague et l'incertain dans la signification du mot espèce, empêche toute certitude et toute précision dans la discussion sur les modifications des faunes zoologiques pendant la série des temps.

Pour nous, l'espèce, en paléontologie, est limitée exactement de la même manière que dans la nature vivante, et nous considérons les débris organiques fossiles comme appartenant à la même espèce, ou comme formant des espèces différentes, suivant qu'ils présentent des caractères qui dans la nature vivante amèneraient à l'une ou à l'autre de ces conclusions. En dehors de ces limites fixées par l'étude des animaux actuels, nous ne voyons aucun moyen de trouver une règle rationnelle et constante.

On voit donc, par là, que nous dégageons complétement la notion d'espèce de l'influence possible, mais contestée, des changements géologiques sur l'organisme animal. Nous avons reconnu, par exemple, que dans l'immense majorité des cas, les animaux d'une faune diffèrent de ceux qui leur ressemblent le plus dans les faunes voisines, par des caractères égaux ou supérieurs à ceux qui forceraient dans la nature vivante à admettre des espèces différentes. Nous traduisons ces faits en disant que chaque faune a ses *espèces* particulières. Puis quand vient la question de la possibilité qu'une partie des animaux d'une faune donnée proviennent par voie de génération directe de ceux qui les ont précédés dans la faune inférieure, sans revenir sur les limites de l'espèce, nous discutons le plus ou moins de probabilité de la *modification de l'espèce* dans la série des temps. Sans cette méthode, on confond en une seule discussion qui ne peut aboutir à rien des idées qui doivent rester distinctes.

Nous dirons même que nous voyons dans cette méthode la conciliation des deux écoles opposées qui ont si longtemps discuté sur l'espèce. M. Isidore Geoffroy, un des plus illustres représentants de celle qui n'admet pas son existence absolue, se rapproche singulièrement de notre opinion lorsqu'il dit [1] « que les circon- » stances étant permanentes, l'espèce l'est aussi, et que les carac- » tères des espèces ne sont ni absolument fixes, comme plusieurs » l'ont dit, ni *surtout* indéfiniment variables, comme d'autres l'ont » soutenu. »

Je voudrais pouvoir donner aux commençants quelques conseils pratiques pour les guider dans l'étude des limites des espèces, mais il est presque impossible de fixer à cet égard des règles générales. On y arrive, soit au moyen d'un tact naturel qui aide certains naturalistes plus que d'autres, soit surtout par l'étude d'un très grand nombre d'échantillons. Il faut, pour ainsi dire, faire un travail préparatoire et spécial pour chaque groupe naturel, afin de comprendre l'étendue des variations accidentelles qui diffèrent beaucoup de l'un à l'autre. Une pareille analyse indiquera quels sont les meilleurs caractères spécifiques, et quels sont ceux qui peuvent induire en erreur.

M. de Blainville a soutenu un principe qui, à mon sens, est trop absolu, mais qui repose sur une idée juste et féconde. Il pense que chaque genre n'existe qu'en vertu d'un caractère principal, et que les variations de ce caractère peuvent *seules* fournir les moyens de distinguer les espèces. Par exemple, les lièvres ont pour caractère principal la disproportion des membres antérieurs et des postérieurs. Le plus ou moins de différence entre ces organes devra être le seul caractère spécifique certain.

J'ai dit que je ne crois pas ce principe applicable d'une manière absolue, mais j'ai reconnu en même temps qu'il repose sur une idée vraie. On pourrait l'exprimer en disant que les caractères spécifiques les plus importants sont les modifications dont l'exagération peut servir à former des genres lors même que ces modifications seraient en elles-mêmes très légères; et qu'au contraire

<hr>

[1] *Revue et magasin de zoologie*, janvier 1851.

des variations en apparence plus intenses ne seront que de médiocres caractères spécifiques si dans les types voisins leur importance n'augmente pas jusqu'à fournir des caractères génériques. Par exemple, la dent carnassière peut varier dans toutes les parties de sa couronne. Le talon plus ou moins développé fournit de bons caractères génériques et même sert à distinguer des tribus. La *moindre* variation dans ce talon sera un bon caractère d'espèce, tandis que des modifications plus graves dans le reste de la couronne pourront être sans valeur spécifique. Ainsi encore, dans les mollusques acéphales, le moindre changement dans la forme de la ligne palléale aura plus d'importance que des changements d'ornements en apparence plus graves, etc.

En se préoccupant de cette idée, on pourra en général, dans l'étude de chaque genre, reconnaître le plus ou moins d'importance des caractères. On verra aussi que dans tous les cas et d'une manière générale les caractères tirés de la couleur et de la taille sont les pires de tous, car ils ne s'élèvent jamais, quelle que soit l'intensité de leurs différences, à une valeur générique.

NOTE B.

SUR LA DÉTERMINATION DES OSSEMENTS FOSSILES.

J'ai dit, page 95, que, pour déterminer un os fossile, la première chose à faire était de reconnaître quelle place il occupe dans le squelette. Je crois devoir entrer ici dans quelques détails qui auraient peut-être été déplacés dans le corps de l'ouvrage, et qui pourront guider l'élève dans cette recherche essentielle.

Les os du squelette, soit dans les mammifères, soit aussi dans les oiseaux et les reptiles, peuvent se diviser en cinq catégories faciles à reconnaître.

1° Les *os plats*, qui sont sous forme de lames, ayant peu d'épaisseur, et ne présentant pas dans l'intérieur de cavité proprement dite, mais seulement un tissu moins serré. Ces os forment la tête, le bassin et l'omoplate, et quelquefois aussi le sternum (oiseaux).

2° Les *os longs*, qui sont cylindriques et qui présentent à leurs extrémités des facettes d'articulation. Ces os naissent de divers centres d'ossification, dont un forme le corps, ou diaphyse, qui est lisse et sans articulations, et dont les autres forment les épiphyses, ou extrémités. L'intérieur de ces os présente une cavité qui est médullaire dans les mammifères et aérienne dans les oiseaux, et qui, dans les reptiles, est remplie d'un tissu osseux lâche. Ces os sont principalement ceux des membres.

3° Les *os courts*, dont les dimensions sont égales en tous sens, et qui s'articulent par des facettes plus ou moins planes qui occupent presque tout un côté. Leur tissu est uniforme, un peu poreux ; ils naissent ordinairement d'un seul centre d'ossification. On les trouve surtout dans le carpe ou poignet et le tarse ; ils forment aussi le sternum des mammifères.

4° Les *vertèbres*, qui sont une réunion d'os courts et d'os plats, et qui ont pour caractère de former un anneau, dont un des côtés est épais et poreux comme les os courts (corps de la vertèbre), et dont l'autre est formé par deux os plats (lames tectrices) qui viennent se réunir ensemble, en formant une pointe (apophyse épineuse). Ces os, par leur complication, sont toujours faciles à distinguer des autres. Les seuls qui peuvent laisser de l'incertitude sont les vertèbres de la queue, qui ne forment pas un anneau et qui sont réduites à leurs corps. On les distinguera toutefois parce qu'elles sont terminées aux deux extrémités par une facette articulaire plate et circulaire.

5° Les *côtes*, qui participent de la nature des os plats, en formant toutefois une transition aux os longs. Elles ont pour caractère principal d'être courbées en demi-cercle, et d'être terminées à une des extrémités par deux facettes articulaires écartées, dont l'une est en forme de tête, et l'autre plate, tandis que leur autre extrémité est poreuse et terminée sans facettes.

Le premier soin de l'élève sera d'apprendre à distinguer ces cinq catégories, et il y arrivera facilement par une étude un peu attentive de la nature vivante. Il devra ensuite, dans chacune d'entre elles, chercher à connaître quels sont les caractères qui peuvent servir à aller plus loin et permettre une détermination plus précise. Je ne puis pas entrer ici dans des détails qui équivaudraient à un cours d'ostéologie ; mais j'ai essayé, par quelques tableaux analytiques, de faire comprendre quelle est la nature de la méthode à suivre, et je prendrai pour exemples les *os longs* et les *vertèbres* des mammifères.

1° OS LONGS.

1 { Os présentant à une de leurs extrémités une seule surface articulaire, en forme de tête plus ou moins arrondie et latérale à l'axe. 2

Os terminés à leurs deux extrémités par des facettes planes ou des protubérances articulaires ou non, situées à peu près dans l'axe, ou symétriques par rapport à cet axe. 3

2 { Tête détachée et portée par un col passablement prononcé ; l'autre extrémité terminée par deux condyles ou protubérances articulaires, arrondies et séparées en arrière par un profond sillon. . . . . . . *Fémur*.

Tête peu dégagée de l'os, col court et large, quelquefois nul ; l'autre extrémité terminée par une facette articulaire en poulie ; présentant ordinairement une partie cylindrique et une partie un peu arrondie, mais ces deux parties étant toujours continues ou séparées par une crête saillante et jamais par un sillon. . . . . *Humérus*.

3 { Une des articulations notablement distante de l'extrémité et creusée en demi-cylindre sur une des arêtes latérales de l'os. . . . . *Cubitus*.

Les deux articulations formées par des facettes terminales ou subterminales. 4

4 { Une des articulations ayant sa face principale latérale et parallèle à l'axe de l'os. 5

Les deux articulations ayant leur face principale formée par une ou plusieurs facettes tout à fait terminales et perpendiculaires à l'axe de l'os. 6

5 { Os courbe en S, une des articulations terminale, l'autre latérale. . . . . *Clavicule*.

Os droit, les deux articulations latérales. . . . . . *Péroné*.

6 { Une des extrémités dépourvue d'articulation. . . .

Phalange unguéale.

Les deux extrémités terminées par des facettes articulaires. 7

7 { Os grand, les articulations des deux extrémités formant une cavité. 8

Os petit ; une des articulations convexe. 9

8 { Une des articulations (la plus large) formée de deux
cavités arrondies peu profondes, séparées par une
arête médiane; l'autre extrémité en forme de demi-
cylindre concave et terminée d'un côté par une
pointe perpendiculaire à la face articulaire. . . . . . *Tibia.*

{ Les deux articulations formées chacune d'une cavité
unique sphérique ou cylindrique et sans pointe la-
térale. . . . . *Radius.*

9 { Une des articulations formée par une facette plane plus
ou moins triangulaire, avec des traces de facettes
plus petites sur les côtés. . . . *Métatarsien* ou *Métacarpien.*

{ Une des articulations présentant une cavité très mar-
quée. 10

10 { Cavité simple, uniformément arrondie. . . . . *Première
phalange des doigts ou des orteils.*

{ Cavité partagée en deux parties. . . . . . *Seconde phalange*, id.

2° Vertèbres.

Les vertèbres, comme je l'ai dit, forment un anneau dont un
des côtés est formé par un os discoïdal et poreux qu'on nomme
le *corps*. A l'opposite est une pointe, ou *apophyse épineuse*, qui est
dirigée dans le plan médian du corps. Sur les côtés sont des *apophyses transverses* perpendiculaires à ce plan. Les vertèbres sont
unies entre elles par les corps et par les *apophyses articulaires*,
qui sont des facettes situées en avant et en arrière près de la
base des apophyses épineuses et transverses. Les proportions et
les formes de ces diverses parties peuvent servir à reconnaître à
quelle région appartient une vertèbre.

1 { Apophyse transverse percée d'un trou longitudinal.
Vertèbre cervicale.

{ Apophyse transverse n'étant percée d'aucun trou. . . . 2

2 { Apophyse transverse épatée à l'extrémité et montrant
des traces évidentes de soudure avec un os voisin (le
bassin); les corps de plusieurs vertèbres souvent
soudés ensemble, et, dans ces cas-là, les espaces
intertransversaires réduits à n'être que des trous.
Vertèbre sacrée.

{ Apophyse transverse libre et sans soudures. 3

$$3 \begin{cases} \end{cases}$$ Vertèbre presque réduite à son corps; canal presque
toujours imparfait; pas d'apophyses articulaires.

Vertèbre coccygienne.

Vertèbre de forme normale. 4

$$4 \begin{cases} \end{cases}$$ Apophyse transverse, présentant à son extrémité ou à
sa face inférieure, une facette d'articulation; une
cavité semblable sur les côtés du corps. Apophyse
épineuse longue. . . . . *Vertèbre dorsale.*

Apophyse transverse longue et large, sans facettes articulaires. Apophyse épineuse large. Corps grand.

Vertèbre lombaire.

La région de la vertèbre une fois déterminée, on pourra encore arriver à un peu plus de précision.

Dans la *région cervicale* on reconnaîtra facilement la première, ou *atlas*, qui a une cavité très grande, et dont le corps est presque nul, au point que l'épaisseur de l'anneau est à peu près la même en dessus qu'en dessous. Ses ailes sont grandes, etc. L'*axis* se reconnaîtra facilement à ce que le corps présente en avant une dent ou un demi-cylindre dirigé suivant l'axe de l'animal, et qui dépasse la facette antérieure d'articulation. Les autres vertèbres sont d'autant plus postérieures qu'elles ont l'apophyse épineuse plus grande.

Dans la *région dorsale* les vertèbres sont en général d'autant plus antérieures qu'elles ont la facette articulaire de l'apophyse transverse plus éloignée de celle du corps. Celles de la partie postérieure de la région sont plus étroites.

Dans la *région lombaire* les plus caractérisées sont les postérieures; les antérieures forment des transitions aux dorsales.

Dans la *région coccygienne* les vertèbres les plus grandes et les plus complètes sont à la base. Celles de l'extrémité sont le plus souvent réduites à un petit corps cylindrique.

Au reste je n'ai donné ces détails que comme des exemples et pour faire comprendre aux commençants d'après quelle méthode et quelle nature de caractères on peut arriver à se mettre en état d'opérer le premier point de la détermination d'un os fossile, c'est-à-dire, reconnaître quelle place il a occupée dans le squelette.

FIN DU TOME PREMIER.

TABLE DES MATIÈRES

DU TOME PREMIER.

PREMIÈRE PARTIE.

CONSIDÉRATIONS GÉNÉRALES SUR LA PALÉONTOLOGIE.

DEUXIÈME PARTIE.

HISTOIRE NATURELLE SPÉCIALE DES ANIMAUX FOSSILES.

APPENDICE.

FIN DE LA TABLE DU TOME PREMIER